EINBLICKE
INS
PFLANZENREICH

Band 1

von

RAJAN SANKARAN

HOMOEOPATHIC MEDICAL PUBLISHERS
20, Station Road, Santa Cruz (W), Mumbai - 400 054, India

Originaltitel: An Insight into Plants

Erste englische Ausgabe: 2002
Erste deutsche Ausgabe: 2003

ISBN: 81-901103-4-9

Umschlaggestaltung

Trilok Dalia

Gedruckt in Indien

Übersetzt von Lucas Dengel

Gedruckt von

Arun K. Mehta at Vakil & Sons Pvt. Ltd.,
Industry Manor, Appasaheb Marathe Marg, Prabhadevi, Mumbai 400 025.

Herausgegeben von

HOMOEOPATHIC MEDICAL PUBLISHERS
20, Station Road, Santa Cruz (W), Mumbai-400 054, India
spirit@vsnl.com

INHALT

BAND 1

	Seite
Vorwort von Dr. Jan Scholten	5
Danksagung	9
Ein Wort der Vorsicht vom Autor	11
Vorbemerkung	13
TEIL I – KONZEPTE	
Einführung in das Pflanzenreich	23
Entwicklung in den letzten beiden Jahren	35
Ein neuer Ansatz zur Fallaufnahme	45
Eine beispielhafte Fragenliste zum Empfinden	61
Mein Konzept der Miasmen	65
TEIL II – PFLANZENFAMILIEN	
(1) Anacardiaceae	83
(2) Berberidaceae	139
(3) Cactaceae	149
(4) Compositae	171
(5) Coniferae	257
(6) Euphorbiaceae	285
(7) Hamamelidae	317
(8) Labiatae	349
(9) Leguminosae	371
(10) Liliiflorae	425
(11) Rubiaceae	555
TEIL III – TABELLEN	
Tabelle der Empfindungen	619
"Periodensystem" der Miasmen und Heilmittel	629
Index	631

"Alles Tatsachenmaterial deutet darauf hin, dass die Vision des Poeten und des Philosophen stimmt, nämlich dass Pflanzen lebende, atmende und kommunizierende Geschöpfe sind und dass sie Persönlichkeit und Attribute einer Seele besitzen. In unserer Blindheit haben wir darauf beharrt, sie als Automaten anzusehen. Pflanzen scheinen – und das ist besonders überraschend – bereit und willens und fähig zu sein, mit dem Menschen in seiner Herkulesarbeit, den Planeten aus Elend und Verwüstung herauszuführen und in einen Garten zu verwandeln, zu kooperieren."

Das geheime Leben der Pflanzen
Von Tompkins und Bird

VORWORT

Anfang Februar 2002 nahm ich am Bombay-Seminar teil. Es war mir eine außerordentliche Inspiration. Während ich Rajan Sankarans neuem Ansatz zur Fallaufnahme und zu Heilmitteln aus dem Pflanzenreich zuhörte, geriet ich immer mehr in Erregung. Vor uns entfalteten sich großartige neue Möglichkeiten, schwierige und bisher ungelöste Fälle frisch anzuschauen und Lösungen zu finden.

Sankaran hat eine Analysemethode zum Auffinden der indizierten Pflanze entwickelt. Im ersten Schritt geht es darum, die botanische Familie herauszufinden. Dieser Schritt besteht darin, das grundlegende Empfinden des Patienten mit dem der Pflanzenfamilie zu vergleichen. Der nächste besteht darin, die Mitglieder einer Familie durch ihre miasmatische Zugehörigkeit zu unterscheiden. Sankaran hat neun Miasmen entwickelt; sie bringen zum Ausdruck, wie ein Problem gefühlsmäßig erlebt und wie es gehandhabt wird. Ein Beispiel von Sankaran kann helfen, diesen Ansatz zu veranschaulichen. Eine junge Frau fühlte sich von der Welt verlassen, wie ein Flugzeug am Himmel, das die Richtung verloren hat. Dieses Verlorenheitsgefühl ist den Magnolianae gemein. Es ist Ausdruck des starken Empfindes von "Fremdartigkeit" in dieser Pflanzenfamilie. Die Frau ist verzweifelt; sie möchte, dass ihr sofort geholfen werde und dass sie von anderen Menschen die Richtung gezeigt bekomme. Der Wunsch nach Hilfe von anderen und nach unmittelbarer Erleichterung ist typisch für das typhöse Miasma. Das Mittel des typhösen Miasmas unter den Magnolianae ist Nux moschata, und dieses Mittel heilte die Patientin.

Der Ansatz ist dem der Gruppenanalyse in "Elemente" ähnlich, wo Serien und Stadien "gekreuzt" werden. (J.S. bezieht sich hier auf sein eigenes Werk "Homoeopathy and the Elements" – Anm. d. Übersetzers.) Hier werden Familien und Miasmen gekreuzt. Man muss das Konzept der Miasmen relativiert betrachten. Miasmen werden in der Homöopathie auf sehr unterschiedliche Art verstanden. Sankaran versteht darunter eine Art und Weise der gefühlsmäßigen Wahrnehmung und der Reaktion auf das zugrundeliegende Empfinden.

Dieser Ansatz bringt die Homöopathie weiter in ein zweites wissenschaftliches Stadium, in das der Klassifizierung, Kategorisierung und Untergliederung. Es verleiht der Homöopathie die Stärke der Vorhersagbarkeit. Dadurch ist es möglich, Bilder von weniger gut untersuchten Mitteln auszuweiten und somit komplett und aussagekräftig zu machen.

Der nächste große Schritt ist das Konzept des vitalen Empfindens. Wie aus dem Beispiel oben zu ersehen ist, führt das Empfinden der Verlorenheit zu der Familie der Magnolianae. Nun, dieses Gefühl ist nicht irgendein oberflächliches Gefühl, sondern es kristallierte sich im Verlauf einer langen Anamnese als das essentielle hinter all den mehr oberflächlichen Gefühlen heraus. Das ist einer der Gründe, warum Sankaran es als die vitale Empfindung bezeichnet. Es ist das zutiefst grundlegende Empfinden. Aber es gibt noch einen Grund. Sankaran entwickelte die Vorstellung, dass das Empfinden des Patienten tiefer reicht als seine Gemüts- und Körperzustände. Es ist grundlegender als die zentrale Wahnidee oder andere Konzepte. Es ist etwas, das der Mensch mit allen anderen Geschöpfen gemein hat, und das macht es so grundlegend. Deshalb hat er das Konzept der "vitalen Empfindung" entwickelt. Und dies hat zu einer neuen Dimension bei der Fallaufnahme geführt.

Seit dem Seminar in Mumbai gehe ich tiefer in meine Fälle hinein, indem ich mich an dem Gefühl, an der Empfindung festhalte. Vorher hatte ich oft den Eindruck gehabt, dass ich am Endpunkt angelangt war, dass ich nicht weitergehen konnte. Indem ich mich an die Empfindung, an das Gefühl halte, tauchen neue Dinge auf. Es ist großartig. Wichtig an dieser Entwicklung des Konzepts der Vitalempfindung ist, dass es wirklich grundlegend ist. Die Empfindung ist nicht irgendeine oberflächliche Qualität, mit der man den Fall zusätzlich beschreibt, sondern sie zieht sich wie ein roter Faden durch den gesamten Fall. Diese Entdeckung erlaubt es, dass man ihr so viel Wichtigkeit beimisst, dass man die Miasmen danach einteilen kann.

Die Miasmen sind gemäß Sankaran eine wesentliche Einteilung. Wenn das Miasma eines Falles einmal bekannt ist, ist es möglich, viele Qualitäten vorherzusagen.

Die Entdeckung dieser Gruppen bedeutet für die homöopathische Analyse einen großen Schritt nach vorne. Rajan Sankaran hat damit eine neue und wesentliche Entdeckung für die Homöopathie gemacht. Nach seinen wichtigen Schritten betreffs der zentralen Wahnidee und der situationsbezogenen Materia media in seinem Buch "Das geistige Prinzip der Homöopathie" ist diese neue Entdeckung ein großer Durchbruch. Alles in allem würde ich behaupten, dieses Buch ist nicht nur empfehlenswert, sondern ein "Muss" für alle Homöopathen. Und das Buch ist nicht nur ein Muss, sondern es ist ein Genuss und eine Freude, damit umzugehen und zu arbeiten.

Dr. Jan Scholten

DANKSAGUNG

Dieses Werk wäre ohne die enorme Vorarbeit von Homöopathen in Vergangenheit und Gegenwart nicht möglich gewesen. Prüfungen, klinische Fallbeispiele, das Erstellen von Repertorien und Materiae medicae sind das Fundament aller Gedanken in diesem Werk.

Von vielen meiner Kollegen erhielt ich Fallbeispiele zur Veranschaulichung der Konzepte. Ich danke ihnen allen für die freundliche Erlaubnis, sie hier wiederzugeben.

Ich spreche Dank aus nicht nur gegenüber meinen eigenen Patienten, sondern auch gegenüber den Patienten meiner Kollegen. Sie alle halfen mir dabei, die hier vorgestellten Ideen zu entwickeln.

Ich muss mich bedanken bei David Warkentin, dem Autor der Programme MacRepertory und Reference Works, nicht nur dafür, dass er Programme erstellt hat, die bei der Konzeptentwicklung von unschätzbarem Wert waren, sondern auch dafür, dass er mir bei der Entstehung dieses Buches eine Menge Unterstützung zukommen ließ.

Dinesh Jain (Chauhan) trug bei, indem er unermüdlich alle Informationen von mir aus Vorlesungsnotizen und aus der Literatur zusammentrug und sie dann in Buchform zusammenstellte. Sein Enthusiasmus, sein Fleiß und sein Talent sind bemerkenswert.

Von großer Hilfe waren Vorlesungsniederschriften, sorgfältigst notiert von Kathy Dahlke, Jeff Baker, Linda Johnston und anderen.

Die hauptverantwortliche Person in der Herausgabe dieses Buches ist Louisa Lera. Falls das Buch verständlich ist, gebührt ihr der Dank dafür. Dankeschön, Louisa.

Janet Snowdon, Laurie Dack, Linda Johnston, Deborah Gordon, Melissa Fairbanks, A.V.S. Prasad, Mitch Fleischer, Abhijit Nanavati und Pratibha

Dalvi teilten sich die Arbeit, einzelne Kapitel in ihrem ersten Entwurf zu redigieren.

Jayesh Shah, Pflegebruder in meiner Familie, war mir im Persönlichen und im Beruflichen ein großartiger Weggefährte. Zusammen mit anderen Kollegen in der Bombay-Gruppe unterstützte er mich, überprüfte die Konzepte in der Praxis und gab mir viel wertvolle Kritik und Rückkoppelung. Ebenso unterstützte mich Sudhir Baldota wertvoll.

Meine Kollegen in der Klinik, u.a. Digish Doshi und Meghna Shah, haben mich durch die gesamte Buchentwicklung begleitet, und ich drücke meine Wertschätzung ihrer Hilfe aus.

Bei Jan Scholten bedanke ich mich für das Vorwort. Ich nehme diese Gelegenheit wahr, seine einzigartigen Beiträge zur Homöopathie dankbar anzuerkennen, insbesondere was das Erstellen des Periodensystems der Elemente (für die Homöopathie) betrifft.

All meinen Kollegen, die ich hier erwähnt habe, und einigen, deren Namen ich unbeabsichtigterweise nicht genannt habe, drücke ich hiermit meinen Dank aus, meinen Dank dafür, dass sie dabei waren.

EIN WORT DER VORSICHT VOM AUTOR

Die vorliegende Arbeit ist ein eigenständiges Werk. Es beinhaltet relativ neues Material. Und es ist gewiss weder abgeschlossen noch vollkommen. In der Tat, es bleibt viel Raum für Zweifel und Fragen, angefangen von Details wie zum Beispiel, welches Mittel welchem Miasma zuzuordnen ist, bis hin zu wichtigen Fragen, zum Beispiel, warum nur ein Mittel ein Miasma repräsentieren sollte und wie es sich mit all den anderen Pflanzen einer Familie verhalte, bis hin zu fundamentalen Fragen nach der grundlegenden Sinnhaftigkeit, der grundlegenden Wahrheit des Ganzen.

Warum also dieses Buch? Seit April 1999 arbeitete ich am Konzept. Zuerst musste ich mich vergewissern, dass die Idee durch mehrere erfolgreiche Fälle, die ich seit dem Beginn meiner homöopathischen Praxis im Jahr 1981 gesehen hatte, bestätigt werden konnte. Darüberhinaus musste ich sichergehen, dass auch Fälle aus der Literatur die Ideen unterstützten. Und dann musste ich das Konzept an neuen Fällen austesten, um herauszufinden, ob es mir dabei half, Heilmittel zu verschreiben, die ich andernfalls nie verschrieben hätte.

Ich muss sagen, dass das Ergebnis dieser Arbeit mich davon überzeugt hat, dass hinter den Konzepten etwas Wahres ist und dass sie somit in ihrem jetzigen Zustand dem Berufsstand von Hilfe sein können. Ich habe genug Vertrauen in die Klugheit und Weisheit meiner Homöopathiekollegen, um anzunehmen, dass sie den Inhalt des Buchs als das ansehen, was er ist, nämlich eine Idee, die es wert ist, dass man sie sich anschaut, und dass sie ihn nicht als festgesicherte Tatsache betrachten.

Mit diesem Wort der Vorsicht stelle ich das Werk freudig den Kollegen vor.

VORBEMERKUNG

(1) Die Namen der botanischen Familien und höheren Ordnungen sind dem Werk "Wichman's Natural Relationships" entnommen.

Das vorliegende Buch enthält Aussagen zu den folgenden Pflanzenfamilien:

Anacardiaceae

Berberidaceae

Cactaceae

Compositae

Euphorbiaceae

Labiatae

Leguminosae

Loganiaceae

Papaveraceae

Primulaceae

Rununculaceae

Rubiaceae

Srophulariaceae

Solanaceae

Umbelliferae

(In der botanischen Taxonomie erhalten Familien Namen, die auf -aceae enden. Neuere Namensgebungen mit -aceae sind in den Kapitelüberschriften wiedergegeben. – Anm. d. Übersetzers)

Es sei hiermit darauf hingewiesen, dass die folgenden Kapitel strenggenommen nicht Familien gelten, sondern einer höheren Ordnung.

Coniferae/Koniferen

Hamamelidae

Liliiflorae

Magnolianae

Malvales

Violales

Familien und Heilmittel, die einer höheren Ordnung angehören, besitzen eine gemeinsame Empfindung. Um es dem Leser einfacher zu machen, wurden daher die höheren Ordnungen genauso gehandhabt wie die Familien.

Zum Beispiel:

(a) Koniferen sind eine höhere Ordnung, die die folgenden Familien umfaßt: Taxaceae, Cupressaceae, Taxodiaceae, Pinaceae. Ich stellte fest, dass Heilmittel dieser Familien ein ähnliches Empfinden haben.

(b) In ähnlicher Weise verhält es sich bei den Violales der Dicotyledonae (Zweikeimblättrigen). Die Dilleniidae (Unterklasse) umfassen die folgenden Familien:

Bixaceae

Cariaceae (Papaya)

Cistaceae (Zistrosengewächse)

Cucurbitaceae (Kürbisgewächse)

Datiscaceae

Flacourtiaceae (Flacourtiaceen)

Loasaceae

Passifloraceae (Passionsblume)

Tamaricaceae (Tamarinde)

Violaceae (Veilchen)

(c) Die Hamamelidae werden unterteilt in Fagales, Platanaceae, Juglundaceae, Myricaceae und Urticales.

Die Urticales haben folgende Familien:

Cannabaceae

Cecropiaceae

Moraceae

Ulmaceae

Urticaceae

Die Heilmittel all dieser Familien haben ein gemeinsames vitales Empfinden und sind deshalb unter den Hamamelidae zusammengefasst.

(d) Die Liliiflorae der Monocotyledonae (Einkeimblättrigen) gehören zu der höheren Ordnung der Liliidae und haben die folgenden Familien:

Agavaceae
Aloeaceae
Amaliididaceae
Dioscoriaceae
Haemodoraceae
Iridaceae
Liliaceae
Alliaceae
Asparagaceae
Colchicaceae
Convallariaceae
Hyacinthaceae
Melanthiaceae
Trilliaceae
Smilacaceae
Xanthorrhoeaceae

(e) Die Magnolianae umfassen die folgenden Familien:

Aristolochiaceae, wozu Asarum gehört;

Magnoliaceae, wozu Magnolia grandiflora gehört;

Anonaceae, wozu Gaultheria (Wintergrün) gehört;

Myristicaceae, wozu Myristica bzw. Nux moschata (Muskatnuss) gehört;

Lauraceae, wozu Camphora (Kampher) und Cinnamomum (Zimt) gehören;

Illiacaceae, wozu Illicium gehört.

(f) Die Malvales umfassen die folgenden Familien:

Malvaceae
Sterculiaceae
Tiliaceae

(g) Die Koniferen umfassen folgende Familien:

Taxaceae

Cupressaceae

Taxodiaceae

Pinaceae

(2) Die allgemein gebräuchlichen Namen der Pflanzenfamilien sind ebenfalls angegeben, zum Beispiel Sumachgewächse für die Anacardiaceae, Nachtschattengewächse für die Solanaceae.

(3) Auch die Gemeinnamen von Früchten und Gemüsesorten sind unter ihren jeweiligen Familien angegeben. Papaya und Wassermelone gehören zum Beispiel zu den Violales, die Mango zu den Anacardiaceae. Auch habe ich festgestellt, dass Patienten im häufigeren Fall nach Nahrungsmitteln verlangen, die zu derselben Familie gehören wie das Heilmittel, das sie brauchen.

(4) Jedes Kapitel beginnt mit einer Suche im Repertorium. Dies, um zu zeigen, dass Ideen und Methoden wissenschaftlich sind, nicht so sehr, um die genaue Methode darzulegen, mit der das Empfinden herausgefunden wurde. Bei manchen Familien mag das gemeinsame Empfinden bereits gefunden gewesen sein, bevor es durch die Suche im Repertorium bestätigt wurde. Wenn Sie sich den Abschnitt über die Herkunft anschauen, werden Sie sehen, dass jedes Kapitel mit der Suche im Repertorium beginnt. Im vitalen Empfinden der Euphorbiaceae zum Beispiel geht es darum, *"festgemacht und losgemacht, angebunden und losgebunden"* zu sein. Und wenn man im MacRepertory-Programm nach den Rubriken sucht, die den Mitteln der Euphorbiaceae gemein sind, und diejenigen Rubriken wählt, die wenigstens zwei Mittel aus der Familie haben, dann findet man folgendes Symptom:

Haut: straff gespannt, Empfinden wie. (Cann-i., Crot-t., Hura)

Zwei dieser Mittel, nämlich Hura und Croton tiglium, gehören zu den Euphorbiaceae.

(5) Die Repertoriumsuche wurde in allen Fällen mit Hilfe des MacRepertory-Programms durchgeführt. Ich habe nur diejenigen Rubriken ausgewählt, die das Empfinden angezeigt haben, entweder auf Geistes- und Gemütsebene oder im Körperlichen. Aus diesem Grund wird der Leser bei den Rubriken Ziffern finden, 1., 3., 5. usw. Diese Zahlen verweisen auf die Zahl der Rubrik in der Repertoriumsuche.

(6) Die benutzten Abkürzungen sind meistens die aus dem MacRepertory-Programm. Dasselbe gilt für Autorennamen und ihre Abkürzungen. (Die deutsche Übersetzung kürzt Autorennamen nicht ab – Anm. d. Übersetzers)

(7) Wo das "Complete Repertory" als Referenz angegeben ist, bezieht sich der Hinweis auf eines der folgenden drei Werke:

Zandvoort Millenium Repertory,

The Complete Materia Medica of Mind,

Complete Repertory des MacRepertory-Programms.

(8) Der Leser ist angewiesen, die folgenden Kapitel zuerst zu lesen, die Kapitel über Liliiflorae und Rubiaceae im ersten Band und die über Papaveraceae, Solanaceae und Umbelliferae im zweiten Band. Diese Lektüre wird ihm eine gute Vorstellung vom Prozess der Fallaufnahme und von der Herangehensweise an die Pflanzenfamilien und ihre praktische Bedeutung vermitteln.

“So viel Ähnlichkeit man aber auch in ihren positiven Wirkungen [denen der Ignazbohne, Igantia] mit denen des Krähenaugsamens [Nux vomica] wahrnimmt (was allerdings auf eine botanische Verwandtschaft beider Gewächse hindeutet), so findet doch beim Gebrauche beider eine große Verschiedenheit statt, da schon der Gemütszustand der Kranken, wo Ignazsamen dienlich ist, sehr von demjenigen abweicht, wo Krähenaugsamen passt. Nicht bei Personen oder Krankheiten, bei denen Zorn, Eifer, Heftigkeit herrscht, sondern wo eine schnelle Abwechslung von Lustigkeit und Weinerlichkeit oder die andern Gemütszustände stattfinden, ... kann Ignazsamen passen ... Selbst in hoher Kraftentwicklung [Potenz] gibt Ignazsamen ein Hauptmittel ab in Ärgernisfällen bei Personen, die nicht geeignet sind, in Heftigkeit auszubrechen oder sich zu rächen, sondern welche die Kränkung in sich verschließen, bei denen, mit einem Worte, die Erinnerung an den ärgerlichen Vorfall anhaltend in ihrem Gemüte zu nagen pflegt, und so auch vorzüglich gegen Krankheitszustände, die von Gram erzeugenden Vorfällen entstehen.”

Dr. Samuel Hahnemann
Reine Arzneimittellehre

TEIL I

KONZEPTE

EINFÜHRUNG IN DAS PFLANZENREICH

Einblicke in das Pflanzenreich

Die Praxis der Homöopathie ist nicht einfach. Dies mag unter anderem daran liegen, dass Homöopathie eine der wenigen oder gar die einzige wissenschaftliche Disziplin ist, die in ihrer Methodik beim Spezifischen ansetzt, anstatt vom Allgemeinen zum Speziellen hinzuführen. Jeder Zustand eines Patienten soll mit einem Heilmittel identifiziert werden, und dies geschieht ausschließlich auf der Basis von Symptomen.

Auf ihrer Suche nach dem richtigen Heilmittel für einen Patienten halten sich Homöopathen oft ausschließlich an die Spezifika. Manchmal bringe ich einen Witz an, indem ich behaupte, dass dieselbe Vorgehensweise auf andere Bereiche angewandt ungefähr folgendermaßen aussehen könnte: Zur Charakterisierung eines Objektes beginnen wir mit drei Eigenschaften, zum Beispiel "schwarz", "groß" und "bewegt sich". Daraufhin sagt eine Person: "Oh ja, das kenne ich! Das ist ein Elefant!" Eine zweite Person identifiziert das Objekt als Wolke, und eine dritte ist sicher, dass wir es mit einer Dampfmaschine zu tun haben. Es ist daher nicht verwunderlich, dass es bei der Suche nach dem homöopathischen Mittel so viele Lösungsvorschläge gibt wie Homöopathen.

Eine wissenschaftliche Disziplin sollte üblicherweise zuerst fragen, ob es sich um ein lebendes oder ein nicht lebendes Objekt handelt. Falls es ein lebendes ist, ob es eine Pflanze oder ein Tier ist. Falls es ein Tier ist, ob es sich um ein Säugetier oder ein Kriechtier handelt usw. Und wenn es sich bei dem schwarzen, großen, bewegenden Etwas um ein Säugetier handelt, dann beschränkt sich unsere Auswahl auf zwei oder drei Arten. Und dann können wir mit spezifischeren Fragen fortfahren, um es noch näher einzukreisen. Auf ähnliche Weise wäre es für die Homöopathie bedeutend einfacher, wenn wir einem System folgten, das unser wahlloses Durchforsten der Materia medica – ein Dschungel ohne Karten und Wegweiser – ersetzte.

Meine Suche nach einer Landkarte führte mich in zwei Richtungen. Erstens dazu, die Krankheitszustände sowohl der Patienten als auch der Heilmittel – auf der Grundlage des Fortschreitens und der Geschwindigkeit des Krankheitszustandes und insbesondere auf der des Grades der Verzweiflung – in Miasmen einzuteilen. Das psorische Miasma ist dabei das am wenigsten verzweifelte und das syphilitische das am stärksten verzweifelte. Diese Verstehensweise der Krankheitszustände half mir sehr, Heilmittel, die in ihren Symptomen sehr ähnlich sind, voneinander abzugrenzen. Die Mittel Sulphur, Medorrhinum und Platina zum Beispiel haben alle das Symptom Egoismus. Wir können sie leicht voneinander unterscheiden, wenn wir erkennen, dass das Sulphur-Ego psorisch ist und daher nicht verzweifelt, durchaus optimistisch, aber nicht zu sehr. Das Medorrhinum-Ego ist sykotisch und daher verzweifelter als das Sulphur-Ego. Es muss seine Schwachpunkte verstecken; selbst wenn sein Ego verletzt ist, bedeutet das noch nicht sein Ende. Das Platina-Ego ist syphilitisch. Von den drei Mitteln ist es das verzweifeltste, es ist extrem, kann zu Selbstmord oder Mord führen, und ist insgesamt recht hoffnungslos.

Die zweite Richtung, in die mich meine Suche führte, war die Zuordnung der Zustände zu den Naturreichen, also zum Mineralien-, Pflanzen- und Tierreich. Nachdem ich viele Hunderte von Patienten in meiner ärztlichen Praxis aufs Schärfste beobachtet hatte, nahm ich Unterschiede in ihren Zuständen, ihrem Verhalten und ihren Reaktionen usw. wahr, die mit den drei Naturreichen übereinstimmten. Diese Unterschiede stammen von den fundamentalen Unterschieden zwischen den Reichen.

Ein Patient, der ein mineralisches Mittel braucht, nimmt ein Stukturproblem wahr, unabhängig davon, ob es sich bei seinem Problem um eine Beziehung handelt oder um seine berufliche Rolle oder seine Leistung. Ein Patient, der dem Pflanzenreich zugehört, hat ein Problem der Sensibilität, und bei einem Patienten aus dem Tierreich dreht sich alles ums Überleben, um Hierarchie oder um Wettkampf. Diese Unterscheidung half mir sehr in der Aufgabe, mich der richtigen Patientenmedizin anzunähern.

Da diese Klassifizierung aber noch viel zu verallgemeinernd war, sah ich mich zu einem weiteren Schritt genötigt, nämlich dazu, die Naturreiche in Unterreiche einzuteilen und dann zu überprüfen, ob die miasmatische Einteilung spezifischer angewendet werden könnte.

Zuerst wandte ich mich den Miasmen zu. Es stellte sich heraus, dass die drei Hauptmiasmen nur erste Anhaltspunkte waren und dass zwischen ihnen feinere Graduierungen existierten. Man kann zum Beispiel sagen, dass das menschliche Leben sich in drei Altersstufen einteilen läßt, nämlich jung, mittleres Alter und alt. Wir können aber durchaus viel spezifischer sein, indem wir in diese Klassifizerung feinere Einteilungen einbringen, also zum Beispiel das Säuglingsalter, die Zeit des Zahnens, das Schulalter, das Teenie-Alter, die Zwanziger, die Dreißiger, später die Menopause und zuletzt das Greisenalter. Genauso kann man mit den Miasmen verfahren, indem man zwischen den Hauptmiasmen weitere Feineinteilungen unterscheidet. Ich habe diese als das akute, das typhöse, das Malaria-, das Ringwurm-, das Krebs-, das tuberkulöse und das lepröse Miasma identifiziert. Jedes von ihnen hat einen eindeutig umschriebenen Charakter, und interessanterweise – dies habe ich später herausgefunden – korrespondiert auch jedes mit einem spezifischen Altersabschnitt im menschlichen Leben. All dies hat mitgeholfen, Krankheitszustände den Miasmen zu- und unterzuordnen.

Einen ähnlichen Schritt machte ich zur Feineinteilung und Untereinteilung der Naturreiche. Das fiel im Mineralreich, wo wir die Unterscheidung zwischen Salzen und Metallen haben, am leichtesten. Während Salze Probleme mit Beziehungen haben, haben Metalle Probleme mit ihrer Rolle oder ihrer Leistung. Außerdem stellte sich heraus, dass, je tiefer man im Periodensystem nach unten geht, wobei das Atomgewicht der Elemente zunehmend größer wird, umso mehr auch die Tiefe des Miasmas zunimmt. Während zum Beispiel Calcarea carbonica der Psora angehört, ist Strontium carbonicum sykotisch und Baryta carbonica syphilitisch. Die drei Elemente stehen in derselben Gruppe des Periodensystems, und ihnen gemein ist ihre Abhängigkeit von anderen Menschen, die sie zur eigenen Stütze brauchen.

Es war auch nicht besonders schwer, das Tierreich einzuteilen, denn die Einteilung in Klassen wie die der Insekten, der Kriechtiere, der Säugetiere usw. liegt ja bereits vor. Aus der Beobachtung der Zustände der Patienten und dem Studium der Heilmittel konnte man die Eigenschaften, die einer Klasse gemein sind, unterscheiden. Die Mittel der Insektenklasse zum Beispiel haben als gemeinsame Charakteristika u.a. ruhelose Aktivität und Angst vor plötzlichem Tod. Darüberhinaus wurde deutlich, dass alle Insekten ein und demselben Miasma zugehören, nämlich dem tuberkulösen. Im Tierreich ist von großem Vorteil, dass man ein Verhalten beobachten kann. Das Pflanzenreich dagegen blieb uns ein Rätsel.

Ein flüchtiger Blick auf Heilmittel, die einer bestimmten Pflanzenfamilie zugehören, lässt uns nicht ohne weiteres einen gemeinsamen Zug erkennen. Schauen wir uns zum Beispiel die Familie der Ranunculaceae an, zu der die Mittel Aconitum, Pulsatilla und Staphysagria gehören. Die für den Aconitum-Zustand so typische intensive Todesangst scheint mit der Milde und der Weinerlichkeit von Pulsatilla oder mit dem Beleidigtsein von Staphysagria nichts zu tun zu haben. Man mag sich sogar fragen, ob die botanische Einteilung überhaupt irgendeine Bedeutung für die Homöopathie habe, d.h. ob die Pflanzen innerhalb einer Familie vielleicht nur morphologische Ähnlichkeiten aufweisen, aber darüberhinaus keine wirklich tieferliegende Gemeinsamkeit.

Diese Frage schien mir in meinem Bemühen um ein System innerhalb der Homöopathie wichtig zu sein. Genau wie im Mineral- und Tierreich müsste also auch eine weitere Unterteilung des Pflanzenreichs von Nutzen sein. Wie war dabei vorzugehen? Ich dachte, der botanischen Klassifizierung müsse eine gerechte Chance gegeben werden, bevor ich sie als ungeeignet fallenließe. Zuerst fragte ich mich, was den Heilmitteln aus einer Pflanzenfamilie gemein sein könne. Im Verfolgen dieser Frage erlebte ich meinen ersten Durchbruch. Falls die dem Pflanzenreich gemeinsame Eigenschaft die Sensibilität ist, dann müsste eine jede Pflanzenfamilie ihre eigene Art von Sensibilität haben. Dieser Gedanke war dem ähnlich, was ich im Mineralreich gesehen hatte. Dort war das grundlegende Problem ein Problem der Struktur oder der Rolle gewesen, und jede Gruppe hatte ein eigenes Struktur- oder Rollenproblem, so wie es am Beispiel von Calcium, Strontium und Barium weiter oben erwähnt wurde. Danach fragte ich mich, wo man innerhalb der Symptomatologie den Typus der Sensibilität am deutlichsten beschrieben fände. Und die Antwort darauf war: innerhalb der Empfindungen, im Schmerztypus, in der Wahrnehmung von Schmerzen. Also durchsuchte ich das Repertorium mithilfe eines Computerprogramms und stellte zu meiner Freude fest, dass Heilmittel aus einer bestimmten Familie zumindest ein Empfinden oder eine Schmerzwahrnehmung gemein hatten. Zum Beispiel hatten die Mittel der Compositae-Familie das Empfinden des Verletzt- oder Verwundetseins.

Dieses gemeinsame Empfinden drückt sich in allen Mitteln der Familie aus und bei jedem Mittel auf eine andere Weise. Einige wie Arnica erleben das Empfinden wie einen Schmerz, der von Prellungen herrührt; andere wie Chamomilla erleben es als eine Reaktion, indem sie anderen Schmerz zufügen. Aber das Hauptgefühl ist ihnen gemeinsam. Ich fand heraus, dass es sich auf vier verschiedene Weisen Ausdruck geben kann: als ein Empfinden, als eine passive Reaktion, als eine aktive Reaktion oder in Form einer Kompensation. Wenn zum Beispiel die Empfindung aus Verletztsein und Verwundetsein besteht, dann kann eine passive Reaktion darin bestehen benommen zu sein, eine aktive Reaktion mag es sein zurückzuschlagen, und die Kompensation mag darin bestehen, so hart zu werden, dass man alle Schläge hinnehmen kann. Bei näherer Untersuchung stellte ich fest, dass alle Heilmittel einer bestimmten Familie diese Ausdrucksformen haben, obwohl für jedes Heilmittel eine davon besser bekannt ist.

Die Erkenntnis eines gemeinsamen Empfindens ebnete den Weg für ein tieferes Verständnis der Gemütszustände der Pflanzenmittel, ähnlich wie es auch im Mineralreich gewesen war. Durch das Identifizieren des gemeinsamen Empfindens im mentalen und emotionalen Bereich war es leichter geworden, das zentrale Thema und die Kernsymptome eines Pflanzenmittels zu erkennen. Das allein war schon sehr aufregend. Die nächste natürlich auftauchende Frage war die Frage, warum - trotz des gemeinsamen Gefühls oder Empfindens - so viele Unterschiede in den Bildern und in der Symptomatologie von verschiedenen Mitteln derselben Familie existieren. Das war das letzte Hindernis. Und dann war plötzlich die Antwort da. Der Unterschied zwischen den Mitteln einer Familie existiert, weil die Mittel verschiedenen Miasmen zugehören. Mit anderen Worten: Obwohl das Empfinden dasselbe ist, nimmt ein jedes Mittel es in unterschiedlicher Tiefe und mit einem unterschiedlichen Ausmaß an Verzweiflung wahr, und deshalb gibt es verschiedene Symptome.

Nehmen wir als Beispiel einmal die Familie der Loganiaceae. Hier ist das gemeinsame Empfinden "Schock" bzw. "Schockiertsein", und im Emotionalen wird dies als Enttäuschung wahrgenommen. Nux vomica nun nimmt dies als Krise wahr und kann deshalb nicht eher ruhen, bis die Situation zurechtgerückt ist oder sich erholt hat, wie zum Beispiel bei einem Geschäftsverlust. Ignatia aus derselben Familie empfindet die Notwendigkeit, die Reaktion auf die Enttäuschung unter strenger Kontrolle zu haben. Im Fall von Nux vomica sind Wahrnehmung und Reaktion charakteristisch für das typhöse Miasma, während sie im Fall von Ignatia typisch für das Krebsmiasma sind. Obwohl den Mitteln also das Empfinden gemein ist, unterscheiden sich ihre Bilder stark voneinander. Ungeduld und Tempo sind die Charakteristika, die Nux vomica und typhöse Mittel aus anderen Familien und Naturreichen gemeinsam haben, wie zum Beispiel Bryonia und Sulphuricum acidum;

das Bedürfnis nach Kontrolle hat Ignatia mit anderen Mitteln des Krebsmiasmas wie Carcinosinum und Staphysagria gemein.

Ich nahm mir jedes Mittel in einer Pflanzenfamilie vor, erstens um sicherzustellen, dass das der Familie gemeinsame Gefühl einer Überprüfung standhielt, und zweitens um festzustellen, welchem Miasma das Heilmittel zugehörte. Ich studierte nicht nur die Materia medica, sondern auch erfolgreiche Fälle aus der eigenen Praxis und aus der homöopathischen Literatur. Es war ein aufregender Prozess für mich, denn zum ersten Mal füllten sich Lücken im Verständnis meiner eigenen Fälle; dies fühlte sich wie ein erster Beweis für einen Wahrheitsgehalt meines Konzeptes an. Als Beispiel erwähne ich hier einen Fall von Angstneurose, den ich erfolgreich mit dem Mittel China behandelt habe. Während einer Wiedervorstellung sagte dieser Patient, dass er sich so erleichtert fühlte, dass er "vor Freude tanzte". Obwohl mir das seltsam vorkam, behandelte ich diese Ausdrucksweise nebensächlich. Ihre Bedeutung erkannte ich erst, als ich die Familie der Rubiaceae, zu denen das Mittel China gehört, studierte. Ich stellte fest, dass "Empfindlichkeit für Freude" ein dieser Familie gmeinsames Merkmal war. (Coffea, von dem wir das Symptom kennen, gehört ebenfalls zu dieser Familie.) Als ich mich daran machte, das Miasma eines jeden Mittels zu definieren, wurde mir klar, wie schwierig dies für wohlbekannte Mittel ist und wieviel schwieriger es für weniger bekannte und weniger geprüfte Mittel sein muss. Ich musste deshalb gewisse klar definierte Kriterien entwickeln. Im Folgenden zeige ich, was ich dazu erarbeitet habe.

Für jedes Mittel nahm ich folgende Parameter zur Kenntnis:

(1) Ob das Mittel dafür bekannt ist, dass es die Krankheit oder Infektion des Miasmas heilen kann. Hat das Mittel zum Beispiel Ringwurm (Tinea) oder Tuberkulose in seiner Symptomatologie? Das wäre ein Hinweis dafür, dass es unter diesem Miasma aufzulisten ist. Es bedeutet aber nicht, dass, wenn das Mittel sich in der bestimmten Infektion als erfolgreich erwiesen hat, es deshalb automatisch in dieses Miasma gehört. Lachesis und Arsenicum album zum Beispiel sind bekannt als Heilmittel bei Typhus, aber sie gehören nicht dem Typhus-Miasma an. Dies gilt insbesondere für diejenigen Mittel, von denen wir wissen, dass sie in fast allen Infektionskrankheiten von großem Nutzen sind.

(2) Ob die Hauptpathologie, die durch das Mittel bekannterweise geheilt wird, in erster Linie zu einer miasmatischen Gruppe gehört. Falls

das Mittel zum Beispiel Warzen und gutartige Tumoren umfasst, dann ist dies als Hinweis auf die Sykose zu werten.

(3) Erkennen wir im Wesen der Symptome Akutheit, intermittierendes Auftreten, Gewebsuntergang usw.?

(4) Wo im Geistes- und Gemütszustand liegt der Schwerpunkt, in akuten Ängsten, im Verbergen und Zudecken? Ich studierte auch alle vorliegenden Träume und Wahnideen. Ich überprüfte, ob das Mittel die Eigenschaften eines bestimmten Miasmas stärker zum Ausdruck bringt als die eines anderen Miasmas. Wenn ein Mittel zum Beispiel starke Gefühle von Schmutzigkeit, Ekel und Verachtung hat, zusammen mit Gefühlen, von den nächsten Verwandten oder Freunden enttäuscht geworden oder und im Stich gelassen zu sein, dann neige ich in der Regel dazu, an das lepröse Miasma zu denken. (Die Heilmittel Hura und Curare gehören zu diesem Miasma.) Das präzise Verstehen der Miasmen hat mir in diesem Prozess sehr geholfen. Und dieses Verständnis hat sich seit den früheren Büchern sehr verfeinert.

(5) Eine Untersuchung der charakteristischsten Merkmale eines Mittels gab mir einen wichtigen Hinweis. Die charakteristischsten Symptome eines Mittels müssen eine Kombination des Empfindens und des Miasmas sein. Wenn das Empfinden einmal bekannt ist, kann man auf das Miasma schließen.

So kam ich zu dem Schluss, dass jedes Heilmittel am Kreuzungspunkt oder an der Schnittstelle eines Miasmas und einer Pflanzenfamilie liegt. Indem ich die Ideen zu den verschiedenen Familien weiterentwickelte, indem ich die Mittel innerhalb einer jeden Familie untersuchte, indem ich jedes Mittel in ein Miasma einordnete, entstand langsam ein Schema oder eine Übersicht von Pflanzenfamilien und Miasmen, die dem Periodensystem der Elemente nicht unähnlich war. An diesem Punkt unternahm ich ein kleines Experiment. Ich versuchte, auf der Grundlage des Wissens über die Familie und das Miasma das Hauptthema eines jeden Mittels zu erraten, und danach überpfrüfte ich dies anhand von Prüfungen, Materia medica und klinischen Daten aus erfolgreich abgeschlossenen Fällen. Nehmen wir uns zum Beispiel einmal Sarsaparilla vor. Das Mittel gehört zu den Liliiflorae, und bei diesen ist ein Gefühl des Ausgeschlossen- oder Weggestoßenseins ganz wesentlich. Ich legte mich darauf fest, dass Sarsaparilla zum Ringwurm-Miasma gehört, dessen Haupttätigkeit im "Versuchen" besteht. Falls meine Theorie richtig war, müsste der Sarsaparilla-Patient sich in erster Linie darauf konzentrieren, "zu versuchen, nicht ausgeschlosssen zu werden". In zwei Fällen, bei denen Sarsaparilla eine wesentliche Wirkung gezeigt hatte, fand ich tatsächlich dieses Gefühl als das zentrale Gefühl. In keinem Werk bisher ist das Gefühl erwähnt, aber im Licht meiner neuen Idee war es völlig einsichtig. Die Theorie funktionierte! Das war für mich eine aufregende Entdeckung, und ihre Bedeutung und ihr Potential schienen mir gewaltig. All dies ist natürlich noch in einem Anfangsstadium, und ich habe mit mir und anderen darüber diskutiert, ob man darüber bereits reden solle oder ob man abwarten solle, bis die Konzepte weiterentwickelt sind. Auf einem Seminar in Esalen, Kalifornien, im Oktober 1999 stellt ich zum ersten Mal meine diesbezüglichen Ideen einer Gruppe von fortgeschrittenen Homöopathen und Lehrern vor. Viele empfanden, dass das Material und das Gedankengebäude selbst in dem damaligen Zustand sehr nützlich sein und Fruchtbares stimulieren könnten. In diesem Sinne drängten sie mich, meine Konzepte sofort der Öffentlichkeit vorzustellen. Und in diesem selben Geist breite ich hier meine Ideen aus, so dass dieser Durchbruch dazu beitrage, dass im oben genannten Sinne eine Übersicht über die Pflanzenfamilien entwickelt werden kann, und dass wir damit dem Ziel, das uns am allen Herzen liegt, näherkommen, nämlich der Wiederherstellung von Gesundheit für kranke Menschen.

In dieses Buch habe ich viel Fälle aufgenommen, die auf meinem Studium der Pflanzenfamilien basieren. Hier gebe ich jetzt einen Überblick über Methode und System, mit denen ich das Studium der Pflanzenfamilien anging.

* Der erste Schritt bestand darin, alle Heilmittel, die zu einer Pflanzenfamilie gehörten, zu erfassen.

* Der zweite Schritt war es, die bekannten und klinisch gebrächlichen Mittel dieser Familie zu identifizieren, um mit ihnen die Untersuchung zu beginnen.

* Daraufhin wählte ich zwei bis fünf dieser Mittel aus, die anscheinend nichts miteinander zu tun hatten, und unterzog sie einem Repertorium-Suchprogramm. Ich benutzte dabei das MacRepertory-Programm, das von David Warkentin zu diesem Zweck entwickelt wurde, aber ich glaube, jedes gute Software-Programm mit dieser Funktion sollte dem Zweck genauso gut dienen.

* Ich benutzte das Programm, um das gesamte Repertorium zu durchsuchen und diejenigen Rubriken zu notieren, die beliebige zwei – oder in manchen Fällen drei oder vier – Mittel der Pflanzenfamilie

aufführten, während ich mich gleichzeitig auf diejenigen Rubriken beschränkte, die weniger als fünfzig Heilmittel aufführten.

Das schloss alle Kapitel des Repertoriums mit ein, einschließlich Geist und Gemüt, Allgemeinsymptome und alle Körperregionen.

* Als diese Liste erstellt war, gab ich den Befehl, dass das Programm mir die Daten ordnen solle, und zwar gemäß der Anzahl der Mittel in der Rubrik und beginnend mit der Rubrik mit der geringsten Anzahl. Während ich die Liste durchging, suchte ich nach einem Empfinden oder Gefühl, das möglicherweise ein gemeinsamer Faktor bei den Mitteln in der betreffenden Familie sein könnte. Ich suchte nach den Empfindungen, besonders nach denen, von denen ich in anderen Familien nichts erfahren hatte und nach solchen, die ich – mit meinem Wissen um einige der Mittel derselben Familie – miteinander korrelieren und mit den Mitteln in Verbindung bringen konnte. Gelegentlich half mir dies, das charakteristische Symptom einer Familie einzukreisen. Doch eine Empfindung fand sich manchmal auch erst ganz unten in der Liste.

* Wenn ich erst einmal eine mögliche gemeinsame Empfindung einer Familie gefunden hatte, dann bestand der nächste Schritt darin, sie bei jedem Mitglied der Pflanzenfamilie – angefangen bei den besser bekannten – auszuprobieren.

Hierbei nahm ich vor allem zwei Bücher zur Hilfe, Phatak's Materia medica und das Buch der Repertoriums-Auszüge, das Teil des benutzten Materia-medica-Programms ist, d.i. Reference Works.

Ich versuchte, bei diesem Studium so objektiv wie möglich zu sein. Einer meiner Maßstäbe war es zu sehen, ob die charakteristischsten Symptome des untersuchten Heilmittels das Empfinden direkt oder indirekt mit einschlossen. Die zweite Bestätigung, nach der ich suchte, bestand darin, zu schauen, ob das Geistes- und Gemütsbild der Mittel einer Familie das allgemeine Empfinden widerspiegelte, zu dem ich in meiner hypothetischen Annahme gelangt war. Wenn ich nicht genug Beweismaterial fand, dann musste ich mir erneut die Liste anschauen oder musste die Suche anders gestalten, indem ich andere Mittel der Familie einbezog.

* Wenn ich einmal von der Hauptempfindung einer Familie überzeugt war, untersuchte ich ein jedes Mittel der Familie erneut, um die verschiedenen Formen und Beschreibungen der Empfindung sowohl im Körperlichen als auch im Emotionalen aufzufinden. Dieses Studium bewirkte, dass das gesamte Bild klarer und schärfer wurde.

* Wie bereits oben erwähnt, kann das Empfinden in direkter Form oder als passive Reaktion oder als aktive Reaktion oder als Kompensation auftauchen. Indem ich jedes Mittel im Detail studierte, identifizierte ich diese Erscheinungsformen. Und dies half mir, das Bild des der Familie gemeinsamen Empfindens zu vervollständigen.

An diesem Punkt ist es angebracht, ein Konzept vorzustellen, das mir geholfen hat, meine Sichtweise der Heilmittel auszuweiten. Im Allgemeinen können Symptome in zwei Kategorien eingeteilt werden, in Empfindungen und Wahrnehmungen und in Aktionen. Jede Aktion entsteht als Antwort auf ein entsprechendes Empfinden und jede Wahrnehmung löst eine bestimmte Aktion aus, selbst wenn eine Tat nicht wirklich ausgeführt wird. Wenn die Aktion zum Beispiel in Kratzen besteht, dann muss notwendigerweise ein Juckgefühl vorhanden sein. Und falls ein Jucken vorliegt, dann besteht der Drang zu kratzen, ob man es tatsächlich tut oder nicht. Auf diese Weise sind Wahrnehmung und Handeln (oder der Drang zu einer Handlung) gleich und entgegengesetzt. Dies gilt auch für Emotionen und Reaktionen.

Gleichermaßen, wenn jemand den Drang nach Mord empfindet, dann muss in ihm das Empfinden vorliegen, dass man ihn ermorden möchte. Wenn jemand ein beleidigendes Verhalten an den Tag legt, dann muss er sich in dem gleichen Maße beleidigt fühlen. Und in gleicher Weise, wenn jemand das Gefühl hat, ihm werde Gewalt angetan, dann hat er gewiss den Drang, ebenfalls Gewalt anzutun (bewusst oder unbewusst). Wenn man dies auf die Materia medica anwendet, werden die Heilmittelbilder vollständig. Wenn ein Mittel zum Beispiel das Symptom *"jagt Leute"* hat, dann muss es das Empfinden haben, dass *"Leute ihn jagen"*. Und ich muss wieder hinzufügen, dass ich körperliche und gefühlsmäßige Symptome austauschbar benutze. Es ist keine Überraschung für mich zu erkennen, dass ein Mittel, das das körperliche Empfinden von *"stechenden Schmerzen"* hat, auch das Geistes- und Gemütssymptom von *"Impuls zu erstechen"* besitzt. Ich habe dieses Konzept bei meinen Studien und in der Praxis ausgiebig angewandt.

* Der nächste Schritt war es sicherzustellen, zu welchem Miasma jedes Mittel innerhalb einer Familie gehörte. Hier untersuchte ich für jedes einzelne Mittel die fünf Aspekte, die ich oben erwähnt habe. Außerdem hatte ich bereits einen Hinweis erhalten, nämlich, dass jedes chrakteristische Symptom eines Mittel eine Kombination der Familienempfindung und des Miasmas ist. Wenn ich also einmal das Empfinden der Familie gefunden hatte, konnte ich das charak-

teristische Empfinden des Mittels untersuchen und davon das Miasma ableiten. Das bedurfte natürlich weiterhin der Bestätigung anhand der fünf oben genannten Kriterien.

* Als ich das Miasma eines jeden Mittels innerhalb einer Familie abgeleitet hatte, war es mir möglich, eine Orientierungskarte aller Miasmen zu entwerfen und aller Heilmittel in einer Pflanzenfamilie, die mit ihnen korrespondierten.

* Nachdem ich auf diese Weise jede Familie untersucht hatte, ergab sich eine vorläufige Übersicht über die Familien und Miasmen.

* In einigen Familien sind nur wenige Mittel bekannt, in anderen sogar nur ein oder zwei. In diesem Fall ist es unmöglich, für jedes Miasma ein stellvertretendes Mittel zu finden, und ich entwarf eine andere Strategie. Ich nahm mir eine übergeordnete Kategorie vor, zu der die Familie gehört. Wenn ich dann beim Studium der Mittel innerhalb der höheren Ordnung überzeugt war, ein gemeinsames Thema gefunden zu haben, das sich wie ein roter Faden durch die gesamte Überordnung zog, ähnlich dem Empfinden in einer Pflanzenfamilie, dann bildete ich eine größere Gruppe, die die anderen Familien der Überordnung miteinschloss.

Diese Gedanken betreffs des Pflanzenreichs führten mich zu dem Verständnis, dass das *"Empfinden"* tiefer reicht als der Gemütszustand. Das brachte mich zum Verstehen der verschiedenen Ebenen der Wahrnehmung. Die erste Ebene ist der Name oder der Begriff, die zweite Ebene ist die Tatsache, die dritte das Gefühl, die vierte die Wahnidee, die fünfte das (vitale) Empfinden und die sechste die energetische Ebene. Dies gilt für Heilmittel aus allen Naturreichen. Das Verständnis der Ebenen öffnete den Weg für ein viel klareres und gezielteres Vorgehen bei der Fallaufnahme und für den Entwurf einer Landkarte, die uns zu jedem Zeitpunkt sagt, wo wir uns während der Anamnese befinden. Dies half sehr, das lästige Problem der Potenzwahl zu lösen. Dieser neue Ansatz hat meine Praxis und die meiner Kollegen, mit denen ich meine Einsichten teile, revolutionär verändert. Ursprünglich hatte ich in dieses Buch ein Kapitel über die neue Herangehensweise aufgenommen, aber es war so ausführlich geworden, dass daraus ein eigenständiges Buch entstehen musste. Dieses Buch mit dem Titel "The Sensation in Homoeopathy" ("Das Empfinden in der Homöopathie") ist jetzt in Entstehung. Ich empfehle wärmstens, dass es zusammen mit dem vorliegenden benutzt werde, um die besten Resultate zu erzielen. Die

Ideen in diesen beiden Büchern haben in meinem Verständnis der Homöopathie einen Quantensprung verursacht, und dies hat bewirkt, dass sich in einigen meiner schwierigen Fälle auf den Gesichtern ein längst überfälliges Lächeln eingestellt hat.

ENTWICKLUNG IN DEN LETZTEN BEIDEN JAHREN

Gesetzmäßigkeiten und Ableitungen

Die Philosophie dieses Buches und die vorgestellten Fälle basieren auf gewissen Konzepten, die im Verlauf der letzten beiden Jahre aus der Praxis hervorgegangen sind.

Das erste konzeptuelle Gesetz lautet: ***Empfinden und Tun sind gleich und einander entgegengesetzt***.

Dies bedeutet, dass unser Handeln dem zu entsprechen neigt, was wir als uns zustoßend wahrnehmen. Wenn man zum Beispiel eine Beleidigung wahrnimmt, dann möchte man darauf mit einer Beleidigung reagieren. Die Beleidigung oder den Angriff mag man dabei gemütsmäßig oder körperlich wahrnehmen. Oder wenn ein Mensch empfindet, dass man ihm eine Verletzung zufügt, dann möchte er sie mit einer Verletzung erwidern, und zwar in dem Ausmaß, indem er die eigene Verletzung wahrnimmt; er muss dies nicht unbedingt in die Tat umsetzen, aber der Drang danach wird sich ganz natürlich einstellen.

All dies ist im Falle von Heilmitteln wie *Mercurius* und *Platina* offensichtlich, wo man Symptome von homizidalen Impulsen vorfindet und gleichzeitig eine große Angst davor getötet zu werden. Man kann also erkennen, dass der Wunsch zu töten dem Empfinden oder der Angst davor getötet zu werden gleich und entgegengesetzt ist. Wenn wir jetzt zu dem früheren Beispiel zurückgehen, dem Beispiel des Empfindens einer Beleidigung, sehen wir, dass das Mittel Staphysagria das Gefühl von Empörung und Beleidigtsein hat und gleichzeitig das Symptom einer Wahnidee, nämlich: *Wahnidee, von Niedrigkeit und Unterlegenheit anderer, während er selbst großartig sei*.

Solche Gegensätze in Empfinden und Handeln finden sich in der Symptomatologie vieler Heilmittel, aber das Konzept (nämlich: ***Empfinden und Tun sind gleich und einander entgegengesetzt***) wird bei denjenigen Mitteln von großem Nutzen sein, bei denen die

Prüfungen und klinischen Fälle nur eine der beiden Seiten hervorgebracht haben, entweder das Tun oder das Empfinden. In vielen Mitteln finden sich nur die Aktionen ohne entsprechende Empfindungen oder Wahnideen. Hier kann der Gedanke direkt angewandt werden: Falls ein Tun vorliegt, muss das Empfinden gleich und entgegengesetzt sein. Ebenso kann man im Fall eines Mittels, bei dem nur das Empfinden bekannt ist, davon ausgehen, dass es ein gleiches und entgegengesetztes Handeln gibt. Empfinden und Tun sind zwei Seiten einer Münze.

Auch beim Anamneseerheben wird einem klar, wie nützlich das Konzept ist: Man weiß dann, was man in verschiedenen Äußerungen des Unterbewussten, in Traum, in Interessen und Hobbies erwarten kann. Falls ein Patient sagt, dass er sich danach fühlt, jemanden umzubringen, dann ist man automatisch wachsam für das entsprechende Empfinden, nämlich dass er getötet werden solle. Es ist wahrscheinlich, dass sich dieses Empfinden in den Träumen oder Interessen und Hobbies ausdrückt. Manchmal findet man es sogar als das Empfinden der Hauptbeschwerde; der Patient mag zum Beispiel äußern: "Mein Halsweh bringt mich um!"

Der praktische Nutzen des Konzepts soll anhand eines Falles illustriert werden. In diesem Fall handelte es sich um eine Frau mit einer Borderline-Lepra mit ausgeprägten Hautläsionen an den Extremitäten. Als Anamnese machte sie folgende Angaben: Ihr Ehemann war gelähmt gewesen. Sie hatte einen Sohn, und dieser stritt sich oft mit seiner Frau. Eines Tages nach einem Streit rannte ihre Schwiegertochter plötzlich aus dem Haus und verschwand für drei Jahre. Damit ließ sie die Patientin zu einem Zeitpunkt, wo sie dringend Hilfe brauchte, völlig allein. Der Sohn der Patientin verfiel in Depression und vernachlässigte seinen Laden. Und so war sie damit alleingelassen, sich um ihren kranken Mann zu kümmern, um einen deprimierten Sohn, um dessen zwei Kinder und um seinen Laden. Nach ihren Gefühlen befragt, erwiderte sie, dass sie keinen Zorn empfunden hatte; dass sie überhaupt nichts fühlte. Ich konnte hier erkennen, dass es sich um einen Fall von starker Unterdrückung aller Emotionen handelte, und dass stattdessen eine starke Pathologie zum Ausdruck kam. In der Vergangenheit war sie durchaus zornig und ausfällig geworden, aber jetzt war sie das nicht mehr. Ihr Mann verstarb später, ihre Schwiegertochter kehrte zurück, und ihr Sohn war wieder in Ordnung und kümmerte sich um sein Geschäft. Sie war zornig gewesen, aber sie drückte es aus Angst davor, dass ihre Schwiegertochter wieder weglaufen könne, nicht aus. Dann entwickelte sie Lepra.

Aus Furcht davor, dass ihre Schwiegertochter weglaufe, gab sie ihren Gefühlen keinen Ausdruck. Man kann in diesem früheren Vorfall verstehen, dass ihr Empfinden gewesen war, von ihrer Schwiegertochter im Stich gelassen worden zu sein; als sie sie am stärksten benötigte, wurde sie alleingelassen.

Also ist das Hauptgefühl in ihrem Gemüt: "Fühlt sich von ihren Verwandten im Stich gelassen." Bei dem Mittel Secale cornutum finden sich die Symptome *Wahnidee, lässt ihre Verwandten im Stich* und *lässt Beziehungen sitzen*, was die genauen Gegenteile zu dem sind, was bei der Patientin zu beobachten ist. Unter den Symptomen des Mittels finden wir das Tun, während die Patientin das Empfinden ausdrückt. Ich verabreichte ihr Secale cornutum (es gab noch weitere Indikationen für das Mittel in ihrem Fall), woraufhin die lepröse Hauterscheinung verschwand und die Patientin wieder gesund wurde.

In diesem Fall handelt es sich um das Empfinden, von den Verwandten im Stich gelassen zu sein, und das entsprechende Tun muss darin bestehen, ihre Verwandten zu verlassen, unabhängig davon, ob sie es tatsächlich tut oder nicht. Natürlich hat Secale cornutum auch das Gefühl des Im-Stich-Gelassenseins, aber noch wichtiger ist das einzelne Symptom, nämlich die Wahnidee, sie lasse ihre Verwandten im Stich. Während also das Gefühl des Aufgegebenseins ihr Empfinden erklärt, erklärt das Einzelsymptom die Intensität und Tiefe des Empfindens: aufgegeben selbst von denen, die einem am nächsten sind, von den eigenen Verwandten. Ich habe festgestellt, dass dies ein allgemeiner Zug der Heilmittel ist, die dem Lepra-Miasma angehören, und Secale cornutum ist eines der Hauptmittel für Lepra.

Bei Secale cornutum findet man auch das Einzelsymptom *verachtungsvoll, gegenüber Beziehungen* und *spöttisch, gegenüber seinen Verwandten*. Man kann davon ausgehen, dass das Gegenteil auch wahr ist, d.h. dass er empfindet, dass seine Verwandten ihn verachten und sich über ihn lustig machen, obwohl diese Empfindungen unter den Symptomen des Mittels nicht aufgeführt sind. Platina ist ein weiteres Mittel mit dem Symptom verachtungsvoll. Entsprechend hat es auch das Symptom *Beschwerden, ausgelöst von Spott, von Verspottetwerden*. Es geht also um das Gefühl verspottet zu werden, und das Handeln besteht im Verspotten.

Auf diese Weise habe ich das Prinzip durch das ganze Buch hindurch benutzt, zum Beispiel wenn ich das Empfinden oder das Miasma (das Handeln) bei einem Heilmittel verstehen wollte. Wo ich weder das eine noch das andere fand, ging ich einfach davon aus, dass das Empfinden das gleiche und entgegengesetzte zum Tun sei, das sich durch die Symptomatologie zog, und umgekehrt.

Die zweite von mir angewandte Gesetzesmäßigkeit lautet: ***Das Gegenteil von allem Gesagten ist gleicherweise wahr.***

Dieses Gesetz hat mit Sensibilität zu tun. Sensibilität ist das Wichtigste, das es in jedem Fall zu verstehen gibt, und sie setzt sich aus Gegenpolen zusammen. Wenn jemand spontan von einem Thema redet, ohne dass eine Leitfrage ihn in diese Richtung geführt hätte, dann bedeutet dies, dass er gerade in diesem Bereich seine Empfindlichkeit hat, und diese Empfindlichkeit kann in zwei Richtungen führen. Wenn jemand davon redet, dass er eine große Scheu vor öffentlichem Auftreten habe, dann bedeutet das, dass er für das Thema des öffentlichen Auftretens sehr sensibilisiert ist. Einerseits bedeutet es, dass es ihm sicherlich an Selbstvertrauen mangelt, so wie er es ausdrückt, aber auf der anderen Seite hat er gerade wegen dieser Sensibilität das Potential zu einem ausgezeichneten öffentlichen Redner. Die Sensibilität ist es also, die ihm die Angst einjagt, und dieselbe Sensibilität macht ihn zu einem Menschen für öffentliches Auftreten. Furcht und Mut sind also auch zwei Seiten einer Münze. Wir sehen den Beweis für dieses Beispiel bei Heilmitteln wie *Argentum* nitricum oder *Argentum metallicum;* sie sind die besten öffentlichen Redner und gleichzeitig haben sie eine große Angst vor dem Reden in der Öffentlichkeit.

Wir wollen uns ein weiteres Beispiel anschauen, einen Menschen, bei dessen Sensibilität sich alles um Moral dreht. Er sagt, er sei sensibel gegenüber Sich-Anschwindeln und gegenüber unrechten Dingen. Das heißt offensichtlich, dass es ihm zusetzt, wenn andere Menschen so etwas tun, und dass er selbst es nicht tun möchte. Es kann aber auch bedeuten, dass er des Schwindelns und unrechter Dinge durchaus selbst fähig ist, dass er zu demselben Tun fähig ist, gegen das er sich so stark äußert. Sensibilität kann also in zwei Richtungen Bedeutung haben, und deshalb ist es bezüglich des Themas Sensibilität wahr, dass das Gegenteil von allem Ausgesagten ebenso wahr ist.

Die schlichte Tatsache, dass jemand ein bestimmtes Thema betont, bedeutet, dass seine Sensibilität in diesem Bereich angelegt ist. Und was immer er zu diesem Thema sagen würde, kann nur Bestand haben auf dem Hintergrund des Gegenteils. Ein weißer Gegenstand ist zum Beispiel nicht sichtbar, wenn der Hintergrund ebenfalls weiß ist: man kann es nur gegen einen schwarzen Hintergrund sehen. Auf dieselbe Weise kann Liebe nur gegen den Hintergrund von Hass existieren und Schönheit nur gegen den Hintergrund von Hässlichkeit. Wenn jemand Friedsamkeit betont, dann ist Gewalt auch ein Thema für ihn. Wenn jemand über seine positiven Qualitäten redet, wenn er zum Beispiel behauptet, er sei kühn und mutig, dann heißt dies, dass er auch voller Angst ist, und dies wird sich unterbewusst ausdrücken, entweder in seinen Träumen, Hobbies, seiner Kindheit etc. Wenn jemand behauptet, er habe keine Angst, bedeutet dies, dass er Angst hat, und wenn jemand behauptet, er habe keine Angst vor dem Tod, bedeutet dies, dass er ganz sicherlich Angst vor dem Tod hat. Wenn jemand etwas beharrlich leugnet, dann ist das Gegenteil ebenso wahr. Wenn das Gegenteil einer bestimmten Sache nicht ebenfalls wahr ist, dann wird das Thema im Allgemeinen überhaupt nicht betont.

Das zweite Gesetz (Das Gegenteil von allem Gesagten ist genauso wahr) ist in völligem Einklang mit dem ersten Gesetz (Empfinden und Tun sind gleich und einander entgegengesetzt).

Das dritte Gesetz, mit dem ich hier gearbeitet habe, lautet: ***Es gibt niemanden und nichts anderes da draußen außer mir selbst.*** [siehe Fußnote] Dies möchte ich näher erklären.

* Wir alle funktionieren gemäß unserer individuellen Empfindlichkeit.
* Man kann nur das wahrnehmen, worauf man sensibilisiert ist, und worauf man nicht sensibel ist, das kann man nicht wahrnehmen. Wer also in anderen bestimmte Qualitäten wahrnimmt, tut es, weil er für sie sensibel ist. Wenn man andere als verächtlich wahrnimmt, dann deshalb, weil man betreffs Verachtung und Verächtlichkeit sensibel ist.
* Wir reagieren in gleicher und entgegengesetzter Weise auf das, was wir wahrgenommen haben, gemäß dem ersten Gesetz.

Wir wollen uns einmal das Beispiel eines Menschen ansehen, der wahrnimmt, dass er von jemanden beleidigt wurde. Dieser Mensch kann Beleidigung nur wahrnehmen, weil er empfindlich dafür ist beleidigt zu werden. Da seine Sensibilität im Bereich von Beleidigung und Beleidigtsein liegt, kann er nichts anderes wahrnehmen als Beleidigung. Nun wird

---

[Es war für mich persönlich eine spirituell erhebende Erfahrung, dieses dritte Gesetz zu erkennen; man lernt aus ihm, dass alles, was einem an anderen stört und wofür man sie kritisiert, Teil des eigenen Selbst ist. Auf diese Art kann es helfen, zur Ruhe zu kommen. Die Welt exisitert nur in der Weise, in der man sie wahrnimmt, und man nimmt nur sein eigenes Selbst wahr. Und sich selbst zu erkennen, ist der Kern aller Religion.]

derselbe Mensch in der gleichen und entgegengerichteten Weise auf die Beleidigung reagieren, also beleidigend sein, oder zumindest wird es ihm ein Drang sein, so zu reagieren. Auf diese Weise gibt es keinen wirklichen Unterschied zwischen dem, was ein anderer Mensch ihm antut, und dem, was er tut. Beide beschäftigen sich mit Verunglimpfung und Schmähung. Der betreffende Mensch kann im anderen nur einen einzigen Aspekt (die Sensibilität auf Beleidigung) sehen und nur darauf reagieren. Das bedeutet, dass dieselbe Sorte Mensch, die er sieht (jemand, der beleidigend ist), genauso in ihm ist. Dies ist seine Sensibilität, er nimmt nur dies wahr, und er reagiert nur darauf. Alles andere liegt außerhalb seiner Wahrnehmung. Er sieht alles und jeden wie einen Spiegel, der nur das reflektiert, was seine Sensibilität ihm diktiert, und darüberhinaus gibt es die andere Person gar nicht. Also ist da draußen niemand außer ihm selbst.

Dasselbe gilt für alles um uns herum. Wenn zum Beispiel jemand zutiefst vom Himalaya beeindruckt ist, dann wird er die Berge mit Attributen beschreiben, die dem Bereich seiner Sensibilität entsprechen. Wenn ein Mensch sagt, die Berge seien unbeschreiblich schön, dann ist er wahrscheinlich sensibel für Schönheit. Wenn jemand meint, sie seien ungeheuer mächtig, dann ist er wahrscheinlich betreffs Macht und Stärke sensibel. Die Adjektive, die man benutzt, und die Bedeutung, die dieselben für den Benutzer haben, oder die damit verbundenen Assoziationen haben damit zu tun, wie man sich selbst wahrnimmt. Es könnte sein, dass die betreffende Person genau das beschreibt (die Bedeutung oder die Assoziationen) oder dass sie genau das Gegenteil beschreibt. Um noch einmal auf obiges Beispiel zurückzukommen: Es könnte sein, dass der betreffende Mensch sich als mächtig oder als völlig machtlos empfindet. Und in dem vorherigen Beispiel könnte es sein, dass jemand sich als schön oder als häßlich empfindet. Wenn solch ein Mensch sich also die Berge ansieht, dann sieht er eigentlich nur sich selbst oder einen Aspekt seiner selbst.

Es gibt kaum etwas um uns herum, das nicht eigentlich eine Wahrnehmung unserer selbst ist. Wenn wir also vom drohenden Weltuntergang reden, dann reden wir im Prinzip von unserem eigenen Untergang, denn was wir als das Ende der Welt wahrnehmen ist nichts anderes als unser eigenes Ende. Wir alle tragen die Angst um unser Ende mit uns herum. Mit sieben oder acht Mitarbeitern in meiner Gruppe fand ich diesen Gedanken bestätigt. Bei einer bestimmten Gelegenheit forderte ich sie auf, fünf Worte über das Taj Mahal niederzuschreiben, und zwar aus der Perspektive eines ausländischen Journalisten, so dass die eigene

Subjektivität dabei weitgehend ausgeschaltet würde. Interessanterweise fiel eines jeden Beschreibung des Taj Mahal völlig verschieden von der der andern aus. Eine Person zum Beispiel benutzte die Attribute romantisch, schön und sentimental. Eine andere beschrieb es als großartig, majestätisch usw. Eine dritte schrieb von der Baukunst, den Bauten, den Formen. Als ich die Begriffe untersuchte, die jede Person benutzte, und auch die Art und Weise, wie sie angebracht waren, erkannte ich, dass sich daraus ein sehr genaues Bild des Schreibers ergab. Das bedeutete, dass ein jeder eine andere Wahrnehmung vom Taj Mahal hatte, und zwar gemäß der Wahrnehmung, die er von sich selbst hatte. Dann landet man also bei der Frage, ob das Taj Mahal überhaupt existiert. Und diese Frage erhält große Bedeutung.

Wenn in der Vergangenheit ein Patient von einer bestimmten Situation oder einer Beziehung sprach, von der er – positiv oder negativ – stark beeinflusst war, dann hatte ich bisher immer zuerst versucht, die Situation genauer zu verstehen, ob sie tatsächlich so existiert hatte oder nicht, und danach herauszufinden, wie der Patient sich in dieser Situation empfunden hatte, welche Wahrnehmung er von der Wirklichkeit hatte. Später aber verstand ich dann, dass ein Patient in seiner Beschreibung von Situationen oder Menschen immer nur sich selbst beschreibt. In diesem Zusammenhang erhielt der Gedankengang deshalb eine wichtige Bedeutung für die Praxis. Oft kommen ganze Familien zu mir in Behandlung. Es gibt zum Beispiel eine Familie, in der ich eine Frau behandele, ihre beiden Töchter und ihre zwei Schwiegertöchter. Töchter und Schwiegertöchter besuchen mich meist getrennt, und bei diesen Gelegenheiten beschrieben sie mir ihre Mutter bzw. Schwiegermutter. Jede dieser Beschreibungen ist so grundverschieden von allen anderen, dass ein ganz Fremder es kaum glauben könnte, dass es sich um ein und dieselbe Person handelte. Daraus erkannte ich, dass jeder über die eigenen Sensiblitäten schreibt und damit mehr über sich selbst aussagt als über die Beschriebene. Anstatt sie also über ihre Gefühle dieser Frau gegenüber zu befragen, benutzte ich einfach ihre Beschreibungen als Beschreibungen ihrer selbst, und ich durchsuchte das Repertorium anhand dieser Beschreibungen und fand so zu wirkungsvollen Verschreibungen. Das war ein großer Schritt für meine klinische Praxis.

Auch folgender Fall einer vierzigjährigen Frau, die mich wegen Colitis ulcerosa aufsuchte, verdient der Erwähnung. Sie lebte mit starker Medikamentierung, und das Problem hatte mit dem Tod ihres Mannes begonnen. Ich fragte sie danach, wie ihr Leben mit ihrem Ehemann gewesen war, und sie erwiderte, dass es die "reine Hölle" gewesen war. Sie beschrieb ihren Gatten als einen misstrauischen, besitzergreifenden, gewalttätigen und verrückten Menschen. Wenn sie sich mit einem anderen Mann unterhielt, sei er vor Eifersucht immer wahnsinnig gewesen. Nachdem ich also von ihr eine ganz genaue Beschreibung ihres Mannes erhalten hatte, verschrieb ich ihr mit Erfolg das Mittel Hyoscyamus. Ich hatte verstanden, dass sie unter ihrem Mann deshalb so sehr gelitten hatte, weil sie selbst in Bezug auf Eifersucht und Besitzanspruch empfindlich war, und dass sich dies in der Beschreibung ihres Mannes widergespiegelt hatte. Andernfalls hätte sie ihn auf völlig andere Weise beschreiben können. Aber sie hatte ihn nun einmal auf Hysocyamus-Art beschrieben, und das hatte mich auf den Verdacht gebracht, dass ihre Sensibilität in diesem Bereich lag. Sie nahm nur das an ihm wahr, worauf sie sensibel war und was sie wahrnehmen konnte. Da sie Hyoscyamus war, sah sie nur Hyoscyamus in ihm. So kam das Konzept dieser Patientin zugute und vielen weiteren Fällen danach.

Diese drei Konzepte waren mir in meiner Praxis von unschätzbarem Wert, und sie kommen durch das ganze Buch hindurch zur Anwendung. Abgesehen davon gibt es noch zwei gesetzmäßige Ableitungen:

Die erste lautet: ***Man tut sich das an, was man sieht, dass andere es einem antun; und man handelt gegenüber anderen und an Dingen so, wie man sich gerne selbst behandelt wüsste.*** Dies erklärt den Zusammenhang zwischen Mord und Selbstmord, und die meisten Mittel, die starke selbstmörderische Tendenzen haben, haben auch mit Tötungsneigung zu tun. Wenn jemand den Drang hat, andere zu zerstören, dann hat er auch den Wunsch, sich selbst zu zerstören, denn es gibt keinen wirklichen Unterschied zwischen dem, was wir von der Umwelt und dem, was wir von uns selbst wahrnehmen. Wir sehen in anderen nur uns selbst. Ein Mensch mit Drang zu töten hat deshalb meist auch Selbstmordneigung und umgekehrt. Dasselbe gilt für Verletzungen: Wenn man im Repertorium unter der Rubrik *Schlagen, schlägt mit seinem Kopf an die Wand* nachschaut, dann findet man folgende Heilmittel: Apis, Ars., Bac., **Bell.**, Con., Hyos,. Mag-c., **Mill.**, Ozon, Phos., Rhus-t., Scut., Syph., **Tub.** Und wenn man dann unter der Rubrik Schlagen (im Sinne vom Schlagen anderer Menschen) nachschaut, findet man, dass unter anderem dieselben Mittel auch hier aufgeführt sind. Das bedeutet, dass man, wenn man den Drang hat, sich selbst eine Verletzung zuzufügen, dann auch den Drang hat, dasselbe anderen Menschen oder Dingen anzutun.

Die zweite Ableitung heißt: ***Opfer und Angreifer sind die beiden Seiten eines Zustandes. Im Opfer ist der Angreifer angelegt und umgekehrt.***

Wenn also jemand lacht, wenn er eine Szene in einer Filmkomödie sieht, in der jemand hinfällt und sich weh tut, dann deshalb, weil er sich selbst in dem Opfer der Verletzung sieht. Wenn er nicht eine Sensibilität für die Situation besitzt, hinzufallen und sich wehzutun, dann kann die Szene auch kein Lachen in ihm provozieren. Und obwohl er in diesem Fall eher der Angreifer ist, ist er auch das Opfer. Wir haben die Anlage für beides in uns, für die Opfer- und die Angreiferrolle.

Im Fall eines Patienten, der ein prominenter öffentlicher Redner war und der mich wegen hohen Blutdrucks aufsuchte, wurde dies ausdrucksvoll illustiert. Der betreffende Patient hielt Predigten über religiöse Themen. Sein Hauptgefühl drehte sich um Verfolgtsein, und es konnte so heftig werden, dass er selbst gefährlich gewalttätig wurde. Als ich tiefer in seine Gefühle eindrang, gab er kund, dass er das Gefühl hatte, Leute in seinem eigenen Haus hätten ihn umringt und sein Haus fühlte sich an wie eine Gaskammer; er wollte ausbrechen, aber fühlte sich wie in einer Falle gefangen. Ich verschrieb ihm Drosera, worauf es ihm sehr gut ging. Wir wissen von diesem Mittel, dass es ein starkes Gefühl von In-die-Falle-Geratensein und Ersticken hat. Interessanterweise hat nun Dorothy Shepherd Drosera als das rechte Mittel für Hitler vorgeschlagen, also für den Menschen, der viele Menschen umbringen ließ, indem er sie in einer Gaskammer zum Ersticken brachte. Also haben wir hier einen Patienten vor uns, der sehr gut auf Drosera reagiert hat und der eine Sensibilität dafür hatte, sich in der Falle zu empfinden und wie am Ersticken in einer Gaskammer; und auf der anderen Seite haben wir einen Menschen, für den dasselbe Heilmittel vorgeschlagen worden ist und der genau dies seinen Opfern angetan hatte. Der Patient fühlt sich als Opfer in einer Gaskammer, während Hitler der Angreifer war. Man tut im Allgemeinen seinen Opfern das an, was man empfindet, dass es einem selbst angetan wird, und umgekehrt, wie man über sich selbst fühlt, so geht man mit anderen um. In beiden Richtungen kann dasselbe geschehen.

In meiner Praxis der letzten Jahre habe ich die oben genannten drei Gesetze und ihre zwei Ableitungen angewandt, und sie haben mir in all meinen Fällen enorm geholfen; ebenso habe ich sie sie beim Schreiben dieses Buches angewandt. Auf ihrer Grundlage habe ich Empfindungen und Funktionen aus anderen Werken im Austausch anwenden können. Wenn ein Mittel zum Beispiel die Rubrik *spöttisch* hat, dann gehe ich davon aus, dass es auch die Wahnidee verspottet zu werden hat, auch wenn das Repertorium das Mittel unter dieser Rubrik nicht aufzählt. Gleichermaßen falls ein Mittel das Symptom *Drang zum Töten* hat, dann muss es auch die *Angst getötet zu werden* haben, selbst wenn dies bisher noch nie genannt worden ist. Wenn ich also ein Mittel weder unter der Rubrik *Angst getötet zu werden* noch unter *Wahnidee getötet zu werden* oder *Träume von Mord* finde, dann gehe ich zum Gegenpol, nämlich *Drang zu töten*, und überprüfe, ob das Mittel hier zu finden ist. Und wenn ich es dort finde, dann vermute ich weiterhin, dass es auch in die Rubrik *Angst vor Getötetwerden* gehört.

EIN NEUER ANSATZ ZUR FALLAUFNAHME

Der alte Ansatz

In meinem Buch “Das System der Homöopathie” erklärte ich, dass ein Fall idealerweise vier Schritte beinhaltet, die wie vier Kreise mit einem gemeinsamen Zentrum sich umschließen. Jeder Schritt ist also ein Schritt näher zum zentralen Zustand des Patienten. Mit jedem Schritt erhält man subtilere und spezifischere Daten, bis man zum zentralen Punkt vorgedrungen ist, wo die tiefsten psychologischen und physischen Empfindungen, das Miasma und das Naturreich in einem Brennpunkt zusammenkommen. Hier sitzt die Wahnidee des Patienten.

Bei dieser Herangehensweise lässt man den Patienten sein Problem schildern: Körperliches oder Gefühlsmäßiges, und während der Patient frei reden darf, konzentriert der Arzt sich darauf, eigentümliche Symptome herauszufischen und zum Grund des Gemütszustandes vorzudringen. Es ging also in erster Linie darum, emotionale Phänomene zu durchschauen. Das war oft ein schwieriges und verwirrendes Unterfangen, besonders dann, wenn man, anstatt des Patienten Gefühle zu verstehen, sich in der Vorgeschichte verlor.

Das Konzept der vitalen Empfindung

Während ich mit meiner Untersuchung der Pflanzenfamilien Fortschritte machte, wurde mir klar, dass das Konzept des gemeinsamen Empfindens (siehe Einführung) sich nicht auf das Pflanzenreich beschränkt. In Krankheits- und Heilmittelzuständen aus allen Naturreichen kann man dieses gemeinsame Empfinden erkennen, sowohl im körperlichen Empfinden als auch im Emotionalen. Im alten Ansatz lag eine große Betonung auf dem Geistes- und Gemütszustand und den entsprechenden Symptomen. Als ich das Konzept des gemeinsamen Empfindens entdeckte, wurde mir allerdings klar, dass der zentrale Zustand nicht nur eine Emotion oder ein Gefühl ist, sondern dass er dieses gemeinsame Empfinden ist, das Gemüt und Körper miteinander verband. Ich nenne es *das vitale Empfinden,* da es tiefer reicht als Körper und Gemüt.

Welche Ebene reicht tiefer als Gemüt und Körper? Es ist diejenige, die ich die Ebene des Vitalen nenne. Ich hatte immer geglaubt, dass das Zentrum des Geistes- und Gemütszustandes der tiefste Punkt sei, den wir erreichen konnten, aber ich erkannte, dass die vitale Ebene einen Schritt tiefer führt als die mentale. Wenn zum Beispiel jemand sagt, dass er Eifersucht oder Misstrauen empfindet, oder wenn er etwas Mentales oder Emotionales ausdrückt, dann möchten wir ihn nach der Erfahrung fragen, die sich dahinter verbirgt. Er hat vielleicht das Gefühl, er werde angegriffen, und hat deshalb Angst. Auf diese Weise kann hinter dem Gemütssymptom eine emotionale Situation erfasst werden – was schon recht gut ist –, aber wenn man es noch einen Schritt weiterbringen möchte, dann muss der Patient danach gefragt werden, wie er den Angriff erlebt. An diesem Punkt kommt man zum Schnittpunkt, wo Körperliches und Gemütsmäßiges sich treffen. Hier wird vielleicht geäußert, dass es sich wie ein Zerbrechen oder ein Verbrennen oder ein Verbiegen anfühle. Das ist der Treffpunkt (das vitale Empfinden) von Körper und Gemüt, und hier beschreibt der Patient seine emotionalen und physischen Symptome mit denselben Worten. Dies ist eine sehr tiefe Ebene, und wenn man diesen Punkt erreicht, dann besteht eine viel größere Chance auf Therapieerfolg.

Mit diesem neuen Verständnis nahm ich die Wahnidee nicht nur im Geistes- und Gemütszustand des Patienten wahr, sondern auch in ihren Ausdrucksweisen im Körperlichen. In der Tat erkannte ich, dass der Geistes- und Gemütszustand nichts anderes ist als eine Ausdrucksform des vitalen Empfindens. Und als ich begann, nach diesem gemeinsamen Empfinden oder der Wahnidee oder dem vitalen Symptom auf der körperlichen Ebene zu suchen, erkannte ich, dass es von Anfang an vor unserer Nase lag, nämlich in Form der Hauptbeschwerde.

Die Bedeutung der Hauptbeschwerde

Ich fing an, mich auf die Details der Hauptbeschwerde zu konzentrieren und stellte fest, dass man immer einem Element begegnete, das mehr als körperlich und ganz spontan mit dem Geistes- und Gemütszustand in Verbindung zu bringen war. Man konnte also, ausgehend von der Hauptbeschwerde, direkt zum Zentrum vorstoßen, zum vitalen Empfinden. In vielen Fällen verhielt es sich so, dass, wenn der Patient ein körperliches Empfinden im Zusammenhang mit seiner Hauptbeschwerde zum Ausdruck brachte, dasselbe Empfinden auch im emotionalen Bereich zum Ausdruck kam. In anderen Fällen verhielt es sich so, dass die Auswirkungen der Hauptbeschwerde auf das Leben des Patienten ein Ausdruck dieses vitalen Empfindens waren. Und in anderen Fällen handelte es sich um eine Modalität der Hauptbeschwerde. Im Verlauf von weiteren Fällen wurde es eindeutig offensichtlich, dass die Hauptbeschwerde uns Zugang verschafft zum zentralen Zustand des Patienten. Jetzt begann ich also, von Anfang an mich mit dem Kern eines Falles zu befassen und dann erst mit anderen, mehr oberflächlichen Bereichen, die eher wie Spielarten des Zentralzustandes zu verstehen sind. Das stand in krassem Gegensatz zu meiner früheren Herangehensweise, bei der ich mit breit gestreuten und anscheinbar unverbundenen Daten begann und mich dann Schritt für Schritt zum Zentrum vorarbeitete.

Wenn ich mit meinem alten Ansatz das alles verbindende Symptom fand, dann bedeutete dies das Ende des Falles. Wir neigten dazu, die Hauptbeschwerde selbst zu vernachlässigen, in dem Glauben, dass wir ja nicht die Pathologie, sondern den Patienten behandelten. Daraus ergab sich, dass man immer ungeduldig war, die Hauptbeschwerde hinter sich zu bringen, um Zugang zum Wesen und zum Gemütszustand des Patienten zu erhalten. Darüberhinaus geschah es oft, dass man in Geistes- und Gemütssymptomen des Patienten hängenblieb, ohne mit dem (vitalen) Empfinden überhaupt in Berührung zu kommen. Im Gegensatz dazu stieß man mit dem neuen Ansatz auf das gemeinsame Empfinden, indem man an der Hauptbeschwerde festhielt. Und indem man das gemeinsame Empfinden zu Beginn ans Licht gebracht hatte, konnte man erkennen, dass der ganze Fall und all seine Ausdrucksweisen von diesem gemeinsamen zentralen Empfinden herrührten.

Indem ich den neuen Ansatz immer mehr einsetzte, begann ich zu verstehen, dass die Hauptbeschwerde die Kristallisation des vitalen Empfindens darstellt. Sie ist deshalb der beste Ort, das Vitalempfinden aufzufinden. Sie ist die Quelle, an der alle vitalen Phänomene sich in ihrer Urform ausdrücken. Ganz gewiss darf sie nicht übergangen werden; sie ist die eigentliche Hauptstütze, auf die sich der Fall aufbaut, die Basis des gesamten Falles. Also lernte ich, mich an die Hauptbeschwerde zu halten und sie bis in die Tiefe zu untersuchen. Dies hat meine Fallaufnahme revolutioniert und mir in der Praxis deutlich bessere Ergebnisse beschert.

Empfinden und Reaktion

Als ich damit begann, bei Heilmitteln und Patienten nach emotionalen und physischen Ausdrucksformen des Empfindens zu forschen, stellte ich fest, dass das Empfinden sich manchmal ganz direkt ausdrückte. Zu anderen Zeiten drückte es sich als eine Reaktion aus, die immer gleich und entgegengesetzt dem Empfinden war (und daraus leitete ich die erste Gesetzmäßigkeit ab, wie ich sie oben ausgeführt habe). In anderen Fällen drückte es sich als Kompensation aus.

Ich konnte weiterhin sehen, dass es zweierlei Reaktionen gab, aktive und passive, und dass sie beide gleich und entgegengesetzt dem Empfinden waren (siehe Einführung). Wenn zum Beispiel ein Empfinden des "Gefangenseins" oder des "Festgefahrenseins" herrscht, dann resultiert daraus als aktive Reaktion der Wunsch nach Fortbewegung, und die passive Reaktion besteht darin, unbeweglich und zur Bewegung unfähig zu sein, und die Kompensierung manifestiert sich, indem die entsprechende Person immer unterwegs und in Bewegung ist.

Die Modalitäten sprechen im Wesentlichen dieselbe Sprache wie das Empfinden. Wenn das Empfinden des Gefangenseins vorliegt, dann ergibt sich daraus die Modalität von Besserung durch Bewegung. Wenn das Empfinden des Festgebundenseins herrscht, dann heißt die Modalität Besserung durch Losbinden. Auf diese Weise bestätigen die Modalitäten wiederum das Empfinden.

Während einer Fallaufnahme richte ich meine Aufmerksamkeit immer darauf, wie das Empfinden sich in der Hauptbeschwerde und dann in Träumen, Interessen, Hobbies, Ängsten usw. ausdrückt. Die Empfindungen selbst sind von unterschiedlichem Typ. In manchen Fällen begegnet man durchgehend nur einem bestimmten Empfinden (zum Beispiel, festgebunden zu sein); dies bedeutet, dass das Schlüsselthema dieses Patienten die Sensibilität auf Festgebundensein ist, und dass er ein Pflanzenmittel braucht. Wenn das Empfinden mit Überlebenskampf zu tun hat, dann muss das Heilmittel aus dem Tierreich stammen. Und wenn es mit Struktur zu tun hat, dann muss das Heilmittel ein mineralisches sein. Auf diese Weise gibt die Art des Empfindens einen Hinweis auf das Naturreich.

Das Miasma

Man stellt mir oft folgende Frage:

> Wenn in einem bestimmten Fall das Gefühl des Erstickens herrscht, handelt es sich dann um das Empfinden, wie es für die Familie der Rosaceae beschrieben ist, oder handelt es sich um das Erstickungsgefühl des tuberkulösen Miasmas? Wie kann man zwischen den beiden

unterscheiden? Gleichermaßen kann man auch das Gefühl des Hinausgedrängtseins der Liliiflorae mit dem Ausgesetztsein des leprösen Maisma verwechseln; oder das Gefühl der Anacardiaceae festzustecken mit dem ähnlichen Thema des Malaria-Miasmas.

In Wiederholung dessen, was oben bereits gesagt wurde, sei hier noch einmal betont, dass das vitale Emfpinden etwas ist, was der Patient fühlt. Nehmen Sie als Beispiel Schmerz, den man als schneidend, stechend, zwickend usw. empfinden kann. Intensität, Tempo, Tiefe des Empfindens, oder die Art und Weise, wie der Patient damit fertig wird, geben Hinweise auf das Miasma. Wenn der Patient sagt, er fühle sich am Ersticken oder etwas ersticke ihn, muss der Arzt in der Praxis versuchen, Folgendes herauszufinden:

(1) Ob der Patient Dinge bis in eine solche Tiefe fühlt, dass es ihn erstickt. In diesem Fall zeigt das Erstickungsgefühl das Miasma an, und Bereich und Thema, die mit diesem Erstickungsgrad verbunden sind, legen die Empfindlichkeit des Patienten bloß.

    Zum Beispiel: Falls der Patient sich so leicht und häufig gequält fühlt und aufregt, dass er es als Bedrängung empfindet, dann dreht sich seine Sensiblität darum, leicht gequält oder aufgeregt zu sein (Familie der Ranunculaceae), während der Grad an Bedrängung das tuberkulöse Miasma anzeigt; der Patient braucht wahrscheinlich das Mittel Cimicifuga.

(2) Ob in allen Lebensbereichen des Patienten das Empfinden des Ersticktwerdens oder des Heruntergehaltenwerdens auftaucht. In diesem Fall mag er das Empfinden in einer beliebigen Tiefe haben. Er mag sich in der akuten Gefahr des Erstickens empfinden (akutes Miasma, Rosaceae-Familie), oder er mag sich so sehr am Ersticken empfinden, dass er festgefahren ist (sykotisches Miasma, Rosaceae-Familie), oder er mag sich hoffnungslos am Ersticken fühlen, so dass es keinen Ausweg mehr gibt (syphilitisches Miasma, Rosaceae-Familie). In allen Beispielen liegt die Sensiblität des Patienten sicherlich im Ersticken und zeigt somit die Pflanzenfamilie an.

Der Typ des Empfindens ist nur eine Komponente der Krankheit. Wenn zum Beispiel das Hauptthema das Empfinden das Verletztwerden ist, dann können wir behaupten, dass der Patient ein Pflanzenmittel aus der Familie der Compositae braucht. Aber es hilft uns noch nicht, ein bestimmtes Mittel aus der Vielzahl der Compositae auszusuchen. Wir kennen damit das Empfinden, d.i. das Empfinden des Verletztwerdens, aber wir müssen in dem betreffenden Fall auch noch die Tiefe und die Intensität von Empfindung und Reaktion wahrnehmen und ebenso die Art und Weise, wie der Patient damit umgeht und fertig wird.

Indem wir bei demselben Beispiel bleiben, sei gesagt, dass es verschiedene Weisen gibt, in denen der Patient eine Verletzung wahrnehmen kann.

Er mag das Gefühl haben, er sei ganz plötzlich verwundet worden, und deshalb reagiert er mit Panik. Plötzlichkeit und Panik weisen auf eine akute Situation und Reaktion.

Ein anderer Patient mag die Verletzung als eine akute Krise wahrnehmen. Er mag darauf reagieren, indem er konzentrierte Anstrengungen unternimmt, die Krise zu überwinden. Intensität der Verletzung (akute Krise) und Reaktion darauf weisen auf das typhöse Miasma hin.

Oder er mag das Gefühl haben, er sei immer wieder von Verletzung verfolgt und sei in dieser Situation wie festgefahren. Das Gefühl der Verletzung zeigt die Compositae-Familie an, aber die Tiefe das Malaria-Miasma, nämlich abwechselnd festzusitzen und verfolgt zu werden.

Aus den genannten Beispielen können wir entnehmen, dass die Tiefe, mit der das Empfinden wahrgenommen wird, und die Art der Reaktion das Miasma festlegen. Das Miasma ist die andere Komponente der Erkrankung. Krankheit hat also zwei Komponenten, die Art des Empfindens und die Tiefe des Empfindens. Empfinden und Miasma zusammen führen zum Heilmittel (siehe Einführung).

Im oben genannten ersten Beispiel, bei dem das Empfinden das einer Verletzung und das Miasma akut ist, ist das Heilmittel – in Abhängigkeit von den Symptomen – Arnica oder Calendula. Das Heilmittel der Compositae mit typhösem Miasma ist Chamomilla, und Cina und Eupatorium perfoliatum sind Mittel des Malaria-Miasmas aus derselben Familie.

Während man die Tiefe, in der der Patient das Empfinden erlebt, mit etwas Mühe herausfinden kann, ist die Reaktion auf dieses Empfinden oft leicht zu durchschauen. Man mag zum Beispiel verstehen können, dass der Patient Verletzung als akute Krise wahrnimmt, aber dies wird deutlicher, wenn wir die Reaktion des Patienten sehen, zum Beispiel konzentrierte Anstrengungen, die Krise zu überwinden. Diese Reaktion ist deshalb der beste Hinweis auf das Miasma. Ich nenne die Reaktion auch den Mechanismus, mit der Bedrohung umzugehen und fertig zu werden, und man erkennt ihn am besten im Zusammenhang mit der Hauptbeschwerde in der Haltung des Patienten zu seiner Krankheit. Wenn des Patienten Haltung voller Panik ist, dann ist das Miasma wahrscheinlich das akute. Wenn seine Haltung voller Hoffnung ist, dann ist das Miasma wahrscheinlich psorisch. Wenn er eine resignierende Haltung einnimmt oder das Thema vermeidet oder zudeckt, dann handelt es sich um Sykose, und wenn er sich hoffnungslos und destruktiv fühlt, dreht es sich wahrscheinlich um Syphilis. Das Miasma lässt sich durch den gesamten Fall hindurch durch die Reaktionen bestätigen, die der Patient als Antwort auf die Tiefe des Empfindens hat. Manchmal mögen einzelne Ausdrücke des Patienten in Bezug auf andere Bereiche seines Falles in die Richtung eines anderen Miasma weisen, aber ich vertraue im Allgemeinen auf das, was die Hauptbeschwerde und die Bereiche des stärksten Stresses andeuten.

Der Mechanismus des Umgangs mit dem Empfinden bezieht sich sowohl auf die Tiefe des Empfindens als auch auf die Reaktion. Ich legte bereits dar, dass es sich um eine aktive oder passive Reaktion handeln kann oder um eine Kompensationsreaktion. Wenn wir das Empfinden des Verletztseins wieder als Beispiel nehmen, wenn die Tiefe des Verletztseins bis zum Punkt der Zerstörung geht, dann wird die Reaktion des Patienten dieselbe Tiefe besitzen: er verspürt den Drang, bis zur Tötung zu verletzen. Wenn er aber passiv reagiert, dann erstarrt er vielleicht in Betäubung und Hoffnungslosigkeit. Wenn er mit seiner Reaktion gut kompensiert, wird er vielleicht zum harten Burschen, der die schlimmsten und zerstörerischsten Verletzungen einstecken kann.

Wenn das Empfinden in einem Fall einmal offensichtlich ist, dann kann man sich an das Verstehen des Miasmas machen, indem man frägt: *Was unternimmt der Patient als Reaktion auf das Empfinden? Worin besteht sein Handeln in Erwiderung auf sein Empfinden?* Gerät er in Panik? Unternimmt er einen letzten verzweifelten Versuch, das Problem zu überwinden? Strengt er sich über alle Maßen an? Die Antworten darauf werden das Miasma angeben. Manchmal kann man das Handeln erkennen, bevor man das Empfinden durchschaut hat. Dann kann man sich fragen: *Auf welchen Bereich bezieht sich das Handeln? Um welches Thema geht es im Tun des Patienten?* Gerät er in Panik als Reaktion auf eine plötzliche Verwundung? Dann wäre das Verletztsein das Empfinden. Strengt er sich über alle Maßen an, um sich dazugehörig zu fühlen? Dann wäre das Empfinden das des Nicht-Zugehörigseins, des Ausgeschlossenseins. Auf diese Weise können wir aus den Empfindungen das Miasma ablesen und umgekehrt aus dem Miasma die Empfindung.

Krankheit hat also zwei Komponenten: das Empfinden und das Miasma. Und wenn wir die gut geprüften Arzneimittel untersuchen, stellen wir fest, dass die charakteristischsten Symptome eine Kombination aus Empfinden und Miasma sind. Die charakteristischsten Symptome weisen also direkt auf den Kern des Mittels hin.

Der neue Ansatz

Erster Schritt: Genau die Hauptbeschwerde herausfinden.

Ich habe die Wichtigkeit der Hauptbeschwerde bereits wiederholt betont. Man sollte sich an ihr festhalten und all ihre Komponenten auf Empfinden und Miasma untersuchen. Das Empfinden mag sich direkt ausdrücken, oder man mag es durch die Modalitäten hindurch oder durch die Auswirkungen auf das Leben des Patienten erkennen. **Die Hauptbeschwerde ist der beste Ort, an dem man nach dem Empfinden und dem Miasma sucht.**

Man nimmt sich einen Fall vor, indem man nach einer detaillierten Beschreibung der Hauptbeschwerde fragt und darauf beharrt, dass der Patient dieselbe immer wieder und wieder schildert, bis man zu einem Empfinden kommt, das eine größere Bedeutung hat als nur gerade das dargestellte Problem, oder zu etwas, das in das Empfinden hineinführt. In diesem Stadium bleibe ich im Allgemeinen bei sehr schlichten Fragen, wie zum Beispiel: "Erzählen Sie mir mehr davon", oder: "Beschreiben Sie mir das näher, das verstehe ich nicht ...", oder: "Was meinen Sie damit, wenn Sie sagen ...?" oder: "Was für ein Gefühl haben Sie dabei?"

Wenn der Patient ein Empfinden angibt, dann lässt es sich meist durch die Modalitäten bestätigen. Ich befrage den Patienten auch im Detail nach dem Gegenteil seines Empfindens, denn manchmal findet er spontan die Verbindung zu Bildern, Situationen, Ängsten oder anderen Aspekten seiner Gesamtpersönlichkeit.

Wenn er seine Hauptbeschwerde schildert, macht man sich Notizen vom Tempo und von der Tiefe des Problems und von der Reaktion oder der

Haltung des Patienten und davon, wie er damit umgeht. Das sind die Hinweise auf das Miasma. Wenn das Empfinden klar ist, dann wird das Miasma offensichtlich, und ebenso umgekehrt (siehe oben).

Regeln, denen ich dabei folge:

1. Ich gebrauche nie ein Wort, das der Patient nicht gebraucht. Ich wiederhole immer dieselben Worte, die der Patient benutzt hat, und fordere ihn auf, alles weitergehend und mehr zu beschreiben, oder ich frage ihn nach seinem Empfinden oder Gefühl dabei.

2. Ich stelle dieselbe Frage auf verschiedene Weise, bis der Patient mich zur nächsten Fragestellung oder zum nächsten Schritt führt. Dieser ist dann erreicht, wenn der Patient ein weiteres Empfinden schildert, das genauer ist oder anschaulicher oder tiefergehend als der vorausgegangene Schritt.

Man braucht eine Menge Geduld und Glauben daran, dass der Patient noch etwas Tieferes zum Ausdruck bringen wird.

Manchmal wird der Patient frustriert, dass er immer wieder dasselbe gefragt wird. Man sollte ihm deshalb die gleiche Frage auf verschiedene Weise stellen.

Patienten kommen oft auf ihre Hauptbeschwerde zurück und liefern mehr Details darüber, wann die Beschwerde auftaucht, als dass sie auf die gestellten Fragen eingehen. In diesem Fall erkläre ich meinen Patienten, dass ich verstehe, wann die Beschwerde auftaucht, aber dass es wichtiger ist herauszufinden, was überhaupt passiert, als das Wann und Warum herauszufinden.

Bei dieser Art hartnäckigen und gezielten Fragens können zwei oder drei Dinge geschehen.

1. Der Patient mag ein Bild oder ein Beispiel liefern. Wenn er zum Beispiel sagt, er stecke an einem gewissen Punkt fest, und man beharrt darauf, dass er das näher beschrieben solle, dann mag er sagen, er stecke fest an einem Punkt, als sei er in der Mitte einer Straße und ein Wagen komme mit voller Geschwindigkeit geradewegs auf ihn zu ... "Wie man sich in solch einem Fall fühlen würde", das ist das, was er empfindet.

2. Oder er assoziiert es mit etwas anderem in seinem Leben oder in seiner Erzählung. Er mag zum Beispiel spontan von einem Vorfall

reden, als er einmal auf einer Straße fuhr und dabei auf die gleiche Art steckenblieb.

In beiden Fällen muss man herausfinden, was sein Empfinden ist, was er emotional und körperlich wahrnimmt, wenn er in dieser Situation ist.

3. Oder er mag das Empfinden als eine Art Furcht beschreiben. Dann wäre die nächste Frage: "Wann und wo erleben Sie diese Furcht?" Oder: "Wie erleben Sie diese Furcht?"

Wenn der Patient nicht mehr als ein Gefühl ausdrücken kann, kann man ihn danach fragen, wie er das Gefühl in seinem Körper erlebt, oder was für körperliche Symptome er dabei erlebt. Das kann uns zum Empfinden bringen.

Wenn man auf diese Weise hinter der Hauptbeschwerde herjagt, kann man zum zentralen Gefühl oder Empfinden gelangen. Das Problem, mit dem sich der Patient vorstellt, kann somit als Ausdruck des Vitalempfindens gewertet werden.

Beobachtungen von Handbewegungen:

Während ich mich auf Empfindungen konzentrierte, stellte ich fest, dass diese in vielen Fällen durch Gesten ausgedrückt werden, manchmal sogar besser als durch Worte. Das Gefühl des Hinausgedrängtseins der Liliaceae, das Gefühl des Behindertseins der Cruciferae oder das Gefühl des Eingeklemmtseins der Rosaceae kann recht gut beobachtet werden, selbst dann, wenn die benutzten Worte tatsächlich etwas anderes aussagen. Diese Handbewegungen sind unbewusst, werden unwillentlich ausgeführt und oft vom Patienten selbst gar nicht registriert. Manchmal bringe ich den Patienten mitten in der Gestikulierung zum Halt und frage ihn, was seine Bewegungen bedeuten.

In einem Fall beschrieb eine Patientin ihre Asthmaanfälle, indem sie ein Empfinden schilderte, als werde sie oben in ihrem Brustkorb stark verbogen, wie zum Ersticken gebracht oder erdrosselt. Sie lieferte ein Bild von einer Empfindung, als sei sie eine von einer Python umklammerte Beute. Später im Verlauf der Fallaufnahme sprach sie davon, dass sie verletzt war, wenn ihr Gatte sie ermahnte. Als ich sie darum bat, mir das Gefühl dieser Verletzung zu schildern, gebrauchte sie das Wort traurig, während ihre Hände gleichzeitig zum Brustkorb wanderten und sich ballten, d.h. sie machte die gleiche Bewegung, die sie bei der Beschreibung des Gefühls von Erdrosselt- und Verbogenwerden gemacht hatte. Was sie in Worten nicht ausdrücken konnte, sagten ihre Hände sehr berede, ohne dass sie sich dessen bewusst war.

Zweiter Schritt: Die Bereiche der schwächsten Kompensation untersuchen.

Im Allgemeinen ist es so, dass, wenn wir tief in die Beschreibung des Empfindens vordringen und an diesem Bereich festhalten, der Patient selbst uns in all seine wichtigen Lebensbereiche – Beruf, Beziehung, Freizeit – hineinführt. Wenn er dies trotz unserer Bemühungen nicht tut und wenn die Anamnese an irgendeinem Punkt steckenbleibt, dann müssen wir vielleicht nach anderen Bereichen fragen, insbesondere nach denen, in denen die geringste Kompensation zu erwarten ist. Dies umfasst Hobbies, Interessen, Träume, Ängste und die Kindheit. Hier drückt sich die Wahnidee am besten aus.

Wenn man das Empfinden und die Reaktion oder das Handeln innerhalb der Hauptbeschwerde einmal erfasst hat, besteht der nächste Schritt darin, sie in den Bereichen der geringsten Kompensierung zu bestätigen. Dieselbe Empfindung oder sein Gegenteil lassen sich auch hier nachweisen, ebenso das Tun, und man kann danach ohne Widerspruch zum Kern zurückkommen.

Dritter Schritt: Andere Bereiche

Jetzt hat man die Möglichkeit, in andere Bereiche zu gehen, insbesondere in solche, die anscheinend unverbunden sind, und zu sehen, wie diese mit dem gemeinsamen Empfinden in Verbindung stehen.

Vierter Schritt: Zurückgehen zu dem Empfinden, das der Patient wiederholt bestätigt hat, und ihn noch tiefer in eine Situation (eine wirkliche oder eine vorgestellte) hineinführen, in der Empfinden, Miasma und Naturrreich zusammentreffen.

Oder:

Zurückgehen in die Bereiche der stärksten Belastung und mit dem Patienten tiefer gehen bis zu einem Punkt, wo Empfinden, Miasma und Naturreich zusammentreffen.

Es ist wichtig festzustellen, an welchem Punkt in einem Fall ein körperlich umschriebenes örtliches Phänomen ein allgemeines oder ein emotionales wird, oder an welchem Punkt ein emotionales Phänomen ein körperliches wird. Dies ist die vitale Ebene, die das Mentale und Gemütsmäßige mit dem Körper verbindet.

Fall zur Veranschaulichung:

Die Vorgehensmethode ist leichter zu verstehen, wenn wir sie mit einem kurzgefassten Fall illustrieren. Die Methode wird dabei in *Kursivschrift* erklärt, während der Fall in Normalschrift gedruckt ist.

Patient (P): Husten, vier bis sechsmal am Tag.

Frage (F): Beschreiben Sie den Husten etwas näher.

P: Abdrehen beim Husten. Atemnot. Ziehendes Empfinden im Bauch, in der Kehle. Schlimmer, wenn ich nach draußen gehe, schlimmer von einem Luftzug. Es kommt ganz plötzlich, besonders bei plötzlichem Reden.

Man kann also sehen, dass der Patient an Husten leidet, der ab und zu schlimmer wird, und dass er dann "abdreht", also ohnmächtig wird. Der Husten wird im Freien schlimmer, so dass der Patient es vermeiden muss, das Haus zu verlassen.

Der Husten hat zwei Aspekte:

* Ohnmacht (Empfinden)

* Taucht ab und zu auf, und der Patient kann nicht mehr aus dem Haus gehen (Tempo/Miasma).

F: Erzählen Sie mehr vom "Abdrehen", beschreiben Sie das.

P: Es wird mir schwarz vor den Augen, als stecke ich an einem Punkt fest.

F: "Stecke an einem Punkt fest", was bedeutet das? Was ist das für ein Gefühl, wenn Sie an einem Punkt feststecken?

Ich benutze ausschließlich die Worte des Patienten und beharre bei dieser Fragestellung, bis er mich zur nächsten Frage führt. Dies könnte dann ein genauer definiertes Gefühl sein oder ein Bild in der Vorstellung oder irgendeine Assoziation, die hochkommt.

P: Es ist so, als könnte ich mich nicht bewegen.

Dies führt jetzt nicht zu einer näheren Beschreibung des An-einem-Punkt-Feststeckens, auch liefert er keine Bebilderung dessen, wie sich das Steckenbleiben anfühlt. Damit kann man nichts weiter anfangen. Ich muss also noch einmal nach seinem Gefühl des Feststeckens fragen.

F: Was ist das für ein Gefühl, an einem Punkt festzustecken?

Er kommt zur Hauptbeschwerde zurück. Jetzt ist es unsere Aufgabe, den Patienten konsequent in dieser Spur zu halten, bis er uns einen Schritt tiefer führt.

P: Es ist, als sei ich in der Mitte einer Straße und ein Auto komme mit voller Geschwindigkeit auf mich zu. So fühlt sich das an.

Das ist nun ein Bild. Es hätte auch eine tatsächliche Erfahrung aus seinem Leben sein können. Es ist ein Fenster in seinen Gemütszustand, eine Ebene tiefer als das rein Körperliche. Man muss weiterbohren und den Patienten nach seiner Erfahrung in dieser Situation fragen, und dann wird man eventuell die Verbindung mit dem Husten erkennen.

F: Wie fühlt man sich da, wenn man in der Straßenmitte ist und ein Auto mit voller Geschwindigkeit auf einen zukommt?

P: Das ist mir als Kind einmal passiert. Da habe ich dasselbe Gefühl gehabt.

Wir müssen zum Empfinden in dieser Situation vordringen. Wir müssen ihn auffordern, die Erfahrung in emotionalen und körperbezogenen Begriffen zu schildern.

Wir setzten an beim Husten, kamen dann zum Abdrehen und zum Schwarzwerden vor den Augen, blieben bei einem Punkt und gelangten dann zu einem Vorfall in der Kindheit. All dies, indem wir an der Hauptbeschwerde festhielten und diese weiterverfolgten.

P: Da ist die Furcht, ich könnte plötzlich getötet werden, und ich kann mich deshalb nicht bewegen.

Auf diese Art, indem wir die Hauptbeschwerde verfolgen, kommen wir zum Hauptgefühl bzw. zu der Furcht, dass er plötzlich getötet werde, und er ist vor Schreck gelähmt.

Jetzt können wir den Zusammenhang mit dem Husten erkennen. Der Husten taucht immer wieder plötzlich auf, und der Patient kann nicht aus dem Haus gehen. Es wird ihm schwarz vor den Augen, und er steckt an einem Ort fest, als ob man ihn töten möchte. Er gerät in Angst, steckt fest. Die Angst lähmt. Der Husten lähmt. Er vermeidet es, nach draußen zu gehen, weil er sonst Husten bekommt. Er vermeidet die Situation, die ihn lähmt, aber dennoch bekommt er von Zeit zu Zeit Husten.

Dies ist das Malaria-Miasma, die Pflanzenfamilie ist die der Solanaceae, und das Mittel ist ***Capsicum.*** *Das Mittel wird bereits aus der Hauptbeschwerde ersichtlich und kann in anderen Bereichen bestätigt werden.*

Wenn man einmal bei der Hauptbeschwerde angelangt ist, dann muss man auch das Gegenteil erforschen. Um zum Gegenpol zu kommen, muss man die Lebensbereiche der geringsten Kompensierung oder ohne Kompensation erforschen, und das sind die Hobbies und Privatinteressen, Träume, Kindheitserlebnisse.

Nehmen wir uns als Beispiel den Fall einer Patientin, für die ich Mangifera verschrieb, das immer in Gesellschaft sein muss. Als ich sie über ihr Gefühl, wenn sie in Gesellschaft ist, befrug, erwiderte sie, dass sie dann empfinde, dass die Dinge in Bewegung waren und nicht statisch. Was hat das nun mit Gesellschaft zu tun?! Diese Aussage ist es, die die Verbindung herstellt mit dem Rest des Falles. Mangifera ist ein sykotisches Arzneimittel aus der Familie der Anacardiaceae. Das Hauptgefühl in dieser Familie ist das Gefühl gefangen zu sein, fest zu sein, festzustecken. In ihrem Hobby kann man das Gegenteil erkennen, nämlich nicht statisch und immer in Bewegung sein zu wollen.

Das Schöne an dieser Übung ist, dass man vorher nie weiß, was herauskommt. Während der Fall sich entrollt, tauchen Empfindungen und Gefühle wie Überraschungen auf.

Heutzutage konzentriere ich mich also auf die Hauptbeschwerde und finde so zum Zentrum aller meiner Fälle. Der alte Weg führte von außen nach innen, während der neue Ansatz bei der Hauptbeschwerde ansetzt und von innen nach außen führt. Die Betonung liegt auf der Hauptbeschwerde, unabhängig davon, ob das Problem emotional oder physisch ist. Die Hauptbeschwerde ist die Hauptstütze, um die herum der Fall sich aufbaut. Und anstatt dass wir es zulassen, dass isolierte emotionale oder physische Symptome uns in die Irre führen, sollten wir uns auf die vitalen

Symptome konzentrieren bzw. auf diejenigen Symptome, die Geist und Gemüt und Körper verbinden.

Anstatt dass wir die Hauptbeschwerde erbeuteten und sie nicht wieder losließen, bis wir sie klar verstanden hatten, hatten wir alle Zeit damit verbracht, in andere Lebensbereiche des Patienten vorzudringen. Alles, was in den Ausdrücken des Gefühlszustands verpackt ist, kommt in der Hauptbeschwerde nackt zum Ausdruck. Wenn wir zuerst zu den anderen Bereichen gehen, werden wir nur die entfernten unterirdischen Beben wahrnehmen; wenn wir uns von Anfang an auf die Hauptbeschwerde konzentrieren, dann entdecken wir von Anfang an den Vulkan, von dem die Erschütterungen ausgehen; wir entdecken die offene Wunde, die am empfindlichsten ist. Indem wir all unsere Aufmerksamkeit auf die Hauptbeschwerde lenken, auf ihre Empfindungen und Modalitäten, haben wir von Anfang an den Kern des Falles vor Augen.

Körper und Geist drücken die gleichen Phänomene aus, die gleiche Störung, das gleiche vitale Problem. Wenn wir den körperlichen Aspekt zuerst durchschauen, dann ist das vielleicht hilfreicher und bewahrt uns davor, uns in psychologischen Phänomenen zu verlieren.

Dieser neue Ansatz zum Fallaufnehmen war der Beginn eines Verstehens der verschiedenen Ebenen der Wahrnehmung und führte zur Entdeckung der sieben Ebenen, die da sind: ***Name, Tatsache, Gefühl, Wahnidee, (vitales) Empfinden, Energie und die siebte Ebene.***

In medizinischer Terminologie ausgedrückt, dreht es sich bei der ersten Ebene um die ***Diagnose,*** bei der zweiten um die ***Beschwerden,*** bei der dritten um ***Gefühle und Emotionen,*** bei der vierten um ***Wahnideen und Träume,*** bei der fünften um das ***Empfinden,*** bei der sechsten um das ***Energiemuster***, und bei der siebten um das, ***was darüber hinausgeht.***

Bisher konnten wir in der Homöopathie den Patienten anhand von Symptomen, Pathologie usw. behandeln. ***"Das geistige Prinzip der Homöopathie"*** stellte die Ebene der ***Wahnidee*** vor. Dieses Buch stellt das Konzept des ***Empfindens*** vor. ***Der Gedanke von Ebenen war ein großer Schritt für mich und hat mir geholfen, nicht nur Fallaufnahme und -analyse zu klären, sondern auch das quälende Problem der Potenz.***

In meinem Buch ***"The Sensation in Homoeopathy" (Das Empfinden in der Homöopathie),*** das bald herauskommen wird, werde ich ausführlich das Konzept der Ebenen und seinen praktischen Wert darlegen.

EIN BEISPIELHAFTE FRAGENLISTE ZUM EMPFINDEN

Eine Seminarteilnehmerin (Kathy Dahlke) erarbeitete aus der Videoaufzeichnung eines Falles folgende Liste an Fragen. Obwohl sie sich auf eine tatsächliche Fallaufnahme beziehen, kann man daraus die Art und Weise der Fragestellungen ableiten.

Es sei darauf hingewiesen, dass alle Fragen offene Fragen sind, und darauf, wie dem Patienten freigestellt wird, die Richtung zu wählen; der Therapeut wiederholt die eigentümlichen und besonderen Begriffe und fordert den Patienten auf fortzufahren.

Jedes Wort wird – wie die Sprosse einer Leiter – dazu benutzt, immer tiefer in den Fall hinabzusteigen. Eine bestimmte Ebene wird so lange gründlich untersucht, bis ein fester Halt gefunden ist und der Abstieg zur nächsten Ebene fortgesetzt werden kann. Falls ein Patient sich zurückziehen möchte, wird er sanft dazu aufgefordert, tiefer zu steigen.

Die Worte, die dem Patienten als Spiegel wiederholt werden, sind wortwörtlich seine eigenen.

Erzählen Sie mir von Ihrem Problem *(Hauptbeschwerde).*

Das *(exakte Wiederholung der Patientenworte)* macht Ihnen Sorgen, sind Ihre Beschwerden, ist das so richtig?

Wie macht es Ihnen Beschwerden?

Beschreiben Sie das bitte *(Wiederholung der letzten Worte des Patienten).*

Beschreiben Sie es genauer, das Empfinden.

Wie fühlt sich das an?

Beschreiben Sie dieses Gefühl *(Wiederholung der Patientenworte)* etwas mehr.

Was ist das für ein Empfinden, dies *(Wiederholung der Patientenworte)?*

Wenn Sie sagen, dass *(die letzten Worte),* was meinen Sie damit?

Beschreiben Sie bitte das Empfinden des *(exakte Wiederholung der Patientenworte).*

Wie fühlt sich das *(Patientenworte)* an?

Was ist das *(exakte Wiederholung der Patientenworte)?*

Erzählen Sie mir davon.

Und wenn es etwas gibt, das Sie "unbedingt tun müssen", wie fühlt sich das an?

Beschreiben Sie mir das Gegenteil von *(exakte Wiederholung der Patientenworte).*

Wie fühlt sich das an, wenn Sie das *(was der Patient gesagt hat)* unbedingt tun müssen?

Und dann?

Wann fühlen Sie sich nicht so *(Wiederholung der Patientenworte)?*

Erzählen Sie mir davon.

Was für eine Wirkung hatte diese Situation auf Sie?

Was haben Sie dabei *(immer) gefühlt?*

Sie sagten, es war wie *(exakte Wiederholung der Patientenworte)* – wie hat sich das für Sie angefühlt?

Was ist das *(exakte Wiederholung der Patientenworte)* für ein Empfinden?

Was für ein Gefühl hatten Sie in dieser Situation?

Was bewirkte, dass Sie sich in diesen Situationen besser fühlten?

Was verschaffte Ihnen dann am besten Erleichterung?

Was empfinden Sie, wenn Sie das tun *(das, was Erleichterung verschafft)?*

Welche Sorte Bücher lasen oder lesen Sie?

Was für eine Wirkung hatte das auf Sie?

Was für ein Gefühl hatten Sie dabei?

Was für Träume haben Sie?

Gab es in der Vergangenheit irgendetwas besonders Unangenehmes? Oder etwas besonders Angenehmes?

Irgendwelche Tagträume?

Was sind das für Gefühle?

Welche Gefühle kommen dabei auf?

Beschreiben Sie mir dies *(exakte Wiederholung der Patientenworte),*

Was für Schmerzen hatten Sie dann? Wie hat sich das angefühlt, was haben Sie dabei erlebt?

Was ist das für ein Empfinden?

Beschreiben Sie *(das Empfinden).*

Beschreiben Sie mir das Empfinden genauer.

Beschreiben Sie mir das *(das bisher Beschriebene).*

Was ist das Gegenteil?

Wenn Sie davon reden, "sich alles um einen herum positiver anzuschauen", an was für ein Beispiel denken Sie dabei?

In welcher Situation haben Sie das Gefühl gehabt *(genaue Wiederholung der Patientenworte)?*

Erzählen Sie mir davon *(von der bestimmen Situation).* – (Man muss jedes Wort als ein Schritt zum nächsten Wort nehmen.)

Welches sind die anderen "schönen Orte" – wenn Sie unter Stress sind?

Beschreiben Sie das näher.

Beschreiben Sie mir den Ort genauer.

Was für ein Empfinden löst das bei Ihnen aus, körperlich, gefühlsmäßig?

Was für ein Gefühl ist das?

Wie fühlt sich das an?

Was ist “gut” für Sie?

Von all den Dingen, die Sie “in Stress bringen”, was setzt Ihnen am meisten zu?

MEIN KONZEPT DER MIASMEN

Da dieses Buch sich sehr auf das Konzept der Miasmen stützt, hielt ich es für notwendig, eine zusammenfassende Einführung in das Thema mitzuliefern. Im Folgenden finden sich diese Zusammenfassung, die Schlüsselworte der Miasmen und eine Tafel mit Erklärungen zu den verschiedenen Aspekten eines jeden Miasmas. Außerdem folgt eine Untersuchung der Miasmen, zu der eine Repertoriumssuche angestellt wurde, ähnlich wie es für das Studium und die Ableitung der Pflanzenfamilie geschehen ist. Für eine eingehendere Darstellung der Miasmen sei der Leser auf meine beiden Bücher "Die Substanz der Homöopathie" und "Das System der Homöopathie" verwiesen.

Das miasmatische Spektrum

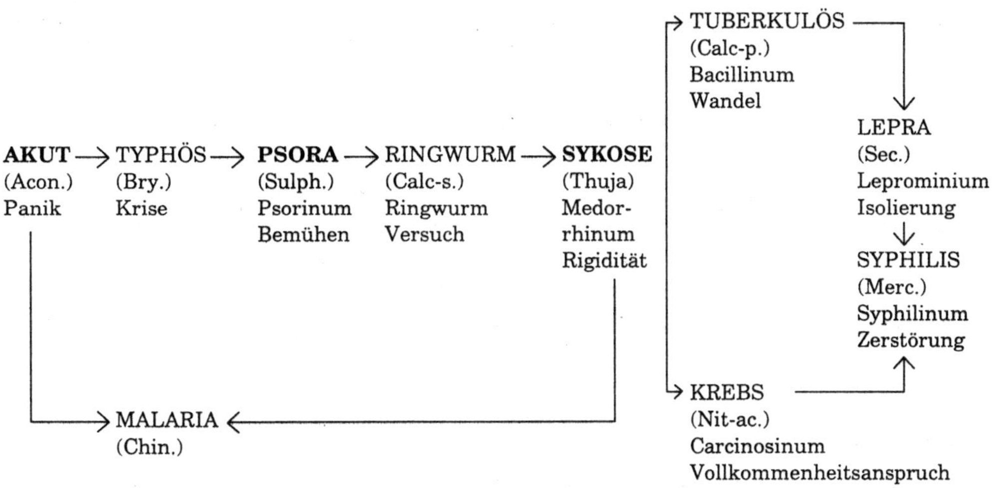

Akutes Miasma

Es herrscht das Gefühl einer akuten Bedrohung, und die Reaktion darauf ist stark und instinktiv.

Hierhergehörige Arzneimittel sind: *Aconitum, Belladonna, Stramonium, Veratrum album, Arnica, Croton tiglium, Schokolade.*

Beachte: Früher hatte ich Hyoscyamus im akuten Miasma klassifiziert. Im Verlauf der späteren Studien stufte ich es als ein Mittel des typhösen Miasmas ein.

Typhöses Miasma

Es herrscht das Gefühl einer kritischen Situation, die, falls sie in ihrer entscheidenden Phase richtig gehandhabt wird, sich zur völligen Wiederherstellung wenden kann. Die Reaktion ist ein Dagegen-Ankämpfen.

Hierzu einige Arzneimittel: *Bryonia, Nux vomica, Rhus toxicodendron, Chamomilla, Hyoscyamus, Baptisia, Paris quadrifolia, Nux moschata.*

Psora

Man hat das Gefühl, dass eine schwierige Situation vorliegt, aus der man sich herauskämpfen muss, um zum Erfolg zu kommen. Es besteht ängstliche Besorgnis mit Zweifel, aber auch Hoffnung, und ein Versagen bedeutete noch nicht notwendigerweise das Ende der Welt.

Man muss um die Genesung oder um das Beibehalten einer Position kämpfen.

Arzneimittelbeispiele: *Sulphur, Psorinum, Lycopodium.*

(*Anmerkung:* Ich fand kein einziges Pflanzenmittel, das meiner Definition des psorischen Miasmas entsprach. Außerdem stellte sich heraus, dass diejenigen Mittel, die ich früher in die Psora eingeordnet hatte, also z.B. Nux vomica und Bryonia, ausgezeichnet in das Typhus-, Ringwurm- oder Malaria-Miasma passten, und ich habe sie entsprechend klassifiziert. Ich glaube, dass die feinere Unterteilung der Miasmen – anstelle der ursprünglichen drei – bewirkt hat, dass die sogenannten psorischen Heilmittel in die neueren Miasmen geraten sind.)

Ringwurm-Miasma

Charakteristisch für dieses Miasma ist ein Wechsel zwischen Perioden des Kämpfens und der Besorgnis um Erfolg und Perioden der Verzweiflung und des Aufgebens.

Einige Mittel als Beispiele: *Calcarea sulphurica, Calcarea silicata, Magnesium sulphuricum, Teucrium, Sarsaparilla, Dulcamara, Taraxacum.*

Malaria-Miasma

Hier herrscht ein akutes Gefühl der Bedrohung, das intermittierend und phasenhaft auftaucht, während dazwischen das zugrundeliegende chronische, fixierte Gefühl der eigenen Ungenügsamkeit besteht. Typisch für dieses Miasma sind immer wieder plötzlich auftretende und akute Manifestationen, die von Zeit zu Zeit auftauchen und dabei von Ruhephasen gefolgt sind.

Einige Mittel hierzu: *Berberis vulgaris, Capsicum, Cina, China, Colocynthis, Spigelia.*

Sykose

Hier herrscht das Gefühl, dass innerhalb des eigenen Selbst eine fixierte und nicht korrigierbare Schwäche existiere. Das Handeln ist darauf ausgerichtet, damit fertig zu werden und sie (die Schwäche) vor anderen Menschen zu verstecken; sie muss mit Egoismus, Zwangshandlungen, Geheimnistuerei usw. versteckt werden.

Einige Heilmittel: *Copaiva, Medorrhinum, Mangifera, Pulsatilla, Sabadilla, Thuja.*

Tuberkulöses Miasma

Es herrscht das Gefühl intensiver Unterdrückung und es besteht der Wunsch nach Veränderung. Die Reaktion besteht aus intensiver, hektischer Aktivität, um aus der Unterdrückung auszubrechen.

Einige Mittel: *Abrotanum, Acalypha indica, Agraphis, Tuberculinum, Drosera, Calcarea phosphorica, Balsamum peruvianum.*

Krebs-Miasma

Es besteht ein Gefühl von innerer Schwäche und Unfähigkeit und das Bedürfnis, besonders gute Leistung zu zeigen und sehr hohen Erwartungen gerecht zu werden. Die Reaktion besteht aus einer übermenschlichen Anstrengung, bei der man sich über die Grenzen der eigenen Fähigkeiten hinausstreckt. Es ist ein lange andauernder Kampf, der endlos zu sein scheint. Das Überleben hängt davon ab, denn Versagen bedeutete Tod und Zerstörung.

Einige Mittel: *Anacardium, Anhalonium, Bellis perennis, Carcinosinum, Nitricum acidum, Argentum nitricum, Ignatia, Staphysagria.*

Lepröses Miasma

Es besteht das Gefühl einer intensiven Unterdrückung, äußerster Hoffnungslosigkeit und Isolierung und der starke Wunsch nach Wandel.

Einige Mittel: *Secale cornutum, Hura, Ocimum sanctum, Aloe, Cicuta, Mandragora.*

Syphilis

Der Patient hat das Gefühl, dass er mit einer Situation konfrontiert ist, aus der es keine Rettung gibt, und dies führt in totale Hoffnungslosigkeit und Verzweiflung. In einer verzweifelten Anstrengung versucht er, die Lage zu ändern, und das Ergebnis ist in der Regel Zerstörung.

Einige Mittel: *Mercurius solubilis, Syphilinum, Aurum metallicum, Baryta carbonica, Hoang Nan, Leptandra, Echinacea, Clematis erecta.*

Untersuchung der Miasmen durch eine Suche in Repertorien

Ich wollte herausfinden, ob die oben genannten Schlussfolgerungen zu den Miasmen durch eine Suche in den Repertorien abgesichert werden könnten, indem ich dieselbe Methode benutzte wie bei der Untersuchung der gemeinsamen Symptome der Pflanzenfamilien. Auch bei den Miasmen suchte ich mir zuerst diejenigen Arzneimittel eines Miasmas oder einer Infektionskrankheit aus, die bereits gut untersucht waren. Danach frug ich nach einer Aufstellung aller Rubriken, die eine gewisse Anzahl dieser Mittel gemein hatten. Schließlich sortierte ich die Daten, und was dabei herauskam, wird im Folgenden vorgestellt:

AKUTES MIASMA

Mit Hilfe des MacRepertory-Programms unternahm ich eine Suche nach Rubriken, die wenigesten drei oder vier Mittel des akuten Miasmas umfassten, z.B. Aconitum, Belladonna, Arnica und Lyssinum. Die Liste wurde so angeordnet, dass die kleinste Rubrik oben zu stehen kommt.

Sprache und Stimme: Stimme verloren, Verletzungen am Kopf, von. (4)

Nieren: Verletzungen. (4)

Weibliche Sexualorgane und Sexualität: Schmerzen; Geburtswehen, heftige. (4)

Geist und Gemüt: ängstliche Besorgnis, Abort, bei drohendem. (6)

Geist und Gemüt: Ängstlichkeit, herzbezogen. (7)

Geist und Gemüt: Ängstlichkeit, Geburtswehen, während. (8)

Schlaf: Schlaflosigkeit, Delirium, während eines. (12)

TYPHÖSES MIASMA

Im MacRepertory-Programm wurde eine Suche angestellt nach Rubriken, die wenigstens drei oder vier Mittel desselben Miasmas beinhalteten, Mittel wie z.B. Bryonia, Baptisia, Hyoscyamus und Rhus toxicodendron. Daraus ergab sich eine Liste – mit den kleinsten Rubriken zuoberst - wie folgt:

Fieber: Mittelmeerfieber. (5)

Fieber: kontinuierliches Fieber, Fleckfieber, Typhus; Wundheitsgefühl, mit muskulärem. (5)

Geist und Gemüt: Angst, verkauft zu werden. (5)

Fieber: kontinuierliches Fieber, Fleckfieber, Typhus; nachts, Körpertemperatur sehr hoch. (5)

Fieber: kontinuierliches Fieber, Fleckfieber, Typhus, mit Kopfschmerzen. (6)

Geist und Gemüt: Geschäft, redet vom, im Delirium. (7)

Geist und Gemüt: Delirium, mit Sprechen dabei, vom Geschäft. (10)

Geist und Gemüt: Delirium, geschäftig. (10)

Geist und Gemüt: Wahnidee, Bett, als sei es am Versinken. (12)

Fieber: kontinuierliches Fieber, Fleckfieber, Typhus, mit Lungenentzündung, mit bronchialen Symptomen. (13)

Fieber: kontinuierliches Fieber, Fleckfieber, Typhus; den Brustkorb betreffend. (14)

Rektum: Diarrhoe, von Typhus. (14)

Geist und Gemüt: Träume; von Erschöpfung, körperlicher. (15)

Geist und Gemüt: Bett, möchte aufstehen aus dem. (15)

Geist und Gemüt: entkommen, Versuche zu, wegzurennen. (16)

Allgemeines: Wechsel; Wunsch nach Veränderung der Position. (18)

Fieber: kontinuierliches Fieber, Fleckfieber, Typhus, das Gehirn betreffend. (18)

Geist und Gemüt: ängstliche Sorge, treibt ihn aus dem Bett. (19)

Geist und Gemüt: Wahnidee, sei von zuhause weg. (20)

MALARIA-MIASMA

Die Suche im MacRepertory-Programm beschränkte sich auf vier Mittel, nämlich Natrium muriaticum, China, Capsicum und Spigelia. Rubriken, die wenigstens drei oder vier Heilmittel beinhalteten, wurden herausgesucht und sind hier – angefangen bei den kleinsten Rubriken – aufgeführt.

Magen: Appetit, heißhungrig, Wolfshunger, übermäßig; von Würmern verursacht. (9)

Kopfschmerzen: im Allgemeinen bei Malaria. (9)

Schweißverhalten: periodisch. (24)

Ähnlich ist auch eine Liste, die nur zwei der vier genannten Heilmittel umfasst:

Atmung: erschwert, behindert; Herzklopfen. (2)

Atmung: erschwert, behindert; in der Magengrube steckenbleibend. (3)

Geist und Gemüt: vergesslich, periodisch. (3)

Geist und Gemüt: Gedächtnis, Schwäche an, Verlust von, periodisch. (4)

Allgemeines: Puls, jeden zweiten Schlag intermittierend. (4)

Wärmeregulierung: Frösteln, in Erwartung von; jeden zweiten Tag, für eine Stunde. (5)

RINGWURM-MIASMA

Für die Suche im MacRepertory-Programm wurden fünf Heilmittel ausgesucht, nämlich Calcarea sulphurica, Calcarea silicata, Viola tricolor, Dulcamara, Chrysarobinum. Rubriken, die wenigstens zwei der genannten Mittel aufwiesen, wurden ausgesucht und – beginnend mit der kleinsten Rubrik – aufgeführt.

Extremitäten: Warzen, an der Hand, große.

Haut: Warzen, harte.

Haut: Warzen, entzündete.

Geist und Gemüt: Reizbarkeit, tagsüber.

Kopf: Ausschläge, Tinea favosa capitis, Grindkopf, Prurigo, Ringwurm.

Haut: Ausschläge, herpetische, trockene.

Haut: Ausschläge, herpetische, stechende.

Haut: Ausschläge, herpetische, feuchte.

SYKOSE

Thuja, Silicea, Natrium sulphuricum und Medorrhinum wurden für die Suche im MacRepertory-Programm ausgesucht. Es wurden nur Rubriken genommen, die wenigstens drei dieser Heilmittel enthielten, und sie wurden dann mit der kleinsten Rubrik zuerst angeordnet.

Atmung: asthmatisch, sykotisch. (3)

Harnblase: Katarrh, von unterdrückter Gonorrhoe. (6)

Extremitäten: Schwielen, hornige, an den Fußsohlen; Empfindlichkeit. (7)

Haut: Warzen, weiche. (7)

Prostata: Verhärtung. (8)

Geist und Gemüt: weinerliche, tränenvolle Stimmung, wenn angesprochen. (9)

Weibliche Sexualorgane und Sexualität: Menses, schnell Flecken verursachend. (10)

Kehlbereich äußerlich: Warzen. (10)

Harnröhre: Ausfluss, klebrig, unterdrückt. (11)

Allgemeines: Ausflüsse, rasch unauslöschliche Flecken verursachend. (11)

Geist und Gemüt: Beschwerden ausgelöst durch Erwartungen, Vorahnungen, Vorgefühle; vor Prüfungen. (12)

Geist und Gemüt: ängstliche Besorgnis, in Erwartung einer Anstellung. (13)

Geist und Gemüt: wäscht sich immer ihre Hände. (14)

Haut: Warzen, gestielte. (14)

Geist und Gemüt: Angst, vor Prüfungen. (14)

Haut: Muttermale. (15)

Geist und Gemüt: Wahnideen, dass er verfolgt werde. (16)

Augen: Tumore, Tarsaltumore. (17)

Geist und Gemüt: Ängstlichkeit, vor dem Erscheinen in der Öffentlichkeit. (18)

Weibliche Sexualorgane und Sexualität: Kondylome. (20)

Allgemeines: Tumore, gutartige. (20)

Männliche Sexualorgane und Sexualität: Gonorrhoe, chronische, subakutes Stadium. (24)

Geist und Gemüt: introvertiert. (27)

TUBERKULÖSES MIASMA

Für die Suche wurden Calcarea phosphorica, Tuberculinum, Drosera und Phosphorus ausgewählt. Rubriken mit mindestens drei dieser vier Heilmittel wurden erfasst und sortiert.

Brustkorb und -organe: eng. (2)

Geist und Gemüt: Zorn, Erzürnbarkeit; Zornesausbrüche, um Aufmerksamkeit zu erheischen. (2)

Weibliche Sexualorgane und Sexualität: Sexualtrieb vermehrt, beim Stillen. (2)

Geist und Gemüt: Wunsch nach Umherwandern, von Ort zu Ort. (3)

Geist und Gemüt: Nymphomanie. (6)

Geist und Gemüt: tritt, im Schlaf. (6)

KREBS-MIASMA

Die Mittel für die Suche waren Carcinosinum, Argentum nitricum, Acidum nitricum, Conium maculatum, Arsenicum album, Staphysagria und Anacardium orientale. Nur Rubriken mit mindestens drei Mitteln wurden ausgewählt und sortiert.

Männliche Sexualorgane und Sexualität: Auswüchse, Epitheliome auf der Eichel. (4)

Geist und Gemüt: Drang, von einer Höhe herabzuspringen. (5)

Geist und Gemüt: ausruhen, kann nicht, wenn Dinge nicht an ihrem rechten Platz sind. (6)

Geist und Gemüt: Zorn, Erzürnbarkeit, über seine eigenen Fehler. (8)

Bauch: Leber und Lebergegend, Beschwerden in; Krebs. (10)

Geist und Gemüt: Beschwerden ausgelöst durch Grobheit anderer. (14)

LEPRÖSES MIASMA

Im MacRepertory-Programm wurde nach Rubriken gesucht, die mindestens zwei der vier folgenden Mittel aufführten, nämlich Secale cornutum, Hura, Curare und Iodum. Daraus ergab sich folgende Liste, in der die kleinsten Rubriken zuoberst stehen.

Geist und Gemüt: Träume davon, zwischen Ruinen zu wandern. (2)

Extremitäten: zu entkleiden, Neigung, die Extremitäten zu entkleiden. (3)

Extremitäten: Gangrän, am Bein. (4)

Geist und Gemüt: reißt an sich selbst herum. (7)

Geist und Gemüt: Gesellschaft, Abneigung gegen; vermeidet den Anblick von Menschen. (16)

Schwindelgefühl: bei alten Menschen. (24)

Geist und Gemüt: zerreißt Dinge. (25)

Geist und Gemüt: Selbstmordneigung, will sich von einer Höhe hinabstürzen. (25)

Haut: Warzen, vertrocknet. (30)

Geist und Gemüt: Reisen, Wunsch nach.

Geist und Gemüt: töten, Drang zu. (35)

Geist und Gemüt: verächtlich. (44)

Geist und Gemüt: Zerstörungslust. (44)

SYPHILIS

Die folgenden Mittel wurden für die Suche im Repertorium ausgewählt: Mercurius, Aurum, Lachesis, Syphilinum und Hepar sulphuris calcareum. Rubriken mit mindestens drei der Mittel sind aufgelistet.

Geist und Gemüt: unzufrieden, verstimmt, unbefriedigt, immer. (4)

Bauch: Abszess in der Leistengegend. (4)

Geist und Gemüt: moralische Neigungen; kriminelle Neigung, ohne Reuegefühl. (5)

Geist und Gemüt: lebensmüde, beim Schwitzen. (6)

Mund: Geschwüre am Gaumen, syphilitische. (6)

Nase: eingefallene Nase (Sattelnase). (7)

Augen: gefäßinjizierte Kornea. (7)

Gesicht: Geschwüre, am Kinn. (7)

Haut: Abszess, reift nur schwer. (7)

Haut: Geschwüre, besser mit Wärme. (8)

Haut: Geschwüre, besser mit Hitze. (8)

Haut: Geschwüre, mit schmerzhaften Rändern. (8)

Mund: Geschwüre, mit schmalzartigem Grund. (8)

Nase: Entzündung der Knochen. (8)

Allgemeines: Wunden, verschwinden plötzlich, durch Metastasenbildung. (9)

Extremitäten: Gangrän, bedrohlich, mit blauen Teilen. (9)
Geist und Gemüt: Impulse, morbide. (10)
Geist und Gemüt: ängstliche Sorge, mit Selbstmordneigung. (12)
Haut: Warzen, syphilitisch. (12)
Geist und Gemüt: Selbstmordneigung, beim Schwitzen.

SCHLÜSSELBEGRIFFE DER MIASMEN

DER WERT DER SCHLÜSSELBEGRIFFE:
Wenn in einem Fall oder bei einem Heilmittel diese Wörter auftauchen, dann weisen sie die Richtung zu dem entsprechenden Miasma. Sie helfen bei der Entscheidung, welches Mittel in welches Miasma passt. Wenn man für ein vorgegebenes Mittel das Miasma finden möchte, kann man danach schauen, welche dieser Schlüsselbegriffe bei dem Mittel auftauchen. Wenn zum Beispiel das Heilmittel für das Krebs-Miasma innerhalb der Familie der Umbelliferae zu identifizieren ist, muss eine Suche mit Hilfe der Umbelliferae-Mittel und einiger Schlüsselwörter aus dem Krebs-Miasma angestellt und danach geschaut werden, welche Mittel dabei herauskommen.

AKUTES MIASMA

Akut
Plötzlich
Heftig
Panische Angst
Gefahr
Reflexhaft (Handeln)
Entkommen
Hilflos
Schrecken
Wahnsinn
Kleinkind
Erschrecken
Beunruhigung
Sturm
Instinktiv (Reaktion)

TYPHÖSES MIASMA

Krise
Intensiv
Sinkt, versinkt, geht unter
Erholung
Kind
Intensive kurze Anstrengung
Typhus
Subakut
Notfall
Heimweh
Intensiver Kampf
Kritische Phase
Kollaps
Findet eine angenehme Position, angenehme Stellung
Ungeduld
Fordernd

MALARIA-MIASMA

Steckt fest
Intermittierende Attacke
Verfolgung
Pech
Kolikschmerzen
Neuralgie
Anfallsartig, paroxysmal
Verächtlich
Ungehorsam
Malaria
Würmer
Migräne
Periodenhafter Verlauf
Belästigt
Aufgehalten

Behindert
Abwechslung von Erregtheit und Akzeptieren
Marter
Gehemmt

RINGWURM-MIASMA

Versuchen
Aufgeben
Annehmen wechselt ab mit Versuchen
Annehmen wechselt ab mit Anstrengungen
Verärgerung
Ringwurm/Tinea
Akne
Unbehagen
Teenager-Alter
Herpetisch

SYKOSE

Fixiert
Zugedeckt
Schuldgefühl
Verstecken
Geheimnistuerisch
Warzen
Tumore
Gonorrhoe
Neurose
Fixierte Schwäche
Vermeiden
Annehmen
Mittleres Alter

KREBS-MIASMA

Kontrolle
Vollkommenheitsanspruch

Wählerisch
Über die eigene Fähigkeit hinaus
Übermenschlich
Krebs
Hohe Erwartung
Chaos
Ordnung
Sich über die eigenen Möglichkeiten hinausstrecken
Kontrollverlust
Selbstbeherrschung

TUBERKULÖSES MIASMA
Hektik
Intensive Aktivität
Ersticken
In einer Falle gefangen
Eingeschlossen werden
Wandel
Aktivität
Freiheit
Trotzig
Tuberkulose
Unterdrückung
Wunsch nach Veränderung

LEPRÖSES MIASMA
Ekel
Große Verachtung
Isolierung
Verstümmelung
Extreme Hoffnungslosigkeit
Intensive Bedrückung
Schmutzig

Gejagt
Zerreißt sich selbst
Beißt
Verzweiflung
Ausgestoßen/kastenlos
Sadismus
Abgestoßensein
Verabscheuen
Begrenzt, eingegrenzt
Ausgesetzt
Abgesondert

SYPHILIS
Zerstörung
Mord
Selbstmord
Geschwüre
Total, in Gänze
Unmöglich
Verzweiflung
Psychose
Verwüstung

ZUSAMMENFASSUNG DER MIASMEN

	AKUT	TYPHÖS	PSORA	RINGWURM zwischen Psora und Sykosis	MALARIA zwischen Akut und Sykosis
Tiefe und Tempo	• Plötzliche große Gefahr; • Akute intensive Bedrohung; • Bedrohung ist übergroß und plötzlich;	• Bett versinkt; • Verlust einer angenehmen Position; • Plötzlicher Verlust oder geschäftliche Einbuße; • Gefährlich, voller Risiko, dringend;	• Problem ist lösbar; • Optimismus; • Anstrengung ist notwendig, aber auch möglich;	• Schwierige Situation, nicht einfach zu lösen;	• Feststeckend und intermittierend attackiert; • Begrenzung; • Unglück; • Gefängnis; • Abhängig;
Erfolgreiches Tun	• Entkommen; • Instinktive Reaktion; • Außer sich;	• Intensive, kurze Anstrengung; • Handeln oder Sterben; • Ungeduld, Fordern; • Risiko zu Territoriumsverlust eingehen; • Eine angenehme Position erreichen; • Alles an sich reißen;	• Anstrengungen machen; • Etwas zuwege bringen;	• Abwechslung zwischen Anstrengung und Resignation; • Versuch;	• Akzeptiert seine Grenzen, kämpft nicht gegen sie an; • Intermittierende Attacken von Zorn, von Wutanfällen;
Erfolgloses Tun	• Panik; • Schockiert; • Betäubt; • Unbeweglich;	• Kollabiert, nicht aktiv; • Hat den Kampf aufgegeben; • Geht unter; • Keine Anstrengungen; • Keine Willenshandlung mehr;	• Gibt leicht auf; • Verzweifelt um der Genesung willen; • Mangel an Selbstvertrauen;	• Gibt die Hoffnung auf; • Inaktiv; • Keine Versuche mehr;	• Jammert, dass nichts gut sei; • Elendsgefühl; • Phobie, paroxysmale Ängste; • Sentimental; • Brütet vor sich hin;
Bild	• Bombe explodiert; • Erdebeben;	• Haus in Flammen; • Aktiensturz;	• Teenager beim Autofahrenlernen;	• Jemand mit Angst vor Wasser lernt schwimmen; • Frau in den Dreißigern versucht, Gewicht zu verlieren;	• Abhängig; • Angestellter mit jähzornigem Chef;

ZUSAMMENFASSUNG DER MIASMEN

	AKUT	TYPHÖS	PSORA	RINGWURM zwischen Psora und Sykosis	MALARIA zwischen Akut und Sykosis
Haltung	• Hilflos; • Rennt um sein Leben; • Wenn die Gefahr gebannt ist, ist man wieder sicher; • Intensive kurze Anstrengung ist benötigt, um Ruhe zu finden;	• Wenn man aus der Krise herauskommt, ist alles in Ordnung, falls nicht, geht man unter;	• Mit einer Anstrengung kann es erreicht werden;	• Muss es versuchen; • falls erfolgreich, wird alles gut, falls nicht, bleibt alles, wie es war;	• Man muss es ertragen, denn man ist begrenzt und deshalb abhängig;
Alter	• Kleinkindalter;	• Kindheit (1–12);	• Teenager;	• 25 bis 35 Jahre;	• Kindheit bis mittleres Alter;
Spiel	• Guck-guck; • In die Luft werfen und wieder auffangen;	• Versteckspiel;	• Skateboard; • Fußball;	• "Schlangen und Leiter"-Spiel;	• Blinde-Kuh;
Pathologie	• Panikattacke; • Plötzliche Manifestierung; • Schlaganfall, Manie, Fieber;	• Subakute Probleme; • Krise;	• Funktionelle Pathologie;	• Herpes;	• Migräne; • Neuralgie; • Wurmbefall; • Kolik; Kolitis; • Rheuma; • M. Meniere; • Asthma;
Beispielhafte Heilmittel	• Acon. • Bell. • Stram. • Verat. • Hydrogenium. • Lith.	• Nux-v. • Gels. • Hyos. • Pyrog. • Rhus-t. • Bry. • Ph-ac. • Carb-v.	• Sulph. • Psor. • Calc. • Lyc. • Cupr.	• Calc-s. • Ringwurm • Calc-sil. • Mag-s.	• Chin. • Spig. • Nat-m. • Coloc. • Cina • Caps. • Ant-c.

ZUSAMMENFASSUNG DER MIASMEN

	SYKOSIS	KREBS	TUBERKULÖS	LEPRÖS	SYPHILIS
Tiefe und Tempo	• Es gibt im Innern eine fixierte Schwachstelle, die verdeckt oder versteckt werden muss;	• Aufgabe geht über die Grenzen; • Dinge sind außer Kontrolle, falls Kontrolle nicht zu erlangen ist, wird alles zerstört; • Chaos; • Ausbrechen;	• Gefangen, am Ersticken; • Zusammengedrückt; • Ausweg wird immer enger; • Zeit läuft aus;	• In die Enge getrieben; • soliert; • Vergiftet; • Zerstört; • Schmutzig, eklig; • Am falschen Ort, in eine Ecke getrieben;	• Es gibt keine Hoffnung; • Aufgabe geht weit über die Fähigkeiten; • Hat ein unverzeihliches Verbrechen begangen; • Höchste und alleinige Verantwortung;
Erfolgreiches Tun	• Schwachstelle vor anderen verstecken; • Fixe Ideen; • Ritualisiertes Verhalten; • Zudecken; • Übersensibles Reagieren auf viele Dinge, Lebensbereich also eingeengt;	• Streckt sich über die Grenzen hinaus und behält Kontrolle; • Totale Selbstkontrolle und Kontrolle der Umgebung; • Perfektionistisch, wählerisch;	• Hektische Aktivität; • Macht alle Anstrengungen, um herauszukommen;	• Vermeidet Menschen; • Verachtungsvoll;	• Nimmt es auf sich; • Tut sein Äußerstes; • Hohe Stellung, Anführer, König;
Erfolgloses Tun	• Schuldgefühl; • Reue; • Selbstvorwürfe; • Ausgeliefertsein;	• Alles gerät außer Kontrolle, und man kann nichts tun;	• "Burn-out", verausgabt, steuert auf totale Zerstörung zu;	• Selbstmordneigung; • Tötungsgesinnung; • Reißt an sich selbst; • Beißt; • Verzweiflung;	• Völlige Verzweiflung; • Mord, Selbstmord; • Selbstzerstörerisch, zum Beispiel Alkoholismus; • Rückzug in Katatonie, völlige Gleichgültigkeit;

ZUSAMMENFASSUNG DER MIASMEN

	SYKOSIS	KREBS	TUBERKULÖS	LEPRÖS	SYPHILIS
Bild	• Jemand, der ohne Qualifizierung praktiziert;	• Kind von Alkoholiker-eltern, seine Welt ist Chaos;	• In einem sehr engen Tunnel gefangen;	• Gelähmter, inkontinenter alter Mann;	• Kapitän eines sinkenden Schiffs;
Haltung	• Kann sich nicht ändern, aber wird andere nicht seine Schwäche sehen lassen;	• Kleiner Mensch mit der riesengroßen Aufgabe, alles unter Kontrolle zu haben;	• Es ist nur wenig Zeit; • Zuviel muss getan werden in zu kurzer Zeit;	• Ist ein Kastenloser / Ausgestoßener; • Es besteht keine Hoffnung darauf, normal zu sein; • Sollte sich isolieren; • Ekel vor sich selbst;	• Die Aufgabe ist hoffnungslos groß, aber man muss sein Bestes tun;
Alter	• 30 bis 50 Jahre;	• 60 bis 70 Jahre;	• 60 bis 70 Jahre;	• 70 bis 80 Jahre.;	• Über 80 Jahre;
Spiel	• Poker;	• Jonglieren auf einem Hochseil;	• Wettlauf gegen die Zeit;	• Sadismus und Perversion;	• Schach spielen mit einem Computer;
Pathologie	• Asthma; • Warzen; • Neurosen.;	• Krebs;	• Tuberkulose; • Asthma;	• Gangrän; • Lähmung;	• Ulzera; • Herzanfall; • Psychose; • Lähmung;
Beispielhafte Heilmittel	• Thuja • Lac-c. • Nat-s. • Sabad. • Puls. • Med. • Sil.	• Carcinosinum • Staph. • Con. • Ars. • Ign. • Nit-ac. • Kal-ar. • Anac.	• Bacillinum • Dros. • Calc-p. • Phos. • Tarent. • Abrot.	• Sec. • Aloe • Hura • Coca • Leprominimum • Cur. • Sol-t-ae. • Iod.	• Syph. • Aur. • Plb. • Plat. • Hep. • Dendroaspis polylepsis

TEIL II

PFLANZENFAMILIEN

ANACARDIACEAE
(Familie der Sumachgewächse)

HEILMITTEL

Anacardium orientale	Ostindischer Elefantenlausbaum (Anac.)
Anacardium occidentale	Cashewnuss/Acajunuss (Anac-oc.)
Comocladia dentata	
Karaka (botanisch: Corynocarpus laevigata)	Karaka-Baum (Maori-Name)
Mangifera indica	Mango
Rhus aromatica	Duftsumach
Rhus diversiloba	
Rhus glabra	Scharlachsumach
Rhus radicans (Toxicodendron radicans)	Kletternder Giftsumach
Rhus toxicodendron (Toxicodendron quercifolium)	Giftsumach
Rhus venenata (Toxicodendron vernix)	Giftsumach
Schinus molle	Peruanischer Pfefferbaum

GEBRÄUCHLICHE HEILMITTEL

Anacardium

Comocladia

Rhus toxicodendron

HERKUNFT

Was ist die Verbindung zwischen den Mitgliedern dieser Familie? Die wichtigsten Mittel sind Anacardium, dessen Gemütssymptome wohlbekannt sind, und Rhus toxicodendron, dessen körperliche Symptome besser bekannt sind.

Wir benutzten das MacRepertory-Programm, listeten alle Heilmittel der Anacardiaceae-Familie auf und suchten nach Rubriken mit weniger als fünfzig Mitteln und mindest drei Mitteln aus derselben Pflanzenfamilie. Daraus erstellten wir eine Liste, in der die kleinsten Rubriken zuerst aufgeführt sind. Das folgende Symptom, das auf ein Empfinden hinweist, wurde vermerkt:

> Extremitäten: Krämpfe, Fuß, Rückseite. (2. Symptom) (Anac., Com., Rhus-v.)

In (englischsprachigen) Lexika finden sich folgende Definitionen von Krampf (im Englischen cramp):

(1) Eine plötzliche, unwillkürliche, spastische Muskelkontraktion, die heftigen Schmerz verursacht und oft in einem Bein oder einer Schulter als Resultat von Überanstrengung oder Unterkühlung auftritt.

(2) Ein Rahmen mit einem verschiebbaren Ende, um mehrere Teile zusammenzuhalten; eine Klammer.

(3) So sehr einengen, dass körperliche Freiheit eingeschränkt ist.

(4) Eingeschränkt; eingeengt.

(5) Bedrückende oder zurückhaltende Kraft, Einfluss, Ding. (American Heritage Dictionary)

Dies war der Ausgangspunkt. Ich benutzte das Programm Reference Works und suchte nach Ausdrücken, die diese Art Empfinden widergeben, um zu überprüfen, ob diese quer durch die Familie der Anacardiaceae auftauchten, also Begriffe wie Krämpfe, Spannung, angespannt, Einengung usw.

Anacardium

Bei Anacardium finden wir folgende Notierungen:

> Wade: Muskeln, Spannungen; als ob die Muskeln zu kurz seien, nachts, im Bett. (Allen, Repertorium)

Empfinden drückend. (Knerr)

Zusammenschnüren, Empfinden von innerem; Empfinden von einem Ring. (Complete)

Allgemeines: Empfinden wie von einem Stöpsel. (Knerr)

Allgemeines: Stöpsel in verschiedenen Bereichen. (Roberts)

Allgemeines: Reif oder Ring um ein Körperteil. (Roberts)

Beine: Steifheit, wie einbandagiert. (Knerr)

Spannung, Muskeln, Gelenke. (Boenninghausen)

"Empfinden von einem Stöpsel, in verschiedenen Körperbereichen; oder wie von einem schweren Druck, was sich von Zeit zu Zeit wiederholt. Empfinden von einem Ring oder Reif." (Phatak)

Was lernen wir, wenn wir uns die Empfindungen anschauen, die für das Arzneimittel angegeben sind?

Das Lexikon sagt uns, dass ein Stöpsel etwas ist, das ein Loch ganz dicht abschließt. Ein Reif oder ein Ring behindert, hält fest und macht bewegungsunfähig. Es bedeutet Zusammenschnüren, innerlich und äußerlich.

Wir sehen also Empfindungen von Zusammenschnüren, Enge, einem Ring, einem Stöpsel. Ein wichtiges Symptom von Anacardium ist deshalb *Besserung durch Bewegung*. Und tatsächlich ist *Besserung durch Bewegung* ein herausragendes Symptom der Anacardiaceae und findet sich bei Rhus toxicodendron, Comocladia und anderen Mitgliedern der Familie.

Comocladia

Wenn wir uns das Arzneimittel Comocladia anschauen, dann sind hier dieselben Empfindungen vertreten, einschließlich einer überraschenden Anzahl von Einzelsymptomen, so als seien diese besonders charakteristisch für das Mittel. Zum Beispiel:

Kopf: schmerzend, seitlich, Zusammenschnüren, wie zusammengedrückt. (Allen, Repertorium)

Allens Encyclopaedia liefert eine große Zahl kleiner Symptome, die auch *Krämpfe* umfassen, zum Beispiel:

Weibliche Brust: Außenseite, Krämpfe, die sich in Arm und Achsel ausbreiten, rechts.

Arme: Oberarm, Muskeln, Muskeln der Frontalseite, Krämpfe, ziehend, rechts.

Achsel: Lymphknoten; Krämpfe, die sich in die Finger ausbreiten.

Finger: erster, Fingerglied, erstes, Krampf, nachmittags, rechts.

Fuß: Sohle, Fußgewölbe, Krampf, links, sich ausbreitend bis zum Knie, Besserung durch Gehen.

Knie: schmerzend, krampfartig.

Schulterblatt: unterhalb davon schmerzend, krampfartig.

Handgelenk: schmerzend, krampfartig.

Handgelenk: Krampf.

Beine: Gefühl der Gelähmtheit, krampfartig, rechts, oberhalb des Rists, Besserung durch Gehen.

T.F. Allen liefert auch viele Symptome, die mit *Steifheit* zu tun haben, zum Beispiel:

Ellbogen: Steifheit.

Schulter: Steifheit.

Rhus toxicodendron

Bei Rhus toxicodendron finden wir viele Verweise auf Steifheit und Krämpfe und auch Folgendes:

Empfinden: Spannung. (Knerr)

Anspannung, wie von Kürze der Muskeln. (Lippe)

Anhaften: Empfinden wie von Aneinanderhaften der inneren Organe. (Boenninghausen) (Dies erinnert uns an das Stöpselempfinden bei Anacardium.)

Die Hauptbegriffe, die in dieser Familie immer wieder auftauchen sind folgende:

Gefangen.

Steif.

Krämpfe.

Feststeckend.

Anspannung.

Festgemacht.

(Drückend.)

Also dreht es sich im zentralen Empfinden um *Gefangensein* oder *Steifsein*, darum, *sich nicht bewegen zu dürfen, eingeschränkt zu sein.*

Passive Reaktion

Wie muss also die passive Reaktion aussehen? *Lähmung, Unbeweglichkeit.*

Bei Anacardium ist Lähmung von Körperteilen häufig.

Auch Rhus toxicodendron kennt Lähmung, zum Beispiel so:

Oberschenkel: Muskeln, Gelähmtheitsempfinden vorne (frontal), rechts, bei jedem Schritt. (Allen, Repertorium)

Arme: Gelähmtheitsempfinden, nachts. (1) (Allen, Repertorium)

Aktive Reaktion

Es besteht das Gefühl *festzustecken* und *der Wunsch nach konstanter Bewegung*. Die aktive Reaktion heißt *Besserung durch Bewegung.*

Diese Idee wird bei den Anacardiaceae in mehreren Variationen thematisiert.

(a) Besser bei Bewegung

Anacardium:

Muskel: schmerzhafte Anspannung, besser bei konstanter Bewegung. (1) (Allen, Repertorium)

Allgemeines: Bewegung bessert. (Knerr)

Comocladia:

Hand: Schmerzen, ausstrahlend bis zum Ellbogen, besser bei Bewegung, rechts. (1) (Allen, Repertorium)

Rhus toxicodendron is bekannt für dieses Leitmotiv “besser bei Bewegung”.

(b) Schlimmer im Sitzen

Als allgemeine Modalität erfährt Anacardium eine Verschlimmerung durch Sitzen, was sich in verschiedenen Körperteilen auswirkt, zum

Beispiel im Bauchraum, in der Brust, in den Gliedern usw.

Comocladia hat Bauchschmerzen, schlimmer wenn im Haus sitzend; Spannungschmerz. (Allen)

Rhus toxicodendron hat als wichtige charakteristische Modalität Verschlimmerung durch Sitzen.

(c) *Schlimmer, wenn im Haus*

Comocladia hat folgende Symptome:

Weibliche Brust: Druck, wie von der Kante einer Messerschneide, während sie sich im Haus aufhält; Verschlimmerung bei Ausatmung, Besserung durch Gehen und bei tiefem Einatmen. (Allen, Repertorium)

Allen stellt weiterhin fest: "Beim Gehen besteht Lahmheit, ... aber beim Ausruhen im Haus tritt der Schmerz im rechten Fußgelenk erneut auf."

Rhus toxicodendron hat folgende Einzelsymptome:

Ängstliche Besorgtheit: schlimmer, wenn im Haus. (Allen, Repertorium)

Übellaune: schlimmer im Haus. (Allen, Repertorium)

Traurigkeit: schlimmer im Haus. (Allen, Repertorium)

Wärmeregulierung: Frösteln, periodisch, abends; im Haus kriecht die Kälte über einen herein. (1) (Knerr)

(d) *Schmerz beim Beginn der Bewegung* (Anacardium orientale, Rhus radicans, Rhus toxicodendron)

(e) *Rastlosigkeit*

Bei Anacardium orientale, Comocladia und Rhus toxicodendron findet sich eine ungeheure Rastlosigkeit von Körper und Geist. Auch die anderen Rhus-Mittel haben viele Symptome der Rastlosigkeit.

Rastlosigkeit findet sich auch als Begleiterscheinung in Anacardium orientale, Rhus toxicodendron und Rhus venenata.

Rhus toxicodendron hat ängstlich besorgte Ruhelosigkeit.

Kompensierung

Die Kompensierung besteht demnach darin, sich *"immer in Bewegung"* zu halten.

ZUSAMMENFASSUNG ANACARDIACEAE – EMPFINDUNGEN UND REAKTIONEN

Empfinden

Gefangen, steif.

Festgemacht.

Anspannung.

Feststeckend.

Krämpfe.

(Drückend.)

Passive Reaktion

Gelähmt.

Unbeweglich.

Aktive Reaktion

Feststeckend und will sich ständig bewegen.

Verursacht somit:

Besserung durch Bewegung.

Verschlimmerung durch Sitzen.

Sitzende Lebensweise oder Tätigkeit verschlimmert.

Verschlimmerung im Haus.

Schmerz zu Beginn einer Bewegung.

Rastlosigkeit. (Nebenerscheinung)

Kompensierung

Immer in Bewegung.

RHUS TOXICODENDRON

Anacardiaceae + typhöses Miasma

Die folgenden Rubriken unter Geist und Gemüt führen Rhus toxicodendron auf:

Beschwerden wegen Geldverlust.

Ängstliche Sorge, treibt ihn von einem Ort zum andern. (1)

Ängstliche Sorge, im Bett, treibt ihn aus dem Bett.

Wahnidee, er sei dabei, seinen Geschäften nachzugehen.

Wahnidee, denkt, er sei von Feinden verfolgt.

Träume, vom Geschäft.

Träume, vom Geschäft, bei Typhus.

Träume, von Schwierigkeiten im Geschäftlichen.

Träume, Geschäftliches fällt in ängstlichen Träumen über ihn her, wenn er am Einschlafen ist. (1)

Entkommen, Versuche zu, wegzurennen.

Angst, vor dem Tod.

Angst, davor ermordet zu werden.

Angst, davor vergiftet zu werden.

Angst, vor Gespenstern.

Angst, seine lukrative Position zu verlieren.

Heim, Wunsch nach Hause zu gehen.

Wir erkennen deutlich, dass die Rubriken charakteristisch für das Typhus-Miasma sind. Etliche darunter haben mit Geschäftlichem und insbesondere mit Geldverlust zu tun. Es taucht viel rastlose Aktivität auf. Auf der körperlichen Ebene ist bei Rhus toxicodendron das Gefühl des Feststeckens recht akut, aber mit Bewegung verliert es sich rasch. Außerdem ist es als Heilmittel bei Typhus bekannt. Somit gehört es zum typhösen Miasma.

Wenn nun das Hauptgefühl der Anacardiaceae mit dem des typhösen Miasmas kombiniert wird, dann könnte das Gefühl von Rhus toxicodendron folgendermaßen sein:

Gefangen, feststeckend und festgehalten in einer Situation, aus der man schnellstens herauskommen muss, sonst kann es gefährlich werden.

RHUS VENENATA

Anacardiaceae + Ringwurm-Miasma

Für dieses Arzneimittel finden sich die folgenden Rubriken:

> Fröhlichkeit, Heiterkeit, Freude, im Allgemeinen. (Complete)
>
> Gleichgültigkeit, Apathie gegenüber dem Leben. (Complete)
>
> Herpes. (Clarke)

Das Miasma könnte Ringwurm sein, das Miasma, das zwischen der Psora und der Sykose steht. Wir beobachten hier die Polarität zwischen gelegentlicher Fröhlichkeit (psorisch) und gelegentlicher Gleichgültigkeit gegenüber dem Leben (also Resignation, wie es für die Sykose charakteristisch ist). Herpes weist ebenfalls auf das Ringwurm-Miasma hin.

Wenn man das Empfinden der Anacardiaceae mit dem Ringwurm-Miasma kombiniert, dann könnte das Gefühl wie folgt sein:

Gefangen und festgehalten, aber mit Hoffnung, aus der Lage wieder herauszukommen.

RHUS RADICANS

Anacardiaceae + Malaria-Miasma

Dieses Mittel kennt neuralgische Schmerzzustände und wird bei intermittierendem Fieber eingesetzt. Deshalb gehört es in das Malaria-Miasma.

Wenn das Grundgefühl der Anacardiaceae mit dem Malaria-Miasma kombiniert wird, dann könnte das Gefühl wie folgt sein:

> *An einem engen Platz gefangen und dabei periodisch angegriffen.*

MANGIFERA INDICA

Anacardiaceae + Sykose

Gemäß der Prüfungen von Mangifera (Mango) durch Dr. Prakash Vakil haben wir folgende Symptome:

> Seufzt, schlechte Konzentration.
>
> Beschäftigung: Zerstreuung bringt Besserung. (Das bedeutet: hält sich beschäftigt, um Spannung zu vermeiden.)
>
> Gleichgültigkeit, gegenüber der Umwelt.
>
> Rheumatische Beschwerden.

Das Miasma scheint also die Sykose zu sein. Wenn das Empfinden der Anacardiaceae mit dem sykotischen Miasma kombiniert wird, dann ergibt sich daraus ein Gefühl von "fixierter Steifheit" wie folgt:

> *Muss mit dieser Steifheit leben; sie ist fixiert und sie schränkt ein. Muss es akzeptieren und kann es nicht ändern; es ist aber nicht tödlich.*

MANGIFERA-FALL 1

Mädchen, 17 Jahre alt, 1996 zum ersten Mal konsultiert.

Beschwerden, die zur Vorstellung führten: Kopfschmerzen, Rückenschmerzen, Ekzem auf dem Handrücken.

Gier nach Süßigkeiten und Eis.

Sie geht gerne aus.

Ihr Vater war drogenabhängig; ihre Eltern waren getrennt. Eines Tages kam ihr Vater zum Haus und schlug ihre Mutter. Schließlich ließen sie sich scheiden, und die Patientin sah ihren Vater nie wieder.

Sie erhielt Natrium carbonicum, es blieb ohne Wirkung.

Fallwiederaufnahme im Juli 99

Die Patientin litt unter ständigen Schmerzen in den Schläfen. Kopfschmerzen vor allem beim Aufwachen am Morgen.

Sie berichtet:

> "Wenn meine Freunde etwas im Scherz zu mir sagen, dann vertrage ich es nicht. Aber ich zeige nicht, dass es mir zusetzt. Wenn mich jemand entmutigt, werde ich sehr zornig und ich möchte am liebsten etwas zerbrechen oder herumschreien. Aber ich tue es nicht.
>
> Ich mag es nicht, wenn man Forderungen an mich stellt oder mir etwas abverlangt. Ich glaube nicht, dass ich zu irgendetwas verpflichtet bin, ich kann tun, was ich will. Wenn ich zum Beispiel wissen möchte, warum etwas nicht sicher ist, dann erwarte ich eine Erklärung, die mich befriedigt. Ich will die Dinge auf meine Art erledigen.
>
> Alles scheint Routine und langweilig zu sein. Ich fühle mich schnell gelangweilt. Ich brauche neue Dinge, Abwechslung beim Essen, neue Unternehmungen, neue Freunde. Ich liebe Sport, Rennen, Badminton, Bowling.
>
> Ich fürchte mich davor, aus dem Fenster zu schauen; ich sehe dann jemand mit roten Augen, mit einem schrecklichen Gesicht, lächelnd, eine dunkle Figur mit schwarzen Kleidern.

> Ich fürchte mich vor Räubern, die kommen und mich erstechen oder mir ein Gewehr vorhalten. Wenn ich alleine bin, fürchte ich mich davor ermordet zu werden.
>
> Beim Schlafen merke ich plötzlich, dass ich wach bin und werde steif und kann mich nicht bewegen. Ich muss mich anstrengen, eine Bewegung zu machen. Mit äußerster Anstrengung kann ich mich dann bewegen."

Die Patientin erhielt Natrium sulphuricum, es blieb ohne Wirkung.

Wiedervorstellung im September 2000

Sie hatte jetzt seit fünf Jahren Kopfschmerzen.

Sie ist immer noch voller Furcht. Wenn man sie berührt, krümmt sie sich zusammen.

Sie sagt:

> "Ich sehe Leute um mich herum. Wenn ich mir ein Laken übers Gesicht ziehe, habe ich das Gefühl, jemand will mich ersticken. Mein Körper wird steif, ich kann mich kein bisschen bewegen. Ich muss immer etwas tun, ich kann nicht an einem Ort stillsitzen, ohne etwas zu tun, ich muss in Bewegung bleiben."

Die Rastlosigkeit ist unverändert.

Rhus-toxicodendron-Rubriken:

> Angst: im Allgemeinen nachts.
>
> Angst: im Allgemeinen nachts, kann nicht im Bett liegen. (1)
>
> Angst: im Allgemeinen, Atem, raubt den. (2)
>
> Angst: im Allgemeinein abergläubig. (1)
>
> Wahnideen, Vorstellungen: dass er ermordet werde.

Verabreichtes Mittel: *Rhus toxicodendron C200.*

Unter Rhus toxicodendron wurden die Ängste besser, aber die Kopfschmerzen hielten an, wie auch die Rastlosigkeit und das Gefühl des Erstickens.

Wiedervorstellung am 2. Januar 2001

Sie ist bissig und gereizt und schreit herum. Zu ihrer Mutter sagt sie: "Du kümmerst dich nicht um meine Gesundheit, ich werde noch einen Nervenzusammenbruch bekommen."

> "Wenn ich alleine bin, fürchte ich mich im Dunkeln. Vor mir taucht ein Gesicht auf, als ob jemand auf mich zukäme. Ich habe Angst davor, aus dem Fenster zu schauen. Ich glaube, dass ich dann jemand sehen werde. Sie

> haben ein Lächeln aufgesetzt, sie haben ein Messer. Ich habe das Gefühl, etwas Seltsames werde mir zustoßen.
>
> Beim Aufwachen ist mein Körper steif – vielleicht weil ich etwas geträumt habe. Es fühlt sich an, als sei ich in einer anderen Welt. Ich versuche, mich aus dem Schlaf zu reißen, aber ich schaffe es nicht. Ich habe Angst, ich kann nicht mehr aufstehen. Ich fühle mich in einer Falle, ich kann meinen Körper nicht bewegen, kann meine Augen nicht öffnen. Ich fühle mich am Ersticken, klaustrophobisch, so als ob jemand mich festhielte, als ob mich jemand in einer Fall hätte und nicht mehr losließe. Egal was man macht, keine Anstrengungen können helfen."

Ihr Schlaf ist sehr gestört; sie wird leicht müde.

> "Ich habe begonnen zu rauchen. Habe keine Interesse am Studieren, in meiner Arbeit besser zu werden. Ich habe das Gefühl, dass etwas Schlimmes passieren werde, dass die Dinge nicht gut ausgingen. Ich fühle mich sehr müde.
>
> Ich habe Angst und frage mich, was passieren werde. Ich ziehe ein Laken über mein Gesicht und versuche zu schlafen. Ich mache mir immer wieder Mut, aber es hilft nichts. Ich bekomme Angst, wenn ich ein Blatt mit einer seltsamen Form sehe. Es ist, als sei es ein Gesicht, als ob es lache, lächle, schwarzhaarig, mit großen Augen, weißen Zähnen – es ist die ganze Zeit um mich herum, ein Gesicht oder eine Person, mit einem Messer in der Hand. Sie hat einen schwarzen Mantel an. Sie macht sich einen sadistischen Spaß.
>
> Ich kann nicht richtig studieren, und das ist wegen dieses Gesichtes, das mir weh tun will. Es strengt sich an, dass ich mich die ganze Zeit krank fühle. Ich habe dann das Gefühl, dass ich mein geistiges Gleichgewicht verliere, dass ich wahnsinnig werde.
>
> Was immer man auch tut, es hilft nichts. Ich bin in einer Falle. Ich kann nicht herauskommen. So als ob jemand versuchte, mich zu ersticken, mich zu töten, man kann nicht mehr atmen und sich nicht mehr bewegen. Ich habe das Gefühl, dass ich sterben werde."

Abends sehr gereizt, besonders wenn Menschen (z.B. ihre Eltern) sie herumkommandieren. Gereizt, wenn jemand sie von hinten anruft.

Wenn man sie verletzt, sagt sie einfach nur "Was soll's?" und reagiert nicht. Wenn es sich aber summiert und aufschaukelt, dann sagt sie es der Person ins Gesicht.

Wenn sie von zuhause weg ist, hat sie ein besseres Gefühl (was seltsam ist, denn die meisten angstvollen Menschen fühlen sich besser zuhause).

> "Wenn ich Hundegeheul höre, dann habe ich immer das Gefühl, dass jemand einen anderen Menschen verlieren werde." (Sie ist abergläubisch.)

Krampfschmerz in der Brust.

Zum Verständnis des Falls

Der Fall hat folgende Themen zum Inhalt:

Verfolgung.

Einschränkung.

Gleichgültigkeit.

Reizbarkeit.

Annehmen (Sykose).

Dies ist Sykose, denn es herrscht konstant das Gefühl von Gefangen- und Steifsein. Im Prinzip sagt die Patientin: "Ich sehe die ganze Zeit über dieses Gesicht, deshalb bin ich ständig steif und starr." Dies ist keine akute Panik, sondern eine andauernde Angstneurose, die nach meinem Verständnis sykotisch ist.

Die Eigenschaften der Anacardiaceae, die in diesem Fall zum Vorschein kommen, sind wie folgt:

Festgemacht.

Gefangen.

Eingeschränkt.

Kann sich nicht bewegen.

Steifheit.

Am Ersticken.

Ich suchte in der Anacardiaceae-Familie und stieß auf Mangifera indica, was sich durch die Gier der Patientin auf Mangos bestätigte.

Verabreichtes Mittel: *Mangifera indica C200, einmalige Dosis.*

Wiedervorstellung am 27. Januar 2001

Jeden Tag Kopfschmerzen, Brennen im Magen.

> "Ich habe nicht mehr so viel Angst, bilde mir nicht mehr so viele Dinge ein. Wenn ich nicht beschäftigt bin, dann fühle ich mich gelangweilt. Hatte einen Traum von einer Schlange."

Die Patientin erhielt Placebo-Medikation.

Wiedervorstellung am 20. März 2001

Klagt über Kopfschmerzen. Nachts pfeifendes Atmen.

Die Nacht zuvor hatte sie Angst; sie hatte das Gefühl, jemand ziehe ihr das Laken weg. (Diese Angst war nach einer langen Zeit wieder einmal aufgetreten.)

Verabreichtes Mittel: *Mangifera indica C200.*

Wiedervorstellung am 4. Oktober 2001

"Es ging mir so weit gut, war mit meinen Prüfungen beschäftigt. Am Ende der Prüfung hatte ich Schwindel, Kopfschmerzen, ich verlor Gewicht. Husten, Erkältung und Fieber haben mich jüngst ermüdet. Meine Studien haben mich sehr in Beschlag genommen. Im Großen und Ganzen waren die Kopfschmerzen viel besser, nicht so intensiv und nur ein- oder zweimal pro Woche.

Meine Stimmung war gut. Ich hatte einen Traum von Schlangen in einer Kiste. Eine Schlange stirbt, und die andere will mich gerade beißen. Ich habe weniger Ängste, ich denke nicht mehr so viel an sie. Aber ich habe Angst vor Schlangen und habe zweimal von welchen geträumt."

Es kommen keine Visionen von Gesichtern mit großen Augen mehr vor.

"Ich bin nicht mehr so reizbar, da ich sehr beschäftigt gewesen bin. Im Allgemeinen passiert es nur, wenn ich Langeweile und nichts zu tun habe. Ich habe keine Angst mehr, irgendwelche Dinge vor dem Fenster zu sehen.

Die Angst davor, dass mir etwas Böses zustieße, ist verschwunden. Ich hatte immer große Sorgen, eine Prüfung nicht zu bestehen oder in einen Unfall zu geraten. Ich habe nicht mehr diese Angst, dass ich verletzt würde oder dass meiner Familie etwas zustieße."

Ihre Ängste sind ungefähr 95% geringer geworden.

"Die Ängste hatten mich immer dazu gebracht, übererregt zu sein, sehr ängstlich. Jetzt bin ich ziemlich entspannt, und die Dinge regen mich nicht mehr so auf. Ich mache mir keine Sorgen mehr.

Die Kopfschmerzen sind 75% besser, in den letzten Tagen allerdings waren sie wieder stärker, vielleicht wegen meiner Prüfungen und des intensiven Lernens. Früher hatte ich sie andauernd."

Ihre Mutter berichtet:

"Früher war sie sehr unruhig und konnte nicht stillsitzen. Sie ging immer die Treppen rauf und runter, sie musste immer in Bewegung sein. Sie musste immer in Aktion sein, bis sie umfiel vor lauter Erschöpfung. Jetzt kann sie stillsitzen. Früher wollte sie simmer aus dem Haus, wollte sich mit Freunden treffen und etwas unternehmen. Jetzt ist sie etwas zur Ruhe gekommen und hetzt nicht mehr von einer Sache zur anderen.

Sie kann zwar manchmal noch launenhaft sein, aber im Großen und Ganzen ist sie entspannter. Sie ist reifer, selbstsicherer, kann ihre Dinge besser regeln. Sie hat diese Ängste, von denen sie beim ersten Vorstellungsgespräch geredet hatte, hinter sich gelassen; sie hat sie seit drei oder vier Monaten nicht mehr erwähnt."

Die Patientin erholte sich sehr gut und blieb bis zu ihrer Vorstellung am 2. Juni gesund.

Ende des Falls.

MANGIFERA-FALL 2

Wichtige Aussagen sind durch *Kursivschrift* hervorgehoben.

Männlicher Patient, 62 Jahre alt, stellt sich zum ersten Mal am 15. Juni 2001 vor.

Seine Hauptbeschwerde ist Steifheit des Nackens, diagnostiziert als zervikale Spondylitis. Der Patient kann sich nur mit Mühe bewegen und leidet auch an Arthritis der Kniegelenke. Die Steifheit wird schlimmer bei Luftzug und am Abend.

Mein Assistent nahm die folgende Anamnese auf.

P: *"Ich habe diesen steifen Nacken. Meine Aufmerksamkeit dreht sich mehr um diese Steifheit als um meine Arbeit."*

Er leitet eine Organisation. Wegen seines Zustandes muss er manchmal Unterredungen abbrechen. *Er fühlt sich körperlich behindert und unnütz.*

P: *"Der alles verbindende Faktor in meinem Leben ist es, nützlich sein und etwas Sinnvolles tun zu wollen. Das ist der rote Faden durch mein Leben, ohne den ich mich wertlos fühle.* Die Arthritis ist ein Handikap für mich, und *ich kann nichts tun. Das Leben verliert seinen Sinn. Ich habe schon so viel in meinem Leben erreicht, aber jetzt fühlt sich das Leben sinnlos an. Alles ist in Ordnung, nur dieses Gefühl der Behinderung stört.*

Ich habe nach dem Sinn des Lebens gesucht. Das verfolgt mich. Ich fahre nach Rishikesh, um meditieren zu lernen. Ich lege hohen Wert auf ein inneres Leben. Es gibt meinem Leben Würde und Respekt. Wenn ich das nicht mehr schätze, dann habe ich Krieg in mir. Ich bin einer Bewegung beigetreten, mit der ich jetzt seit zweiundzwanzig Jahren zu tun habe. Ich glaube, dass man für das, was man tut, nichts nehmen darf. Ich glaube, dass das Wichtigste im Leben Gewaltlosigkeit ist.

Nichtstun, sich zur Ruhe setzen, das fühlt sich an wie Vegetieren. Ich liebe meinen Körper sehr, aber ich bin mehr in Kontakt mit meinem Geist. Ich mag keine allopathischen Medikamente, denn das bedeutet, dem Körper Gewalt anzutun. Ich möchte wachsen, und die natürlichen Gefühle zu verletzen, das bedeutet Gewalt. Ich glaube nicht, dass ich den Krieg haben möchte, der mit einer allopathischen Medikation beginnt.

Ich bin im Vorstand eines Krankenhauses und ich habe mehrere Millionen Rupien für die Erdbebenopfer gesammelt. Ich möchte mich nützlich manifestieren, möchte für alles nützlich sein. Wenn ich behindert bin, dann kann ich mit meinen Taten nicht hinausgehen. Und wenn ich hinausgehe, dann fühle ich mich mit dem Leben verbunden. Tief in mir drinnen fühle ich mich dem Leben unpersönlich verbunden. Es fühlt sich an wie ein Fluss, der abgeschnitten ist, abgeschnitten von dem Fließen ringsherum. Es ist wie ein Zwang von innen. Ich weiß nicht, wann es ausbricht, oder ich schwebe fünfzehn Zentimeter über dem Boden. Ich habe das Gefühl, dass eine Einzäunung durchbrochen ist, und ich fühle mich leicht und gleichzeitig verbunden mit allem, so als gäbe es sonst niemand. Ich fühle die Einheit, und die Menschen sehen gar nicht wie Menschen für mich aus. So fühle ich, wenn ich lehre, und ich empfinde deshalb eine überschwengliche, ungeheure Freude. Ich empfinde Freude, wenn ich das Gefühl habe, ich bin der Macher.

Meine Frau ist der Mensch, den ich am meisten liebe, und ich habe Angst, sie zu verlieren. Vor sechs Jahren während einer Meditation hatte ich das Gefühl, dass etwas Neues geboren wurde. Meine Beziehung zum Leben und meine Gedanken wandelten sich. Ich begann, nachts Gedichte zu schreiben. In den Gedichten ging es um die Lebenskraft und um die Verbindung zu Menschen, nicht nur um die zu einer Person. Seither habe ich versucht, damit wieder in Verbindung zu kommen. Es fühlt sich an, als hätte ich eine Fee gesehen und ich sehnte mich danach, sie wiederzusehen."

Ist gierig auf Mangos und Früchte und hat eine starke Abneigung gegen Knoblauch.

Der Patient erhielt kein Arzneimittel, und zehn Tage später nahm ich den Fall erneut auf. Dies ist ein gutes Beispiel dafür, wie ich meine Fälle jetzt angehe. Früher war mein Einstieg die Wahnidee, jetzt ist es etwas Tieferes. Jetzt suche ich nach dem *vitalen Empfinden.* Alles, Hauptbeschwerde, Lebenssituation, Modalitäten – alles führt zum vitalen Empfinden. Ich verstehe darunter etwas, das weder dem Körper noch dem Mentalen zugehört, aber das beide beschreiben könnte. Und etwas, das menschlichen und nichtmenschlichen Dingen gemein ist. Dieser neue Ansatz ist sehr schnell und trifft ins Schwarze. Er schneidet mitten durch die Geschichten und Erzählungen des Patienten. Die Wahrheit ist ganz einfach, so verstehe ich das.

P: "Ich leide jetzt an Spondylitis. Ich habe eine Anspannung in meinem Nacken und kann deshalb nicht richtig arbeiten."

A: Was passiert da?

P: "*Ich kann mich nicht frei bewegen.* Jetzt ist es links verrenkt."

Der Patient beschreibt ein Steifheitsgefühl. Wir müssen dieses Steifheitsempfinden und das, was es für den Patienten bedeutet, zu verstehen versuchen; wie hängt das zusammen?

A: Beschreiben Sie mir die Steifheit.

P: "Es wird immer gerader, und dann kann ich den Nacken nicht mehr bewegen, zu keiner Seite."

A: Was hat das für eine Wirkung auf Sie?

P: "Ich bin (in meiner Konzentration) für meine Arbeit geteilt. Kann weniger leisten. Anstatt dass ich meine Arbeit fortführe, werde ich von meinem Nacken abgelenkt. Ich habe aufgehört zu arbeiten."

A: Was fühlen Sie dann?

P: "Ich habe das Gefühl, ich brauche Erleichterung."

A: Und wie verschaffen Sie sich Erleichterung?

P: "Ich ruhe mich eine Weile aus."

A: Was heißt Ausruhen?

P: "Ich nehme einen Stuhl, ich setze mich hin."

A: Wie? Aufrecht, zurückgelehnt oder nach vorne gelehnt?

P: "Zurückgelehnt im Allgemeinen."

A: Strecken Sie ihren Hals?

P: "Wenn ich meinen Nacken strecke, dann tut es noch mehr weh. Im Verlauf eines Tages wird es schlimmer. Dann ziehe ich eine Nackenbandage an, und das verschafft mir Erleichterung."

A: Was für einer Beschäftigung gehen Sie nach?

P: "Ich bin in einem Büro. Ich bin selbstständig. Ich bin Aufsichtsratvorsitzender in einer Firmengruppe. Wir stellen Werkzeuge her und exportieren sie. Selbst wenn ich mich ausruhe und Ferien mache, habe ich Anspannung in meinem Nacken. Morgens mache ich Yogaübungen und meditiere für ungefähr zweieinhalb Stunden."

A: Was für eine Art Meditation üben Sie aus?

P: "Ein Teil besteht darin, für alles, was ich als Nahrung erhalte, Dank zu sagen. Ein anderer Teil besteht darin, sich aller Dinge bewusst zu werden. Ich meditiere seit fünfundzwanzig Jahren und bin Meditationslehrer. Ich gehe zu verschiedenen Meistern."

A: Und was bedeutet Meditation für Sie?

P: "Es bedeutet Ruhe, Stille. Es ist die Anerkennung, dass alles miteinander verbunden ist. Die Anerkennung der Tatsache, dass alles, was ich tue, auf Grund vieler Faktoren passiert. Ich existiere nicht in Isolation. Früher hatte ich das Gefühl, dass die Dinge deshalb geschahen, weil ich sie tat, aber im Laufe der Zeit erkannte ich, dass alles auf Grund vieler anderer Faktoren geschieht. So viele Faktoren tragen zu einem Geschehen bei. Manchmal ereignen sich die Dinge nicht nach meinen Plänen. Ich bin alle Zeit dankbar für all die Kräfte, gegenüber so vielen Menschen. Das führt zu Harmonie in mir, zu einem Gefühl von Frieden."

Interessanterweise weiß ich von Anfang an, dass das Hauptempfinden des Patienten dies ist: *Ich kann mich nicht bewegen. Ich kann deshalb meine Arbeit nicht vorwärtstreiben; mein Nacken bewegt sich nicht, und meine Arbeit bewegt sich nicht.* Jetzt erfahren wir, dass der Patient ein starkes Interesse an Meditation hat. Dieser Mann ist ein Intellektueller, er ist belesen und neigt zum Philosophieren. Aus seiner Lektüre hat er viele seiner Vorstellungen entnommen, z.B. vom Fluss, der einem umgibt, davon, abgeschnitten zu sein, Verbindungen zum Leben, Freude, Einheit, der Macher zu sein usw. Als mein Assistent den Fall zum ersten Mal aufnahm, war er sehr beeindruckt davon und dachte an Anhalonium und Lac humanum. Aber die Schönheit meiner neuen Vorgehensweise besteht darin, dass das Empfinden und die Hauptbeschwerde als zentrale Stütze des Falles benutzt werden. Der Brennpunkt des Falles ist das Empfinden der Hauptbeschwerde: Steifheit und Behinderung von Bewegung. Es ist *nicht* Abgeschnittensein, Schweben, Fliegen usw. Das philosophische Reden des Patienten entspringt seinem Intellekt, nicht dem Punkt seiner stärksten Empfindlichkeit.

Wenn wir uns das Meditieren näher ansehen, dann kommen wir zurück zu dem Punkt, dass er sich nicht bewegen kann. Diese Dinge müssen alle miteinander verbunden sein. Meditation ist für ihn eine Art Kompensation. Alles was wir unternehmen, tun wir, um das Empfinden von uns fernzuhalten. Wie finden wir diese Verbindung? Mit diesen Überlegungen setzte ich meine Fragen fort.

A: Beschreiben Sie mir diesen Frieden.

P: "Ich fühle dann Harmonie mit den Menschen, weniger Trennungen – Trennung im Sinne von Hass, Eifersucht. Ich fühle mich dann sehr still. Wenn Sprache auftaucht, wird es innerlich unruhig, aber das lasse ich vorbeiziehen."

A: War das vorher anders?

P: "Ich hatte auf alles reagiert; *ich hatte das Gefühl, gefangen zu sein.*"

A: Was hatte das für Sie bedeutet?

P: *"Aus dieser Steifheit konnte ich mich nicht herausbewegen. Das heißt, die Dinge haben mich in verschiedene Richtungen gezogen. Es war ein Zwangsgefühl."*

Er gehört nicht zu der Familie, in der das Empfinden ist "In verschiedene Richtungen gezogen". Das sind die Berberidaceae. Der Patient gibt ein tieferes Empfinden an.

Wenn der Patient diese Worte benutzt, dann liefert er ein körperliches Bild eines emotionalen Gefühls. Und genau danach suchen wir. “Enttäuschung in der Liebe” zum Beispiel liefert einem nicht eher das wahre Gefühl, bis man herausgefunden hat, ob sich jemand zerschmettert fühlt oder verkrampft oder explodierend oder was auch immer, und dies sitzt tiefer als Körper und Gemüt. Dies ist das vitale Empfinden und letzten Endes das, wonach wir suchen.

P: “Es kam mir vor, als sei ich mitten im Verkehr, mitten in einem Verkehrsstau. Ich habe das Gefühl, ich bin im Verkehr.”

A: Wie fühlt sich das an?

P: “*Das Gefühl ist Mangel an Beweglichkeit.*”

(Wieder dasselbe: kann sich nicht bewegen, ist gefangen, steif. Zwei Stunden am Tag musste er meditieren, damit er das nicht empfand. Jetzt können wir zu den Träumen gehen.)

A: Was für Träume träumen Sie?

P: “Manchmal träume ich von Situationen, in denen ich stecke. Ich kann mich nicht an meine Träume erinnern.”

A: Irgendwelche angenehmen Träume?

P: “Kann mich an keine erinnern.”

A: Irgendwelche unangenehmen oder welche mit Angst?

P: “Ich kann mich im Allgemeinen nicht an Träume erinnern.”

Keine Träume. Dann schauen wir jetzt nach virtuellen Träumen. In seinem Fall heißt das, dass wir nach seinen Meditationserfahrungen fragen.

A: Sie sagten, dass Sie bei der Meditation ein Gefühl von Ruhe, Frieden und Harmonie erlebten. Können Sie mir die beste Meditationserfahrung, die Sie hatten, schildern?

P: “In meiner täglichen Routine schließe ich alles ein: Menschen, Umwelt, alles. Es verschärft meine Wahrnehmung von allem. Es gibt mir ein gutes Gefühl. Alles fühlt sich schön an. Ich habe das Gefühl, ich bin zur Ruhe gekommen. Ich habe das Gefühl, meine Frau und mein Sohn, meine Nachbarn, sie haben Probleme und ich kann ihnen vielleicht helfen.”

A: Wenn Sie sagen, alles fühlt sich schön an, was meinen Sie damit?

P: “Nichts ist störend; *es fängt mich nicht ein.*”

Er sagt aus, dass sich sein Nacken bei Wärme besser anfühlt. Knie- und Rückenschmerzen treten in einer bestimmten Stellung auf und sind besser bei Wärme und Herumbewegen.

Dies ist das Ende des Falles. Das war die ganze Anamnese, die ich erhob, und das Interview dauerte 25 Minuten. Vor einigen Jahren noch hätte ich für den Fall zwei Stunden aufgewandt und wäre dann verwirrt gewesen. Jetzt stellt sich die

Sache ganz klar dar. Der Patient kam zum nächsten Gespräch zwei Wochen später.

Verabreichtes Mittel: *Mangifera C200, eine Dosis.*

Wiedervorstellung am 19. Juli 2001

P: "Ich fühle mich besser als vorher. Die Schmerzen, die gewöhnlich im Verlauf des Tages auftraten, sind weniger geworden. Ich muss nicht mehr die Halskrawatte anziehen, was ich früher immer tun musste. Ich benutze sie jetzt weniger häufig, nur noch wenn ich das Gefühl habe, dass die Schmerzen schlimmer werden."

Steifheit und Gefühl des Gefangenseins sind 60% geringer. Ansonsten gute Gesundheit.

A: Noch irgendwelche anderen Probleme?

P: "Ich habe immer noch ein starkes Steifheitsgefühl im linken Bein. Für die letzten drei Tage hatte ich das. Das gab es auch früher schon."

Keine Träume; der Schlaf ist gut. Die Konzentration bei der Arbeit ist besser geworden.

Verabreichtes Mittel: *Plazebo.*

Wiedervorstellung am 18. August 2001

P: "Ich hatte Durchfall, halbweichen Stuhl; wahrscheinlich wegen irgendeines Essens. Ansonsten bin ich bei guter Gesundheit. Ich bin Ihnen sehr dankbar. Ich kann behaupten, dass das Leiden viel geringer ist. Wenn ich Arbeit machte, empfand ich es immer als psychologischen Stress. Das Problem ist jetzt vorbei."

Seine Nackenschmerzen sind 70% besser.

P: "Es geht mir besser mit meinem Nacken, und ich fühle mich entspannter. Vorher hatte ich die feste Überzeugung, dass ich damit jetzt leben müsste."

Dies ist der Kern der Sykose, die Haltung, dass man mit seinem Handikap leben müsse.

Verabreichtes Mittel: *Plazebo.*

Wiedervorstellung am 9. Oktober 2001

P: "Ich hatte eine Erkältung und einen Husten, fühlte mich schwach und hatte das Empfinden, dass mein Körper sich nicht bewege.

Meine Nackenschmerzen sind viel besser."

Verabreichtes Mittel: *Mangifera C 200, eine Dosis.*

Wiedervorstellung im April 2002

Dem Patienten geht es ausgesprochen gut, körperlich und psychologisch. Seine Nackensteifigkeit und seine Schmerzen sind verschwunden, und ebenso seine diesbezüglichen Ängste. Er fühlt sich psychologisch frei und nicht mehr "gefangen" wie früher.

Nach meiner Auffassung gelingt es dem Heilmittel, den empfindlichsten Punkt aufzusuchen und zu berühren, und das muss eine wünschenswerte Reaktion zur Folge haben. Im vorliegenden Fall hatten seit langem Schmerzen im Bein bestanden, und sie verschwanden. Der Patient hatte Diarrhoe gehabt, worunter er auch schon früher gelitten hatte, und auch diese verschwand. Alles geschah in genau der umgekehrten Reihenfolge, in der die Phänomene aufgetaucht waren. Hering wäre stolz gewesen.

Zum Verständnis des Falls

Die Hauptbeschwerde des Patienten hat zur Folge, dass er sich nicht bewegen kann: sein Nacken kann nicht bewegt werden, und er kann sich bei seiner Arbeit nicht bewegen. Er meditiert, um die Steifigkeit und das Gefühl des Gefangenseins loszuwerden. Es herrscht das Gefühl von Bewegungsmangel, wie mitten in einem Verkehrsstau.

Diese Empfindungen wie Steifheit, Gefangensein, Feststecken und Sich-nicht-Bewegenkönnen gehören zur Familie der Anacardiaceae.

Die Reaktion des Patienten auf das Empfinden besteht darin, dass er innerhalb der Begrenzung steckenbleibt; er nennt es "behindert, gehandikappt". Er hat die Situation angenommen: sie ist nicht völlig vernichtend, er muss sie einfach nur akzeptieren. Das ist das sykotische Miasma.

Sein Gefühl sagt ihm also, dass er gefangen ist, auf Grund von festgelegten Bedingungen unfähig, sich in seinem Leben weiterzubewegen. Das Interessante daran ist, dass die Empfindung, gefangen und bewegungsunfähig zu sein gleichermaßen auf die psychologische und die physische Ebene zutrifft; es sind Empfindungen, die auf der Ebene der Vitalität erfahren werden.

Interessanterweise finden sich in der Prüfung von Mangifera folgende Symptome:

Rücken: Spondylitis, Zervikalregion.

Bei solch einem fixierten Symptom kann man sich gut vorstellen, dass es sich um ein sykotisches Mittel handelt.

Ende des Falls.

ANACARDIUM

Anacardiaceae + Krebs-Miasma (und lepröses Miasma)

Dieses Arzneimittel wird bei vielen Krebsformen benutzt und hat die folgenden Rubriken, die ebenfalls auf das Krebs-Miasma deuten:

> Wählerisch. (Schmidt)
>
> Gesten, macht, mit großer Ausdauer. (1) (Allen, Repertorium)

Das Bild von Anacardium wird oft als das eines strengen, überkontrollierenden Vaters gezeichnet, der sein Kind sich nicht um Haaresbreite aus seiner Kontrolle bewegen lässt. Es gibt Gewalt und Grausamkeit (auf beiden Seiten – Aktion und Reaktion), wenn der Patient aus dieser Bindung ausbricht. Staphysagria ist Anacardium in einigen Geist- und Gemütszügen sehr nahe, und wir wissen, dass Staphysagria dem Krebs-Miasma zugehört (Ranunculaceae-Familie).

Zusätzlich zu den Eigenschaften des Krebs-Miasmas hat Anacardium die folgenden Symptome, die auf das lepröse Miasma hinweisen:

> Zorn, Reizbarkeit, heftige; nimmt alles auf schlechte Art an. (Complete)
>
> Abneigung gegen Gesellschaft. (Complete)
>
> Grausamkeit, Brutalität, Unmenschlichkeit. (Complete)
>
> Unwiderstehlicher Drang zum Fluchen und Verwünschen. (Allen, Keynotes)
>
> Ruchlosigkeit. (Boenninghausen)
>
> Wahnidee, ein toter Körper sei neben ihm. (1) (Complete)
>
> Wahnidee, Schwierigkeiten; jede Lappalie führe zu großen Schwierigkeiten. (1) (Complete)
>
> Traum, von Körperteilen, von Gesicht, übersät mit Eiterpusteln. (1) (Complete)
>
> Hass, auf Kinder. (Complete)
>
> Hass, auf Personen, die ihn beleidigt haben. (Complete)
>
> Hass, und Rachegefühl. (Complete)

Das Miasma scheint demnach zwischen dem Krebs- und dem leprösen Miasma zu stehen. Ich glaube, dass Fälle von Anacardium Züge sowohl des Krebs- als auch des leprösen Miasmas tragen. Da es zwischen den beiden Miasmen zu stehen kommt, gibt es wahrscheinlich noch ein weiteres und unentdecktes Miasma dazwischen, für das Anacardium ein gutes Beispiel ist.

Wenn wir also das Gefühl der Anacardiaceae mit dem des leprösen Miasmas kombinieren, dann erhalten wir folgendes Gefühl:

> *In einer Enge sitzend, völlig kontrolliert, ist nicht erlaubt sich zu bewegen*; und die Reaktion hierauf ist *Grausamkeit* (lepröses Miasma).

Für den Augenblick wollen wir allerdings Anacardium in erster Linie als zum Krebs-Miasma gehörig ansehen:

> *Muss die Kontrolle haben, selbst dann, wenn er festgehalten wird oder in der Enge sitzt.*

ANACARDIUM-FALL 1

Dieser Fall wurde bereits (als Fall 7) in “Das System der Homöopathie” vorgestellt. Hier ist er gekürzt dargestellt.

Patientin in den Vierzigern, kam im April 1996 zur Behandlung.

Sie hatte in ihrem Fragebogen geschrieben: “Ich rette Tiere und sorge für sie. Ich fühle mich ungeliebt und nicht anerkannt, vor allem nicht von meinem Mann. Ich finde, dass ich ihm viel gegeben habe, und ich bin ihm gegenüber verletzlich und fühle mich deshalb niedergeschlagen. Letzten Herbst nahm ich Lac defloratum C200, und jetzt im Frühling M1, und ich fühlte mich danach mit meinen Energien besser geerdet. Jetzt bin ich geschieden, aber noch verwirrt; ich bin sechsundvierzig und bin mir immer noch darüber unschlüssig, ob ich ein Kind haben möchte.”

Sie ist Mitglied einer religiösen Gemeinschaft.

Ich fragte sie, was ihre Probleme seien, und sie begann folgendermaßen.

P: “Mein größtes Problem liegt in meiner Beziehung zu meinem Ehemann, von dem ich seit einigen Monaten amtlich geschieden bin. Ich finde es schwierig, mit Menschen Beziehungen aufzunehmen. Das ist mein Problem und ich möchte es lösen, so dass ich fähig bin, dem Menschen, den ich liebe, nahe zu kommen und mich tiefer auf ihn einzulassen.

Für eine Woche oder so habe ich meditiert. Wenn ich vom Herzen her jemandem nahe sein möchte, dann hält mich etwas zurück. Meine Mutter sagte zu mir, ich solle nie einem Mann trauen, vor allem wenn es um Sex geht, sonst würden sie sich von mir abwenden.”

Beobachtung: Sitzt still; redet mit monotoner Stimme; weint beinahe.

"Manchmal fühle ich mich selbstzerstörerisch, und ich mache mir darüber ein wenig Sorgen. Im letzten Juni fiel ich bei der Arbeit eine Treppe hinab und verletzte mich am Rücken, Becken und Kopf; ich hatte eine kleine Gehirnerschütterung. Ich mache mir auch Sorgen um meine Energie, die sehr wohl positiv und liebevoll sein kann, aber ich kann sie anscheinend auch gegen mich richten, und das möchte ich durchbrechen."

Jetzt weint sie.

"Ich habe das Gefühl, meine körperliche Gesundheit ist recht gut, aber ich mache mir Sorgen um meine mentale und emotionale Gesundheit. Ich glaube, ich kann ein gesunder und liebevoller Mensch sein, und es fühlt sich eigentlich ganz nahe an, aber ich kann es einfach nicht erreichen.

Ich bin damit beschäftigt, Tiere zu retten. Ich habe acht Katzen, die alle verletzt oder ausgesetzt gewesen waren, und ich nehme sie auf und füttere sie. Ich fühle ganz stark, dass ich diesen Tieren helfen und sie davor bewahren möchte, dass sie leiden müssen. Ich stimme mich sehr auf das Leiden anderer ein, und doch leide auch ich und kann mich nicht selbst davon befreien. Ich rette diese Katzen und möchte selbst auch gerettet werden.

Da gibt es noch eine andere Haltung, die wahrscheinlich auch zum Teil von meiner Mutter stammt. Ich arbeite als Kinderkrankenschwester in Heimen und fühle mich darin kompetent, und dennoch habe ich das Gefühl, dass ich nie Erfolg haben kann in dem, was ich tun möchte. Das ist eine Angst, die von meiner Mutter kommt. Sie hat das nie gesagt, aber sie hat es mir indirekt vermittelt.

Als ich gestern von unserer Gemeinschaft wegfuhr, kam mir der Gedanke, dass dieser Ausflug so unglaublich glatt verlaufen war, dass ich das Gefühl bekam, dass sich jeden Augenblick mein Glück wenden könne. Ich hatte das oft in meinem Leben: dieses Gefühl, dass ich versagen würde. Es kommt nicht von einer realen Erfahrung, aber das Gefühl ist da.

Das Thema des Kinderwunsches hat biologisch sehr an mir gezerrt und gezogen. Ich bin jetzt sechsundvierzig und ich hatte früher Gelegenheiten gehabt, ein Kind zu haben, aber ich entschied mich damals dagegen, und jetzt bin ich in einem richtigen Dilemma. Einerseits will ich meine Freiheit und andererseits habe ich Sehnsucht, einem Kind ganz nahe zu sein, eines auszutragen, zu nähren und großzuziehen. Mein Mann hatte Angst vor dieser Verantwortung. Außerdem hatte er eine Operation, und wir können kein Kind miteinander haben. Ich wartete immer und glaubte, es würde sich von alleine erledigen. Ich habe das Gefühl, dass ich mich vom natürlichen Fluss meines Lebens abgeschnitten habe, davon, spontan zu sein und mir das zuzugestehen, was in meinem Leben das Rechte sei, aber ich bin noch nicht ganz da."

Beobachtung: Seufzt, schaut unter sich.

"Bei einem Sturz verletzte ich mein Sprunggelenk, und das heilte nur sehr langsam. Vor drei Jahren hatte ich einen kleinen Knoten in meiner rechten Brust, es war wahrscheinlich fibrozystisch.

Manchmal habe ich flüchtige destruktive Impulse gegenüber einem Menschen oder gegenüber meinen Tieren. Eine Art blitzartige Vorstellung davon, was passieren könnte, obwohl ich meine Tiere doch liebe."

Sie ruft in mir eine Aversion hervor. Es kostet mich Anstrengung, mit ihr Verbindung aufzunehmen. Sie folgt einem Guru, einem spirituellen Lehrer.

A: Was ist also Ihr Problem?

P: "Ich bin mir nicht so sicher. Die Beziehungsprobleme, glaube ich, setzen einem am meisten zu. Im Allgemeinen wähle ich mir einen Mann, wie mein Vater einer war, ein Intellektueller. Da besteht Abstand und ich erlebe mich als unterlegen und den anderen als überlegen, und es gibt keine Nähe. Ich fühle mich nicht angenommen. Ich suche in der Beziehung nach Anerkennung. Ich habe das Gefühl, dass ich das nicht von einem anderen Menschen erwarten sollte.

Ich bin abhängig, aber nicht wirklich verwundbar. Ich kenne meinen Mann seit zwölf Jahren, und jetzt sind wir amtlich geschieden. Er fragte mich vor zwölf Jahren, ob ich auf ihn warten würde, und ich sagte: Vielleicht. – Und daran hat sich nichts geändert."

A: Was möchten Sie haben?

P: "Sex und Liebe. Ich fühle keine Herzensverbindung. Ich kann von dem Mann, mit dem ich lebe, nicht verletzt werden."

A: Können Sie mir das erklären?

P: "Ich bin sehr sensibel, und wenn ich mich ihm gegenüber öffne, dann fühle ich mich von ihm wie mit einem Dolch verwundet, bildhaft, nicht körperlich. Ich habe das Gefühl, ich sollte stark sein, so dass es nichts ausmacht. Ich möchte für ihn da sein. Ich habe mich gegen ihn verteidigt und ich kann von ihm nicht verletzt werden.

Ich bin von Natur aus sehr sensibel, ein Zwilling, und er ist ein Skorpion und sticht. Wir können für Tage oder Wochen zusammensein und im Haushalt miteinander klarkommen, aber im Herzen fühle ich mich nicht geliebt. Ich weiß nicht, ob die Liebe nicht da ist oder ob ich nicht zulasse, sie zu empfangen. (Weint wieder, weil sie das nicht weiß.) Wir haben beide so oft den anderen verlassen wollen und sind doch zusammengeblieben. Vielleicht besteht die Verbindung auf einer anderen Ebene oder ist aus einem anderen Leben, aber die Liebe ist nicht im Körper verwurzelt, und ich fühle mich nach dieser Liebe ausgehungert.

Er ist ein guter Mensch, und zuletzt wird diese Phase vorbeigehen, und wenn ich warte, fällt vielleicht die Sexualität von mir ab, und dann wird alles in Ordnung sein. Wenn ich weggehe, werde ich mich elend fühlen, und wenn ich bleibe, bin ich ebenfalls elend.

Bevor ich von ihm wegging, hatten wir diesen großen Streit und alles fühlte sich etwas besser an. Die letzten zwei Jahre war ich unter so viel Stress, hatte zu viel zu tun und bin spät zu Bett gegangen."

A: Sie haben das Gefühl, dass Sie nicht genug Liebe von ihm bekommen. Was meinen Sie damit?

P: "Ich habe das Gefühl, er versteht mich nicht."

A: Was vermissen Sie? Sie sagen, Sie seien ausgehungert.

P: "Leidenschaft, Verstehen, bedingungsloses Annehmen, Anerkennung; auch schon ein nichtverbales Verstehen und Kommunizieren."

A: Sexuell, wie ist die Beziehung?

P: "Ich habe das Gefühl, dass er mich nicht begehrt; nur selten beginnt er mit Sex. Er neigt mehr zum Spirituellen, zum Meditativen, und ich bin mehr erdverbunden und ich habe das Gefühl, dass ich ihm auf diese Art viel näher bin, und ich löse mich dann auf. Ein Entspannen und Verschmelzen und das Eintauchen in ein einziges Wesen anstatt zwei Personen zu sein. Diese Nähe oder dieses Sichverbinden. Er sagt, Sex würde nur passieren, wenn man sich schon vorher nahe ist. Ich frage mich, ob ich ihm nicht genug zukommen lasse und ob ich ihn vielleicht nie geliebt habe. Ich habe das Gefühl, dass ich meine Tiere gänzlich lieben kann, aber mit einem Menschen gibt es ein Zurückhalten.

Ein- oder zweimal habe ich in einer Beziehung so geliebt, so als sei da eine tiefere Verbindung, aber noch nie in einer längeren Beziehung; es kommt eher wie ein Blitz oder eine flüchtige Erfahrung."

A: Hatten Sie außereheliche Affären?

P: "Ja, das hat mir geholfen, die letzten zwölf Jahre durchzustehen."

A: Was bringt Sie also dazu, bei diesem Menschen zu bleiben?

P: "Das Gefühl, dass wenn ich wirklich genug gäbe, alles vielleicht anders würde. Ich möchte für ihn da sein. Wenn ich ihn früher verließ, dann wurde er krank, und ich möchte nicht, dass ihm etwas zustößt."

A: Und Sie, was würden Sie verlieren?

P: "Die Kameradschaft, zusammen etwas unternehmen. Die Tiere sind für uns fast wie Kinder. Es wäre hart wegzugehen, wegen der Tiere."

A: Was für Träume haben Sie?

P: "Zwischen 1983 und 85 war ich wirklich glücklich und bin seitdem nicht mehr glücklich gewesen. Ich lebte in einer Gemeinschaft und hatte eine Menge Freunde. Wir saßen jeden Tag bei unserem Meister. Es war ein schöner Fleck Erde, und ich hatte das Gefühl, dass mein Leben ganz war. Dies ist der stärkste Traum. Ich empfinde, dass er einen Sog auf mich ausübt. Seit 1990 ist mein Meister nicht mehr in seinem Körper. Aber ich fühle noch dieselbe Energie.

Manchmal habe ich das Gefühl, ich sollte einfach wieder zu der Gemeinschaft ziehen."

A: Als Sie sich ganz fühlten – können Sie noch etwas mehr dazu sagen?

P: "Ich fühlte mich wirklich geliebt. Als ich meinen Meister das erste Mal sah, das war die unglaublichste Erfahrung meines Lebens. Da ist diese bedingungslose Liebe und die völlige Akzeptanz und das Gefühl, dass alles so sein wird, wie es sein soll. Ich fühlte mich geliebt, beschützt und geleitet, ohne versuchen zu müssen zu verstehen. Ich hatte einfach all mein Hab und Gut verkauft und war dahingezogen. Da gab es keine Zweifel, keine Fragen wegen der Zukunft oder der Vergangenheit."

A: Was sehen Sie dann in Ihren Träumen?

P: "Den Ort und die Menschen."

A: Gibt es sonst irgendwelche Träume?

P: "Ich träume von Männern, die ich attraktiv finde."

A: Irgendetwas aus der Kindheit?

P: "Ich habe eine Schwester, die drei Jahre älter ist als ich. Als sie damit anfing, mit Jungen auszugehen, war das eine schwierige Zeit für meine Mutter, und ich erinnere mich an die Streitereien deswegen. Einmal mochte meine Mutter den Mann nicht, auf den sich meine Schwester eingelassen hatte. Sie stritten ganz laut miteinander. Ich versuchte, in mein Zimmer zu gehen und nichts damit zu tun zu haben. Mein Vater ist ein rationaler Mensch und er versuchte, meiner Mutter zu sagen, dass sie sich beruhigen solle. Aber einmal hatten sie einen Streit, und meine Mutter verletzte sich dabei. Ich glaube, sie hatte einen Kübel Wasser auf meine Schwester geworfen und sie hatte sich selbst mit einer Flasche am Kopf verletzt und blutete. Es ging um Sex. Meine Schwester wollte Sex haben, und meine Mutter konnte das nicht verkraften. Ich erinnere mich noch gut, wie sie da auf dem Küchenfußboden saß."

A: Was für ein Gefühl hatten Sie dabei?

P: "Ich hatte Angst und war schockiert. Ich dachte, meine Schwester habe meine Mutter dazu gebracht, sich selbst zu verletzen, und wenn ich so handelte wie meine Schwester, würde auch ich sie dazu bringen, sich selbst zu verletzen. Ich empfand eine gewisse Abscheu gegen meine Mutter. Ich zog mich von der Familie zurück. Ich ging im Alter von achtzehn in einer anderen Stadt zur Schule und teilte ihnen von meinen Beziehungen nichts mit. Nach der Schule zog ich dreitausend Meilen weit weg, um dieser Aufregung und diesem Verurteilen aus dem Wege zu gehen und sie rauszuhalten aus den Dingen, die sie nichts angehen. Ich wollte keine Streitereien mit ihr. Ich bin sehr emotional. Mein Mann zog dann in ihre Nähe zurück, und seit zehn Jahren muss ich mich jetzt mit meinen Eltern auseinandersetzen."

A: Alles, was Sie also vermeiden wollten, ist wieder zurückgekommen?

P: (Sie lacht):

"Wir lebten an diesem Ort, und die Kommune machte zu. Ich weiß nicht, ob ich mit diesem Mann zusammenleben kann; in einer Gemeinschaft zu leben, ist leicht, aber mit ihm in einem Haus ... Ich dachte mir, entweder ich gehe unter oder ich lerne schwimmen, und ich glaube, ich bin dabei unterzugehen."

Man muss zum Augenblick der Krise gehen, d.i. zur Szene in der Kindheit, bei der es diesen mentalen Überbau noch nicht gab.

Das Schlüsselereignis ist der Vorfall des Streits zwischen ihrer Schwester und ihrer Mutter, weswegen sie von Zuhause weggeht und weit wegzieht. In der Gemeinschaft erlebt sie bedingungslose Liebe. Dann entschließt sich ihr Mann, nach Massachusetts zu ziehen, was allerdings in der Nähe ihrer Eltern ist, was sie eigentlich hatte vermeiden wollen; und da beginnt sie unterzugehen. Wir müssen also mehr darüber herausfinden.

A: Was für Schwierigkeiten haben Sie mit Ihren Eltern?

P: "Sie wollen mich unter ihrer Kontrolle haben: Ich bin sechsundvierzig Jahre alt. Geld. Sie gaben uns Geld, damit wir ein Haus in ihrer Nähe kaufen konnten. Vor kurzem dachte ich an Arizona oder Indien, aber wenn es um mein inneres Wachstum geht, werden sie uns kein Geld geben. Es geht nicht darum, was ich will, sondern was sie wollen. Meine Eltern wollten immer, dass ich ein Kind bekäme. Will ich wirklich ein Kind, oder möchte ich nur meiner Mutter einen Gefallen tun, weil sie so glücklich wäre, einen Enkel zu haben? Ich möchte auf irgendeine Art mit ihnen Frieden schließen. Meine Mutter wollte immer, dass ich ihr nahe sei. Ich würde das gerne ihr zuliebe tun und wäre gerne stark genug, dass ich davon nicht zerstört würde, von dem, was sie wünscht, dass ich sein solle.

Mama war sehr krank, kurz bevor ich gefallen war. (Weint.) Ich ging zu ihr und hielt sie in den Armen. Meine Schwester hat seit ihren Collegetagen Wiedergutmachung geleistet. Ich war dem Aufruhr einfach nur aus dem Weg gegangen.

Manchmal stritten sich meine Eltern. Und wenn sie nicht mehr miteinander redeten, selbst wenn es nur für eine Stunde war, versuchte ich, sie wieder dazu zu bewegen, miteinander zu reden. Es setzte mir enorm zu, wenn sie nicht miteinander redeten."

A: Was empfanden Sie dann, wenn sie nicht miteinander redeten?

P: "Verzweiflung. Ich hatte das Gefül, dass mein Leben seine Struktur verloren hatte, seine Sicherheit."

A: Gab es noch etwas in Ihrer Kindheit, das Sie sehr berührte?

P: "Als ich neun Jahre alt war, waren wir einmal in einem Motel. Meine Schwester und ich schliefen in demselben Bett und wir waren am Kichern und Lachen, und mein Vater riss einfach das Laken herunter und verprügelte uns, weil wir nicht aufhörten. Als Kind war ich nie geschlagen worden. Das war das einzige Mal, dass es passierte. Ich war empört.

Einmal – ich war fünfzehn – war meine Mutter sehr zornig auf mich und sie sagte mir, es sei Zeit, zu Bett zu gehen. Ich drehte mir immer Locken ins Haar, und so nahm ich eine Taschenlampe und die Lockenwickler mit ins Bett, und sie kam und wurde sehr zornig."

A: Und was hat Sie zu jener Gemeinschaft hingezogen?

P: "Alles in mir trieb mich dahin. Es war nie eine Entscheidung. Ich wurde hingezogen. Es war das Richtige für mich gewesen. Ich habe das Gefühl, dass die Meditation und die Verbindung (zu meinem Meister) mein Leben leiten. Ich habe jetzt zwar Probleme, aber ich glaube, dass ich ohne das in schlimmerer Verfassung wäre.

Ich wünsche mir eine Verbindung zu etwas jenseits meines Lebens. Für mich ist das die wesentlichste Erfahrung im Leben, zu sein, was man wirklich ist, was nicht auf den physischen Körper beschränkt ist, mit wahrer Energie und Liebe im Augenblick zu sein. Das hat mich sehr genährt und aufrechtgehalten und es hält mich am Laufen. Ich denke, dass mich dies auch zu meinem Mann gebracht hat; er hatte die Entsagung gewählt gehabt."

A: Warum haben Sie das Gefühl, ein Dolch durchbohre Sie?

P: "Ich habe das Gefühl, ich könnte alles für ihn tun. Ich besorgte immer das Einkaufen, Saubermachen, Kochen, und ich fühlte mich dafür nie anerkannt; er kritisierte mich wegen der kleinsten Lappalien. Wenn ich fünf Gänge vorbereitete und ein Gericht war etwas überkocht oder etwas nicht salzig genug, kritisierte er mich. An allem, was ich tat, war etwas falsch. Ich war nie gut genug. Das verletzte mich. Ich wünschte mir, dass er mich so annähme, wie ich bin.

Als wir vor zwei Monaten diesen lauten Streit miteinander hatten, sagte ich zu ihm: Ich kann dich nie glücklich machen, ganz egal, was ich tue. Es gab immer Spannung um ihn herum, da ich nie wusste, wann wieder diese Kritik kommen würde.

Als wir in unser neues Haus einzogen und wir schmirgelten und anstrichen, sagte ich etwas darüber, wie man mit einem Pinsel eine gerade Linie ziehen könne, und dann hörte er einfach auf und half mir nie mehr wieder, obwohl die ganze Arbeit vier Monate dauerte. Er lief einfach weg und kam nicht mehr zurück zu helfen. Das habe ich in unserer Beziehung immer gemacht. Ich arbeitete eine Menge, und er half nichts. Ich hätte so gerne gehabt, dass er mir sagte, ich solle nicht so kritisch sein, aber er redete überhaupt nicht und war weit weg von mir, so als sei er ganz oben und ich hier unten. Ich fühlte mich immer verletzt und konnte nichts sagen, und ich begann hinzufallen und mir weh zu tun. Wegen seiner negativen Haltung mir gegenüber verletzte ich mich, indem ich hinstürzte.

Er war es, der oft Magenschmerzen hatte und dann zornig und gereizt war, und nach drei Tagen sagte er dann, dass sein Magen nicht in Ordnung sei. Ich bin sehr sensibel, und wenn er diese Haltung hat, dann habe ich das Gefühl, dass mit mir etwas nicht in Ordnung sei. Ich fühlte mich schlecht, weil er einfach nicht mit mir redete."

A: Warum haben Sie dann soviel für ihn getan?

P: "Ich weiß es nicht. Jetzt gehe ich einkaufen, und er kocht meistens. Was immer ich tat, es war nicht genug. Es gab immer etwas, was nicht in Ordnung war."

A: Ihr Vater war auch so?

P: "Er ist von Natur aus sehr verurteilend, aber er ist nicht so schwankend. Ich fühle von ihm mehr das Urteilen, aber nicht die Dolchstiche, die ich von meinem Mann bekomme. Als meine Mutter Schierigkeiten mit meiner Schwester hatte, gingen sie zu einer Therapie. Ich hatte meinen Vater nie weinen gesehen, erst in den letzten zehn Jahren. Er ist viel kommunikativer geworden. Früher war er sehr schweigsam gewesen und hatte seine Gedanken und Gefühle für sich behalten. Meine Mutter ist emotional und ausdrucksstark, liebevoll, künstlerisch und dennoch dominierend über meinen Vater, was ich nicht mag. Sie schiebt ihn herum und kritisiert ihn und nimmt ihn nicht an."

A: Was sonst noch?

P: "Ist das nicht genug? Ich finde, das ist es."

A: Ihre Mutter kritisierte immer sehr viel?

P: "Ja, an ihm. Ich glaube, es gab ein stillschweigendes Einverständnis, dass wir uns nie gegen sie richten würden. Vielleicht war sie eifersüchtig auf ihre Töchter, vielleicht war es Neid."

A: Was Sie vorher geschildert haben – Zornesausbrüche oder Schläge. Können Sie mir dazu ein Beispiel nennen?

P: "Wenn ich eine Glasflasche oder ein Messer in der Hand habe, dann bekomme ich Vorstellungen davon, dass ich jemanden verletzen könnte. Das war, als ich mich zur Scheidung entschloss, als ich merkte, dass ich ihn so sehr hasste, dass ich ihm Gewalt antun wollte. Noch nie im Leben habe ich jemanden mit der Absicht zu verletzen geschlagen, aber ich sah diese Seite in mir, blitzartig. Ein flüchtiges Aufblitzen der Tatsache, dass ich dazu in der Lage war."

A: Was für ein Gefühl haben Sie dabei?

P: "Nach meinem Urteil ist das falsch. Ich lenke mich ab."

A: Haben Sie auch Träume von Gewalt?

P: "Ja. Ich fuhr auf einer Autobahn nach Hause, zusammen mit Leuten, für die ich arbeitete, und ich sah einen großen Vogel, eine wilden Truthahn (weint wieder, versucht es zu unterdrücken), der mit den Flügeln schlägt und der am Kopf blutete. Der Körper war noch lebendig, aber der Kopf war tot, und ich sehe diese riesigen Flügel schlagen. Ich hielt den Wagen an, holte ein Laken und legte meine Hände auf den Vogel und fühlte ihn zucken und wusste, dass er es nicht überleben würde: seine Verletzung war zu stark. Ich sah eine andere Frau, die haltmachte (und sagte): Ich glaube nicht, dass er es schaffen kann; wir sollten ihn töten. – Also erwürgte ich ihn und machte seinem Leben ein Ende. Mitten in derselben Nacht wachte ich schreiend auf.

Ich hatte einen Traum, in dem ich in einem Restaurant saß, rot angezogen war, und jemand im Raum wollte mich töten, und sie erkannten mich daran, dass ich rot angezogen war. Ich saß zusammen mit meinen Eltern beim Essen. Ich hatte das Gefühl, dass dieser Traum mit dem Vogel zu tun hatte, damit, dass ich ein Leben genommen hatte. Ich wollte es möglichst friedlich und schnell erledigen, aber ich war immer noch aufgewühlt."

A: Welche Medikamente haben Sie bisher genommen?

P: "Pulsatilla in den Siebzigern. Jüngst, 1992, Ignatia, Pulsatilla, Lac defloratum."

A: Haben Ihnen irgendwelche dieser Mittel geholfen?

P: "Ja, Pulsatilla und Ignatia."

Zum Verständnis des Falls

Schauen Sie sich die Themen an, die in dem Fall immer wieder auftauchen.

Sie fühlt sich von ihrer Familie entfremdet und möchte auf Abstand von ihnen sein.

Im Stich gelassen und aufgegeben: tiefes Verlorenheitsgefühl, als ihre Eltern miteinander streiten.

Fühlt sich physisch und emotional ausgehungert.

Mutter kritisch und Vater kaltherzig und distanziert.

Hatte das Gefühl, ihr Mann schaue auf sie herab, kalt, abgehoben, mit Abstand und kritisch.

Hatte das Gefühl, ihr Mutter wollte sie zerstören.

Starke Furcht davor, ermordet zu werden.

Impulse zu töten.

Aufblitzende Vorstellungen von Grausamkeit gegenüber anderen und sich selbst.

Starke Gefühle von Hass und Abscheu.

Widersprüchliche Impulse.

Ambivalente Gefühle: freundlich und könnte verletzen oder verjagen.

Liebevoll und gleichzeitig voller Hass gegenüber ihrem Mann.

Sowohl Liebe als auch Hass und Abscheu gegenüber ihrer Mutter (lepröses Miasma).

Im Streit mit sich selbst. Immer ein Gefühl von Gegen-sich-selbst.

Redet davon, Energie gegen sich selbst zu richten.

Ich habe das Gefühl, ich könnte mich selbst zerstören.

Immer im Dilemma darüber, was jetzt zu tun sei.

Sie sagt: Einerseits ... andererseits ...

Tendenz zum Perfektionismus, krebsartig.

Bei der Mutter Kontrollwunsch, künstlerische Veranlagung, Perfektionismus (Krebs-Miasma).

Sie hatte immer das Gefühl, dass sie eine Menge tun müsse und dass sie es perfekt tun müsse, um geliebt zu werden.

Gefühl, dass sie nie Erfolg haben werde, dass sie alles falsch mache.

Befürchtet, ihre Selbstkontrolle zu verlieren.

Sie wünschte sich, dass Sex der Punkt sei, an dem zwei Dinge verschmelzen.

Denken getrennt vom Körper. Trennung von Geist und Körper.

Der Truthahn, den sie sah, war lebendig, aber sein Kopf war tot; sie drehte ihm das Genick um und trennte den Kopf vom Körper.

Sehr anteilnehmend.

Sie redet viel vom Herzen.

Sie benutzt Meditation, um ihre zerstörerischen Impulse zu mildern.

Ich habe einige Anacardium-Patienten, die zum Buddhismus übergehen, weil es ihrem Sinn für Gewaltlosigkeit gerecht wird.

Rubriken

Zorn, so dass er jemand Beliebigen erstechen könnte.

Wahnidee, dass er keinen Erfolg haben könne, dass er alles falsch mache.

Wahnidee, dass Gemüt und Körper getrennt seien.

Wahnidee, dass Körper und Denken getrennt seien.

Wahnidee, dass der Körper von der Seele getrennt sei.

Entfremdet, von ihrer Familie.

Hass.

Impulse, krankhafte, widersprüchliche.

Töten, Wunsch zu.

Lüsternheit.

Leidenschaftlich.

Selbstkontrolle, möchte sich unter Kontrolle haben.

Brust, ängstliche Sorge.

Kommentar

Zum Verständnis des Falls auf der Grundlage des Empfindens und des Miasmas Offensichtlich in diesem Fall sind das Bedürfnis der Patientin nach Vollkommenheit und nach Kontrolle und ihre Furcht davor, die Kontrolle zu verlieren und ihren gewalttätigen Impulsen nachzugeben. Dies ist bezeichnend für das Krebs-Miasma.

Damit taucht nun die Frage auf, wo in ihrem Leben sie das erfahren hat. In Zusammenhang mit ihrem Ehemann, ihren Eltern. Die Gefühle, die sie in ihrer Beziehung erlebt, sind charakterisiert als *begrenzt, verwurzelt*, z.B. *im Körper verwurzelt, begrenzt auf den Körper, mit dieser Person feststeckend, in dieser Beziehung steckengeblieben usw.*

Und in den Folgegesprächen können wir erkennen, dass sie nicht mehr das Gefühl hatte, festzustecken und die Kontrolle haben zu müssen. Ihre Art, mit dem Gefühl des Im-Körper-Feststeckens umzugehen, bestand darin, ihr Denken und ihren Körper zu trennen; der Körper konnte feststecken, aber ihr Denken wurde frei.

Dieser Fall zeigt den Wunsch nach Kontrolle in einer Situation des Feststeckens und führt uns gemäß des neuen Konzeptes zu Anacardium.

Das Element der Gewalttätigkeit, das wir in dem Fall wahrnehmen, zeigt an, dass Anacardium dem Krebs-Miasma nahe ist.

Verabreichtes Mittel: *Anacardium M1.*

Wiedervorstellung

P: "Ich habe mich liebevoller und verbundener gefühlt, konnte meine Energie austeilen, fühlte mich nicht so ausgelaugt. Habe meinen Mann verlassen und es fühlt sich gut an.

Habe endlich mit meinem Mann gebrochen. Endlich habe ich einmal alles rausgelassen. Ich habe ihn angeschrien und ihm gesagt, dass ich das nie wieder täte. Ich machte meine Augen auf, und die ganze Welt war so hell. Ich erkannte meine Muster. Ich fühle mich jetzt liebevoller.

Ich fühle mich nicht mehr so selbstzerstörerisch.

Die Menstruationen sind besser. Sie fühlen sich besser an, mehr reinigend, kein wirkliches Problem mehr wie zuvor.

Insgesamt viel besser."

Ende des Falls.

ANACARDIUM-FALL 2

Dieser Fall ist ebenfalls in "Das System der Homöopathie" geschildert (Fall 8).

Junge mit geistiger Behinderung, im November 1987 geboren; 9 Jahre alt.

Die Eltern haben in der Vergangenheit bereits eine Menge Homöopathie ausprobiert, aber ohne Wirkung. Sie sind ausgesprochen kooperativ und in der Schilderung des Kindes sehr genau. Es ist ein schwieriger Fall, und ich mühte mich sehr damit ab. Ich interviewte sie zweimal für jeweils länger als drei Stunden und saß dann noch einmal drei Stunden über dem Fall.

Im Februar 1996 brachten die Eltern das Kind nach Bombay und blieben für eine Woche. Sie brachten auch ein Video, das sie von dem Kind in Griechenland (seinem Heimatland) aufgenommen hatten.

Im Video ist zu sehen, wie der Junge aufmerksam fernsehschaut und dabei seinen Finger über die Zähne streichen lässt. Er sitzt mit leicht geöffnetem Mund da und hält mit einer Hand seinen Fuß und seine Zehen. Bewegt Beine und Füße beim Fernsehgucken und streckt die Beine gerade aus. Ist sehr unruhig. Er möchte alles an seinem richtigen Platz haben; er verbringt eine Menge Zeit damit, Gegenstände in seinem Zimmer, Spielzeuge und Kissen, auf eine ihm liebe Art herumzuarrangieren.

Der Fall in der Praxis

Normale Geburt, postnatal Gelbsucht; einige Tage später tonisch-klonische Krampfanfälle. Während seines ersten Lebensmonats hatte er acht spastische Anfälle, die jeweils einige Sekunden dauerten. Erhielt Phenobarbital. Blieb im ersten Lebensmonat im Krankenhaus. Er verbrachte die ersten zwanzig Tage in einem griechischen Krankenhaus; dort wurde er malträtiert, seine Hände, Füße und sein Kopf waren blauschwarz von all den Blutentnahmen. Danach zehn Tage in einem Krankenhaus in London. Eine CT-Untersuchung ergab unentwickelte weiße Hirnsubstanz. Ein weiteres CT einige Jahre später zeigte einen Normalbefund.

Im Alter von fünf Jahren Fieberkrämpfe.

Im Alter von fünfeinhalb Jahren, d.i. im Mai 1992, erhielt er nach vier Monaten mit Erkältungen und viralen Infekten eine Menge Antibiotika. Er hatte bronchiale Spastik, die auf Ventrolin nicht besser wurde, so dass er für einen Monat täglich 60 mg Cortisol erhielt.

Erhielt Tuberculinum, Drosera.

Ein Monat später Cuprum, worauf das Asthma sofort besser war. Hat seither Arsenicum album und Kalium carbonicum erhalten, womit das Asthma besser war. Auch verschiedene andere Mittel gegeben, u.a. Hepar sulfuris calcareum, Spongia, Chelidonium, Bacillinum, Sanguinaria und Syphilinum.

Er hatte Spasmen und Zuckungen um den Mund. 1994 hatte er eine Entzündung in der Schulter, wobei ihm Natrium sulfuricum C200 Erleichterung verschaffte. Dann wanderte der Schmerz zum Knie, und er erhielt Ledum C200. Gelenkschmerzen, vor allem in den Knien. Untersuchungen wurden angestellt, keine pathologischen Befunde.

Die Heilmittel hatten einzelnen lokalen Beschwerden geholfen, aber keine Gesamtbesserung gebracht.

Sein Vater erzählt:

> "Im Alter von dreieinhalb Jahren konnte er fast noch kein Wort reden. Als wir einmal spazieren gingen, sagte er ganz deutlich das Wort Feuer, danach für drei Jahre nicht mehr. Er schien nichts von unseren Gesprächen zu verstehen. Wir glaubten nicht, dass er das Wort Mutter kannte, aber er sagte "Großmutter" und schien das Wort zu verstehen. Er kann nicht auf einer Linie schreiben, man muss ihm die Linie zeigen.
>
> Er ist sehr, sehr kindisch, sehr schüchtern, und er versteckt sich hinter seiner Mutter, wenn ihm jemand eine Frage stellt. Er stellt immer wieder dieselben Fragen zu Dingen, die er bereits weiß. Es fehlt ihm an Selbstvertrauen. Es regt ihn sehr auf, wenn jemand die Ordnung der Dinge um ihn herum stört oder wenn Möbel auf einen anderen Platz gerückt werden.
>
> Im Allgemeinen möchte er nicht berührt werden. Er bittet darum, von seiner Mutter gestreichelt zu werden, aber er hat schreckliche Angst davor, an den Füßen berührt zu werden. Er ist außer sich vor Angst, wenn man seine Zehennägel schneiden muss. Kürzlich rief er zu seiner Mutter: "Etwas beißt mich." Er ist sehr argwöhnisch. Er hat extreme Angst vor Hunden, hat Angst vor Tauben und ist gleichzeitig fasziniert von ihnen.
>
> Er ist schmerzunempfindlich. Einmal fasste er das Bügeleisen an, verbrannte sich und sagte kein Wort.
>
> Er beobachtet sehr gut und erinnert sich gut an Orte und Straßen. Er liebt es zu reisen."

Sein Speichelfluss ist immer stark und er spielt damit und steckt seine Finger in den Mund.

Schläft mit dem Gesicht nach unten oder mit den Knien an der Brust. Spricht im Schlaf. Geht auf Zehenspitzen umher.

Verschlimmerung zwischen 4:00 und 8:00 Uhr nachmittags und zwischen 24:00 und 2:00 Uhr mitternachts.

Mag keinen Wind.

Der Patient wiederholt die Worte, die sein Vater gesagt hat.

In solch einem Fall muss ich mich auf den Zustand der Mutter während der Schwangerschaft konzentrieren. Falls die schwangere Mutter einen wirklich intensiven Zustand durchmachte, dann wird das Kind 99% der Zeit in jenem Zustand verharren. Falls ich dann die Bestätigung im Kind selbst finde, kann der Fall gelöst werden.

Schwangerschaft

Die Mutter ist Musikerin und während der ersten fünf Schwangerschaftsmonate spielte sie täglich fünf Stunden Klavier. Sie liebt klassische Musik und arbeitet in einem Konservatorium. Wenn sie ängstlich ist oder traurig oder unwohl, dann hört sie sich Musik an und fühlt sich wieder besser und fröhlich. Sie mag keine Volksmusik und keine laute Musik. Sie mag Chopin.

Das Kind möchte dasselbe Musikstück viele Male hören.

Der Vater berichtet:

> "An dem Tag, an dem sie ihre Schwangerschaft feststellte, weinte sie viel, denn wir hatten eine Menge Auseinandersetzungen. Am Tag der Entbindung hatte sie einen Streit mit ihrem Bruder und sie wollte nicht, dass er ins Krankenhaus käme wegen seiner Krise. Er hat psychologische Probleme. Am Tag der Geburt war sie voller Angst."

A: Erzählen Sie mir von der Schwangerschaft.

Beobachtung: Die Mutter des Patienten streckt oft ihre Zunge heraus.

Die Mutter des Patienten berichtet:

> "Ich erinnere mich an einen Traum vor der Entbindung. Wir fahren nachts an einer Insel vorbei, und das Meer ist sehr schwarz; wir müssen einen kleinen Berg hochsteigen. Da sind rote Rosen. Es war Nacht, und es machte einen starken Eindruck auf mich. Ich wachte voll Schrecken auf und fürchtete, dass etwas Furchtbares geschähe. Andererseits fühlte ich mich aber wegen der roten Rosen und des Wassers auch wohl. Wir wollten etwas Wasser haben. Ich war ängstlich, als wir den kleinen Berg hinaufstiegen."

Nach der Entbindung und bevor das Kind seine spastischen Anfälle bekam, hatte sie Träume von Ungeheuern im Haus, Ungeheuern mit hässlichen Gesichtern. Sie zerstörten Häuser.

> "Wenn ich von Wasser und Blumen träume, dann kann ich sicher sein, dass etwas Gutes geschehen wird. Wenn ich davon davon träume, Eis zu essen, dann werde ich ganz sicherlich krank. Wenn das Kind in meinem Traum gut spricht, dann wird es krank."

Sie glaubt, hellsichtig zu sein, und das macht ihr Angst.

Vorgeschichte der Mutter

Sie wollte früh heiraten, *um aus dem Elternhaus hinauszukommen*, da ihr Bruder geistesgestört war.

A: Haben Sie in Ihrer Kindheit geträumt und sind voller Schrecken aufgewacht?

M: "Als Kind hatte ich oft den folgenden Traum: Ich bin dabei eine Treppe hinabzusteigen, und dann kommt jemand von hinten und *packt mich*; ich möchte schreien, aber ich kann es nicht, die Stimme bleibt mir weg."

Sie hatte das Gefühl gehabt, *dass es ein Hindernis gäbe*, das sie daran hinderte, die Treppe hinabzugehen. Oft weinte sie und wachte auf, indem sie weinend nach ihrer Mutter verlangte. Sie war auch Bettnässerin gewesen.

A: Hatten Sie als Kind irgendwelche Ängste?

M: "*Ich war sehr eng an meine Mutter gebunden.* Aber ich hatte Angst, sie wolle mich vergiften. Wenn meine Mutter zornig war, wurde ihr Gesicht zu einer ausdruckslosen Maske, und das machte mir Angst. Manchmal kam jemand zu unserem Haus, ein Verwandter, aber nicht nahe verwandt, und ich hatte schreckliche Angst, dass er ein sehr schlechter Mensch sei und mir etwas sehr Böses antun wolle. Das versetzte mich in große Angst. Als Kind hatte ich öfter solche Ängste vor Menschen, und auch vor Dingen. Einmal, als ich das Haus meiner Großmutter besuchte, sah ich eine Statue und ich dachte, es sei ein Mensch, der mir weh tun und mir etwas Böses antun wolle."

Die Mutter benutzte das Wort "Böses" und der Junge wiederholt es immer wieder.

A: Was taten Sie, wenn Sie diese Ängste hatten?

M: "Nichts, ich tat nichts. Manchmal aß ich dann nicht meine Mahlzeit, weil ich Angst davor hatte vergiftet zu werden. Und ich hatte Angst vor der Dunkelheit als Kind, und sogar jetzt noch, wenn ich alleine zuhause bin, möchte ich, dass das Licht anbleibt, wenn ich mich schlafen lege."

Keine Angst vor Tieren.

Der Vater der Mutter liebte es zu reisen, hatte aber außer am Unterhalt- und Geldverdienen kein Interesse an der Familie. Kein Kontakt mit ihm. Ihre Mutter war sehr sensibel, ängstlich, depressiv und religiös. Sie wollte, dass ihre Tochter bestimmte Kleider trug und bestimmte Manieren hatte. Für eine Weile war sie von Religion abgekommen, aber jetzt ist sie wieder religiös.

A: Was geschah am Tag der Entbindung mit Ihrem Bruder?

V: "Er rief an und fragte, ob er zum Krankenhaus kommen könne. Sie war außer sich und schrie ins Telefon: Komm nicht ins Krankenhaus."

Sie war in einer Situation voller Angst und Schrecken. Sie war nicht in der Lage, ihre Furcht am Tag der Entbindung zu beschreiben.

Ihr Bruder rief nach der Entbindung an und sagte: "Dir geht es gut, und ich bin eifersüchtig auf dich." Er hatte feste Ansichten, insbesondere war er davon überzeugt, dass die Welt zerstört würde. Sie hatte Angst davor, er könne auftauchen und Ärzte und Krankenschwestern stören.

Die Reaktion auf ihre Furcht ist recht interessant.

A: Am Tag der Entbindung, als Ihr Burder kommen wollte, vor was hatten Sie da Angst, was er tun könne? Warum hatten Sie solche Angst?

M: "Das kann ich nicht sagen, ich weiß es nicht. Aber aus lauter Angst und Furcht wurde mein Gesicht ganz rot und meine Finger taub und kalt."

Ihr Bruder starb später an einer Überdosis Tabletten.

A: Was für einen Konflikt hatten Sie mit Ihrem Mann?

M: "Er ist in die Welt der Computer eingetaucht, lässt mich den ganzen Tag allein, und ich fühlte mich wie eine Frau, die gar nicht verheiratet ist; ich war deprimiert und einsam und konnte einfach nicht mit ihm kommunizieren. (Dieselbe Situation wie die mit ihrem Vater.) Manchmal bin ich eifersüchtig auf ihn wegen seiner Arbeit, aber nicht irgendwie argwöhnisch. Wenn er weg war, hatte ich immer große Angst, dass ihm etwas zustieße. Mein Mann ist die einzige Person, auf die ich mich verlassen kann, und er ist nicht in meiner Nähe. Wenn ihm etwas zustieße, zum Beispiel wenn er stürbe, dann ginge für mich die Welt unter."

Beide Eltern hatten große Schuldgefühle, als ob sie den Zustand des Kindes verschuldet hätten.

Wieder das Kind

Jetzt wenden wir uns wieder dem Kind zu.

Wenn er einen Hund sieht, versteckt er sich hinter den Eltern.

Er wollte nicht mit Schulfreunden zu einer Party mitgehen, er hielt sich an den Eltern fest. Furchtsam und ängstlich.

Er weigert sich, nachts die Lichter auszumachen.

Er wird sehr ängstlich, wenn seine Mutter die Brille aufsetzt anstatt Kontaktlinsen zu tragen. Sie muss ihre Brille immer in einer Tasche verstauen.

Wenn er zornig wird, räumt er um sich herum auf.

Wenn er zornig wird, wird er aggressiv und verweigert das Essen.

Der Junge jammerte "Mutter" in seinem Schlaf. Einmal wachte er auf und weinte: "Etwas beißt mich."

Er wird gereizt, wenn er hungrig ist.

Wenn er hustet, läuft sein Gesicht rot an.

Ist begierig auf Milch, kremige Speisen, Süßigkeiten.

In Akutzuständen erfährt er gewöhnlich Besserung mit Arsenicum album.

Beobachtung: Hat einen Riss in der Zungenmitte.

Der Vater ist sehr ungeduldig, praktisch veranlagt; auch er hatte als Kind Krampfanfälle.

Die Mutter

Die Mutter ist sehr darauf aus, alles in Ordnung zu halten. Wenn Dinge nicht richtig aufgeräumt sind, bekommt sie Angst und kann nicht lesen und sich nicht mehr konzentrieren. Sie ist recht anspruchsvoll und wählerisch.

Daheim wartet sie, bis sie die Zeit hat, wirklich gründlich sauberzumachen; sie erträgt es nicht, eine Arbeit halb zu machen, dann wartet sie lieber.

In der Arbeit ist sie perfektionistisch, sie macht sich Notizen.

Vor Prüfungen wird sie krank vor Angst. Selbst jetzt noch wird sie ganz angespannt, wenn ihre Schüler Prüfung haben.

Sie fällt leicht in Ohnmacht, vor allem unter Stress oder wenn sie hungrig ist.

Früher schlief sie auf dem Bauch, jetzt schläft sie auf der rechten Seite.

Ihre Mutter war sehr dominierend.

Wenn der Bruder der Patientenmutter versuchte, sich ihr gegenüber wie ein Vater zu verhalten, reagierte sie heftig.

Sie hat blaue Skleren.

Carcinosinum deckt einige Symptome ab. Aber alles muss passen, und wir schauen uns besonders das an, was nicht passt. Wir können nicht übergehen, dass sie Angst davor hatte, ihre Mutter wolle sie vergiften, wir können das maskenhafte Gesicht nicht ignorieren, die Streitereien mit ihrem Mann und ihr

Gefühl, dass die Welt unterginge, wenn ihr Mann nicht mehr da wäre. Carcinosinum kann all das nicht erklären, aber darum geht es in ihrem Fall.

Ich forderte sie auf, zwei Tage in ihrem Hotel zu bleiben und mich dann wieder aufzusuchen.

Zweite Sitzung der Fallaufnahme

Die Mutter mag sanfte Musik, keine aggressive Musik.

Der Vater sagt: "Weil ich sie wegen meiner Arbeit alleine ließ, hatte sie das Gefühl, ich sei grausam und herzlos." Und er fährt fort: "Während der Schwangerschaft hasste sie mich. Zum Zeitpunkt der Geburt empfand sie die Tatsache, dass sie empfangen hatte, als einen Racheakt mir gegenüber. Sie wollte das Kind als einen Akt der Rache, da sie fand, ich sei grausam und herzlos. Sie dachte, das Kind solle eine sehr schlechte Gesundheit haben, und dadurch sollte ich das Opfer der Rache werden."

Jetzt kann man die Schuldgefühle der Eltern nachvollziehen.

"Weil ich die Freude am wachsenden Kind nicht mit ihr teilen konnte, hasste sie mich und betrachtete das Kind als eine Art Rache." Dies ist eine wichtige Aussage in diesem Fall.

Sie empfand auch die Eifersucht ihres Bruders und sogar seine Verwünschung als eine metaphysische Verfluchung.

Sie ist sehr ängstlich und führt keine Musik mehr auf.

Jetzt war der Fall für mich kristallklar.

Im akuten Miasma besteht das Gefühl, dass die Geschehnisse von außen an einen herantreten. Im chronischen Miasma besteht das Gefühl, dass die Probleme von innen kommen. Die Mutter des Patientenjungen ist ängstlich bedacht darauf aufzutreten; sie ist perfektionistisch; das sind eher chronische Gefühlslagen. Hass und Rache. Es gibt keine akuten Bedrohungen, sondern lange andauernde. Sie lebt mit ihrer Mutter, von der sie glaubt, dass sie sie vergiften könnte. *Es gibt kein Entrinnen.* Ihr Gefühl sagt: "Ich muss vollkommen sein, aber ich bin es nicht. Ich kann nicht die kleinste Unordnung ertragen. Ich brauche alles in bester Ordnung." Das ist das Krebs-Miasma; das Bedürfnis, aus Unordnung und Chaos heraus Ordnung zu schaffen.

In ihrer Kindheit hatte sie metaphysische Ängste. Sie wachte nachts mit schlechten Träumen auf und beruhigte sich erst wieder, wenn sie zu ihrer Mutter, von der vergiftet zu werden sie Angst hatte, ins Bett kriechen konnte.

Das ist der entscheidende Punkt des Falles.

A: Können Sie mir mehr über diesen Hass, diese Rache berichten?

V: "In den ersten beiden Jahren unserer Ehe war ich sehr liebevoll. Sie hatte das Gefühl, ich wäre der einzige Mensch, mit dem sie reden konnte, vor allem über Kunst, Dichtung, Ästhetik. Das ist ihr alles sehr wichtig. Wenn es etwas gibt, mit dem sie ästhetisch uneins ist, dann fühlt sie sich niedergeschlagen."

Weil ihr Mann während der Schwangerschaft arbeitete, emfpand sie ihn als grausam und herzlos und wollte, dass als Rache dafür ein krankes Kind zur Welt komme. Gefühle von Verlassensein, von Hass und von Rache.

Von ihrer eigenen Mutter erlebte sie Zuneigung und Aggression, den Engel und den Teufel. Das sah sie auch bei ihrem Mann. Das ist die Geschichte von Anacardium und das Bedürfnis nach Vollkommenheit.

Man muss die Symptome sehen, die Mutter und Kind gemein sind:

Wählerisch. Vollkommenheitsanspruch.

Scheu, in der Öffentlichkeit aufzutreten.

Wechsel zwischen Zuneigung und Aggression (dies ist die dekompensierte Seite des Vollkommenheitsanspruchs, zu beobachten an der Mutter).

Das Kind ist manchmal sehr liebevoll, manchmal sehr aggressiv.

Vom Kind wird berichtet, dass, wenn man freundlich zu ihm ist, es immer mehr Rechtfertigungen für sein Betragen vorbringt, und wenn man hart mit ihm umgeht, es aggressiv wird.

Fühlt sich wie im Sturm auf hoher See, ist auf etwas Schlimmes gefasst.

Wenn sie Verwandte sieht, weiß sie, ob es ihnen gut oder schlecht geht.

Sie mag es nicht, wenn man sie mit Brille sieht. Der Junge mag die Brille auch nicht und besteht darauf, dass sie sie runternimmt.

Also passt Anacardium. Alle Elemente des Falls klären sich, und wir haben die folgenden Symptome:

Ausruhen, kann nicht, wenn die Dinge nicht an ihrem rechten Platz sind (dies ist das Hauptsymptom des Kindes).

Verlassenheitsgefühl, Gefühl von Isoliertheit.

Angst davor vergiftet zu werden.

Grausamkeit (empfand, dass ihr Mann grausam und herzlos war).

Gefühlskalt, hartherzig (ihr Mann).

Böswillig (sie will Rache).

Beschwerden ausgelöst durch Vorahnungen.

Hilflosigkeit (wollte rufen, aber konnte nicht).

Hellsichtigkeit (als ob sie in ihren Träumen sehen könne, was passieren könnte).

Sensibel auf Musik, Klavierspiel.

Traurigkeit, nach Streit mit ihrem Mann.

Verfluchungen (dass ihr Kind nicht gesund sei).

Verabreichtes Mittel: *Anacardium LM1, 2, 3 und 4,* monatlich um eine Stufe ansteigend.

Früher war der Junge auf Syphilinum sehr krank geworden. Es war zu stark für ihn gewesen, denn er gehört in das Krebs-Miasma. Arsenicum ist ein Krebs-Mittel und deshalb half es teilweise.

Nachsorge sechs Monate nach der Behandlung

Der Vater schreibt oder faxt monatlich und berichtet von ständigen Verbesserungen.

Das Kind ist jetzt entspannter und, wenn es fernsehschaut, ruhiger.

Es versucht zu lesen und zu schreiben; er kann mit etwas Hilfe buchstabieren. Seine Konzentrationsfähigkeit ist besser geworden; er wird mit einfachen Mathematik-Aufgaben fertig. Wenn er einen Satz schreibt, lässt er oft Wörter aus oder schreibt nur das letzte Wort des Satzes. Früher hatte er keine Kontrolle über seine Feinmotorik, jetzt kann er Briefe schreiben.

Er hat ohne Hilfsräder Fahrrad fahren gelernt. Sein Vater erachtet dies als einen großen Fortschritt. Er ist inzwischen fähig, Treppen auf und ab zu gehen, indem er für jede Stufe einen Schritt macht, ohne dabei das Gleichgewicht zu verlieren. Früher musste er zuerst mit beiden Füßen auf einer Treppenstufe verharren.

Am Samstag zuvor hatte er einen Unfall mit dem Fahrrad. Dabei hatte er zum ersten Mal Blut im Gesicht und sagte: “Oh, Blut.”

Wenn er früher auf Toilette saß, musste er alles um sich herum auf seine Weise arrangieren; jetzt braucht er das nicht mehr, außer wenn er erregt oder zornig ist.

Er studiert griechische Mythologie, und wenn er in einem bestimmten Buch lesen darf, braucht er kein anderes mehr. Er hat immer noch Angst vor dem Zehnägelschneiden.

Wilde Monster machen ihm Angst.

Er hat immer noch Angst vor Tauben, aber nicht vor Würmern und Insekten.

Er kann jetzt näher zu dem schwarzen Hund gehen, aber er kann ihn noch nicht streicheln.

Der extreme Speichelfluss in der Nacht hat aufgehört.

Er mag Brot und Honig.

Nachsorge später

Das Kind und sein Fortschritt wurden über fünf Jahre weiterverfolgt. Seine Lernfähigkeit hat große Fortschritte gemacht, seine Ängste sind deutlich besser geworden und seine allgemeine Entwicklung ebenso. Er ist nicht mehr so ungeschickt, und er kann problemlos Fahrrad fahren.

Er hat Potenzen zwischen LM1 und LM15 erhalten und später C-Potenzen. Auch seine Mutter erhielt Anacardium.

Kommentar

Zum Verständnis des Falles auf der Grundlage des Empfindens und des Miasmas.

Bei der Mutter des Patienten finden wir folgende Empfindungen:

> Bedürfnis, aus dem Haus zu gehen.
>
> Gefühl, dass etwas ein *Hindernis* sei.
>
> "Jemand kommt von hinten und *packt mich.*"
>
> "Ich war sehr eng an meine Mutter *gebunden.*"

In solchen Situationen hatte sie das Gefühl, dass sie kontrolliert würde und dass sie eine grausame Behandlung erfahren hätte. Sie ist von Natur aus *perfektionistisch*, sie möchte alles *unter Kontrolle haben*. Sie empfindet, dass an *sie hohe Erwartungen* zur Leistung gestellt wird.

Gefangen, Kontrolle, steckengeblieben, große Erwartungen, diese Schlüsselbegriffe liefern das Empfinden und das Miasma von Anacardium.

COMOCLADIA

Anacardiaceae + lepröses Miasma

Eine Suche nach dem Wort "Lepra" liefert viele Hinweise auf dieses Mittel bei Hautproblemen.

> Außerdem finden wir folgende Rubriken:
>
> Verächtlich. (Allen)
>
> Verächtlich gegenüber Gegnern. (1) (Allen)
>
> Gleichgültigkeit, Apathie gegenüber gewöhnlichen Dingen. (1) (Allen)
>
> Böswillig. (Complete)

Im leprösen Miasma hat die Person das Gefühl, dass andere neidisch auf sie sind, und deshalb hat sie Verachtung für andere. Dies ist charakteristisch für das Miasma, zu dem auch Comocladia gehört.

Auszüge (überarbeitet) aus den Prüfungen von Comocladia, die Dr. Rupal Desai und Dr. Rashmi Jaising im Juni 2001 durchführten

(In der zweiten Woche) tauchte das Gefühl auf, dass ihre Karriere nirgendwo hinführen werde. Das entwickelte sich allmählich zu einer schrecklichen Traurigkeit mit dem Gefühl festzustecken, im Stillstand zu sein, keinen Fortschritt zu machen, nirgendwo anzukommen, nicht vorwärts zu kommen. *Festzustecken, unfähig zu sein, an die Zukunft zu denken, nicht einmal einen einzigen Hoffnungsschimmer zu sehen, scheinbar keinen Ausweg zu haben. In einer Sackgasse gelandet zu sein, zum Stillstand gekommen zu sein.* Sie fühlte sich als Versager; die Dinge hatten sich nicht so entwickelt, wie sie es sich vorgestellt hatte. Sie dachte immer an Vergangenes, an ihre Fehler, und wie sie zu nichts geführt hatten. Sie verlor jegliches Interesse an ihrer Praxis und ihrem zukünftigen Leben und wollte alles aufgeben. Ein Gefühl, dass sie nichts Sinnvolles tue, dass alles zu Versagen führe, dass nichts dabei herauskommen werde. Gleichgültigkeit, Trägheit, totale Depression; sie mochte nur noch an einem Ort sitzen und überhaupt nichts mehr unternehmen. Sie bemitleidete sich selbst; früher hatte sie so viele Hoffnungen gehabt, und jetzt war ihr nichts mehr geblieben, und sie glaubte, dass auch andere Menschen für sie in ihren Umständen Mitleid hatten. Ein Gefühl, dass sich nichts ändern werde. *Fühlte sich nicht danach, mit irgendjemanden zu reden, wollte Menschen aus dem Weg gehen.* Gereizt dadurch, dass sich die Dinge weder in ihrer Karriere noch zuhause weiterentwickelten. Dieser Zustand hielt für ungefähr drei Wochen an, und als er langsam erträglicher wurde, hatte sie das Gefühl, dass er wie ein schweres Gewicht auf ihrem Kopf gelegen hatte.

War durchaus bereit, ihre Gereiztheit (so wie in ihrer Zeit im College) gegenüber einer Freundin auszudrücken, gegenüber der sie sonst sich vorsah, sie nicht zu verletzen. Während sie sich normalerweise schuldig gefühlt hätte, dass sie einen Freund verletzt hatte, hatte sie jetzt das Gefühl, dass, wenn sie sich immer um andere Menschen kümmerte und um ihre Probleme, sie dann in ihrer Karriere und auch sonst nicht vorwärts komme. Dann würde sie einfach nur in ihrem Schuldgefühl *feststecken.*

Traum davon, dass sie mit ihrer Reinemachfrau redete und sie für ihre Arbeit lobte. Die Frau redet davon, dass sie weder aus einer besonders hohen noch aus einer besonders niedrigen Kaste stamme, sondern aus einer Kaste wie einer der Ärzte ... Gefühl: *Menschen aus niedrigen*

Kasten stecken fest. Sie müssen sich eine Menge abmühen, aber es gibt für sie kein Fortschritt. Andere arme Menschen haben vielleicht ein paar Verwandte, denen es besser geht, aber bei Menschen aus den niedrigen Kasten und bei Kastenlosen bleibt der Teufelskreis bestehen. Die Frau heiratet einen Säufer, der sie schlägt und ausbeutet, und man kann nur Mitleid für sie empfinden. *Es gibt kein Vorwärts, kein Fortschritt...Und darüberhinaus schaut man noch auf sie herab, wird von den Menschen aus höheren Kasten nicht einbezogen, bleibt ausgelassen.*

Traum von Untergebenen, die von ihren Vorgesetzten *tyrannisch unterdrückt* werden. Ein Arbeiter bekommt die Hand abgehauen, weil er eine Bombe geworfen hatte, und er bleibt mit dem Stumpf zurück. Die Plötzlichkeit des Geschehens war schockierend. Es war ebenso schockierend und unmenschlich, dass man seine Hand wegen etwas Nichtigem abschlug. Die Fabrikbesitzerin erzählte ihrem Mann, dass die Arbeiter die Zeit damit verbrachten, Bomben zu werfen anstatt dass sie sich der ihnen zugeteilten Arbeit widmeten, währenddessen sie weiterhin Bezahlung erhielten.

Traum davon, dass sie tief in Gedanken versunken wanderte, als sie feststellte, dass sie sich verirrt hatte. Sie ist auf einer Höhe – wie auf einem Berg – und es gibt keine Straßenbeleuchtung. Sie hat Angst davor, an einem fremden, dunklen Ort zu sein. Sie beginnt, in die Richtung, aus der sie gekommen ist, zu laufen. Sie kommt zu einem Teich mit schmutzigem Wasser, in dem einige Teenagerjungs nackt baden. Frauen und Mädchen überqueren das Wasser auf einem Brett. Die Jungs ziehen eins der Mädchen ins Wasser und ertränken es. Sie lachen auf *schmutzige, dämonische* Art, als ob sie ihren Spaß daran gehabt hätten, das Mädchen umzubringen. Die Prüferin erwachte voller Schrecken aus dem Traum und hatte eine *schmutziges* Gefühl, da sie glaubte, die Jungs hatten sexuelle Absichten mit dem Mädchen.

Ende des Zitats.

Das Gefühl von Comocladia könnte also folgendermaßen sein:

> *Völlig isoliert, auf grausame Art festgehalten.* Oder:
>
> *Verdammt und verachtet, weil er sich nicht bewegen kann.*

RHUS GLABRA

Anacardiaceae + lepröses Miasma

Das Miasma ist leprös, wie es durch die Prüfung von Tumminello und dem unten beschriebenen Fall von Magee bestätigt wurde. Wenn man das

Gefühl der Anacardiaceae mit dem leprösen Miasma kombiniert, dann erhält man vielleicht das folgende Gefühl:

Verdammt und verachtet, weil er sich nicht bewegen kann.

Auszüge aus Tumminellos Prüfung von Rhus glabra

> "Ich bin in meiner Heimat in den Feldern, in denen ich als Kind gespielt hatte. Ich mochte es dort sehr, ich fühlte mich frei. Ich betrete einen Bambusschuppen, wo die Kokons der Seidenspinner aufbewahrt werden. Ich hatte mich immer gefragt, wie diese großartige Verwandlung von einem schleimigen Wurm in einen schönen Schmetterling möglich war. Plötzlich befinde ich mich in einem schwarzen Kokon. Ich drücke mit aller Gewalt, bis ich nach draußen durchbreche und aus dem Kokon hinauskomme. Ich schieße hinaus wie aus einer Kanone geschossen. Es ist eine große Erleichterung. Es ist wie der Prozess, den ein Schmetterling durchmacht, um ein Seidenwurm zu werden."

Das Gefühl, in einem Kokon zu sein, ist wie das Gefühl gefangenzusein (Anacardiaceae). Der Text suggeriert auch, dass sich der Prüfer fühlt wie ein schleimiger Wurm (lepröses Miasma), bevor er später zu einem Schmetterling wird.

> "Träume von wiederholten Gewalttätigkeiten; davon, wie ich meinen Schwiegervater schlage (der auf mich eingestochen hat), wie ich ihn hinaustrete und üble Dinge hinter ihm herrufe."

Hier ziegen sich ähnliche Themen wie bei den Anacardium- und Rhus-toxicodendron-Fällen; von einem Familienmitglied angegriffen zu werden mag sich darauf beziehen, dass im Haus Verschlimmerung stattfindet. Die Gewalt gegenüber Familienmitgliedern und das üble Hinterherrufen und Verfluchen mögen mit dem leprösen Miasma zu tun haben.

> "Ein Geistwesen teilt mir mit, dass ich den Tod des irdischen Körpers erfahren und dabei beobachten werde, was geschieht. Ich lege mich hin, und mein Astralleib entsteigt meinem physischen Körper aus der linken Seite und ist ein sehr starkes Licht. Ich stehe in meinem Astralkörper bewusst aufrecht und sehe, wie der physische Körper voll von Würmern ist, wie er zerfällt, auseinanderbricht wie zerbrechendes Glas."

Das erinnert uns an die Hellsichtigkeit von Anacardium, an die Trennung von Körper und Geist; der körperliche Verfall mag auf das lepröse Miasma hinweisen.

"Träume von einem Aufstand im Gefängnis. Ich bin ein Beobachter, aber ich muss hinauskommen, fühle mich bedroht, obwohl ich eigentlich gar nicht richtig beteiligt bin. Es herrscht Gewalt, es gibt Feuer."

Diese Aussage zeigt das Empfinden der Anacardiaceae und die Gewaltsamkeit des leprösen Miasma an, das besagt: Wenn ich mich nicht fortbewege, werde ich sterben.

"Im Bett mit meinem Partner auf der einen Seite und einem anderen Mann auf der anderen. Bin aufgestanden, um zur Toilette zu gehen und mit Mama wieder ins Bett gegangen. Da war etwas Seltsames; sie hatte einen Penis. Konnte nicht herausfinden, was daran verkehrt war. Traf auf einen Mann aus Thailand. Ich kannte ihn. Mein Partner war bei mir; da war ein Boot, eine chinesische Dschunke, die wir bestiegen. Alle Leute versuchten von einer gestrengen Regierung wegzukommen. Vorsichtig segelten wir einen Fluss hinunter zum offenen Meer. Wir feierten, dass wir alle frei waren."

Ein Mann auf der einen Seite und ein anderer auf der anderen ist eine Art von Liebesperversion (lepröses Miasma), so wie auch das Bild von der Mutter mit Penis. Wir haben bereits gesehen, dass Anacardium da entsteht, wo "überstrenge Eltern ihren Kindern all ihre Wünsche aufzwingen" (Sankaran), was analog zu der Situation mit der strengen Regierung ist; dies ist das Gefühl des Gefangenseins, des Feststeckens der Anacardiaceae-Familie. Das Thema von einem Versuch, von einer strengen Regierung wegzukommen, um freizusein, mag den Gegenpol zum Gefühl des Gefangenseins darstellen, das heißt, man muss sich fortbewegen.

Bei den Geistes- und Gemütssymptomen finden wir folgende Aussagen:

"Gefühl, ich werde erstochen. Wenn ich ein Messer sehe, dann habe ich das Gefühl, die Welt ist gefährlich, und jemand könne sich das Messer nehmen und auf mich einstechen."

"Fühle mich hartherzig, als sei mein Herz wie ein Fels."

"Ich sehe Ereignisse aus der Vergangenheit, in denen ich zurückgewiesen wurde, verletzt, enttäuscht."

"Ich habe das Gefühl, ich bin die meiste Zeit meines Lebens ausgenutzt worden."

"Wunsch, mich von nahen Freundschaften abzuschneiden, damit es keinen Grund für Ärger mehr geben kann. Ich wollte keine nichtssagenden Argumente."

Wieder sehen wir die Gefühle des leprösen Miasmas.

RHUS-GLABRA-FALL

Von Judy Magee, veröffentlicht von Tumminello.

Bestimmte Ausdrücke wurden für unsere Zwecke in Kursivschrift hervorgehoben. In den ausgewählten Rubriken sind auch andere Anacardiaceae-Heilmittel aufgefürt. Ansonsten ist der Fall unverändert und so wie veröffentlicht belassen.

Im folgenden Fall handelt es sich um eine Frau von 39 Jahren, die mit Rhus glabra behandelt wurde. Sie erlebte nach der Behandlung tiefgreifende Veränderungen, was für einen wirklich tiefen Zustand von Rhus glabra spricht. Wir haben also die Gelegenheit, Einblick in dieses kaum bekannte Heilmittel zu bekommen. Ich habe so weit wie möglich die Worte der Patientin beibehalten, um das ursprüngliche Gefühl ihres Zustandes einzufangen und zu vermitteln.

Zuerst stellte sich die Frau wegen Migräne vor. Seit ihrem siebzehnten Lebensjahr hatte sie alle zwei bis drei Wochen an dieser Migräne gelitten und sie glaubte, dass sie bei ihrem Versuch fahren zu lernen zum ersten Mal aufgetreten waren. Die Kopfschmerzen waren rechtsseitig, hinter dem Auge, strahlten in die Schläfe aus bis hinunter in den Nacken. Der Schmerz wurde als scharf beschrieben, der gesamte Kopf sei unter Druck – "als wolle er explodieren", "wie in einem Schraubstock". Dazu kamen ausgeprägte Nackensteifigkeit, Übelkeit, allgemeines Kältegefühl mit Zittern abwechselnd mit Hitzewallungen und Empfindlichkeit auf Licht und Lärm. Die Symptome fingen fast immer mit dem Aufwachen an, Besserung durch Aufsetzen und Nicht-Bewegen und durch kalte Umschläge (heiße Umschläge machten es schlimmer). Dauer im Allgemeinen drei Tage.

Aufmachung und Auftreten waren charakteristisch. Ihre Kleider waren einfach, mit verschiedenen Brauntönen. Ihre Körpersprache zeigte, dass sie auf der Hut war; ihre Stimme war sanft und zögernd; Augenkontakt war schwierig. Sie vermittelte mir das Gefühl, dass sie versuchte unsichtbar zu sein. Außerdem war sie extrem rastlos.

Ihre Kindheit war schwierig gewesen; ihr Vater war Alkoholiker gewesen, ihre Mutter machtlos und missbraucht. Die Patientin hatte, besonders betreffs ihrer Kindheit, kein gutes Erinnerungsvermögen. Sie machte sich deshalb Sorgen und sagte: "Ich frage mich oft, was ich da blockiere." Ihre wenigen Erinnerungen drehten sich darum, wie sie sich ihrer Mutter bewusst war, wie sie diese unterstützte und wie sie sich wegen des Benehmens ihres Vaters schämte. Sie hatte von früh an die Tendenz, sich schuldig zu fühlen und Verantwortung zu übernehmen für all das, was in ihrer Familie und vor allem mit ihrem Vater falsch lief. Sie hatte lebhafte Erinnerung an zwei Vorfälle im Haus ihrer Großmutter. Sie hatte Schwierigkeiten damit, zur Beschreibung dessen, was sie da erlebt hatte, die rechten Worte zu finden: "Ich hatte das Gefühl, dass ich in einem geschlossenen dunklen Tunnel schwebte, in einem Ort von kontinuierlicher Rundheit. Um mich herum gab es ein Pulsieren und Vibrieren, ein und aus, ein und aus, voller Frieden." Kurze Zeit zuvor hatte sie eine ähnliche Erfahrung gehabt, zum ersten Mal seit ihrer Kindheit.

Ihre Pubertät setzte früh im Alter von zehn Jahren ein, und sie war dafür empfindlich, dass man die Entwicklungen ihres Körpers wahrnahm – "Ich hasste das, was vor sich ging und die Kommentare der Leute." Mit zwölf Jahren begann sie, an Gewicht zuzunehmen. Im Alter von fünfzehn hatte sie funfundzwanzig Kilo zugenommen und war von ihren Altersgenossen isoliert – "Ich hatte keine Freundinnen, ich hatte das Gefühl, ich hatte nichts beizutragen, nichts anzubieten." "Ich fühlte mich wirklich blöde. Ich wusste nie, was ich sagen sollte." Viele dieser Gefühle setzten sich in ihr Erwachsenenalter fort. Sie beschrieb, wie sie sich häufig völlig verantwortlich und schuldig fühlte für Beziehungsprobleme: "Was auch immer schiefging, ich hatte das Gefühl, es sei mein Fehler." Sie drückte das Gefühl aus, schrecklich unzureichend zu sein, das Bedürfnis, Menschen aus dem Weg zu gehen, selbst guten Freunden, bis zu dem Ausmaß, dass sie sich versteckte, wenn sie einen Bekannten auf der Straße sah. "Ich hatte Mattscheibe, ich wusste einfach nicht, was ich sagen sollte." "Ich kann mich an nichts erinnern, mein Gehirn friert ein, ich kriege Panik, fühle mich blöd." "Die Leute interessieren sich nicht für das, was ich zu sagen habe." Sie verabscheute sich heftig selbst und sie beschrieb einen konstanten Gedankenfluss aus Selbstverspottung und Selbstbeschimpfung. Sie schilderte ein starkes Gefühl der Entfremdung – "Ich kann einfach nicht verstehen, wie Menschen in der Gesellschaft funktionieren und denken." "Alles scheint so fremd zu sein." "Warum tun Menschen die Dinge?" Ihre Empfindlichkeit zeigte sich gut darin, dass sie mit ihrem Partner nicht in ein und demselben Bett schlafen konnte – "Wenn ich in jemandes Nähe schlafe, dann kann ich mich nicht bewegen (*Empfinden der Anacardiaceae-Familie*). Ich könnte sie stören. Ich bin in einer Falle. Ich fühle mich so zunehmend unwohl, dass es unerträglich wird. Ich möchte da sein, aber ich kann es einfach nicht." Ihre körperliche Energie war sehr schlaff und schwer, besonders morgens. Sie hatte starke Gier auf Fettes und Gebratenes und heftigen Durst nach eiskalten Getränken: "Das fühlt sich an, als könne er gar nicht gelöscht werden, aber ich trinke nicht viel, denn es befriedigt nicht." Sie hatte eine Vorgeschichte von chronischer Verstopfung und meist gestörter Verdauung mit heftigen Blähungen, Winden und Sodbrennen.

In meiner Wahrnehmung waren die hervorstechenden Merkmale des Falles die extreme Empfindlichkeit und ein Aufwachsen in einer Atmosphäre von Misshandlung. In solch einer Lage muss eine enorme Angst entstehen. *Der Versuch der Patientin, damit fertigzuwerden bestand darin, sich von sich selbst und der*

Welt loszulösen (lepröses Miasma). Der Wunsch sich zu verstecken und wegzurennen muss sehr stark gewesen sein, was in ihrer Gestik und ihrer Kleidung zum Ausdruck kommt, in der Eintönigkeit und Schwere ihrer Energie. Sie erinnerte mich an ein kleines Tier, das versucht, in einer Umwelt voller Gefahren Tarnung und Deckung zu finden – "Wenn ich still bin, wird mich vielleicht niemand bemerken." Ich hatte dein Eindruck, dass dies ein sehr wichtiges Element ihres Falles war. Sie reagierte auf ihr gefahrvolles Umfeld mit Verstecken, mit Wegrennen, und sie versuchte, dies durch "Verschwinden" zu verwirklichen. Gleichzeitig bedeutete ihre Empfindlichkeit, dass sie sich ihrer Mitmenschen akut bewusst war, insbesondere des Schmerzes ihrer Mutter und ihres Bedürfnisses nach Unterstützung. Diese Empathie wurde so intensiv, dass die Angelegenheiten anderer ihre eigenen wurden. Ihre Fähigkeit sich abzugrenzen war praktisch null. Mir kam es so vor, als ob dieser Mangel an Abgrenzung ihre Fähigkeiten in der Welt klarzukommen schwer behinderte. Wenn sie sich mit jemand persönlich auseinandersetzen musste, dann wurde sie extrem panisch und wie betäubt. Wieder taucht das Bild des Tierchens auf, paralysiert oder *eingefroren unter einem hellen Licht, unfähig sich zu bewegen, zu denken oder zu reagieren*, in Schrecken erstarrt und ausgeliefert. (Die Kursivschrift gibt das genaue Empfinden der Anacardiaceae-Familie wider.)

Ebenso erachtete ich ihre eigene Wahrnehmung als wichtig und charakteristisch: Sie sah das Problem als das ihre, und sie fühlte sich zur Auseinandersetzung unfähig, weil sie sich für dumm und blöd hielt und glaubte, nichts anbieten zu können. Es kam ihr alles wie ihr eigener Fehler vor.

Ich schaute mir u.a. folgende Rubriken an:

Verstecken, Wunsch, sich zu.	(auch Rhus-t.)
Verächtlich, gegenüber sich selbst.	(auch Com.)
Tadelt sich selbst.	(auch Anac.)
Wahnidee, Gefahr, Eindruck von.	
Angst, dass andere sich ihm näherten.	(auch Anac.)
Wahnidee, schwebe in der Luft.	
Mitgefühl, Mitleid.	
Vertrauen, Mangel an Selbst-.	(auch Anac., Rhus-t.)
Erinnerung, kann sich schlecht ausdrücken aus Mangel an.	
Magen, Durst, unlöschbar.	(auch Anac., Rhus-t.)
Magen, Durst, unlöschbar, ohne Wunsch zu trinken.	

Auf der Grundlage der Repertorien waren die wichtigsten Heilmittel Belladonna, Lachesis, Ignatia, Natrium muriaticum und Stramonium. Die ersten beiden konnte ich mit dem Fall überhaupt nicht in Beziehung bringen, denn sie schienen mir beide zu lebhaft für die schwere, niederdrückende Energie des vorliegenden Falles. Die verbleibenden drei Mittel deckten einige Elemente ab, aber ich hatte nicht das Gefühl, dass sie den Fall im Kern trafen, dass sie die Kernthemen abdeckten. Es schien zuviel von dem flüchtigen und unsicheren Umfeld der Kindheit der Patientin herzurühren, so dass es deutlich schien, dass das Mittel als eines seiner zentralen Themen mit Misshandlung zu tun haben musste.

Ich musste an Rajan Sankarans Beschreibung von Rhus toxicondendron in seinem Buch “Das geistige Prinzip der Homöopathie” denken. *Dort spricht er von dem extremen Angstniveau, das sich um eine Bedrohung im eigenen Heim konzentriert, eine Bedrohung, der man nicht entkommen kann. Er führt das Beispiel einer Frau an, die mit einem Alkoholiker verheiratet ist; sie fühlt sich bedroht, lebt in Furcht und Angst, muss auf der Hut sein und ihre Kinder beschützen. Und gleichzeitig fühlt sie sich abhängig, in einer Falle gefangen, ohnmächtig ihre Lage zu ändern. Rhus toxicodendron hat Angst, dass etwas Böses im eigenen Leben geschehen werde. Es gibt niemand, an den man sich wenden kann. Man muss sich still verhalten und auf der Hut sein. Anacardium gehört zu derselben Familie. Sankaran beschreibt, dass dieser Zustand von einer Misshandlung in der Kindheit herrühre, so dass daraus ein Zustand der Entschlussunfähigkeit und der Verwirrung resultierte, extrem niedriges Selbstbewusstsein und schlechtes Erinnerungsvermögen.*

Ich begann, mir alle Rhus-Arzneimittel anzuschauen, und dabei tauchte Rhus glabra als mögliche Lösung für den Fall auf. Clarke beschreibt deren Missbehagen an Gesellschaft, wie sie sich dumm vorkommen und vergesslich. Er stellt auch fest, dass sie gleichgültig gegenüber ihrer Umwelt sind, dass sie von der Welt losgelöst sind, was ich mit der Dissoziation und der Entfremdung zusammenbrachte, die diese Frau erlebt hatte.

Phatak fügt hinzu, dass sie sich in Gesellschaft unwohl fühlen und dass sie durch gesellschaftliche Ereignisse Verschlimmerung erfahren.

Allens Encyclopaedia sagt, dass sie kein Bedürfnis haben zu reden oder angesprochen zu werden. Es findet sich auch deutliche Verschlimmerung am Morgen für das Kopfweh von Rhus glabra. Auch Träume vom Fliegen kommen vor, was ich als in Übereinstimmung interpretierte mit dem allgemeinen Bedürfnis der Patientin nach Flucht und mit ihrem Erlebnis im Haus ihrer Großmutter. Ich fand nicht viel Information zu dem Mittel, aber auf der Grundlage dieser zusammengetragenen Elemente und der detaillierten Schilderung von Rhus toxicodendron und der ganzen Familie der Anacardiaceae entschloss ich mich dazu, der Frau eine Dosis von *Rhus-g. C200* zu verabreichen.

Zwei Wochen später teilte sie mir mir, dass sie sich insgesamt besser fühlte. Sie hatte den Eindruck, sie habe ihr Leben besser im Griff, war ruhiger, wo sie sonst Stress empfunden hatte. Sie fühlte sich in Gesellschaft von Menschen wohler und mehr in Einklang mit sich selbst, sie machte sich weniger über sich selbst lächerlich, putzte sich weniger herunter: "Es fühlt sich einfach nicht mehr richtig an." Ihre Energie war viel besser geworden, weniger lethargisch, insbesondere besser am Morgen beim Aufwachen. "Ich kann jetzt relativ leicht aufstehen." Die Menschen um sie herum hatten bemerkt, dass sie gesprächiger war. Sie stellte fest, dass man ihr Komplimente machte und sie konnte das positive Feedback leichter annehmen und ernstnehmen. Gesellschaftliche Ereignisse lösten weniger bedrohliche Gefühle in ihr aus; ihr Wunsch sich zu verstecken war geringer, und sie erlebte nicht mehr so oft totale Mattscheibe und nicht mehr so total. Ihre Beziehungen war weniger schuldbelastet, besonders die Beziehung zu ihrer Mutter, und sie konnte ein paar Mal "Nein" sagen, als ihr etwas nicht passte, was ihr sonst sehr schwer gefallen war. Der Gedanke an ein Kind kam hoch. Sie teilte mir mit, dass dies etwas war, was sie sich schon lange gewünscht hatte, aber sich nie dazu fähig gefühlt hatte. "Es fühlt sich jetzt nicht mehr unmöglich an." Sie fand es leichter, in einem Bett mit ihrem Partner zu schlafen und fühlte sich im Allgemeinen weniger von anderen Menschen in Beschlag genommen, von ihren Stimmungen, ihren Bedürfnissen. Körperlicherseits hatte sie in drei Wochen zweimal Kopfwehperioden, neuerdings mit Übelkeit und einem "Gefühl von Baumwollflaum" im Kopf; dies hielt für einige Tage über das Kopfweh hinaus an. Ihre Gier auf Gebratenes und Fettes war deutlich geringer geworden.

Im Verlauf der nächsten zwölf Monate wurde dieser Frau noch dreimal Rhus glabra bis zu einer M-Potenz verschrieben, außerdem einige andere Mittel dazwischen. Sie machte kontinuierlichen Fortschritt. Im elften Monat ihrer Behandlung waren ihre Kofpschmerzen verschwunden, es gab nur noch gelegentliche Episoden unter starkem Stress, und auch deren Schwere war geringer. Auch im Emotionalen und Mentalen machte sie stetigen Fortschritt. Ihr Selbstwertgefühl war gewachsen, ihre Neigung, sich selbst Schuld zuzuweisen geschwunden. Ihre primären Beziehungen gesundeten, und sie lernte es immer besser, Grenzen zu ziehen und sie aufrechtzuerhalten. Sie fühlte sich in Gesellschaft zunehmends besser und lernte es, mit überwältigenden Situationen immer besser klarzukommen. Interessant war es zu beobachten, wie auch Kleidung und Farbwahl sich im Lauf der Zeit wandelten, wie sie mehr Stile und Farben trug, und erinnerlich ist ein Tag, an dem sie in Rosa erschien. Sie schien sich mehr als ein Teil der Welt und sich dabei wohl zu fühlen. Ihr Fall war ein beredtes Zeugnis für die Macht der Homöopathie.

Ende des Zitats.

Kommentar

Wir sehen die bekannte Geschichte des leprösen Miasmas, Isolierung, Vermeiden sogar von Freundeskontakten, Selbstverachtung, Entfremdungsgefühl. Wir können uns vorstellen, dass diese Gefühle in Leprakranken entstehen. Selbst nahe Freunde gehen ihnen aus dem Weg, und sie vermeiden Kontakt mit ihren Freunden (gleiche und entgegengesetzte Reaktion). Sich-Lächerlichmachen und Misshandlungen.

Auch die Gefühle der Anacardiaceae sind gut zu beobachten:

> Die Wahrnehmung des Kopfwehs wie in einem Schraubstock (Anac., Rhus-t.), mit ausgeprägter Steifigkeit des Nackens.
>
> Sie wuchs in einer Heimatmosphäre von Misshandlungen auf (d.h. gefangen, nicht gestattet, sich fortzubewegen).
>
> "Mein Gehirn friert ein."
>
> "Wenn ich in jemandes Nähe liege, kann ich mich nicht bewegen."
>
> "Bin in einer Falle."
>
> Die Autorin schreibt, dass der Patientin "Fähigkeit (in der Welt klarzukommen) verkrüppelt war".

ZUSAMMENFASSUNG ANACARDIACEAE – EMPFINDUNGEN UND REAKTIONEN

Empfinden

Gefangen, steif.

Festgemacht.

Anspannung.

Feststeckend.

Krämpfe.

(Druck).

Passive Reaktion

Gelähmt.

Unbeweglich.

Aktive Reaktion

Feststeckend, will sich ständig bewegen.

Bewegung verschafft Besserung.

Verschlimmerung beim Sitzen.

Sitzende Tätigkeit verschlimmert.

Verschlimmerung wenn daheim.

Schmerzen zu Beginn von Bewegung.

Rastlosigkeit.

Kompensierung
Immer in Bewegung.

MIASMEN

Typhös	Rhus toxicodendron
Ringwurm	Rhus venenata
Malaria	Rhus radicans
Sykose	Mangifera
Krebs	Anacardium
Leprös	Comocladia, Rhus glabra

VERGLEICHSMITTEL

Cruciferae

Euphorbiaceae

Primulaceae

Rutaceae

BERBERIDACEAE
(Berberitzen-Familie)

HEILMITTEL

Berberis vulgaris	Sauerdorn, Gemeine Berberitze
Berberis aquifolium	Mahonia, Mahonienstrauch
Caulophyllum thalictroides (Leontice thalictroides)	Frauenwurzel, blauer Hahnenfuß
Podophyllum peltatum	Maiapfel, Entenfuß, Fußblatt

HERKUNFT

Die Suche im MacRepertory-Programm ergab die folgenden gemeinsamen Symptome:

> Weibliche Sexualorgane und Sexualität: Schmerzen, im Allgemeinen in den Ovarien, ausstrahlend bis in die Leistenregion. (7. Symptom)
>
> Stuhl, wechselhaft. (10. Symptom)
>
> Weibliche Sexualorgane und Sexualität: Schmerzen, im Allgemeinen in den Ovarien, ausstrahlend in die Oberschenkel. (39. Symptom)

Aus dieser Symptomzusammenstellung wird ersichtlich, dass sowohl ein Wechsel in der Lokalisierung als auch ein Wechsel im Symptomcharakter vorliegt.

Der nächste Schritt bestand darin zu sehen, wie diese Idee in jedem einzelnen Heilmittel ausgedrückt wird.

Wir begannen mit dem Studium von **Berberis vulgaris** und fanden folgende Symptome:

> "Schneller Wechsel von Symptomen – Schmerzen ändern sich bezüglich Ort und Charakter." (Boericke)
>
> "Schmerzen ändern rasch Lokalisierung und Charakter." (Phatak)
>
> Wechsel von Beschwerden, rascher. (Boger. Boenninghausen)

Berberis vulgaris hat außerdem folgende Symptome:

> Allgemeines: untere Gliedmaßen, Oberschenkel; Wetter, von Wetterwechsel. (1) (Complete)
>
> Urin: wechselhaft im Aussehen. (1) (Complete)

Es ist ein Fall dokumentiert (von Andrew Lange, in Professional Case Conference: Small Remedies and Interesting Cases, veröffentlicht von der International Foundation of Homeopathy, kurz IFH, 1992), bei dem jemand eine multiple Persönlichkeit (vierfach) hatte; dieser Patient erhielt Berberis vulgaris.

Margery Blackie schreibt:

> Berberis vulgaris ist von Nutzen bei "widersprüchlichen, wechselhaften Persönlichkeiten".

Dann schauten wir uns **Podophyllum** an und fanden dabei das Folgende:

> Mag keine Veränderungen. (Mirilli) (passive Reaktion)
>
> Stuhl: lang anhaltende Diarrhoe, frühmorgens, am Vormittag anhaltend, gefolgt von normalem Stuhl am Abend. (Allen, Encyclopaedia)
>
> Stuhl verändert konstant sein Aussehen, einmal grünlich, ein andermal gelblich, dann weißlich, schleimig usw. (Hering)
>
> Geist und Gemüt: Geschwätzigkeit; wechselt rasch von einem Thema zum anderen. (Complete)
>
> Allgemeines: Wechsel, Symptome wechseln dauernd. (Complete)
>
> "Es verursacht rasche Bildung von Eiterpusteln, anfangs in Form von kleinen serumgefüllten Bläschen, die dann schnell weißlichen oder gelblichen Eiter entwickeln; gleichzeitig ist die Entzündung an der Oberfläche recht ernst; die Pusteln heilen im Allgemeinen nur langsam ab." (Allen, Encyclopaedia)

Dann schauten wir uns **Caulophyllum** an und fanden die folgenden Rubriken:

> Hysterie, Schwäche, wechselhafte Stimmung während Wehenschmerzen. (Morrison)
>
> Umherirrende Schmerzen, alle paar Minuten in der Lokalisierung wechselnd. (Boericke)

Und **Berberis aquifolium** kann das folgende Zitat aufweisen:

> "Rücken: Durchstechen, einmal auf einem kleinem Fleck, dann auf einem größerem Bereich, vor allem drückend, entweder genau in der

Nierenregion oder darüber hinaus nach unten oder oben sich ausbreitend, vor allem aber nach außen, so dass es sich um den Bauch herum bis nach vorne ausbreitet, oder in die Hüften; manchmal im Rückgrat mit Ausbreitung in den Kreuzbereich und die Regionen von Blase und Leisten. Das durchstechende Gefühl breitet sich manchmal von den Nierengegenden direkt nach vorne in den Bauchraum aus; manchmal mit einem Gefühl von Dumpfheit, Gelähmtheit, Zerschlagenheit." (Allen, Primer)

ZUSAMMENFASSUNG BERBERIDACEAE – EMPFINDUNGEN UND REAKTIONEN

Empfinden

Plötzliche, intensive, schnelle Veränderungsfähigkeit, sowohl in Geist und Gemüt als auch im Körperlichen.

Passive Reaktion

Verwirrung.

Stumpfsinn.

Mentale Erschöpfung.

Verwirrung der Eigenidentität.

Verwirrung durch Unterbrechung.

Aktive Reaktion

Schneller Wechsel von Ort und Charakter.

Kompensierung

Passt sich leicht an wechselnde Situationen an.

Ist in der Lage, sich gemäß der Lage der Dinge rasch zu ändern.

PODOPHYLLUM

Berberidaceae + typhöses Miasma

Podophyllum weist folgende Rubriken auf:

Viele Symptome mit der Qualifizerung "plötzlich".

Ein Bryonia-verwandtes Bild: Durst auf große Mengen Wassers. Delirium. Ängstliche Sorge um das Geschäft. (Complete)

Knerr schreibt: "Es ist fast spezifisch für Abdominaltyphus."

Mentale Erschöpfung, von Geschäftlichem. (1) (Knerr)

Angst: vor Erkrankung, bevorstehender, dass er sehr krank werde; wacht auf bei galligem Wechselfieber. (Knerr)

Das Miasma ist eindeutig typhös. Wenn die Hauptempfindung der Berberidaceae mit dem Miasma von Podophyllum kombiniert wird, dann könnte das resultierende Gefühl folgendermaßen aussehen:

Muss sich von einer gerade geschehenen plötzlichen Veränderung erholen, indem er von Zeit zu Zeit schnell sein Wesen verändert.

Man kann die Situation mit einer unstabil gewordenen Aktienbörse vergleichen. In der Aktenbörse geht es laufend um ein Rauf und Runter, man muss sich dauernd auf den neusten Stand bringen; man muss sein Denken dauernd den Veränderungen anpassen. Die plötzliche Bedrohung ist ein zeitweiliges Phänomen; falls die Lage gemeistert wird, ist eine völlige Genesung möglich.

BERBERIS VULGARIS

Berberidaceae + Malaria-Miasma

König und Santos stellten eine Prüfung von Berberis vulgaris an. Das erste Symptom war das folgende:

"Es schien wirklich seltsam zu sein, dass die Mutter da drüben eine Hure war."

Prüferin Nr. Sieben hatte die folgenden Symptome:

Normalerweise fühlte sie sich "voller Energie", jetzt fühlte sie sich "völlig eingeengt", aller Energie verlustig, "zu einem Halt gekommen". (Symptom des Malaria-Miasmas)

"Das alltägliche Leben ist hart." Sie konnte kaum die Beine nach vorne bewegen; sie fühlten sich "bleischwer" an. Sie kann nur schwer die Position ihrer Beine verändern.

Traum (22. Januar 1993)

"Ich lebe mit einer Familie, die ich nicht kenne; alle sind am Arbeiten. Ich arbeite anscheinend nicht. *Keiner der Menschen war mir bekannt. Irgendwie war alles völlig losgelöst. Dann bemerkte ich plötzlich, dass etwas mit meinem Körper nicht stimmte. Um meinen Nabel wuchsen lange, dunke Haare*. Der ganz Unterbauch war voll davon. In der Mitte gab es ein Loch oder eine deutliche Vertiefung. Das war alles widerlich, es konnte einem übelwerden davon."

Plötzliche Veränderung in Form von langen dunklen Haaren um den Nabel.

Zusatzinformation über die Träumerin: Blasse, schlanke, jungenhafte Frau, mit vielen Naevi, Mutter eines zweijährigen Sohnes; seit der Schwangerschaft fühlt sie sich als Frau unerfüllt: "Ich kann immer noch nicht die Rolle der Frau und die der Mutter in Einklang bringen." Sie kann mit den plötzlichen Wechseln zwischen einmal Frausein und ein andermal Muttersein nicht umgehen.

Dieselbe Prüferin hatte den folgenden Traum:

"Ich bin schwanger; merke es nur daran, dass etwas intensiv in meinem Bauch herumzappelt. Ich denke bei mir: Verdammt nochmal, das kommt ungelegen.

Wann ist wohl der richtige Zeitpunkt, dass ich der neuen Frau in mir begegne, der Mutter in mir? Bin ich dazu bereit? Der Körper lässt etwas mit sich geschehen, was der Kopf noch gar nicht will." Das ist ein Hinweis auf die Sykose: Die Patientin ist zu einem Wandel nicht bereit.

Eine andere Prüferin hatte den folgenden Traum:

"Ich stricke einen Pullover. Als ich ihn halb fertig habe, überredet mich meine Tochter dazu, das Muster zu ändern. Ich stricke weiter und benutze andere Farben und Muster."

Wieder taucht in einer Prüfung eine "Veränderung im Charakter" auf; das ist das Thema der Berberidaceae.

In der Prüfung kommt das zentrale Thema ganz klar zum Ausdruck. Die Prüferin hielt die plötzlichen Veränderungen in ihrem Leben nicht aus. Sie konnte sich nicht vorstellen, gleichzeitig Mutter und Frau zu sein. In dieser Situation ist sie auf eine Sache fixiert (sykotisch) und hat keine Möglichkeiten wegzurennen.

Es finden sich Hinweise auf das akute und das sykotische Miasma, und zwischen den beiden steht das Malaria-Miasma. In letzterem herrscht das Gefühl der akuten Bedrohung, die immer wieder auftaucht. In den Perioden zwischen den sich wiederholenden Episoden des Aufloderns liegt das chronische, zugrundeliegende fixierte Problem vor.

Berberis vulgaris ist als ein ausgezeichnetes Heilmittel bei Nierensteinen und bei Warzen bekannt. Die Anwesenheit von Steinen ist ein fixiertes (sykotisches) Symptom. Wenn ein Stein seine Passage durch Ureter und Urethra macht, dann kommt es zu plötzlichen, intensiven Schmerzen. Es gibt also schmerzfreie Perioden und Perioden akuten Schmerzes. Somit handelt es sich um das Malaria-Miasma.

Wenn wir das Hauptgefühl der Berberidaceae mit dem Miasma von Berberis kombinieren, ergibt sich das zentrale Gefühl wie folgt:

Unglücklicherweise in einer Situation feststeckend, in der man mit völlig verschiedenen Situationen zu tun hat, und zwar in raschem Wechsel aufeinander.

BERBERIS-FALL 1

Kursivschrift soll aussagestarke Wendungen hervorheben.

Dies ist der Fall eines Patienten, 42 Jahre alt, der am 7. Oktober 2000 wegen Analfissuren zu mir kam.

Er hatte das Problem bereits seit drei oder vier Jahren. Die Symptome kommen und gehen. Es beginnt immer mit Verstopfung, dann folgen Juckreiz und Brennschmerz.

Vier Tage lang war es jetzt sehr schlimm gewesen. Für zwei oder drei Stunden nach dem Stuhlgang halten die Schmerzen an. Sie sind schlimmer im Sitzen und besser im Liegen. Der Arzt hatte dem Patienten Laxantien, Antibiotika und Schmerzmittel angeraten.

Seit vier Jahren hatte der Patient unter Stress gelitten, was jeweils den Krankheitszustand ausgelöst hatte. Er hatte seinen Vater verloren und musste sich deshalb um das Geschäft und die damit verbundenen Auseinandersetzungen kümmern (*plötzliche Veränderung*). Deshalb musste er auch Überstunden machen, wovon er stark mitgenommen war.

Er hat das Gefühl, er muss zu jeder Tageszeit fünf oder sechs Dinge gleichzeitig bewerkstelligen. Plötzlich muss er in die Stadt und etwas anderes erledigen. Es fehlt ihm an regelmäßigem Schlaf.

Es ist ihm alles zu viel, die Fabrik, die Bankgeschäfte, das Sommertraining seines Sohnes, die Gesundheitsprobleme seiner Mutter. *Seine Gefühle drücken das Malaria-Miasma aus.*

Zuerst löst eine Verabredung mit einer Person einen bestimmten Stress aus und dann gibt es eine andere Begegnung mit andersgeartetem Stress. Er sagt: “Es ist wie ein Tauziehen, *ich werde in verschiedene Richtungen gezogen.*” Er fühlt sich sehr frustriert.

Jetzt aber habe er alle seine Probleme gelöst und (den Stress) auf 10 bis 15% reduziert. Er glaubt, er habe bereits 90% in Ordnung gebracht und in einem weiteren halben Jahr werde er den Rest erledigen. Er sagt, er habe keine Wahl. Früher führte er ein ruhiges Leben und vermied alles, was ihn in verschiedene Richtungen ziehen oder ihm Sorgen verursachen könnte. Vermeidung bedeutet *Sykose.*

Er ist (im Geschäft) ganz allein und muss entsprechend alles alleine tun. Finanziell hatte es ebenfalls eine große Belastung für ihn gegeben, es ging um forensische Unkosten, Reisekosten, Gesundheitskosten.

Er hat das Gefühl, für die letzten fünf Jahre hatte er keine Kontrolle über sein Leben. Sobald er nach einem Training am Morgen daheim ankommt, erhält er bereits einen Anruf und muss wieder in die Stadt. Wenn er dort ankommt, erhält er einen Anruf, dass es woanders ein Problem gebe und er dorthinkommen müsse. Früher war er Sportler und spielte sechzehn Jahre lang für sein Land. Damals hatte er sich auf das Training konzentriert, auf gute sportliche Leistung, auf Turniere.

Jetzt, seitdem sein Vater verschieden ist, ist eine Menge passiert – die Krankheit seiner Mutter, eine Operation, Komplikationen, Behandlungen, Untersuchungen, ein Menge. *Viele Dinge geschehen zur gleichen Zeit.*

Er hat Wiederholungsträume von seinem Vater.

Vor zwei Uhr kann er nicht einschlafen und deshalb verschlingt er massenhaft Lektüre. Er fühlt sich frustriert.

Zum Verständnis des Falls

Vom Gefühl her ist er mitgenommen und gequält. Er muss rasch seine Rollen wechseln. Er war zum Beispiel Trainer und plötzlich musste er nach Hause kommen und Vater sein. Dann erhält er einen Anruf, muss in eine Stadt fahren und sich mit Immobiliengeschäften befassen. Dann erhält er einen anderen Anruf, muss schnell zum Gericht und sich um Forensiches kümmern. Später erkrankte seine Mutter, und er war als Sohn verpflichtet, sich um sie kümmern. Die Orte, an denen er sich engagieren muss, wechseln dauern. Das macht ihm zu schaffen.

Er konnte seine Situation nicht ändern, denn sein Vater war gestorben, und er musste sich sowohl um seine eigenen als auch um die von seinem Vater übernommenen Pflichten kümmern. Es geht bei ihm um das Gefühl festzustecken, nichts verändern zu können, darum, dass er ganz plötzlich etwas dringend erledigen muss und dafür von einem Ort zum anderen fahren.

Nach meinem Verständnis drückt dieses Gefühl – *festzustecken und immer wieder angegriffen zu werden* – das Malaria-Miasma aus. Das *Bedürfnis, schnell Position und Charakter ändern zu müssen*, das steht für die Berberidaceae-Familie. Das Malaria-Miasma und die Familie Berberidaceae führten mich zum Arzneimittel, d.i. Berberis vulgaris:

> *Ist gequält und steckt in einer Lage fest, in der es dauernd Veränderungen gibt.*

Verabreichtes Mittel: *Berberis vulgaris C200, eine Dosis.*

Nachsorge

Dem Patienten ging es mit dem Mittel sehr gut. Die Beschwerden wegen der Analfissuren sind völlig verschwunden. Auch psychologisch geht es ihm sehr gut. (Insgesamt wurde ihm das Mittel im Verlauf des letzten Jahres viermal gegeben.)

Ende des Falls.

BERBERIS-FALL 2

Diese Patientin kam am 26. Juni 2000 zu mir; sie klagte über schwere Schmerzen in beiden Beinen, die ihr das Gehen unmöglich machten. Dazu kamen schlimme Schmerzen und Ausschläge in den Kniekehlen.

A: Erzählen Sie mir von sich.

P: "Vor dieser Krankheit war ich überaktiv und tat viele Dinge, war in einem medizinischen Kurs eingeschrieben, in einem Krankenhausmanagement-Kurs, war Hausfrau, und war dann plötzlich wegen dieser Erkrankung blockiert. Früher wollte ich immer alles in Eile erledigen, schnell zum Kursus gehen, die Hausarbeiten erledigen, Management studieren."

Sie wollte zwei oder drei Kurse im Jahr durchlaufen. Sie sagte: "Alles existierte zusammen in meinem Kopf, dieser Kursus, jener Kursus, die Familie, das Krankenhausmanagement."

Sie hatte das Gefühl, es stehe ihr wenig Zeit zur Verfügung und sie habe viel zu tun, und sie sei daran gehindert, all dies zu tun. Sie sagte auch, dass es eigentlich sehr schön sei, in verschiedenen Bereichen aktiv zu sein.

P: "Ich mag es, meinen Aktivitätsbereich zu wechseln. Ich möchte etwas Neues tun."

Ihre Schmerzen wechselten in der Lokalisation. Zum Beispiel hatte sie Schmerzen im Hals, die von einer auf die andere Seite wanderten.

Sie fühlte sich auch abhängig und wollte eine unabhängige Person sein.

Sie hatte bereits die Homöopathika Tuberculinum, Kalium bichromicum und Rhus toxicodendron genommen, aber keine Besserung erfahren.

Zum Verständnis des Falls

Ihr zentrales Gefühl besteht darin, sich abhängig und feststeckend zu empfinden.

Sie hat viele verschiedene Interessen, muss die Rolle in ihrem Leben plötzlich ändern, und ihre Schmerzlokalisation wandert.

Verabreichtes Mittel: *Berberis vulgaris M1, eine Dosis am 26. Juli 2000.*

Nachsorge

Es ging ihr sehr gut. Innerhalb eines Monats verschwanden ihr Schmerzen. Sie hörte mit dem medizinischen Kursus auf. Sie sagte, es machte keinen Sinn, sich so sehr unter Stress zu setzen.

Bei der Wiedervorstellung erzählte sie einen interessanten Traum:

> Ihr Bruder rief sie auf die Polizeistation, um eine Kaution zu zahlen, während in einem gegenüberliegenden Raum, wo ein Räuber untergebracht war, ihre Mutter schrie. Auf der dritten Seite schrie ihr Vater nach Hilfe. Sie sagte: "Ich weiß nicht, wohin ich gehen soll."

Mit den Schmerzen erlebte sie ein Auf und Ab.

Dann berichtete sie von ihren Menstruationsunregelmäßigkeiten und von einer ektopischen Schwangerschaft. Sie hatte einen Traum, in dem sie sich ganz allein auf der weiten Welt fühlte.

Sie sagte: "Ich mache mir Sorgen darüber, wie ich weitermachen kann. Ich möchte nicht mit einer Sache feststecken. Ich möchte wachsen. Ich möchte nicht immer dieselbe Richtung verfolgen. Ich möchte etwas Neues unternehmen, das mir Türen in viele Richtungen öffnet. Es sollte sich vieles ändern. Ich fühle mich sogar mit den Heilmitteln noch feststeckend. Ich habe das Gefühl, ich sollte viele Wege haben, viele Möglichkeiten. Ich möchte nicht feststecken."

Ich gab ihr wieder Berberis M1. Es geht ihr viel besser, physisch und psychologisch.

Ende des Falls.

CAULOPHYLLUM

Berberidaceae + Sykose

Caulophyllum hat die folgenden Rubriken:

> Knerr beschreibt es als ein ausgezeichnetes Mittel für Gonorrhoe.
>
> Rheumatismus aller Gelenke.
>
> Wahnidee: sei schwanger. (Knerr)

Das ist dem Thuja-Gefühl von etwas Lebendigen im Bauchraum ähnlich; es ist eine Art fixe Idee (sykotisch). Schwangerschaft ist außerdem ein plötzlicher Wandel, den sie eventuell verstecken oder zudecken möchte.

Das Miasma ist als sykotisch bestätigt. Wenn das Empfinden der Berberidaceae kombiniert wird mit dem Miasma von Caulophyllum, dann könnte das zentrale Gefühl dieser Pflanze wie folgt sein:

> *Plötzlich weiß er, dass eine Veränderung stattgefunden hat; das sollte niemand wissen, er muss es verstecken, muss die Veränderung zudecken.*

BERBERIS AQUIFOLIUM

Berberidacea + syphilitisches Miasma

> Syphilis, zweites Stadium. (Boericke)

Bei Lymphdrüsenverhärtung und chronischer – skrofulöser oder tuberkulöser – Ulzeration sollte man an das Mittel denken, auch bei Wundgefühl in der Milzgegend. (Blackwood)

Ausschläge: Rupia, syphilitische. (Complete)

Faulheit; Abneigung gegen Arbeit. (Complete)

Es ist offensichtlich, dass das Miasma syphilitisch ist. Wenn das Empfinden der Berberidaceae mit dem Miasma von Berberis aquifolium kombiniert wird, dann ist das Gefühl von Berberis aquifolium wie folgt:

Durch plötzliche Veränderung zerstört (wegen der Unfähigkeit, sich an eine völlig neue Situation anzupassen).

ZUSAMMENFASSUNG BERBERIDACEAE – EMPFINDUNGEN UND REAKTIONEN

Empfinden

Plötzliche und intensive Wechselhaftigkeit im Psychologischen und im Physischen.

Passive Reaktion

Verwirrung.

Dumpfheit.

Mentale Erschöpfung.

Verwirrung der Eigenidentität.

Verwirrung durch Unterbrechung.

Aktive Reaktion.

Schnelle Veränderung von Lokalisierung und Charakter.

Kompensierung

Leicht anpassungsfähig an wechselnde Situationen. Fähig, sich den Veränderungen entsprechend schnell zu verändern.

MIASMEN

Typhös	Podophyllum
Malaria	Berberis vulgaris
Sykose	Caulophyllum
Syphilis	Berberis aquifolium

VERGLEICHSMITTEL

Ericaceae

CACTACEAE
(Kakteen-Familie)

HEILMITTEL

Anhalonium lewinii	Peyotl, Peyote (Kaktus, aus dem Meskalin gewonnen wird)
Cactina	ein Alkaloid
Cactus grandiflorus (Selenicereus grandiflorus)	Königin der Nacht, nachtblühender Cereus
Carnegiea gigantea (Cereus giganteus)	
Cereus bonplandii	
Cereus serpentinus	Säulenkaktus
Opuntia vulgaris (Opuntia ficus indica)	Feigenkaktus, Opuntie

GEBRÄUCHLICHE HEILMITTEL

Anhalonium lewinii

Cactus grandiflorus

Cereus bonplandii

HERKUNFT

Was ist die Verbindung zwischen diesen drei Heilmitteln? Auf den ersten Blick scheint es keine zu geben zwischen dem, was wir von Cactus wissen, dem typischen Herzmittel vor allem bei anginösen Beschwerden, und dem, was wir vom rauschhaften Anhalonium wissen.

Es gibt keine entsprechende Überordnung, auf die ich mich hätte beziehen können, deshalb begann ich mein Studium mit **Cactus grandiflorus**, einem Mittel, das zumindest betreffs seiner Wirkung auf der körperlichen Ebene recht gut bekannt ist.

Phataks Materia medica stellt unter Allgemeinsymptomen Folgendes fest:

> "Seine wichtigste Wirkung übt Cactus auf das Herz und den Blutkreislauf aus. Es wirkt auf zirkuläre Muskel und bewirkt daher Konstriktionen (Einschnürungen), und zwar von Herz, Rachen, Brustkorb, Blase, Rektum, Vagina, Hals. Die Durchblutung ist gestört und dies führt zu Stau oder umschriebenen Pulsationen, zum Beispiel hinter dem Magen und an seltsamen Stellen. Es ist ein Mittel für Haemorrhagien, es beschleunigt Blutgerinnung. Zusammenschnürende oder spastische Schmerzen, die einem Schreie entlocken. Ausgeprägte Periodizität, Neuralgien tauchen periodisch auf. Der Körper fühlt sich eingeengt oder umwickelt. Heißes Sprudeln im Brustkorb. Toxische Kropfzustände mit Herzsymptomatik. Allgemeine Schwäche und Bettlägerigkeit. Neigung zur Ohnmacht. Wassersucht. Üble Wirkung von Sonne, Feuchte, Enttäuschung in der Liebe. Viele Beschwerden haben mit Herzkrankheiten zu tun. Pulslos, schwer atmend, hingestreckt. Niedriger Blutdruck, durch Herzschwäche bedingt."

Wie man sehen kann, taucht ein Empfinden immer wieder auf, nämlich Zusammengeschnürtsein, Engegefühl. Das Empfinden ist ein Eingeschnürtsein überall da, wo zirkuläre Muskeln sind. Spastische zusammenschnürende Schmerzen; der Körper fühlt sich eingeengt oder umwickelt.

Ich nahm mir **Anhalonium** vor, indem ich mir Allgemeinsymptome anschaute, und fand heraus, dass es nur eine Art von charakteristischer Schmerzen kennt:

> Allgemeines: Schmerz, wie erdrückt oder zermalmt. (Complete)

Das Eingeschnürtsein von Cactus und das Erdrücktsein von Anhalonium schienen verwandt zu sein, und deshalb untersuchte ich neugierig weiter.

Beim Studium von **Cereus bonplandii** fand ich unter Geist und Gemüt die "Wahndidee, ein Incubus oder Albdruck laste auf ihm", was wiederum das Gefühl des Niedergedrücktwerdens auszudrücken scheint. Das schien in dieselbe Richtung zu gehen wie das Empfinden von Eingeengt- und Eingeschnürtsein.

Ich belas mich weiter über **Cactus** und stieß auf Worte wie umklammert, gebunden usw., die die gleiche Vorstellung vermittelten. Phatak erwähnt unter Herzsymptomen das Folgende:

> "Herz: fühlt sich abwechselnd von einem Eisenring umklammert und wieder losgelassen; oder fühlt das Herz sich ausdehnen und wieder zusammenziehen; scheint sich zu überschlagen ... Als ob das Herz in Stücke fliegen würde, wenn er den Atem anhält."

Und andere Rubriken von Cactus – wie z.B. Bedrückung des Brustkorbs, Bedrückung des Herzens, Ausdehnung des Brustkorbs – scheinen damit in Einklang zu sein.

Das Empfinden ist *umklammert und wieder losgelassen* und *sich ausdehnend und wieder zusammenziehend.*

Im Complete Repertory finden sich bei Cactus die beiden folgenden Rubriken:

> Geist und Gemüt: Wahnidee, dass die Dinge kleiner werden.
>
> Geist und Gemüt: Wahnidee, dass er in Drähten eingefangen sei.

Das ist das Empfinden von Cactus: Dinge werden kleiner, man ist gefangen. Das hat nichts mit einem Miasma zu tun, das hätte mit Entwicklungsgeschwindigkeit, Verlaufsdauer, Geschwindigkeit der Handlung zu tun. Es muss dabei also um das Gefühl der Pflanzenfamilie gehen.

Interessanterweise stellten wir fest, dass Cactus ein ausgeprägtes Empfinden von "abwechselnd umklammert und wieder losgelassen" hat; das Empfinden von *losgelassen* ist also das Gegenteil von *umklammert.*

Wenn Cactus zwischen umklammert und losgelassen oszilliert, was ist das Empfinden von Anhalonium?

Als ich dieses Mittel untersuchte, fand ich als zentrales Thema das Gefühl eines Verlustes an Persönlichkeitsgrenzen, eine Art Ausdehnung des Selbst.

Im Kapitel über Visionen taucht die Rubrik auf: "Dinge werden abwechselnd größer und kleiner." Das ist dem Gefühl von Ausdehnen und Zusammenziehen von Cactus ganz ähnlich.

Das Gefühl des Anhalonium-Patienten besteht darin, sich in einem solchen Ausmaß begrenzt und zusammengezogen zu fühlen, dass er sich in den ganzen Raum ausweiten muss. Die einzige Empfindung, die im Repertorium dem des Anhalonium ähnlich ist, ist die von Schrumpfung. Wir können das Gefühl des Zusammengezogenseins also mit Schrumpfen oder Geschrumpftsein gleichsetzen.

Wilhelm Pelikan schreibt im British Homoeopathic Journal zu Anhalonium wie folgt:

> "Die Welt der warmen, sich ausdehnenden Gefühle, die unsere Großeltern und Urgroßeltern erlebt haben, eine Welt, die einfach da war, weil schließlich alle Menschen ein Herz haben, ist inzwischen erheblich geschrumpft."

Dasselbe Gefühl findet sich bei Cactus in der folgenden Rubrik:

> Allgemeines: kleiner, Gefühl von Kleinerschrumpfen. (Boenninghausen)

Kakteen haben interessanterweise die Fähigkeit, Wasser aufzusaugen, enorm anzuschwellen, sich auszudehnen und danach wieder an Größe abzunehmen; die Pflanze schrumpft also und dehnt sich aus. Damit erkennen wir, dass die Verbindung von Anhalonium und Cactus in dem Empfinden von *Zusammenziehen (Schrumpfen)* und *Ausdehnung* liegt.

Dies muss das zentrale Gefühl der Familie sein. Falls unsere Vorstellungen richtig sind, dann müssten dieselben Empfindungen auch bei den anderen, weniger bekannten Mitteln der Cactaceae zu finden sein. Mit Hilfe des MacRepertory-Programms wurde eine Suche nach denjenigen Rubriken angestellt, die zwei oder mehr Mitglieder der Cactaceae aufweisen.

> Männliche Sexualorgane: Atrophie, verschrumpelt, Empfinden von. (1. Symptom) (Cere-b., Cer-s.)

Die Bedeutung von verschrumpelt laut Wörterbuch wie folgt: schrumpfen, faltig werden; kleiner werden oder kleiner machen, abnehmen. Die Bedeutung von geschrumpft ist eingeschnürtwerden.

> Geist und Gemüt: Wahnidee, sei kleiner. (18. Symptom) (Anh., Cact.)

Wenn man das Programm Reference Works benutzt, stellt man fest, dass alle vier Heilmittel das gleiche Gefühl haben (Anhalonium, Cactus grandiflorus, Cereus bonplandii und Cereus serpentinus).

Carnegiea gigantea

Carnegiea gigantea ist ein weiteres Mitglied der Cactaceae-Familie und wurde jüngst von Dr. Todd Rowe geprüft. Wir finden bei diesem Mittel ähnliche Themen. Das Folgende sind Zitate von verschiedenen Prüfern.

Kolossal/winzig klein:

> "Ich muss zurück zur Hütte zusammen mit einem Mini-Menschlein, den ich auf der Hand trage."
>
> "Mein Sohn ist oben auf einem riesigen Baum."

Es gibt also die Gefühle von winzig klein und von riesig groß.

> "Während der Regenzeit dehnt sich der Saguaro stark aus und zieht sich stark zusammen, und während der Trockenzeit schrumpft er dramatisch zusammen."

Ausdehnung, Zusammenziehen, Schrumpfen:

> "Erwürgte einen Freund und hinterließ eine Notiz, die besagte: Danke dafür, dass ich mir dein Moped leihen konnte. Fuhr damit herum und dachte mir dazu eine Geschichte aus."

"Erwürgt" ist eine Version von Einschnürung.

> "Habe an Gewicht zugenommen und schaute im Spiegel verrückt aus."

Es geht um Ausdehnung.

> Traum: "Ein Psychotiker war dabei, Menschen, die mir nahe und lieb waren, zu verletzen, und auf diese Art konnte er auch mich verletzen. Wenn ich der Angst nicht nachgäbe, dann könnte er mir nichts anhaben; wenn ich der Angst vor Bären nicht nachgäbe. Dann wäre alles in Ordnung mit mir, losgelöst von meinen Gefühlen darum."

Angst vor Bären. Bären sind große Tiere, die einen erdrücken können.

> Traum: "Ich ging zum Haus einer Freundin in New Mexico; sie hatte ein Haus ohne Vorder- und ohne Rückseite; die Wände sind zum Wald und zur wilden Natur hin weit offen; Tiere kommen herein bis in das Hausinnere; es macht ihr nichts, wenn ein Berglöwe mitten in ihrem Wohnzimmer ein Kaninchen tötet; mich trieb es zum Wahnsinn – das ganze Tierreich in ihrem Haus – keine Wände – es fühlte sich an, als sei die ganze Welt im Haus drinnen."

Die ganze Welt im Haus suggeriert ein Gefühl der Ausdehnung.

Auch dieses Heilmittel behandelt dieselben Themen, nämlich Kleinwerden, Schrumpfen, Zusammenschnüren, Vergrößerung, Ausdehnung.

Das bestätigt das Empfinden, das wir für die Familie der Cactaceae vorschlagen.

ZUSAMMENFASSUNG CACTACEAE – EMPFINDUNGEN UND REAKTIONEN

Empfinden

Zusammengeschnürt.

Kleiner gemacht.

Geschrumpft.

Zusammengezogen.

Festgebunden in einer Falle, niedergedrückt und niedergetrampelt.

Bedrückt, von einer Last erdrückt, umklammert.

Passive Reaktion

Geschrumpft.

Aktive Reaktion

Ausdehnung, größer werden, grenzenlos werden, frei werden.

Kompensierung

(Unbekannt.)

CACTINA

Cactaceae + akutes Miasma

Cactina ist ein Alkaloid, das aus verschiedenen Spezies der Cactaceae gewonnen wird. Gemäß meiner Erfahrung mit den anderen Pflanzenfamilien stehen Alkaloide meist mit dem akuten Miasma in Zusammenhang.

Das Gefühl wäre demnach:

> *Akut erdrückt oder zerquetscht.*

CARNEGIEA GIGANTEA

Cactaceae + typhöses Miasma

Wie im Abschnitt über Herkunft ausgeführt, finden sich in den Mittelprüfungen eine Reihe von Symptomen, die mit den vorgeschlagenen Empfindungen der Cactaceae in Einklang sind.

Das typhöse Miasma steht zwischen dem akuten und dem psorischen.

"Von einem Alligator verfolgt – wir konnten gerade noch entkommen."

Und in dem oben zitierten Traum beschreibt der Prüfer, dass es ihn zum Wahnsinn trieb, wenn die Berglöwen in das Wohnzimmer kamen, um ein Kaninchen zu töten.

Das ist der akute Aspekt.

Traum: "Eine Welt aus Wasser. Es gab eine weltweite Überschwemmung, wir hatten uns alle an die Flut gewöhnt, es wurde daraus eine Art zu leben, ein Traum voller dunkler Farben."

Das könnte auf das typhöse Miasma hinweisen.

"Während der Regenzeit dehnt sich der Saguaro stark aus und zieht sich stark zusammen, und während der Trockenzeit schrumpft er dramatisch zusammen."

Dramatische Bewegungen (Anstrengungen) könnten auf das typhöse Miasma hinweisen.

Ich ordnete Carnegiea gigantea dem Typhus-Miasma zu. Das Gefühl ist dann wie folgt beschrieben:

Akutes Gefühl von Schrumpfen und Zusammenziehen, möchte sofortige Erlösung davon.

OPUNTIA

Cactaceae + Ringwurm-Miasma

In Allens Encyclopaedia heißt es:

"Anfall von Verfluchungen am Abend nach dem Nachhausekommen; morgens Beten, Flüche über Enttäuschungen der Pläne; Wutanfall, abends um 18.00 Uhr, wegen der durchkreuzten Pläne (am dritten Tag)."

Das Ringwurm-Miasma steht zwischen der Psora und der Sykose. Es ist charakterisiert durch Versuchen, gefolgt von Resignieren, und wiederholtem Versuchen. Aus dem zitierten Symptom von Opuntia sehen wir, dass der Patient reagiert und dann akzeptiert; das weist auf das Ringwurm-Miasma.

Das Gefühl von Opuntia könnte damit ungefähr folgendermaßen beschrieben werden:

Einmal versucht er nicht zu schrumpfen und sich nicht zusammenzuziehen, und ein andermal versucht er zu akzeptieren.

CACTUS GRANDIFLORUS

Cactaceae + Malaria-Miasma

Wie wir wissen, sind Zusammenziehung und Ausdehnung die herausragenden Themen im Arzneimittelbild von Cactus. Cactus hat das Gefühl, als sei der ganze Körper in einem Käfig aus Drähten gefangen, hat die Wahnidee, als sei er in Drähten eingefangen.

Bei Roberts findet sich Folgendes:

> Als ob der Brustkorb in einem Eisenkäfig eingesperrt sei, ohne Kraft zur Ausdehnung. Empfindet Einschnürung in allen Problemsituationen.

Wir sehen auch Bedrückungsgefühl in Brustkorb und Herz und Angst vor Ersticken.

In Phataks Materia medica taucht beim Cactus das Wort *Periodizität* immer wieder auf. Wenn wir einfach nur mit dem Stichwort "intermittierend" durch die Reference Works gehen, dann tauchen unter Cactus viele Symptome auf, einschließlich einiger Hinweise zum Malaria-Fieber. Deshalb reihte ich das Mittel unter das Malaria-Miasma ein.

Es könnte um das Gefühl gehen, als ob sein Herz festgehalten oder zusammengeschnürt sei, und der Patient glaubt, er stecke fest. Oder:

> *Steckt in einer Situation fest, von der er sich eingeschnürt fühlt; wird daraus befreit.*

CEREUS BONPLANDII

Cactaceae + tuberkulöses Miasma

Das Empfinden der Cactaceae-Familie, das Empfinden von Schrumpfen und Ausdehnen, von geklammert und losgelassen lässt sich sowohl bei den Gemüts- als auch den Körpersymptomen finden.

Das Miasma zeigt das Tempo an. In den nun folgenden Cereus-Fällen wird dem Bedürfnis nach nützlichen Aktionen (dem Mittel zur Ausdehnung) durch Handeln in einem hektischen Tempo nachgegeben. Das zeigt die wilde, aufgeregte Geschäftigkeit, bei der viele Dinge gleichzeitig getan werden; außerdem besteht Erstickungsgefühl und "der Wunsch nach Aufgebrauchtwerden, bevor er stirbt". Das ist das tuberkulöse Miasma.

Wenn man das Empfinden der Cactaceae-Familie mit dem tuberkulösen Miasma kombiniert, dann könnte das Gefühl folgendermaßen sein:

geschrumpft, beinahe erdrückt, beinahe erdrosselt, am Ersticken wegen des Schrumpfens. In Kürze zusammengefasst:

Auf bedrückende Weise zusammengezogen.

Diskussion des Heilmittels

Es liegt nur eine Prüfung von Cereus bonplandii vor, ausgeführt von einer einzigen Person, d.i. Dr. John Fitch. Im Repertorium taucht das Mittel ungefähr achtzigmal auf. Im Kapitel zu Geist und Gemüt fnden sich nur vier Einzelsymptome und ungefähr dreißig weitere Rubriken.

Die vier Einzelsymptome in Geist und Gemüt sind die folgenden:

Wahnidee, Incubus/Albdruck, er sei von einem bedrückt. (Complete)

Träume, Versammlungen, große. (Complete)

Taten, Wunsch, nützliche Taten auszuführen. (Complete)

Nützlich, Wunsch, nützlich zu sein. (Allen, Repertorium)

Die Empfindung von Ausdehnung und Zusammenziehen, von geklammert und losgelassen – findet sich diese für die Pflanzenfamilie vorgeschlagene Empfindung im Arzneimittelbild von Cereus bonplandii?

Ausdehnung

Mit Hilfe der Reference Works suchte ich bei Cereus bonplandii nach dem Stichwort "ausdehnend" und fand folgende Hinweise:

Empfinden von Ausdehnung im Brustkorb, gefolgt von plötzlichem Zusammenbruch. (Murphy)

Brustkorb und Brustorgane: Angina pectoris. Empfinden, als sei er ausgedehnt. Empfinden, als sei das Herz durchbohrt. (Vermeulen)

Schmerzen im oberen Rückgrat und in der Medulla oblongata, die nach oben wandern und sich durch das Gehirn hindurch ausdehnen bis nahe an die Oberfläche, vor allem beim Beugen oder Kopfbeugen, beim Bücken und Knien. (Ward)

Das Thema eines Ausdehnungsgefühls im Herzen.

Im Dreck versunken

In einem Cereus-bonplandii-Fall taucht der Ausdruck "im Dreck versunken" auf. (Kipnis, IFH 1994)

"Ihre Energie fühlte sich an wie im Dreck versunken."

Im Dreck versunken bedeutet eingefangen, eingewickelt und verstrickt. Es ist dasselbe Gefühl wie bei Cactus.

Bedrückung

Im Kapitel zum Brustkorb finden sich bei Cactus folgende Rubriken:

> Brust innerlich: Bedrückung, Gewicht wie von einer Bedrückung auf das Brustinnere. (1) (Knerr)

Das ist ähnlich wie die folgende Rubrik von Cereus bonplandii:

> Wahnidee, Incubus/Albdruck, als sei er von einem bedrückt. (Complete)
>
> "Fühle die Wirkung eines Incubus oder Albdruckes, der auf mir lastet, greift vor allem das Nervensystem an." (Allen, Encyclopaedia, beim Zitieren der Prüfung)

Das Lexikon (American Heritage Dictionary) gibt für Incubus folgende Bedeutungen an:

(1) Ein böser Geist, von dem geglaubt wird, dass er herabsteigt und mit Frauen, während sie schlafen, Sexualverkehr hat.

(2) Albtraum.

(3) Bedrückende oder albtraumhafte Last.

Gebunden/in einer Falle gefangen

Cactus hat folgende Rubrik:

"Gefühl, als sei das Herz durchbohrt, mit einem stumpfen Instrument, wie mit einem Bolzen." (Clarke)

Cereus bonplandii hat folgende Rubrik:

Herz: durchbohrt von einem stumpfen Objekt, Empfinden als sei es so. (1) (Allen, Repertorium)

"Gefühl, als sei das Herz durchbohrt von einem stumpfen Instrument, wie auf einen Bolzen aufgespießt." (Vermeulen)

Das Gefühl, dass das Herz durchbohrt sei, ähnelt der Wahnidee von Cactus, in Drähten gefangen und eingesperrt zu sein, was im Psychologischen und im Physischen zum Ausdruck kommt.

In Allens Encyclopaedia ist aus der Prüfung zitiert, wo die Wirkung des Mittels auf das Gemüt des Prüfers beschrieben ist:

> "Emotional. Wunsch, mich in Arbeit zu stürzen. Wunsch, die ganze Zeit beschäftigt zu sein. Fühlte den ganzen Tag die verwunderliche Neigung, mit etwas Nützlichen beschäftigt zu sein. Fühlte den Wunsch, etwas, was eigentlich sehr notwendig für mich ist, an jemand anderen wegzugeben. Wunsch mich aufzulösen, vor allem im Rumpf (nach drei Stunden). Abneigung dagegen, Medikamente einzunehmen (zweiter Tag). Ging durch die Erfahrung eines angenehm friedvollen Zustandes in Gemüt und Körper. Erfuhr ein dankbares Gefühl der Abhängigkeit vom göttlichen Geist (zweiter Tag). Nicht besonders angenehm im Gemüt. Im Denken arg gestört. Fühlte mich beim Aufwachen elend (zweiter Tag). Bete oder fühle die Neigung zu beten. Bin sehr gereizt. Arg reizbar; handle aus dem Impuls heraus (zweiter Tag). Teilnahmslos beim Kirchenbesuch; konnte mich nicht auf die Übungen der Anbetung konzentrieren, trotz großer Anstrengung (zweiter Tag). Intellektuell. Schwierigkeiten, mich zu beschäftigen. Morgens sehr stumpfsinning; verbringe die Zeit ziellos. Die Zeit verging sehr langsam (fünfter Tag)."

Wir sehen hier den Wunsch nach Auflösung, was dem Gefühl nach Ausdehnung bei Anhalonium sehr nahe ist.

Cereus bonplandii hat auch das Einzelsymptom "Träume von großen Versammlungen", was ebenfalls den Aspekt der Ausdehnung ausdrückt.

Es folgen nun drei Fälle von Cereus bonplandii, die gekürzt wiedergegeben werden.

CEREUS-BONPLANDII-FALL 1

Von Dr. S. Kipnis (IFH 1994)

Eine Frau, 41 Jahre alt, stellt sich wegen Energiemangels und Depression vor.

Einige Wendungen aus dem Fall:

> Die Patientin beklagte, sie fühle sich "überlastet". "Ich werde wirklich ungeduldig, wenn Menschen zwei Dinge zur gleichen Zeit tun."
>
> Sie fühlt einen völligen Mangel an Frieden (3). Möchte sich sofort wieder in Aktion stürzen, damit sie einen Sinn empfindet (2). Wenn sie deprimiert ist, fühlt sich ihr Leben sinnlos an (1). Existentielle Krise.
>
> Ihre Energie fühlt sich "im Dreck versunken" an.
>
> Nach einer unangenehmen Aufregung bei der Arbeit hatte sie das Gefühl, sie sei von ihrem Chef "niedergetrampelt".

> Möchte etwas tun, was eine soziale Verpflichtung ist, was ihr etwas bedeutet, was nützlich ist. Seit Jahren aktiv in der Politik.

Kipnis schreibt dazu:

> "Ich glaube, das wichtigste Symptom des Falles ist das zentrale Gefühl der Patientin, dass ihr Leben ohne Sinn oder Ziel ist. Sie empfindet Mangel an Frieden. Sie ist gelähmt. Ein Bild von einer Höhle (hat Angst vor Höhlen) taucht auf, wie sie tief unten in der Dunkelheit gefangen ist. Und die Kompensation besteht darin, dass sie intensiv arbeitet, hundertzehnprozentig, an etwas Großem und Wichtigen, damit ihr Leben nützlich und bedeutungsvoll werde. Sie möchte aufspringen und tun, möchte rennen und klettern, andernfalls sieht sie ihr Ende in der Höhle."

Verabreichtes Mittel: *Cereus bonplandii C200, eine Dosis.*

Am Tag, nachdem sie das Mittel erhalten hatte, fühlte sie sich euphorisch; es gab einen spürbaren Wandel. Die Dinge sahen rosiger aus, sie war fröhlicher. "Wie ein Gewicht, das man mir abgenommen hat – ruhig, voller Frieden ... Das allerangenehmste Gefühl. Sehr tief."

Der Fall wurde für sechzehn Monate weiterverfolgt und die Patientin erfuhr starke Besserung. Das Mittel wurde während dieser Zeit noch zweimal wiederholt.

Ende des Falls.

CEREUS-BONPLANDII-FALL 2

Von Dr. S. King (IFH 1994)

Frau, 50 Jahre alt, kommt wegen Magen- und Darmproblemen.

Die Patientin präsentiert ein ähnliches Bild wie das im Fall 1; sie ist sehr fleißig und möchte sich mit ihrer Arbeit nützlich machen.

Einige Wendungen aus dem Fall:

> "Wegen eines Traums werde ich ganz aufgeregt. Es ist eine Aufregung, als sei ich berauscht von dem Gedanken an die Möglichkeit: Das ist die Richtung, in die ich gehen sollte. Ich möchte alles sausen lassen und mich in diese Richtung aufmachen, mache einen Plan und bewege mich auf das neue, große Etwas vor."
>
> "... Mache große, wichtige politische Arbeit."
>
> "Ich wollte einen Beitrag leisten zu etwas, das über mich hinausgeht."
>
> "Es fällt mir leichter, mich einer Gruppe zu widmen, visionär zu sein, das zu tun, was notwendig ist. Große und wichtige Dinge, nützliche Dinge, die sich auf eine Gemeinschaft außerhalb meiner selbst beziehen. Einem echten

Bedürfnis gerecht zu werden. Es ist viel schwieriger, meine persönliche Praxis weiterzuentwickeln, das scheint klein zu sein, nicht zwingend, nicht wesentlich, wenn ich nur meinem eigenen Interesse nachgehe."

"Meine Energie ist grenzenlos, positiv, optimistisch. Alles ist möglich."

King schreibt zu diesem Fall:

"Das erste Element ist die gemütsmäßige Aufregung oder die Berauschtheit, was sich in Extraarbeit ausdrückt, und das Bedürfnis, etwas Nützliches und Großes zu tun – etwas Wichtiges für die anderen in der Gemeinschaft außerhalb ihrer selbst. Sie möchte die Welt retten. Sie hat große Ideen und ist auf der Suche nach dem Traum, der ihrem Leben Bedeutung verleiht. Das ist ihre Haltung in der Welt, ihre Art, mit der Welt umzugehen.

Das zweite Element, das sind die zugrundeliegende Hoffnungslosigkeit, Kleinheit, Unwichtigkeit und ihre Selbstzweifel."

Verabreichtes Mittel: *Cereus bonplandii C200, eine Dosis.*

Der Fall wurde für ein Jahr nachverfolgt, und der Patientin ging es dabei sehr gut. Das Mittel wurde einmal nach acht Monaten wiederholt (C200).

Im Verlauf der IFH-Diskussion meint Neiswander, dass es "vielleicht um das starke Bedürfnis geht, akzeptiert zu werden: Wenn ich meinen Beitrag leiste, dann geht es mir gut. Dann bin ich akzeptiert. Wenn ich nicht genug tue, dann wird es mir nicht so gut gehen. Ich muss mehr beitragen, um ein guter Mensch zu sein."

Ende des Falls.

CEREUS-BONPLANDII-FALL 3

Von Dr. S. King (IFH 1994)

Eine sehr energetische Managerin, 36 Jahre alt, beschäftigt bei einer Verkaufs- und Marketing-Firma. Sie kommt wegen Kopfschmerzen, Hüftschmerzen und anhaltender Müdigkeit.

Es gibt auch in diesem Fall ähnliche Themen. Die Patientin ist sehr fleißig, aber der Fall dreht sich mehr um Familie und Heim.

Einige Wendungen aus dem Fall:

"Ich bin ein sehr aktiver Mensch; ich tue selten nur eine Sache allein." "Ich arbeite sehr schnell und hart."

"Ich setze mir hohe Ziele ..."

"So viele Dinge, die gleichzeitig zu erledigen sind. Keine Zeit."

"Mein Selbstwertgefühl hängt davon ab, was ich an einem Tag geleistet habe. Was ich tue, das bin ich."

"Intensive Intimität ... das würde mich ersticken."

"Ich habe eine Menge anzubieten. Ich brauche eine Gemeinschaft."

"Wenn der Zeitpunkt zum Sterben kommt, dann möchte ich verbraucht sein."

Verabreichtes Mittel: *Cereus bonplandii C200, eine Dosis.*

Nach dem Mittel berichtet die Patientin: "Ich dachte immer, ich müsste wie eine Verrückte arbeiten, um produktiv und nützlich zu sein." Sie hat sich von vielen "Muss tun" befreit und es geht ihr allgemein besser.

Diskussion zur Cactaceae-Familie und zu Cereus bonplandii

Aus den Prüfungen und den Fällen ersehen wir, dass der Kern von Cereus bonplandii psychologisch sich durch den Wunsch ausdrückt, nützliche Dinge zu tun, besonders Dinge, die anderen zugute kommen, gleich ob im familiären Rahmen oder in der Gesellschaft oder politisch. Wie ist dies mit dem Empfinden der Cactaceae-Familie in Verbindung zu bringen?

Wenn wir uns die Wörter anschauen, die in den Fällen und Prüfungen auftauchen, dann kommen uns ein paar Ideen dazu:

Überlastet, im Dreck versunken, niedergetrampelt, von einer Last niedergedrückt.

Das sieht nach "bedrückt" aus.

Zugeschlossen, eingeschlossen, in einem Loch, gelähmt, klein.

Das sieht aus wie "in einer Falle gefangen, am Schrumpfen, festgeklammert".

Größer, grenzenlos, ausdehnen.

Das sieht nach "Ausdehnung" aus.

Wir könnten diese Themen durchaus miteinander in Verbindung bringen und feststellen, es gehe um ein Gefühl von "zusammengeschnürt, niedergedrückt und bedrückt; muss sich ausdehnen und größer werden." Und es drückt sich aus durch nützliches Tun und Arbeiten.

Fast alle Menschen schleppen auf die eine oder andere Art das Gefühl mit sich herum, aufgegeben zu sein; man braucht das Gefühl der Dazugehörigkeit. Die Eintrittskarte zum Dazugehören ist das Tun: "Was ich bin, das ist das, was ich tue." Selbstbezogenheit ist eine Art Zusammenziehen, bei dem die eigenen Grenzen eng werden. Selbstlosigkeit ist Ausdehnung.

Bei Cereus bonplandii liegt die Konzentration darauf, für andere Nützliches zu tun, und dies ist das Mittel, zu einer immer größeren Gemeinschaft zu gehören –

gleich ob im Wohnungsblock oder in der Gemeinde oder im Staat. Man fühlt sich nicht nur als das kleinere individuelle Selbst, sondern als Teil eines Größeren. Je mehr man tut, umso größer fühlt sich das Selbst.

Dasselbe sehen wir bei Anhalonium, Verlust des Ego und Ausdehnung in Selbstlosigkeit, Umarmung des ganzen Universums. Bei Anhalonium umfaßt die Ausdehnung alles.

ANHALONIUM

Cactaceae + Krebs-Miasma

Anhalonium ist ein weniger bekanntes Mittel. Die psychologischen Symptome werden im Allgemeinen leichter verstanden als die physischen.

Es hat folgende Rubriken (Complete):

Wahnidee, sei abgemagert.

Wahnidee, sei vergrößert.

Wahnidee, vergrößert, Objekte seien.

Wahnidee, vergrößert, Objekte seien verkleinert und. (1)

Wahnidee, vergrößert, Objekte und Buchstaben seien verkleinert und. (1)

Wahnidee, sei kleiner.

Wieder das gleiche Thema: größer und kleiner (Ausdehnen und Schrumpfen).

Die Empfindung erdrückt (oder zermalmt) tauchte auch im Repertorium auf:

Allgemeines: Schmerzen, wie zerdrückt (oder zermalmt). (Complete)

Die Wahnidee vom Vergrößertsein ist charakteristisch für die Cactaceae-Familie. Der Grad des Vergrößerungsgefühls im Arzneimittelbild und in den Fällen weist aber auf das Krebs-Miasma hin.

Das zentrale Gefühl im Krebs-Miasma besteht in dem Gefühl, alles geben zu müssen, was man hat, und noch viel mehr, in einem intensiven Kampf ums Überleben. Man muss sich über die Grenzen der eigenen Fähigkeiten strecken.

Die Situation bei Anhalonium besteht darin, dass eine Person sich über sich selbst strecken muss, andernfalls verliert er seine Existenz. In Herricks Anhalonium-Prüfung kommt ein Gefühl des *Überwältigtseins* vor, unfähig die Dinge zu regeln; Besserung kam mit dem Heilmittel. Das Symptom "Verschmelzen des Selbst mit der Umgebung" unterstreicht diesen Grad auch.

Wir finden auch folgendes (Einzel-)Symptom:

Wahnidee, von Unsterblichkeit. (Complete)

Das weist wieder auf *Ausdehnung* hin, darauf, dass die Zeit nicht *geschrumpft* und nicht begrenzt ist. In gewisser Weise lässt es uns auch an das Krebs-Miasma denken, da es um etwas geht, was über die Grenzen des realistisch Erreichbaren hinausgeht.

Das Gefühl ist demnach wie folgt:

Muss Kontrolle bewahren in einer Situation, in der er zusammengeschrumpft und eingeschnürt ist.

ANHALONIUM-FALL

Dies ist der Fall eines Mannes aus dem Westen, der seit vielen Jahren in einer spirituellen Gemeinschaft in Asien lebte. Der Kopf dieser Gemeinschaft, ihr spiritueller Lehrer, wird Die Mutter genannt.

Ursprünglich wurde der Fall im November aufgenommen; hier liegt die Wiedervorstellung im darauffolgenden April vor. Der Fall hat eine Menge mit der früheren Situation des Patienten im Westen zu tun.

A: Sie sprachen eine Menge über die Mutter und über Ihre Angst, Ihre Mutter zu verlieren, von der Angst, im Stich gelassen zu werden.

P: "Von frühester Kindheit an bis zu dem Zeitpunkt, als ich mein Elternhaus verließ, war es (die Ehe meiner Eltern) eine unglückselige Heirat. Meine Eltern stritten sich wie Hund und Katze. Meine Mutter drohte oft damit wegzurennen. Ich war traumatisiert und lebte in der schrecklichen Angst, sie könne uns verlassen. Ich ließ sie nicht aus den Augen. Sie ging zur Arbeit und in der Mittagspause ging ich zu ihr ins Büro, um nachzusehen (ob sie noch da war). An Wochenenden folgte ich ihr überallhin nach, denn ich hatte Angst, sie aus den Augen zu lassen. Das war ein intensives schmerzliches Element in meinem frühen Leben. Es ist mir nicht entgangen, wie ironisch es ist, dass ich auf der Suche nach einem spirituellen Lehrer in Asien in der Gemeinschaft der Mutter gelandet bin. Ich kam nach Asien auf der Flucht vor dem Schrecken daheim. Im Alter von dreizehn bis fünfundzwanzig Jahren, als ich von daheim wegging, war ich in einem ständigen Zustand sexueller Aktivität. Ich hatte Gott weiß wieviele Beziehungen. Es trieb mich, mit jeder ins Bett zu gehen, mit der ich nur konnte. Dutzende von Beziehungen. Ich hatte sogar eine Ahnung davon, wie krankhaft dieser Trieb war. Unbefriedigend. Ich suchte nach einem spirituellen Leben. Es war unbefriedigend, weil dabei überhaupt kein emotionaler Kontakt stattfand. Es ging um Jagd, um Eroberung - und auf zur Nächsten.

Es brauchte eine Menge Drogen, um mich zu einem spirituellen Leben zu bringen. 1963 im Westen, da gab es überall Psychodelika. Das erste Mal, als ich Peyote nahm, war es sogar legal. Es kam mit der Post! Ich experimentierte herum. Das zweite Mal, als ich Psychodelika nahm, hatte ich ein glorreiches bewusstseinserweiterndes Erlebnis, und ich wußte, ich würde einen Lehrer finden und mein Dasein einem spirituellen Leben ohne Drogen widmen. Es war damals ganz klar, was ich tun musste, und drei Jahre später tat ich es. In jenen drei Jahren gab es eine Menge Herumexperimentieren mit psychodelischen Drogen.

Da war auch das Thema Geld. Ich ging in den späten Sechzigern in den Osten und kam in den Achtzigern in den Westen zurück. Ich hatte eine Frau und einen Sohn und musste mich zum ersten Mal mit Geldangelegenheiten auseinandersetzen. Wir hatten nicht viel.

Die Ursache des Konfliktes zwischen meinen Eltern war die Tatsache, dass meine Mutter meinen Vater keinen Moment vergessen ließ, was für ein schlechter Verdiener er war. Ich selbst hatte mich auch noch nie darum kümmern müssen. Bis ich in den Osten ging, hatte ich immer die Unterstützung meiner Eltern gehabt, und als ich dort war, wurde ich von der Gemeinschaft versorgt. Als ich mich Gelddingen gegenüber sah, hatte ich damit eine schreckliche Zeit. Selbst als wir ein Geschäft hatten, mit dem es gut ging, lebte ich in der ständigen Angst, es könnte schiefgehen. Eine außerordentlich unangenehme Erfahrung. Wir kamen wieder in den Osten mit genug Geld, deshalb mache ich mir keine Sorgen, aber ich habe das Gefühl, es ist noch ein Thema.

Im Sexuellen gibt es auch ein Problem. Nach meinem Besuch bei Ihnen kam ich nach Hause und war voller Energie und Kraft, und sexuell gab es kein Problem. Es geht um ein Problem zwischen mir und meiner Frau. Nach einem Zeitraum von mehreren Wochen, in denen wir viele Kontakte hatten und ich immer funktionierte, ist dieses Problem wieder aufgetaucht, und wir sind wieder da, wo wir aufgehört hatten."

Zum Verständnis des Falles

Wir haben einen Ost-West-Konflikt vor uns. Sexualität und Materialismus auf der einen Seite und Spiritualität auf der anderen. Calcarea fluorata stellt die sexuelle und materialistische Seite dar, aber nicht die spirituelle. Das Schöne an dem Fall ist, dass er so einfach ist, wenn man ihn einmal durchschaut, so wie es bei jedem Fall ist.

Die wichtigste Emotion im vorliegenden Fall ist die Angst davor verlassen zu werden, diese intensive Angst, dass seine Mutter ihn verlassen könne. Für ein

Kind bedeutet dies völlige Isolation und Einsamkeit, Verlust der Unterstützung. Er war so panisch deswegen, dass ihm extra erlaubt worden war, seine Mutter jeden Nachmittag anzurufen. Auf Grund dieses Gefühls rennt er hinter Sex her, aber das gibt ihm nicht das Gefühl von Erfüllung.

Dann sucht er mit Hilfe von Drogen nach Spiritualität. Mit Hilfe von Drogen erlebte er den Sinn von Zusammensein und Einheit, dessen er so sehr bedurfte. Spiritualität bedeutet eigentlich zum Ganzen zu gehören. Die Spiritualität erwuchs aus dem Gefühl der Isoliertheit und Verlassenheit; der Weg führt von Isolation zu totaler Einheit. Er erkannte, dass die Drogen nur für vorübergehend waren, aber sie vermittelten ihm die Erfahrung, die er brauchte. Er ging geradewegs zur Gemeinschaft der Mutter. Er war dort dreißig Jahre lang.

Eine der von ihm eingenommenen Drogen war Anhalonium, auch bekannt als Peyote.

Verabreichtes Mittel: *Anhalonium M1, eine Dosis.*

Das Mittel kennt einerseits das Gefühl des Aufgegebenseins und der Isolation und andererseits die Depersonalisierung des Selbst und ein Verschmelzen mit dem Bewusstsein des Ganzen.

Ausgewählte Rubriken

Verwirrung ob seiner Identität; Gefühl von Depersonalisierung.

Verwirrung, Depersonalisierung.

Verschmelzen des Selbst mit der Umwelt.

Wahnidee von Unsterblichkeit.

Wahnidee, die Ewigkeit sei mit der Gegenwart vermischt.

Wahnidee, er sei außerhalb seines Körpers.

Wahnidee, dass er getrennt von der Welt sei.

Auf der einen Seite gibt es großen Schmerz und auf der anderen ausgelassene Freude.

Wir können aus dem Fall lernen. Was für Erfahrungen hatte der Patient mit der Droge gemacht?

A: Sie erwähnten, Sie hatten früher Erfahrungen mit Peyote?

P: "In den Mittsechzigern habe ich zwischen fünfzig und hundert Male alle möglichen Drogen genommen. Meskalin und Peyote waren dabei meine Lieblingsdrogen. Sie möchten, dass ich von den Erfahrungen erzähle? Da komme ich ins Schwärmen. Es war der Eintritt in einen Bewusstseinszustand von tiefer Einheit, Harmonie, von einer Seligkeit, die nicht zu unterscheiden ist von Einheit und Harmonie. Liebe zu Allem. Das lässt sich nicht beschreiben.

Ich habe nie daran gezweifelt, dass die besten Erfahrungen mit psychodelischen Drogen echte spirituelle Erfahrungen sind. Aber sie sind flüchtig. Ich hatte auch ein paar schlechte Erfahrungen, einmal eine von totalem Terror. Ich war völlig unwissend und hatte mich überhaupt nicht belesen. Eines Abends in einem schäbigen Apartment in einer großen Stadt bot mir ein Freund LSD an. (Später lernte ich, es niemals zu nehmen außer in einer wunderschönen Umgebung im Freien.) Ich war allein, als ich es einnahm. Nach ein oder zwei Stunden verschob sich meine Konzentration auf eine schwarze Sphäre in meinem Kopf, und sie begann, sich nach draußen aus meinem Kopf hinaus zu bewegen. Wenn sie aus meinem Kopf wanderte, würde ich aufhören zu sein. Sie begann sich zu bewegen, und ich griff danach und hielt sie fest und rang stundenlang mit ihr, um sie am Entkommen zu hindern. Schrecklich. Noch für mehrere Tage danach fiel ich immer wieder in diesen Terror zurück. Die Erfahrung schüttelte mich so sehr durch, dass ich mir die Mühe machte und über psychodelische Drogen nachlas."

In meinem Verständnis repräsentiert diese schreckliche Drogenerfahrung eine Trennung von der Ganzheit. In der Kindheit des Patienten repräsentierte seine Mutter Ganzheit. Falls die Verbindung verloren ginge, könnte er nicht mehr weiterleben. Wenn man solch eine Situation vor sich hat und sich ihr übergibt, verliert man sein Ego und tritt ein in die Ganzheit.

Wir können hier den enormen Kampf des Patienten beobachten, sich davor zu bewahren, seine Existenz zu verlieren, in das Nichts zu gehen. Wir könnten dies mit dem Wort *Schrumpfen* umschreiben, (Hinein-)Schrumpfen in das Nichts. Der gegenüberliegende Pol ist die *Ausdehnung*. Er muss alles, was er hat, in den Kampf werfen. Dieser intensive Kampf ist bezeichnend für das Krebs-Miasma.

P: "Ich nahm eine Menge Drogen und eine Menge Peyote. Es war eine bewusstseinserweiterende Erfahrung."

Ende des Falls.

Kommentar

Es ist genau die Erfahrung von Anhalonium. Es hat viel mit einer Ausdehnung des mentalen Bewußtseins zu tun. Es geht um Depersonalisierung und um die Auflösung der Grenzen und des Selbst, um eine Ausdehnung hinaus in das gesamte Universum.

Es vermittelt das Gefühl, als löse sich die Form auf. Der Körper wird immateriell und dehnt sich aus; Objekte werden größer oder kleiner. Mit der Umwelt zu verschmelzen ist im Prinzip eine Ausweitung des Selbst. Das ist das Hauptsymptom von Anhalonium.

Und das Gegenteil davon muss Zusammenziehen sein.

Das Thema ist demnach: Groß und Klein, Ausdehnen und Zusammenziehen.

Zur Abgrenzung von Anhalonium und Cannabis (Hamamelidae)

Aufgrund dieser Untersuchung begann ich – auf dem Hintergrund der Empfindungen der Pflanzenfamilien – den Unterschied zwischen Anhalonium und Cannabis zu verstehen. Bei Cannabis (Hamamelidae) geht es um ein Empfinden von *Öffnen und Schließen*, bei Anhalonium (Cactaceae) um das Empfinden von *Schwer und Leicht*. Im Ausdruck gibt es einige Ähnlichkeiten; Cannabis teilt mit Anhalonium eine Reihe von Rubriken, was nicht überrascht, sind doch beides Heilmittel, die auf Rauschmittel basieren. Bei Cannabis heißt die Frage aber nicht: Bin ich kleiner oder größer? Die Frage lautet: Ist die Tür (zur Welt, zu Erfahrungen) offen oder zu? Falls die Tür zu ist, gibt es Sicherheit, aber es ist langweilig. Falls die Tür offen ist, ist das aufregend, aber gefährlich. Ein Mensch kompensiert dies, indem er im Hausinneren bleibt und aus dem Fenster schaut; nur ist die Sicht aus dem Fenster nicht unbedingt aufregend. Fernsehen ist das viel bessere Mittel; neue Filme sind gute Exemplare zur Veranschaulichung – alles ist übertrieben und riesig und besonders. Riesige Dinosaurier. Leuchtende Farben. Alles direkt ins Haus geliefert, wo man in völliger Sicherheit ist. Und falls es zu furchterregend wird, kann man mit der Fernbedienung abschalten.

Cannabis ist ein sykotisches Mittel, bekannt für seine Eignung bei Gonorrhoe (insbesondere Cannabis sativa). Es hat Angst vor Kontrollverlust; typisch sykotisch ist auch das Vermeidensverhalten. Der Patient sitzt in Sicherheit in seinem Zimmer und weigert sich, hinauszugehen in eine Welt voller Dinge, gegenüber denen er voller Furcht ist. In seinem Zimmer eingeschlossen lebt er in Sicherheit. So hilft auch das Miasma, die beiden Heilmittel voneinander zu unterscheiden.

Im Kern von Cannabis finden wir das Thema von Schrumpfen und Ausdehnen nicht.

Cannabis indica kennt eine Reihe von Wahnideen, die sich auf Größe beziehen, z.B. “Wahnidee, kleiner zu sein” und “Wahnidee, dass Körperteile vergrößert seien”, was Anhalonium ähnlich ist. Aber Cannabis indica kann sagen, dass es kleiner wird. Und bei Cannabis gibt es zwei Seiten, das Innen und das Außen. Bei Anhalonium schrumpft das Ego oder es dehnt sich aus; da gibt es keine zwei Seiten.

Bei Anhalonium wird alles eng und geschrumpft, und ich muss mich deshalb ausdehnen, sonst verschwinde ich. Das ist das Gefühl des spirituellen Suchers: Als individuelles Ego werde ich immer kleiner, bis kein Ich mehr übrig ist; daraus erwächst spirituelle Ausweitung, und ich werde Alles und zu Allem.

Als eine kleine Übung schreiben Sie einmal Ihren Namen auf ein Blatt Papier und löschen Sie ihn dann wieder aus. Er ist nicht mehr da, und was passiert dabei mit Ihnen? Es löst Angst aus, und die gegenpolige Erfahrung ist es, wenn Sie Allem zugehören.

CEREUS SERPENTINUS

Cactaceae + lepröses Miasma

Cereus serpentinus hat folgende Symptome:

> Fluchen, verwünschen, möchte fluchen und verwünschen; Gotteslästerung, Gottlosigkeit. (Complete)

Das Lexikon American Heritage Dictionary definiert Blasphemie oder Gotteslästerung als den Akt, Attribute und Rechte Gottes für sich zu beanspruchen. Eine zweite Bedeutung ist eine Äußerung in Bezug auf etwas, das als heilig angesehen wird und nicht entweiht werden darf.

Weitere Rubriken (Complete):

> Kränkend, beleidigend.
>
> Moralische Gefühle, Mangel an ihnen.
>
> Zorn, Wut, unbeherrschbar, kann kaum zurückgehalten werden. (3)

Bei so viel Wut, Zorn, Gotteslästerung und kränkendem Verhalten könnte das Miasma leprös sein. Wenn man das zentrale Gefühl der Cactaceae mit dem leprösen Miasma kombiniert, könnte das Gefühl folgendermaßen sein:

> *Geschrumpft, isoliert, mit großer Verachtung und Grausamkeit behandelt. Grausam zermalmt.*

ZUSAMMENFASSUNG CACTACEAE – EMPFINDUNGEN UND REAKTIONEN

Empfinden

Zusammengeschnürt.

Kleiner gemacht.

Geschrumpft.

Zusammengezogen.

Festgebunden in einer Falle, niedergedrückt und niedergetrampelt.

Bedrückt, von einer Last erdrückt, umklammert.

Passive Reaktion
Geschrumpft.

Aktive Reaktion
Ausdehnung, größer werden, grenzenlos werden, frei werden.

Kompensierung
Unbekannt.

MIASMEN

Akut	Cactina
Typhös	Carnegiea gigantea
Ringwurm	Opuntia
Malaria	Cactus
Tuberkulös	Cereus bonplandii
Krebs	Anhalonium
Leprös	Cereus serpentinus

VERGLEICHSMITTEL

Hamamelidae

COMPOSITAE

(Korbblütler, eigentlich Asteraceae – Familie der Sonnenblumengewächse)

HEILMITTEL

Abrotanum (Artemisia abrotanum)	Eberraute, Eberrautenbeifuß
Absinthium (Artemisia absinthium)	Echter Wermut, Absinth
Ambrosia (A. artemisifolia)	Ambrosie, Beifuß-Traubenkraut
Anthemis nobilis	Hundskamille, Römische Kamille
Arnica montana	Arnika, Berg-Wohlverleih oder -Wolferlei
Artemisia vulgaris	(Gemeiner) Beifuß
Bellis perennis	Gänseblümchen, Maßliebchen
Brachyglottis repanda	Neuseel
Calendula (C. officinalis)	Ringelblume
Carduus benedictus (Cnicus benedictus)	Kardobenediktenkraut
Chamomilla (C. recutita, Matricaria chamomilla)	Echte Kamille
Cina (Artemisia cina)	Wurmsamen, Zitwersamen
Echinacea angustifolia	Schmalblättriger Sonnenhut, Kegelblume
Erigeron (E. canadensis)	(Kanadisches) Berufskraut
Eupatorium perfoliatum	Durchwachsener Wasserhanf, Knochenheil
Eupatorium purpureum	Roter Wasserhanf
Gnaphalium (G. polycephalum, G. obtusifolium)	(Vielköpfiges) Ruhrkraut, Wollkraut

Grindelia (G. robusta und squarrosa)	Grindelie
Inula helenium	Alant
Lactuca virosa	Giftlattich
Lappa arctium (Arctium lappa)	Große Klette
Millefolium (Achillea millefolium)	Schafgarbe, Tausendblatt
Senecio aureus	Goldenes Kreuzkraut
Tanacetum (T. vulgare) (Chrysanthemum vulgare)	Rainfarn
Taraxacum (T. officinale)	Löwenzahn

GEBRÄUCHLICHE HEILMITTEL

Abrotanum

Arnica

Bellis perennis

Calendula

Chamomilla

Cina

Echinacea

Millefolium

HERKUNFT

Aus der Suche im MacRepertory-Programm nach Rubriken, die den Exemplaren der Compositae gemein sind, ergab sich die folgende Liste. Im Folgenden sind Rubriken, die mindest drei Mittel der Pflanzenfamilie beinhalten, aufgeführt:

> Weibliche Sexualorgane: Verletzungen der Beckenorgane. (1. Symptom) (Abrot., Arn., Bell-p., Calen., Tarax.)

Dies ist das erste Symptom, in dem alle fünf genannten Heilmittel Exemplare der Compositae-Familie sind.

> Männliche Sexualorgane: Verletzungen des Penis. (3. Symptom) (Arn., Calen., Mill.)

Blase: Steine, nach Operation wegen Blasensteinleiden. (13. Symptom) (Arn., Calen., Mill.)

Männliche Sexualorgane: Entzündung, der Testes, Orchitis; durch Prellung. (21. Symptom) (Arn., Calen., Mill.)

Wenn man sich in der Suche im Repertorium auf die wohlbekannten Exemplare der Compositae-Familie beschränkt, also auf Arnica, Bellis perennis, Calendula, Echinacea, Cina und Abrotanum, und wenn man nach Rubriken sucht, die wenigstens drei dieser Mittel umfassen, dann kommen die folgenden Symptome zum Vorschein:

Allgemeines: Entzündung, chirurgische. (4. Symptom) (Arn., Bell-p., Calen., Echin.)

Geist und Gemüt: empfindlich, überempfindlich, auf Berührung. (5. Symptom) (Abrot., Arn., Cina)

Allgemeines: Verletzungen, Schläge, Stürze und Prellungen; Operation, Beschwerden nach einer. (14. Symptom) (Arn., Bell-p., Calen., Echin., Mill.)

Das Thema von Verletzung kommt keineswegs überraschend. Wir kennen ja Arnica, Bellis perennis, Calendula, Echinacea und Millefolium in der Behandlung von Verletzungen, aber unvertraut in diesem Zusammenhang sind uns Abrotanum, Chamomilla, Cina, Eupatorium und Senecio.

Beim Studium der Symptome von **Chamomilla** wurde ich neugierig, als ich feststellte, dass Verletzungen auch hier ein wichtiges Thema sind.

Verletzungen: Schock. (Knerr)

Verletzungen: Schock; Ohnmacht, Unwohlsein um das Herz herum, Zucken, Bedrückung des Brustkorbs. (1) (Knerr)

Verletzungen: Wunden, heilen nicht leicht, werden schmerzhaft. (Knerr)

Schwangerschaft: Neugeborene, Verletzungen, Abschürfungen. (Knerr)

Herz: Verwundung, Empfindung von. (Allen, Repertorium)

Brustkorb innerlich: Bedrückung; Verletzung, Schock durch. (Knerr)

Es macht uns neugierig herauszufinden, ob das Thema in den anderen untersuchten Mitteln der Pflanzenfamilie auftaucht.

Cina

Verletzungen: Erschütterung. (Knerr)

Kontakt: Verletzungen usw. (Hering)

Allgemeines: Verletzungen, Schläge, Stürze und Prellungen. (Complete)

Allgemeines: Verletzungen, Schläge, Stürze und Prellungen, Verrenkung, Ausrenkung. (Complete)

Grindelia

Verletzungen: Flohbisse. (Knerr)

Verletzungen: Bisse, Hydrophobie. (Knerr)

Verletzungen: Verbrennungen, Verbrühungen. (Boericke)

Millefolium

Verletzungen: im Allgemeinen von Blutgefäßen, durch Zerreißen derselben. (1) (Knerr)

Verletzungen: im Allgemeinen, bei Blutungen in der Lunge. (Knerr)

Verletzungen: Stürze, Blutungen, innere Verletzungen. (Knerr)

Verletzungen: vom Heben. (Knerr)

Verletzungen: Verstauchungen. (Knerr)

Verletzungen: durch Überanstrengung. (Knerr)

"Bei Haemorrhagien nach einem Sturz oder nach anderen Verletzungen, wenn Arnica versagt hat, in einem solchen Fall denke ich an Millefolium." (Nash)

Senecio

Verletzungen: Venendurchtrennungen, Haemoptysis. (1) (Knerr)

Abrotanum

Allgemeines: Verletzungen: Schläge, Stürze und Prellungen; Operation, Beschwerden ausgelöst von einer, am Brustkorb. (Complete)

Artemisia vulgaris

Verletzungen: Gehirnerschütterung, Epilepsie, ausgelöst durch einen Schlag auf den Kopf, drei Jahre später einsetzend. (1) (Knerr)

Lappa arctium

Liegen: Empfindung unbequem zu liegen, wegen Schmerzen im ganzen Körper. (1) (Complete)

Schmerz: wund, geprellt. (Complete)

Schmerz: wund, geprellt; Uterus empfindlich für Erschütterung. (Complete)

Wund und geprellt, Gelenke. (Complete)

Das Thema Verletzung scheint bei allen diesen Exemplaren der Compositae-Familie vorzuliegen.

Und was ist die psychologische Entsprechung für Verletzung in dieser Heilmittelfamilie?

Chamomilla

Aufheulen wegen einer kleinen, sogar wegen einer nur eingebildeten Beleidigung, die eigentlich schon vor langer Zeit geschehen ist. (Hahnemann)

Verdacht, dass er beleidigt worden sei. (Hahnemann)

Kränkend, beleidigend. (Complete)

Beschwerden ausgelöst von Beleidigungen, Kränkungen. (Complete)

Zorn: Jähzorn, im Allgemeinen bei Kindern; Kind wird steif, krümmt sich nach hinten, tritt um sich, wenn getragen, wirft alles von sich. (Complete)

Beschwerden ausgelöst von Spott, Verspottetwerden. (Complete)

Beschwerden ausgelöst von Demütigung, Erniedrigung, Kummer. (Complete)

Chamomilla erlebt Verletzung durch Beleidigung, Erniedrigung, Spott und Kummer. Als Erwiderung darauf wird der Chamomilla-Patient beleidigend, tut anderen weh, wird grob und teilt Kränkungen aus. Chamomilla verletzt andere in Form von Beleidigungen und Kränkungen, weil er in der Wahrnehmung lebt, er würde durch Kränkung verletzt.

Arnica

Bei Arnica besteht große Angst davor, verletzt zu werden, psychologisch wie körperlich. (Advocate)

Fürchtet sich vor Berührung, wenn jemand sich nähert, sonst könnte ihm Leid zugefügt werden. (Gunavante)

Angst, im Allgemeinen vor Annäherung anderer. (Complete)

Die Erwiderung des Arnica-Patienten auf Verletzung und Prellung ist anders. Er möchte nicht berührt werden, möchte nicht, dass ihm jemand nahekommt. Seine Reaktion besteht in Rückzug, um sich zu schützen, aus Furcht vor Verletzung und Schmerz.

Das Symptom Verschlimmerung durch Berührung ist vielen Exemplaren der Compositae-Familie gemein.

Arnica

Verschlimmerung durch Berührung. (Knerr)

Fürchtet sich vor Berührung, wenn sich jemand nähert (bei Gicht). (Vermeulen)

Angst, im Allgemeinen vor Annäherung anderer, dass er nicht berührt werde. (Complete)

Bellis perennis

Ausschläge; schmerzhafte, bei Berührung. (Complete)

Ausschläge, Pickel, platzen auf bei Berührung. (1) (Complete)

Calendula

Berührung, Druck, wenn Verband angelegt wird, nachher heftigste Schmerzen. (Knerr)

Körperteil empfindlich für Berührung. (Choudhuri)

Schlimmer durch Berührung, durch Druck. (Hershoff)

Carduus benedictus

Prellungserscheinungen, in Flecken, bei Berühren der Gliedmaßen. (1) (Roberts)

Schlimmer bei Berührung. (Vermeulen)

Chamomilla

Otitis media – Kind wacht schreiend auf, lässt sich nicht trösten, ist zornig und muss herumgetragen werden; (ist häufiger Anlass für nächtliche Rufe nach dem Arzt); erträgt es nicht, berührt oder untersucht zu werden, ist hysterisch, wenn der Arzt versucht, ins Ohr zu schauen. (Morrison)

Weibliche Brust: empfindlich für Berührung. (Knerr)

Berührung, Kontakt, fürchtet. (Knerr)

Berührung verschlimmert. (Complete)

Berührtwerden, Abneigung gegen. (Boenninghausen, Repertorium)

Cina

Möchte nicht berührt werden; hält es nicht aus, dass jemand ihm nahekommt; ist Streicheleien abgeneigt; möchte viele Dinge, aber weist alles Angebotene zurück. (Allen, Repertorium)

Berührung verschlimmert. (Allen, Repertorium)

Angeschautwerden, erträgt es nicht angeschaut zu werden. (Complete)

Berührung verschlimmert, Kind möchte nicht berührt werden. (1) (Knerr)

Starke Abneigung gegen Berührtwerden, Streicheln, Angeschautwerden. (Vermeulen)

Taraxacum

Berührung verschlimmert. (Knerr)

Verschlimmerung durch Berührung (Boenninghausen, Repertorium)

Oberschenkel, oberer Bereich, vorne, Stich, Kneifen, Berührung verschlimmert. (1) (Complete)

Lappa arctium

Gesicht: Schmerz, im Allgemeinen verschlimmert durch Berührung. (Complete)

Gesicht: hartnäckige Akne, schlimmer durch Berührung. (Phatak)

Das Thema Schock kommt bei vielen Exemplaren dieser Heilmittelfamilie vor.

Arnica

Beschwerden ausgelöst durch Schock, sowohl durch körperliche Verletzung als auch durch psychologisches Trauma. (American Homeopath)

Arnica wird benutzt nach starkem psychologischen Stress oder Schock. (Murphy)

Verletzungen, Schock. (Knerr)

Abort, drohender, durch Stürze, durch Schock. (Knerr)

Verschlimmerung durch Verletzung und Schock. (Boenninghausen, Repertorium)

Schock, im Allgemeinen bei Gemütsschock. (1) (Complete)

Chamomilla

Verletzungen, Schock. (Knerr)

Verletzungen, Schock, Ohnmacht, Unwohlsein in der Herzgegend. (Knerr)

Verschlimmerung durch Schock, nervlichen. (Boenninghausen, Repertorium)

Brustkorb innerlich: Bedrückung, Verletzungsschock. (Knerr)

Cina

Schmerzen bei Schockzuständen. (Boericke)

Bauch: Ober-, Schock, mit der Hand zu fühlen. (1) (Allen, Repertorium)

Schock. (Allen, Repertorium)

Schmerz kommt als Schock. (Murphy)

Stöße, Schock, Schmerzen dabei. (Boenningshausen, Repertorium)

Lactuca

Schock. (Allen, Repertorium)

Brustkorb innerlich: Schock, leichter. (Knerr)

Das Gefühl von Verbrennung oder Verbrühung ist eine weitere Empfindung, die der Familie gemein ist.

Arnica

Manchmal fließen heiße Tränen, die wie Feuer brennen. (Hahnemann)

Lippen: brennen, sind geschwollen und aufgeplatzt. (Murphy)

Folgen von Nervenschock nach schweren, tiefen Verbrennungen. (Lilienthal)

Verletzungen, Verbrennungen, Verbrühungen. (Boericke)

Absinthium

Rachen: innerlich, Empfinden wie verbrüht. (Allen, Repertorium)

Schmerz: Brenn-, Verbrühungsgefühl. (Knerr)

Schmerz: Verbrennungs-. (Complete)

Verbrühungsgefühl, im Rachen. (Hering)

Calendula

Verletzungen: Verbrennungen. (Knerr)

Verletzungen: Verbrennungen, der Speiseröhre, mit Gewebsverlust. (Knerr)

Oberflächliche Verbrennungen und Verbrühungen. (Vermeulen)

Delirium: wild, Verbrennungen bei wildem Delirium. (Knerr)

Verletzungen: Verbrühungen, mit Gewebsverlust. (1) (Knerr)

Chamomilla

Brennen an den Fußsohlen in der Nacht, streckt die Füße aus dem Bett. (Allen, Keynotes)

Verbrennungen, Überempfindlichkeit mit Neigung zu Krampfanfällen. (Lilienthal)

Der gesamte Körper fühlt sich kalt an, aber das Gesicht brennt intensiv – der Atem fühlt sich heiß an. (Choudhuri)

ZUSAMMENFASSUNG COMPOSITAE – EMPFINDUNGEN UND REAKTIONEN

Empfinden

Verletzt.

Wehgetan oder beleidigt.

Im Schock.

Verbrannt oder verbrüht.

Angst davor, berührt zu werden, weh getan zu bekommen, dass jemand nahekommt.

Passive Reaktion

Die Unfähigkeit, auf die usprüngliche Verletzung zu reagieren, ist die passive Reaktion. Diese Unfähigkeit zu reagieren hält manchmal lange an und wird dann zu einem Symptom, wie wir es im Arnica-Zustand sehen: Schmerzlosigkeit bei Beschwerden, die normalerweise schmerzhaft sind.

Abgestumpft.

Anästhesiert.

Stupor.

Katalepsie.

Aktive Reaktion

Reizbar und heikel.

Tut anderen weh.

Grausam.

Gewalttätig.

Schlägt.

Kompensierung

Harter Bursche.

Steckt alle Prügel ein.

Schützt andere davor, dass ihnen weh getan wird.

ARNICA

Compositae + akutes Miasma

Schmerzen: im Allgemeinen plötzlich. (Complete)

Entzündung: akute, nach Verletzungen. (Complete)

Bei allen akuten Krankheiten, die durch mechanische Verletzung ausgelöst wurden. (Lippe)

Tod, Furcht vor dem, Furcht vor plötzlichem Tod. (Complete)

Ohnmacht, ausgelöst durch Schmerzen. (Complete)

Schock, ausgelöst durch Verletzungen. (Complete)

Schock, psychologischer. (Complete)

Abszess, akuter. (Boericke)

Herz: Zusammenschnüren, wie zusammengepresst, plötzlicher Schmerz. (1) (Knerr)

Diese Symptome weisen auf die Eigenschaft von Plötzlichkeit beim akuten Miasma. Einer der Kreuzungspunkte der Compositae-Familie und des akuten Miasmas ist das Heilmittel Arnica. Das Gefühl von Arnica ist:

Schock, ausgelöst durch plötzliche Verletzung.

ARNICA-FALL 1

Kursivschrift hebt aussagekräftige Wendungen hervor.

Es dreht sich um eine Frau, 33 Jahre alt, deren Fall am 10. Juli 2001 aufgenommen wurde. Ihre Hauptbeschwerde war Migräne. Sie klagte auch über wiederholt auftretende Rachenentzündungen, die durch Staub und Luftverschmutzung verschlimmert wurden.

Die Patientin lieferte folgende Anamnese.

"Seit ich acht bin, habe ich an Migränekopfschmerzen gelitten. Die Kopfschmerzen sind schlimmer, wenn ich nicht genug Schlaf bekomme oder bei allzuviel Anspannungen oder wenn ich in der Sonne bin. Der obere Bereich meines linken Auges wird dabei blutrot.

Es ist ein klopfender Schmerz, und ich *würde am liebsten meinen Kopf gegen eine Wand schlagen oder ihn mit einem Hammer bearbeiten*. Der Schmerz ist ganz arg. Es beginnt immer, wenn ich in die Sonne gehe."

A: Erzählen Sie mir etwas mehr über den Schmerz.

P: "*Ich würde mich am liebsten an den Haaren ziehen.* Es ist alles linksseitig, nur selten rechts."

A: Was erleben Sie sonst noch mit dem Schmerz?

P: "Der Arzt meinte, es sei Migräne. Ich wußte nicht, dass es Migräne war. Ich nehme allopathische Medikamente. Wenn ich mich nicht ausruhe oder richtig schlafe, dann helfen die Tabletten nicht. Es dauert drei bis vier Tage, bis alles aus dem System ist."

A: Was passiert in diesen drei bis vier Tagen? Können Sie ihren normalen Aktivitäten nachgehen?

P: "Ja, ich muss ja."

A: Sie legen sich dann nicht hin oder binden sich das Haar zusammen?

P: "Meine Hausangestellte gibt mir manchmal eine Massage."

A: Was erleben Sie sonst noch mit dem Schmerz?

P: "Das ist das einzige Symptom. Mir ist sehr übel mit den Kopfschmerzen. Ich fühle mich nach Übergeben, aber es kommt nichts."

A: Und wie steht es um Ihren Durst?

P: "Ich werde dann auch sehr leicht reizbar. Mein Temperament geht mit mir durch und ich schreie eine Menge herum. Ich verliere die Geduld wegen allerkleinster Nichtigkeiten."

A: Was macht Sie dann reizbar?

P: "Ich möchte alleine sein, Türen und Fenster schließen, solange die Kopfschmerzen anhalten, das Zimmer verschließen. *Wenn jemand etwas sagt, dann fühlt sich das an, als klopfe mir jemand auf den Kopf.* Ich mag dann keine Musik hören, kein Fernseh schauen. Ich fühle mich ganz arg gereizt.

Ich möchte allein sein, denn die Schmerzen sind so furchtbar."

A: Was setzt Ihnen am meisten zu? Ein bestimmter Ton, ein bestimmtes Geräusch? Was sonst ist dann nicht mehr zum Aushalten?

P: *"Ich fühle mich dann danach, meinem Sohn eine runterzuhauen."*

A: Was reizt Sie dann? Und was tun Sie?

P: "Manchmal schreie ich das Kind an und manchmal schlage ich es."

A: Was für eine Auswirkung hat die Migräne also auf Sie?

P: "Es ist sehr schmerzhaft. Zwischendrin war ich einmal drei Jahre lang schmerzfrei. Es begann in meiner Schwangerschaft. Jetzt passiert es wirklich zu häufig."

A: Wie oft?

P: "Jede Woche. Und hält für zwei bis drei Tage an. Es fängt an mit dem Schmerz im Auge, und ich kann schon sehen, dass es rot wird. Wenn ich hier drücke, dann tut es sehr weh. Mein Auge wird blutrot. Nach ein oder zwei Tagen beginnen die Schmerzen. Ich habe das Gefühl, dass etwas Festes sich hin- und herbewegt."

A: Also was ist die Auswirkung der Migräne? Möchten Sie sie lossein oder nicht?

P: "Natürlich will ich sie lossein! Die Kopfschmerzen sind furchtbar, und ich verliere die Nerven und werde gereizt. Selbst wenn ich eine Sonnenbrille aufsetze und damit in die Sonne gehe, hilft es nicht. Es kommt trotzdem. Selbst wenn es sehr wolkig ist, kann ich Kopfschmerzen bekommen."

A: Ist es vielleicht Spannung, die es auslöst?

P: "Ja. Ich denke eine Menge nach. Wir werden bald nach Bangalore umziehen. Daran denke ich, und mein Mann sagt, ich solle besser nicht daran denken ... wir müssten uns anpassen und zu einem neuen Ort überwechseln."

A: Was denken Sie denn dazu?

P: "Dass es einen Monat dauern wird, bis wir wirklich zur Ruhe kommen, die richtigen Hausangestellten finden. Es ist nicht mein erster Ortswechsel, aber ich muss an eine Menge denken."

A: Noch ein Beispiel?

P: "Ich liebe meine Eltern, und meine Mutter ist krank. Also denke ich eine Menge nach. Falls ein Notfall eintritt, kann ich sie nicht zu mir herholen. Ich muss dorthin gehen, wo sie wohnen. Wenn sie nahebei wohnten, grübelte ich nicht so viel darüber."

A: Und was denken Sie jetzt?

P: "Mein Vater nimmt Medikamente wegen erhöhten Blutdrucks, aber er geht nicht runter."

A: Was denken oder fühlen Sie dann? Woran es liegt, dass es nicht besser wird?

P: "Ich glaube, wenn ich nahe bei ihnen wäre, näher wenigstens, dann könnte ich mich um sie kümmern. Im Falle eines Notfalls ... Ich bin weit weg, und meine Mutter kommt für drei bis vier Monate zu uns und dann geht sie wieder zurück."

A: Reden Sie über dieses Gefühl des Notfalls.

P: "Ein Notfall kann jederzeit passieren. Ich muss immer denken, dass ich dann vielleicht nicht hinkommen kann, oder dass ich vielleicht zu spät kommen würde. Da sind Leute, aber ich habe dennoch das Gefühl, dass ich mein Bestes geben würde, wenn ich nur da sein könnte."

A: Dieses Gefühl einer Notfallsituation, haben Sie das auch mit anderen Menschen?

P: "Im Allgemeinen mit meinen Eltern."

A: Wenn Sie sagen, Sie könnten Ihr Bestes geben, was meinen Sie damit?

P: "Ich meine das mir Bestmögliche."

A: Und was bedeuten Ihnen Ihre Eltern?

P: "Für verschiedene Menschen geht es um verschiedene Dinge. Ich habe meinen Mann, einen Sohn und die Eltern. Ich denke, alles hängt an mir. Es ist eine große Verantwortung."

A: Reden Sie bitte von dieser Verantwortung, von diesem Verantwortungsgefühl.

P: "Wenn ich nahe bei ihnen sein könnte, wäre ich damit schon zufrieden. Ich könnte dann täglich mit ihnen zusammensein. Sie zu ordentlichen Untersuchungen bringen und das alles."

A: Und wenn Sie das täten, was empfänden Sie dabei?

P: "Ich könnte alles unter Kontrolle behalten."

A: Was unter Kontrolle?

P: "Ihren Blutzucker, das Herzproblem meines Vaters."

A: Was passiert, wenn die Dinge sich Ihrer Kontrolle entziehen? Was kann dann passieren?

P: "Als der Blutzucker einmal auf 450 hochging, da hatte sie Augenprobleme; sie ging auf der Straße, dann wurde ihr schwarz vor Augen und sie fiel hin. Sie wußte damals noch nicht, dass sie ein Problem mit dem Blutzucker hatte. Nach den Untersuchungen erfuhr sie dann, dass er 450 war. Und jetzt ist etwas anderes passiert: Sie wird ohnmächtig, sie fällt hin. Es könnte vom Blutzucker kommen. Man hat ihr gesagt, sie solle etwas Zucker bei sich haben und in solchen Situationen etwas davon essen. Der Blutzucker meiner Mutter kann zu jedem Zeitpunkt hochschießen; dann kann es ein Notfall werden. *Man muss sich nur vorstellen, sie fiele hin und wäre dabei allein und würde dann von einem Auto überfahren.*"

A: Was würde dann geschehen?

P: "Ich möchte gar nicht daran denken."

A: Was ist das für ein Gefühl, wenn Sie sich das vorstellen?

P: "Soweit gehe ich nicht. Wenn etwas kommt, dann wechsele ich komplett meine Konzentration. Ich habe sehr große Angst. Ich habe große Angst vor dem Tod. Ich kann keine Leichen sehen. Als mein Großvater starb, konnte ich mir den Toten nicht anschauen. Sie mussten mich in das Nachbarhaus bringen. Ich schrie die ganze Zeit. Ich konnte nicht daheim sein."

A: Was war das für ein Gefühl?

P: "Sie werden lachen, wenn ich Ihnen von meiner Angst erzähle. *Ich habe Angst, die tote Person käme ins Leben zurück, und was sie dann alles täte!*"

A: Was könnte sie tun?

P: "Wenn sie ins Leben zurückkäme, dann könnte es sein, dass es nicht mehr dieselbe Person ist. Mir kommen furchterregende Figuren in den Sinn."

A: Beschreiben Sie diese furchterregende Figuren einmal.

P: "Da gibt es nichts zu lachen. Ich habe ganz arge Angst vor Leichen, schon wenn ich welche auf der Straße sehe. Ich schließe dann Augen und Ohren. (Wenn so etwas passierte,) dann räumten Leute auf der Straße den Toten von der Straße weg, aber ich hatte große Angst und kam dann immer ins Zimmer meiner Eltern."

A: Um was geht es bei dieser Angst? Was stellen Sie sich dabei vor?

P: "Hat das etwas mit meiner Migräne zu tun? Sicher! Wenn eine Person stirbt, dann habe ich das Gefühl, dass sie mich mit geschlossenen Augen sehen kann. Die Seele ist nicht mehr da in diesem Körper, aber es fühlt sich an, als könne irgendetwas Widernatürliches aufstehen; irgendeine Figur könne aufstehen und mich sehen."

A: Beschreiben Sie das Ding.

P: "Wild."

A: Beschreiben Sie irgendeine wilde Figur, was auch immer Ihnen einfällt.

P: "Drachenähnliche Kreaturen, große Zähne, sehr lange Haare, drachenähnliche Kreaturen, wie man sie in Fernsehserien sieht, mit langen Bärten und all dem. Ich habe große Angst, sie zu sehen. Die Augen sind rot. Ich habe nur den Werbespot für die Serie gesehen, nicht einmal wirklich die Serie. Wenn mein Mann außerhalb ist, kann ich nachts nicht schlafen; ich habe dann große Angst. Ich kann in diesen Nächten nicht schlafen. Mein Sohn ist bei mir, und ich verschließe alle Türen im Haus. Ich muss immer daran denken, dass jemand an die Tür klopft oder ans Fenster, oder dass das Telefon gleich klingelt und alles ist verschlossen. Es passiert nicht, aber ich denke, dass es passieren könnte. Das Kopfweh beginnt dann, wenn mein Mann weggegangen ist, und es verschwindet, wenn er wiederkommt. Ich kann nicht schlafen, bevor er nicht wieder daheim ist."

A: Um was geht es bei Ihrer Angst?

P: "Es könnte jemand kommen. Wenn sie die Tür einbrächen und hereinkämen, was würden sie dann tun? Ich könnte das nicht aushalten."

A: Inwiefern?

P: "Ich lese in der Zeitung, dass Leute kommen können und unsere Sachen wegnehmen."

A: Um was geht es bei Ihrer Angst?

P: "Sie könnten uns schlagen oder uns töten."

A: Um was geht es bei dieser Angst?

P: "Ich habe Angst davor getötet zu werden. Ich habe Angst davor, ihnen gegenüberstehen zu müssen. Haben Sie denn keine Angst davor, getötet zu werden?"

A: Wie fühlt sich diese Angst also an? Vor was haben Sie Angst? Was lesen Sie in der Zeitung?

P: "Man nehme einmal an, ein älteres Ehepaar wäre zuhause. Jemand käme und tötete sie und nähme ihnen all ihr Geld weg."

A: Gibt es etwas, was Sie gelesen haben, das Ihnen so zugesetzt hat?

P: "Der Milchmann kam; sie machten die Tür auf für den Milchmann, und da erstach er sie."

A: Was würden Sie tun, wenn so ein Kerl hereinkäme?

P: "Nichts."

A: Warum nichts?

P: "Was kann ich schon tun? Die sind stärker als ich. Wenn ich schlafe, dann kommen sie und schlagen auf uns. Ich kann mich dann nicht verteidigen."

A: Schlagen, was für ein Bild kommt Ihnen dabei in den Sinn?

P: "Sie können mir etwas auf den Kopf prügeln."

A: Und was passiert?

P: "Ich weiß nicht."

A: Erzählen Sie mir von Ihren Interessen und Hobbies.

P: "Musik hören, Malen, Sticken."

A: Was für Musik mögen Sie?

P: "Sanfte Musik. Ich mag sentimentale Lieder."

A: Welche mögen Sie nicht?

P: "Ich mag keinen Hard Rock."

A: Was empfinden Sie bei Hard Rock?

P: "Ich mag ihn nicht. Ich habe das Gefühl, jemand prügelt mir auf den Kopf."

A: Was für Träume haben Sie?

P: "Es ist sehr selten, dass ich träume. Stellen Sie sich einmal vor, ich schlafe, habe einen guten Schlaf. Dann wach ich mit einem Ruck auf und habe das Gefühl, ich falle gerade aus einer großen Höhe. Ich habe Angst. Ich fürchte mich. Habe Angst davor, aus einer Höhe herunterzufallen."

A: Was ist das für eine Angst, wenn man von einer Höhe herunterfällt?

P: "Dass einem Beine und Arme dabei gebrochen werden."

A: Sonst noch irgendwelche angstbesetzten Träume?

P: "Nein, ich habe keine angstbesetzten Träume."

A: Hatten Sie in Ihrer Kindheit einmal eine schwere Verletzung?

P: "Ja, eine Schnittwunde hier (sie zeigt auf eine Stelle an der Stirn). Ich war achtzehn und unterwegs in einem Bus. Es fiel ein Koffer auf mich. Sie mussten mich nähen. Das war schmerzhaft. Der Koffer war schwer. Die Ecke des Koffers war reingegangen."

A: Ließen Sie es sich gefallen, wenn Leute Ihren Kopf berührten, wenn Sie Kopfschmerzen hatten?

P: "Nein, vor Stichen und Schmerzen habe ich nicht so viel Angst."

A: Gab es irgendwelche Krankheiten in Ihrer Kindheit, vielleicht Typhus?

P: "Kurz nach meiner Geburt Durchfall, ich musste im Krankenhaus bleiben. Es dauerte zehn oder fünfzehn Tage lang."

A: Wie reagieren Sie auf Pflanzen, Grünes, Blumen und all solche Dinge?

P: "Ich mag Blumen. Ich habe immer welche in Vasen, oder ich ziehe sie selbst hoch. Ich mag Blumen kultivieren. Ich mag farbenprächtige Blumen, solche, die das ganze Jahr über blühen."

A: Welches ist Ihre Lieblingssorte von allen Blumen? Gibt es eine, die Sie besonders mögen?

P: "Ich mag Rosen; ich mag Sonnenblumen, Hibiscus, Bougainvillea."

A: Wie halten Sie es mit der Ordnung von Dingen?

P: "Das geht in Ordnung bei mir, ich bin deshalb nicht besonders besorgt."

A: Und wie empfinden Sie gegenüber Tieren?

P: "Ich mag sie nicht. Ich mag Tiere überhaupt nicht. Ich mag keine Echsen, keine Kakerlacken. Wenn ich einen Gecko im Haus habe, dann bewege ich mich nicht mehr vom Platz."

A: Was ist daran so schlimm?

P: "Ich weiß nicht."

A: Was könnten Sie im schlimmsten Fall tun?

P: "Ich weiß es nicht."

A: Was für ein Gefühl entseht dabei in Ihnen? Was kann das Gefühl auslösen?

P: " Er (der Gecko) könnte hinter den Schrank gehen, und wenn ich ausgehe, dann könnte er auf mich herabfallen."

A: Gibt es noch etwas in Ihrem Leben, das eine so starke Reaktion hervorruft? Irgendetwas, das Ihnen Sorgen bereitet? Eine Angst, dass Ihrem Sohn etwas zustößen könnte, irgendetwas, mit dem Sie sehr vorsichtig umgehen?

P: "Ich möchte, dass mein Sohn sehr intelligent und klug ist. Er sollte so sein wie wir, ich meine, eine gute Erziehung genossen haben so wie ich und mein Mann es hatten. Die Sorte Jungen, die wir heute sehen, vor denen graut es mir. Ich möchte nicht, dass er so einer wird."

A: Nennen Sie mir bitte ein gutes Beispiel von der Sorte, von der Sie nicht wollen, dass Ihr Sohn sich in diese Richtung entwickelt. Was sollte er nicht werden?

P: "Er sollte ein gutes Benehmen haben."

A: Was sollte er nicht sein?

P: "Er sollte nicht ungezogen sein. Er sollte auf uns hören und gehorsam sein. Ich möchte nicht, dass ich von seinen Lehrern irgendwelche Beschwerden bekomme."

A: Was ist ein ungezogener Junge?

P: "Er sollte keinen Unfug anstellen. – Ich habe solche Jungs gesehen."

A: Erzählen Sie mir von solchen Jungs. Was tun sie denn?

P: "Sie hüpfen im Haus herum. Konzentrieren sich nicht auf ihre Studien, hören nicht auf ihre Eltern, sind völlig außer der Kontrolle ihrer Eltern. Ich habe ein paar Freunde, deren Jungs so sind. Sie springen aufs Bett, sind überall im Haus. Das ganze Haus ist in Unordnung, außer Kontrolle.

Niemand sagt etwas zu ihnen, dass sie nicht spielen sollten. Nach dem Lernpensum kann man ja seine eigenen Dinge tun oder sich anständig unterhalten."

A: Und was kann passieren, wenn sie herumhüpfen und spielen?

P: "Ich fühle mich danach, ihnen eine zu hauen, und ich denke, wenn die Eltern da wären, dann sollte ihnen doch jemand sagen, nicht so herumzuhüpfen."

A: Warum sollten sie nicht so herumhüpfen?

P: *"Kinder könnten sich wehtun, sie könnten sich schneiden."*

Zum Verständnis des Falls

Das zentrale Thema, das durch den Fall hindurch erscheint, ist das Thema Verletzung. Die Migräneschmerzen sind klopfend, und die Patientin fühlt sich danach, ihren Kopf gegen die Wand zu schlagen oder ihn mit einem Hammer zu bearbeiten. Sie kann keine lauten Geräusche ertragen, und sogar, wenn jemand redet, fühlt es sich für sie an, als haue man ihr auf den Kopf. Beim Reden über ihre Mutter sagt sie: Man stelle sich nur vor, sie fiele hin und sei allein und ein Auto überfahre sie.

Ein weiterer Aspekt des Falles ist die Angst. Sie redet davon, dass sie große Angst habe. "Ich habe Angst vor dem Tod. Ich kann keine Leichen sehen. Als mein Großvater starb, konnte ich mir den Toten nicht anschauen." "Mir kommen furchterregende Figuren in den Sinn." Diese Art von Angst zeigt das akute Miasma an. Sie beschreibt die Figuren als wild, und dass die wilden Figuren sie schlagen und ihren Kopf gegen etwas knallen könnten. Bei harter Musik empfindet sie auch, dass etwas gegen ihren Kopf knallt. Und schließlich, als sie über die Kinder redet, sagt sie, sie sollten nicht herumhüpfen, denn sie fühlt sich danach, sie zu schlagen, und sie könnten sich weh tun oder schneiden.

Der Fall bewegt sich im *akuten* Miasma.

Empfindungen des Falls

Sie beschreibt die Figuren als wild, und diese wilden Figuren können ihr weh tun, indem sie ihr auf den Kopf schlagen oder ihren Kopf gegen etwas knallen. Die Empfindungen drehen sich also darum zu schlagen, zu hauen, den Kopf gegen etwas zu knallen, von einem Auto überfahren zu werden, von Notfallsituation.

Ausgewählte Rubriken

Kopf: Schmerzen, im Allgemeinen von Schlägen.

Kopf: Pulsieren, Klopfen, Pochen.

Kopf: Schmerz, im Allgemeinen verschlimmert durch Licht.

Empfindlich, überempfindlich, im Allgemeinen für Schmerz.

Übelkeit, Kopfschmerzen, während der.

Empfindlich, überempfindlich, im Allgemeinen für Lärm.

Angst, im Allgemeinen vor dem Tod.

Angst, im Allgemeinen davor, dass etwas geschehen könne.

Träume, von Unfällen.

Träume, von Leichen.

Angst, im Allgemeinen davor, verletzt zu werden, im Dunkeln.

Schreckt hoch, ist hochgeschreckt, im Schlaf.

Interessanterweise sind die meisten Symptome von Arnica passiver Natur, z.B. Mangel an Reizbarkeit, sagt, es sei nichts mit ihm, Stumpfheit nach Kopfverletzungen, Gleichgültigkeit gegenüber allem, Betäubung.

Verabreichtes Mittel: *Arnica M1, eine Dosis.*

Wiedervorstellung

am 25. September 2001

“Die Kopfschmerzen sind viel besser. Ich konnte früher nicht in die Sonne gehen und jetzt kann ich es und sogar jeden Tag. Ich hatte einen Monat lang kein Kopfweh mehr, und selbst wenn ich welches habe, dann ist es viel weniger schlimm und ich brauche keine Schmerztabletten.”

Schlaf ist besser.

Ängstliche Sorge um die Eltern ist gleichgeblieben.

Vor der Periode sehr gereizt. “Wenn mein Sohn ein Problem ist, dann fühle ich mich danach, ihm eine runterzuhauen.”

Eine alte Vaginalinfektion ist wiederaufgetreten.

Sie fühlt sich müde und erschöpft und möchte schlafen.

"Die Angst, die ich immer hatte, wenn mein Mann außerhalb war, ist geringer geworden. Ich habe das Gefühl, das Haus ist sicher. Ich schließe immer noch Türen und Fenster zu."

17. Dezember 2001

Kein Wiederauftreten der Migräne. "Ich kann den Unterschied zwischen jetzt und vorher sehen."

Ihr Haarverlust ist der gleiche.

Die Leukorrhoe ist geringer geworden.

Psychologisch fühlt sie sich besser.

5. April 2002

Keine Migräneepisoden.

Stimmungsmäßig viel besser.

Keine Träume.

Ende des Falls.

ARNICA-FALL 2

Von Dr. Mahesh Gandhi aufgenommen

Der Fall ist gekürzt wiedergegeben. Hervorhebungen in Kursivschrift stammen von mir.

Ein Mann von 32 Jahren, von Beruf Ingenieur, wurde im April 1996 von seinem Vater zu mir gebracht. Er hatte eine Vorgeschichte von abwegigem Verhalten. Man hatte Schizophrenie diagnostiziert, und der Patient war deshalb in Behandlung.

Sein Vater hatte mir am Telefon mitgeteilt, dass der Patient nicht willens sei, sich mit mir zu unterhalten, da er nicht einsah, dass irgendetwas mit ihm nicht in Ordnung wäre.

Als er kam, redete er mit einer gewissen Widerspenstigkeit, sprach sehr leise, sanft und langsam und wirkte zerbrechlich. Jede seiner Äußerungen war sorgfältig gedanklich vorbereitet. Dennoch war sein Denken nicht klar. Er hatte ein gewisses Maß an Überlegenheitsgefühl. Er dachte vor jeder Aussage lange nach. Er wollte nicht, dass sein Interview aufgenommen würde. *Er hielt Abstand, als wolle er psychologisch niemand nahe an sich heranlassen.*

Er sagte: "Es ist schwer, meine Probleme zu definieren. Vor so vielen Menschen bin ich schüchtern. Ich habe Schwierigkeiten, eine Entscheidung zu treffen. Ich fühle mich nicht wohl. Ich kann keine Arbeit tun. Ich habe kaum Schlaf. Ich fühle mich schuldig dafür, dass meine Eltern draußen warten müssen."

Da er soviel Abneigung gegen das Sprechen hatte, fragte ich ihn direkt nach seinen Interessen und Hobbies.

A: Was für Interessen und Hobbies haben Sie denn?

P: "Ich bin gerne in einer guten Umgebung. Ich bin gerne im Ausland. Ich liebe technische Vorrichtungen. In anderen Ländern sind die Menschen reich. In Indien haben wir soviel Armut und Unterentwicklung – keine Entwicklung der Wissenschaften. Es ist wie gutes Essen oder schlechtes Essen. Soviel zu Lärm und Verschmutzung. Auf gewisse Weise essen wir die Atmosphäre. Ich möchte gerne nach Boston auf die Harvard Universität, denn ich war einmal dort und es gefiel mir sehr gut – Mitglied eines Weltklasse-Instituts zu sein, damals in meiner Jugend. Das war die beste Zeit meines Lebens.

Ich mochte auch die Atmosphäre am K.C. College. Das war sehr gut. Das Beste der Jugend. Teure Wagen, Geld, undsoweiter. Schöne ... Je teurer etwas ist, umso schöner ist es."

Der Patient machte eine lange Pause.

A: Wie war Ihre Kindheit?

P: "Meine Kindheit war normal. Die Eltern waren nett. Ich spielte gerne mit elektrischem Spielzeug, keine teuren Dinge, bis zur elften Klasse. Ich wollte ins IIT (ein angesehenes technisches Lehrinstitut). Heutzutage kann ich mich an nichts erinnern. Ich bin wie ein alter Mann.

Ich versuchte fünfmal, ins IIT zu kommen, habe es aber nicht geschafft. Ich erhielt nur die Zulassung in ein regionales Ingenieurs-College – aber das Niveau war nicht gut genug. Aus Angst davor, dass ich durch den Kakao gezogen würde, blieb ich nicht im Hostel. Ich wohnte daheim.

Einmal, als meine Eltern nicht daheim waren, kamen Einbrecher zu uns ins Haus. Sie fesselten unsere Angestellten. Als ich ins Zimmer kam, schlugen sie mir mit einer Eisenstange auf den Kopf, dreimal. Ich schloss die Augen und legte mich hin. Sie gingen weg, vielleicht meinten sie, ich sei tot. Nach dem Studium ging ich ins Ausland. Ich war gut, aber dann wurde ich krank – Prostituierte und so. 1989 kam ich zurück, ich hätte besser nicht geheiratet. Jetzt habe ich Schuldgefühle. Wenn ich ausspucke, dann denke ich daran, dass die Mikroben anderen Menschen schaden könnten. So muss ich denn in meiner nächsten Inkarnation Bettler werden.

Angst vor dem Tod. Wie werde ich wohl sterben? Werde ich eine lange Krankheit haben mit viel Leid? Ich weiß nicht, in welche Richtung ich gehen sollte ... am Ende ist immer der Tod.

Angst vor dem Tod der Eltern, ich möchte meinen Körper und die Körper meiner Eltern präservieren lassen, denn die Wissenschaft macht genug Fortschritt, dass sie uns wiederbeleben kann, eines Tages."

A: Warum?

P: "Dann werde ich die Welt wiedersehen und die neuen Erfindungen. Ich habe Leute betrogen, ich habe Böses getan, deshalb fühle ich mich wie ein Verbrecher. Ich habe betrogen, Mutter, Vater und Frau. Sie glauben, ich sei ein guter Mensch, aber ich bin es nicht. Ich wechsele die Seiten abhängig davon, welche Seite die bessere ist. Ich halte nicht zu einer Seite. Ich möchte für niemanden etwas Gutes tun, Wohltätigkeit undsoweiter. Ich bin ein schlechter Mensch. Sie müssen denken, er hat noch nichts Gutes getan und möchte trotzdem weiterleben. Nach dem Tod muss ich wohl als eine andere Lebensform in einem neuen Schoß wiederentstehen, vielleicht unter Wasser, als kleine Bakterie in einem schmuddeligen Tümpel. Ich kann Ihnen gar nicht sagen, was für schlimme Dinge ich getan habe."

A: Haben Sie Träume?

P: "*Im Garten folgt mir ein Mini-Zug. Ich renne weg. Weiß nicht, ob er mich überfährt.* Ich gehe durch eine Hölle, jeden Tag. Weiß nicht, wieviel von dem, was ich sage, richtig ist. Ich habe Angst vor Polizei und Folter. So wie im Fall R.P. (Es geht um einen Politiker, der seine Frau umgebracht hat, indem er sie in einer Bäckerei verbrannte), obwohl der doch so reich war; ich habe immer in einer angenehmen Umgebung gelebt. Vielleicht geben sie mir die Routinebehandlung, setzen mich auf den Eisblock. Ich habe so viele schlimme Dinge getan, dass ich dafür büßen muss. Sie werden kommen und mich mitnehmen. Einmal habe ich einem Priester gebeichtet. Ich habe mich an anderer Leute Hab und Gut vergriffen. Zum Beispiel meine Eltern Geld für mich ausgeben lassen. Aber ich möchte bei meinen Eltern sein."

Vorgeschichte

Masern.

Windpocken.

Tonsillitis: starke Schmerzen, deshalb operiert. Hatte periodische Fieberschübe. Bei Fieber oder sonst einem Problem fühlte er sich schwindelig.

Bericht seiner Eltern

Bis zum Alter von fünfzehn oder sechzehn war er ein sehr guter Junge. Er besprach alles daheim, Familiäres, Freunde, Studien. Es gab drei gute Schüler. Er konnte nie der Erste werden, denn er konnte (den Studien) nicht genug Zeit widmen. In der zwölften Klasse hatte er nicht mehr so gute Noten, und von da an änderte sich sein Wesen. Vorher war er freundlich und gut, dann wurde er schlimmer. Angst bei Filmen, drehte seinen Kopf zur Seite, wenn Szenen von Kampf und Grausamkeit vorkamen.

Als Kind hatte er einen guten Schlaf, aber gelgentlich wachte er auf und kam dann zum Schlafen zu seinen Eltern. Wir wissen nicht, ob er den Vorfall mit den Einbrechern sehr ernst nahm. Ein EEG wurde damals gemacht, es war normal.

Er ging in die USA, um einen kurzen Kursus in Betriebswirtschaft mitzumachen. Jetzt sagt er, man hätte ihn besser nicht geschickt, es sei ihm übel bekommen. Aber im nächsten Augenblick spricht er davon, wieder in die Staaten gehen zu wollen.

Als er zurückkam, wurde er verheiratet. Die Heirat war arrangiert. Er sagte dem Mädchen vor der Hochzeit, dass er ein traditionalles Mädchen wolle, das sich nicht viel mit anderen Männern unterhalte.

Nach der Hochzeit erlaubte er ihr überhaupt nicht mehr, mit irgendjemand zu reden, er ist allen Männern gegenüber argwöhnisch, vermeidet alle Orte mit vielen Menschen, vor allem, wenn er mit seiner Frau unterwegs ist, hat nie männliche Hausangestellte und kann trotzdem keinen Moment ohne seine Frau sein. *Er wollte nicht einmal, dass jemand die Kleider seiner Frau anfasse, die Kleider, die zur Wäsche mussten, denn es hätte bedeutet, dass man sie berührte.* Er ist sehr faul, vernachlässigt Körperhygiene, wäscht sich für Tage nicht, lässt seine Kleider überall herumliegen und tut überhaupt keine Arbeit.

Seine Frau hatte in wegen seines Verhalten bei mehreren Anlässen verlassen. Jetzt hat sie ihn endgültig verlassen. Einmal dazwischen hatte sie zugestimmt, wieder zurückzukommen, wenn er anfinge zu arbeiten. Gewöhnlich arbeitete er in der Fabrik für eine Weile und dann ließ er es wieder sein, behauptete dann, sein Vater mische sich zu sehr ein.

Bei der geringsten Schwierigkeit bei der Arbeit wird er untolerant und unpraktisch und will Arbeiter rausschmeißen. Er meint, sie redeten hinter seinem Rücken über ihn und machten sich über ihn lustig. Er findet, alle mischten sich in seine Privatsphäre ein, sogar die Fabrikarbeiter. Er sagt, er wolle nur zur Fabrik gehen, wenn er eine persönliche Leibwache mit einem Gewehr abgestellt bekäme, so dass man ihm nichts antun könnte, und möchte in die USA gehen, weil es in Indien keine Privatsphäre gäbe, keine Sicherheit, keinen Schutz. Er sagt, wenn er nicht in die Staaten gehen könne, dann wolle er einfach nur schlafen und aus der Wirklichkeit flüchten.

Er wuchs sehr beschützt auf, denn sein Vater ist reich, er ist sehr empfindlich gegenüber seiner Umgebung. Der geringste Schmutz regt ihn auf, er möchte sich ausschließlich mit reichen Leuten abgeben, möchte nur im Flugzeug reisen, will sich nur in einem Fünf-Sterne-Hotel duschen oder umziehen, er hat von sich das Gefühl, er sei jemand Besonderes. Gelegentlich hat er das Gefühl, dass alles, was um ihn herum passiert, etwas mit ihm zu tun habe, z.B. eine Bombenexlosion in Bombay.

Manchmal spricht er nuschelnd mit sich selbst, es kam auch schon vor, dass er mitten auf der Straße herumschrie oder sich absonderlich verhielt, wie z.B. auf einem Fleck lange stehenzubleiben. Als er einmal mit seiner Frau unterwegs war, fing er an, mit ihr zu streiten; der Fahrer wollte ihn beruhigen. *Er regte sich sehr darüber auf, dass der Fahrer ihm nahekam. Dieser hatte ihn kaum berührt, da wurde er (der Patient) gewalttätig und schlug auf den Fahrer ein. Wie der es wagen könne, ihn zu berühren!*

Sein Denken ist sehr rigide, er hält an Ideen fest. Bei einem Geschäftsunternehmen wollte er nicht der Partner seiner Mutter sein, weil er die Bedeutung des Wortes nur auf die Art verstehen konnte, als sei er der Ehemann seiner Mutter. Er ist ganz besessen von bestimmten Assoziationen mit Namen. N bedeutet sein Bruder Narendra. Also darf N nur in Zusammenhang mit seinem Bruder benutzt werden. Er hat alles in Kategorien gepackt und er hat so viele Kategorien entwickelt, dass er sie alle in seinem Kopf durcheinander kriegt. *Manchmal hat er Gedankenimpulse wie zum Beispiel den Wunsch, jemand zu schlagen oder aus dem Fenster zu springen.*

Sein älterer Bruder leidet an Reflex-Epilepsie, beim Fernsehschauen; seine Mutter ist in Behandlung wegen Depression; sein Vater ist ein erfolgreicher Geschäftsmann.

Sein Vater fragte mich, warum der Patient so zurückgezogen und abwesend sei. Ohne es zu merken, fasste ich spontan meinen Eindruck vom psychologischen Zustand des Patienten zusammen. Ich sagte, dass er schmerzlichst empfindlich sei, wie eine tatsächlich verletzte Person. Dass er reagiere, als ob alles und alle ihn verletzen wollten, und dass er empfindlich war auf alle, die auf ihn zugehen oder ihn berühren wollten, und er deshalb Abstand halte. Während ich das sagte, wurde mir plötzlich klar, dass ich unbewusst einen Zustand beschrieb, der dem von Arnica nahekam. Und dann erinnerte ich mich auch noch daran, dass der Patient die Vorgeschichte einer schweren Gehirnerschütterung vor vielen Jahren hatte.

Ausgewählte Rubriken

Angst: im Allgemeinen bei Annäherung anderer Menschen, davor, dass er berührt werde.

Angst: im Allgemeinen vor Berührung.

Zorn, Jähzorn, im Allgemeinen, wenn er jemand antworten muss.

Tadelsüchtig.

Ängstliche Sorge: wegen seines Gewissens.

Wahnideen: Vorstellungen, dass er jeden Moment verhaftet werde.

Unzufrieden, verstimmt, unbefriedigt, mit allem.

Empfindlich, überempfindlich, im Allgemeinen auf Lärm, schmerzhafte Empfindlichkeit.

Empfindlich, überempfindlich, im Allgemeinen auf Schmerz.

Leicht in Angst zu versetzen.

Argwöhnisch.

Faulheit, Abneigung gegen Arbeit.

Angst: im Allgemeinen vor dem Tod.

Angst: im Allgemeinen vor öffentlichen Orten.

Gereiztheit: im Allgemeinen; schickt den Arzt heim, sagt, er sei nicht krank.

Bewusstlosigkeit: Koma, im Allgemeinen von Gehirnerschütterung ausgelöst.

Trauma, mentales.

Diebe, Wahnidee von. (Boenninghausen)

Schüchternheit.

Gedanken: umherschweifend.

Still, möchte sein.

Stimmung: zurückweisend.

Unentschlossenheit.

Verrücktheit, Wahnsinn.

Gleichgültigkeit, Apathie, bei Gehirnerschütterung.

Verabreichtes Mittel: *Arnica M1, mehrmals wiederholt.*

Nachsorge

Dem Patient geht es in jeder Hinsicht besser. Hat angefangen, seine Geschäfte aufzunehmen. Verwirrung des Denkens völlig gebessert. Beziehung zu seinen Eltern völlig gebessert. Starke Besserung, was sein Argwohn betrifft. Kümmert sich um seine Körperhygiene, ist in seinem Wesen sehr ruhig.

ARNICA-FALL 3

Von Dr. Sujit Chatterjee
Der Fall ist gekürzt wiedergegeben.
Kursivschrift soll prägnante Redewendungen hervorheben.

Am 3. Januar 2002 kam ein Mädchen von 8 oder 9 Jahren mit den folgenden Beschwerden zu mir: hohes Fieber (40.4 Grad Celsius) mit Kopfschmerzen, immer wieder auftretend seit einem Zeitraum von sechs oder sieben Monaten. Ihre jüngste Fieberepisode wurde bei einem Sportwettkampf ausgelöst. Im Stadion hatte sie das Gefühl, sie müsse sich übergeben, und als sie nach Hause kam, bekam sie Kopfweh und Fieber. Sie spielt gerne mit *Barbie-Puppen, weil diese so hübsch sind; sie macht alles Mögliche für die Puppen, z.B. eine*

Sofagarnitur, ein Bett, Spielzeuge, weiche Dinge. Sie mag hübsche Dinge, und wenn man sie fragt, was das Gegenteil von hübsch sei, dann sagt sie: "Ein hässliches Entlein", das von niemand geliebt ist, keine Freunde findet und eines Tages doch noch hübsch und schön wird. Sie mag den Teil der Geschichte, wo das Entlein hübsch und schön wird. Sie mag keine Tiere, aber sie mag Fische, zum Beispiel Goldfische, denn diese seien golden und schauten hübsch aus. Außer den Barbie-Puppen mag sie auch noch ihre Schwester Kelly, denn die sei so süß und hübsch wie ihre Barbie-Puppe. Im Cartoon-Kanal am Fernsehen mag sie Popeye, The Mask (Die Maske) und Tom & Jerry. In der Maske, so erzählt sie, gebe es einen nicht sehr intelligenten Mann, der intelligent wird, indem er die Maske anzieht und dann die Welt von irgendwelchen Riesen rettet, von Riesen, die Gebäude zerstören und Krankheiten verbreiten. Er tötet den Riesen, indem er eine Suppe kocht und ihn hineinsteckt.

Sie liebt auch die Serie Popeye. Popeye ist ein Seeman, aber er hat keine Energie zum Kämpfen, er kann die bösen Fremden nicht prügeln, im Gegenteil diese schlagen ihn, mit Messern, mit Steinen, mit ihren Händen, und er wird dabei verletzt. Es tut ihm weh und er blutet. (In Wirklichkeit wird nie ein blutender Popeye gezeigt.) Indem er Spinat isst, wird er stark und schlägt zurück. An diesem Punkt wurde sie gefragt: Was geschieht denn, wenn dir wehgetan wird? Worauf sie antwortete: *"Ich weine, manchmal auch nicht. Wenn ich hinfalle, dann tut das weh. Oder wenn mich jemand schlägt. Meine Schwester schlägt mich, ich schlage zurück, sie kratzt mich, ich kratze zurück, ich fühle mich verletzt."*

Sie erzählt von sehr furchterregenden Träumen.

"Eine Cartoon-Figur mit sechs ganz großen Händen kommt und will mich mit einem Messer töten. Es ist ganz arg zum Angstkriegen, und ich sage: Töte mich nicht. Töte mich nicht. Ich habe verdammt viel Angst. Denn ich könnte verletzt werden und dann könnte ich bluten und es würde schlimm weh tun und ich würde sterben."

Nach diesem Traum stand sie sofort auf und ging zu ihrer Mutter und klammerte sich an sie. Sie schläft immer bei ihrer Mutter. *Wenn sie in der Wirklichkeit jemand sieht, der verletzt wird, dann fühlt sie sich traurig und lacht nicht, sondern sagt: "Wenn wir verletzt werden und jemand dabei lacht, dann fühlen wir uns elend.* Also soll man nicht lachen. Weil ich das nicht möchte, geht es anderen genauso."

Eine weitere ihrer Lieblingsserien ist Tom und Jerry. *Tom möchte immer Jerry verprügeln, aber Jerry prügelt ihn. Es kommt in der Serie viel Prügelei und Wehtun vor. Ein Hund kommt Jerry zuhilfe und schlägt Tom, der dann wegrennt.*

Noch ein furchterregender Traum ist der folgende: *Ihre Mutter ist in der Suppe der Hexe. Sie ist ganz allein mitten in der Nacht auf der Suche nach ihrer Mutter, sie hat arg viel Angst.*

Sie hat Angst davor, dass ein Gespenst komme and sie mitnehme, sie töte und in einen Sarg stecke. Sie hat große Angst, denn ihre Mutter, die im Schlaf neben ihr liegt, ist nicht da. "*Ich habe verdammt viel Angst, dass es mich töten wird, mich in dem Sarg vergraben wird, dann könnte ich verletzt werden und sterben.* Ich habe Angst, wenn ich ein Skelett sehe, und renne zu meiner Mutter. Ich habe Angst vor Särgen, denn da sind Skelette drin. Angst davor, dass mich ein Skelett umbringen könnte, Suppe aus mir machen und mich vergraben; ich will ja noch weiterleben. Das Skelett macht Suppe aus allen möglichen Dingen und wirft mich dann in die ganz heiße Suppe, so dass ich umkomme. Das tut sehr weh."

Ihre Mutter sagt, dass sie sehr empfindlich sei. Beim Aufräumen fand eine Hausangestellte ein Taubennest mit Eiern. Die Patientin sagte: Wirf die Eier nicht weg. Zu ihrer Mutter sagte sie: Was für ein Gefühl wäre es denn für dich, wenn jemand dir deine Kinder wegnähme? Wenn du die Eier wegräumen musst, dann leg sie an einen sicheren Platz.

Ihre Mutter berichtete von einem Vorfall, der die Patientin sehr erregt hatte. Der Sicherheitsbeamte der Wohngesellschaft kam immer auf sie zu und stellte ihr eine Menge Fragen. Es gab wirklich nichts Unangemessenes in seinem Verhalten, aber sie bekam solche Angst, dass sie völlig aufhörte, nach unten zu gehen und dort zu spielen. *In diesem Zusammenhang wird die Empfindlichkeit der Mutter deutlich, Empfindlichkeit für Leid und Misshandlung, denn sie verhörte ihre Tochter sehr intensiv, ob es auch gewiss kein Fehlverhalten ihr gegenüber gegeben hätte, obwohl das Mädchen immer wieder verneinte.* In ihrem Bericht über einen anderen Vorfall zeigt die Mutter noch einmal eine ähnliche Empfindlichkeit. In einer Fernsehserie kommt es vor, dass ein Vater seine Tochter missbraucht; sie reagierte sofort darauf und sagte sich, dass sie hoffe, dass so etwas nie ihren Töchtern passieren würde, nicht vom Vater und von keinem anderen Verwandten. In der Fernsehserie litt die Tochter Furcht und Angst. Die Mutter der Patientin meinte, der Mann sollte bestraft werden.

Die Mutter sagte weiterhin, dass die Patientin sehr empfindlich für Erkrankungen sei. *Wenn sie sich ihr Knie verletzt, fragt sie: Werde ich jetzt Knochenkrebs bekommen? Wenn sie Kopfschmerzen hat, fragt sie: Habe ich einen Tumor? Sie hat Angst vor dem Tod. Wenn sie sich an einem Dorn verletzt, meint sie, es werde sich infizieren. Sie bekommt Todesangst. – Sie malt und zeichnet gerne.* Zeichnet sehr gute Cartoons. Sie liebt Musik.

Zum Verständnis des Falles

Daran, wie sie die Figuren von Popeye, Tom & Jerry und der Maske liebt, lässt sich die Emfpindlichkeit der Patientin gegenüber Schmerzzufügen ablesen; diese Figuren kämpfen gegen Übeltäter. Die Empfindlichkeit ist auch daran zu erkennen, wie sie sich um Popeye sorgt, dass er verletzt werden, Schmerzen haben und bluten könne. Dasselbe empfindet sie, wenn sie selbst verletzt ist. Sie muss zurückschlagen. Dann die Empfindlichkeit der Mutter für die Vorstellung, ihren Töchtern könne physisch oder emotional ein Leid zugefügt werden, und die Träume vom Getötetwerden – all das weist auf die Compositae-Familie.

Die Patientin hat Träume, in denen sie "verdammt viel Angst" hat, sofort losrennt und sich an ihre Mutter klammert. Sie ist äußerst furchtsam, ihr könne weh getan werden und sie könne getötet werden – das alles weist auf das akute Miasma.

Das Heilmittel ist demnach Arnica.

Verabreichtes Mittel: *Arnica M1, eine Dosis.*

Nachsorge

Der Patientin geht es viel besser. Sie hat seither kein Fieber mehr. Ihr angstvolles Gemüt hat sich deutlich gebessert.

Ende des Falls.

CALENDULA

Compositae + akutes Miasma

> Schockzustände, im Allgemeinen durch Verletzung. (Complete)
>
> Delirium, wild, bei Verbrennungen. (Knerr)
>
> Angst, im Allgemeinen, dass etwas geschehen werde, etwas Schreckliches, etwas Fürchterliches. (Complete)
>
> Leicht in Furcht versetzt, bei geringen Anlässen. (Complete)

Auch diese Symptome widerspiegeln das akute Miasma. Ein weiterer Kreuzungspunkt des akuten Miasmas mit der Compositae-Familie scheint im Mittel Calendula vorzuliegen. Wir schlagen als Empfinden von Calendula vor:

> *Schock, ausgelöst durch plötzliche Verletzung.*

CALENDULA-FALL

Von Dr. Sujit Chatterjee
Der Fall ist gekürzt wiedergegeben. Hervorhebungen durch Kursivschrift stammen von mir.
(Der Fall wurde am 7. Juni 2001 wiederaufgenommen.)

Eine Dame von 44 Jahren klagt über Gelenkschmerzen, die seit drei Jahren bestehen, anscheinend seit ihrer Menopause. Die Schmerzen erscheinen plötzlich und haben einen stechenden Charakter. Für denselben Zeitraum leidet sie an Augenproblemen. Im rechten Ellbogen hat sie stechenden Schmerz, was sie bis in den Kopf hinein wahrnimmt. *Sie hat das Gefühl, dass sie Dinge fallenlassen werde, auch, dass sie kein Gleichgewicht halten könne. Wenn sie auf der Straße läuft, bekommt sie plötzlich das Gefühl, dass sie nach rechts geht. Möchte sich dann an etwas festhalten, um das Gleichgewicht zu halten.* Das Gefühl taucht nicht auf, wenn sie betriebsam und beschäftigt ist. "*Wenn ich in Eile bin oder in einer Menschenmenge, dann ist es schlimmer. Die Angst davor, das Gleichgewicht zu verlieren oder mir weh zu tun, ist schlimmer in einer Menschenmenge, denn dann kann ich die Balance nicht halten.*" Sie fühlt sich besser in Gesellschaft; wenn sie alleine ist, hat sie das Gefühl, "dass ich plötzlich hinfallen könnte." Diese Angst tauchte auf, nachdem sie an grauem Star operiert worden war. *Der Arzt kommentierte damals, sie sollte aufpassen, dass sie sich nicht oberhalb des Auges verletze.* Seitdem lebt sie mit dem Gedanken. "*Ich dachte, angenommen, ich schlage mich an, dann werde ich mir am Kopf wegtun. Dann wird es noch mehr Probleme geben. Es könnte nicht schlimmer kommen. Diese Angst hatte ich.*"

Vor der Operation, d.h. vor drei Jahren, hatte sie keine Beschwerden, weder betreffs ihres Gleichgewichtssinns noch betreffs des Auges oder der Gelenke. "Seitdem habe ich Angst, dass ich nicht fähig sein könnte, mein Leben selbst zu regeln. *Entweder könnte ich mir weh tun oder ich könnte Schmerzen bekommen. Normalerweise tue ich mir leicht weh, z.B. verbrenne mich schnell zuhause beim Kochen oder tue mir weh an Dingen, weil ich nicht gut sehen kann. Ich bekomme Angst vor Schmerz. Selbst wenn ich mir nur ein wenig weh tue, dann kann ich es vor Schmerzen kaum aushalten. Vor lauter Schmerz kann ich mich dann nicht mehr erheben oder bewegen.* Ich kann dann in keiner Körperposition lange aushalten. Wenn ich lange in einer Position bin, kriege ich Taubheit und Kitzeln oder ich werde steif. Wenn ich schreibe, beugt sich plötzlich der Finger und ich verliere den Griff am Federhalter.

Ich bin auch empfindlich dafür, wenn man mich grob anspricht. Dann bin ich verwirrt, der Blutdruck steigt an, aber ich versuche, meinen Zorn zu kontrollieren, und dann fängt das Kopfweh an. Es fällt mir schwer, mit dem Zorn zurechtzukommen, aber es ist besser, man hält ihn im Zaum; aber ich kann es nicht, vor allem daheim nicht. Außerhalb (des Heims) bin ich ganz gelassen. Ich habe wenig Geduld, aber ich muss mich beherrschen. Als Lehrer muss ich meinen Zorn beherrschen, muss ruhig bleiben, sonst sind die Studenten nicht froh und wollen vielleicht die Fakultät wechseln und sich über mich beschweren. Ich lehre jetzt seit zehn Jahren. Nur in den letzten drei Jahren lehre ich nicht mehr. Als ich noch arbeitete, hatte ich viel Verantwortung, musste Lehrkräfte auswählen, Rundschreiben verteilen, Lesematerial beschaffen. Wenn man sich über mich beschweren möchte, dann wird mir das Schaden bringen, denn ich muss mich gegenüber meinen Vorgesetzten verantworten. Ich muss also eine Balance wahren. Wenn ich etwas nicht wusste, dann rieb ich mich auf vor lauter Anstrengungen. Ich besorgte mir die Informationen von meinem Bruder oder von Freunden, und dann konnte ich es lehren. Das war auch zu derselben Zeit, in der ich mein Temperament am besten im Griff hatte."

Als sie gefragt wurde, was denn passiere, wenn sie die Kontrolle verlöre, sagte sie, dass das noch nie geschehen sei.

Dann wurde sie gefragt, was denn passiere, wenn sie rauh angesprochen würde. Sie antwortete: "Dann brüte ich vor mich hin, brüte darüber nach, ob ich vielleicht im Unrecht bin." Nach einem Beispiel befragt erzählte sie Folgendes: "Ich arbeite jetzt seit fünfzehn oder sechzehn Jahren bei derselben Organisation. Vor drei Jahren wurde ich plötzlich in eine andere Abteilung versetzt. Das überraschte mich. Mit demjenigen, der mich versetzt hatte, hatte ich noch am Tag zuvor ein sehr gutes Gespräch gehabt und er hatte mich gelobt, and am nächsten versetzt er mich wegen mangelnder Leistung, wegen meiner Unfähigkeit. *Ich war sehr traurig, denn einen Tag vorher hatte er mich noch wertgeschätzt, und plötzlich versetzte er mich. Das setzte mir arg zu. Ich war sehr verstört. Er hätte mir sagen können, dass ich nicht gut sei, aber diese plötzliche Versetzung machte mich depressiv.* Jetzt habe ich es akzeptiert und ich versuche, mein Bestes zu geben, egal wohin ich versetzt werde, aber die körperlichen Beschwerden haben angefangen. Meine Probleme haben mit der Versetzung begonnen. Zuerst nach der Versetzung arbeitete ich für zehn oder zwölf Stunden, es gab keine Arbeit. Ich kann nicht nichtstun. Ich muss etwas tun, sogar zuhause tue ich irgendetwas, Stricken oder so, andernfalls werde ich ganz rastlos. Aber seit einem Jahr fühle ich mich danach, einfach auszuspannen, nichts zu tun.

Von Kindheit an infiziert sich bei mir die kleinste Verletzung und beginnt zu eitern. Als Kind habe ich den Schmerz immer ertragen."

Als sie gefragt wurde, was für sie das Schlimmste sei, sagte sie: "Wenn ich abhängig würde und hilflos, eine Last für andere. Dann wäre ich sehr deprimiert, würde mich nicht danach fühlen, noch irgendetwas zu tun, würde nur noch daran denken, warum mir das alles passiert."

Als sie nach dem traurigsten Ereignis ihres Lebens befragt wurde, sagte sie: "*Mein Vater fiel vom Balkon im zweiten Stock, er konnte sich gerade noch retten, indem er sich an einem Geländer festhielt, aber ich dachte daran, was hätte geschehen können, wenn er gestürzt wäre. Ähnlich, als mein Mann einmal auf seinem Arbeitsplatz mit einer großen Schere attackiert wurde. Sie wollten ihm in den Bauch stechen; glücklicherweise konnte er entkommen, aber er verletzte sich böse an seinem Bein, und an seiner Kniescheibe kam es zu einer Eiterung.*

Im Schlaf schrecke ich hoch. Ich habe das Gefühl, ich stehe an einem hohen Ort. Seither habe ich wirklich Angst vor Höhen."

Zum Verständnis des Falles

Die Beschwerden der Patientin begannen, als sie plötzlich versetzt wurde. Ihre Klagen über plötzlichen Gleichgewichtsverlust und von der Angst, sich plötzlich weh zu tun, weisen alle auf das akute Miasma.

Selbst kleine Verletzungen neigen dazu sich zu infizieren. Sie ist empfindlich dafür und hat Angst davor, dass man ihr weh tue; es setzt ihr zu, wenn ihrem

Vater oder ihrem Mann eine (vorgestellte) Verletzung widerfährt. Sie ist empfindlich für Schmerz. Alles deutet auf die Compositae-Familie. Arnica und Calendula sind die in Frage kommenden Heilmittel.

Einige hochinteressante Rubriken des Falles sind nur von Calendula abgedeckt und nicht von Arnica:

> Angst: im Allgemeinen, dass etwas passieren könne, etwas Schreckliches, Fürchterliches.
>
> Wahnidee: Vorstellungen von Ohnmacht, von Ohnmachtsschwäche.
>
> Bewusstlosigkeit: Koma, bei Verbrennungen.
>
> Bewusstlosigkeit: Koma, bei Fleischwunden.
>
> Granulationen: wuchernd.
>
> Geschwüre haben Ausfluss, eitrig, stinkend, schorfig.
>
> Geschwüre sondern gelben Ausfluss ab.

Verabreichtes Mittel: *Calendula C200, eine Dosis.*

Wiedervorstellung

am 13. Februar 2002

"Viel mehr Selbstvertrauen, wenn ich alleine reise; früher hatte ich Angst, dass ich hinfalle, jetzt nicht mehr. Jetzt mehr Selbstvertrauen, obwohl das Sehproblem noch besteht, keine Angst mehr in der Menge. Die Knieschmerzen, die beim Sitzen und Kniebeugen da waren, sind jetzt weg. Beim Laufen verliere ich nicht mehr das Gleichgewicht." Sie wurde nach der Diagnose ihres Augenleidens gefragt und sagte, es handele sich um Netzhautdegeneration, wahrscheinlich von einer Verletzung in der Vergangenheit, aber sie konnte sich an keine solche Verletzung erinnern. Das Problem beim Lesen sei auch besser geworden.

CHAMOMILLA

Compositae + typhöses Miasma

> Ist in der Behandlung von Tyhpus erwähnt.
>
> Zorn, Jähzorn: bei Kindern; Kind wird steif, krümmt sich nach hinten, tritt um sich, wenn getragen, wirft alles von sich. (Complete)
>
> Getragen: möchte werden, schnell. (Complete)
>
> Getragen: möchte werden, erfährt aber keine Erleichterung. (Complete)
>
> Launenhaftigkeit: bei Kindern. (Complete)

All diese Symptome weisen auf das typhöse Miasma, das sich widerspiegelt in dem inneren Kampf mit den Wünschen, getragen werden zu wollen, eine Position des vollkommenen Friedens zu finden und Genesung zu erfahren. Das typhöse Miasma und die Compositae-Familie scheinen sich im Mittel Chamomilla zu kreuzen. Die vorgeschlagene Empfindung könnte folgendermaßen lauten:

> *Wenn er genug schreit, ruft, um sich tritt und herumschimpft, dann wird es aufhören, dass man ihn verletzt und ihm weh tut, und dann kann er wieder gesund werden.*

CHAMOMILLA-FALL

Von Dr. Sudhir Baldota

Der Fall ist gekürzt wiedergegeben, und die Hervorhebungen stammen von mir.

6. August 2000

Dies ist der Fall eines Mannes von 24 Jahren, der wegen schwerer Depression bei mir in Behandlung war. Seine Vater rief mich eines Tages an und teilte mir mit, dass der Patient verlange, dass alle auf der Stelle das Haus verließen, damit er sofort seinen eigenen Platz haben könne. Seine Mutter und Schwester hatten früher woanders gewohnt und waren jüngst zu ihm gezogen; dies schien dem Patient ein Problem zu sein.

Ich bestellte ihn in meine Sprechstunde und versuchte herauszufinden, was mit ihm vorging. Er hatte das Gefühl, dass seine Schwester ihn verletzen wolle und dass er wegen ihr seine Prüfungsvorbereitungen als Buchprüfer nicht zu Ende bringen konnte. Er meinte, seine Eltern hörten nur auf seine Schwester und niemand hörte ihm zu. Er hatte auch das Gefühl, ihretwegen erhalte er nicht genug zu essen oder nicht genug Kleidung, und deshalb wollte er, dass sie das Haus verlasse. Seine Schwester hatte ihm geholfen, die Gebühren für den College-Besuch aufzubringen; er wollte Rückzahlungen machen und sich von dieser Verpflichtung befreien. Wenn sie das Haus erst einmal verlassen hätte, dann sei ihm gestattet, gut zu essen, eine gutes Leben zu führen, fernzusehen, die Zeitung zu lesen usw.

Es bedeutete eine Störung für ihn, dass seine Mutter und Schwester zu ihm gezogen waren. Er war deshalb oft am Nachdenken, und dann hörte er Stimmen und sah Bilder. Er stellte sich vor, dass Menschen sich wie Tiere verhielten, wie Tiger, Katzen, Hunde oder Affen. Er hatte den Eindruck, einer seiner Klassenkameraden belle wie ein Hund, und diese Art Wahrnehmung erfüllte ihn mit plötzlicher Furcht. Er dachte, er sähe jemanden brüllen wie ein Tiger und fragte sich, wie er das bewerkstelligte. Jemand anderes gab in seiner Wahrnehmung Laute wie eine Katze von sich, und wenn er das hörte, hätte er am liebsten gelacht. Zu jeder Tageszeit an jedem Ort konnte es passieren, dass er solche Stimmen hörte. Einmal schien ein Verkäufer sich wie ein Affe zu gebärden, und der Patient versuchte, sich genauso zu verhalten, aber dann fragte er sich, ob er nicht verrückt geworden sei. Er hörte Stimmen, die ihm zuredeten, dass seine Schwester und sein Vater Affen seien oder Hunde.

Er hörte Stimmen. Wenn er im Zug fuhr, hörte er die Stimme seines Vaters, und er begann, sich in der Menschenmenge nach seinem Vater umzuschauen. Er stellte sich vor, er höre die Stimme seiner Mutter, während er im College einer Vorlesung zuhörte, und glaubte dann, sie sitze irgendwo in seiner Nähe. Wenn er die Straße überquerte oder einfach nur alleine unterwegs war, hörte er die Stimme seiner Schwester und schaute sich dann nach ihr um. Er hörte auch die Stimmen seiner Freunde; sie schienen unter dem Haus hervorzukommen, und er ging dann zum Fenster und sah nach, ob sie draußen waren. *Manchmal hörte er Stimmen, die ihn verspotteten.* Es kam vor, dass er eine Frau sah, die sich wie seine Mutter zu verhalten schien, und er frug sich, ob sie es wirklich war. Der Professor schien sich wie sein Bruder zu benehmen, und der Patient dachte, dass er wohl versuchte, seinen Bruder zu imitieren. Andere Leute verhielten sich wie sein Vater und seine Schwester. Selbst beim Fernsehschauen hörte er Stimmen; anstatt wahrzunehmen, was am Fernsehen gesagt wurde, hörte er dann, wie Leute spuckten und sich übergaben. Er stellte das Fernsehen ein und las lieber Zeitung, aber bald hörte er auch dabei Stimmen. Da wurde sein Kopf ganz leer, und er "verlor seine Ruhe". Manchmal, wenn er Menschen ins Gesicht sah, sah er die Gesichter seiner Verwandten. Gelegentlich stellte er sich vor, wie nackte Menschen Sexualverkehr hatten.

Die Eltern des Patienten begleiteten ihn bei diesem Interview, und während er frei die obigen Informationen lieferte, war es interessant, ihre Reaktionen zu beobachten. Der Vater war von Natur aus arrogant und fühlte sich jedesmal beleidigt, wenn von ihm die Rede war. *Er machte sich ständig über den Patienten lustig und über alles, was dieser sagte oder empfand.* Er prahlte mit seinen Qualifizierungen und mit dem Respekt, der ihm entgegengebracht wurde. An einem gewissen Punkt während des Gesprächs wurde deutlich, dass er selbst Minderwertigkeitsgefühle mit sich trug. Wenn der Patient redete, unterbrach sein Vater ihn häufig und stellte so viele Fragen, dass man hätte meinen können, es gehe um ein Gespräch mit ihm. Er schien absolut kein Verständnis für die Probleme seines Sohnes zu haben und fuhr fort, ihn runterzumachen. Die Mutter dagegen reagierte die meiste Zeit überhaupt nicht, außer einmal, als sie über etwas, was der Patient gesagt hatte, laut lachte. Darüber gerieten die Eltern in eine Auseinandersetzung. Ich ließ es geschehen und blieb für eine geraume Zeit schweigender Beobachter. Dies gestattete mir, die Familiendynamik zu beobachten und gleichzeitig das Informationsmaterial zu assimilieren, das der Patient so freiwillig lieferte.

Der Vater machte sich während des Interviews darüber lustig, dass der Patient starrköpfig an seinem Schnurrbart festhielt. Der Patient erwiderte darauf, dass er einen Eid geschworen habe, den Schnurrbart erst wieder wegzurasieren, wenn er eine Arbeitsstelle bekommen habe. Der Patient berichtete weiterhin, dass er nur schlecht schlafen könne. Um eins oder zwei in der Nacht wache er oft mit dem Gefühl auf, dass jemand etwas absichtlich an seinen Kopf geworfen habe, um seinen Schlaf zu stören oder ihn vom Schlaf abzuhalten. Danach könne er lange nicht einschlafen und erwachte dann morgens mit einem Gefühl von Schwäche im Körper und Schwere im Kopf. Auch wenn er etwas las, hatte er das Gefühl, Leute wollten ihn dabei stören; wegen seiner Vorstellungen verschwanden die Wörter vor seinen Augen und sein Kopf wurde leer.

Er glaubte, er sei eingeschränkt, wenn es um Geldausgeben oder Ausgehen ging. Er fühlte sich von seinen Eltern ignoriert. Beim Atmen hatte er das Gefühl, jemand wolle ihn stoppen oder versuchen, ihm Hindernisse zu schaffen. Er glaubte, dass er sich wegen der Stimmen, Bilder und Gedanken nicht richtig konzentrieren konnte. Auch wenn er am Sprechen war, unterbrachen ihn die Stimmen. Er vermied es, auf Parties oder ins Kino zu gehen, weil er an solchen Orten das Gefühl bekam, jemand halte ihn fest oder die Stimmen störten ihn, so dass er nicht klar denken und sich nicht frei ausdrücken konnte. Beim Essen hatte er das Gefühl, etwas wolle ihn daran hindern.

In letzter Zeit war er gewalttätig geworden, vor allem gegenüber seiner Mutter. Er verdrehte ihr die Hand und schlug sie. Er drohte auch damit, seinen Vater zu schlagen. Einmal geschah es, dass er wusste, dass sein Vater einiges Geld bei sich trug, und er stellte die Forderung, es sofort ausgehändigt zu bekommen. Als sein Vater es ihm verweigerte, stahl er es.

Er glaubte, dass seine Probleme damit begonnen hatten, dass er wegen Kurzsichtigkeit eine Augenoperation mit Laser hatte machen lassen. Nach der Operation hatte er eine Mahlzeit gegessen, die von seiner Schwester zubereitet gewesen war. Von da an verlor er seine Konzentrationsfähigkeit und begann, Stimmen zu hören. Beim Maschinenschreiben machte er oft Fehler und er verlor seine Anstellung. Danach war er ohne Arbeit gewesen und verbrachte alle Zeit zuhause. Zu diesem Zeitpunkt wurden die Stimmen stärker. Er glaubte, dass die Nachbarn absichtlich Lärm machten, um seinen Schlaf zu stören. Wenn er morgens aufwachte, hatte er das Gefühl, jemand habe seine Eingeweide eingefangen und er könne deshalb keinen Stuhlgang haben. Er vergaß, wie man Nahrung kaute und wie man sich die Zähne putzte. Er starrte vor sich hin und weinte aus Selbstmitleid über seinen Zustand.

Sein Vater erklärte, dass er gewollt hatte, dass der Patient Ingenieurswesen studierte, aber dieser hatte darauf bestanden, Pharmakologie zu studieren, damit er mit seinen Freunden zusammenbleiben konnte. Er konnte für das College seiner Wahl keine Aufnahme bekommen und weigerte sich, zu einem anderen zu gehen, wo sein Vater es geschafft hätte, ihm Zugang zu besorgen. Stattdessen entschloss er sich, Wirtschaft zu studieren; darüber erregte sich sein Vater sehr und entzog ihm die finanzielle Unterstützung für die weitere Ausbildung. Der Patient bat seinen Großvater um Hilfe und erhielt von diesem Unterstützung für ein Jahr. Als auch der Großvater die Hilfe einstellte, studierte er weiter am College und arbeitete gleichzeitig. Sein Vater schien sich über ihn deshalb lustig zu machen, dass er Wirtschaft anstelle von Ingenieurswesen gewählt hatte, und er bestand darauf, dass der Patient gar nicht studiere und zu nichts gut sei. Es gab damals viele Streitereien deswegen. Beim Abschlussexamen wurde der Patient beim Betrügen ertappt; er kam heim und gab seiner Mutter Schuld für alles und schlug sie. Sein Vater erreichte durch seine Verbindungen, dass seinem Sohn kein Verfahren angehängt wurde, und dieser machte den Abschluss und begann zu arbeiten.

Seine Mutter fügte hinzu, dass der Patient immer an schrecklichem Kopfweh litt, wenn er sich zum Studieren hinsetzte. Die Schmerzen waren klopfend oder explodierend, er legte dann zur Linderung kalte Umschläge auf seinen Kopf und ließ seine Mutter seinen Kopf massieren. Manchmal musste er den Kopf fest mit beiden Händen halten. Auf diese Weise, unter Schmerzen, machte er den Abschluss.

Begierden: Kartoffeln, Reis und andere stärkehaltige Nahrungsmittel.

Träume: Wenn er in Spannung war, träumte er davon, dass er Stuhlgang habe, dass überall um ihn herum Stuhl und er damit beschmutzt sei. Er träumte auch davon, wie jemand mit einer nackten Frau Sex hatte; er verglich die Frau mit seiner Mutter und wachte mit Schrecken auf.

Zum Verständnis des Falls

Das Hauptproblem des Patienten war das Hören von Stimmen. Er hatte das Gefühl, dass er wegen der Stimmen nicht studieren konnte. Er redete viel von Hindernissen und Behinderungen, davon, dass seine Schwester seinem Studium im Wege stünde, und von ähnlichen Dingen.

Das Eigentümliche an den Stimmen war die Tatsache, dass sie von Tieren zu kommen schienen oder von Menschen, die nicht anwesend waren. Die Tierstimmen machten ihm Angst, und er dachte ebenfalls, dass Menschen wie Tiere aussahen.

Ich wählte die folgenden Rubriken aus:

> Wahnidee: Vorstellungen von Tieren.
>
> Wahnidee: Vorstellungen, hört Stimmen.
>
> Wahnidee: Vorstellungen von Hindernissen, möchte, dass sie beseitigt werden, im Schlaf.
>
> Wahnidee: Vorstellungen, hört Stimmen von abwesenden Personen.
>
> Zorn, Jähzorn, im Allgemeinen, Wutanfälle.
>
> Zorn, Jähzorn, im Allgemeinen, gewalttätig.

Stur, dickköpfig.

Beschwerden ausgelöst von Spott, von Verspottetwerden.

Kommentar

Man kann das Thema des Verletzens erkennen: seine Schwester könne ihn verletzen, jemand könne ihn im Schlaf verletzen. Wenn er zornig wird, reagiert er mit Gewalttätigkeit, indem er Glieder verdreht und zuschlägt. Schimpfen ist die psychologische Entsprechung zum Zuschlagen. Wahrscheinlich geschah dies als Antwort auf die extrem beleidigende und ins Lächerliche verkehrende Haltung seines Vaters. Beleidigung ist die psychologische Entsprechung zur Verletzung. Wie man so sagt: "Auf die Verletzung noch eine Beleidigung obendraufsetzen". (Gebräuchliche Redewendung im Englischen: Adding insult to injury. – Anm. d. Übersetzers.)

Weiterhin kann man Sturheit sehen, fordernde Haltung, Ungeduld, was alles auf das typhöse Miasma hinweist. Und da ist Furcht, vor allem plötzliche Angst, so wie beim akuten Miasma.

Verabreichtes Mittel: *Chamomilla M1, eine Dosis.*

Jüngste Nachsorge

am 10. Februar 2002

Der Patient besuchte mich ab und zu, und es ging ihm mit dem Mittel sehr gut. Sooft sein Zustand sich intensivierte, erhielt er weitere Dosen. Sein gegenwärtiger Zustand ist wie folgt:

Die Stimmen sind komplett verschwunden; er kann sich beim Lesen konzentrieren.

Er hat den ersten Abschnitt seiner Prüfung als Buchführer bestanden.

Seine Beziehung zu den Eltern ist deutlich besser geworden. Er hat eine Kleinindustrie gegründet. Er sagt: "Ich fühle mich im Allgemeinen viel besser, sowohl körperlich als auch gemütsmäßig. Ich bekomme kein Kopfweh mehr und ich werde nicht mehr so zornig wie früher." Es gab keine weiteren Episoden von Gewalttätigkeit gegen die Eltern. Er hat den Eindruck, sie haben ihre Haltung ihm gegenüber geändert.

Als die Eltern getrennt interviewt wurden, gaben sie an, dass des Patienten Haltung ihnen gegenüber einen 90%igen Wandel durchgemacht hat. Seine Mutter berichtete, dass sein Appetit normal sei, früher habe er einen unersättlichen Appetit gehabt. Man stellte fest, dass er viel ruhiger als früher sei, und es kamen keine Beschwerden mehr von Seiten der Nachbarn, Freunden und seiner Schwester. Früher hatte er viel geschimpft, jetzt tue er es nicht mehr.

Plan: Abwarten.

Ende das Falls.

CINA

Compositae + Malaria-Miasma

Ausgezeichnet in der Behandlung von Wunden.

Wolfshunger, während oder bevor intermittierendem Fieber. (Lippe)

Intermittierendes Fieber. (Hoyne)

Intermittierendes Fieber, begleitet von Erbrechen und Heißhunger. (Tyler)

Periodizität deutlich ausgeprägt, jeden Tag zur gleichen Stunde, abends, Tertiana, Quartana. (Lilienthal)

Heftige Schreianfälle in der Nacht. (Lippe)

Launenhaftigkeit. (Complete)

Beklagt sich gerne. Complete)

Jammert, bedauert, beklagt. (Complete)

Angst: vor dem Erwachen, bei Kindern, vor Mitternacht. (Knerr)

Gereizt, bei intermittierendem Fieber und danach. (Knerr)

Schreit, beim Aufwachen, intermittierend. (Knerr)

Seite: Stiche, intermittierend, wenn sitzend, linksseitig. (Allen, Repertorium)

Intermittierende Krankheitserscheinungen sind ein Leitmotiv des Malaria-Miasmas. Es herrscht das Empfinden, dass die Symptome als Attacken auftreten und einen verfolgen. Sich zu beschweren und über diese Attacken zu jammern liegt in der Natur des Miasmas. Wenn man das Empfinden der Compositae-Familie und das Malaria-Miasma kombiniert, dann lässt sich für Cina das folgende Gefühl vorschlagen:

Von Verletzung und Weh verfolgt.

CINA-FALL

Ein Mann im Alter von 41 Jahren, er konsultierte mich am 20. April 2000 und klagte in erster Linie über Magenschmerzen. Er klagte auch über Schmerzen im Lumbalbereich seit 1997. Er hat eine Vorgeschichte von Amöbiasis und hat häufigen Stuhlgang.

Wichtige Elemente des Falles sind:

"Unerträgliche Schmerzen in der Nacht. Um mir Erleichterung zu verschaffen, würde ich am liebsten auf meinen Bauch einhämmern. Ich kann diesen Schmerz nicht aushalten – es ist äußerst entnervend.

Ich kann nicht schlafen – ich muss immer an den Schmerz denken. Es ist sehr störend.

Ich werfe mich im Bett hin und her, stehe auf und laufe für eine Weile herum. Ich kann keine Hilfe finden. Es ist entnervend – warum bloß geschieht es immer wieder?

Die Schmerzen halten dreißig Minuten lang an und tauchen nach einer Stunde wieder auf. Der ganze Organismus gerät durcheinander.

Ich kann keine einzige Nacht richtig schlafen. Ich frage mich, was nur falsch ist.

Habe ich eine Blockade oder eine Krebsgeschwulst? Ich habe den Arzt gefragt. Es ist so schmerzhaft und so störend."

A: Sagen Sie mir etwas über Ihr Wesen.

P: "Ich bin mit zu vielen Dingen gleichzeitig beschäftigt.

Ich möchte alles perfekt. Ich habe sehr wenig Geduld, vor allem wenn meine Angestellten meine Brille nicht finden. Ich werde dann gereizt und heule sie an.

Ich bin Junggeselle. Es gibt also keinen Daseinsgrund außer, dass ich in meiner Berufskarriere vorwärtskomme. Ich muss ein Niveau erreichen, auf dem man mich anerkennt. Ich werde sehr gereizt, vor allem, wenn ich bei der Arbeit unter Druck gesetzt werde."

A: Irgendwelche Träume?

P: "Von Schlangen, die vorbeilaufen oder in meinem Bett sind.

Ich sehe Diebe – ich rufe laut, denke aber gleichzeitig, wieso ist niemand da.

Tote kommen und reden mit mir.

Ich schlafe; Diebe kommen durch das Fenster herein und wollen mich mit den Eisengittern aus den Fenstern schlagen. Ich wehre mich gegen sie, körperlich, vielleicht mit Hilfe der Gitterstäbe, ich weiß es nicht.

Ich sehe Diebe und ich rufe. Der Dieb rennt weg. Ich bin am Rufen, aber niemand eilt herbei. Ich denke, jemand müsse kommen, aber niemand taucht auf.

In der Vergangenheit, als ich noch zur Schule ging, schlafwandelte ich. Ich löste Mathematikaufgaben im Schlaf.

Träume, die mit der Arbeit zusammenhängen.

Schlangen kriechen über mein Bett und ich bin bestürzt. Ich weiß nicht, was tun.

Ich kann es auch nicht ertragen, in Filmen Schlangen zu beobachten; sie jagen mir Angst ein.

Schlangen können einen beißen, und dann stirbt man. Ich hüte mich davor, eine einzige Bewegung zu machen. In Hindi-Filmen kommt es oft vor, dass

Schlangen durch das Fenster hereinkriechen. Ich hasse es, das ansehen zu müssen."

A: Wie war Ihr Wesen als Kind?

P: "Ich war sehr besitzergreifend. Ich wollte alles vollkommen haben.

Meine Mutter war sehr unsicher. Sie ermutigte niemanden dazu großzuwerden. Sie hatte keine Schulbildung gehabt. Sie war keine dominierende und keine schwatzhafte Frau. 1992 hatte ich berufliche Schwierigkeiten; damals schlief ich oft in ihrem Schoß ein. Dann kam es zu Diskussionen über meine Probleme und ich wurde wild. Ich möchte nicht, dass mir jemand Ratschläge gibt. Ich ging aus dem Haus.

Ich habe keine Angst vor dem Alleinsein. Dennoch, manchmal klopft es an der Tür und ich hoffe, dass es kein Einbrecher ist oder jemand, der mich prügeln will – aber eigentlich denke ich nicht wirklich so.

Ich habe nicht viele Ängste, nur davor, von hohen Orten herunterzufallen und umgebracht zu werden.

Vielleicht vor Geistern – aber ich denke nicht daran.

Ich habe Angst vor einer sehr gedrungenen Person, jemand, der körperlich stark ist, mit dem ich einen Kampf habe; er schlägt mich und mit mir ist es aus. Ich habe nicht die Kraft, mich zu verteidigen. Wenn ich laufe und das Gefühl habe, dass mir jemand folgt, dann fürchte ich, sie wollten mich verhauen und mich ausrauben. Ich möchte nicht in den Bauch geschlagen bekommen. Das würde fürchterlich weh tun."

Vorgeschichte

Gelbsucht.

Zweimal Malaria.

Mehrere Harnwegsinfektionen.

"Bei der Malaria hatte ich hohes Fieber, Frieren abends zwischen 17:30 und 18:00 Uhr.

Bei den Harnwegsinfektionen hatte ich auch hohes Fieber.

1999 hatte ich noch einmal Malaria. Um 19:30 Uhr abends erschöpft, und ich fühlte mich nicht nach Arbeiten.

Als Kind hatte ich mehrere Male Würmer.

Dass ich beruflich keinen Erfolg hatte, das macht mich niedergeschlagen. 1992 hatte ich eine Menge Geld in eine Firma investiert und mich selbst auch mitengagiert. Die Situation damals hat mich wirklich hart getroffen. Ich drohte damit, das Haus zu verlassen. Ich wollte, dass mein Vater sich entschuldigte.

Ich rede immer noch nicht mit meiner Mutter – das ist mein Ego.

Einmal war ich einer Mitstudentin sehr nahe. Ich wurde sehr besitzergreifend ihr gegenüber. Mein Verhalten verletzte sie, und ich fühlte mich niedergeschlagen und deprimiert, dass ich eine gute Freundin verloren hatte. Ich fühlte mich niedergeschlagen und gleichzeitig wusste ich, dass ich im Unrecht war. Sie hatte meine Gefühle einfach nicht geteilt.

Ich lebe jetzt in einer Beziehung. Sie hat alle Hände voll zu tun, und deshalb können wir nicht heiraten. Sie ist vierzehn Jahre jünger als ich."

Verabreichtes Mittel: *Cina M1, eine Dosis, am 20. April 2000.*

Wiedervorstellung

am 6. Mai 2000

"Mir geht es verhältnismäßig gut.

Aber die letzten zwei Tage hatte ich stärkere Schmerzen, die ganze Zeit Schmerzen, vor allem in der Nacht.

Das Medikament hat ganz gut geholfen.

Intensität und Dauer des Schmerzes sind geringer geworden.

Ich war unter einem ungeheuren emotionalen Druck. Das Mädchen, mit dem ich gehe, ist noch jung. Ihre Eltern erlauben nicht, dass wir zusammen sind. Ich werde darüber hinwegkommen, aber zur Zeit finden ein paar große Veränderungen statt. Ich bin ihr gegenüber noch besitzergreifender geworden. Meine Stimmungen wechseln. Ich habe das Gefühl, als hätte ich meine ganze Welt verloren.

Dennoch, die Bauchschmerzen sind viel geringer geworden.

Ich muss die Kraft bekommen, damit fertigzuwerden.

Ich kann mich an keine Träume erinnern."

Plan: Abwarten.

13. Mai 2000

"Die Schmerzen sind schlimmer geworden. Der Schmerz kommt häufiger, aber er hält nicht so lange an. Sobald ich etwas esse, verschwinden die Schmerzen vorübergehend. Dann, zwei bis drei Stunden nach dem Essen, kommt er wieder.

Seit einer Woche ist der Schmerz nachts wieder heftiger.

Plan: Abwarten.

20. Mai 2000

"Ich habe täglich Schmerzen. Es ist schlimmer in der Nacht. Ich wache vor Schmerzen auf und schließlich kann ich wieder einschlafen.

Die Dauer hat abgenommen; diese Episoden dauerten meist 45 Minuten, und jetzt dauern sie nur 20 Minuten.

Vor zehn Tagen hatte ich das Gefühl, die ganze Welt gehe unter, weil meine Beziehung in die Brüche gegangen war. Ich fühlte mich verloren. Heute fühle ich mich besser ausgeglichen, denn ich habe mich wieder in die Arbeit gestürzt."

Träume: "Reisen mit meiner Freundin. Jemand stößt sie aus dem Zug. Ich schnappe ihn und frage ihn, wo sie sei.

Gefühl dabei: Wie konnte das passieren? Ich konnte nichts dagegen tun. Ich fühlte mich hilflos. Ich konnte meine Intelligenz nicht einsetzen."

Verabreichtes Mittel: *Cina M1.*

Zwei Wochen später

"Letzte Woche hatte ich für ein paar Tage starke Schmerzen, diese Woche ist es wieder besser.

Die Schmerzintensität hat 40% nachgelassen."

Traum: "Unsere Schuldirektorin hat sich gerade in den Ruhestand gesetzt, und ich träumte davon, wie ich mit ihr zusammen im Flugzeug reise."

Plan: Abwarten

23. September 2000

"In den letzten drei Wochen ist der Schmerz wiedergekommen. Er kommt zwischen 17:00 und 18:00 Uhr am Abend.

Letzte Nacht hatte ich die ganze Nacht Schmerzen.

Der letzte Monat war sehr hektisch.

Träume: von Schlangen. Überall Schlangen.

Wie ich von einer Flugreise ankomme.

Ich hatte Meinungsverschiedenheiten mit meinen Partnern. Fühle mich ganz frustriert. Ich mag das nicht."

Verabreichtes Mittel: *Cina M1.*

14. Oktober 2000

"Es geht mir bedeutend besser, aber es ist noch nicht 'todsicher'.

Wenn ich schwere Speisen esse, bekomme ich Schmerzen. Wenn ich eine Mahlzeit auslasse, geht es mir besser.

Im Juli und August hatte ich keine Schmerzen – null.

Im September und Oktober begann es wieder.

Es geht mir 30 bis 40% besser als beim letzten Besuch.

Die Häufigkeit hat abgenommen, und die Intensität ist 30 bis 40% weniger geworden. Bis Ende Mai werde ich 100% gesund sein.

Wenn ich mich hinlege, kriege ich ganz gewiss Schmerzen.

Die Meinungsverschiedenheiten mit den Partnern gehen mir nicht mehr so nahe. Ich erledige das jetzt wie nebenher."

Plan: Abwarten

2. Januar 2001

"Es geht mir viel besser.

Mein Appetit ist besser.

Nachts habe ich keine Schmerzen mehr.

Manchmal am Abend bekomme ich noch ein wenig Schmerzen.

Gestern ging ich zum Essen aus und ich hatte keine Probleme damit.

Meine Stimmung ist gut."

Plan: Abwarten

Zum Verständnis des Falls

Eines der ersten Elemente, die uns bei diesem Fall ins Auge stechen, ist das Typische des Malaria-Miasmas. Die Spitzen oder Attacken kommen in schöner Regelmäßigkeit, in diesem Fall nachts. Der Patient fühlt sich gereizt, verfolgt, extrem gestört. "Warum geschieht mir das?" Das sind Tempo, Intensität und Gefühle des Malaria-Miasmas.

In den Träumen findet sich ein Gefühl von Akutheit. Diebe klopfen an die Tür, Schlangen sind auf dem Vormarsch. Der Patient sagt, er habe keine Angst vor dem Alleinsein, dann aber zeichnet er eine sehr lebendiges Bild von Einbrechern, die an seine Tür klopfen und ihn verprügeln wollen. Die Szene versetzt ihn in Unruhe, denn er glaubt, dass er nicht zum Kämpfen und Zurückschlagen fähig ist. Er sieht in sich einen Mangel. Er glaubt, dass er sich nicht wirklich selbst verteidigen kann. Das ist die Qualität der Sykose. Wir haben also im Zusammenhang mit den Dieben und den Schlangen den akuten Aspekt, und im Zusammenhang mit seiner Unfähigkeit einen sykotischen.

Ein weiteres interessantes Element hat mit seiner Beziehung zu tun, die "feststeckt". Er ist in eine Frau verliebt, die er nicht heiraten kann. Die Situation "sitzt fest", "steckt fest".

Das deutet auf die Qalität der Fixiertheit der Sykose.

Diese beiden Elemente, das akute und das sykotische, sind Komponenten des Malaria-Miasmas. Dann können wir auch die Schmerzperiodizität als eine weitere

Bestätigung für das Malaria-Miasma ansehen. Auch in der Anamnese des Patienten findet sich Malaria.

Der Schmerz bewirkt, dass der Patient sich auf den Bauch schlagen möchte. Er möchte sich regelrecht mit dem Hammer bearbeiten, wenn die Schmerzen intensiv werden. Er möchte auch seine Partner und Mitarbeiter schlagen, wenn sie Dinge tun, die gegen seine Wünsche gehen. Er hat Angst, dass er von Einbrechern geschlagen werde, und er glaubt, dass er unfähig wäre zurückzuschlagen. Das Thema Schlagen, Prügeln und Verletztwerden tritt in dem Fall deutlich hervor. Das ist das Empfinden der Compositae; das Empfinden, verletzt zu werden oder Leid zugefügt zu bekommen, und die aktive Reaktion darauf, nämlich zurückzuschlagen.

Das Heilmittel für den Fall war eines der Mittel der Compositae-Familie, die der Malaria zuzuordnen sind, nämlich Cina.

Ende des Falls.

EUPATORIUM PERFOLIATUM

Compositae + Malaria-Miasma

> Ausgezeichnetes Mittel für Malaria.
>
> Knochen: Schmerzen; Fieber, intermittierend. (1) (Knerr)
>
> Schmerzen: im Allgemeinen der Knochen, bei Malaria oder Grippe. (1) (Complete)
>
> Stumpfheit, Trägheit, Schwierigkeiten zu denken und zu begreifen, bei intermittierendem Fieber. (Complete)
>
> Schmerz und Weh, als sitze es in den Knochen, mit Stöhnen. (Nash)
>
> Selbst wenn dieses Mittel keine andere Indikation hätte außer bei intermittierendem Fieber, bliebe es dennoch ein unbezahlbarer Segen für die Homöopathie. (Nash)
>
> Stöhnen, Ächzen, im Allgemeinen, mit Frösteln. (Complete)
>
> Stöhnen, Ächzen, im Allgemeinen, von Schmerzen. (Complete)
>
> Schreien, Kreischen, Rufen, im Allgemeinen. (Complete)

In der Literatur sind viele Nutzen von Eupatorium genannt, wie zum Beispiel in der Behandlung von Malaria und intermittierendem Fieber. Bei dieser starken Verwandschaft zu Malaria könnte das Miasma eben dieses sein. Ich schlage als Gefühl für Eupatorium perfoliatum, in dem sich die Compositae mit dem Malaria-Miasma kreuzen, Folgendes vor:

Von Verletzung, Weh und Beleidigung verfolgt.

TARAXACUM

Compositae + Ringwurm-Miasma

Viele Symptome, die mit Juckreiz zu tun haben.

Ausschlag an Körper und Gliedmaßen, der stark juckt; scheint eine Mischung aus Flechten und Urticaria zu sein. (Clarke)

Mund: Ausschläge, im Allgemeinen, Herpes, Circinatus, Ringwurm. (Complete)

Meidet Arbeit, wenn er aber einmal begonnen hat, arbeitet er gut. (Vermeulen)

Wahnidee: Vorstellungen, dass er vergiftet worden sei. (Complete)

Unzufrieden, verstimmt, unbefriedigt. (Complete)

Diese Symptome weisen hin auf den Wechsel zwischen Verzweiflung und Unfähigkeit einerseits und Kampf und Aktivität andererseits, das Muster des Ringwurm-Miasmas. Ich schlage als Empfinden für Taraxacum, in dem sich das Empfinden der Compositae mit dem Ringwurm-Miasma kreuzt, Folgendes vor:

Versucht, mit Verletzung, Weh und Beleidigung zu kämpfen. Manchmal vermeidet er es, manchmal akzeptiert er es.

SENECIO

Compositae + Sykose

Abneigung: gegen Familienmitglieder. (Complete)

Abneigung: gegen sich selbst. (Complete)

Beißt, Nägel. (Complete)

Selbstbezogenheit, Selbstgefälligkeit. (Complete)

Egozentrisch. (Phatak)

Traurigkeit, Verzagtheit, Depression, Melancholie, abwechselnd mit Amenorrhoe. (Complete)

Mangel an Reaktion im Urogenitalbereich. (Boger)

In der Behandlung der Gonorrhoe erwähnt.

Die oben genannten Symptome weisen auf die Sykose. Das Gefühl einer inneren Schwäche, das sich im Symptom "Abneigung gegen sich selbst" ausdrückt, und das zwanghafte, fixe Verhalten vom Nägelbeißen sind beispielhafte Kriterien des sykotischen Miasmas. Das Zudeckenwollen ist auch vorhanden, in Selbstgefälligkeit und Egozentriertheit. Es gibt bei Männern und bei Frauen eine starke Affinität zum Urogenitalbereich, und in der Behandlung von Gonorrhoe wird das Mittel auch erwähnt. Das Empfinden der Compositae-Familie, wenn es sich in Senecio mit der Sykose kreuzt, könnte folgendermaßen sein:

> *Vermeidet Weh, Beleidigung und Verletzung durch Zudecken und Sichverstecken.*

SENECIO-FALL

Der Fall ist gekürzt dargestellt, und Hervorhebungen stammen von mir.

Dies ist der Fall einer Frau, 35 Jahre alt, die mich am 2. Februar 2000 aufsuchte. Sie klagte über Kopfschmerzen, sich wiederholende Migränekopfschmerzen. Unter ihrem linken Arm hatte sie schmerzhafte Knoten, die eine Woche vor der Menstruation auftraten. Sie hat Uterusfibrome. Sie beschrieb ihren Kopfschmerz folgendermaßen:

“Sie sind auf meiner linken Kopfseite, es fühlt sich an, als habe mich jemand hart geschlagen oder mir auf die Nase geboxt. Während der Kopfschmerzen kann ich mich auf nichts konzentrieren. Die einzige Weise, auf die ich mir ein wenig Erleichterung verschaffe, besteht darin, dass ich meinen Kopf fest umwickele, und dann muss ich schlafen. Die Kopfschmerzen sind viel schlimmer, wenn ich aus dem Haus gehe; wenn ich daheim bleibe, sind sie geringer. Ich habe das Gefühl, ich werde behindert, denn ich liebe es, Dinge zu unternehmen und andere Orte zu besuchen, aber mit diesen Schmerzen kann ich nirgendwo hingehen und kann mich auch nicht genug konzentrieren, um daheim irgendetwas Kreatives zu tun. Ich bin gerne kreativ beschäftigt. Ich bemale gerne Keramik. Es gibt eine Ausstellung meiner Arbeit. Ich bin ein Modell, und ich genieße das Schauspielern.

In der Vergangenheit sind mir viele unangenehme Dinge widerfahren, und jetzt bin ich zufrieden.”

Nach starkem Drängen redete sie widerspenstig über ihre Vergangenheit. Sie war mit einem Mann verheiratet gewesen, dieser und seine Familie waren Sadisten. Vor drei Jahren war es zur Scheidung gekommen. Es war eine äußerst schmerzhafte Situation gewesen. Ihr war durch diese Vorkommnisse extrem weh getan worden. Sie kehrte mit ihrer Tochter zusammen wieder in das Haus ihrer Mutter zurück. Sie begann, als Modell zu arbeiten, um wieder etwas Selbstvertrauen zu gewinnen und sich zu beweisen, dass sie eine attraktive Frau war. Als Kind war sie immer sehr scheu gewesen und hatte sich in Gruppen nicht wohl gefühlt. Da sie dunkelhäutig war, empfand sie sich als häßlich (Dunkelhäutigkeit wird in Indien meist als häßlich erachtet – Anm. d. Übersetzers) und hatte deshalb starke Minderwertigkeitsgefühle. Bei der Arbeit als Modell lernte sie einen Mann kennen und entwickelte warme Gefühle ihm gegenüber. Sie sagte über ihn: "Er gibt mir Stabilität. Er ist mir gegenüber immer nur am Geben und erwartet dafür nichts. Meine größte Angst ist, dass er stürbe und ich ihn verlöre."

A: Worum geht es bei dieser Angst, ihn zu verlieren?

P: "Ich fühle mich mit ihm zusammen so sicher."

A: Sagen Sie mir mehr dazu.

P: "*Keiner kann mir weh tun* (wenn er da ist). Er ist fähig, sich um all meine Probleme zu kümmern. Es kann mir nichts passieren. *Nichts kann mir weh tun*. Er ist da, um sich all meiner Probleme anzunehmen. Wenn ich in meinem Leben vor Schwierigkeiten stehe, dann muss ich nur ihn rufen und er kümmert sich darum. Manchmal glaube ich, dass ich zu egoistisch bin, denn er ist immer am Geben und ich immer am Nehmen."

A: Was für Träume haben Sie?

P: "Ich bin in einem Haus, in einem großen Haus zusammen mit diesem Mann, und dann kommt seine Frau und jagt mich um das Bett herum. Ich bekomme in dem Traum keine Angst. *Ich denke, es ist spaßig, dass sie mich jagt. Ich habe nicht das Gefühl, dass sie mir etwas antun wolle.*

Ich lese gerne, vor allem über starke Frauen. *Die sind unabhängig und ausschlaggebend. Sie können die Stirn bieten und Nein sagen. Sie machen sich keine Sorgen darüber, ob sie jemandem weh tun.*

Von Kindheit an habe ich einen Wiederholungstraum, indem ich auf etwas sehr Weichem liege – wie auf einem großen Ballon, der *aus etwas ganz Weichem gemacht ist. Er ist sehr groß. Es ist ein schönes Gefühl, und ich liege auf ihm. Eine schönes, wohltuendes Gefühl.*"

A: Wo sonst noch haben Sie dieses schöne wohltuende Gefühl?

P: "*Wenn ich mit ihm zusammen bin.*"

Sie erwähnte außerdem, dass sie zusammen mit den Kopfschmerzen das Gefühl habe, alles werde gefühllos und taub, so als ob jemand in ihrem Innern, direkt über ihrem linken Auge, hämmern und klopfen würde. Schmerzen im rechten Auge, als werde es von etwas Scharfkantigem durchspießt.

In ihrer Anamnese finden sich eine Knieverletzung, Verbrennungen und Verbrühungen.

Ich durchschaute, dass Schmerz mit Gefühlstaubheit zusammenhängt und Weich mit Hart, und dann verstand ich, dass der Fall in der Compositae-Familie daheim war. Ich wusste nicht, was ich geben sollte, und dann dachte ich an Senecio. Ich gab es der Patientin noch nicht, sondern bestellte sie nach ein paar Tagen wieder ein.

Als sie kam, teilte sie mir als Erstes mit, dass sie dauernd stolperte und an Dinge stieß und sich dabei weh tat.

Zum Verständnis des Falls

Im vorliegenden Fall beschreibt die Patientin das Empfinden der Compositae sehr gut, wenn sie von ihren Kopfschmerzen berichtet. Sie sagt, es fühle sich an, als schlage sie jemand hart oder boxe ihr auf die Nase. Wegen der Kopfschmerzen fühlt sie sich behindert und möchte das Haus nicht verlassen. Sie sagt, dass sie, wenn sie das Haus verließe, Schmerzen erleide, so als ob jemand sie schlüge oder prügelte. Deshalb bleibe sie im Haus. Dann heiratet sie einen Sadisten. Die Beziehung zu dem Mann ist sehr schmerzhaft. *Sie fühlt sich durch die Erfahrung zutiefst verletzt.* Sie läßt sich scheiden und findet einen anderen Mann, den sie wie einen Menschen ihrer Wahl beschreibt. Sie hat große Angst, dass sie ihn verlieren könnte, denn an seiner Seite fühlt sie sich sicher, wohl und beschützt, als könne ihr niemand mehr weh tun. Sie mag Geschichten von starken Frauen, die unabhängig und ausschlaggebend sind, die all das sind, was sie nicht zu sein glaubt. Sie erzählt einen interessanten Traum, in dem sie auf etwas Weichem liegt. Sie hat das Gefühl, als sei sie von etwas ganz Weichem umfangen. Als ich das hörte, dachte ich im ersten Augenblick, dass dies das genaue Gegenteil von dem "Empfinden des harten Bettes" sei, das bei Arnica so bekannt ist. Dann brachte sie das Gefühl des ganz weichen Bettes in Zusammenhang mit dem wohltuenden Gefühl, das sie mit ihrem jetzigen Partner erlebte. "Ich habe dasselbe Gefühl, als ob er sehr weich sei und mich völlig umfange." Bei der Beschreibung ihrer Kopfschmerzen erwähnt sie ein Taubheitsgefühl, eine der passiven Reaktionen der Compositae-Familie. Das Gefühl dieser Frau sagt: Ich kann kein Leid aushalten. Alles tut mir zu sehr weh. Ich muss mich zudecken und vor Leid und Verletzung schützen. Mein Mann ist eine weiche, schützende Bedeckung, und ich habe Angst, ihn zu verlieren. – Dies ist das Empfinden von Senecio, dem Kreuzungspunkt des sykotischen Miasmas und der Compositae-Familie.

Verabreichtes Mittel: *Senecio C200, eine Dosis.*

Wiedervorstellung

am 21. März 2000

Die Kopfschmerzen sind deutlich besser geworden. Sie kommen nicht mehr so häufig und nicht mehr so heftig.

Nach einem Jahr ist auch ihr psychologischer Zustand besser. Sie ist stabiler geworden:

6. Februar 2001

"Mir geht es viel besser. Mein Augenproblem ist besser. Der bohrende Schmerz ist verschwunden. Daheim gibt es ein paar Spannungen, zum Beispiel finanzielle, und in der Beziehung zwischen meiner Mutter und Tante. Ich habe das Gefühl, dass ich manchmal ungeduldig bin, obwohl ich mich sehr gebessert habe, glaube ich. Ich bin nicht mehr so in Eile, Dinge zu erledigen. Ich bin früher immer sehr schnell gefahren (mit dem Auto), jetzt ist das nicht mehr so. Ich·bin entspannter. Ich stoße mich nicht mehr dauernd an. Ich fühle mich noch von diesem Mann abhängig."

Bei ihrer letzten Wiedervorstellung sagte sie, sie sei viel entspannter und sie könne mit schmerzhaftem Stress jetzt viel besser umgehen.

Ende des Falls.

ABROTANUM

Compositae + tuberkulöses Miasma

> Gereiztheit: im Allgemeinen bei Kindern mit Marasmus. (Complete)
>
> Auszehrung: im Allgemeinen mit heißem Appetit. (Complete)
>
> Auszehrung: im Allgemeinen mit einem Aussehen von Verschrumpeltsein. (Complete)
>
> Ruhelosigkeit: körperliche, Bewegung verschafft Erleichterung. (Complete)
>
> Tuberkulöse Peritonitis. (Boericke)
>
> Gewalttätigkeit, Heftigkeit, im Allgemeinen. (Complete)
>
> Grausamkeit, Brutalität, Unmenschlichkeit, im Allgemeinen. (Complete)
>
> Böswillig, rachsüchtig. (Complete)

Diese Symptome weisen auf das tuberkulöse Miasma hin, und als Gefühl von Abrotanum, das der Kreuzpunkt des tuberkulösem Miasmas mit dem Empfinden der Compositae-Familie ist, wird das Folgende vorgeschlagen:

> *Bedrückt und erstickt durch Verletzung, Weh und Beleidigung.*

ABROTANUM-FALL

Der Fall ist gekürzt dargestellt.

Dies ist der Fall eines weinerlichen Kindes, das seit drei Wochen an Fieber litt. Seine Körpertemperatur betrug 38.9 Grad Celsius, sein Fieber war die ganze Zeit konstant. Der Zustand hatte schon zu lange angedauert, das Kind verlor Gewicht, obwohl es einen passablen Appetit hatte. Sein Vater beschrieb den Jungen als neugierig und überaktiv, wenn es ihm gut ging; er wolle immer an neue Orte ausgehen. Er konnte nicht an einem Ort verweilen, er war extrem ruhelos. Wenn er an etwas, das er zu tun wünscht, gehindert wird, kann es vorkommen, dass er Leute beißt und schlägt. Wenn er irgendwie gebremst wird, dann wird er sehr gereizt. Ich hatte ihm bereits Tuberculinum und Cina gegeben, keines der Mittel hatte das Fieber beeinflusst. Ich fragte den Jungen, auf was für Speisen er Lust habe. Er sagte, er wolle Brot in Milch getunkt. Unter diesem Symptom fand ich beim Repertorisieren Abrotanum. Zwar hatte ich noch nicht das Empfinden der Compositae, aber ich sah, dass das Mittel aus dem tuberkulösen Miasma ist, mit Neigung zu Unterernährung und Abmagerung. Die Symptome von Böswilligkeit und Grausamkeit bestätigten das tuberkulöse Miasma, und das gab mir das Selbstvertrauen, bei diesem Fall Abrotanum einzusetzen.

Nach Verabreichen des Mittels verschwand das Fieber innerhalb von zwei Tagen, und der psychologische Zustand von Gereiztheit, Grausamkeit und Überaktivität besserte sich.

Ende des Falls.

BELLIS PERENNIS

Compositae + Krebs-Miasma

> Brusttumor oder -krebs nach Verletzung. (Murphy)
>
> Tumoren oder Zysten ausgelöst durch Verletzungen. (Murphy)
>
> Krebsbezogene Leiden. (Complete)
>
> Krebs: der Mammae, ausgelöst durch Prellung. (Complete)

BELLIS-PERENNIS-FALL 1

Die Kursivschrift soll prägnante Redewendungen und Aussagen hervorheben.

Frau B.S., 34 Jahre alt, Hausfrau, Konsultation am 3. April 2000.

Von der Menarche an hatte sie unregeläßige Blutungen gehabt. Es wurde die Diagnose polyzystische Ovarien gestellt.

Seit sieben Monaten hatte sie die kontrazeptive Pille eingenommen; seit sie damit wieder aufgehört hatte, hatte sie keine Blutung mehr gehabt. Sie muss Folutal einnehmen, um eine Menstruation auszulösen.

Gegenwärtig hat sie nur eine Menstruation in drei bis vier Monaten und nur, wenn sie durch Hormonpräparate ausgelöst wird.

Eine Blutuntersuchung hatte erhöhte Prolaktinwerte ergeben, aber jüngere Untersuchungen waren normal ausgefallen. Zu der Zeit, als der Prolaktinspiegel hoch gewesen war, hatte sie einen schmerzhaften Hautausschlag bekommen, der wiederum besser wurde, wenn sie eine Menstruation hatte.

1993 war sie an einem subduralen Hämatom operiert worden. Damals hatte sie für sechs Monate Amenorrhoe.

Vor zwei Monaten hatte sie eine Stauballergie mit konstantem Niesen, mit Brechen ihrer Stimme und mit Kopfweh.

Sie hat häufig Kopfschmerzen mit Erbrechen. Die Schmerzen sind rechtsseitig und werden als hämmernd beschrieben.

A: Erzählen Sie von Ihrem Wesen.

P: "Ängstlich. Ich verliere leicht die Geduld. Intolerant. Früher war ich nicht so. Ich mache mir Sorgen über Kleinigkeiten.

Als ich zum Beispiel fürs Examen lernte, war ich nervlich ein völliges Wrack. Ich war sehr nervös, hatte Magenübersäuerung und fühlte mich ausgetrocknet. Ich wollte in Prüfungen immer sehr gut abschneiden. Ich bin noch nie durchgefallen. Ich wollte immer, dass ich mich noch mehr verbessere. Das ist meine Natur, immer noch mehr und mehr hineinzugeben. Ich wollte noch nie etwas auf die leichte Art gewinnen.

Ich bin der Typ, der sich das Ganze anschauen muss. Vor einer Prüfung muss ich alles noch einmal durchgehen.

Ich war immer sehr gewissenhaft. Ich war immer eine der fünf Besten. Ich hätte es nicht ausgehalten, unvorbereitet oder eine der weniger guten Schülerinnen zu sein. Ich war immer zu sehr unter Spannung. Vielleicht liegt das an mangelndem Selbstvertrauen. Manche Dinge nehme ich sehr ernst, mit anderen kann ich ganz gut beiläufig umgehen. Irgendeine Art von Versagen würde ich sehr ernst nehmen.

Ich habe konstant Angst, dass ich Menschen, die mir nahestehen, Familienangehörige, verlieren könnte."

A: Was ist mit Ihren Träumen?

P: "Ich träume von Toten. Ich kämpfe mit etwas, und etwas anderes hält mich zurück.

Ich kann die Toilette nicht finden.

Ich versuche, einen Zug oder ein Flugzeug zu besteigen, und es gibt immer eine Verzögerung.

Es ist das Gefühl von Unsicherheit. *Bei Verzögerungen werde ich gereizt. Ich möchte immer, dass die Dinge so geschehen, wie sie geplant sind. Ineffizienz und Ungeeignetheit regen mich auf. Ich möchte, dass die Dinge rechtzeitig erledigt werden.* Ich stelle fest, dass Stress prompt meinen Schlaf stört.

Mein Magen fühlt sich übersäuert an, mir ist übel.

Betreffs der Dinge in meiner Umgebung bin ich ein wenig zu eigen geworden. Sauberkeit und Ordnung – betreffs Sauberkeit habe ich eine Manie. Ich will alles in Ordnung haben.

Wenn etwas staubig ist, muss ich niesen, also muss ich alles sauberhalten.

Ich war schon immer aufgeräumt gewesen, aber jetzt hat es bizarre Züge angenommen. In einem Restaurant habe ich unablässig einen Tisch abgewischt. Ich konnte selbst nicht fassen, was ich da tat."

A: Was für ein Gefühl haben Sie, wenn es irgendwo staubig ist?

P: *"Dass es eine Schlampigkeit meinerseits widerspiegelt. Vielleicht ist es das. Ein Gefühl von unaufgeräumt, unordentlich, unsauber – dass ich meine Arbeit nicht anständig mache. Ich möchte, dass das Haus auf eine ganz bestimmte Art saubergemacht wird. Es muss am Morgen sein. Es ist nicht gestattet, untätig herumzusitzen – es behagt mir heutzutage nicht. Früher konnte ich morgens herumhängen, aber jetzt muss ich saubermachen. Ich habe mir einen Stundenplan gemacht und muss ihn einhalten.*

Ich bin ein sehr gefühlsbetonter Mensch, aber ich mag nicht, wenn Leute mich weinen sehen.

Als meine Mutter krank war, war ich innerlich erregt aus Sorge, sie zu verlieren.

Ich wollte in einem Zimmer sitzen und weinen, aber nach außen gab ich mich tapfer.

Ich brach vollkomen zusammen, als mein Bruder einen schweren Unfall erlitt. Es war ein Schock für mich. Als man mich ins Krankenhaus rief und ich ihn dort sah, wurde ich beinahe ohnmächtig und musste mich übergeben. Ich war die einzige Person, die da war. Meine Eltern waren verreist. Ich war ganz im Schock. Ich hatte Angst davor, allein zu sein und ihn allein besuchen zu müssen.

Meine Knie schlugen aneinander. Ich zitterte und bebte die ganze Zeit, aber ich blieb bei ihm. Wenn er hustete, sprang ich auf, und manchmal verlor ich die Beherrschung und musste weinen.

Ich war ganz erschöpft vor lauter Weinen. Es war für uns alle eine schwere Zeit. Ich musste die ganze Zeit bei meinen Eltern bleiben. Für sechs Wochen, durch all die Operationen hindurch war ich bei ihm. Es war eine schwere Zeit.

Wann immer mein Bruder oder meine Eltern ein kleines Problem hatten dann machte ich mir Sorgen deswegen. Ich dachte: Was kommt als nächstes noch dazu? Fragte mich, was als nächstes passieren könne. Wenn es ein wenig ruhig wird, dann bekomme ich das Gefühl, es könnte etwas passieren – *irgendetwas Schreckliches wie zum Beispiel der Unfall, oder jemand könnte sterben oder eine schwere Krankheit bekommen. Alles Mögliche könnte passieren.*

Ich mag Grünes, die Berge, die Weite, das Offene. An einem kleinen engen Platz werde ich klaustrophobisch. In einem Aufzug kann ich mich nicht wohlfühlen. Ich mag Blumen wie zum Beipiel Orchideen. Ich mag Lilien

Rosen mag ich nicht besonders. Ich mag Gartennelken und den Duft von Jasmin.

Dass ich keine Periode habe, macht mich sehr gereizt und ich bekomme Kopfweh. Ich möchte einfach, dass die Dinge normal sind. Ich bin nicht glücklich darüber, diese Hormontabletten einschmeißen zu müssen. Ich muss mich davor hüten, nicht gereizt zu werden. Nach dem Unfall meines Bruders wurde die Menstruation noch unregelmäßiger.

Vor dem Unfall war ich sehr wütend auf meinen Vater, denn ich hatte mich entschieden zu studieren, aber er wollte mich nicht unterstützen."

A: Hatten Sie selbst auch irgendwelche Verletzungen? Irgendwelche Unfälle in Ihrem Leben?

P: *"Als ich neun oder zehn Jahre alt war, hatte ich einen Fahrradunfall. Das Fleisch in meiner Leiste hatte sich eingeklemmt, zwischen der Scheide und dem Oberschenkel, eingeklemmt in einer Feder des Fahrradsitzes. Der Muskel war eingeklemmt. Ich nahm das Fleisch in meine Hand. Ich weinte nicht, bis ich nach Hause kam und alle es sahen und darüber ein Geschrei machten. Dann begann ich zu weinen. Es ist eine große Narbe geworden. Ich kann mich nicht an den Schmerz oder das Blut erinnern. Keiner meiner Muskeln war betroffen. Ich wurde genäht."*

A: Irgendwelche andere Verletzungen?

P: "Nichts außer kleinen Schnittwunden und so."

Verabreichtes Mittel: *Bellis perennis C200, eine Dosis.*

Zum Verständnis des Falls

Wir sehen in diesem Fall *ein auffallendes Bedürfnis nach Sauberkeit, Organisation und Ordnung. Die Patientin sagt, dass dieser Aspekt im Zunehmen begriffen sei – bis zu dem Punkt, an dem sie sogar ihren Tisch im Restaurant sauberwischt. Sie hatte schon immer hart gearbeitet und war immer sehr gewissenhaft gewesen, so dass sie in der Schule gute Leistungen erbrachte. Es ist ihr sehr wichtig, dass sie alles sehr gut ausführt, dass sie Dinge rechtzeitig und nach Plan erledigt. Früher konnte sie morgens herumsitzen und faulenzen, jetzt muss sie sich in Arbeit stürzen, sobald sie aufgewacht ist. Sie beschreibt sich als jemand, der alles selbst erledigen muss und es sich nie leicht macht. Diese Charakterzüge sprechen für das Krebs-Miasma.*

Während der Krise um den Unfall ihres Bruders musste sich sich "nach außen tapfer" geben, innerlich aber war sie "zusammengebrochen", kurz vor der Ohnmacht und dem Sich-Übergeben. Sie musste in dieser für ihren Bruder und ihre Eltern traumatischen Zeit die Kontrolle aufrecht erhalten. Diese Zeit eines Schockerlebnisses war "eine schwere Zeit".

Nach diesem Vorfall blieben ihre ohnehin unregelmäßigen Menstruationen ganz aus.

Sie schildert ihren *Fahrradunfall*, bei dem sie sich den Oberschenkel aufreißt und *sie ein Stück Muskelfleisch in der Hand halten muss, während sie nach Hause läuft.* Die Art und Weise, in der sie darüber redete, war interessant. Sie sagte wörtlich: "Ich hielt den Muskel in meiner Hand und ging die Treppe hinauf. Ich weinte nicht, es hatte mir nichts ausgemacht, bis zu dem Augenblick, in dem die anderen es sich anschauten und ihr Geschrei begannen, und wegen ihres Geschreis begann auch ich zu weinen." *Es ist eine ähnliche Reaktion des Kontrollebewahrens wie beim Unfall ihres Bruder, "nach außen tapfer".*

Der andere bemerkenswerte Aspekt des Falles war das subdurale Hämatom der Patientin, von dem sie zu Beginn der Fallaufnahme kurz berichtete. Sie schien sich nicht des Vorgangs bewußt zu sein, durch den es dazu gekommen war. *Sie konnte sich nicht daran erinnern, dass sie sich gestoßen oder ihren Kopf angeschlagen hatte.* Ohne eine eindeutige Verletzung zu erleiden, entwickelte sie *ein Hämatom, das immerhin so ernst war, dass sie operiert werden musste.* Das zeigt eine ungewöhnliche Empfindlichkeit für Verletzungen.

Alle diese Vorfälle gaben mir Hinweise darauf, dass die Patientin in die Compositae-Familie und das Krebs-Miasma gehörte. Das verschriebene Mittel war Bellis perennis.

Nachsorge

am 7. Dezember 2000

"Nach zweieinhalb Monaten setzte meine zweite Periode ein. Meine erste hatte ich im September. Es ist das erste Mal, dass ich eine Periode bekam, ohne dass ich Hormontabletten nehmen musste. Die Blutungsmenge war etwas geringer.

Die Pigmentierung nimmt immer noch zu. Extra Haarwuchs kommt auch noch vor.

Ansonsten keine wichtigen Veränderungen. Ich bin froh, dass ich meine Periode ohne Medikamenteneinnahme kriege.

Bis jetzt habe ich auch besseren Schlaf und weniger Kopfweh.

Meine Ungeduld hat sich etwas gebessert.

Alles in allem bin ich viel ruhiger. Ich war zu explosiv gewesen. Ich verlor die Geduld ganz oft. Habe immer noch die Neigung loszuschreien.

Früher bekam ich jeden zweiten Tag Kopfschmerzen. Ich kann Sonne oder Hunger nicht aushalten. Jetzt kommen die Kopfschmerzen, wenn ich nicht genug Schlaf kriegen kann. Jetzt kommt das alles nur, wenn ich wirklich müde bin.

Im letzten Monat hatte ich dreimal Kopfweh.

Seit der Operation kriege ich Spannung auf der rechten Seite, aber keine starken Kopfschmerzen mehr."

A: Sie redeten davon, ängstlich und aufgelöst zu sein und sich über Kleinigkeiten Sorgen zu machen.

P: "Das ist jetzt geringer. Vor allem mit meinen Kindern. Es kommt schon noch vor, aber nicht mehr so viel. Betreffs Sauberkeit bin ich immer noch eigen."

A: Was für Träume haben Sie?

P: "Eigentlich keine. Mein Sohn hatte letzte Woche eine Prüfung. Am Tag zuvor wachte ich auf mit dem Gedanken, dass wir noch lernen müssten.

Das Bedürfnis nach Ordnung und Sauberkeit ist sehr stark. Wenn zuviele Leute um mich sind, dann kann ich damit nicht umgehen. Sie machen zuviel Lärm, sie gehen mir auf die Nerven. Es stört mich sehr. Mit der Familie ist es anders, es ist nur so mit Leuten von außerhalb."

A: Sie redeten davon, dass es Ihrer Mutter nicht gut gehe.

P: "Ich bin jetzt etwas entspannter, denn es geht ihr etwas besser."

25. September 2001

"Ich bekomme jetzt alle zwei Monate eine Regel. Ich weiß genau eine Woche vorher, wann sie kommt. Die (Blutungs) Menge ist etwas weniger.

Die letzten zwei Wochen fühlte ich mich ein wenig faul.

Die Kopfschmerzen sind geringer. Mein Appetit ist in Ordnung.

Ich hatte einen Traum: Ich sah einen Regenbogen mit drei Bögen.

Ein anderer Traum: Mein Mann hatte eine Affäre. Er wollte, dass ich die Person kennenlernte und mit ihr zu tun hatte, denn es hatte auch mit der Arbeit zu tun. Ich fühlte mich verunsichert and zornig."

A: Wie kam es zu diesem Traum?

P: "Vielleicht war er ausgelöst durch die Diskussion am Tag vorher. Ich fühlte mich von ihm im Stich gelassen. Ein Gefühl von Hilflosigkeit. Er wollte, dass ich einer bestimmten Situation einfach nachgebe. Er erwartete von mir, dass ich einfach mitgehen würde, und das hat mich sehr in Wut versetzt."

A: Was ist das für ein Gefühl in dieser Wut?

P: "Im Traum wollte er von mir, dass ich mich mit der Lage abfände, was bedeutet hätte, dass ich mich unterordnete. Es geht nicht beides. Entweder ich bin es oder diese andere. Mein Mann sagte, es müsste beides sein."

A: Und warum muss es so sein: entweder Sie oder die andere Frau?

P: "Ich bin nicht bereit zu teilen. Ich bin nicht bereit, mich darauf einzulassen.

Ich fühle mich verunsichert. Was ist, wenn er mich betrügt und ich weiß nichts davon. Was, wenn er wirklich eine ernsthafte Affäre hat?"

A: Erzählen Sie mir mehr von diesem beunruhigenden Gefühl.

P: "Da gibt's nicht viel zu sagen. Es ist Hilflosigkeit. Es ist wie eine unterdrückte Emotion. Ich habe nicht geweint. Es war Angst, pure Angst. Es fühlte sich wie ein Notzustand an und ich musste mit Ruhe darauf reagieren. Das war wirklich ein Thema."

A: Was ist ein Notzustand?

P: "Ich weiß nicht, was das Richtige zu tun ist. Ich bin in einer Situation gefangen, in die ich eigentlich überhaupt nicht hätte hineingeraten sollen. Ich will von ihm, dass er mir sagt, dass er nicht mehr mit dieser Person arbeitet."

A: Wie fühlt sich diese Notlage an?

P: "Eigentlich möchte ich am liebsten weinen."

A: Was passiert da mit Ihnen?

P: "Es ist wie ein Taubheitsgefühl. Ein Gefühl der Kälte in der Magengrube. Wie das Gefühl, das mir die Därme verdreht, wenn ich durch etwas sehr ins Wanken geraten bin."

A: Was ist das, was Sie ins Wanken bringt?

P: "Der Verlust von meinen Liebsten. Tod oder Verlassenwerden von jemand Lieben. Vielleicht ein schwerer Unfall, wie er meinem Bruder zugestoßen war. Irgendetwas, das die Menschen um mich herum betrifft, die Liebsten, ich würde gerne helfen, aber ich kann nichts für sie tun. Das gibt mir das Gefühl der Hilflosigkeit."

A: Nennen Sie mir ein Beispiel einer Situation, in der Sie nichts tun können.

P: "Als mein Bruder seinen Unfall hatte und ich ganz alleine war und meine Eltern nicht da waren. Vor einem Jahr brach mein Sohn sich das Handgelenk. Es war nur ein kleiner Unfall, aber diese Empfindung überkam mich."

A: Im Vergleich zu Ihrem ersten Besuch bei mir, inwieweit ist Ihr Gesundheitszustand jetzt anders als damals?

P: "Ich bekomme die Regelblutung ohne Tabletten – darüber bin ich sehr froh.

Die Kopfschmerzen sind viel seltener geworden.

Ich verliere immer noch die Geduld, mache mir immer noch ein wenig angstvolle Sorgen.

Ich neige dazu, viel herumzuschreien. Ich kann mich jetzt besser beherrschen. Ich habe die Dinge besser im Griff.

Seitdem das Kopfweh geringer ist, habe ich ein Gefühl der Ruhe.

Ich kann mir selber gut zureden, dass eine Situation auch wieder vorübergehen wird.

Die Kopfschmerzen sind 50% besser.

Ich neige immer noch dazu, eine Menge zu unterdrücken. Wenn mir etwas nahegegangen ist. Wenn ich es herausweinte, wäre es besser. Es ist wie eine Blockade. Wenn ich weine, dann beweise ich damit meine Schwäche oder untermauere sie sogar.

Was das Reinemachen betrifft, bin ich jetzt gelassener."

A: Was für eine Bedeutung hat diese Veränderung für Sie?

P: "Eine ganze Menge. Man kannte mich als jemand, der mit der Zahnbürste in Ritzen und Fugen herumputzte."

Der interessante neue Aspekt in diesem Interview ist der Traum der Patientin und ihre Reaktion auf ihn. Wir erkennen, dass für sie eine Verbindung besteht zwischen einer außerehelichen Affäre ihre Mannes, in der er darauf besteht, dass sie sich den Bedingungen anpasse, und dem Taubheitsgefühl, das sie in Momenten von Schock und Trauma erlebt.

Ende des Falls.

BELLIS-PERENNIS-FALL 2

Von Dr. Linda Johnston, bisher unveröffentlicht.

Der Fall ist in ganzer Länge wiedergegeben.

D.J., Junge von 7 Jahren, freundlich und gesprächig.

Bericht der Eltern

"Diesen Monat sind seine Augen rot. Er hat Allergien. Er ist das mittlere von drei Kindern, und er ist ganz Junge. Er klettert und rennt und schwitzt und macht sich schmutzig. Er ist ein guter Schwimmer und Fußballspieler. Er kann kein Chlor vertragen. Wenn er aus dem Wasser kommt, muss er sich abduschen.

Er ist ein fürsorglicher und freundlicher Junge. Er ist sehr intellektuell und liest viel und mag Mathematik. Er ist der erste, der seine Sachen erledigt kriegt. Er kann gut organisieren. Er ist zum Beispiel am Abend der erste, der ins Bett kommt. Er möchte dauernd neue Dinge ausprobieren.

Mit den Mädchen in der Schule hat er Probleme. Sie mögen ihn, aber er will, dass sie ihn in Ruhe lassen. Er hat einen guten Umgang mit einer Kerngruppe von fünf Freunden, muss sie aber nicht dauernd um sich haben. Beim Angeln hat er Glück. Bei den Verwandten ist der der Familienliebling. Er ist der nette Kumpel, den man gern um sich hat.

Er wacht auf mit Niesen und reibt sich Nase und Augen. Nach dem Schlafen hat er immer Krusten in den Augen. Er geht ins Bett mit Niesen, und für eine Weile musste er sich dauernd räuspern, als stecke etwas in seiner Kehle. Er beschwert sich nicht viel. Er hat immer Papiertaschentücher bei sich am Bett.

Es regt ihn auf, wenn er etwas baut und andere es kaputtmachen. Er hat wenig Toleranzspielraum, wenn andere ihm etwas wegnehmen. Er ist ein Perfektionist.

Er hat eine Vorstellung davon, wann er etwas erreichen will, und strengt sich dann an, es auch zu erreichen.

Er will alles ganz richtig machen. Als er sprechen lernte, war er oft frustriert, und wenn er etwas nicht verstand, wurde er noch zorniger.

Er kann sehr physisch werden und für eine Weile schlug er Leute. Dann brachten wir ihm bei, sich zu bessern. Wir korrigierten ihn, und es funktionierte. Er stellte etwas an, die anderen Kindern warfen ihn zu Boden, und er wurde frustriert. Als die Kinder aber lernten, es auszudiskutieren, wurde es besser. Jetzt ist er liebevoller und verschmuster.

Ein Jahr lang hatte er Angst vor Vulkanen. Sie jagten ihm Angst ein. Er ist waghalsig und er liebt die Dunkelheit.

Er hatte kein Problem mit der Trennung (vom elterlichen Bett). Als er ein Jahr alt war, trennte er sich ganz leicht von uns. Er hatte auch nie Angst vor uns. Er war herausfordernd und frech. Er lernt schnell und passt sich leicht an. Er hat einen starken Gerechtigkeitssinn. Oft kommentiert er seine Beobachtungen mit Bemerkungen, wenn etwas nicht gerecht ist. Wenn seine Schwester zum Beispiel Nachtisch erhält und er nicht, oder wenn jemand einen Vorteil erhält gegenüber ihm, dann regt er sich auf. Beim Zubettgehen möchte er, dass alle die gleiche Behandlung erfahren. Er mag es nicht, wenn er glaubt, jemand anderes erhielte mehr als er.

Die Schwangerschaft war einfach und leicht. Ich hatte keine Übelkeit. Ich hatte bereits ein zweijähriges Kind, das herumrannte, und ich blieb recht aktiv. Er war das einzige von drei Kindern, das ohne Mekonium zur Welt kam. Im achten Monat der Schwangerschaft zogen wir um. Ich bewerkstelligte den gesamten Umzug alleine. Wir mussten uns von dem Erdbeben erholen, das unser Haus zerstört hatte. Das Geschäft hielt uns auf Trab, und es dauerte sechs Monate, bis wir das Versicherungsgeld für Hausreparaturen und Anstrich erhielten. Ich war in Hochstimmung, denn unser neues Haus war größer. Es gab einen Zeitpunkt, da glaubte ich, es sei alles zu schwer, denn mein Mann arbeitete zu viel. Ich war aufgeregt wegen des neuen Hauses und wegen des Babys. Als das alte Haus zerstört wurde, war ich sehr betroffen gewesen.

Als das Erdbeben einsetzte, waren wir gerade dabei, uns zum Essen zu setzen. Ich sagte, hol schnell das Baby, und wollte das Zimmer verlassen und nach draußen. Mein Mann ging in die Nachbarschaft, um das Gas abzudrehen. Alles Porzellan ging kaputt, aber wir überlebten. Wir waren bestürzt, aber wir waren zusammen und unser Geschäft florierte. Es war kein Trauma für mich.

Er kam zwei Wochen nach seinem errechneten Termin, und man musste die Geburt spät in der Nacht einleiten. Ich hatte keine Wehen. Die Geburt ging schnell vonstatten und war die leichteste. Mein Vater, meine Mutter und mein Mann waren dabei. Wir wussten nicht, dass es ein Junge sein würde, und als er dann geboren war, waren wir alle glücklich. Sein Geburtsgewicht betrug 4 kg. Als er beschnitten wurde, schrie er sehr. Ich war im Raum nebenan und ich wünschte, ich wäre bei ihm gewesen. Er hatte einen Schrei losgelassen, der einem das Blut gerinnen ließ.

Er mag Cartoons mit Kampf und Gewalt und Kungfu und er liebt es, sich Wettkämpfe anzuschauen.

Bis zu seinem dritten Lebensjahr hatte er bei Fieber manchmal Krampfanfälle. Den ersten im Alter von zwei; insgesamt hatte er drei Anfälle. Er hatte Fieber von 39 Grad Fieber und darüber. Im Krampfanfall wurden seine Arme heftig geschüttelt. Seine Augen rollten nach hinten oder waren halb geschlossen, und er hatte Speichelfluss.

Im Alter von drei fiel er von einer Schaukel und biss sich eine Wunde in die Lippen. Mit vier hatte er Windpocken. Er hatte es in den Augen, im Mund, in den Handflächen. Er weinte nicht. Er ist hart im Nehmen.

Die meiste Zeit möchte er mit seinen Freunden spielen. Er denkt, er sei gut in Karate und er sei der beste Karatekämpfer.

Wir sind so sehr dagegen, körperlich zu werden. Er kann sich alles erlauben und bekommt trotzdem keine Schläge. Oft bittet er darum und wir tun es dann zum Spaß. Er möchte zurückschlagen. Als Baby war er sehr ernst. Man konnte ihn kitzeln und er lachte einfach nicht. Er musste das Lachen erst lernen."

Gespräch mit D.J.

"Ich habe wirklich ganz schlimme Allergien. Manchmal ist meine Nase blockiert und meine Augen werden rot. Ich fange mir eine Menge Keime ein und muss viel niesen. Es regt mich wirklich auf. Manchmal wenn ich Wasser trinke, habe ich eine verstopfte Nase und kann nicht richtig atmen. Die Nase und die Augen jucken manchmal. In meinen Augen und in meiner Nase habe ich oft grüngelbe Krusten, nicht besonders flüssig. Es trocknet aus. Ich huste auch, aber nicht sehr viel. Meine Kehle juckt, und wenn ich huste, ist es besser. Meine Augen sind am schlimmsten morgens, aber nachmittags geht meine Nase zu. Manchmal wache ich in der Nacht auf, um Wasser zu trinken.

Ich treibe gerne Sport und ich versuche, dabei ins Schwitzen zu kommen, weil ich das mag. Es fühlt sich an wie – nun, ich mag es halt. Ich springe hoch und halte mich irgendwo fest und mache Klimmzüge, auch Liegestützen und Bauchbeugen und Rennen. Ich spiele Fußball. Ich bin nicht der Beste in meiner Mannschaft, aber einer der Besten. Manchmal schwitze ich schon, bevor ich spiele, denn draußen ist es heiß. Wir haben noch nie verloren. Ich bin immer guter Laune. Wir machen acht bis zehn Tore.

Es gibt nicht viel, das mich aufregt. Manche Leute gehen mir einfach auf die Nerven, und dann sage ich halt. Ich gebrauche Worte. Wenn sie immer wieder dasselbe zu mir sagen, dann sage ich: Halt, hör auf damit. Und wenn sie dann nicht aufhören, dann geht mir das auf die Nerven.

Ich mag lustige Cartoons, wie dasjenige von dem Typen, der sich über alles lustig macht. Ich mag auch diejenigen von den starken Kerlen, die versuchen, die Welt zu retten. Es gab mal eines über einen Jungen; der trainierte eine Menge. Es gab einen glatzköpfigen Kerl, der der stärkste Mann der Welt war. Dieser trainierte den Jungen, und dieser wurde zum stärksten Mann der Welt. Er lacht eine Menge. Seine Großmutter starb. Dann wird aus dem Jungen ein Gorilla, es wächst ihm ein Schwanz, und als sie ihm den abschneiden, verwandelt er sich wieder in sich selbst. Er isst viel. Er rettet die Welt und es macht ihm Spaß. Da draußen gibt es eine Menge Ungeheuer. Als er groß wird, ist er ein Engel. Er hat zwei Söhne. Es gibt Ungeheuer, die die Welt vernichten wollen. Er kann manchmal Schockwellen von einem blauen Zeug losschicken, das kommt aus seinen Händen. Wen es trifft, der verbrennt. Er kann mit mentalen Kräften einen Berg in die Luft heben. Er kann in zehn Sekunden einen riesigen Felsen bewegen. Er macht viele Wettkämpfe mit, zum Beispiel um rauszufinden, wer den meisten Kuchen essen kann oder wer die meisten Diamanten findet. Es gibt auch Wettrennen.

Manchmal laufe ich mit meinen Freunden um die Wette. Gewöhnlich ist einer der Gewinner, und das bin ich gewöhnlicherweise. Ich zeige ihnen, wie man schnell rennt. Man muss nur die Knie auf die richtige Weise bewegen. Das bringe ich ihnen bei. Ich kann auch Handstand machen und Radschlagen.

Ich habe eine Menge Freunde. Viele Mädchen sind ganz verrückt nach mir. Ich renne vor ihnen weg, denn sie jagen mich immer.

Ich träume von Dingen, die es nicht gibt.

Ich mag verschiedene Cartoons wie zum Beispiel Bugs Bunny oder Daffy Duck. Ein anderes (Cartoon) handelte von einem Schwammklümpchen, das karierte Hosen trug. Ein Schwamm mit Hosen! In einem anderen (Cartoon) ging es um einen Jungen, der in einer Rakete in einer Welt flog, wo es Monster gab, zum Beispiel winzige Giraffen. Ein Kaninchen las in einem Buch und benutzte eine Karotte als Lesezeichen.

Ich hatte einen Traum, in dem meine Eltern sich in Zombies verwandelten. Meine Freunde waren alle auf einer Reise. Wir kamen nicht mit, denn wir reisten um die ganze Welt. Wir reisten von Cartoon zu Cartoon. Meine Lieblingsfiguren aus den Cartoons verwandelten sich einmal alle in Menschen mit Augen. Ich musste sie in reguläre Cartoonfiguren verwandeln. Manchmal in meinen Träumen denke ich mir Dinge aus.

In meinem Zimmer hörte ich einmal einen Geist, wie er sich ein Papiertaschentuch nahm. Viele meiner Freunde sehen Gespenster. Einmal sah ich ein schwarzes Gespenst. Gespenster haben Angst vor Menschen, und Menschen haben Angst vor Gespenstern. Ich hörte, wie der Geist sich ein Papiertaschentuch nahm und dann wieder wegging. Ich blieb die ganze Nach über wach. Ich konnte keinen Schlaf mehr finden. Ich wartete und am Morgen wusste ich nicht einmal, ob ich überhaupt geschlafen hatte.

Manchmal zähle ich Schafe, wenn ich nicht einschlafen kann, und manchmal hilft's. Ich komme nicht bis tausend und schlafe schon ein. Ich spiele gerne mit meinem Hund. Ich habe eine Allergie auf Tiere. Es ist gut, wenn man Tiere hält und wenn welche im Haus sind. Man braucht sie. Man braucht sie, damit bestimmte Keime im Haus sind. Sie helfen, dass man nicht so leicht Allergien bekommt. Man hält sich gesund, indem man sich sauberhält, und wenn man auf sich aufpasst, kriegt man keine Allergien. Manchmal muss man etwas benutzen, um das Haus in Schuss zu halten. Es ist nur richtig, wenn man den Mittelweg geht, nichts zu viel und nichts zu wenig. Ein Hund hat bestimmte Keime. Es ist gut, dass man einen hat, denn ein Zuviel an guten Dingen (zuviel Hygiene) kann zu Krankheiten führen. Man muss einfach auch ein wenig schlechtes Zeug haben wie zum Beispiel ein paar schlechte Keime oder irgendetwas, worauf man Allergien bekommt. Wenn man etwas zu nahe kommt, das man noch nie kennengelernt hat, dann kann man krank werden.

Man sollte nicht zu gut werden. Es ist gut, ein paar Tiere im Haus zu haben. Ein paarmal kam eine Maus in unser Haus, und wir fingen sie in einem Klebstoff. Ihr Gesicht war im Klebstoff und ihr Körper schaute noch heraus. Ich fühlte mich schlecht. Vater musste sie wegwerfen. Einmal fuhren wir zu einem Ort in einer Bucht, wo ich Kaulquappen fing. Ganz schnell, innerhalb von fünf Tagen wurden aus ihnen Frösche. Als ich angeln ging, find ich einen Fisch von 16 Pfund. Meine Tante hatte Angst, dass er wieder weghüpfen könnte. Ich fing einen Sechzehnpfünder und kam damit in die Zeitung. Ich war ganz stolz auf mich. Vater fing einen Zwanzigpfünder. Ich nahm die Zeitung mit in die Schule, denn ich hatte gesagt, dass ich einen Fisch gefangen hatte."

A: Erzähl mir etwas mehr von den Keimen.

P: "Es gibt gute und es gibt schlechte. Man fängst sich schlechte Keime ein, oder jemand anderes fängt sie. Dann hat derjenige die schlechten Keime in sich. Manchmal können Keime helfen und machen, dass es einem besser geht.

In Mathematik bin ich einer der Besten in der Klasse. Ich muss weiterlernen, indem ich jetzt das Einmaleins lerne. Ich frage mich, was sie mir im Mathematikunterricht beibringen wollen. Ich bin jetzt in der ersten Klasse, und der Lehrer weiss, dass ich so gut bin. Ich habe es auch anderen in der ersten Klasse gesagt und ich versuche, es den anderen beizubringen.

Mein Lieblingsfilm ist "Princess Bride". Darin ist ein Kerl wie Zorro angezogen und es gibt Schwertkämpfe. Es gab einen Ringerprofi und dieser sagte: Bringt mich zum Anführer. Er war wie ein Gespenst angezogen, und alle hatten Angst vor ihm. Da kam der andere Bursche und rettete die Prinzessin. Es gibt einen Großvater, und dieser erzählt einem Jungen die Geschichte, und es geht um eine Prinzessin und einen Burschen auf einem Bauernhof, und er zieht los, um zum Kampf in das Königreich zu gehen. Er musste die Welt retten. Es gab einen Zweikampf darum, wer das Gift trinken sollte. Ein Held kann nicht vergiftet werden, und er nahm die Prinzessin mit, und sie wusste nicht, dass er es war. Dann erkannte sie, dass er es war, und sie rannte da hinab. Sie waren in einem großen Sumpf und kämpften mit einer riesigen Ratte. Ich mochte das, als der Bursche immer wieder dieselben Dinge sagte. Er wurde erdolcht und griff sich an die Brust, wo er die Wunde hatte, und er starb. Aber in Wirklichkeit lebte er noch und konnte wieder geheilt werden. Am Ende sprangen sie alle aus dem Fenster. Am Ende küssten sie sich, und diesen Teil mochte ich nicht."

A: Kannst du dir etwas vorstellen, was dir wirklich große Angst macht?

P: "Das Ungeheuer im Film vom Sechsten Sinn, das war wirklich angstmachend. Ich habe keine Angst vor ihm. Ich habe vor überhaupt nichts Angst. Geister sind nett, und ich muss vor nichts Angst haben. Ungeheuer gibt es wirklich, und sie machen einem nichts. Sie leben nicht unter dem Bett. Die Ungeheuer sind nett. Meine Mutter sagte, sie habe eine Menge von ihnen unter ihrem Bett gesehen und es seien alles nette Monster. Jetzt sieht sie sie nicht mehr. Sie sind nett. Filme sagen immer, dass Monster es nicht seien, aber das ist nur in deren Vorstellung. Meine Vorstellung ist anders. Jemand anderes kann ruhig meinen, dass sie gemein seien. Es müssen nicht alle gleich sein. Ich habe keine Angst vor ihnen. Ich habe keine Angst vor Elefanten. Die meisten Leute haben keine Angst vor dem Unding in "Scream". Er wollte keine Tricks machen. Er hatte Angst, dass Scream seinen Kopf abschneide und dass er sterbe.

An Halloween werde ich als Ninja gehen. Ein Ninja ist ein Krieger im alten Japan. Ein Samurai ist noch besser und ist der beste Kämpfer in ganz Japan. Ninjas sind wie Affen. Sie tun niemanden weh, wenn auch sie nichts angetan bekommen. Sie sind wie eine Art Polizei."

A: Kannst du mir noch mehr von den Ninja erzählen?

P: "Die sind "cool". Ich kann wirklich wirklich sehr hoch hüpfen und schwingen. Ich fühle mich wie Jackie Chan. Das ist der berühmte Karateheld, er ist wirklich gut. Er spielt in einer Menge Filme mit. In all den Filmen, die ich mir angeschaut habe. Ich glaube, ich stürbe, wenn es jetzt einen richtigen Weltkrieg gäbe. Es gibt da draußen eine Menge harter Kämpfer und die sind mir überlegen. Ich bin nicht so stark.

George Washington war in einer Schlacht mit der Flotte, und die sind wirklich hart im Nehmen und sie weinen nicht. Die haben keine Angst vor Haien. Sie sind in der Lage, sie zu schlagen. Sie sind stark. Man hat mir vom stärksten Mann der Welt erzählt. Der könnte mich aus dem Fenster auf die Straße werfen. Ein Freund hat mir das gesagt.

Ich spränge einfach ins Wasser, so dass er mich nicht sehen könnte, und dann kämpfte ich wieder mit ihm. Ich könnte mich teleportieren lassen ins Wasser. Und sie würden woanders nach mir suchen, und ich könnte sie von hinten angreifen. Ich würde verlieren, falls er härter ist, als ich es bin."

A: Was heißt das, härter, härter im Nehmen?

P: "Er könnte mir weh tun. Ich würde die Schlacht verlieren und dann wäre ich nicht glücklich. Manchmal, wenn man bei einem Wettrennen dabei ist und es nicht recht macht, dann verliert man all sein Geld. Dann muss man ganz von vorne anfangen und dann ist man nicht froh.

Mein Lieblingstier ist ein Hund, und meine Lieblingsspeise ist Kuhfleisch. Ich weiß nicht, ob es Bullenfleisch war (was ich aß). Du weißt schon, ein Kuh-Junge. Die sind normalerweise schwarz mit Hörnern. Und sie haben einen Ring durch die Nase, damit sie hart aussehen."

A: Was heißt das, hart?

P: "Das heißt, dass man wirklich stark ist und dass man nicht weint. Man weint nie. Wenn jemand dich eine Klippe hinunterwirft und du fällst hinunter und brichst dir alle Knochen und du weinst nicht, dann bist du wirklich hart."

A: Warum ist das so wichtig, das Hartsein?

P: "Wenn jemand einem weh tun will oder wenn ein Räuber einen mitschleppt und man kann ihn nicht schlagen und wenn man nicht hart ist, dann wird einem weh getan und er würde einen umbringen. Man muss ihn zur Polizei bringen, damit er verhaftet wird. Hart zu sein und nicht zu weinen und stark zu sein, das kann dir manchmal das Leben retten. Wenn man hart ist, dann kann der Räuber einen nicht verschleppen und aushungern."

A: Was ist das Gegenteil von hart?

P: "Schwach. Wenn dich jemand knufft und du weinst, weil es weh tut. Das ist nicht hart. Wenn du nicht schnell rennen kannst und einer zieht dich an den Haaren und du weinst."

A: Und warum ist das nicht gut, wenn man schwach ist?

P: "Dann kann man sterben. Ein Räuber könnte dich mitnehmen und dir nichts zu essen geben und dich fesseln und kochen. Die Armen, die waren Räuber, weil sie nichts zu essen hatten, und weil sie nichts als Blätter zu essen hatten und einmal etwas mit einem besserem Geschmack und viel davon haben wollten. Sie töten eine Kuh oder einen Menschen, damit sie etwas zu essen haben."

A: Kannst du mir ein Beispiel von einem besonders harten Menschen nennen?

P: "Wenn dich jemand durch die Luft schmeißt und du fliegst zehntausendmal um die Welt und dann fällst du auf Beton. Wenn er dich am Hemd zieht, dann fliegst du durch das Weltall und schlägst gegen den Mond und die Sonne. Das wäre hart."

A: Und warum wünscht man sich, hart zu sein?

P: "Man will seine Macht zeigen, und man will zeigen, dass man einem, der schwach ist, weh tun kann. Man kriegt Ärger, und Mutter und Vater werden einen anschreien und bestrafen, wenn man sich einen Schwächeren vorknöpft. Der Schwache tut sich weh und er verrät das, und dann kommt man in große Schwierigkeiten. Bevor man so etwas tut, sollte man gut nachdenken. Man muss ein guter Freund sein."

A: Warum wünscht man sich eigentlich, dass man hart ist?

P: "Man denkt, man ist der Stärkste und kann damit angeben. Dann sagt einer zu seinen Freunden: Kommt, wir wollen uns die Kleinen vornehmen. Das ist keine gute Idee. Aber er will ihnen wehtun, um zu zeigen, dass er stärker ist. Er will ihnen eine boxen, und sie fallen um. Er will ihnen einfach nur wehtun. Und wenn die Polizei ihn verhaftet, dann muss er ins Gefängnis. Gefängnis ist kein Spaß. Sie behalten dich da drin, damit du keine bösen Dinge mehr tun kannst."

A: Was für böse Dinge?

P: "Ein Feuer machen oder jemanden umbringen. Das ist wirklich böse. Man jagt kein Flugzeug in die Luft, denn da könnte jemand drin sein. Da war ein cooler Kerl und er wollte cool sein. Die coolen Burschen waren böse und sagten, er solle das Flugzeug in die Luft jagen, damit er mit den coolen Jungs in einem Team sein könnte. Manchmal ist es gut, dass man sich selbst ist und nicht jemand anderes. Innerlich sind sie immer sie selbst. Er würde nachdenken – ich bin nicht so schlau. Ich wäre besser ich selbst und sollte nicht mit dem coolen Kerl mitlaufen. Sie gehen mit den coolen Jungs, damit sie Mädchen haben können wie diese. Ich mag die Mädchen nicht. Ich mag meine Mutter und meine Familie. Die Mädchen, die so wild nach mir sind, die sind verrückt. Sie jagen mir immer nach und sagen, ich sei hübsch. Manchmal mache ich mir die Haare auf eine bestimmte Art, was sehr gut aussieht. Sie sollten jemanden deshalb gernhaben, weil er ein guter Freund ist (und nicht, weil er gut aussieht)."

A: Was ist ein guter Freund?

P: "Man muss lustig sein und freundlich. Wie man aussieht, das ist egal. Wenn man eine gute Persönlichkeit hat und wirklich schlau ist und Leute zum Lachen bringt, dann mögen sie einen."

A: Was ist daran so wichtig, dass man dich mag?

P: "Du bist ein guter Freund und du solltest darüber glücklich sein. Alle sagen dann, dass du ein netter Junge bist. Du musst dir etwas einfallen lassen, dass du dich selber magst. Wenn du nett bist, dann mögen die Leute dich."

A: Was ist daran so wichtig, dass die Leute dich mögen?

P: "Manchmal fängt es einfach damit an, dass man ein guter Freund ist. Es ist nicht wirklich wichtig. Sei einfach du selbst und sei immer ein guter Freund. Selbst wenn du nichts dafür kannst, sei einfach ein guter Freund, und dann kommt mehr dabei heraus."

A: Was ist ein guter Freund?

P: "Diejenigen, die das Durcheinander aufräumen, das sie gar nicht selbst gemacht haben, und du bindest ihnen die Schnürsenkel, wenn sie es nicht selber können. Du hilfst ihnen. Die Lehrerin ist nett und sie lässt mich Dinge tun, die andere nicht tun können. Manchmal sagt sie zu den Eltern, dass sich gut sei, und dann kriege ich Extras. Ich zeige ihnen, wie man ein guter Freund ist. Es ist nett. Man muss ein guter Freund sein, selbst wenn man jemand nicht mag. Man muss mit ihnen spielen. Wenn sie einsam sind, dann sollte man Freundschaft schließen. Man kann nicht einfach sagen: aber sie haben hässliche Klamotten. Man muss herausfinden, wie sie eigentlich sind. Man kann sie nicht einfach aburteilen. Um ihnen ein guter Freund zu sein, muss man die Dinge für sie tun, die sie selbst nicht gerne tun. Wenn sie gemein zu dir sind, dann musst du trotzdem nett zu ihnen sein. Dann merken sie, dass ich nicht ihre Gefühle verletzen will, und dann sind sie nett zu mir."

A: Was ist das Gegenteil von einem guten Freund?

P: "Ein schlechter Freund schmeißt den ganzen Unrat auf den Tisch und lässt andere für ihn saubermachen. Sie lassen andere für sich arbeiten. Sie wollten, dass die anderen auch die Hausaufgaben für sie erledigten, und das war gemein."

A: Was ist gemein?

P: "Es ist gemein, wenn man sagt, dass man kein guter Freund sein möchte oder dass man nie ein Freund sein wird oder wenn man einen anlügt."

A: Kann ein harter Kerl ein guter Freund sein?

P: "Manchmal kann er ein Freund sein und seine Energie für einen wirklichen Notfall aufbewahren, zum Beispiel wenn dich jemand überfällt und du musst davonrennen. Du musst dich durchschlagen, damit sie dich nicht fangen und dir nichts antun können.

Es ist gemein, wenn ich wirklich nett bin, und sie sagen zu mir, ich sei blöde, obwohl ich versuche, nett zu ihnen zu sein. Ich gab diesem Mädchen die Murmeln, weil sie sie mochte. Ich wollte nett zu ihr sein, so dass sie auch nett zu mir sei. Sie war gemein zu mir, denn sie wollte nicht, dass ich wüsste, dass sie verrückt nach mir war. Ich wusste es aber, denn sie schlug mich. Und am nächsten Tag war sie gemein zu mir. Ich fühlte mich schlecht. Ich wusste, dass es wahr war. Ich versuchte, sie zu ignorieren. Ich hatte nicht erwartet, dass sie mich anlügen würde, so dass ich dächte, sie sei nicht verrückt nach mir. Jetzt glaube ich erst recht, dass sie verrückt nach mir war. Jemand wird sich lustig über sie machen.

In der Vorschule, da war ein Mädchen mit einer Brille, und ich mochte sie wirklich. Ich bin ihr nachgelaufen, und das war nett und es war eine gute Erfahrung. Jetzt bin ich nach überhaupt niemand mehr verrückt.

Ein Freund ist einer, der nett zu mir ist. Sie müssen nicht gut aussehen. Ein Freund tut einem nie weh. Sie sind nett, eben gute Freunde. Sie (das

Mädchen in der Vorschule) war schlau und ich mochte sie. Irgendwie ist es keine gute Idee, nach jemand verrückt zu sein, nur weil er gut aussieht. Das ist, was die meisten Mädchen machen. Ich mag sie, wenn sie nett sind und lustig und mich nicht herumkommandieren."

A: Was ist so wichtig daran, Spaß zu haben?

P: "Die meisten Leute mögen einen, wenn man lustig ist und Spaß hat. Selbst wenn niemand ihn mochte, könnte ich ein guter Freund für einen sein. Ich möchte niemanden in seinen Gefühlen verletzen."

A: Was verletzt die Gefühle?

P: "Ich versuche, ihnen zu helfen. Wenn jemand Probleme hat, dann versuche ich, sie zu lösen."

A: Was ist, wenn jemand keine Freunde hat?

P: "Dann wartet er darauf, dass jemand in sein Leben kommt. Er sitzt allein an einem Tisch und alle reden und er ist einsam. Es gibt sicherlich jemand, der weiß, dass er freundlich ist, und der ein guter Freund sein will. Gestern fand ich einen (neuen) Freund. Er war nett zu mir, und ich schloss Freundschaft mit ihm. Jetzt teile ich meinen Imbiss mit ihm und spiele mit ihm und manchmal setze ich mich neben ihn."

A: Wie verletzt jemand deine Gefühle?

P: "Wenn jemand etwas in die Schule gebracht hat, um es herumzuzeigen, und niemand mag es und deshalb stellte niemand irgendwelche Fragen dazu. Ich wollte nicht ihre Gefühle verletzen, weil sie sonst weinte, und deshalb habe ich danach gefragt. Man ist verletzt, wenn man keinen Freund hat. Auf diese Weise wird Menschen weh getan."

A: Warum sind Freunde so wichtig?

P: "Dann hat man jemand, der einem hilft und mit dem man spielen kann. Es ist schlimm, wenn man da sitzt und niemanden hat. Dann fühlt man sich schlecht; es fühlt sich an, als fehle einem etwas. Da bleibt im Innern etwas leer. Was man wirklich will, mehr als alles in der Welt, ist ein Freund. Sie tun eine Menge Gutes für einen. Manchmal ist man gemein zueinander und muss das wiedergutmachen. Es wäre gemein, wenn man nicht den Imbiss miteinander teilte, oder wenn man man einen einfach stehen ließe. Dann könnten sie feststellen, dass man sich gegenseitig vermisst, und man geht zurück und sagt, dass es einem leidtut.

Unsere Mannschaft hat noch nie ein Spiel verloren, und die sind rauh. Wir machen die meisten Tore. Der beste Spieler ist Andrew. Manchmal schieße ich den Ball über das Tor. Wenn mir das passiert, dann lachen alle und ich lache auch."

A: Erzähl mir von den Ninja-Kriegern.

P: "Sie retten die Welt. Japan ist wirklich cool. Ich mag die Sprache, und die sind stark. Es ist cool, dass die alten Krieger in Japan sind. Sie kommen manchmal in Büchern vor und sie tragen schwarze Kleidung. Sie kennen Tricks und treten nach Leuten und gegen Wände."

A: Was meinst du mit stark?

P: "Sie sind stark. Wenn irgendjemand, zum Beispiel Fremde, sich dich aussuchten und dich mitnehmen wollten, dann könntest du sie treten und und sie verletzen. Du könntest ihnen die Hände abhacken."

A: Was wäre das für eine Situation, wenn du kein Essen hättest?

P: "Manche Leute haben nicht viel zu essen, und das ist nicht gerecht. Vielleicht möchte der Präsident, dass alle von allem etwas haben, damit es gerecht ist. Nur weil wir Geld haben, bedeutet noch nicht, dass wir auch Essen haben können. Wir sollten Sachen kostenlos für die Armen haben und für die, die nicht klug genug sind. Es sollte Essen für alle dasein.

Ich träumte von einem großen Feuer in meinem Haus. Meine Freunde waren drinnen. Der Vater eines Freundes ist bei der Polizei und er benahm sich wie ein Feuerwehrmann. Das Feuer ging rasch höher. Ich rannte hinaus und sprang über die Mauer. Einer meiner lustigen Freunde stand da und fiel hin. Ein Junge spritzte mit einem Schlauch herum, aber er zielte nur nach einem Kürbis und da war ein Handkarren. Ich sah sie nicht richtig. Da waren nur ich und meine Schwester. Ich nahm sie nach draußen und schaute nach, ob sie verletzt waren. Wir reparierten das Haus. Wir waren alle in anderen Häusern. Die anderen haben ihre alten Häuser, denn sie hatten kein Feuer.

Ich fühlte mich verrückt an und mein Herz schlug heftig und ich rannte sehr schnell. Ich fühlte den Druck. Der Schweiß lief mir über das Gesicht. Wenn man rennt und es ist wirklich heiß, dann rast das Herz."

A: Erzähl mir von dem Affen.

P: "Er erinnert mich an Verrücktsein. Sie sind verrückt. Sie klettern an Stäben und Bäumen hoch. Auf den Gittern gehen sie rauf und runter. Das sind coole Tiere. Manche sind klein und manche sind groß. Sie sind stark wie Gorillas. Sie können dich umhauen und du kannst davon sterben. Manchmal trommeln sie auf einer Kokosnuss und schaukeln in den Bäumen. Es wäre lustig, ein Affe zu sein."

A: Warum müsste jemand die Welt retten?

P: "Damit sie nicht zu Ende geht und die Menschen nicht sterben müssen. Genauso wie man eine Person rettet und sich dann sehr gut fühlt und stolz auf sich sein kann."

A: Wer ist der Schwächste?

P: "Derjenige, der behauptet, eine leichte Berührung sei schon ein ganz fester Schlag. Sie könnten sich weh tun und dann sterben und sie möchten das nicht und das ist schlimm. Sie rennen weg und verstecken sich. Die Starken, wie zum Beispiel ein Räuber, die können ihnen weh tun. Die meisten

Menschen sind schlau genug und benutzen es (das Starksein) nur im Notfall.

Das Buch, das ich gerne lese, handelt von etwas ganz Gemeinem, das die Herrschaft über die Welt bekommt. Wenn man mit dem Finger schnalzt, dann verwandelt man sich in einen Superhelden und hält alle Verbrechen an. Superhelden können die Welt retten. Deshalb nennt man sie so. Sie sind stark und sie sind Helden und das heißt, sie retten alle."

A: Und aus welchem Grund wollte man irgendjemanden schlagen?

P: "Sie sollten besser zweimal denken und es (das Schlagen und Starksein) sich für den Notfall aufheben und es nicht einfach so tun. Sie sollten darüber eine Weile nachdenken. Falls ein Räuber käme und er dich mitnehmen wollte, dann könntest du ihn schlagen und die Polizei rufen. Oder er könnte sie schlagen, falls sie ihm nicht irgendetwas zum Naschen geben wie zum Beispiel einen Keks. Wenn jemand ein guter Kämpfer werden will, dann kann er solange Boxen üben, bis es ihm weh tut. Wenn jemand seinen Freund schlägt, dann kann er zurückschlagen. Wenn einer seinen Freund geschlagen hat und er ist schlau, dann bleibt er eine Weile weg, bis er wieder ein guter Freund sein kann."

A: Was ist das für ein Mensch, der keine Freunde hat?

P: "Ein gemeiner Mensch, der einfach alle schlägt. Niemand mag ihn, weil er das tut, und niemand mag das. Es tut weh. Wenn ich das sehe, dann fühle ich mich schlecht für die andern. Ich werde nie geschlagen, also warum sollte ein anderer geschlagen werden."

A: Erzähl mir etwas mehr von Karate.

P: "Man tut den schlechten Kerlen weh, die versucht haben, einen zu stehlen. Es ist besser, wenn man nicht gestohlen wird. Man muss sich schützen."

A: Wie kommt es, dass jemand sich weh tut?

P: "Wenn jemand hinfällt. Einmal geschah es, dass ich schaukelte und dann löste sich der Gurt und ich fiel runter. Meine Zähne gingen durch meine Lippen und ich musste genäht werden. Mein Blut spritzte auf das Hemd meines Vaters."

Nahrung: er mag Käsebrötchen, Taco, Eis, Süßigkeiten, Eier, Milch, Karotten, Gurken, Kartoffel, Suppe.

Mag nicht Spinat, rohe Tomaten, Schalotten, Kopfsalat.

Zum Verständnis des Falls

Bei soviel Wettbewerbsthematik sollten wir ein Mittel aus dem Tierreich zumindest in Erwägung ziehen. Aber wir können den Gedanken schnell wieder fallenlassen, wenn wir uns ansehen, wie oft der Patient davon spricht, anderen zu helfen. Er stellt fest, dass er einer der Besten ist, er drückt nicht die Tiereigenschaft aus, dass er der Beste zu sein wünscht. Er möchte anderen helfen, schnell zu rennen oder Mathematik zu lernen. Obwohl er von Wettkampf redet, geht es bei ihm nicht um Konkurrenzverhalten, sondern um das Gegenteil. Es ist ihm viel wichtiger, Bündnisse zu schließen und freundlich zu sein.

Wenn wir an Familien von Heilmitteln denken, dann führt uns seine Betonung des Wehtuns und Wehgetanbekommens auf das Pflanzenreich. Und zusammen mit den oben genannten Gedanken von Bündnissen und Mitgefühl weisen auch diese Eigenschaften auf das Pflanzenreich. Diese Eigenschaften bestätigen das Pflanzenreich. Was für Themen tauchen immer wieder auf? Was springt ins Auge? Anfangs redet er von Schwertkämpfen, von Gewalt und von Helden, die die Welt retten. Es gibt Monster, die die Welt zerstören. Er lebt also mit dem Gefühl, dass die Welt kein sicherer Ort sei und dass er gerettet werden müsse. In seiner Wahrnehmung ist die Welt eine Welt voller Schwertkämpfe, in der Menschen erstochen, gekidnappt, gestohlen, getötet und geschlagen werden. Er erklärt, er habe vor nichts Angst. Er zählt auf, wovor er keine Angst hat: Ungeheuer, Elefanten, Geister, Marter, Monster unter dem Bett, und bestätigt damit unser Verständnis, dass er voll von Angst ist, es aber nicht zeigen kann. Er muss hart sein. Die Härte, die er sich wünscht, wird symbolisiert durch den Ninja, als der er sich zu Halloween verkleiden will. Diese Rolle will er sich aneignen. Ein Ninja ist ein starker Karatemeister, wirklich cool, ein harter Kömpfer, alles Dinge, von denen er eigentlich glaubt, dass er es nicht sei.

Er sagt weiterhin, dass er nicht stark sei und dass er im Krieg oder in einer Schlacht unterlegen wäre. Die harten Krieger könnten ihn töten. Das ist mehr als einfache Angst, das ist, wie er die Welt, in der er lebt, wahrnimmt. Er ist nicht stark oder hart. Er ist schwach. Er beschreibt, wie er seine Gegner überlisten wolle, indem er sie von hinten überraschte. Er muss zu Tricks Zuflucht nehmen, denn er ist zu schwach, gegen die Krieger auf irgendeine andere Weise zu gewinnen. Hartsein ist ein Thema, das in fast allen Gesprächsthemen bei ihm vorkommt. Selbst als er seine Lieblingsspeisen beschreibt, erwähnt er den Kuh-Jungen, den Bullen, der einen Nasenring trät, damit er hart aussähe. Und da es ein solch wichtiges und immer wiederkehrendes Thema ist, müssen wir wirklich verstehen, was er mit “hart” meint. Für ihn ist ein harter Kerl jemand, dem weh getan wird, der geschlagen oder verletzt wird und der dennoch nicht weint. Sie weinen überhaupt nie! Er schildert es mit einem anschaulichen Vergleich: “Wenn jemand dich eine Klippe hinunterwirft und du fällst hinunter und brichst dir alle Knochen und du weinst nicht, dann bist du wirklich hart.” Er redet von Verletzungen, vom Erdolchtwerden, vom Gestoßenwerden und Anstoßen am Mond, vom Hinfallen auf Beton.

Da “hart” nicht als Rubrik in unseren Repertorien vorkommt, können wir eine Suche danach im Programm der Reference Works anstellen. Und da finden wir 413 Verweise! Selbst wenn man die Suche auf Geist und Gemüt beschränkt, auf Allgemeines und auf die Abschnitte über Fälle, dann sind es noch 308 Hinweise. Das hilft uns nicht sehr weiter. Wenn wir die Suche auf Geist und Gemüt beschränken, dann bleiben nur 18 Hinweise, und das ist wahrscheinlich zu wenig, um eine Auswahl zu treffen.

Was bedeutet Hartsein in den Augen des Patienten? Er glaubt, dass man, wenn man nicht hart ist, weh getan bekommt und getötet werden kann. Hart zu sein und nicht zu weinen und stark zu sein, kann lebensrettend sein. Nicht hart zu sein, bedeutet getötet zu werden. Er redet auch von den harten Menschen, die sich schwache aussuchen und ihnen weh tun. Sie wollen damit angeben und cool sein. So sieht er also die Welt, voller harter Kerle, die sich auf ihn, den Schwächling stürzen. Da er nicht hart ist und da er in Gefahr schwebt, getötet zu werden, was kann er schon tun? Was für eine Strategie sollte er sich aneignen, um mit der Situation fertigzuwerden? Er gibt immer wieder zur Antwort, dass man, wenn man schwach ist, ein guter Freund sein muss. Das ist also ein neues Thema, Freunde zu haben. Und wir sehen, wie es in den Fall hineinpasst.

Um Freunde zu gewinnen, ist es wichtig, nett zu sein, zu teilen, hilfreich zu sein, lustig zu sein und Leute zum Lachen zu bringen. Das ist die Art und Weise, auf die er seine Freunde dazu bringt, ihm zu helfen, denn er ist ganz schwach und könnte verletzt werden. Ein weiterer Vorteil besteht darin, dass Freunde einem nicht weh tun und nicht gemein zu einem sind. Gemein sein heißt Schmerz-Zufügen, Töten oder Schlagen. Er sagt, man könne von einem Fremden als Opfer ausgesucht werden, und meint damit, dass dies bei einem Freund nicht passierte. Einen Fremden muss man in einen Freund verwandeln, und dann wird er nicht gemein zu dir sein.

Er spricht von Affen in Zusammenhang mit dem Ninja, aber auch, weil das verrückte, lustige Tiere sind, und weil es spaßig wäre, wenn man ein Affe wäre. Ein Gorilla ist stark; er kann einen umstoßen und man kann davon sterben. Er sieht sich selbst viel eher als ein kleiner, brauner Affe, mit dem die Kinder gerne spielen. In einer Welt von großen, harten Gorillas ist er ein kleiner, verspielter Affe.

Er sagt, er sei immer nett zu allen Menschen, weil er niemandes Gefühle verletzen und niemand zum Weinen bringen wolle. Und wieder wiederholt sich die Idee von Weh und Weinen. Ein besonders beredtes Bild ist das Bild von einem Jungen, der allein an seinem Tisch sitzt und darauf wartet, dass jemand in sein Leben tritt. Er fühlt sich elend, denn es fühlt sich an, als fehle ihm etwas, und er wünscht sich nichts dringlicher in seinem Leben als einen Freund. Die Idee von Freunden und dem gegenteiligen Gefühl des Verlorenseins kommt klar zum Vorschein. Das ist der Grad der Intensität, mit der er Freunde braucht und sie sich wünscht. Warum ist das so wichtig für ihn? Es ist wichtig, weil er in seinen eigenen Augen schwach ist; ohne Freund zu sein bedeutet, dass man verletzt werden könnte, weinen müsste und vielleicht sogar getötet werden könnte.

Als kleiner Junge hatte er die Neigung, andere zu schlagen. Seine Eltern, die gegen alle körperlichen Auseinandersetzungen sind, brachten ihm bei, es nicht zu tun und stattdessen ein Problem auszudiskutieren. Interessant ist auch, dass seine Eltern ihn als hart beschreiben.

Am Ende des Gesprächs führt er die Vorstellung von einem Superhelden ein, der dazu da ist, die Welt zu retten.

Dies ist ein Fall, bei dem wir nicht viel mit repertorisierbaren Symptomen arbeiten können. Wir müssen uns die Gesamtthemen anschauen. Das Thema hier ist Wehgetanbekommen, und das bringt uns in das Pflanzenreich. Aber welche Art Wehtun herrscht hier vor? Was für ein Empfinden verbindet sich mit dem Wehtun? Der Patient hat Angst, dass er verletzt oder geschlagen oder getötet würde. Oft spricht er von Verletzungen, und zwar von ausgesprochen ernsthaften. Seine Reaktion auf dieses Verletzungsrisiko besteht darin, ein harter Bursche sein zu wollen.

Es gibt drei Themen:

Verletzungen.

Hart.

Freunde.

Welche Pflanzenfamilie hat mit Verletzungen zu tun? Man nehme sich die Rubrik vor: Allgemeines, Verletzung, und man findet, dass die Asteraceae-Familie wohl repräsentiert ist, und zwar mit Arnica, Calendula, Eupatorium perfoliatum, Bellis perennis und Echinacea. Es gibt Rubriken, die das "Hartsein" in anderer Weise ausdrücken, zum Beispiel durch die Symptomatik, verletzt zu sein und dennoch nicht zu weinen.

Geist und Gemüt: Denkt, dass er gesund sei, wenn er sehr krank ist; schickt den Arzt weg.

Geist und Gemüt: gesund, sagt, dass er gesund sei, wenn er eigentlich sehr krank ist.

Könnte es sich um Arnica handeln? Im Allgemeinen denken wir zuerst und zuvorderst an Arnica, wenn es um akute Verletzungen geht, oder um Angst vor Verletzungen, zusammen mit den beiden oben genannten Rubriken des Hartseins. Bevor wir uns darauf festlegen, dass dies Arnica ist, sollten wir uns besser die anderen Mittel der Familie betrachten. An diesem Punkt kommt uns Rajans Konzept der Miasmen sehr zuhilfe. Das Miasma wird uns sagen, welches von den vielen zur Auswahl stehenden Heilmittel der Asteraceae das beste für den Patienten sein wird. Es reicht nicht, dass der Patient die Qualitäten der Asteraceae-Familie aufweist, wir müssen sehen, wie er als Reaktion auf das Empfinden agiert.

Der Junge ist ein Perfektionist, er versucht, seine Verletzung und seinen Schmerz in Kontrolle zu bekommen. Früher hatten ihm seine Eltern beigebracht, die Kontrolle über das Prügeln zu bekommen und Dinge auszudiskutieren. Wenn einem weh getan wird, sogar wenn einem alle Knochen im Leib gebrochen werden, muss man seine Gefühle unter Kontrolle bekommen und darf nicht weinen. Die Idee der Kontrolle ist das Krebs-Miasma.

Thema der Asteraceae-Familie → Verletzung, hart sein.

Thema des Krebs-Miasmas → Kontrolle.

Thema des Heilmittels → Kontrolle, selbst wenn einem weh getan worden ist.

Das Heilmittel ist Bellis perennis.

Das Thema von Bellis perennis ist also, Kontrolle zu erlangen, auch wenn man verletzt wird. Das hat unser Patient getan. Genau dies drückt er in eigenen Worten aus: "Wenn jemand dich eine Klippe hinunterwirft und du fällst hinunter und brichst dir alle Knochen und du weinst nicht, dann bist du wirklich hart." Er erinnert sich daran, dass er nicht weinte, als er im Alter von drei Jahren sich die Lippe durchbiss. Was hat man ihm gesagt, wie er sich verhalten habe, wenn er geschlagen würde? Er solle sich beherrschen. Er solle den Drang zum Zurückschlagen beherrschen und stattdessen nett sein. Wenn man nicht zurückschlagen kann, dann ist es besser, man schließt Freundschaft, denn ein Freund prügelt einen nicht – und kann sogar zu deinem Schutz einen anderen verprügeln!

Ein weiterer interessanter Aspekt ist die Tatsache, dass Rubriken von Bellis perennis von Freundschaft reden.

Gesellschaft: Wunsch nach Gesellschaft der Familie.

Gesellschaft: Wunsch nach Gesellschaft eines Freundes.

Aufgegeben: fühlt sich ohne Freunde.

Verabreichtes Mittel: *Bellis perennis C200.*

Außer Rubriken, die sich auf das Thema Verletzungen beziehen, finden sich auch folgende:

Fröhlich, wenn es donnert und blitzt.

Tod, denkt in aller Ruhe an den Tod.

Angst: vor drohender Gefahr.

Losgelöst.

Träume: von Tieren. (Er redet eine Menge von verschiedenen Tieren.)

Träume: von Gefahr.

Träume: absurd.

Träume: von Gewalttätigkeiten.

Träume: von Krankheit, Infektion, tödlicher.

Träume: von Nahrung. (Er hatte Angst, er könne gekidnappt werden und würde nichts zu essen bekommen.)

Weitere Bestätigungen für Bellis perennis finden sich in der großen Anzahl an Rubriken von Heuschnupfen, Katarrh, Ausfluss, Nasenverstopfung, Niesen. Es ist das einzige Mittel unter "Nase", das folgendes Symptom aufführt:

Niesen: Empfinden, als müsse er niesen.

Nachsorge
fünf Wochen später

Bericht der Eltern
"Am nächsten Tag hatte er gerötete Augen und seine Nase lief sehr. Dann bekam er einen schlimmen Husten und Fieber von 38,3 Grad Celsius für einige Tage. Dann bekam er Schnupfen und hatte hohes Fieber von 38,8 Grad. Und zuletzt tat ihm alles weh. Letzte Nacht fühlten sich seine Schultern und Knie wund an. Er legt sich zum Schlafen hin und war heiß und blieb in einer Position, da er sich vor Schmerzen nicht bewegen konnte. In der Schule weinte er ein paar Male. Er klagt über Rückenschmerzen.

Er fühlt sich einfach elend. Morgens sprudelt er vor lauter Energie, aber abends verlässt ihn die Energie und er möchte überhaupt nichts mehr tun. Er zittert vor Kälte. Er schmiegt sich an und möchte, dass ich bei ihm bin. Jetzt hat er auch ein kleines Nebenhöhlenproblem, und die Nase läuft wie bei der Allergie.

Von der Schule bekamen wir eine Nachricht wegen seines aggressiven Verhaltens. Er benutzt seine Rucksacktasche, um auf Dinge und Menschen zu hauen. Die Jungen schlagen sich gegenseitig. Wir hatten ein paar Gespräche darüber mit ihm, dass das nicht in Ordnung ist. Früher hatte er so etwas nicht getan."

D.J. berichtet
"Ich ging zur Schule und bekam eine Menge Hausaufgaben auf. Ich fühle mich krank in den Knochen, nachmittags um vier brechen sie zusammen. Wenn ich mich auf die Couch lege, dann bleibe ich lange liegen. Gestern lag ich da für eine lange Zeit und konnte meinen Kopf nicht bewegen. Mama hat mir für einen Schluck Wasser hochgeholfen. Ich möchte mich ausruhen und ich bekomme wirklich kalt und dann renne ich in mein Bett. Es fühlt sich an wie ein Licht in meinem Körper und es ist überall im Körper und es macht Schmerzen. Wenn es "an" ist, dann tun mir das Bein und das Knie weh. Ich fühle mich nicht besonders gut."

A: Wie fühlt sich das an?

P: "Es schmerzt mir in den Knochen und es tut mir immer weh. Es fühlt sich nicht gut an. Es fühlt sich an wie vom Fußballspielen. Ich habe vor langer Zeit gespielt. Jetzt haben meine Knochen angefangen wehzutun, und es dauert schon drei Wochen."

A: Was für Art Schmerzen sind das?

P: "Wie vom vielen Laufen, und es nimmt mich arg mit. Ich mag das nicht, dass es mir so arg zusetzt. Manchmal huste ich. Wenn ich tief atme, dann tut es in meinen Knochen weh, deshalb versuche ich, nicht zu husten. Wenn meine Knochen weh tun, kann ich kein Wasser runterschlucken. Wenn ich die Knochenschmerzen habe, dann muss ich (tief) atmen. Früher konnte ich meinen Atem ganz lange anhalten, jetzt kann ich das nicht.

Ich habe mir den Film "Planet der Affen" angeschaut, in dem dieser Planet von Affen regiert ist. Sie töten Menschen. Da sind diese Kerle, und es herrscht ein großer Krieg, wie der zweite Weltkrieg."

A: Was ist mit den harten Kriegern?

P: "Ich kenne keine, aber ich denke über sie nach. Nicht zu weinen, das macht sie hart. Ich war hart, denn als ich das Loch in der Lippe bekam, weinte ich nicht. Es tat wirklich weh. In Cartoons gibt es keine harten Krieger. Es sind starke Burschen. Man kann nicht immer die Welt retten, wenn es etwas wie eine Feuersbrunst gibt, und es ist nicht nur in der Vorstellung. Der zweite Weltkrieg – zehntausend Menschen starben. Wir haben jetzt einen Krieg, aber nicht den zweiten Weltkrieg. Ich schaue mir die Nachrichten an und sehe, dass Menschen verletzt werden. Eine Kanone riss einem Mann die Hand ab, und er musste mit seiner linken Hand schreiben. Das ist ernst, wenn Menschen sterben müssen und viele Gebäude zerstört werden.

Es gibt einen Jungen, der tritt mich eine Menge und dann kommt er in Schwierigkeiten. Ich wollte eigentlich wegrennen, aber er klebt an mir. Bis er mich trat, waren wir Freunde. Wenn ich aufwache, dann mag ich nicht in die Schule gehen und mein Rücken tut weh. Und auch Arme und Beine und Schultern. Mein Genick tut weh, und ich kann mich nicht bewegen. Ich muss weinen, denn es tut sehr weh."

A: Kannst du mir noch ein Beispiel sagen, wie sich diese Art Schmerz anfühlt?

P: "Wie wenn man einen gebrochenen Rücken hat und die Arme und Beine nicht bewegen kann. Dann muss man in einem Rollstuhl sitzen und das ist hart. Wenn man von einem Berg abstürzt, dann kann das passieren. Man kann nicht weinen, wenn man in Flammen ist oder wenn man sogar ein Loch in der Lippe bekommt. Wenn Leute all ihre Knochen gebrochen bekommen, dann müssten sie weinen und auch sterben. Man hat sich die Knochen gebrochen, man liegt am Boden und kann sich nicht bewegen. Man liegt mit dem Gesicht zum Boden und stirbt einfach. Man kann den Kopf nicht bewegen.

Das ist ungefähr, wie wenn man beide Arme bricht, und überall ist Blut. Oder als ob jemand ein Gurkenmesser nimmt, um dir die Haut runterzukratzen. Du wüsstest nicht, dass dir die Haut abgeschält würde und es täte weh. Es fühlt sich an, als falle man von einer Wolke herab und breche sich all Knochen."

Zum Verständnis des Falls

Wir sehen genau denselben Zustand, wie er im ursprünglichen Fall vorlag. Er ist immer noch ganz mit Verletzungen beschäftigt. Die Reaktion auf das Mittel ist sehr interessant, Wiederauftreten von fiebriger Erkrankung und Beteiligung der Nebenhöhlen. Ganz aussagekräftig sind die Knochenschmerzen und der allgemeine Schmerz, von dem der Patient sagt, es sei, als habe man zu lange Fußball gespielt. Arnica und die Asteraceae sind nur zu bekannt für ihre Affinität zu Wundsein und Schmerzen mit Fieber.

Gliedmaßen: Schmerz, Wundsein, Zerschlagenheitsgefühl, Hitzegefühl mit dem Schmerz.

Rücken: Schmerzen, Wundsein, Zerschlagenheitsgefühl, Schüttelfrost zusammen mit Rückenschmerzen.

Gliedmaßen: Schmerz, im Allgemeinen während Hitze.

Rücken: Schmerzen, im Allgemeinen mit Hitze.

Die Thematik der Affen taucht wieder auf, wenn der Junge vom Film "Planet der Affen" berichtet. Wie vorher erzählt er auch hier davon, dass Affen Menschen umbringen.

Die Frage stellt sich, ob das Mittel Wirkung gezeigt hat. Darf man aus der Wiedervorstellung ablesen, dass der Patient sich in Richtung Heilung bewegt? Es gibt mehrere Beobachtungen, die auf eine Besserung hinweisen.

Die erste ist die Tatsache, dass er in der Schule jemand geschlagen hat. Obwohl das für die Eltern beunruhigend sein mag, ist es die Wiederkehr von Symptomen, die er als Kind hatte, und es zeigt uns, dass er sich weniger unter Kontrolle hat. Das ist ein sehr gutes Zeichen für uns! Der zweite Hinweis dafür, dass er sich weniger unter Kontrolle hat, ist die Tatsache, dass er in der Schule geweint hat und dass er wegen der Schmerzen, die sein Fieber begleiteten, ebenfalls geweint hat. Wegen Schmerzen zu weinen, ist eine gesunde Reaktion. Er befindet sich nicht in diesem Bellis-perennis-Zustand, in dem er die Kontrolle über den Schmerz bewahren muss, indem er sich das Weinen verbietet. All dies bedeutet Fortschritt.

Trotz dieses Fortschrittes ist er noch stark im Bellis-perennis-Zustand, denn er befasst sich immer noch mit Vorliebe mit Krieg, Verletzungen und starken Männern. Aus diesen Gründen wiederholte ich Bellis perennis C200.

Nachsorge

Zehn Wochen später

Bericht der Mutter

"Er wachte auf und kam in die Küche und hatte nur ein einziges Mal eine Rotznase. Im Allgemeinen ist seine Nase jetzt frei. In der Schule kommt er großartig voran. Es gibt keine Briefe mehr, dass er die anderen Kinder verhaue oder grob zu ihnen sei. Er wollte Kampfsportklassen besuchen. Früher wollte er das, jetzt nicht mehr. Er beschloss, den Unterricht nicht mitzumachen. Er isst jetzt mehr verschiedene Speisen. Früher war er sehr wählerisch, das ist er jetzt nicht mehr. Nach einem Tag des Spielens bei einem Freund sagte dessen Mutter, er sei eine Wonne gewesen. Er ist ganz höflich und sagt Dankeschön."

D.J. berichtet

"Ich bin mit einer laufenden Nase aufgewacht, aber es ist nicht so schlimm. Ich kann jetzt besser durch die Nase atmen als vorher.

In der Schule geht es mir gut. Ich habe dort viele Freunde und sie sind nett zu mir. Wir spielen eine Menge miteinander. Es sind meine Freunde, und sie sind nett. Gemeine Menschen gibt es jetzt keine mehr in der Schule.

Ich hatte einen Traum, der war wirklich verrückt. Es macht keinen Sinn. Ich war im Schulzimmer und spielte Game-Boy. Es begann zu regnen. Der Lehrer ließ alle raus zum Schwimmen. Ich hatte eine Jacke an. Das Wasser kam in die Jacke hinein, und ich konnte nicht recht atmen. Dann verschwand der Regen plötzlich, und ich schaute nach, wohin er ging. Am Tor sah ich einen Hund; der sollte eigentlich nicht dort sein. Ich ging zum Tor und ging mit den Leuten weg. Ein Mädchen spielte Klavier. Alle tanzten, nur ich nicht. Es war ein mexikanischer Tanz. Da waren kleine Kinder und große Kinder und eine Menge Leute. Ich schaute zu und sah, wie verrückt das alles war.

Im Traum hatte ich das Gefühl, ich könnte in meinem Bett bald keine Luft mehr kriegen. Ich wollte da herauskommen, und das Wasser ging weg. Es fühlte sich verrückt an, so zu sein.

Ich spiele jetzt (American) Football. Ich mag das einfach. Ich spiele es immer häufiger. Es ist ein cooles Spiel, mit all dem Angreifen und so. Die Spieler sind cool. Sie greifen an und machen Touchdowns. Dann werden sie berühmt und kriegen viel Geld. Ich mag auch anderen Sport.

Manchmal atme ich nicht durch die Nase. Wenn der Rotz stinkt, dann mag ich ihn nicht einatmen."

A: Was ist mit den starken und harten Burschen?

P: "An die denke ich jetzt nicht mehr.

Ich hatte einen Traum über einen Disney-Cartoon. Ich ging in den Weltraum, aber es war nicht mit einem Raumschiff. Es war eine Art Boot. Wir fuhren auf einem Boot los, und die Welle schwappte über das Boot, und eine Menge Zeug ging kaputt. Ich ging mit ein paar Freunden wie im Blitz in den Raum. Wir gewannen einen Wettbewerb, und dann gerieten wir im Raum in eine Falle. Wir fielen, aber ohne Schwerkraft, und das macht keinen Sinn. Wir fielen in das Meer und konnten nicht zum Pier rudern. Die

Ente sagte uns, dass sie uns hören könne. Es gab auch ein Boot, von dem aus die Ente gelenkt wurde. Ich sah den Mann in dem Boot. Ich wollte nicht zurück in den Raum und auch nicht zurück zum Boot. Ich war dort drei Wochen lang in einer Falle gefangen.

Ich hatte immer wirklich hohe Temperaturen. Ich konnte es nicht aushalten, und mir war es so heiß, dass ich mich kalt fühlte und zitterte. Ich fror, denn wir hatten nicht so viel heißes Wasser. Die Krankenschwester fasste mich mit ihren kalten Händen an. Ich weinte, so kalt war es. Ich schrie, wenn sie es tat. Das ist alles, was passiert ist."

Dies ist ein sehr zufriedenstellendes Ergebnis. Er redet nicht mehr von Verletzungen und davon, getötet zu werden, oder von starken und harten Männern. Er redet in einer angemessenen Weise davon, dass er weinte, als es ihm so unangenehm kalt gewesen war. Er ist in der Lage, davon zu sprechen, ohne daraus ein großes Thema zu machen. Er hat immer noch seine albernen Träume. In einem der Träume war er mit Wasser beladen, so wie seine Nebenhöhlen das früher auch waren, aber seine Nase ist jetzt frei.

Inzwischen sind sieben Monate vergangen. Es geht ihm ganz außerordentlich gut und er brauchte das Mittel kein weiteres Mal.

Ende des Falls.

BELLIS-PERENNIS-FALL 3

Von Dr. Sujit Chatterjee
Der Fall ist gekürzt wiedergegeben, die Hervorhebungen stammen von mir.

Fallwiederaufnahme

am 30. September 2000

Ein Junge von 15 Jahren klagt über Kopfschmerzen vor wichtigen Prüfungen. Beschreibt sich selbst als frech. Sagt, dass er eine Menge Unfug anstelle, dass er es mag, Leute zu ärgern. Als er befragt wird, was Frechsein bedeute, erzählt er: "An Holi (einem indischen Fest, an dem man sich gegenseitig Wasser und Farben bespritzt), wenn jemand nicht nassgemacht werden will, dann geh ich absichtlich zu ihm hin und schmiere mit Farben herum." Das Leiden hilfloser Menschen erträgt er allerdings nicht; wenn er es sieht, wird er traurig und möchte helfen. Er sagt: "Wenn ich zum Beispiel auf einer Straße laufe und sehe ein Kind weinen – vielleicht hat es nichts zu essen –, dann fühle ich mich traurig. Warum muss es soviele Schwierigkeiten haben? Ich denke, alle Menschen sollten gleiche Chancen haben, es sollte keine Ungleichheit geben, Gott hat keine rechte Welt gemacht. Manche Leute fahren in Autos herum, andere haben nicht einmal genug zu essen. Und die Menschen kümmern sich nicht einmal darum."

Er gerät leicht in Zorn und ist dann zum Kämpfen bereit; manchmal hat er den Drang, andere zu schlagen oder gar sich selbst zu schlagen, auf die Brust, oder an eine Wand zu boxen oder etwas zu zerbrechen, zum Beispiel Glas. Er spielt gerne

Videospiele, in denen er eine Menge Menschen umbringen muss, da gibt es Blutvergießen und er kann jemandem hinterherjagen und töten. Er beschreibt ein Spiel, indem er sagt: "Je mehr du tötest, umso mehr Punkte bekommst du, du musst nur einfach ein Auto nehmen und die Fußgänger über den Haufen fahren, sie rennen weg und schreien, du musst sie töten, dann zum Krankenhaus gehen und es ausrauben und alle Patienten umbringen. Du musst ungefähr dreißig Schützen abknallen." Er ist dann in Hochstimmung darüber, dass er alle Schwierigkeiten überwunden und gewonnen hat. Was er am meisten an diesen Spielen mag, ist die Tatsache, dass man töten darf und dass niemand einen daran hindert.

Ein anderes Spiel beschreibt er so: "Die Polizei ist hinter dir her und du musst ihnen entkommen und die Ziellinie erreichen. Wenn ein Gegner auftaucht, musst du ihm ins Gesicht schlagen und ihn auf den Boden werfen." Ein anderes Spiel heißt "Kind Bane" (wörtlich: freundliches Verhängnis). "Leute kommen und töten deinen Bruder und du scharst eine Truppe um dich und tötest sie. Du rächst dich." Spiele mit Soldatenfiguren: "Du führst eine Truppe und hast den Auftrag, die gegnerischen Streitkräfte zu vernichten. Musst alles in die Luft jagen, was dir in die Quere kommt. Wenn Männer auftauchen, musst du sie erschießen, musst Panzer hochjagen, sie in Fetzen sprengen. Wenn du zum Hauptquartier des Gegners kommst, nimmst du all deine Munition und jagst es in die Luft. – In solchen Augenblicken habe ich das Gefühl, etwas passiert in mir, ich bin glücklich, ich gehe ein Risiko ein, es geht darum, um Haaresbreite zu entkommen und zu gewinnen. Dann habe ich ein Triumphgefühl." Er mag eine Fernsehserie, in der ein Mann zwei Frauen hat: was er daran mag, ist die Tatsache, dass "der Mann unter Spannung steht, aber alles gut hinkriegt und damit fertigwird." Die wichtigste Eigenschaft des Mannes ist, "*dass er mit so einem großen Problem klarkommt*". Er mag Detektivserien wegen der Spannung, die sie aufbauen; man weiß nicht, wer der Mörder ist, es kann die Person sein, die neben einem sitzt. Er liebt die Aufregung um Neues. Befragt, was für ihn das Aufregendste überhaupt sein könnte, sagt er: "Viel Geld zu bekommen, etwas Großes zu erreichen, ein geregeltes Leben, keine Spannungen."

Er mag es auch, die Zeit damit zu verbringen, sich Unterhaltungsfilme anzuschauen, keine ernsthaften, denn die machen nur noch mehr Spannung. Er beschreibt einen Film, der ihn sehr berührt hat, "Fiza". "Es ist die Geschichte eines Mädchens, *das eine Menge Herausforderungen annehmen musste,* zum Beispiel als ihre Mutter vor ihren Augen starb. Sie musste ihren eigenen Bruder erschießen und sie tat es. Es ist eine Geschichte, die einem sehr nahegeht. *Ein Mann ist gezwungen, sich in die Welt des Verbrechens zu begeben. Eines Tages nimmt er an Aufständen teil. Er sieht sich gezwungen, Terrorist zu werden, und seine eigene Schwester muss ihn töten. Die Szene, in der die Schwester ihren eigenen Bruder töten muss, hat mich tief getroffen. Darin ist so viel Schmerz.* Der Mensch ist nicht schlecht, aber er wird schlecht, er ist dazu gezwungen, Terrorist zu werden. Und wenn man einmal Terrorist geworden ist, dann kann man nicht mehr aussteigen. Die Menschen erlauben ihm nicht, in sein normales Leben zurückzukehren, obwohl er das versucht. Er hat nur eine Wahl, er muss sterben. *Entweder er tötet sich selbst, oder die Polizei wird ihn töten.* Also entschließt er sich dazu, sich selbst zu töten. Er verliert alles, Mutter, Familie, Liebe, alles, was er hat."

"Ich bin auch empfindlich dafür, wenn Tiere leiden müssen. Tiere können nicht sprechen, *sie können sich nicht wehren und sie werden geschlagen. Man schlägt ein schwächeres Wesen.* Man sollte sich mit jemand prügeln, der auf dem gleichen Niveau ist. Das Tier steht einfach da und nimmt es hin. Und obwohl du noch überlegen bist, liebt es dich und mag dich, obwohl du es immer wieder schlägst. Darüber bin ich traurig. Das sollte man nicht tun. Alle haben ein Recht zu leben. Und man kann es niemanden wegnehmen. Nur wegen deiner Launen und Vorstellungen. Einfach Patronen nehmen, auf Vögel werfen oder auf sie schießen, was soll das, soll dich das vielleicht froh machen? Man wird nicht froh, wenn man Leben nimmt. Ich möchte die Person stoppen. Hilflosigkeit. Ich kann nichts tun. Ich sollte etwas tun, aber ich kann es nicht. *Es fühlt sich an, als seien meine Hände gebunden. Jemand schlägt mich und ich kann sagen: Komm, schlag mich, schlag mich ruhig weiterhin. Ich kann mich nicht wehren, wie ein Sklave oder jemand von dieser Sorte.*

Meine Hände sind auf dem Rücken gefesselt, und jemand schlägt mich in einem fort und ich kann ihn nicht aufhalten. Ich kann ihm nur ein Lächeln geben und sagen: Schlag noch einmal. Ich bin wie ein stummer Zuschauer. Ich kann ihn nicht stoppen, ich kann nur ruhighalten. *Ich muss das Schlagen aushalten.* Ich kann mich nicht wehren. Indirekt sage ich ihm, dass er endlich aufhören soll, denn ich bleibe ruhig."

Nach Träumen befragt:

1. Träume, in denen ich etwas erreiche, in denen ich im Leben Erfolg habe, eine Menge Geld bekomme – ich wünschte mir, dass ich das alles hätte.
2. Wie ich am Leiden bin oder am Sterben. Ich fahre in einem Auto. Ich habe einen Unfall und sterbe. Der Tod ist auch nicht weit entfernt; auch der Tod ist Teil des Lebens.
3. Träume von Zeitvertrieb, wie ich nach Goa fahre, das Leben genieße.
4. Davon, wie ich ein erfolgreicher Mann bin, fest im Leben ruhe.
5. Von leidenden Tieren, und ich kann nichts für sie tun. Oder ich kann etwas für sie tun, wie zum Beispiel eine Gesellschaft (zum Tierschutz) gründen.

Ich habe das Gefühl, dass ich etwas für sie tun sollte. So wie man allerhand für Krebs-Patienten und AIDS-Patienten unternimmt. Niemand kümmert sich um Tiere."

Als er 13 oder 14 Jahre alt war, kam es in der Schule zu folgendem Vorfall: Während des Fußballpiels flog der Ball aus dem Schulgelände. Die Ummauerung der Hofs ist sehr hoch, mit scharfen Eisenstäben obendrauf. *Er kletterte diese Wand hoch und wollte auf der anderen Seite hinunterspringen, kletterte und hüpfte, und die Eisenstange war sehr scharf und durchbohrte seine Hand.* Er hing buchstäblich an der Wand, mit der Eisenstange durch seine Hand. Er sah, dass das Aufsichtspersonal es sah und dachte, sie würden ihn auffangen. Er kletterte also erneut hinauf, befreite seine Hand, hüpfte auf der anderen Seite hinunter, kam dann zurück in die Schule und telefonierte daraufhin seinen Eltern, dass sie sofort kommen sollten. *Als seine Mutter die Schule erreichte, sah sie, dass er eine tiefe blutige Wunde hatte. Der Lehrer sagte, dass er mit der Verletzung angekommen und dabei absolut still gewesen sei.* Die Verletzung muss sehr schmerzhaft gewesen sein, und er hatte es ertragen. Seine Mutter fragte sich, warum der Lehrer sie überhaupt gerufen habe, denn er sagte nichts. Dann brachte sie ihn zum Arzt; dieser kommentierte, es sei eine sehr tiefe Wunde, und schlug sofortige Aufnahme ins Krankenhaus vor. Aber der Junge sagte: "Ihr wisst überhaupt nichts. Wir wollen nach Hause, Papa kommt bald." Als sie heimkamen, begann er, Zeitung zu lesen und forderte seine Mutter auf, Fernsehen zu schauen. *Als die anderen nach Hause kamen, schimpften sie alle mit ihr, dass sie nicht mit ihm ins Krankenhaus gegangen war. Er aber tat gar nichts und saß nur ruhig da. Er war nicht nervös, auch nicht im Krankenhaus. Seufzte nicht einmal. Nach drei oder vier Stunden wurde er chirurgisch versorgt. All diese zehn oder zwölf Stunden war seinem Gesicht nicht abzulesen, ob er Schmerzen erlitt.* "Es schmerzte schon. Ich schrie nicht. Das ist keine Lösung für Schmerzen. Das ist das Wichtige. Ich behielt den Schmerz in mir drinnen. Es tat weh. Die Haut war völlig gespannt. All die Nerven rieben aneinander wie Drähte. Schreien ist keine Lösung. Man sollte nur das tun, was einem auch hilft. Durch Schreien wird nichts besser." Er bat den Arzt, ihm keine Spritze zu geben. Derselbe Arzt erzählt bis heute davon, dass er in seinem ganzen Leben noch nie solch ein Kind gesehen hätte. Solch ein kleiner Junge mit soviel Schmerztoleranz, mit soviel Kraft, Schmerz zu ertragen. Er fragte ihn, ob er ihm keine Tetanusspritze geben wolle. Vor diesem Ereignis hatte er einmal für insgesamt sechs Nächte Bauchschmerzen, er schlief den ganzen Tag nicht. Er hielt sich nur den Bauch. Obwohl er Typhus hatte, sagte er, die Eltern kämen zu sehr unter Spannung, sie könnten dann die ganze Nacht nicht schlafen. Also ging auch er zu Bett.

Als er ein Jahr alt war, gab es einen Unfall auf einer Baustelle. Eine Decke fiel herunter. *Ein Backstein traf ihn im Genick. Obwohl er noch ganz klein war, sagte er nicht einmal "Mama". Sie waren unter dem Schutt begraben, seine Mutter wurde ohnmächtig. Man brachte sie ins Krankenhaus, und er war immer noch ganz ruhig.*

Sein Vater meint, der Junge habe viel Geduld und eine große Entschlossenheit. "Die Mutter eines anderen Jungen zog ihn oft auf dem Weg zur Schule damit auf, dass sie zum Busfahrer sagte, dieser Junge sei kein guter, sondern ein schlimmer Junge; sie ging auch in die Schule und sagte zu Jungs aus höheren Klassen, dass sie ihn prügeln sollten. Er redete nie davon. Sie machten sogar seine Essensschachtel leer und füllten Steine hinein. *Er aber nahm von klein an seine eigenen Probleme auf sich.* Wir erfuhren nie von diesen Dingen. Ich riet ihm, er solle die Schule wechseln, aber er sagte: Nein! Ich werde genau in diesem Bus fahren. – So eine Entschlossenheit hatte er, seit er acht Jahre alt war. Dieselbe Frau sagte auch zu den Lehrern, sie sollten ihn bestrafen. Er nahm es einfach auf sich und hatte keine Angst deswegen. Als er fünf Jahre alt war, machten sie irgendwelche sportliche Übungen in der Schule. Die ersten Monsunregen waren gekommen. Er hörte nicht auf die Lehrerin und schaute nur auf den Regen. Die Lehrerin fragte ihn, warum er das tue, und kündigte ihm an, dass sie ihn bestrafen würde, aber umsonst. Da nahm sie ihn zur Schulleiterin mit. Dort sagte er, dass er den Regen beobachtete, weil er das so gern mochte. Sie war so von seiner Liebe zur Natur beeindruckt, dass sie der Lehrerin sagte, sie solle ihn schauen lassen. So ist er in seinem Wesen, wenn er sich zu etwas entschlosssen hat, dann tut er es auch, von klein an. *Er hat eine große Entschlusskraft.* Was er tun will, tut er auch. Dann hört er auf niemand mehr. Er hat zu allem seine eigene Meinung. Er lässt sich nicht von einer anderen Meinung beeindrucken. Wenn ich ihm sage, er solle lernen, dann tut er es nicht. Aber wenn er vor einer Prüfung merkt, dass er nicht gut genug vorbereitet ist, dann setzt er sich hin bis nachts um eins oder zwei. Er selbst entschließt sich dazu."

Es gab einen Vorfall in seiner Schule, worauf der Junge die Schule wechselte. Als man ihn dazu befragen wollte, sagte er: "Es war etwas vorgefallen. Und es gab eine Menge Übertreibungen. Mein Vater wurde in die Schule gerufen. Und dann passierte, was nicht hätte passieren sollen. 70% von dem, was über mich gesagt wurde, war übertrieben. Es gab viele Gründe. Nichts Besonderes. Es gab viele Dinge, die geschehen sind, die eigentlich nicht hätten geschehen sollen. Am Ende sah ich ein, das es zu nichts gut war. Alles war nutzlos. Es war etwas passiert, aber viele Leute waren beteiligt. Übertreibungen. Alles Dinge, die man nicht hätte tun sollen, aber sie waren geschehen. Ich habe das Kapitel abgeschlossen. Ich habe es aus meinem Denken ausradiert. Ich möchte es einfach nicht in Erinnerung rufen. Etwas, was man in diesem Alter nicht hätte tun sollen. Jetzt habe ich das alles weggeschoben, hinter mich, ich schaue nicht nach hinten, ich schaue nach vorne. Es ist in einer verborgenen Ecke meines Denkens. Ich möchte mich nicht daran erinnern. Es ist versteckt. Ich habe es mit Gewalt hinter mir gelassen. Ich rede nicht darüber, über dieses Thema. Ich habe mir selbst versprochen, dass ich mich niemals, niemals wieder, *unter keinen Umständen* (er betont es) daran erinnern werde. Einfach alles vergessen und mich auf mein Studium für die Zukunft konzentrieren. Ich möchte mich an überhaupt nichts davon erinnern. Um meiner Zukunft willen verhalte ich mich einfach ruhig. Wenn jemand eine Bemerkung dazu fallen lässt, bleibe ich einfach ruhig. Ich möchte mich an nichts erinnern. Ich will da herauskommen. Ich möchte nicht darüber reden."

Das war alles, was er dazu zu sagen bereit war; trotz aller Suggestivfragen, Schmeicheleien und Bitten blieb er in seiner Haltung fest. Das Einzige, was er noch dazu sagte, war: "Viele Jahre lang habe ich geweint. Ich weine, wenn ich alleine bin; ich möchte nicht, dass die anderen sehen, dass ich weine."

Zum Verständnis des Falls

Dieser Junge liebt Computerspiele, in denen es ums Töten geht, darum, Sprengkörper anzubringen, damit Dinge in die Luft fliegen. Mein erster Gedanke war, dass das Heilmittel sich im syphilitischen Miasma bewegen müsste. Wenn es um eine Verfolgungsjagd geht, dann wird er aufgeregt und froh. Er liebt hohes Risiko, wenn das Entkommen schwierig ist und das Überleben Entscheidungen verlangt, die die Geschehnisse vorwegnehmen müssen, und wenn alles auf der Kippe steht. In einer Fernsehserie, die er mag, geht es um einen Mann, "der mit einem so großen Problem fertigwird". Eine andere Fernsehszene gefällt ihm deshalb, weil die Person sich in einer sehr angespannten Situation befindet, aber dennoch lustig bleibt und alles unter Kontrolle behält und die Anspannung nicht zeigt. Unser Patient beschreibt die Figur als jemand, "der alles im Griff hat und mit allem fertigwird." Dies gibt uns einen Hinweis darauf, dass er sich unter einer Menge Spannung fühlt, aber dass er in einem kompensierten Zustand lebt. Eine weitere Fernsehserie, die er mag, veranlasst ihn sich vorzustellen, dass "die Person, die neben dir sitzt, ein Mörder sein könnte." All das sind Hinweise auf das Bedürfnis nach Kontrolle.

Er redet von Tieren und von seinem Mitgefühl für misshandelte Geschöpfe. Eine seiner Schilderungen sagte: "Direkt vor mir ist ein Mann dabei, seinen Hund zu schlagen; ich fühle mich ganz empfindlich und hilflos." Das Thema ist eher die Empfindlichkeit für die Hiebe als die Hierarchie des Tierreichs.

An einem gewissen Punkt in der Fallanalyse dachte ich, dass es sich um ein Heilmittel aus dem Tierreich handle. Aber bezeichnender als Tiercharakteristika scheint die Anzahl der Verletzungen in seinem Leben zu sein und die Art und Weise, wie er darauf reagiert. Selbst im Schulbus steckte er eine Menge Schläge ein, ohne sich darüber zu beklagen. Im heimischen Alltag, wo sein Vater ihn wegen seiner Starrköpfigkeit schlägt, lebt er gefühlsmäßig mit der Haltung: Schlag mich ruhig, soviel du willst, ich werde dir trotzdem nicht gehorchen.

Er beschreibt seinen inneren Zustand recht deutlich, als er über den Vorfall spricht, bei dem er zuschaut, wie ein Hund geschlagen wird. Er sagt, er fühle sich, "als seien meine Hände gebunden. Jemand schlägt mich und ich kann sagen: komm nur, schlag mich, schlag mich ruhig weiterhin. Ich kann mich nicht wehren, wie ein Sklave oder sonst jemand von dieser Sorte. Meine Hände sind auf dem Rücken gefesselt und jemand schlägt mich unablässig und ich kann ihn nicht aufhalten. Ich kann ihm nur ein Lächeln geben und sagen: Schlag noch einmal." So empfindet er.

Das Hauptthema des Falls ist wie folgt: Bei einer Verletzung muss ich stark sein und muss meine Reaktion unter Kontrolle haben.

Das Empfinden von Verletzt- und Geschlagenwerden steht für die Compositae-Familie, und das Miasma könnte Krebs sein.

Ich schaute mir ein paar Rubriken im Programm des Complete Repertory an:

Ängstliche Sorge: ausgelöst durch Schmerzen.

Träume: von Tieren, von Hunden.

Träume: von Gefahr.

Träume: von Gewalttätigkeit.

Träume: von einer Explosion.

Hochstimmung.

Angst: im Allgemeinen vor Gefahr, drohender.

Empfindlich: überempfindlich für Mangel an Sensibilität.

Das Mittel, das durch diese Rubriken hindurch erscheint, ist Bellis perennis, dasjenige unter den Compositae, das das Krebs-Miasma repräsentiert.

Ich hatte die Papaveraceae-Familie in Erwägung gezogen, wegen des gemeinsamen Themas der Empfindlichkeit gegenüber Schmerz und Leid. Die Papaveraceae- und die Compositae-Familie haben eine ähnliche passive Reaktion auf Schmerz, nämlich Taubheitsgefühl und Anästhesie. Das Papaveraceae-Mittel, das das Krebs-Miasma repräsentiert, ist Opium. Ich hatte ihm ein Jahr zuvor bereits Opium gegeben, von der Potenz C200 bis zu M10, aber es war wirkungslos geblieben. Dieser Fall lehrte mich die Unterscheidung zwischen den beiden Pflanzenfamilien.

Das Empfinden der Papaveraceae-Familie scheint in einem Gefühl von Furcht und Qual zu bestehen, von unerträglichem Schmerz und Gewalt, während das Compositae-Empfinden das Gefühl ist, verletzt oder geschlagen oder geprügelt zu werden, Leid zugefügt zu bekommen. Die Unterschiede sind vielleicht subtil, dennoch demonstriert dieser Fall die Qualität des Compositae-Empfindens und nicht die Furcht und Gewalt, die mit den Papaveraceae verbunden sind. Obwohl er davon spricht, wie er bei seinem Lieblingsvideospiel Dinge in die Luft jagt, geht es um die Empfindlichkeit für Geschlagenwerden, wie er es in der Geschichte mit dem Hund schildert. Er redet immer wieder davon, dass er geschlagen, verprügelt und verletzt wird.

Verabreichtes Mittel: *Bellis perennis M1, eine Dosis.*

In den Nachsorge-Konsultationen klagte er über Schmerz. Er hatte geweint, weil sein Bruder ihn geohrfeigt hatte. Er beschrieb Symptome, die aufgetaucht waren, weil er geschlagen worden war. Das Bedürfnis, stark sein zu müssen, wurde schwächer. Seine Kopfschmerzen verschwanden völlig. Sein Husten ebenfalls.

Ende des Falls.

Diese Fälle demonstrieren den Kreuzpunkt des Krebs-Miasmas und des Empfindens der Compositae-Familie im Heilmittel Bellis perennis. Als Gefühlsthema sei vorgeschlagen:

Verletzung und Schmerz unter Kontrolle zu halten.

INULA

Compositae + lepröses Miasma

Träume: ekelhaft. (Complete)

Träume: ekelhaft, am Morgen. (Complete)

Es gibt nur wenig Aufzeichnungen zu diesem Mittel, dennoch sind die Träume von Ekelhaftem ein sehr repräsentatives Symptom. Der Aspekt von Ekel ist eine starke Komponente des leprösen Miasmas. Das Gefühl von Inula als einem potentiellen Schnittpunkt der Compositae und des leprösen Miasmas könnte also folgendermaßen sein:

Isoliert, verspottet und von Verletzung und Schmerz angeekelt.

LACTUCA

Compositae + lepröses Miasma

Träume: von Schießen. (Complete)

Träume: von Schießen, davon, erschossen zu werden. (Complete)

Träume: davon, ermordet zu werden. (Complete)

Wahnideen: Vorstellungen, dass er vergiftet worden sei. (Complete)

Stimmung: zurückweisend. (Complete)

Unzufrieden, ungehalten, unbefriedigt, mit allem. (Complete)

Diese Rubriken suggerieren, dass Lactuca zum leprösen Miasma gehört. Als Gefühlsthema von Lactuca als einem leprösen Mittel innerhalb der Compositae-Familie sei hiermit vorgeschlagen:

Isoliert, verspottet und von Verletzung und Schmerz angeekelt.

LAPPA ARCTIUM

Compositae + lepröses Miasma

Wird bei Lepra erwähnt.

LAPPA-ARCTIUM-FALL

Von Dr. Sujit Chatterjee

Der Fall ist gekürzt wiedergegeben. Die Kursivschrift soll wichtige Wendungen und Aussagen hervorheben.

Wiederaufnahme des Falls

am 4. September 2001

Eine ältere Dame, 67 Jahre, mit der Hauptbeschwerde Epistaxis seit neun Jahren. Außerdem litt sie an allergischer Rhinitis, Asthma und zervikaler Spondylitis. Sie sagte, dass sie die von der Spondylitis ausgelösten Schmerzen nicht ertragen könne.

Sie hatte Lac caninum erhalten, aber keine sonderlichen Veränderungen erlebt. Sie erhielt das Mittel auf der Grundlage der Symptomtotalität, nicht wegen des vitalen Empfindens. Ich nahm den Fall also noch einmal auf, indem ich die neue Anamnesetechnik anwandte und ich mir bewusst das Konzept des Vitalempfindens vor Augen hielt.

Anamnese

Sie ist sehr empfindlich für Verletzungen, vor allem von Seiten ihrer Schwiegertochter. Sie sagt zum Beispiel: "Solange man arbeitet, zeigt keiner mit dem Finger auf dich. Sobald du aber krank wirst, haben alle etwas zu kommentieren, und alle sind für dich da. Das tut mir sehr weh."

Sie sagte weiterhin: "Wenn mir etwas zustößt, dann ist keiner für mich da, und ich muss alles ertragen. – *Als ich jung war, arbeiteten wir ganz hart, und meine Schwiegermutter gab uns kein Essen. Ich musste soviel Schmerz aushalten.*" Nach dem damit verbundenen Gefühl befragt sagte sie: "*Ich fühlte mich total einsam.* Manchmal habe ich das Gefühl, dass die Menschen in Hütten und in Slums ein besseres Leben haben als das, was ich hatte. *Meine Lage war wie die von altem Möbel. So als wäre man benutzt worden und würde dann rausgeworfen, weil man nicht mehr gebraucht wird. Damals fühlte ich mich danach, mich umzubringen, zusammen mit meinem Sohn ins Wasser zu gehen.*"

A: Was war das für ein Gefühl in dieser Lage?

P: "Ich hatte das Gefühl, solange ich arbeitete, war ich etwas wert gewesen, aber dann nicht mehr. Man wird unnütz. Wenn deine Gliedmaßen mitmachen, dann ist alles in Ordnung; andernfalls bist du von anderen abhängig. Du wirst zu einer Gelähmten, wenn du nicht arbeitest oder dich nicht bewegst. Du kriegst das Gefühl, nutzlos zu sein."

A: Was ist das Gefühl eines nutzlosen Menschen?

P: "*Niemand schaut dich an oder fragt nach dir. Niemand mag dich, dein Gegenüber liebt dich nicht.* So wie man auch nicht einen Menschen anschaut, der gelähmt ist. Oder dessen Gliedmaßen gebrochen sind oder abgeschnitten. Man gibt ihm keinen Respekt."

A: Abgeschnittene oder gebrochene Gliedmaßen?

P: *"Ein Leben voller Schmerz und Elend."*

Sie bringt dies in Verbindung mit Schmerz, der ihr in der Vergangenheit von ihrer Schwiegermutter angetan wurde.

A: Frühere Vorgeschichte?

P: "Viele Verletzungen, Kopfverletzung in der Kindheit, Sturz, von einer Autorickshaw überfahren. Ich bin auch sehr empfindlich für Filme und Filmserien, in denen Frauen gegen Schmerzen kämpfen, z.B. Jhansi ki Rani, Kusum, Aurat (Filme des indischen Kinos). *Das sind starke und harte Persönlichkeiten, sie erdulden alle "Schläge" und schützen andere davor, dass ihnen ein Leid widerfährt.*"

Sie mag auch Serien wie "Kaun Apna Kaun Paraya". In dieser Geschichte geht es um einen Sohn, der seine Eltern nicht liebt und sich nicht um sie kümmert, und darum, wie *isoliert und einsam* seine Eltern sind.

Zum Verständnis

Sie ist sehr empfindlich für Schmerz und Verletzung. Sie hat viel Schläge und Verletzungen erlitten und fühlt sich wie altes, nutzlos gewordenes Möbel, völlig allein und weggeworfen, weil sie ihren Arbeitswert verloren hat. Sie sieht gerne Fernsehserien und Filme, in denen Frauen *starke und harte Persönlichkeiten sind, die alle "Schläge" erdulden und andere davor beschützen, dass ihnen ein Leid widerfährt. Und in einer der Serien geht es um Eltern, die ganz einsam und alleine sind.*

Dieser Fall vermittelt sehr gut die Idee der Compositae-Familie und des leprösen Miasmas. Ich gab der Patientin also Lappa, das dem leprösen Miasma und den Compositae zugehört.

Verabreichtes Mittel: *Lappa arctium C200, eine Dosis am 18.9.2001; Dosis wiederholt am 11.10.2001 und am 24.1.2002.*

Wiedervorstellung

im Juni 2002

Es geht der Patientin mit dem Mittel sehr gut. Ihr Selbstvertrauen ist stärker geworden. Es hat seither keine Episode von Epistaxis mehr gegeben.

Ende des Falls.

ECHINACEA

Compositae + syphilitisches Miasma

Syphilis. (Clarke)

Fühlt sich zerschmettert durch ein schweres Trauma oder durch Missbrauch, was das Gefühl des Selbst zerstört hat; bedroht durch körperlichen oder emotionalen Zerfall. (Vermeulen)

Gangrän. (Boericke)

Sepsis, Blutvergiftung, Pyämie. (Complete)

Fötide Sekretausscheidungen. (Complete)

Wunden, die klaffen. (Boericke)

Von diesen Symptomen her zu urteilen, scheint Echinacea das syphilitische Miasma zu repräsentieren. Als Kreuzpunkt der Compositae mit der Syphilis kann für Echinacea das folgende Gefühl vorgeschlagen werden:

Zerstört durch Verletzung oder Leid. Tod durch Verletzung.

Es gibt z.B. Länder, in denen es noch die Todesstrafe durch Prügeln gibt.

ZUSAMMENFASSUNG COMPOSITAE – EMPFINDUNGEN UND REAKTIONEN

Empfinden

Verletzt.

Wehgetan oder beleidigt.

In Schock.

Verbrannt oder verbrüht.

Angst davor, berührt zu werden, weh getan zu bekommen, dass jemand nahekommt.

Passive Reaktion

Abgestumpft.

Anaesthesiert.

Stupor.

Katalepsie.

Aktive Reaktion

Reizbar und heikel.

Tut anderen weh.

Grausam/gewalttätig.

Schlägt.

Kompensierung

Harter Bursche.

Steckt alle Prügel ein.

Schützt andere davor, dass ihnen weh getan wird.

MIASMEN

Akut	Arnica, Calendula
Typhös	Chamomilla
Ringwurm	Taraxacum
Malaria	Cina, Eupatorium perfoliatum
Sykose	Senecio
Tuberkulös	Abrotanum
Krebs	Bellis perennis
Leprös	Lactuca, Inula, Lappa
Syphilis	Echinacea

VERGLEICHSMITTEL

Umbelliferae

Solanaceae

Theales

CONIFERAE
(Koniferen oder Nadelhölzer)

Zu den Coniferae gehörige Familien:

Taxaceae

Cupressaceae

Taxodiaceae

Pinaceae

HEILMITTEL

Abies canadensis (Pinus canadensis)	Hemlocktanne, Tsuga
Abies nigra (Picea nigra)	Schwarztanne, Schwarzfichte
Agathis australis	Kaurifichte
Cupressus australis	(Australische) Zypresse
Juniperus virginiana	Rote Zeder
Juniperus communis	Wacholder
Pseudotsuga communis	Douglasfichte, Douglasie
Sabina (Juniperus sabina)	Sadebaum, Sevenstrauch
Sequoia gigantea (Sequoiadendron giganteum)	Riesenmammutbaum
Sequoia sempervirens (Sequoiadendron sempervirens)	Mammutbaum
Taxus baccata	(Gewöhnliche) Eibe
Taxus brevifolia	Pazifische Eibe
Thuja occidentalis	(Abendländischer) Lebensbaum

Thuja lobbii (T. plicata, T. gigantea)	("Rote Zeder" der amerikanischen Westküste)

WEITERE HEILMITTEL

Pix liquida	Teer, aus dem Holz verschiedener Pinaceen hergestellt
Terebinthina	Oleum terebinthinae, gewonnen aus dem Harz mehrerer Kieferarten

GEBRÄUCHLICHE HEILMITTEL

Abies canadensis

Abies nigra

Sabina

Thuja

HERKUNFT

Da die Koniferen eine übergeordnete Klassifizierung darstellen (nämlich die Unterklasse Pinidae), die mehrere Familien von Bäumen umfassen (u.a. Taxaceae, Cupressaceae, Pinaceae, Taxodiaceae), wurde zur Suche in den Repertorien aus jeder Familie ein Mittel herausgesucht. Die vier repräsentativen Mittel für die Suche im MacRepertory-Programm waren Abies nigra, Thuja, Sequoia sempervirens und Taxus baccata. Die erste Rubrik, die zwei oder mehr dieser Heilmittel umfasst, war die folgende:

Wahnideen, Vorstellungen: Körper, Körperteile, seien spröde. (Seq-s., Thuja)

Im Empfinden dieser Rubrik geht es um Sprödesein, also um Zerbrechlichkeit, leicht zu zerbrechen, durchgebrochen, gesprungen und in Teile gebrochen.

Wenn man nach dem Empfinden von Sprödigkeit bei den Koniferen sucht, dann tauchen mehrere Hinweise auf.

Abies canadensis

> "Diese Substanz, der harzige Ausfluss aus dem Stamm der Hemlocktanne, ist bei kaltem Wetter hart und spröde und bei warmem Wetter weich und nachgiebig und schmilzt bei 198 Grad Celsius." (Millspaugh)

Sequoia sempervirens

Wahnideen: Vorstellungen, Körper sei spröde, Körperteile seien spröde. (Complete)

Thuja

Sprödigkeitsgefühl. (Boenninghausen, Repertorium)

Wahnideen: spröde zu sein. (Boenninghausen, Repertorium)

Knochen, Beschwerden der: im Allgemeinen spröde. (Complete)

Es besteht Angst vor Bloßstellung, und diese Fixierung ist kombiniert mit Sprödigkeit oder Zerbrechlichkeit. ("Das Geistige Prinzip der Homöopathie")

Zehen: Nägel, spröde. (Knerr)

Und wenn man die Suche durch die Repertorien erweitert, indem man synonyme Begriffe miteinbezieht – *spröde, zerbrechlich, anfällig, zerbrochen, in Stücken* –, dann wird das Bild noch vollständiger.

Abies canadensis

Zerbrechlich. (Complete)

Thuja

Wahnideen: Körper sei anfällig. (Allen, Repertorium)

Wahnideen: vom Körper, er sei dünn und anfällig, als ob seine Kontinuität sich auflöse, oder als ob er aus Glas wäre und bald zerbräche. (1) (Knerr)

Empfinden, als ob der ganze Körper sehr dünn sei und anfällig und könnte nicht dem geringsten Angriff standhalten, als ob die Kontinuität des Körpers sich auflöste. (Clarke)

Wahnideen: Körper, er sei in Gefahr, in Stücke zu zerfallen. (1) (Allen, Repertorium)

Wahnideen: Körper, er sei dünn. (Allen, Repertorium)

Empfindungen: Zerbrechen, als sei der Körper schwächlich und würde leicht zerbrechen. (1) (Knerr)

Angst davor, dass Ideen und Werte und Bilder zerbrochen werden, und somit das Gefühl der Anfälligkeit; je anfälliger man sich fühlt, umso härter muss man werden. ("Das Geistige Prinzip der Homöopathie")

Körper: er sei aus Glas und leicht zerbrechlich. (1) (Roberts)

Zerbrochen, der ganze Körper sei aus Glass gemacht und leicht zerbrechlich. (1) (Roberts)

Sequoia gigantea

Sequoia gigantea hat gegenteilige Wirkungen: kann die Leichtigkeit des Ätherischen und Zarten fühlen oder auch Schwere, Erdverbundenheit, Festigkeit. (Promethius)

Sabina

Schmerzen im Sakrum, als sei es gebrochen, als würden sich die Knochen voneinander trennen. (Vermeulen)

Rücken: Schmerzen, wie zerbrochen. (Complete)

Sequoia sempervirens

Brustkorb: Gefühl, als müsse er an gebrochenem Herzen sterben. (Zitiert aus Birch und Rockwell, widergegeben bei Vermeulen)

Wahnideen: dass er zerbrechlich sei wie eine angeknackste Eierschale. (Zitiert aus Birch und Rockwell, widergegeben bei Vermeulen)

Als könne sie emotional auseinanderbrechen. (Zitiert aus Birch und Rockwell, widergegeben bei Vermeulen)

Jetzt können wir die Empfindungen verstehen, die sich durch die Familie hindurchziehen, nämlich *spröde, zerbrechlich, anfällig, in Stücke gebrochen, dünn.*

In der Prüfung von *Sequoia gigantea* bei Promethius sehen wir den Gegenpol zu spröde, zerbrochen, zerbrechlich, nämlich:

> Schwere und Festigkeit, die den Patienten fühlen machen, er sei wie "in Stein gehauen."

Man begegnet in der Coniferae-Familie oft Begriffen von *Verbunden- und Unverbundensein* und *von Abgeschnitten- und Getrenntsein*. Um was geht es bei diesen Begriffen? Wie verstehen wir solche Schilderungen? Wenn man sie auf Fälle, Materia medica und Prüfungen bezieht, dann scheinen sie von einem tieferen Empfinden herzurühren, von dem Empfinden, *zerbrechlich, anfällig, spröde und zerbrochen zu sein*.

In der Prüfung von *Pseudotsuga menziesii* von S. Olsen in seinem Buch "Trees That Heal" (Heilende Bäume) sagt ein Prüfer:

> Fühle mich von meinen Emotionen getrennt.
>
> Hände fühlen sich abgetrennt an.

In den Fällen von Pseudotsuga menziesii, die Krista Heron vorstellt, sind die Patientenworte ein schöner Ausdruck für die Empfindungen und Ausdrucksweisen der Coniferae-Familie.

PSEUDOTSUGA-MENZIESII-FALL 1

Von Krista Heron

Der Fall ist in Gänze wiedergegeben. Kursivschrift soll entscheidende Aussagen und Redewendungen hervorheben.

Sehnsucht nach einer vollkommenen Intimität

Es war mir eine Freude, im Verlauf der letzten drei Jahre zwei Fälle von Pseudotsuga zu verfolgen und von ihnen zu lernen. Ich habe ein besonderes Interesse an diesem Heilmittel, da der Baum von der nördlichen Pazifik-Küste stammt. Da ich dort aufgewachsen bin und mein Vater ein Förster war, hatte ich schon immer eine große Nähe zu diesem Baum empfunden. *Die zugrundliegenden Charakteristika des Baumes sind Isolierung, Trennung und innere Leere wie bei den anderen Koniferen auch, aber das besonders Auffällige dieses Baumes ist die trostlose Einsamkeit und die Sehnsucht nach einer Verbindung, und das scheint spezifisch für Pseudotsuga menziesii zu sein.*

Ich sah Heather zum ersten Mal im November 1994. Sie war damals sechsundzwanzig und arbeitete im Marketing. Ihre Hauptbeschwerden waren Depression, Bulimie und Obstipation. Sie hatte seit fünf Jahren Laxantien genommen. Anfänglich gab ich ihr Natrium carbonicum, Aurum, Alumina und Stramonium, worauf eine kleine Besserung eintrat, aber keine tiefgreifende oder anhaltende Heilung.

Sie war seit drei Jahren in Therapie und quälte sich damit ab, dass sie sich als Opfer wahrnahm, und das teilweise auf Grund der Tatsache, dass ihr Vater mit ihr im Alter von vier bis vierzehn Inzest betrieben hatte.

> "Es ist wie eine große schwarze Hand, die mich runterziehen möchte. Ich habe das schlechte Ende abgekriegt. Manche Menschen erhalten von Anfang an von ihrer Familie Unterstützung, ich bekam nichts. Ich trinke eine Menge und ich war kokainsüchtig. Es hat mir hart zugesetzt, an Körper und Geist. Meine Familie verstand mich nie, also *distanzierte ich mich von ihnen und von anderen.* Ich weiß nicht, was ich tun möchte. Ich habe meine Chance verpasst. Meine Familie hielt mich so sehr zurück. Es war niemand (für mich) da. Ich fühlte mich verloren, unsichtbar."

Von Anfang an sehen wir, wie sich das Pseudotsuga-Muster entfaltet. Die Patientin hat das Gefühl, dass ihre Familie sie nicht unterstützt, und sie macht ihr deshalb Vorwürfe und empfindet Verbitterung. *Ihre Reaktion darauf ist, sich von ihnen zu trennen und abzusondern.* Ich fand heraus, dass dies typisch für Pseudotsuga ist; die Patienten fühlen sich vernachlässigt und nicht umsorgt, und so schaffen sich sich eine Wand aus Bitterkeit, um damit fertigzuwerden.

> "Das Leben fühlt sich leer an, ich habe keine Verbindung zu einer höheren Macht. Ich bin ein treibendes Etwas über einem Abgrund; wohin geht's mit mir? Wo muss ich hingehen, um einen netten Kerl kennenzulernen? Wem kann ich vertrauen? Ich habe immer diese hohe Wand um mich, ich habe abweisende Ecken und Kanten. Ich versuche, weicher zu werden."

Sie fühlt sich verloren und erlebt dies sowohl emotional als auch spirituell. *Ihr Gefühl der Leere veranlasst sie dazu, dass sie sich nach einer Verbindung sehnt, aber sie findet sich hinter einer Wand.* Auch dies ist ein typischer Zug des Arzneimittels und der anderen Koniferenmittel. Es ist etwas Hartes an ihnen. *Die Wand, die Heather beschreibt und von der sie wünscht, dass sie weicher würde, hat sie getrennt gehalten, nicht nur abgetrennt von wahrer Intimität, sondern von sich selbst.*

David Warkentin wies darauf hin, dass die innere Leere und die Wand, die anscheinend bei allen Koniferen auftaucht, eine Widerspiegelung ist, eine Widerspiegelung einerseits des großen Kernes an totem Holz im Zentrum des Baumes und andererseits der dünnen Schicht lebender Zellen in der Rinde. Er schilderte, wie Juniperus seinen Innenraum als tot empfindet, und dass Taxus, Abies canadensis und Abies nigra ein großes Leeregefühl in ihrem Magen fühlen, und dass Thuja sich vorstellt, dass die Leere mit einer imaginierten Schwangerschaft gefüllt werden könne. Die Leere, die Heather empfindet, treibt sie an, Erleichterung von ihrem Leid zu suchen.

Heather redet davon, dass sie in einem Abgrund sei und dass sie als Kind Träume davon hatte, wie sie in eine bodenlose Grube fiele. Dann teilt sie uns mit, dass sie sich als schwebend erlebt, schwebend nicht auf eine träumerische Weise, sondern wie in der Dunkelheit hängend, eine albtraumhafte Erfahrung völliger Verlorenheit.

> "Ich habe nichts, niemanden, dem ich etwas geben kann; es fällt niemandem auf, ob es mich gibt oder nicht. *Es fühlt sich ganz dunkel an, ich gehöre nirgendwohin. Ich fühle mich alleine, verloren, als sei alles schwarz um mich. Ich weiß nicht, wie ich das wieder in Ordnung bringen kann, ich treffe die falschen Entscheidungen, ich weiß nicht, wohin ich gehöre, ich passe nirgends hin. Ich habe keinen Anker. Ich bin ein Versager. Verloren irre ich umher."*

Die Hinweise auf das Geistige und den Abgrund erinnern mich an das Wachstum des Baumes. Sei wachsen hundert Meter hoch und haben dennoch nur ein oberflächliches Wurzelsystem. Die Vertikalität widerspiegelt sich im vorliegenden Fall in ihrer Empfindung vom Fallen, in dem Gefühl einer dunklen Hand, die sie hinabzieht, in ihrer Sehnsucht nach einer Verbindung zu einer höheren Macht, in ihrem Gefühl, eines Ankers beraubt zu sein. Wegen seiner oberflächlichen Wurzeln fällt dieser Baum bei starken Winden mit schwerer niederschlagsbedingter Erosion leicht um.

"Ich kann keine Entscheidungen fällen, ich weiß nicht, was ich will. Ich löse Pläne wieder auf, ich habe kein Rückgrat. Ich stelle alles in Frage. Wenn jemand eine weitere Möglichkeit anbietet, dann fange ich wieder von vorne an zu überlegen. Ich weiß nicht, wer ich bin. Ich habe keinen Freund oder Partner, mit dem ich mich austauschen kann; ich vermisse die große Verbindung, *ich vermisse eine Bindung. Ich frage mich, was an mir falsch ist. Ich will einfach eine Verbindung.* Ich scheine sie einfach nicht anzuziehen. Was fehlt mir? Was kann ich ändern? Wahrscheinlich hülfe es, wenn ich mich eindeutiger entscheiden könnte. Ich habe das Gefühl, ich lebe in einer Schale. Ich habe das Gefühl, dass mir etwas fehlt, und ich möchte wegrennen. Keiner will mich, ich fühle mich wertlos. Ich weiß nicht, wie man eine Verbindung eingeht, wie man kommuniziert oder wie man Intimität schafft. Ich glaube nicht, dass ich gut darin bin, Menschen näher kennenzulernen. Ich schließe mich ab. Ich habe große Angst, dass man mich abweist. *Ich habe Angst davor, es zu versuchen, denn ich bin nicht so gut wie andere. Ich habe soviel Instabilität in meinen Leben. Ich versuche dazuzulernen. Ich fühle mich wertlos und unbedeutetend, als ob ich zerbröckelte."* (Miasma und Empfinden sind repräsentiert.)

Massimo Mangialavori berichtet uns von einem weiteren Charakterzug der Koniferenheilmittel, und zwar davon, dass sie egozentrisch seien, dass sie nur sich selbst im Blick haben. In ihrem Narzissmus fühlen sie sich wegen ihrer Fehler und Schwächen leicht unsicher. Heather spricht in der Tat nur von sich selbst; alles wird aus einer Perspektive betrachtet, die nur sich selbst im Blickpunkt hat. Gewiss betreffen alle Patientenerzählungen die eigene Person, aber im Allgemeinen nicht so sehr, dass alle anderen ausgeschlossen sind. Aber gerade davon handelt Heathers Geschichte – davon, dass sie alleine ist. Sie ist ein einzelner Baum im Wald. Sie empfindet sich als fehlerhaft und wertlos, sie hat das Gefühl, dass etwas zutiefst falsch in ihr ist. Mein Eindruck ist, dass dieses Mittel mehr von sich zeigt als die anderen Koniferen; die mögen diesselbe Scham empfinden, aber bei ihnen sind die Dinge weniger versteckt oder trügerisch.

"Ich fühle mich einsam; ich habe einfach keine Verbindung. Ich fühle mich wirklich alleine. Vielleicht sollte ich nach einer spirituellen Bindung suchen; ich empfinde mich abgeschnitten. Ich weiß nicht, an was ich glaube; was ist schon wirklich? Ich suche nach Trost; etwas tief in mir drinnen braucht Trost. Ich fühle mich alleine. Es fühlt sich dunkel an, grau, düster, ohne Leben. Ich fühle mich wie ein bewölkter Tag in Seattle; trübselig, wie wenn die kohlenschwarzen Wolken das graue Wasser berühren. Da ist niemand. Freunde haben mich sitzenlassen. Ich zähle auf sie, aber sie halten nicht durch."

Im Juni 1996 hörte ich Steve Olsens Darstellung einer Prüfung von Pseudotsuga menziesii, der Douglasfichte. Die Ähnlichkeiten zwischen diesem Mittel mit den anderen Koniferen, die ich bereits kannte, sprang mir ins Gesicht; vor allem die

Verdaungssymptome von Abies canadensis und die Schamgefühle von Thuja. Die emotionale Verfassung, die Dr. Olsen beschrieb, schien dem, was Heather geschildert hatte, ähnlich zu sein. Ich verschrieb das Mittel in der C30-Potenz für sie.

Ende September 1996 berichtet Heather folgendes: "Das ist ein großartiges Heilmittel, mein Magen ist großartig, und ich bin wirklich gesund und glücklich. Ich stelle fest, dass ich nichts vermisse; alles, was ich habe, ist hier in mir drin. Ich fühle mich ausgeglichener. Das Mittel ist mit mir in Einklang. Meine Energie ist gut, und ich esse anständig. Mir geht es viel besser. Ich treffe eine Auslese unter meinen Freunden und werde ein paar los, die es nicht wert sind, dass ich für sie Zeit verschwende." Ihr Obstipation ist viel besser geworden, ebenso ihre Bulimie. Sie trinkt nicht mehr und ist bei den Alcoholics Anonymous.

Ein Jahr nach dem Mittel heiratete Heather. Jetzt, drei Jahre danach, sind ihre Obstipationssymptome und ihre Magenschmerzen selten geworden, und Bulimie ist kein Problem mehr. Sie fühlt einen tieferen Frieden in sich und hat ein größeres Sebstvertrauen gefunden. Ihre körperlichen Symptome reagieren immer noch auf das Mittel, und mit jeder Dosis erfährt sie emotional und spirituell eine tiefergehende Heilung.

Heather erhielt Einzeldosen von Pseudotsuga menziesii C30 im September 96, April 97, September 97 und April 98 und C200 im Juni 98, November 98 und April 99.

PSEUDOTSUGA-MENZIESII-FALL 2

Von Krista Heron

Der Fall ist in Gänze wiedergegeben.

Dies ist der Fall Sarahs, geboren 1955, die ich seit Oktober 1996 immer wieder gesehen habe. Ihre Hauptbeschwerden waren Bulimie, Obstipation und Amenorrhoe gewesen. In Betreuung eines anderen Arztes hatte sie auf Natrium muriaticum Erleichterung von mehreren kleineren Beschwerden und ein größeres allgemeines Wohlbefinden erfahren. Aber ihr Fehlverhalten im Essen und ihre Obstipation blieben und seit Februar 1996 hatte sie Amenorrhoe.

Im Januar 1997 berichtete Sarah Folgendes:

> "Als ich meine Eltern in Montana besuchte, ließ ich mich volllaufen. Ich war alleine zuhause und entschloss mich dazu, es rauszulassen. Es war ein Spiel. Der entscheidende Punkt war, dass es geheim war. Ich breche die Regeln und ich esse um des Essens willen. Ich habe eine unerträglichen emotionalen Druck in mir, der sich mit Essen auflöst. Es ist wie eine Grube in meinem Magen. Ein Gefühl von Alleinsein, losgelöst vom Universum. Wie ein Wasserstoffballon … es ist Angst ... ich glaube nicht, dass ich das Gefühl aushalten kann, denn es ist unerträglich. Ich glaube, ich muss es alleine

aushalten, denn ich vergesse, dass es sonstwo Hilfe gibt. Ich muss es selbst tun, ich tröste mich mit einem Essensplan. Ich spüre ein Feuer in meinem Magen, eine Höhle, eine Dunkelheit. Es ist die Angst, dass ich etwas Falsches getan hätte, dass jemand etwas hätte, was ich nicht habe und was ich auch haben sollte, wenn ich nur mein Leben richtig leben würde. Das schafft diesen Druck. Es ist eine Art Selbstmitleid. Ich habe das Gefühl, ich habe keine Zuflucht. Ich fälle leicht Urteile über andere Menschen und bin sehr hart mit mir selbst. *Ich habe ein Gefühl von Isolierung von anderen und vom Universum. Ich habe dieses Bild in mir, dass meine Seele ein Anker sei, aber ich fühle mich nicht verbunden, ich müsste Vertrauen haben.*"

Ich gab ihr eine Einzeldosis Pseudotsuga C30 und sie kam nach sechs Wochen wieder. Sie sagte: "Ich bin wie eine neuer Mensch, der aber eigentlich mein altes Selbst ist. Ich kann zweimal am Tag zur Toilette gehen, vorher konnte ich nur einmal pro Woche. Ich lebe mehr in meinem Körper drin als je zuvor. Ich habe mich nicht mehr besoffen und ich esse täglich drei Mahlzeiten. Früher fühlte ich mich isoliert, jetzt habe ich ein Gemeinschaftsgefühl."

Ich sah sie nach sechs Wochen wieder, und sie hatte beim Besuch ihrer Eltern für eine Woche eine Trinkperiode gehabt. Was ihre Obstipation betraf, gab es keinen Rückfall. Ich wartete ab. Weitere sechs Wochen vergingen mit der gleichen Geschichte einer Sauftour, aber kein Rückfall der Obstipation und kein Isoliertheitsgefühl. Aber ihre Menstruation blieb weiterhin weg. Im Juni 1998 hatte ich gerade das Mittel in der C200-Potenz erhalten, also gab ich es ihr. Sie rief mich zwei Wochen später an und teilt mir mit, dass nach zweieinhalb Jahren ihre Menstruation wiedergekommen war. Es ging ihr weiterhin gut, sowohl was die Obstipation und Bulimie betraf als auch betreffs des Isoliertheitsgefühls. Sie hat immer noch monatliche Menstruationen. Sie erhielt eine zweite Dosis Pseudotsuga C200 im November 1998.

Ende des Falls.

Ein anderer Fall Krista Herons von Abies nigra zeigt dieselben Themen, nämlich Mangel an Verbundenheit und Gefühl der Abgetrenntheit.

Das Folgende sind Auszüge der Falldokumentation:

Frau von 41 Jahren mit Hypoglykämie, einem Herzgeräusch und chronischer Schlaflosigkeit:

"Ich fühle mich allein, ungeliebt, ohne Verbindung, ohne Freund zum warmen Ankuscheln. Ich fühle mich in meiner Ehe abgetrennt und empfinde keine Erfüllung. Alles ist ruhig und langweilig. Ich fühle mich isoliert, einsam und ungeliebt, und ich mag es, wenn mir jemand Aufmerksamkeit widmet.

Ich habe keinen Wunsch nach Sex, es ist tot. Ich hatte das früher, aber jetzt ist das weggeschlossen. Ich fühle mich von allem so abgeschnitten. Es fühlt sich an, als sei ich im Gefängnis und keiner fragte wenigstens danach, wie es mir ginge. Es ist, als wäre ich ein einsames Stück Wild in einem eingefrorenen Feld, zitternd, kalt, und ohne ein Versteck. Wenn ich nicht diese Intimität haben kann, diese Verbindung, dann bekomme ich nicht genug 'Nahrung', die mich erhält. Wenn jemand sich mir zuwendet, dann fühle ich mich so geliebt; ohne das habe ich das Gefühl, ich sei am Verhungern.

Ich glaube, mein größtes Verlangen ist es, mich wirklich verbunden zu fühlen. Ich fühle mich immer verloren, so als laufe ich immerzu ohne Sicherheit auf diesem Planeten herum. Ich fühle mich nicht geerdet. Ich bin mir nichts sicher. Ich möchte gerne meinen Platz in der Welt finden."

Ende des Zitats.

All diese Fälle zeigen tiefe Gefühle von Isoliertheit und Leere und das Gefühl, abgeschnitten und ohne Verbindung (mit der Welt) zu sein.

Ein anderes starkes Thema der Coniferae ist das Gefühl einer Leere.

Abies canadensis

Magen: Leere, Schwächegefühl, Ohnmachtsgefühl, Vorbeisein, Hungergefühl. (Complete)

Empfinden: Leeregefühl. (Boericke)

Abies nigra

Magen: leer. (Boenninghausen)

Aufstoßen: leer. (Complete)

Magen: Leere, Schwächegefühl, Ohnmachtsgefühl, Vorbeisein, Hungergefühl. (Complete)

Sequoia gigantea

Traurigkeit, Einsamkeit und Leere. (Promethius)

Taxus baccata

Magen: Gefühl von Leere, muss oft essen. (Murphy)

Schwäche und Leere in der Magengegend. (Vermeulen)

"Leeregefühl" im Magen stach hervor, und es wurde festgestellt, dass die Verdauung sehr schnell vonstatten ging. (Clarke)

Sabina

Aufstoßen: leer. (Allen, Repertorium)

Bauchraum: Leere, Schwächegefühl. (Complete)

Bauchraum: Leere, Schwächegefühl, bei Abtreibung. (Complete)

Thuja

Es gibt ein tiefes Gefühl von Einsamkeit oder Leere bei Thuja. (Dr. Sunil Anand, in seinem Beitrag über Thuja in "Homoeopathic Links" 1995)

Hämorrhoiden: Verstopfung wechselt ab mit Leeregefühl. (Allen, Repertorium)

Empfinden von Leere und Hohlheit, Vertex. (Complete)

Urinfluss hört immer wieder auf, bevor die Blase geleert ist. (Cowper)

Magen: Empfinden von Leeregefühl. (Boericke)

Bei Thuja findet sich das Empfinden von *Fülle und Leere* fast im ganzen Organismus.

Drei Empfindungen, die die Coniferae repräsentieren, nämlich *Leere, Sprödigkeit und Mangel an Verbundenheit*, sind miteinander verbunden. Das Gefühl von Sprödigkeit und Zerbechlichkeit beruht auf dem Empfinden von Leere. Wenn ein Gefäß voll ist, gibt es ein Gefühl von Stabilität und Kraft. Wenn etwas im Inneren Leeres von einer harten Schale abgegrenzt ist, dann wird es zerbrechlich. Wenn der Innenkern voll ist, dann ist der Behälter stärker; ein volles Ei ist zum Beispiel stärker und widerstandsfähiger als eine spröde leer Eierschale. Spröde Dinge zerbröckeln leichter in Einzelstücke, wie wir es in Krista Herons Fällen gesehen haben. Wenn etwas zerbrochen und zerbröckelt ist, dann sind Verbindungen verloren.

Dies sind also die drei Empfindungen, die bei den Coniferae psychologisch und körperlich immer wieder auftauchen: leer zu sein, spröde zu sein, leicht die Verbindung abzubrechen.

Das Gefühl der Abspaltung bei den Coniferae ist die Abspaltung von einem Objekt. Das Gefühl sagt: Ich bin spröde, ich kann jederzeit zerbrechen, in Stücke zerfallen, auseinandergehen. Wenn Glas zerbrochen wird, dann wird es von sich selbst abgespalten. Es ist nicht mehr verbunden, also unverbunden. Zuerst ist es ein Einziges, ein Ganzes, in Kontinuität, und nach dem Bruch ist die Kontinuität verloren.

Wir müssen die Erlebnisweise eines Patienten, der eine Abspaltung empfindet, zu verstehen versuchen. Wir müssen auf subtile Unterschiede achten. Wenn zwei getrennte Dinge etwas miteinander zu tun haben und dann wieder auseinanderkommen, dann ist eine Verbindung unterbrochen – dies ist die Qualität der Scrophulariaceae-Familie. Eine Bindung wurde eingegangen und wird wieder auseinandergerissen; dies ist eine Verbindung von zwei eigenständigen Entitäten, die zusammengekommen sind. In dieser Pflanzenfamilie finden wir deshalb Rubriken mit den Empfindungen Adhäsion/Anhaftung und Rubriken mit dem Empfinden von Losreißen.

Im zentralen Gefühl der Malvales geht es um Anhaften und Loslösen. Wir können uns einen Zug vorstellen; wenn ein Waggon mit dem Zug verbunden wird, wird er ein Teil des Zugs. Es handelt sich um das Aneinanderheften zweier Entitäten, wobei die eine ein Teil der anderen wird. Eine Mutter und ihr Neugeborenes sind miteinander verhaftet. Bei den Malvales finden wir die Rubriken "Träume: schwanger zu sein" und "Träume: von Geburt".

Wenn wir im Zusammenhang mit den Coniferae von Abspaltung reden, dann geht es um den Bruch in einer Kontinuität, das Zerbrechen eines Ganzen. Wenn Coniferae-Patienten von Isoliertheit reden, dann tun sie es in dem Sinne, dass sie die Welt als etwas eigentlich Kontinuierliches erleben, das einen Bruch erfahren hat.

Abspaltung, das Gefühl des Abgeschnittenseins, Trennung, das sind die Ausdrucksformen. Bei den Coniferae beziehen sie sich auf das Grundgefühl einer Sprödigkeit, einer Gläsernheit, Zerbrechlichkeit und einer inneren Leere.

Das Hauptempfinden sollte also wie folgt sein:

Leere, Sprödigkeit, Trennung, Abgeschnittensein.

Wieder taucht das Bild der Eierschale vor uns auf. Wenn das Ei leer ist, dann ist die Schale zerbrechlich und spröde. Wenn sie zerbrochen ist, ist eine Kontinuität verlorengegangen, dann gibt es nur noch Stücke.

Bei **Thuja** finden wir in den Materia medica:

> Wahnideen: Vorstellungen, zerschnitten zu sein in zwei Teile; konnte beim Aufwachen nicht sagen, von welchem Teil er Besitz hatte. (1) (Complete)

Die Kontinuität ist in zwei Teile zerschnitten, und die Person weiß nicht, welchen der beiden Teile sie besitzt. Deshalb finden wir auch folgende Rubriken:

> Wahnideen: Vorstellungen, geteilt zu sein, in zwei Teile. (Complete)

Wahnideen: Vorstellungen, doppelt, er sei. (Complete)

Und die folgenden Rubriken repräsentieren die Wahrnehmung, dass das, was kontinuierlich und eins sein sollte, jetzt in zwei Teile getrennt ist:

Wahnideen: Vorstellungen, geteilt, Geist und Körper seien. (Complete)

Wahnideen: Seele, Körper sei zu klein für die Seele; oder Seele sei vom Körper getrennt. (Complete)

Weitere Rubriken von **Thuja:**

Wahnideen: Vorstellungen, Körper, Körperteile, seien spröde. (Complete)

Wahnideen: Vorstellungen, Körper, Körperteile, ihre Kontinuität würde sich auflösen. (1) (Complete)

Wahnideen: Vorstellungen, Körper, Körperteile, seien anfällig. (Complete)

Wahnidee: Körper, Körperteile, es bestünde die Gefahr, sie gingen in Stücke. (Complete)

Diese Rubriken illustrieren weiterhin die Wahrnehmungsweise, dass Kontinuität bestanden hatte, dass es ein Ganzes gegeben hatte und dass es nun in viele Stücke zerbrochen ist, wodurch die Kontinuität aufgelöst ist.

Aus Obigem können wir schließen, dass es im Empfinden und in den Reaktionen der Coniferae um folgende Begriffe geht:

ZUSAMMENFASSUNG CONIFERAE – EMPFINDUNGEN UND REAKTIONEN

Empfinden

Zerbrechlich.

Zerbrochen.

Spröde.

Verbunden/Unverbunden.

Leere/Fülle.

Abgeschnitten.

In Stücken.

Passive Reaktion

Faulheit.

Angstvoll.

Schwach.

Aktive Reaktion

Starr.

Hart.

Kompensierung

Stärke.

Man wird stark und zum Beschützer anderer Menschen, die spröde und zerbrechlich sind.

AGATHIS AUSTRALIS

Coniferae + akutes Miasma

Plötzlichkeit und Heftigkeit der Symptome

In den Prüfungsaufzeichnungen von Misha Norland in "The School of Homoeopathy" zum Mittel Agathis australis lesen wir Folgendes:

> "Ich war bei Jeremy (Sherr). Man gab jedem von uns einen Patienten aus einer Party-Zusammenkunft. Ich hatte ein junges Mädchen. Wir verbrachten eine lange Zeit miteinander, und sie erzählte und erzählte, und teilte mir überhaupt nichts mit, es war alles nur unterhaltsames Geplappere. Plötzlich bekam sie einen epileptischen Anfall, aber sie schien ihn nur zu mimen, denn ich erinnere mich daran, wie ich dachte: Das ist nicht so, wie es sein sollte. Es schien nichts Unwillkürliches daran zu sein. Sie war mir gegenüber gewalttätig. Ich ging aus dem Raum und fand Misha und teilte ihm mein Urteil mit. Er sagte: Großartig - jetzt, wo du das Bild kennst, schau bitte im Repertorium bei Krampfanfällen nach. Er benahm sich, als sei ich wirklich privilegiert, weil niemand sonst so glücklich gewesen war, irgendwelche Symptome aus ihr herauszubekommen."
>
> "Es gab Grenzen im Meer, und ich wurde hineingezogen, in die Szene, und an den Strand mit dem Meer. Es gab da ein paar Leute, und bei mir war noch jemand. Und es war sehr warm und alle Sinne waren viel lebendiger als normal und alle Farben waren ziemlich

surrealistisch; es war, als ob ich wirklich da wäre und die Wärme spürte und die Gerüche röche, und als ich nach draußen blickte, kam gerade ein riesiger Engel aus dem Meer, und es war eigentlich das Meer, und der Engel manifestierte sich. Er war großartig und gewaltig und riesig hoch, über allen, die da waren, und dann sagte jemand, es sei der Engel des Todes, und das löste eine Panik aus und da hörte der Traum auf."

Das Miasma könnte das akute sein. Das Gefühl könnte folgendermaßen sein:

Plötzlich in Stücke zerbrochen.

TEREBINTHINA

Coniferae + typhöses Miasma

Das Mittel wird in folgenden Rubriken erwähnt, woraus sich seine Affinität zum typhösem Miasma herleitet:

Bauchorgane: Lähmung, bei Typhus. (Knerr)

Stuhl: schleimig, wässerig, bei Typhus und Paratyphus. (Knerr)

Stupor: mit Fieber, bei Typhus und bei epidemischem Fleckfieber. (Knerr)

Das Miasma von Terebinthina ist also wahrscheinlich das typhöse und das Gefühl wie folgt:

Verlangt nach Verbindung, sofort.

PSEUDOTSUGA MENZIESII

Coniferae + Ringwurm-Miasma

In den Fällen von Krista Heron haben wir Folgendes gesehen:

"Ich habe ein Gefühl der Isolierung von anderen und vom Universum. Ich habe dieses Bild in mir, dass meine Seele ein Anker sei, aber ich fühle mich nicht verbunden, ich muss Vertrauen haben." Hier versucht die Patientin, Verbundenheit zu finden. Der Schnittpunkt des Ringwurm-Miasmas mit dem Gefühl der Coniferae kommt sehr schön zum Ausdruck.

"Das Leben fühlt sich leer an, ich habe keine Verbindung zu einer höheren Macht. Ich bin ein treibendes Etwas über einem Abgrund; wohin geht's mit mir? Wo muss ich hingehen, um einen netten Kerl kennenzulernen? Wem kann ich vertrauen? Ich habe immer diese hohe Wand um mich, ich habe abweisende Ecken und Kanten. Ich versuche, weicher zu werden." Diese Patientin versucht, weicher zu werden, damit sie eine Verbindung findet. Das ist das Ringwurm-Miasma mit dem Gefühl der Coniferae.

Als zentrales Gefühl von Pseudotsuga menziesii schlagen wir vor:

Versucht, sich zu verbinden oder intakt/ungebrochen zu bleiben.

PSUEDOTSUGA-FALL 3

Von Dr. Sudhir Baldota

Hervorhebungen stammen von mir.

9. Februar 2002

Eine junge Frau im Alter von 25 Jahren kam mit der Beschwerde von Schmerzen im rechten Handgelenk. Sie schildert ihre Beschwerden lebhaft und gestenreich und zeigt auf den betroffenen Bereich.

"Der Schmerz sitzt im Handgelenk und in den Fingern, vor allem beim Maschinenschreiben. Deshalb habe ich aufgehört, den kleinen Finger zu benutzen. Es tut weh, wenn er gestreckt wird. Ich war immer sehr stolz darauf gewesen, dass ich beim Tippen alle Finger benutzte; der kleine Finger schmerzt, er muss wohl *schwach* sein. Als ich meinen Ellbogen anstieß, hatte ich das Gefühl eines Schocks; das ist normal, aber es *blieb für lange Zeit bestehen*. Wenn ich da hinfasse, dann bekomme ich ein Schockgefühl. Deshalb habe ich Sie angerufen. Meine Hand ist in einem sehr schlechten Zustand. Ich habe große Angst, denn der Schmerz ist immer noch da, man kann es natürlich aushalten, es ist nicht so, dass ich überhaupt nicht tippen kann, aber es ist immer da, wenn ich tippe, und nach einer Weile *wird es schlimmer. Der Schmerz nimmt zu und die Hand fühlt sich schwach an und die Finger spröde. Spröde, das heißt wie Kreidestifte. Wenn man ein Kreidestück biegen will, dann zerbricht es, es biegt sich nicht, denn es hat keine Flexibilität, es fühlt sich alles steif und schwach an in der Hand. Die Knochen fühlen sich schwach an, sie sind nicht flexibel, sei können brechen; ich fühle keine Kraft in der Hand, keine Stärke, nur Schwäche. Die Schwäche ist so groß, dass ich nach einer Stunde das Gefühl bekomme, ich muss sie für eine Weile ausruhen. Sie (die Hand) kann nicht lange arbeiten. Sie fühlt sich an, als sei keine Energie mehr darin, als sei sie völlig leergelaufen. Als ob kein Leben darin wäre. Mit "kein Leben" meine ich, es ist nicht normal, nicht gesund, die Hand muss sich ausruhen. Da sind Schmerzen darin, Schmerzen, als ob ich zuviel damit arbeiten würde. Das ist nicht normal, das sollte nicht sein, es ist nicht wie mit anderen Teilen meines Körpers; es fühlt sich an, als sei sie überstrapaziert. Das ist eigentlich das Gefühl, schwach und überbeansprucht, einfach zuviel Stress für die Hand.*

Das Empfinden des Überbeanspruchens bedeutet, dass man sie zur Seite legen will. Man nimmt sie weg, legt sie auf die Seite, auf das Regal, man sagt sich: In

Ordnung, jetzt muss sie ausruhen – so ein Gefühl ist das. Man hat das Gefühl, man will sie nicht mehr benutzen, man will sie nur noch ruhen lassen. Man will die Tastatur nicht mehr anfassen. Fühlt sich verausgabt. Fühlt sich an, als müsse man sie aus Fürsorge zur Seite legen. Damit sie Ruhe bekommt. Der Schmerz ist eigentlich nicht sehr schlimm, aber ich denke, es sollte nicht schlimmer werden, und deshalb habe ich das Gefühl, wenn ich mich nicht darum kümmere, dann könnte es schlimmer werden. Es wird noch viel schlimmer werden, so fühle ich eigentlich. Und wenn ich sie (die Hand) zur Seite lege, dann bleibt der Schmerz in diesem Zustand und wird nicht schlimmer. Wenn es schlimmer wird, dann bekomme ich Angst. Dass ich meine Hand irgendwann nicht mehr benutzen kann. Es macht mir Angst, denn ich bin Programmiererin. Wenn ich meine Hand nicht mehr benutzen kann, dann bin ich zu nichts mehr gut."

A: Was meinen Sie mit "zu nichts mehr gut"?

P: "Ich kann nichts tun. Dies ist mein Beruf. Es ist wie bei einem Maler, der seine Hand nicht mehr gebrauchen kann, oder bei einem Fußballspieler, der sich das Kniegelenk gezerrt hat. Ein Kricketspieler, der sich die Schulter verletzt hat, der kann nicht mehr spielen. Wenn man Programmierer ist und sich die Hand verletzt hat, dann kann man nicht mehr tippen, man kann nicht mehr programmieren. Man kann dann wirklich nichts mehr tun. *Ich habe so viele Jahre investiert, um dahin zu kommen, wo ich bin, so dass ich, wenn ich nicht mehr tippen kann, in diesem Beruf nichts mehr machen kann, das ist das Ende des Lebens. Das macht mir große Angst."*

A: Beschreiben Sie diese Angst ein wenig näher. Das Ende des Lebens?

P: "Angst davor, gehandikappt zu sein. Ich habe Angst davor ... Wenn man nicht mehr die Hand benutzen kann, wenn man Programmierer ist, dann ist *das sehr frustrierend.* Ich meine, ich mag das Programmieren wirklich. *Es fühlt sich für mich an, als gäbe es eine Macht in diesem Universum, die mit Kraft versucht, mich vom Programmieren wegzubringen. Es fühlt sich an, als sei da eine riesige Kraft, die versucht, mich vom Programmieren abzuhalten. So fühlt sich das an."*

A: Können Sie diese riesige Kraft beschreiben?

P: "Riesige Kraft in der Bedeutung von Schicksal, Glück, wie immer man das nennt. All die Kraft im Universum. Eigentlich ist es nur eine Vorstellung."

A: Ich möchte Ihre Vorstellung verstehen.

P: *"Es war nicht leicht, ich hatte so sehr kämpfen müssen, diese Arbeitsstelle zu bekommen. Wo immer ich es vorher versucht hatte, ging es bei der Arbeit nicht um Programmieren. Ich hatte oft das Gefühl, ich sollte etwas anderes probieren, denn ich wurde vom Programmieren weggedrängt. Ich weiß, dass das keine rationale Überlegung ist, es ist irrational.* Es ist da eine äußerste Rastlosigkeit, keine Stabilität. Ich weiß, ich bin nicht zur Ruhe gekommen. Es ist, wie wenn man sich auf eine lange Reise begibt, es gibt kein

Ausruhen, keine Pause, nirgends findet man Frieden und Ruhe. Die ganze Zeit denkt man daran, was als Nächstes kommt, und dann was als Nächstes. Es gibt keine Entspannung, keine Stille, alles ist aufgewühlt, das ist das Gefühl. Aufgewühlt, das heißt alles ist im Ungleichgewicht und bewegt sich hin und her, bis es Gleichgewicht findet, bis es stabil ist. Wie wenn man eine Schaukel nimmt und das eine Ende ganz nach unten drückt, es dauert eine geraume Zeit, bis sie wieder im Gleichgewicht ist, es geht rauf und runter, bis es schließlich wieder stabil wird. *Man versucht stetig, diese Stille zu finden*. Man sieht, dass man immer in Unruhe ist. Es muss etwas gefunden werden, bis man merkt, dass man nicht zur Ruhe kommt. Was man finden muss und wie man es finden muss, das weiß man nicht. So ein Gefühl ist das. Sogar wenn ich auf Trekkingtour gehe und alles wirklich schön ist. Überall, wo man hingeht, sucht man nach Etwas und findet es nicht nicht. Es ist sehr schön und erhebend. Dann kommt man zurück und man sagt sich: Okay, ich sollte an einen anderen Ort gehen. Nein, es ist nicht immer so, aber wenn man in diesem Zusammenhang darüber nachdenkt, dann fühlt es sich so an."

A: Beschreiben Sie mir, was erhebend bedeutet.

P: "Außerordentliche Freude, sehr sehr Glücklichsein, das ist das Gefühl. Felsenklettern. Das ist ein großartiger Spaß, ich habe gerade erst damit angefangen, aber es ist gut. Man muss dabei völlig konzentriert sein, muss sich dabei auf jede Bewegung, die der Körper zu machen hat, konzentrieren. Damit er genau seinen Schwerpunkt findet. Man muss es extrem konzentriert tun. Ich habe das Gefühl, man muss *mental sehr stark sein*, um es (das Ziel) wirklich erreichen zu wollen. Es macht einen zäh, es ist eine Aktivität, die einen hart macht. Es macht einen mental hart. Das ist der Felsen, den wir hochklettern mussten, es war sehr hart. Es gab keinen Weg, sich an irgendetwas festzuhalten, sondern man muss es sich selbst immer wieder sagen. Ich sagte es mir immer wieder, du musst es tun, du musst es tun, und zwar sehr langsam, den Gipfel erreichen, das ist das, was zählt. Es kommt mit der Übung. Diejenigen, die üben, sind die besseren Kletterer, aber es geht dabei nicht so sehr ums Körperliche als ums Mentale. Man muss eine Haltung entwickeln, sich immer noch ein wenig mehr anzustrengen, gerade dann, wenn man ganz ganz müde ist. Lass dich nicht vom Felsen gleiten, bleib daran kleben. Wenn du dich abgleiten lässt, dann kannst du dich in der Härte hinsetzen und wieder runterkommen, aber gerade dann daran festhalten und sofort weiterklettern, das ist rein mentale Arbeit, das hat nichts mit körperlicher Kraft zu tun. Selbst wenn du es im Felsenklettern nicht weit bringst, es ist genug, wenn du es hart versucht hast. Du fühlst, dass es das wert war, dass du hart versucht hast, dein Wille hat sich als stark genug erwiesen, nicht aufzugeben. In solchen Momenten fühle ich mich mental ganz fit. Mental stark. Das ist das Gefühl, das ich dann bekomme, und ich weiß nicht, was ich sonst noch sagen kann."

A: Was für ein Empfinden ist das?

P: "Beim Felsenklettern kann man jeden einzelnen Muskel in seinem Körper spüren. Man kann alle Muskeln spüren, wie sie sich strecken, wie sie bis zu den Grenzen angetrieben werden, man kann jeden Teil des Körpers fühlen, die Zehen, Fußgelenke, Knie, den Oberam, den Unterarm, Hals, Kopf, jeden einzelnen Teil des Körpers."

A: Und das Gefühl dabei?

P: "Gewahrsein eines jeden Körperteils."

A: Was für ein Gefühl ist das in jedem Körperteil?

P: "Das Gefühl des Sichstreckens."

A: Erklären Sie das bitte.

P: "Strecken – wie soll ich das beschreiben? Die Muskeln wachen aus ihrem Schlaf auf, man fühlt sich frisch, fühlt, dass man die Muskeln eingesetzt hat. Die Muskeln werden gebraucht. Das fühlt sich gut an. Es ist etwas sehr Gesundes, etwas sehr Nützliches und Wertvolles, es ist es wert, dass man etwas dafür tut. (Man braucht) eine Menge mentale Stärke, man muss hart sein."

A: Was ist hart?

P: "Hart ist, wenn man nicht aufgibt. Immer denken, dass man es schaffen kann. Das ist Härte, selbst wenn dein Körper völlig schlappgemacht hat. Die Hände pulsieren, die Nerven stehen senkrecht. Du willst eine Pause. Aber wenn du die Spitze erreichst und die Dinge von so hoch siehst, dann fühlst du dich gut, das gibt ein großes Glücksgefühl. Ich habe das Gefühl, mein ganzer Körper ist von innen her weiß geworden, weiß und rein, es fühlt sich gut an, man lächelt ein großes Lächeln."

A: Weiß und rein von innen her?

P: "Wenn man nach innen schaut, dann ist das sehr gesund; das System ist plötzlich ganz gesund geworden. Man kommt ins Schnaufen, man atmet eine Menge Luft ein. Man ist ganz wach, nicht mehr schlaff, mental ganz wach. Manchmal möchte man auch entspannen, man hat einen sehr harten Job gemacht und will einfach nur entspannen, man hat sich verausgabt, ist müde, möchte eine Pause."

A: Weiß, rein, gesund, das für ein Gefühl ist das?

P: "Jeder einzelne Teil tut das, was er tun soll. Man muss das nicht wissen, du hast das Gefühl, kein Teil des Körper könnte es besser machen. Du fühlst dich lebendig. Du hast das Gefühl, dass du versuchst, deinen Körper ganz in Kontrolle zu haben."

A: Was für ein Gefühl ist das, wenn man versucht, ganz in Kontrolle zu sein?

P: "Es fühlt sich an, als könne man eine Menge tun, als könne man alles mit ihm tun, was man sich nur wünscht. Im Moment gerade tut die Hand nicht, was ich ihr sage, was sie tun soll, deshalb habe ich das Gefühl, dass das Geschehen außer Kontrolle ist. Ich hasse es, mich krank zu fühlen. Wenn ich mir eine Erkältung fange, dann werde ich ganz gereizt, denn der Körper macht Dinge, die man nicht versteht. Er ist außer Kontrolle."

A: Was ist das für ein Gefühl, wenn Sie die Kontrolle verlieren?

P: "Das ist kein gutes Gefühl. Ein Gefühl, das man zu vermeiden versucht. Man möchte sich so nicht fühlen."

A: Was für ein Gefühl ist Kontrollverlust für Sie? Beschreiben Sie mir das.

P: "Auf dem Berg, wie man sich fühlt, wenn man in Kontrolle ist und wenn man es nicht ist, so wie jetzt?"

A: Genau das, bitte beschreiben Sie das. Was für ein Empfinden ist das, auf beiden Ebenen.

P: "Man denkt gut von sich, wenn man in Kontrolle ist, und weniger gut, wenn man es nicht ist; das heißt, wenn man nicht in Kontrolle ist, dann denkt man immerfort, dann denkt man die ganze Zeit nur daran, wie man wieder in Kontrolle kommen kann."

A: Das ist das, was Sie vorhaben. Aber was fühlen Sie, wenn Sie nicht in Kontrolle sind?

P: "Dann fühlt man sich hilflos, so wie jetzt, weil ich nämlich Arbeit nebenhinlegen muss, weil die Hand wehtut. Das ist frustrierend, obwohl der Schmerz gering ist, ist es wichtig, denn es passiert, wenn ich tippe. Man hat einen vollkommen gesunden Körper, und ein kleiner Teil macht, dass man Arbeit hinlegen muss. Wenn ich noch mehr zur Seite lege, dann wird es so kommen, dass jemand anderes sie tun muss und ich letztendlich für das Unternehmen überflüssig werde. Die schmeißen mich raus. Das wird kommen, wenn ich weiterhin außer Kontrolle bleibe, wenn ich nicht gesund bin."

A: Was ist das für eine Frustration?

P: "Die Frustration darüber, dass man nicht dazu fähig ist, dass man nicht tut, was man eigentlich tun möchte. Ich nenne Ihnen mal ein sehr schlechtes Beispiel für Frustration.

Ein Kerl neben mir schreibt Kommunikations-Software. Etwas, was ich eigentlich tun möchte. Selbst wenn ich es tun will, kann ich es nicht, denn ich arbeite in der Anwendungsentwicklung, und er ist ein System-Programmierer. Das ist sehr frustrierend. Das erste Mal, als ich ihn dabei sah, wolle ich wirklich zu ihm sagen: Kann ich das bitte tun? Kann ich in dem Team mitarbeiten? – Stattdessen ist es so, dass es extrem frustrierend (für mich) ist und dass ich es nicht tun kann.

Es fühlt sich an, als ob man in einen Käfig eingesperrt ist, in dem man drinbleiben muss. Es ist, als wäre das Denken behindert. Jemand hat diesen Käfig um dich errichtet, in dem du arbeiten musst, und du kannst nur hinausschauen. Wie ein Vogel sich fühlt, der zwar fliegen kann, aber in einem Käfig sitzt. So frustrierend, wie sich das anfühlen muss, das ist Frustration."

A: Wie wird sich wohl ein Vogel in einem Käfig fühlen?

P: "Er fühlt sich behindert, er ist nicht glücklich. Es liegt in seinem Wesen zu fliegen, es wird sich sehr unnatürlich anfühlen (das nicht tun zu können). Es ist, als ob man nicht die Chance zu seiner besten Leistung bekäme. Man kann keine hundertprozentige Leistung bringen. Man kann seinen Geist und Körper nicht ganz zum Einsatz bringen. Man benutzt sie nur zur Hälfte. Es fühlt sich an wie eine Vergeudung von Zeit und Energie. Man lässt sich in so viel verschiedene Richtungen laufen, und dabei müsste man nur in eine einzige laufen. Anstatt dass man die eine Sache tun darf, die man tun möchte, muss man andere Dingen tun. Die Konzentration ist verlorengegangen. So wie man beim Felsenklettern konzentriert sein muss. Dann ist die ganze Energie fokussiert. Nicht an zwei Plätzen halb und halb, sondern hundert Prozent an einem Ort. So wie ich sogar in der einen Stunde, in der ich nachdenke, zweimal an diese Software denke. Ich kann am Telefon mit jemand reden und dabei über Finanzprobleme nachdenken. Manchmal denke ich, warum nur muss ich in der Finanzabteilung sein und kann stattdessen nicht dies tun. Bin nicht konzentriert. Die Zeit, die ich mit Denken verbracht habe, könnte ich für etwas anderes benutzt haben. Die Energie ist völlig verloren. Das laugt einen aus, das ermüdet. Und am Tagesende ist man müde, weil es nichts zur Arbeit beiträgt, weil man keine Ergebnisse sieht, es ist vergeudete Energie.

Und so wird man müde und bleibt emotional stecken. Das ist frustrierend."

A: Ihr Denken ist nicht fokusiert; Sie fühlen sich feststeckend; wie fühlt sich das an?

P: "Ermüdend. Man ist müde. Man versucht und versucht und versucht. Wie wenn man versucht, einen Brunnen zu graben, um Wasser zu bekommen. Man braucht es dringend. Die einzige Art, wie man es bekommen kann, ist weiterzugraben. Also gräbt man immer weiter, aber nach einer Stunde ist immer noch kein Wasser in Sicht, nach zwei Stunden, nach drei Stunden – und während es kein Wasser gibt, wird man müde von der Anstrengung des Grabens und davon, dass es noch kein Wasser gibt. Dann kommt Müdigkeit auf, psychologische und körperliche. Beim Felsenklettern wird man nur körperlich müde. Aber wenn man frustriert ist, dann wird man psychologisch müde. Das ist eine negative Müdigkeit."

A: Beim Felsenklettern, wenn Sie sich dann nicht strecken können, wie fühlen Sie sich dann?

P: "Dann fühle ich mich unten. Denke, dass ich es später noch einmal probieren muss. Es ist nicht weiter schlimm. Es ist kein besonders schreckliches Gefühl. Man denkt einfach, dass man es gerade jetzt nicht schafft, aber man kann es später wieder probieren. Ich werde mehr üben. Wenn man immer wieder probiert, dann passiert es."

A: Haben Sie irgendwelche anderen Interessen und Hobbies?

P: "Schwimmen, Lesen, Schreiben, Trekken."

A: Was für Träume haben Sie?

P: "Ich hatte einen Traum, der von Einsamkeit handelte; als ich aufwachte, weinte ich. Ich sah viele meiner Freunde sterben und ich war der Einzige, der überlebte. Alle anderen sterben. Das deprimiert mich. Ein ganz schlimmes Gefühl. Ein Gefühl des Versinkens."

A: Was ist das für ein Gefühl?

P: "Extrem unangenehm, ich bin sehr erregt. Nach dem Traum war ich sehr aufgelöst. Das Unerträglichste daran war, dass ich nicht zusammen mit meinen Freunden starb, sondern am Leben blieb."

A: Haben Sie bestimmte Ängste?

P: "Ich mag Tiere, Echsen mag ich nicht."

A: Was empfinden Sie dazu (zu Echsen)?

P: "Ich habe das Gefühl, sie seien nicht freundlich. Sie fühlen sich schmutzig an. Unattraktiv, nicht gut anzufassen. Einer fiel mal auf meine Hand. Es war abstoßend, sehr schlecht."

A: Wie was? Was empfinden Sie noch als schmutzig, abstoßend, schlecht?

P: "Ich fühle mich schmutzig und abstoßend und schlecht wegen meines Hautproblems."

A: Was ist das für ein Gefühl?

P: "Ein Gefühl von Schmutz. Im Moment fühle ich das gar nicht sehr arg, denn es ist zur Zeit nicht so schlimm."

A: Was empfinden Sie betreffs Ihres Hautproblems?

P: "Ich wünschte, ich hätte eine bessere Haut. Ich wünschte, ich hätte keine Probleme damit. Ich wünschte, sie wäre normal. Ich wünschte, ich hätte keine Hautpilzerkrankung. Im Moment ist es nicht so schlimm."

A: Haben Sie noch sonstwo Pilzinfektionen?

P: "Ja, am Rücken, im Gesicht, seitlich am Hals, im Genick, im Rücken. Und im Gesicht kommt es auch."

A: Was für Gefühle haben Sie dazu?

P: "... ... ... Ohh Mist!

Ich habe diesbetreff keine Gefühle mehr. Ich denke da nicht mehr daran. Ich fühle mich schlecht damit. Ich denke jetzt nicht daran, ehrlich, ich tu's nicht. Ich habe aufgehört, daran zu denken."

A: Was fühlen Sie dazu?

P: "Schmutzig."

A: Schmutzig wie was?

P: "Wie weißer Staub, der einem die ganze Zeit auf das Gesicht fällt. Möchte nicht das Gesicht anfassen, denn es ist schmutzig. So wie wenn man einen Lederbeutel zu feucht aufgehoben hat. Dann entsteht darauf Pilz; man fühlt sich nicht danach, das anzufassen. Es fühlt sich schmutzig an. Wirf es einfach weg oder mach es sauber."

A: Was ist das für ein Empfinden, Pilz auf der Haut?

P: "Es juckt, man weiß, es ist da, und dann löst sich der Pilz und überall sieht man den weißen Staub. Man weiß also, er ist da, und es gibt das Gefühl, dass die Leute einen dafür anstarren; sie fragen dich, also muss man ihnen antworten. Sie haben das Gefühl, dass es nicht normal ist. Es ist keine gesundes Gefühl. Es fühlt sich ungesund an."

A: Was für Speisen und Getränke mögen Sie?

P: "Wo mir das Wasser im Mund zusammenläuft. Ich mag Käsegerichte. Es gibt ein Gericht, das heißt Ograthe. Es ist käseüberbackenes Gemüse, da läuft mir das Wasser im Mund zusammen."

A: Was mögen Sie noch?

P: "Ich mag Eis. Ich mag es wirklich. Ich mag Getränke auf Joghurt-Basis, zum Beispiel Shrikhand (süßer Joghurt), ich mag Fruchtsäfte von Trauben und von Kokam (eine saure Frucht). Ich mag lieber saure Getränke als einfach nur süße, zum Beispiel Zitronensaft."

Zum Verständnis des Falls

Die Hauptbeschwerde der Patientin ist, dass ihre Finger spröde sind wie Kreidestifte, nicht flexibel, sondern zerbrechlich. Was den Schmerz im Arm betrifft, würde sie am liebsten den Arm abmontieren und zur Seite legen, so als könnte ein abgetrenntes Teil überleben. Dann mag sie Felsenklettern, woran sie schätzt, dass man sich dabei eines jeden einzelnen Muskels im Körper bewusst wird. Sie liebt das Gefühl der Verbundenheit. Wenn sie sich streckt, bis zu ihren Grenzen streckt, dann verschwindet das Gefühl des Abgeschnittenseins, des Zerteiltseins. Sie mag es, sich bis an ihre Grenzen zu strecken. Das ist das Empfinden der Coniferae.

Das Bedürfnis der Patientin, es immer wieder zu versuchen und zu probieren, taucht an vielen Stellen auf. Sie liefert ein anschauliches Bild vom jemand, der stundenlang nach Wasser gräbt. Es zu versuchen, ist für sie sehr wichtig. Weder Erfolg noch Misserfolg sind wichtig. Wichtig ist, dass man sein Bestes gegeben und es versucht hat. Das ist bezeichnend für das Ringwurm-Miasma. Auch hat sie eine Pilzinfektion an vielen Körperpartien.

Empfinden der Coniferae und das Ringwurm-Miasma zeigen auf das Heilmittel, Pseudotsuga menziesii.

Verabreichtes Mittel: *Pseudotsuga menziesii C200, eine Dosis.*

Wiedervorstellung (vier Wochen später)

P: "Die Ausschläge am Körper sind noch gleich, und ich kann behaupten, dass sie mich nicht sehr beunruhigen; ich wüsste nur gerne, wann sie besser werden."

A: Was ist geschehen, seitdem wir uns das letzte Mal gesehen haben?

P: "In meiner Hand habe ich weniger Schmerzen, und ich kann meine tägliche Arbeit ohne großen Unannehmlichkeiten ausführen. Das Gefühl des Unbehagens ist geringer geworden."

A: Was meinen Sie damit, wenn Sie sagen, es ist geringer geworden? Wie war es früher und worin besteht der Unterschied zum jetzigen Zustand?

P: "Ich fühle mich besser, wenn ich den Computer benutze, und ich kann mich ohne Schwierigkeiten strecken, obwohl ich sagen muss, dass es noch nicht ganz weg ist, aber ich habe die Hoffnung, dass es wieder gut wird."

A: Wie ist dieses Empfinden von Sprödesein, und wie ist es mit dem Gefühl, dass die Finger wie aus Kreide sind?

P: "Das ist mehr oder weniger das gleiche, da gibt es keine Änderung, aber die Schmerzen sind geringer und die Bewegungen leichter."

A: Haben Sie irgendwelche Träume?

P: "Nein."

Therapeutisches Vorgehen: Abwarten.

Wiedervorstellung am 6. Juni 2002

P: "Ich wollte Ihnen mitteilen, dass ich mich nicht mehr an die Probleme erinnern kann, die ich hatte, sie sind völlig verschwunden. Ich fühle mich so viel besser."

A: Inwiefern?

P: "Zum ersten Mal spüre ich in mir ein Gefühl der Freude. Ich spüre keine Schmerzen und keine Unannehmlichkeiten in meinem Handgelenk. Das Sprödigkeitsgefühl ist ganz verschwunden. Ich erinnere mich, dass ich Ihnen anfangs gesagt hatte, dass ich die Hand abmontieren und zur Seite legen müsste, aber dieses Gefühl besteht nicht mehr. Meine Hauterscheinungen sind siebzig Prozent besser geworden als sie es früher waren. Es sieht nicht mehr so schmutzig aus."

A: Wie fühlen Sie sich emotional und mental?

P: "Ich nehme einen Wandel wahr in meiner Haltung zur Arbeitsplatzsituation. Früher habe ich mich sehr aufgeregt, wenn ich mitten in einem Problem steckte und dann das Gefühl bekam, wie sehr ich mich auch anstrengte, ich könnte es nicht zu Ende bringen, und es war sehr frustrierend. Die Frustration ist jetzt viel geringer, ebenso die Gereiztheit. Wenn ich jetzt ein Problem bei der Arbeit nicht lösen kann, dann schaue ich es mir aus einer anderen Perspektive an und bleibe cool, eher mit einem Gefühl von Hoffnung, und ich verstehe, dass nicht alle Situationen die gleichen sind. Ich kann es nicht erklären, aber die Veränderung kommt von innen. Meine Arbeitssituation ist die gleiche, aber ich betrachte sie von einer anderen Warte aus. Die neue Stelle fordert mich sehr heraus, und ich freue mich auf Bangalore, obwohl ich das Felsenklettern und den regelmäßigen Fitness-Sport vermissen werde."

Therapeutisches Vorgehen: Abwarten.

Ende des Falls.

ABIES NIGRA

Coniferae + Malaria-Miasma

Abies nigra ist under den folgenden Rubriken, die auf das Malaria-Miasma hinweisen, aufgeführt:

> Intermittierender chronischer Schüttelfrost, malariabedingt. (Complete)
>
> Malariafieber. (Clarke)

Das Miasma von Abies nigra ist also wahrscheinlich Malaria und das zentrale Gefühl wie folgt:

Ein fixiertes Empfinden von Zerbrechlichkeit mit intermittierenden Panikattacken wegen der Möglichkeit, dass man zerbrochen und abgetrennt werden könnte.

THUJA

Coniferae + Sykose

Thuja ist ein bekanntes Sykose-Mittel. Als Gefühl schlagen wir vor:

Vermeiden des Gefühls von Sprödigkeit und Leere.

SABINA

Coniferae + Krebs-Miasma

Sabina wird in folgenden Rubriken gefunden, was auf die Anwendung bei Krebs hinweist. Die Tiefe des Wirkbereichs wird in einem Traum widergespiegelt.

Weibliche Geschlechtsorgane: Krebs, Uterus. (Complete)

Brust/Brustkorb: Krebs, Szirrhus, der Mammae. (Complete)

Träume: vom Fallen von hohen Plätzen; von Menschen, die dadurch umkommen, dass sie von hoch hinunterfallen. (Complete)

Interessanterweise haben Thuja und Sabina einen Traum vom Fallen gemein. Der Unterschied zwischen den beiden Träumen widerspiegelt die Tiefe des jeweiligen Miasmas. Im Sabina-Traum kommen Menschen durch einen Sturz um. Die Folge des Sturzes ist schwerwiegender als im anderen Traum: sicherer Tod. Im Thuja-Traum herrscht ein Empfinden von Fallen. Die Folge davon ist offen.

Es gibt noch einen Traum, der das Miasma widerspiegelt:

Träume: tut sich bei mentaler Arbeit hervor. (Complete)

Das vorgeschlagene Miasma von Sabina ist Krebs und das Gefühl wie folgt:

Muss sogar dann in Kontrolle sein, wenn er zerbrochen, abgetrennt oder abgeschnitten ist.

PIX LIQUIDA

Coniferae + tuberkulöses Miasma

Konstitution: tuberkulös. (Knerr)

Brustkorb und Brustorgane: Lunge, tuberkulös, Schmerzen in der Brust. (Boericke)

Brustkorb und Brustorgane: Schmerzen, im Allgemeinen bei Tuberkulose. (Complete)

Pix liquida könnte dem tuberkulösen Miasma zugehören. Das vorgeschlagene Gefühl ist wie folgt:

Unterdrückt wegen Sprödigkeit.

ZUSAMMENFASSUNG CONIFERAE – EMPFINDUNGEN UND REAKTIONEN

Empfinden

Zerbrechlich.

Zerbrochen.

Spröde.

Verbunden/abgetrennt.

Leere/Fülle.

Abgeschnitten.

In Stücke geteilt.

Passive Reaktion

Faulheit.

Voller Angst.

Schwach.

Aktive Reaktion

Starr.
Hart.

Kompensierung

Stärke.

Man wird stark und beschützt die anderen, die spröde und zerbrechlich sind.

MIASMEN

Akut	Agathis australis
Typhös	Terebinthina
Ringwurm	Pseudotsuga
Malaria	Abies nigra
Sykose	Thuja
Krebs	Sabina
Tuberkulös	Pix liquida

VERGLEICHSMITTEL

Leguminosae

Srophulariaceae

Malvales

EUPHORBIACEAE
(Familie der Wolfsmilchgewächse)

HEILMITTEL

Acalypha indica	Brennkraut, Nesselblatt
Cascarilla (Croton eluteria)	Rinde einer Krotonölbaumvarietät
Cassada	
Croton tiglium	Krotonölbaum, Purgierbaum
Euphorbium (Euphorbia resinifera)	(kautschukhaltiger Milchsaft der) Wolfsmilch
Euphorbia amygdaloides	Mandelblättrige Wolfsmilch
Euphorbia corollata	
Euphorbia hypericifolia	
Euphorbia heterodoxa	
Euphorbia ipecacuanha	
Euphorbia lathyris	
Euphorbia peplus	Garten-Wolfsmilch
Euphorbia pilulifera	
Euphorbia prostata	
Hura brasiliensis	Sandbüchsenbaum
Jatropha curcas	Purgiernuss
Jatropha urens	
Kamala	Kamala- oder Kamila-Baum

(Mallotus phillipinensis)	(Hindi-Name)
Mancinella (Hippomane mancinella)	Manchinellenbaum
Mercurialis perennis	Frühjahrsbingelkraut, Dog's Mercury, Godeskraut (Wodanskraut)
Ricinus communis	Rizinus
Stillingia sylvatica	"Queen's delight"

GEBRÄUCHLICHE HEILMITTEL

Croton tiglium

Mancinella

Hura

HERKUNFT

Das Studium der Euphorbiaceae begann mit der Lektüre des Mittels Croton tiglium in Phataks Materia Medica. Unter den Allgemeinsymptomen findet sich dort das folgende Symptom:

> "Er hat ein eigenartiges Gefühl, als seien Körperteile nach innen gezogen, Augen, Brustwarzen usw. Die Haut fühlt sich straff gespannt an."

Und im Repertorium findet sich die folgende Rubrik:

> Haut: straff gespannt, Empfinden wie. (Cann-i., Crot-t., Hura)

Zwei dieser Mittel gehören zu den Euphorbiaceae, also forschte ich weiter.

Gemäß Lexikon hat das englische Wort "hidebound" (oben mit "straff gespannt" übersetzt – Anm. des Übersetzers) folgende Bedeutungen:

(1) Stur an Vorurteilen festhaltend, engstirnig und unflexibel;

(2) Wenn man trockene, steife Haut hat, die dem darunterliegenden Muskel eng aufliegt – das Wort wird bei Haustieren, z.B. Kühen benutzt.

(3) Wenn Rinde so zusammengezogen ist, dass sie dem Wachstumsdrang nicht nachgibt – Gebrauch des Wortes bei Bäumen.

“Hidebound” bzw. straff gespannt bedeutet also unflexibel, eng anliegend und unnachgiebig.

Daraufhin unternahmen wir bei den Spezies dieser Pflanzenfamilie eine Suche nach Begriffen, die diese oder ähnliche Empfindungen zum Ausdruck bringen. Das Ergebnis war interessant.

Bei Euphorbia resinifera bzw. **Euphorbium** wurden die folgenden Symptome gefunden:

Allgemeines: Anhaften, innerlich. (Complete)

Empfinden von Zusammengeschnürtsein, innerlich. (Complete)

Magen: Zusammenziehen, im Allgemeinen im Bereich der Cardiaca (des Magenmundes). (1) (Complete)

Bauchorgane: Zusammenziehen wie von einem Band oder Reif. (Boenninghausen)

Zusammenziehen im Magen, von allen Seiten zur Mitte hin, wie zusammengeschnürt, mit Ansammlung von Speichel im Mund und mit Übelkeit. (Allen, Encyclopaedia)

Kleider waren zu schwer. (1) (Knerr)

Es gibt also ein Empfinden von Anheftung und Zusammenschnüren (durch ein Band oder einen Reif).

Das Studium von **Mancinella** ergab Folgendes:

Obere Extremitäten: fest oder eng, um das Handgelenk, als seien Schnüre um das Handgelenk. (1) (Roberts)

Zusammenziehen von Oberschenkeln und Beinen, als ob Schnüre um sie gebunden seien. (1) (Allen, Repertorium)

Zusammenziehen: als sei etwas auf einem Klumpen zusammengezogen und dann plötzlich geöffnet. (1) (Knerr)

Empfinden von Zusammengeschnürtsein: innerlich, von einem Band. (Complete)

Kopf: Zusammengeschnürtsein, durch Band oder Reif, um die Stirn. (Complete)

Zusammenschnüren des Brustkorbs, der Kehle. (Choudhuri)

Schmerz: Zusammenschnüren, äußerlich. (Complete)

> Kopf: drückend, als sei das Gehirn fest zusammengebunden. (Complete)
>
> Spannung, Festigkeit. (Allen, Encyclopaedia)

Diese Symptome vermitteln die Vorstellung von etwas, das eingezogen, eingehalten (mit Schnur, Band oder Reif), fest und angebunden ist und dann wieder freigelassen wird.

Bei **Jatropha** finden sich folgende Symptome:

> Attacken von Angst, die die Brust zusammenschnüren und Schlaf verhindern. (Hughes)
>
> Spastisches Zusammenschnüren im Rachen, vom Magen hochsteigend. (Murphy)
>
> Nächtliche Attacken von Angst, die Zusammenschnüren der Brust hervorrufen, konnte keinen Schlaf finden. (Hughes)
>
> Bauchraum und -organe: lautes Gurgeln, wie Wasser aus einem Spundloch, dann profuses Ergießen von Stuhl. (Lippe)
>
> Abführen von Stuhl, wie Wasser aus einem Hydranten. (Lippe)
>
> Stuhl kommt herausgeschossen. (Duncan)

Dies klingt alles wie Zusammenschnüren, Einhalten und dann Loslassen.

Bei **Mercurialis** findet sich Folgendes:

> Zusammenschnüren von Brust, Bauchraum und Herz. (Allen, Encyclopaedia)

Bei **Ricinus** findet sich Folgendes:

> Empfinden von Zusammenschnüren, äußerlich. (Complete)
>
> Zusammenschnüren, des Bauchraums. (Allen, Encyclopaedia)

Bei **Stillingia** finden wir Folgendes:

> Kehlkopf: Zusammenschnüren von. (Allen, Handbook)

Bei **Hura** sahen wir oben das Empfinden, als sei die Haut straff gespannt. Wir finden weiterhin:

> Zusammenschnüren, Empfinden von, in der Nase, Nasenwurzel, Kehle, Rektum, Brust.
>
> Brust war zusammengeschnürt von Emotion. (Roberts)
>
> Träume: Gefangene, wie sie befreit werden. (Allen, Repertorium)

Also Zusammenschnüren und Befreiung.

Croton tiglium hat, wie wir gesehen haben, das Empfinden, die Haut sei straff gespannt. Darüberhinaus hat es Folgendes:

> Kopf: Zusammenschnüren, von Band oder Reif. (Complete)
>
> Diarrhoe: Stühle in großen Mengen und wässrig, Därme entleeren sich plötzlich, wie aus einem Gewehr geschossen. (Burt)
>
> Engegefühl im Hinterkopf. (Allen, Handbook)
>
> Empfinden einer Schnur, die den Augapfel nach hinten in den Kopf zieht. (Hering)

Pulford gibt in seiner Graphic Materia Medica folgende Schilderung von Croton tiglium:

> "Sie hat ein Ziehen in den Brüsten *als sei eine Schnur an ihren Brustwarzen festgemacht und ziehe diese nach hinten ...*" (Hervorhebung von mir)

Also Zusammenschnürung, Engegefühl, wie ein Zug von einer Schnur, und Loslassen.

Der Begriff Zusammenschnüren fällt immer wieder, und ebenso das Empfinden eines Reifs oder Bands. Bei Mancinella finden wir sehr spezifisch die folgende Beschreibung: wie von einer Schnur umbunden, und dieses Empfinden wird um das Handgelenk und das Bein wahrgenommen. Bei Croton tiglium treffen wir auf die Schnur, die an die Brustwarze gebunden ist und dieselbe nach hinten zieht. Weiterhin fallen die Begriffe Spannung und Festigkeit/Enge.

GEBUNDEN

Bei Mancinella gibt es das Gefühl, als sei das Gehirn fest angebunden. Das Empfinden "hidebound" oder straff gespannt findet sich bei Croton tiglium und Hura.

PACKEN

Croton tiglium	Bauchorgane: packender Schmerz im Nabelbereich. (Hering)
Euphrasium	Schmerz: packend, greifend, krallend. (Complete)
Jatropha	Leichtes Packen im Bauchraum. (Allen, Encyclopaedia)
	Charakteristika: Krämpfe sind vorherrschend packende, schneidende Schmerzen. (Clarke)

Mancinella	Heftiges Packen und Stühle in großen Mengen. (Douglas)
Ricinus	Diarrhoe, mit Packen. (Douglas)

LOSLASSEN

Sowohl bei Croton tiglium als auch bei Jatropha finden wir Diarrhoe mit herausschießenden Stühlen; bei Mancinella Zusammenschnüren und dann Öffnen. Bei Hura haben wir Träume von Gefangenen, die in die Freiheit entlassen werden.

Vielleicht bedeutet das von Hering gelieferte Mancinella-Symptom "Angst davor, vom Teufel einvernahmt zu werden" das Gegenteil von dem Empfinden des Loslassens und der Befreiung.

All diese Symptome weisen darauf hin, dass das zentrale Empfinden "hidebound" ist, das Empfinden von straff gespannt, unflexibel, eng anliegend und unnachgiebig. Andere ähnliche Empfindungen sind fest oder eng, gehalten, gebunden, gepackt; das Gegenteil dazu ist das Empfinden von Loslassen und Entkommen.

Interessanterweise taucht der Begriff "hidebound" nicht nur im körperlichen Bereich auf, sondern auch bei den Geistes- und Gemütssymptomen von Croton tiglium. In Herings Materia Medica findet sich folgende Beschreibung:

> *"Gefühl, als könne er außerhalb seiner selbst nicht denken, fühlt sich innerlich aufgestaut an, sieht keine Chance, dass die Gedanken nach draußen fließen können; wie 'hidebound', d.h. straff gespannt."*

Miranda Castro veröffentlichte in IFH 1995 einen Fall von Croton tiglium, in denen die folgenden Worte immer wieder auftauchen: "Meine Haut fühlt sich steif und eng an, wie nach einem Sonnenbrand." Als die Patientin nach einer näheren Beschreibung des Gefühls gefragt wurde, gab sie an: "Sehr eng, wie in einer Art Maske." Castro benutzte die Rubrik "hidebound" und verschrieb mit gutem Erfolg Croton tiglium.

Castro schildert weiterhin Folgendes:

> "Meine Patientin fühlte sich defintiv aufgestaut, und zwar wiederholt, obwohl sie nicht genau diese Worte gebrauchte, um ihren Zustand zu beschreiben. Es ist interessant, dass der Begriff "hidebound" sowohl bei den Geistes- und Gemütssymptomen als auch bei den körperlichen Symptomen von Croton tiglium auftaucht. Diese Beschreibung kann uns zu einem Verstehen des Kerns oder der Essenz dieses Heilmittels verhelfen."

ZUSAMMENFASSUNG EUPHORBIACEAE – EMPFINDUNGEN UND REAKTIONEN

Empfinden

Festgemacht und losgemacht.

Angebunden und losgebunden.

Passive Reaktion

Festgemacht und kann nichts tun.

Änderung der Position bringt Verschlimmerung.

Bewegung verschlimmert.

Beginn einer Bewegung verschlimmert, weil so sehr festgehalten; kein Platz zum Bewegen oder zum Hinauskommen. Festgehalten, wie ein Häftling im Gefängnis.

Aktive Reaktion

Wunsch sich loszureißen.

Erträgt keine Kleidung.

Ständige Bewegung bringt Erleichterung.

Ausruhen, Hinlegen bringt Verschlimmerung.

Loslassen.

Kompensierung

Jemand, der sich frei fühlt, ungebunden, von nichts angebunden.

Auf begrenztem Raum gut zurechtkommen.

CROTON TIGLIUM

Euphorbiaceae + akutes Miasma

Croton tiglium hat folgende Rubriken:

> Akutes Ekzem. (Allen, Keynotes)
>
> Akute Enteritis. (Boericke)
>
> Akute Diarrhoe. (Complete)

Gehirn: Hydrocephaloid, akut, bei Cholera infantum. (Knerr)

Cholera. (Clarke)

Das Miasma ist also akut. Wenn das Gefühl der Euphorbiaceae mit dem akuten Miasma kombiniert wird, dann ergibt sich als Gefühl von Croton tiglium Folgendes:

Akute Bedrohung, plötzlich angebunden zu werden.

CROTON-TIGLIUM-FALL

Von Dr. Mahesh Gandhi

Der Fall ist gekürzt wiedergegeben. Die Hervorhebungen stammen von mir.

Eine Patientin von 15 Jahren wurde von einem Psychiater zur Behandlung überwiesen. Die erste Konsultation fand am 6. Juni 2001 statt.

Der Vater der Patientin lieferte folgende Anamnese:

> Sie geht zur Schule in die elfte Klasse. Ihre Probleme begannen vor eineinhalb Jahren, als sie in der neunten Klasse war, das war im Sommer 2000. Im Verlauf der Abschlussprüfung fiel sie in eine Depression. Sie fühlte sich plötzlich unwohl und hatte das Gefühl, dass sie nicht genug gelernt hätte. Abends weinte sie. Wir taten alles, um sie zu ermutigen. Ihre Prüfung bestand sie schließlich ganz gut und kam dann in die zehnte Klasse. Und wieder sagte sie, sie wolle nicht zu den Abschlussprüfungen gehen. Wir brachten sie zu einem Psychiater, der ihr allopathische Medikamente verschrieb; diese wurden vor sechs Monaten abgesetzt. Die Medikamente machten sie schläfrig, aber sie konnte immerhin zur Prüfung erscheinen, wenn auch unwillig. Sie sagte sogar, es wäre besser zu sterben, denn sie könnte nicht studieren.

Vorgeschichte in den Worten der Patientin

"Ich hatte alles Interesse am Lernen verloren. Ich konnte mich für nichts mehr entscheiden. Ich fühlte mich nur noch nach Schlafen. Kein Interesse, an gar nichts. Bin von einem Thema zum anderen gehüpft. Ich fing mit etwas an, ließ es dann liegen und fing etwas anderes an. Alles begann ganz plötzlich in der neunten Klasse, da wurde ich deprimiert, ärgerlich und gereizt – vielleicht gab es damals zu viel Druck beim Lernen. Und drei Tage nach der Prüfung begann bereits der Unterricht der zehnten Klasse. Ich hatte eine Menge Hausaufgaben – das kostete mich mehr als sechs Stunden jeden Tag. In der zehnten Klasse glaubte ich, ich würde den Druck nicht aushalten. Bis zur achten Klasse war ich als Schülerin durchschnittlich gewesen. Dann hatte ich angefangen viel zu büffeln, und meine Noten wurden besser, aber in der Abschlussprüfung der neunten Klasse wurde ich sehr nervös, denn ich glaubte, ich könnte keine guten Noten bekommen."

A: Warum wolltest du gute Noten?

P: "Meine Lehrer waren von meinem Wandel in der achten Klasse sehr beeindruckt, als ich damals in der Prüfung so gut abschnitt. Ich wollte diese Verbesserung halten – aber dann begann ich, *im Kopf leer zu werden, plötzlich* während des Lernens. Wenn ich im Unterricht bin und die Lehrerin erklärt etwas, dann *plötzlich nach zwei Minuten weiß ich nicht mehr, was sie redet*. Ich starre den Lehrer und die Tafel nur noch an. Und mein Kopf wird leer – ich versuche nicht einmal zu verstehen, was da vorne vor sich geht.

Ich habe mehrere allopathische Medikamente genommen."

Fluoxetin Kapseln, 20 mg, dreimal täglich.

Tianeptin Tabletten, dreimal täglich.

Venlajaxin Tabletten, 75 mg, dreimal täglich.

Sodiumvalproat Tabletten, 500 mg, dreimal täglich.

Lithium SR Tabletten, 400 mg, täglich eine abends.

Alprazolam Tabletten, 0,25 mg, bei Bedarf.

A: Erzähle mir etwas von deinem Wesen.

P: "Ich bin sehr empfindlich, manchmal fühle ich mich schon wegen Kleinigkeiten schlecht. Ich mache nicht leicht Kontakte, aber mit Freunden und daheim rede ich gerne und habe Spaß.

Ich werde wegen Nichtigkeiten nervös, zum Beispiel wegen meines Tanzunterrichts – ich bin ganz angespannt, wenn ich etwas vergesse, oder mein Kopf wird leer vor dem Tanzen.

Ich bin gut im Tanz, in Musik und im Zeichnen. Bis zuletzt in der neunten Klasse hatte ich mit dem Tanzen keine Probleme. Ich hatte in der Tanzklasse mitgemacht und bei den Schuljahresfeiern. Ich hatte beim Singen mitgemacht und beim Tanzen, Solo und in der Gruppe. Ich habe mehrere Jahre Kathak (eine Form des klassischen indischen Tanzes) gelernt. Ich skizziere auch gerne, zeichne, male und singe, aber Tanzen ist meine Leidenschaft. Ich mache auch gerne dekorative Dinge, entwerfe Grußkarten, sticke und so. Aber in der neunten Klasse veränderte sich meine Situation vollkommen. Ich bekomme diese unangenehmen, elenden Anwandlungen von Leerwerden. Wenn meine Tanzlehrerin mir etwas beibringen möchte, starre ich sie nur an, verstehe nicht, was sie sagt. Selbst im Unterricht, ich schreibe und weiß nicht mehr, was ich überhaupt schreibe."

A: Was meinst du damit, wenn du sagst, du seist emfpindlich?

P: "Ich werde leicht gereizt, wenn jemand versucht, mich unter Druck zu setzen, oder wenn man mir etwas wiederholt sagt.

Mein Vater ist Geschäftsmann und meine Mutter ist Hausfrau, obwohl sie studiert hat. Wenn Papa mich nur klein wenig schimpft, dann weine ich schon, aber ich habe eine gute Beziehung zu ihm. Mit meiner Mutter streite ich viel. Als Kind hatte ich vor ihr Angst. Sie war wegen Depressionen in Behandlung gewesen. Wenn sie zornig war, schimpfte sie mich aus oder schlug mich sogar. Sie verglich mich immer mit anderen, was das Lernen betrifft. Bestimmte Dinge mag sie nicht. Sogar wenn ich ihre Dinge auf dem Tisch liegen lasse, sperrt sie mich dafür ein oder schreit herum. Sie lässt niemanden ihren Schreibtisch anrühren. Ich mag nicht, wenn man mir immer wieder sagt, dass ich zu lernen habe. Wenn ich beim Lernen auf und ab gehe, mag sie es nicht. Sie möchte, dass ich mich hinsetze und studiere, und ich kann so nicht lernen. Trotzdem versuche ich es, indem ich an einem Platz sitzen bleibe. Ich bekomme Angst, wenn ich etwas fallen lasse oder etwas schmutzig mache. Sie kommt sofort und schlägt mich – ich habe mich oft im Nachbarshaus versteckt, um ihr zu entkommen. *Ich mag keinen Druck, gleich welcher Art.*

Heutzutage werde ich sehr leicht gereizt, sogar wenn Mama mir sagt, ich solle etwas tun, oder wenn sie fragt, warum ich etwas Bestimmte nicht getan hätte. Ich platze mit etwas heraus, was mir gerade in den Sinn kommt. Sie tut das immer. Ich sage ihr immer wieder: Warum tust du das mit mir? Ich mag das nicht! – Ich streite mich mit ihr und dann fühle ich mich schuldig. Ich habe das Gefühl, ich bin kein gutes Mädchen.

Ich bin empfindlich für das, was Leute von mir sagen … Mama fragt mich, warum ich so viel Geld verschwendete. Warum ich so viele Bücher kaufte. Sie sagt, ich hielte das Haus nicht sauber. Sie lässt mich nicht in Ruhe lernen. Ich mag es nicht, wenn man nicht stört. Ich brauche absolute Stille, wenn ich lerne ... aber sie kommt immer wieder und stört mich. Ich würde dann am liebsten aus dem Haus gehen und die Zeit mit Freunden verbringen."

A: Was für Träume hast du?

P: "Ich habe sehr seltsame Träume. Ich bekomme immer wieder Träume, in denen ich von einem Ort zum anderen wechsele. Ich bin an einem bestimmten Ort und plötzlich bin ich wo ganz anders. Einmal war ich im Klassenzimmer zusammen mit den Mitschülern und dem Lehrer, und plötzlich bin ich im Tanzraum."

A: Wie fühlst du dich dabei?

P: "Komisch, unangenehm, überrascht, dass man einem Ort ist und dann woanders. Ich kann es nicht besser beschreiben … man könnte sich vielleicht mit Menschen zusammen wiederfinden, die man nicht kennt, und man fragte sich, wie man sich ihnen vorstellen könnte. Ich kann es wirklich nicht beschreiben.

Ich hatte einmal einen Traum vom Sterben oder vom Töten, als ob mich jemand mit einem Messer erstechen wollte. Einmal für zwei oder drei Tage hintereinander ... während des Schlaf hatte ich das Gefühl, dass unter meinem Bettlaken fluoreszierende grüne Glühwürmchen wären. Ich hatte Angst, sie könnten über mich herfallen, mich beißen. Zwei oder drei Nächte hintereinander passierte jede Nacht etwas.

Ich habe einen ziemlich leichten Schlaf. Ich werde sehr leicht gereizt von Lärm, sogar von nur leisen Geräuschen, wie zum Beispiel vom Fernsehen, Telefon, oder von der Türklingel."

Wärmeregulation	:	Unverträglichgkeit von Hitze.
Durst	:	Wechselt, im Allgemeinen acht bis zehn Gläser am Tag.
Schweiß	:	Vor allem im Gesicht; Haar macht das Kopfkissen nass, früh im Schlaf.
Speisen	:	Gierig auf Schnellgerichte, Pizzas, Hamburgers, Punjabi Sarson Ka Saag; mochte früher gerne außer Hauses essen.
		Bevorzugt Süßes und scharf Gewürztes.
		Gewürztes bringt Besserung, vor allem Pfeffriges.
		Mochte früher Schokolade.
Schlafposition	:	Auf beiden Seiten.
Menstruation	:	Normal.
Ordnung	:	Nicht besonders wichtig.
Pflanzen	:	Mag sie sehr, vor allem das Grün.
Tiere	:	Mag Hunde, mag Delphine.
		Hat große Angst vor Insekten und Kakerlaken. "Wenn sie um mich rum sind, bekomme ich Panik."

A: Noch irgendwelche anderen Probleme?

P: "Ich habe Kopfschmerzen, wahrscheinlich wegen der Nasennebenhöhlenentzündungen. In den letzten zwei Monaten ist es schlimmer geworden. Ich habe sie jeden Tag. Der Schmerz sitzt in den Schläfen, über den Augen, und manchmal schwellen die Oberlider an. Meine Stirn fühlt sich beim

Aufwachen schwer an, als habe mir jemand ein Gewicht auf die Stirn gelegt. Ich möchte nicht aufstehen. Manchmal habe ich zweimal am Tag Kopfweh."

A: Was ist das für ein Schmerz?

P: "Als ob jemand eine Menge Druck auf meine Schläfen ausüben wollte. Ich kann die Augen nicht öffnen."

A: Was macht den Schmerz schlimmer und was ihn geringer?

P: "Vielleicht ist es besser, wenn ich mir Musik anhöre oder wenn ich mit einer Freundin telefoniere. Der Kopfschmerz hält an, er ist nicht etwas, was kommt und geht. Er taucht ohne ersichtlichen Grund auf. Ich wache sogar mit Kopfschmerzen auf. Vielleicht wird es auch schlimmer, wenn ich in die Sonne gehe."

A: Erzähl mir mehr von den Kopfschmerzen.

P: "Es ist, als ob jemand diese Partie ganz fest hielte – das tut weh. Als ob jemand Druck ausübte, als ob jemand so sehr festhielte, dass ich mich nicht mehr bewegen kann."

A: Was meinst du mit "Nicht-mehr-bewegen-können"?

P: "Es kommt ganz plötzlich beim Lernen und ich kann dann nicht mehr weiterstudieren. Es kommt sogar während des Tanzunterrichts. Wenn der Tanzlehrer uns Schritte zeigt. Ich schaue ihn nur an. Kann nichts verstehen ... mein Kopf wird leer."

A: Was meinst du damit, wenn du sagst, dein Kopf wird leer?

P: "Stillwerden. Man weiß nicht mehr, was vor sich geht. Wie eine Statue, ohne Ausdruck. Man kann nichts zum Ausdruck bringen."

A: Warum sagst du, wie eine Statue?

P: "Man kann sich nicht bewegen – still, das ist das wichtigste Gefühl ... Es hält an ... als ob das Gehirn aufhörte zu funktionieren. "Stille" heißt, dass etwas komplett aufgehört hat; man versteht nicht, was passiert."

A: Wenn man sich "nicht mehr bewegen kann" – das heißt?

P: "Wenn jemand leer wird – jemand wie eine Statue wird – als sei er festgebunden worden. Dein ganzer Körper, alle Systeme einschließlich des Hirns, nichts kann reagieren oder eine Bewegung machen."

A: Du sagtest, du tanztest gerne.

P: "Ja, das ist die Zeit, wenn ich mich frei und entspannt fühle. Ich mag es nicht, irgendwie angebunden zu sein. Sogar wenn ich lerne, bleibe ich nicht an einem Platz sitzen, sondern laufe dabei auf und ab."

Ausgewählte Rubriken

Tanzen, Wunsch zu.

Träume: unverbunden.

Träume: Albträume.

Wahnideen: Insekten, die über das Gesicht krabbeln.

Ängstliche Sorge: in freier Luft besser.

Faulheit: Abneigung gegen Arbeit.

Abgeschiedenheit, Wunsch nach.

Tanzen, lieber als dem Geschäft nachgehen. (Rubrik mit nur einem Heilmittel)

Verabreichtes Mittel: *Croton tiglium C200,*
zwei Dosen im Abstand von fünf Monaten, direkt vor den Schulexamina gegeben.

Nachsorge

Der Patientin geht es gut, seit sie in Behandlung ist.

"Ich habe mehr Entschlusskraft. Ich kann mich sehr gut konzentrieren. Keine Spannungen. Ich studiere gerne. Mein Gedächtnis ist besser. Bin nicht schläfrig, verschiebe Dinge nicht auf später. Keine Schmerzen in der Nase. Beim Lernen oder Tanzen keine Anwandlungen von Leere im Kopf. Weil die Prüfung bevorsteht, arbeite ich zu viel, aber es macht mir nichts aus. Früher konnte ich nicht so viel arbeiten. Die Beziehung zu meiner Mutter hat sich gewandelt. Ich habe weniger Streit und weniger Dispute."

Nachsorge

am 6. April 2002

Der Patientin geht es mit all ihren Symptomen besser. Sie ist zuversichtlicher und entspannter. Das Kopfweh ist besser geworden.

Zum Verständnis des Falls

In diesem Fall kommt das Empfinden, plötzlich angebunden zu sein und sich nicht mehr bewegen zu können, klar zum Ausdruck. Das Empfinden taucht bei Kopfschmerzen plötzlich auf und während des Lernens oder Tanzens. Wenn die Patientin studiert, bevorzugt sie, in Bewegung zu sein. Wenn sie tanzt, erlebt sie ein Gefühl von Freiheit. Auch der Traum, dass jemand sie erstechen wollte, kann als Hinweis auf das akute Miasma betrachtet werden.

Ende des Falls.

MANCINELLA

Euphorbiaceae + typhöses Miasma

Mancinella hat die folgenden Symptome:

Angst vor Wahnsinn, nach Typhus. (Höchstgradig indiziert) (Complete)

Heimweh. (Complete)

Typhus.

Das Miasma von Mancinella könnte demnach typhös sein. Wenn das zentrale Gefühl der Euphorbiaceae mit dem Miasma von Mancinella kombiniert wird, dann könnte das Gefühl von Mancinella wie folgt vorgeschlagen werden:

Plötzlich angebunden, muss dringend Befreiung finden oder sie einfordern, sonst ist er in Lebensgefahr.

MANCINELLA-FALL 1

Kursivschrift hebt Punkte empor, die zum Verständnis des Falls wichtig sind.

Mädchen, 5 Jahre alt. Zum ersten Mal am 18. Juli 2001 gesehen.

Ihre Eltern brachten sie zur Behandlung, weil sie sich weigerte, zur Schule zu gehen. Anfangs hatten sie geglaubt, dass sie darüber hinwegkommen würde, und die Schulleitung hatte gemeint, sie würde bald damit zurechtkommen. Aber sie weinte in der Schule so sehr, dass selbst die psychologische Betreuerin in der Schule Tränen bekam, und wurde deshalb wieder nach Hause gebracht.

Als die Mutter anrief und fragte, ob wir irgendetwas dagegen tun könnten, antwortete ich, sie solle sich nicht sorgen, es gäbe für alle Krankheitszustände auch ein Mittel.

Sie war bei einem mir nahestehenden Kollegen in Behandlung gewesen, und zwar wegen schrecklicher Zornesanfälle. Er hatte ihr Chamomilla gegeben, aber es hatte nichts geholfen.

Sie kam mit Mutter und Vater zur Konsultation, und ich begann, indem ich ihr ein paar Fragen stellte.

A: Du bist also bei Dr. Sudhir gewesen? Hast du mit ihm geredet? Nenn mir zuerst einmal die Dinge, die du am liebsten tun magst, was du am meisten liebst.

P: (flüsternd zu ihrer Mutter): “Zeichnen, Fahrradfahren, Fernsehschauen.”

A: Was schaust du dir denn am liebsten an im Fernsehen? Cartoons? Jaja, ich weiß schon, aber ich bin sicher, du hast eine Lieblingssendung.

P: “Tom und Jerry.”

A: Welchen magst du denn am liebsten?

P: “Jerry. Und ich mag Tweetie und Sylvester, die Katze.”

A: Und gehst du zur Schule? In welche Schule gehst du denn? Wie ist deine Schule? Magst du sie?

P: “Nein.”

A: Was ist das Problem? Wieso magst du sie nicht?

P: “Das weiß ich nicht.”

A: Was ist es denn, was du nicht magst?

Ihre Mutter fragt sie, ob es die Lehrer sind, oder das Klassenzimmer, oder sonst etwas.

P: “Ich möchte nicht für lange Zeit in der Klasse sitzen.”

A: Warum? Was für ein Gefühl hast du denn dabei?

P: “Ich möchte es nicht sagen.”

A: Bitte sag’s mir. Bitte. Was passiert, wenn du für lange Zeit in der Klasse sitzt?

P: “Ich weiß nicht.”

A: Fühlst du dich dann gut oder schlecht, wenn du für eine lange Zeit dort sitzt?

P: “Schlecht.”

A: Bist du dann hungrig oder durstig?

P: “Nein.”

A: Hast du dann Angst? Vor welchen Lehrern hast du denn Angst?

P: “Ich mag nicht schreiben. Sie zwingen mich eine Menge zum Schreiben.”

A: Vor was sonst hast du Angst? Du möchtest es nicht sagen. Vor was hast du denn Angst? Vor Lehrern?

P: “Nein.”

A: Vor Fremden? Hast du keine Angst vor Fremden?

Das Mädchen sagt eigentlich kaum etwas. Die Antworten werden ihr von ihren Eltern vorgeschlagen.

Mutter **(M)**: Sie hat Angst vor Einbrechern.

P: "Ich habe immer nur Träume, die mir Angst machen."

A: Dann erzähl mir bitte mal einen von diesen angstmachenden Träumen.

M: Sie hat Angst davor, bei unserer Hausangestellten zu sein.

P: "Sie schneidet Fratzen, deshalb habe ich Angst vor ihr."

A: Zeig mir, was für Fratzen sie macht.

P: "Sie sagt mir alles, was ich zu tun habe."

A: Was sagt sie zu dir?

P: "Sie hat auch Angst vor dem Dunkeln."

Sie redet von ein paar Speisegelüsten; Wassermelonen-Saft.

M: Als sie klein war, bekam sie große Angst, wenn man mit ihr ärgerlich wurde. Wenn sie einen Wutanfall hatte, sagten wir immer zu ihr, sie müsse jetzt sofort damit aufhören, andernfalls würde sie im Badezimmer eingesperrt werden, und das machte ihr immer Angst. Sie hatte wirklich ganz arge Angst und machte in die Hosen. Ich sagte dann: Du kommst nicht heraus, bis du aufgehört hast zu weinen. Sie weinte dann und drehte durch. Sie sagte: Nein, ich bitte dich, tu's nicht. Tu das bitte nicht. Schlag mich nicht und verlass mich nicht, geh nicht weg. Sie hatte völlig die Beherrschung verloren. Sie bat und bettelte. In ihrer Wut verlor sie die Kontrolle, heulte, strampelte mit den Beinen, schrie nur noch.

Ihr Eltern öffneten dann die Tür und redeten mit ihr, *drohten ihr, dass sie da bleiben müsse und dass sie nicht herauskommen dürfe.* Und die Patientin litt große Angst.

P: (zu ihrem Vater): "Erinnerst du dich daran, wie du immer die Tür zugeschlossen und mich geschlagen hast?"

M: Sie hatte Fieber, hohes Fieber, 39,5 oder 40 Grad, und der Arzt verschrieb ihr Antibiotika. Als sie zwei Jahre alt war, sagte ich nichts mehr und hörte auf (mit der Antibiotika-Behandlung).

Beobachtung: Während der gesamten Unterhaltung beschäftigt die Patientin sich damit, *ihr Haarband abzunehmen und es wieder aufzusetzen.*

Dann stellte ich eine Frage und forschte im Detail nach.

A: Was waren die Auslöser dafür, dass sie Wutanfälle bekam und durchdrehte?

M: Alles Mögliche. Bis vor sechs Monaten waren das Anziehen der Kleider und Ausgehen eine traumatische Erfahrung für sie.

A: Was war damit, mit dem Kleideranziehen und dem Ausgehen?

M: Sie war damit sehr eigen, zum Beispiel mit der Auswahl ihres Kleides. Seit sie zwei Jahre alt war, wählte sie selbst ihre Kleider aus. Ich zog ihr die Schleife fest und sie sagte: Nein, *es ist nicht fest genug.* Dann sagte ich, dass sie damit kaum atmen könne, aber nein, *sie bestand darauf, dass ich fester zuziehen solle. Es sei nicht fest genug, fester, fester!* Und das löste einen Wutanfall aus. Und dann kamen die Haare dran, und das löste wieder einen Wutanfall aus. *Das ist nicht fest genug, das ist zu locker.* Sie hatte einmal zwölf Höschen, und alle waren entweder zu eng oder zu lose. Sie zieht und zerrt an ihren Hosen herum, so dass sie lose werden und ausleiern und völlig außer Form kommen. Um die Taille herum will sie Hosen ganz eng haben.

An diesem Punkt verstand ich das Empfinden der Patientin und den Fall, und das Heilmittel ergab sich klar.

Falldiskussion

Bei allen Dingen geht es um die Thematik *"zu eng oder zu lose"*. Die Gürtelschleife und die Haare waren nicht fest genug gebunden, die Höschen waren zu eng. Wir verstehen jetzt also die Bedeutung dessen, wenn ihr Haarband zu eng oder zu lose ist. Wir müssen die Pflanzenfamilie finden, die *die Thematik von eng und lose* hat.

Mit ihren Schuhen war es dasselbe, zu eng, zu lose, einfach nie richtig und angenehm. "Es ist so unbequem, dass ich nicht laufen kann." Ihr Vater erzählte, dass er sie an fünf von sieben Tagen tragen musste, weil sie nicht laufen konnte und behauptete, ihre Schuhe seien zu unbequem.

Als sie gemeinsam in der Sprechstunde waren, wollte die Patientin zum Essen ausgehen.

Man muss die zentrale und zugrundeliegende Sensibilität durchschauen, die sie antreibt und stört. Ihre nervliche Verfassung ist empfindlich dafür *festgehalten oder losgelassen zu werden.* Die Patientin hat das Empfinden, sie würde so stark festgehalten, dass sie nicht mehr atmen könnte. Und wenn sie das Gefühl von losgelassen hat, dann ist es so stark, dass etwas herabhängt und in sich zusammenfällt. Im Badezimmer festgehalten zu werden, löste große Furcht in ihr aus; in diesem geschlossenen Raum schrie sie in einem fort; sie verlor völlig die Kontrolle und bat und bettelte ihre Eltern um Erfüllung ihres Wunsches. Dieselbe Angst davor, festgehalten zu werden, und ihre Forderung, losgelassen zu werden, lösen in der Schule Wutanfälle aus. Aus ihren körperlichen Symptomen verstehen wir die Tiefe ihres Gemütszustandes. Und darüber hinaus führt uns der gemeinsame Nenner der psychologischen und körperlichen Störungen zur vitalen Störung, die weder die gemütsmäßige noch die körperliche ist.

Die Empfindungen sind die typischen der Euphorbiaceae-Familie: gebunden, losgelassen, festgemacht, losgemacht, eingeengt. Wir fassen sie folgendermaßen zusammen: *festgemacht und losgemacht, angebunden und losgebunden.*

Das Miasma ist *typhös* - es herrscht das Verlangen, dass etwas sofort geschehe. Sie möchte nicht zur Schule gehen, sie möchte nicht ins Bad, sie will unverzüglich losgelassen sein.

Wenn man das Empfinden der Euphorbiaceae mit dem typhösen Miasma kombiniert, dann entsteht Folgendes:

> *Ein Gefühl, plötzlich festgebunden zu sein, und der Wunsch, sofort Befreiung zu finden oder einzufordern, sonst sei sein Leben in Gefahr.*

Verabreichtes Mittel: *Mancinella C200, eine Dosis.*

Das für Mancinella typische Gefühl, vom Teufel vereinnahmt zu sein, fand sich im vorliegenden Fall nicht. Das Symptom, das diesem Gefühl am nächsten kam, war die Angst vor dem Fratzenschneiden des Kindermädchens.

Aus Neugierde gab ich "lose" in das Reference-Works-Programm ein und fand nur zwei Hinweise auf Euphorbiaceae, nämlich:

Mercurialis : Schienbein: Fleisch sei lose, Empfinden als ob. (1) (Allen, Repertorium)

Euphorbium : Entspannen des Magens, er hängt lose herab. (Hering)

Nach Einnahme des Mittels bekam die Patientin hohes Fieber, zum ersten Mal zeigte sie nicht die üblichen Wutanfälle und in der folgenden Woche ging sie ohne Probleme in die Schule.

Wiedervorstellung am 26. Juli 2001

Das Mädchen sitzt recht ruhig auf dem Schoß seiner Mutter und trägt - im Gegensatz zu dem Haarband, das sie beim ersten Gespräch hatte - zwei Haarklammern. Es hat Fieber. Seine Mutter beschreibt den Fieberzustand wie folgt: trockener Mund, die Beine tun weh, Schwindelgefühl, Magenschmerzen, und das Kind hatte gesagt, es müsste sich übergeben.

A: In was für einer Stimmung ist die Patientin während des Fiebers gewesen?

M: Sie ist sehr still gewesen. Im Allgemeinen hat sie ganz feste Vorstellungen davon, was sie anziehen möchte. Heute dagegen war sie ganz ruhig und ließ sich einfach anziehen. Und bei Fieber ist es im Allgemeinen eher schlimmer. Aber heute gestattete sie mir, alles mit ihr zu tun, was ich tun wollte. Es war ihr alles gleichgültig. Ich konnte tun, was ich wollte. Sonst ist sie niemals so apathisch. Ich habe sie so noch nie gesehen, dass sie sich um gar nichts Äußerliches kümmert.

A: Hat sie irgendwelche Ängste? Will sie Sie zum Beispiel immer um sich haben?

M: Ja, aber sie hat keine Angst, abgesehen davon, dass ich immer bei ihr sein soll. Trotz des Fieber hat sie immer noch Appetit, und ihre Stimmung ist gut.

Das Fieber ging ohne weitere Probleme vorüber.

Wiedervorstellung am 9. September 2001

M: Es ging ihr gut, und sie geht zur Schule. Mit dem Essen ist es nicht so gut; sie isst Früchte und Joghurt. Sie ist verständig, äußerst verständig. Ihr Bruder tritt um sich, beißt sie, aber sie lässt es geschehen. Mir gegenüber ist sie jetzt fast wie eine Freundin, ein wunderbares Mädchen. Sie ist mutig geworden, sie kann zum Sicherheitsbeamten gehen und ihm etwas bringen, Geld oder sonst etwas, sogar abends.

A: Geht sie leicht zur Schule oder nur mit Schwierigkeiten?

M: Morgens weint sie ein bisschen, aber wenn sie dann geht, ist alles gut. Wenn sie von der Schule nach Hause kommt, sagt sie immer, es sei sehr schön gewesen.

A: (zum Mädchen gewandt): Kannst du mir etwas vorsingen?

M: Sie singt nicht.

A: Wie ist das jetzt mit ihren Wutanfällen?

M: Das ist weniger geworden, nur einmal am Tag. Die Anfälle halten weniger lange an und sind nicht mehr so häufig. Früher trat sie mit den Füßen um sich und kreischte. Jetzt weint sie nur noch ein wenig. Sie weint, wenn sie sich wünscht, dass ich sie zu Bett bringe, und sie hört nicht auf zu weinen, bis ich zustimme. Gestern wollte sie eine Flasche Wasser haben, sie stellt immer noch Forderungen, aber es ist weniger geworden.

A: Was ist mit dem Thema, ob Dinge fest oder lose sind?

M: Das kommt noch vor, aber es ist besser geworden. Früher brauchte es fünf Versuche, aber jetzt sagt sie, es ist in Ordnung, es ist recht so. Sie passt ein wenig an und dann lässt sie es so, wie es ist.

A: Die Intensität ist geringer geworden?

M: Ja, viel geringer.

Der Patientin ging es für Monate gut. Dann gab es einen Rückfall in ihre Ängste, und sie weigerte sich, zur Schule zu gehen. Daraufhin wurde noch einmal Mancinella gegeben, und die Patientin macht jetzt wieder Fortschritte.

Ende des Falls.

MANCINELLA-FALL 2

Von Dr. Mahesh Gandhi

Der Fall ist gekürzt wiedergegeben. Die Hervorhebungen stammen von mir.

Männlicher Patient, 30 Jahre alt. Beim Erstgepräch am 12. Dezember 1998 lieferte er folgende Anamnese:

> "Man hat mich als ein Fall von Zwangsneurose diagnostiziert und ich bin seit neun Jahren in Behandlung. Im Prinzip bin ich an drei Fronten von Zwängen beherrscht: Erstens was Gottheiten betrifft. Ich muss allen Gottheiten huldigen. Ich habe das dauernde Gefühl, dass ich ihnen auf irgendeine Art nicht genug Respekt zeige. Zweitens habe ich das dauernde und immer wieder auftretende Gefühl, dass ich mit meinen Gedanken Menschen töten könne, selbst wenn ich sie gar nicht kenne. Wenn zum Beispiel ein alter Mann auf der Straße läuft, dann kommt mir der Gedanke, dass er alt ist und bald sterben wird, und danach bekomme ich Angst, dass es auf Grund meiner Gedanken eintreten wird. Drittens *bin ich dauernd mit dem Teufel beschäftigt; ich habe dauernd das Gefühl, dass mir der Teufel bei all meinen Errungenschaften hilft oder dass ich irgendwie seine Mithilfe suche.*
>
> Als Kind hatte ich vor dunklen okkulten Kräften schreckliche Angst. Als Kind hatte ich ein Bühnenstück gemacht, "Der Teufel und seine Lohnansprüche". Da gibt es einen Jungen, der für seine Prüfungen nicht lernt. Er verkauft seine Seele an den Teufel und erhält dafür gute Noten und wird schließlich ein Arzt. Später kommt der Teufel und holt sich die Seele. Ich bekomme immer die besten Noten in der Klasse, aber ich hasse es, dafür zu lernen. Ich wollte immer sofortigen Erfolg, ohne mich dafür anstrengen zu müssen. Eines Tages kam mir dieser Gedanke in den Sinn und ich empfinde dafür viel Schuld. Ich dachte, dass mir der Teufel alles verschaffen würde, wenn ich etwas wollte. Das machte mir Angst, und seither vergewissere ich mich immer, dass ich mich nicht in diese Richtung bewege. Ich hatte Angst, dass ich sein Sklave werden könnte und dann für immer alles tun müsste, was er von mir verlangte. Ich hatte auch Angst, dass ich mich von Gott entfernte. Wenn das passierte, dann käme ich später in die Hölle. Das ist die ganze christliche Lehre, die man durch Bücher oder andere christliche Einflüsse in sich aufgenommen hat. Das bewirkte eine große Menge Schrecken in mir. Mit der Zeit wurde er geringer, aber als ich größer wurde, kam er wieder zum Vorschein.
>
> Ich bin schwul und ich fühle mich mit meiner sexuellen Einstellung in Ordnung. Meine Mutter fand es heraus und wehrte sich heftig dagegen. Wir wohnten getrennt, aber ich war finanziell von ihr abhängig. Es gab eine Menge Spannungen. Auf gewisse Weise ist sie ein Tyrann, und ich habe auch das Gefühl, dass sie mich für meine Todsünden bestrafte. Ich verdiene

etwas Geld, aber ich habe kein regelmäßiges Einkommen. Ich muss sie um Haushaltszubehör und Geld anbetteln. Ich kann mich nie von ihr frei fühlen. Mein Vater lebt nicht mehr und ich frage nach meinem Anteil des Geldes, aber sie behandelt mich wie einen Abhängigen. Eines Abends trank ich bis spät in die Nacht, und im nächsten Augenblick musste ich mit ihr reden. Ich brauchte etwas Geld. Sie war deswegen sehr boshaft zu mir, und ich sagte zu ihr mit etwas Kraft: Ich wünschte, du wärst tot. Am selben Abend hatte ich den Film "Das Phantom in der Oper" gesehen, in dem ein Musiker seine Seele an den Teufel verkauft, damit seine Musik unsterblich würde, und der Teufel bringt ihm eine Narbe im Gesicht bei. Er kann nie mehr sterben. Er lebt, für den Rest seines Lebens an den Teufel gebunden, im Labyrinth des Opernhauses. Es ist ein hübsch schauerlicher Film.

Auch da tauchte wieder das Thema auf, dass jemand um seiner Wünsche willen seine Seele an den Teufel verkauft. Mir kam der Gedanke, was wäre, wenn ich den Teufel um Hilfe gebeten hätte, als ich zu meiner Mutter gesagt hatte: Ich wünschte, du wärst tot. *Seit diesem Vorfall habe ich das: es ist wie ein Polizist, der auftaucht und zu mir sagt: He, du bittest um des Teufels Hilfe. Ich muss dann schnell erwidern: nein, ich tu es nicht, ich tu es ja gar nicht. Es ist wie ein Wachhund, eine Art Polizist, der darauf aufpasst, dass ich ihn (den Teufel) nicht um Hilfe frage.*

Ich hatte auch andere Zwangsvorstellungen. In meinem Schlafzimmer habe ich ein großes Foto von meinem Vater. Er starb, als ich drei Jahre alt war. Wenn ich mich sexuellen Aktivitäten hingebe, dann habe ich das Gefühl, dass ich von ihm irgendwie beobachtet werde und dass er mit meinem schwulen Umgang nicht einverstanden ist. Das löst eine Menge Groll und Ärger in mir aus. Stellen Sie sich einmal vor, nicht einmal im eigenen Schlafzimmer frei zu sein. Sein Foto macht mir eine Menge Schuldgefühl und ich fühle mich gezwungen, zu allen Göttern zu beten und immer wieder meine Hände zu waschen. Je mehr ich die Rituale ausführen wollte, umso verärgerter wurde ich in meinen Gedanken. Gedanken voller Zorn auf Gott und auf all die Dinge, die ich tun musste. Schließlich machte ich mich frei davon, als meine Mutter einwilligte, das Foto wegzunehmen. Ich habe immer noch ein kleines Bild meines Vaters, aber das drängt sich nicht so auf.

Ich erinnere mich daran, wie ich in meiner Frustration mit dem Kopf heftig gegen den Spiegel schlug. Schließlich zerbrach ich den Spiegel. Ich habe auch einen Selbstmordversuch hinter mir. In den frühen Achtzigern war ich in den USA, um Musik zu studieren. Ich hatte recht viel Heimweh, aber ich kam mit der Wahl zwischen Dortbleiben und Heimkehren nicht klar. Es war eine Wahl zwischen Schrecken und Elend. Also entschloss ich mich, ein Ende zu machen. Ich versuchte es, indem ich Tabletten schluckte, und man brachte mich ins Krankenhaus. Ich wollte zurück nach Indien, denn ich lebte hier ein sehr privilegiertes Dasein und ich fühlte mich sehr, sehr isoliert. Daheim war ich dann nicht besonders glücklich, wegen des Verhaltens meiner Mutter, ich hatte nicht das Gefühl, ich könnte jemals ein freier Mensch sein. Obwohl ich ein erwachsener Mensch bin, erwartet sie von mir, dass ich an ihrer Schürze angebunden bin. Auch hier habe ich immer vierzig Tabletten Clonazepam bei mir, für den Fall, dass ich sie einmal brauche.

Als Kind war ich wie Jekyl und Hyde. In der Schule war ich der Liebling der Lehrer, superbrav und bester Schüler, aber daheim war ich ein Tyrann. Zu den Angestellten unverschämt und auf der anderen Seite zu ängstlich, um allein auf die Toilette zu gehen. Immer fordernd und unfähig, mit Frustrationen und frustrierenden Wunschvorstellungen umzugehen. Immer nur damit beschäftigt, meine eigenen Wünsche sofort erfüllt zu bekommen. Völlig verzogen und verdorben. Als Kind, glaube ich, habe ich mich vor meiner Mutter sehr gefürchtet. Ich hatte viel Angst. Ich erinnere mich, wie ich in ein Kino ging, in dem sie immer all diese schrecklichen Dracula-Filme spielten. Ich hatte schreckliche Angst vor allem, was mit Gespenstern zu tun hatte."

Träume

"Ich schaute in einen Spiegel und rasierte mich und sah dabei ein anderes Gesicht, eins mit Bart und mit Brille. Der Kerl hatte einen üblen Blick voller Hass und Boshaftigkeit, und ich wachte schreiend auf."

"Ich bin am Strand und laufe in meinen Schuhen am Strand entlang. Entweder sind die Schuhe zu groß oder ich laufe in Riesen-Fußstapfen."

Interesse/Hobbies : Klassische westliche Musik und Theater.

Klinische Vorgeschichte:
Übergewichtigkeit;
gelegentlich Atemwegsprobleme;
wiederkehrende Rachenprobleme;
Neurodermitis, im Genick.

Wärmeregulation	:	erträgt keine Extreme, weder heiß noch kalt;
Schweißverhalten	:	in der Achsel, an der Innenseite der Oberschenkel, im Kreuz, im Gesicht (besonders stark);
Durst	:	durchschnittlich;
Verlangen nach Speisen	:	nach Schokolade, Eis, Alkohol;
Schlafposition	:	auf der linken Seite in Fetalstellung.

Ausgewählte Rubriken

Wahnidee: von Teufeln, dass er vom Teufel in Besitz genommen werde.

Angst: vor dem Teufel, dass er vom Teufel in Besitz genommen werde.

Pubertät: psychologische Probleme in der Pubertät.

Heimweh.

Ängstlichkeit, schüchtern.

Angst: vor Gespenstern.

Wahnsinn, erotischer.

Verabreichtes Mittel: *Mancinella M1, fünf Mal in zwei Jahren.*

Wiedervorstellung am 28. Februar 2001

"Seitdem ich bei Ihnen war, geht es mir viel besser. Ich konnte aus den meisten meiner Zwangsvorstellungen und Zwänge herauskommen. Die Gottheiten bedrücken mich nicht mehr, auch nicht der Tod von irgendwelchen Menschen. Wenn mir ein Gedanke daran kommt, dass jemand sterben könnte, dann bedrückt mich das nicht mehr. Gedanken an den Teufel kommen mir manchmal noch, aber auch das ist viel besser geworden und ich kann besser damit umgehen. Ich habe mich sogar als Person gewandelt. Ich kann mit meiner Mutter jetzt viel besser umgehen. Ihre Gegenwart geht mir nicht mehr so auf die Nerven wie früher. Ich habe keine Selbstmordgedanken mehr. Ich habe alle Tabletten, die ich bei mir hatte, die Toilette hinuntergespült. Ich habe Gewicht verloren und ich habe mehr Selbstvertrauen."

Zum Verständnis des Falls

Bei diesem Fall sehen wir die Angst des Patienten davor, seine Seele an den Teufel zu verkaufen. Als Kind hatte er immer Forderungen und Ansprüche und wollte, dass seine Wünsche sofort befriedigt würden. Er hat Angst davor, dass er zur Erfüllung seiner Wünsche vom Teufel Hilfe sucht. Dies würde bedeuten, dass er deshalb für den Rest seines Lebens an den Teufel gebunden wäre. Er betrachtete dies als eine äußerst kritische Situation, vor der er sich hüten müsste. Er unternahm große Anstrengungen, da herauszukommen, was zu einem Zwang wurde. Auch die Zwänge später nahm er als etwas wahr, an das er gebunden war und von was er sich nicht befreien konnte. Ähnliche Gefühle hatte er gegenüber der Fotografie seines Vater und gegenüber seiner Mutter. Als er in Amerika war, hatte er Heimweh, und als er wieder in Indien war, fühlte er sich an der Schürze seiner Mutter festgebunden. Es war eine Situation für ihn, in der er keine positive Entscheidung treffen konnte und er unternahm einen Selbstmordversuch.

Die christliche Lehre besagt, dass Adam dazu verführt wurde, von der verbotenen Frucht zu essen (Manchinellen-Apfel). Es ging um einen Konflikt zwischen sofortiger Befriedigung eines Wunsches und Selbstbeherrschung. Die Hilfe des Teufels (symbolhaft für das Böse) in Anspruch zu nehmen kommt einer Sünde gleich. Indem man seine Hilfe annimmt, bindet man sich an den Teufel und wird dafür bestraft, indem man für ewig in der Hölle leiden muss.

Ende des Falls.

CASCARILLA

Euphorbiaceae + Malaria-Miasma

Cascarilla wird bei intermittierendem Fieber erwähnt. Das Miasma könnte also Malaria sein und das Gefühl sich folgendermaßen ausdrücken:

> *Festgefahren in einer Situation, in der man festgebunden ist und immer wieder angegriffen wird.*

EUPHORBIUM

Euphorbiaceae + Krebs-Miasma

Euphorbium hat die folgenden Symptome:

> Gangrän. (Allen, Repertorium)
>
> Krebsschmerzen. (Boericke, Materia medica)
>
> Krebs der Nase und der Prostata. (Clarke)
>
> Epitheliom. (Boericke, Repertorium)
>
> Magen: Gangrän, Empfindung von. (1) (Allen, Repertorium)

Das Miasma könnte Krebs sein. Wenn man das Empfinden der Euphorbiaceae mit dem Krebs-Miasma kombiniert, dann könnte das Gefühl von Euphorbium wie folgt sein:

> *Muss Kontrolle bewahren, wenn er festgebunden oder gefesselt ist.*

ACALYPHA

Euphorbiaceae + tuberkulöses Miasma

Acalypha ist ein ausgezeichnetes Heilmittel für Tuberkulose und für Haemoptysis bei Tuberkulose. Demnach:

Schwermütig: zu sterben, aber ist unwillens, bei Haemoptysis. (Knerr)

Auswurf, blutig, mit Spucken, tuberkulös. (Complete)

Das Miasma könnte tuberkulös sein. Wenn man das Empfinden der Euphorbiaceae mit dem tuberkulösen Miasma kombiniert, dann könnte das entsprechende Gefühl von Acalypha wie folgt sein:

Ist am Ersticken, weil er das Gefühl hat, angebunden zu sein.

HURA

Euphorbiaceae + lepröses Miasma

Dieses Heilmittel wurde bereits früher näher untersucht und ist in "Die Substanz der Homöopathie" beschrieben. Das Miasma ist leprös. Wenn das Empfinden der Euphorbiaceae mit dem Miasma von Hura kombiniert wird, dann könnte das Gefühl wie folgt sein:

Dazu verdammt, festgebunden zu sein.

HURA-FALL

Von Dr. Deborah Collins (Homeopathic Links 1998, 4/11)

Kursivschrift soll wichtige Aussagen hervorheben.

Ein ungewolltes Kind

Der Fall ist in Gänze wiedergegeben. Die Kursivschrift soll die Charakteristika des Miasmas und das Empfinden der Pflanzenfamilie hervorheben.

Vor zwei Jahren suchte mich Frau N. (Geburtsjahr 1958) auf. Sie litt an schwerer Depression und Angstzuständen. Sie kam in Begleitung ihres Mannes, der sie sehr unterstützte. Er wollte sie nicht alleine lassen und hatte sich deshalb schon oft freigenommen.

Sie war offensichtlich in großer Not. *Ihre Augen quollen hervor, ihre Kiefer waren fest aufeinandergepresst, und sie erinnerte mich an ein Tier in einer Falle, das leicht bissig wird.*

Sie hatte schon mehrere Male versucht, Selbstmord zu begehen, indem sie sich die Handgelenke aufschnitt. Sie sagte:

"Ich werde wahnsinnig, wenn ich alleine bin."

Sie beklagte sich darüber, dass sie die meiste Zeit mit ihrer Schwägerin verbringen musste, da ihr Mann zur Arbeit weg war.

> "Ich bin für alle eine Last. Es ginge allen besser ohne mich."

Ihre Schwiegereltern und Schwager hatten sich in der Tat noch nie über sie beschwert.

Ihre Probleme hatten begonnen, als ihre erwachsene Tochter nach Hause zurückgekommen war, weil sie ihre Arbeit verloren hatte. Für Frau N. war es extrem schwierig, sich gegenüber ihren Kindern durchzusetzen, vor allem gegenüber ihrer Tochter, die sich an ihre Freiheit gewöhnt hatte.

> "Ich wage nicht, ihr etwas zu sagen, weil ich Angst davor habe, angeschnauzt zu werden."

Im Allgemeinen hatte sie auch Probleme damit, sich durchzusetzen.

> "Ich bin sehr verschlossen. Ich möchte nicht, dass ich ein Problem bin."

Die Atmosphäre daheim war inzwischen sehr angespannt, und die ganze Familie hatte das Gefühl, wegen ihr auf Zehenspitzen herumlaufen zu müssen. Sie berichtete:

> "*Ich habe Angst davor, wahnsinning zu werden, mir Schnittwunden zuzufügen, mich mit Insulin zu vergiften, von einem hohen Ort hinabzuspringen. Ich möchte mich umbringen, nur um von diesem Gefühl ständiger Angst wegzukommen. Ich hyperventiliere dauernd. Es fühlt sich an, als kämen die Wände auf mich zu und die Blumentöpfe wollten von den Fensterbänken auf mich fallen. Ich fühle mich in meinem eigenen Haus eingesperrt,* ich muss Vorhänge und Fenster offenhalten und ich ertrage es nicht, die Türen verschlossen zu halten. Hitze macht mich wahnsinnig, *ich möchte wegrennen, und ich fühle mich bedrängt. Ich träume von Räumen mit wenig Platz, davon, im Gefängnis oder isoliert zu sein. Ich habe das Gefühl, ich bin gejagt, selbst auf dem Fahrrad fahre ich immer schneller, damit ich nicht gefangen werden und mir niemand weh tun kann.*"

> *Ich habe einen Druck im Kopf, wie von einem Reif, der festgezogen ist, und ich fühle Spannung im Genick.* Mein Herz pocht laut, in der Brust und in den Ohren. Ich vertrage keinen Lärm, alle Geräusche machen mich wahnsinnig, sogar das Ticken einer Uhr. Ich habe Angst davor, dass Leute merken, dass ich verrückt bin; ich wage es nicht, Leuten in die Augen zu schauen. Wenn ich einmal ausgehe, dann gehe ich mit gesenktem Kopf und hoffe, dass mich niemand danach fragt, wie es mir geht. Wenn sie wüssten, wie es mir geht, wollten sie mich in einer Anstalt einsperren. Daheim verstecke ich mich in einem Schlafsack; ich ziehe ihn mir über den Kopf.

Ich trage immer Schuldgefühle mit mir herum, sogar betreffs Dinge, die vielleicht passieren könnten. Ich habe Schuldgefühle darüber, Kinder in die Welt gesetzt zu haben; vielleicht habe ich meinen Diabetes weitervererbt. Ich habe Schuldgefühle, wenn meine Familie nicht weiß, wo ich bin. Wenn etwas mit irgendjemand schiefgeht, dann fühlt es sich immer an, als sei es meine Schuld. Meine Schwägerin hat gerade einen Knoten in der Brust, und ich bin mir sicher, dass es Krebs ist und dass ich daran schuld bin, denn sie ist die ganze Zeit mit mir zusammen. Ich träume von Schiffsuntergängen, bei denen alle ertrinken, weil ich mit an Bord bin. Der Tod von jungen Menschen und Kindern setzt mir sehr zu; dass Leben so früh zu einem Ende kommen. Ich habe Angst davor, etwas falsch zu machen, ich muss deshalb alles perfekt machen. Ich habe schreckliche Angst davor, in dem Buchgeschäft, in dem ich gearbeitet habe, Verantwortung zu übernehmen, stelle mir zum Beispiel vor, dass das Computersystem abstürzt oder dass ich die falsche Bestellung aufgebe. Das wäre eine Katastrophe und ausschließlich meine Schuld. Alles um mich herum muss ganz sauber und ordentlich sein, ich bin dauernd am Aufräumen.

Ich höre Stimmen, die mich glauben machen, dass ich wahnsinning geworden bin. Ich höre meinen Vater, der seit sechs Jahren tot ist. Er sagt mir am Morgen, dass ich aufstehen und mich anziehen muss. Er kommt sogar morgens in meine Zimmertür und weckt mich und treibt mich an."

Als sie über ihren Vater weiter befragt wurde, stellte sich heraus, dass es sich nicht um ihren leiblichen Vater handelte, sondern um ihren Adoptivvater, den Mann ihrer Tante. Ihrem leiblichen Vater war sie nie begegnet. Ihre Mutter war als Teenager schwanger geworden und hatte das Kind in ein Heim für alleinstehende Mütter mitgenommen. Dort musste sie ohne ihre Mutter bleiben und die ersten vier Lebensjahre in der Obhut vieler verschiedener Aufsichtspersonen verbringen. Ihre Mutter besuchte sie nur gelegentlich. Sie hatte das Gefühl, es war sehr selten gewesen. *In dem Heim war wenig Platz, und sie musste fast immer in ihrer Krippe sein*. Im Alter von vier wurde sie von ihrer Tante adoptiert, nachdem ein Versuch, sie bei ihrer verheirateten Mutter unterzubringen, furchtbar fehlgeschlagen war.

"Meine Mutter wollte mich nie haben oder hatte nie Zeit für mich. Sie war immer mit ihrem Laden beschäftigt. Sie hatte nicht einmal Zeit für die Kinder, die nach mir kamen."

Die Zeit mit ihren Adoptiveltern beschrieb sie als gut, trotz der Tatsache, dass sie sich ihres Status als Adoptivkind bewusst gewesen war. Sie wusste, dass sie ihren Eltern viel Zeit und Geld kostete, worauf sie nicht eingestellt gewesen waren. Sie hatte sich nie gewagt, nach Dingen zu fragen oder etwas einzufordern.

"Ich gehe nicht gerne ans Telefon; ich werde dann sehr schüchtern und lasse es lieber klingeln. Wenn ich irgendwie dazu gezwungen bin, doch ans

Telefon zu gehen, dann melde ich mich nie mit meinem Namen und hoffe, dass niemand nach mir fragt.

Ich war mir immer bewusst, dass ich anders war, dass ich eine Last war, dass ich nirgendwo hineinpasste. Sogar in der Schule hatte ich das Gefühl, ich würde dafür bestraft, dass ich Diabetes hatte. *Ich fühlte mich geächtet. Ich musste regelmäßig etwas zu mir nehmen, um nicht in Unterzucker zu rutschen, aber ich musste dazu das Klassenzimmer verlassen und musste mir mein Insulin spritzen. Als ich heiratete, hatte ich nie das Gefühl, dass ich ein Mitglied der Familie sei; alle Entscheidungen werden gefällt, ohne mich zu befragen. Ich habe nie das Gefühl, dass ich dazugehöre. Ich habe das Gefühl, es ginge ihnen besser ohne mich, ich fühle mich überflüssig, ungebraucht. Ich muss gegen diese Gefühle ankämpfen, um mich davor zu schützen, dass ich Selbstmord begehe.*

Ich habe einen wirklich unruhigen Schlaf, abgesehen von schlechten Träumen. Ich rolle mich zusammen wie ein Säugling und umklammere ein Taschentuch, das ist wie eine Schmusepuppe für mich. Kurz bevor ich einschlafe, habe ich heftige Zuckungen in meinem Körper. Im Schlaf rede ich und schreie und schüttele meinen Kopf hin und her. Wenn ich müde bin, dann habe ich das Gefühl, dass ich vor mich hintreibe, wie in einem Boot. Ich habe schon immer an meinen Fingernägeln gekaut, es ist nichts mehr übrig, um daran zu kauen. Auf meinen Handrücken habe ich kleine erhabene Flecken, die im Sommer stärker hervortreten. Manchmal verwandeln sich diese Flecken in kleine braune Bläschen und fangen an zu jucken."

Diese Sammlung an Information entstand in mehreren Gesprächen, wobei ich ihr verschiedene Heilmittel verschrieb, die wenig oder keine Wirkung zu haben schienen. Die Wahl der Mittel basierte auf den Schuldgefühlen der Patientin: Naja, Kalium bromatum, Magnesium bromatum.

Schließlich sagte sie – voller Verzweiflung – den folgenden Satz:

"Ich habe das Gefühl, dass ich ganz alleine bin."

Natürlich hatte sie dies schon vorher auf verschiedene Weise ausgedrückt. Die Wahnidee, ganz alleine auf der Welt zu sein, führte mich direkt zu Hura, denn das ist das Mittel für jemand, der sich wie ein Aussätziger fühlt. Auf Grund von Umständen außerhalb ihrer Kontrolle (wie bei Lepra) sah sie sich als Objekt von Schande und Skandal, verbannt in ein Heim, in dem sie von ihrer Mutter nur selten besucht wurde. Ihr Dasein an sich war ein Skandal, was im protestantischen Nordholland von damals gewiss der Fall war. Sie tat alles, um weder gesehen noch gehört zu werden.

Als sie größer wurde, wuchs ihr Zorn. Ihre Familie musste viel Zeit investieren, um sich um sie zu kümmern. Auf diese Weise erfuhr sie die Zuwendung, die sie als Kind nie erlebt hatte.

Hura war das erste Heilmittel, das etwas bewirkte. Innerhalb weniger Tage fühlte sie den Unterschied. Sie berichtete wie folgt:

> "Ich gehe immer weiter zurück in der Zeit, ich beschäftige mich jetzt mit der Zeit, in der ich fünfzehn oder sechzehn war, in der Schule, als ich aus der Klasse geschickt wurde. Mein Vater weckt mich nicht mehr auf, und ich höre seine Stimme nicht mehr. Er muss auch nicht, denn ich stehe aus eigenem Antrieb auf."

Zur selben Zeit begann sie, weniger wie ein gejagtes Tier auszusehen. Sie ließ sogar ihr Haar wachsen und sich eine Dauerwelle machen, so dass sie viel femininer ausschaute. Die braunen Flecken auf ihren Handrücken verschwanden und hörten auf zu jucken. Für einige Monate hatte sie immer noch Kopfschmerzen, aber sie brauchte kein Aspirin mehr. Sie hielten nicht den ganzen Tag an, so wie es früher der Fall gewesen war.

Ihr Mann tat sich leichter damit, sie alleine zu lassen, und sie konnte den Tag verbringen, ohne ihn anzurufen, dass er heimkommen solle. Für eine ganze Weile noch hatte sie Träume davon, zum Beispiel in Wasser geworfen oder in ein Loch gesteckt und mit Sand zugeschüttet zu werden, aber diese Träume waren insofern anders, als sie dabei dachte, dass sie schwimmen oder hinauskrabbeln könnte. Ihre Selbstmordgedanken wurden weniger, außer wenn man ihr von der Krankheit ihrer Schwägerin berichtete, was ihre Schuldgefühle zurückrief. Es dauerte drei Monate, bis sie sich außerhalb des Hauses wohlfühlte, so dass sie einkaufen gehen und Leuten in die Augen schauen konnte.

> "Ich habe nicht mehr das Gefühl, dass ich wahnsinnig werde."

Während ihre Ängste und Depressionen geringer wurden, schien ihr Zorn stärker zu werden. Sie hatte es immer vermieden, ihrer Mutter zu begegnen und hasste es, mit ihr zu telefonieren. Ihre Mutter hatte immer wieder klargemacht, dass sie die Identität ihres leiblichen Vaters nicht aufdecken würde, und sie hatte aufgehört zu versuchen, es herauszufinden. Aber sie war wie besessen von dem Gedanken, es wissen zu müssen. Schließlich schrieb sie einen langen Brief an ihre Mutter und sagte ihr, wie zornig sie auf sie sei und dass sie die Wahrheit wissen wolle. Zu ihrer Überraschung erhielt sie von ihrer Mutter Antwort, in der sie sich zum ersten mal für den Schmerz entschuldigte, den sie ihr zugefügt hatte. Und sie erzählte ihr die Umstände ihrer Zeugung und Empfängnis. Als Teeneager hatten ihre Mutter und eine Freundin sich wohl aus den Elternhäusern geschlichen und waren heimlich per Anhalter nach Amsterdam gefahren. Man hatte sie eingeladen und dann vergewaltigt. Voller Scham darüber kehrten sie nach Hause zurück, ohne die Namen der Männer zu wissen, die es getan hatten. Sie gab ihrem Kind den Namen der Freundin, mit der sie unterwegs gewesen war.

Damals war Abtreibung noch ein Tabu, aber es wäre verwunderlich, wenn die Mutter der Patientin nicht daran gedacht hätte. Das mag der Grund für die starken Gefühle der Patientin betreffs junger Leben, die früh zu Ende gehen, gewesen sein.

In den folgenden Monaten wiederholten wir das Mittel noch viermal, jedesmal nach einem Rückfall. Die Patientin stellte fest, dass sie unruhig wurde und einen gestörten Schlaf bekam, wenn sie das Mittel wieder benötigte, und dass die juckenden Flecken auf ihren Händen wieder auftraten. Als ich sie zuletzt sah, bevor sie von Holland nach Neuseeland zog, arbeitete sie sechs Tage pro Woche in einem Buchladen, war dazu in der Lage, in der Öffentlichkeit zu sein, und konnte daheim allein sein, ohne an Selbstmord zu denken.

Sie sagte: "Heutzutage sage ich mir, dass es nicht meine Schuld ist, wenn etwas schiefgeht, und ich glaube mir." Sie reduziert langsam ihre Medikation mit Antidepressiva. Es bleibt zu sehen, ob ihr seit langem bestehender Diabetes mellitus auch eine Besserung erfährt oder nicht.

Ende des Zitats.

Kommentar

Es handelt sich um eine Frau mit schwerer Depression und mehreren Selbstmordversuchen in der Vergangenheit. Sie schildert, dass sie wahnsinig wird, wenn sie allein ist. Sie redet davon, sich selbst Schnittverletzungen zuzufügen, sich mit Insulin überzudosieren, von einem hohen Ort hinabzuspringen. Sie möchte sich töten, nur um von ihrem ständigen Angstgefühl loszukommen. Sie drückt auch immer wieder aus, dass sie sich allein fühlt. Damit drückt sie das lepröse Miasma aus. Wir verstehen also ihre Reaktion auf ihr Empfinden.

Die nächste Frage ist, was denn ihr Empfinden ist. Sie hat das Gefühl, dass die Wände auf sie zukämen, dass die Blumentöpfe von den Fensterbänken auf sie fallen könnten. Sie fühlt sich in ihrem eigenen Haus eingesperrt. Hitze macht sie wahnsinnig, sie möchte wegrennen, und sie fühlt sich bedrückt. Hier also haben wir das Empfinden: Wände umschließen sie, sie ist in ihrem Haus eingesperrt, die Hitze bedrückt sie.

Die gleichen Empfindungen liegen im Körperlichen vor, Druck im Kopf wie von einem festgezogenen Reif, Spannung im Genick.

Als sie heiratete, fühlte sie sich nie als Teil der Familie, als gehöre sie dazu. Sie hatte das Gefühl, alle Entscheidungen in der Familie würden ohne sie gemacht. Sie fühlte sich überflüssig und ungebraucht. Um sich davor zu bewahren, sich selbst umzubringen, musste sie gegen diese Gefühle ankämpfen. Das drückt genau das lepröse Miasma aus.

Sie träumt von kleinen Plätzen, davon, im Gefängnis oder in Isolation zu sein. Das ist ihr Gefühl. Das ist genau die Kreuzung von Euphorbiaceae-Familie und leprösem Miasma.

Interessanterweise machte Deborah Collins die Beobachtung, dass die Augen der Patientin hervorquollen und ihre Kiefer fest zusammengepresst waren, und dass die Patientin sie an ein Tier in einer Falle erinnerte, das jeden Moment um sich beißen könnte.

STILLINGIA

Euphorbiaceae + Syphilis

Das Mittel hat die folgenden Rubriken:

Traurig: bei Syphilis, sekundärer. (Knerr)

Syphilis zweites Stadium.

Syphilis drittes Stadium.

Syphilis der Knochen.

Das Miasma ist eindeutig Syphilis. Das Gefühl von Stillingia könnte wie folgt sein:

Zerstört in einer Situation des Gefesseltsein.

ZUSAMMENFASSUNG EUPHORBIACEAE – EMPFINDUNGEN UND REAKTIONEN

Empfinden

Festgemacht und losgemacht, angebunden und losgebunden.

Passive Reaktion

Festgemacht und kann nichts tun.

Aktive Reaktion

Wunsch, sich loszureißen.

Kompensierung

Jemand, der sich frei fühlt, ungebunden, von nichts angebunden.

MIASMEN

Akut	Croton tiglium
Typhös	Mancinella
Malaria	Cascarilla
Tuberkulös	Acalypha indica

Krebs	Euphorbium
Leprös	Hura
Syphilis	Stillingia

VERGLEICHSMITTEL

Anacardiaceae

Primulaceae

Cactaceae

HAMAMELIDAE
(Unterklasse der Zaubernuss-Gewächse)

HEILMITTEL

Alnus glutinosa	Erle	(Familie der Betulaceae)
Betula alba	Birke	(Betul.)
Cannabis indica	Marihuana, Haschisch	(Familie der Cannabaceae)
Cannabis sativa	Hanf	(Cannab.)
Carya alba	Hickorynuss	(Familie der Juglandaceae)
Castanea vesca * (C. sativa)	Esskastanie	(Familie der Fagaceae)
Fagus sylvatica *	Rotbuche	(Fag.)
Hamamelis virginiana	Hexenhasel, amerikanische Zaubernuss	(Familie der Hamamelaceae)
Juglans cinerea	Butternussbaum	(Jugland.)
Juglans regia * (Nux juglans)	Walnussbaum	(Jugland.)
Myrica cerifera	Wachsgagel	(Familie der Myricaceae)
Quercus robur *	Eiche, Stieleiche	(Fag.)
Quercus e glandibus	aus den Eicheln zubereitetes Mittel	
Urtica urens	Kleine Brennessel, Eiternessel	(Familie der Urticaceae)

Anmerkung: *gekennzeichnete Mittel sind auch in Gebrauch bei den Bachblüten; die benutzten Pflanzenteile können sich aber von denen der Homöopathika unterscheiden.

Bachblütenmittel ohne Prüfungen der Arzneimittelbilder

Carpinus betulus	Weißbuche, Hainbuche	(Fam. der Corylaceae)
Ulmus procera	Ulme	(Fam. der Ulmaceae)

GEBRÄUCHLICHE HEILMITTEL

Cannabis indica

Cannabis sativa

Juglans cinerea

Myrica cerifera

Urtica urens

HERKUNFT

Wir unternahmen eine Suche im MacRepertory-Programm, indem wir die gebräuchlicheren Mittel der Familie auswählten, das sind Cannabis indica, Juglans cinerea, Juglans regia, Myrica cerifera und Urtica urens. Wir nahmen diejenigen Rubriken auf, die mindestens zwei der genannten Mittel aufwiesen. Das erste Symptom, das ein Empfinden lieferte, war die achte Rubrik auf unserer Liste:

> Geist und Gemüt: Wahnidee, fliegend, er oder sie sei am Fliegen. (Cann-i., Cann-s.)

Als Cannabis sativa ebenfalls in die Suche aufgenommen wurde, erhielten wir die folgende Rubrik, die siebte auf der sich neu ergebenden Liste:

> Allgemeines: Öffnen, Empfinden von Schließen und. (Cann-i., Cann-s.)

Wenn es ein Empfinden von Fliegen gibt, wie drückt es sich dann aus? Was ist die Verbindung zwischen diesem Empfinden und dem von Öffnen und Schließen? Mit dieser Frage im Sinn belas ich mich weiter zu den Mitteln dieser Familie.

Bei **Cannabis indica** findet sich:

> Allgemeines: Leichtigkeit, Empfinden von; bei Bewegung. (Complete)

Hughes notiert: Gefühl von Leichtigkeit und Spannkraft, als könne er wie ein Korken niederfallen, ohne sich weh zu tun.

Phatak nennt unter den Kopfsymptomen: Hinterkopf scheint sich zu öffnen und zu schließen.

Eine Wortsuche durch die Literatur mit Hilfe des Reference-Works-Programms nach den Stichworten "offen" und "geschlossen" innerhalb dreier Wörter brachte viele Hinweise auf Cannabis indica und bestätigte damit, dass das Empfinden von Öffnen und Schließen ein wichtiges Thema bei diesem Heilmittel ist. Und in Allens Encyclopaedia findet sich die Aussage: "Ich wusste, wann jedes Ventil (in meinem Körper) geöffnet oder geschlossen war."

Bei **Juglans cinerea** findet sich:

Kopf: Empfinden, von Leichtigkeit. (Boericke)

Bei **Juglans regia** findet sich:

Kopf: Schwebend in der Luft, wie. (Boericke)

Frische Luft bringt Besserung. (Allen, Encyclopaedia)

Bei **Myrica cerifera** findet sich:

Besser an der frischen Luft. (Boericke)

Bewegung bringt Besserung, in frischer Luft. (Complete)

Wir finden also die Stichworte *offen, besser bei Bewegung an frischer Luft, Fliegen, Leichtigkeit*. Das Gegenteil davon sind die Begriffe *geschlossen* oder *eingeschlossen*. Ich schaute nach anderen Empfindungen, die das Gegenteil von offen und Leichtigkeit ausdrückten.

SCHLEPPEND (ODER SCHLEIFEND), HINABGEZOGEN

Eine Suche nach dem Begriff *schwer* erbrachte Symptome in einer Reihe von Hamamelidae-Mitteln. Ebenso erbrachten die Begriffe *schleppend (oder schleifend)* und *hinabgezogen* viele Hinweise.

Bei **Hamamelis** findet sich:

Schleifende Schmerzen in Schulter, Skrotum, Bauchraum, Rücken und Beinen. (Mehrere Quellen)

Bei **Cannabis indica** findet sich:

> Patella: hinabgezogen, Empfinden, als sei sie. (1) (Allen, Repertorium)
>
> "Nephritis: schleppende oder einschießende Schmerzen entlang der Ureter bis in die Leistengegend." (Frishmuth)

Bei **Cannabis sativa** findet sich:

> Hoden: schleifend. (1) (Boenninghausen)
>
> Ohr: schleifend, pulsierend, Besserung beim Bücken. (1) (Allen, Repertorium)
>
> "Schleppender Schmerz in der Nierenregion." (Bechet)
>
> Schleppend, Schwere, Gewicht, im Allgemeinen. (Complete)

Bei **Myrica cerifera** findet sich:

> Schmerz: schleppend, im Kreuzbereich, morgens, beim Aufwachen. (1) (Complete)

GEDRÜCKT, ZUSAMMENGEDRÜCKT

Bei **Cannabis indica** fanden sich weitere Symptome:

> Gehirn: Zusammendrücken, 17:00 oder 18:00 Uhr, im Haus, ausgelöst von Kerzenlicht. (1) (Allen, Repertorium)
>
> Kopf: Schmerz, drückend, wie in einem Schraubstock. (1) (Complete)

Im Hausesinnern wird also ein Empfinden von Zusammendrücken wahrgenommen. Ein Lexikon (American Heritage Dictionary) liefert die folgende Bedeutung für Zusammendrücken (im englischen Original "compression" – Anm. d. Übersetzers): "Zusammendrücken/Komprimieren, um dichter zu machen, um zu verdichten." Zu meiner Überraschung stieß ich bei vielen Mitteln der Hamamelidae auf das Stichwort *(zusammen)drücken*.

Cannabis sativa hat ein "Empfinden im Kopf, als sei er betäubt und werde immer stärker zusammengedrückt." (Hughes)

Besonders wichtig erscheint mir, dass ich bei **Myrica cerifera** Folgendes fand:

> "Taubheitsgefühl in der rechten Schläfe; fühlt sich an, als würde etwas Hartes stark gegen diese Region gedrückt werden." (Allen, Encyclopaedia)

> "Angenehme Erheiterung, gefolgt von Depression und Druck um den Kopf herum (am neunten Tag)." (Allen, Encyclopaedia)

Bei **Quercus robur** finden wir das Gefühl von Gedrückt- und Zusammengedrücktwerden:

> Kopf: Schmerz, drückend, wie von einer Eisenplatte, an der Stirn. (1) (Complete)

Clarke schreibt zu Quercus:

> "Burnett versicherte später, dass er im Prinzip ein nüchterner Mann war, aber er nahm oft einen Schluck, vor allem, wenn er bei regnerischem Wetter darauf angewiesen war, im Haus zu bleiben... Die Patienten, denen Cooper das Mittel gab, brachten vor, dass sie sich 'wie in einem Schraubstock fühlten, dass sie sich nicht zu bewegen wagten aus Angst, einen Schlafanfall oder eine Schwindelattacke zu erleiden'."

Wieder wird erwähnt, dass man im Haus ist (d.h. eingeschlossen), und dass sich jemand wie in einem Schraubstock fühlt (d.h. zusammengedrückt).

Vorgeschlagene Empfindungen der Hamamelidae

Diese Ergebnisse deuten darauf hin, dass die Empfindungen der Hamamelidae mit den folgenden Begriffen charakterisiert sind: *geschlossen, eingeschlossen, hinabgezogen, gedrückt, zusammengedrückt, eingeengt, eingesperrt, schwer*. Das Gegenteil davon ist *offen, frei, fliegend, leicht*.

CANNABIS INDICA

(Geist und Gemüt)

Mit diesem Vorverständnis klären sich die Geistes- und Gemütssymptome von Cannabis indica.

> Wahnideen: vergrößert. (Complete)
>
> Wahnideen: sich ausdehnend; Passanten sind dabei sich auszudehnen. (1) (Complete)

Es geht um das Thema Ausdehnung, d.h. das Gegenteil von Eingeschlossensein.

> Wahnideen: Marmorstatue, dass er eine sei. (1) (Complete)

Das vermittelt eine Vorstellung von Schwere.

Empfindungen: von Größe, einzelne Teile fühlen sich größer und dicker an. (1) (Knerr)

Auch dies weist auf ein Gefühl von Schwere hin, auf ein Gefühl davon, materieller zu werden, hinabgezogen zu sein.

Wahnideen: Raum, Wände gleiten aufeinander zu. (1) (Complete)

Dies vermittelt ein Gefühl von Zusammengedrücktwerden, davon, dass die Dinge einen einschließen.

Wahnideen: Zylinder, scheint ein Zylinder zu sein. (1) (Allen, Repertorium)

Wieder das Gefühl von Eingeschlossensein.

Wahnideen: Sodawasser, er sei eine Flasche von. (nur zwei Mittel) (Complete)

Das drückt ganz genau das Empfinden der Familie aus. Sodawasser ist ein kohlensäureversetztes Getränk, das unter Druck steht. Die "Wahnidee, er sei eine Flasche von Sodawasser" vermittelt also den Druck und die Kompression im Innern.

Wahnideen: pflanzliche Existenz, er führe eine. (1) (Complete)

Wahnideen: Wände, er sei von hohen Wänden umgeben. (1) (Complete)

Von Wänden umgeben zu sein vermittelt die Vorstellung davon, in einem Raum eingeschlossen zu sein. Das riefe eine Einschränkung oder Beraubung von sinnesmäßigen Eindrücken hervor, daher das Gefühl, eine pflanzenhafte Existenz zu führen. Die Wahnidee von einem pflanzenhaften Dahinvegetieren vermittelt außerdem das Gefühl von Am-Boden-Sein (d.i. die passive Reaktion der Hamamelidae).

Wahnideen: Körper, Körperteile, ist in der Lage, aus dem Körper hinauszugehen und herumzuwandern und hinabzuschauen. (Complete)

Wahnideen: Seele, Körper sei zu klein für die Seele; oder der Körper sei getrennt von der Seele. (Complete)

Er fühlt sich eingeschlossen, zusammengedrückt, in seinem eigenen Körper eingesperrt; der Körper fühlt sich schwer an und wie etwas, das die Freiheit einschränkt. Deshalb entflieht die Seele dem Körper und kann somit frei sein.

Wahnideen: Existenz ohne Form, in weitem Raum, Illusion davon. (1) (Allen, Repertorium)

Form schließt ihn ein und Formlosigkeit befreit ihn.

> "Er konnte seine Gedanken nicht auf ein einziges Thema konzentrieren." (Hering)

Im Zusammenhang mit den vorgeschlagenen Empfindungen scheint es, dass er seine Gedanken nicht eingeschlossen halten kann und dass er sich deshalb nicht konzentrieren kann.

LEICHTIGKEIT

Auf der körperlichen Ebene scheint ein Empfinden von Schwere zu bestehen, von Zusammengedrücktsein, von Geschlossenheit und Enge. Das Schrifttum über die Hamamelidae liefert auch viele Symptome von *Leichtigkeit*, zum Beispiel des Kopfes. Bei Cannabis indica finden wir die folgende Rubrik:

> Springen: im Allgemeinen, springt in die Luft. (1) (Complete)

In die Luft zu hüpfen, gibt ein Gefühl von Leichtigkeit.

Und weitere Rubriken von Cannabis indica:

> Wahnideen: Licht, durchdringt den Körper. (1) (Complete)
>
> Wahnideen: Licht, unkörperlich, nicht materiell, er sei. (Complete)

Leichtigkeit und Licht, das Gegenteil von Schwere und Eingeschlossensein.

BEWEGEN

Das Gefühl von Zusammengedrücktwerden scheint für die folgende Rubrik von Cannabis indica verantwortlich sein:

> Manie, Wahn, Wahnsinn: bewegen, muss sich ständig. (1) (Complete)
>
> Wahnideen: Häuser, scheinen beweglich zu sein. (1) (Allen, Repertorium)

Wieder taucht das Stichwort Bewegung in einer Rubrik von Cannabis indica auf. Er möchte nicht an einen Ort gebunden sein. Das erinnert an Reisende, die im Land herumreisen – sie mögen in ihrem Wohnmobil eingeschlossen sein, aber sie können aus dem Fenster blickend eine Menge sehen. Die Thematik wird in diesem Kapitel weiter ausgearbeitet.

AN FRISCHER LUFT

Und wenn schließlich ein Gefühl von Zusammendrücken herrscht, dann sollte der Patient dadurch, dass er an die frische Luft geht, Besserung erfahren. Es finden sich zum Beispiel die folgenden Rubriken:

> Ängstliche Sorge: besser an der frischen Luft. (1) (Allen, Repertorium)
>
> Ängstliche Sorge: mit Bedrückung, besser an der frischen Luft. (1) (Knerr)

Dieses Bedrückungsgefühl ist dasselbe Gefühl wie das des Zusammendrückens, das woanders bei Cannabis indica auftaucht; als einzelnes Symptom weist es auf die Bedeutung der ängstlichen Sorge, als sei der Patient bedrückt oder bedrängt, und auf sein Bedürfnis, an die frische Luft zu kommen. Es muss charakteristisch für das Mittel sein. In der Tat findet sich Besserung an frischer Luft auch als charakteristisch für Myrica (Boger) und bei anderen Mitteln der Hamamelidae.

Weitere von Patienten geäußerte Begriffe, die sich auf die Empfindung eines Zusammendrückens beziehen, sind folgende:

> Last, Tunnel, Eisenmaske, Anker, kontrolliert, rigide, begrenzt in Zeit und Raum.

ZUSAMMENFASSUNG HAMAMELIDAE – EMPFINDUNGEN UND REAKTIONEN

Empfinden

Geschlossen, eingeschlossen, eingesperrt.

Gedrückt, zusammengedrückt.

Hinabgezogen, schwer.

Offen.

Sich ausdehnend, vergrößert.

Fliegen, Schweben.

Leicht, frei.

Passive Reaktion

Dumpfheit; Stumpfheit der Sinne.

(Dumpfheit bedeut Abwesenheit von Enthusiasmus, Antriebslosigkeit, Abwesenheit von Ehrgeiz und Motivation.)

Geerdet, am Boden; alle Bewegungen kommen zum Stillstand.

Neigung sich hinzulegen; Rast und Ausruhen bringen Besserung.

Bewegung, Abneigung gegen.

Gelähmt.

Deprimiert, Traurigkeit.

Aktive Reaktion

Wunsch sich zu bewegen; Bewegung bringt Besserung.

Wunsch, an der frischen Luft zu sein; frische Luft bringt Besserung.

(Dies zeigt den Wunsch an, sich lieber zu bewegen und an der frischen Luft zu sein als sich in eng begrenzten Räumen aufzuhalten.)

Fantasiert, hat Fantasievorstellungen.

Kompensierung

Passt sich daran an, auf eng begrenztem Raum zu leben.

Ausgeglichen (weder hoch noch tief).

FAGUS SYLVATICA

Hamamelidae + Ringwurm-Miasma

Fagus sylvatica wurde von Dr. Wichman geprüft. Beim Durchlesen der Prüfungsdokumentation erhält man den Eindruck, dass das Miasma Ringwurm ist. Wenn man das Empfinden der Hamamelidae mit dem Ringwurm-Miasma kombiniert, dann lässt sich das folgende Gefühl vorschlagen:

> *Versucht, aus der Begrenzung herauszukommen.*

Die folgenden Zitate stammen aus Wichmans Prüfung:

> "Geist und Gemüt: Wunsch, etwas zu tun; gegen meine Gewohnheit kein Wunsch zu lesen; höre mir Funk-Musik an."

Funk-Musik ist unkonventionelle Musik, nicht die alltäglich gewohnte. Das mag auf einen Streit hinweisen zwischen dem Bedürfnis, sich im Rahmen des Üblichen zu bewegen und dem Bedürfnis, auszubrechen und etwas Unkonventionelles zu tun. Im Inneren zu sein und von der Tradition eingegrenzt zu werden, könnte das Empfinden der Pflanzenfamilie sein; der Kampf – nämlich abwechselnd etwas zu versuchen und dann wieder aufzugeben – könnte das Ringwurm-Miasma signalisieren.

> "Offen, lustig, in guter Laune, arbeitet viel ohne Zeitdruck; emotional offen."

Der Begriff *offen* ist Teil des Empfindens der Familie; und wir finden auch seinen Gegensatz, d.i. Druck und Eingeengtsein.

> "Traum: sitze im Dorf meiner Eltern in einem Sommerhaus, das nur von Männern benutzt wird. Die Männer trinken Bier, ich dagegen trinke Wasser. Ich sage zu meinem Vater, dass wir losgehen sollten, denn Mutter möchte in die Stadt gehen. Er: Ich kann nicht immer sofort aufspringen, wenn sie ruft; es gibt eine Menge wichtigere Dinge, als in der Stadt herumzubummeln. – Ich habe Langeweile mit den fetten alten Männern und schlage vor, dass wir Karten spielen, und sie stimmen zu. Ich verliere jedes Spiel, aber es ist mir egal. Einer von ihnen wird zornig, weil ich nicht gescheit spielen kann. Ich erinnere meinen Vater wieder an den Wunsch meiner Mutter, aber alle Männer schreien mich an, dass ich immer die Seite der Frauen einnähme und dass ich solche Dinge nicht so wichtig nehmen sollte. Ich sage nichts dazu. Sehe, dass meine Mutter und Schwester näherkommen. Sie haben sich fein herausgeputzt und gehen alleine in die Stadt. Mein Vater wird darüber zornig. Dann verlasse ich den Ort und gehe schlafen. Vor dem Haus sehe ich einen Freund meines Vaters, der betrunken daliegt und sich heftig übergibt, rotes Zeug. Erbricht sich und besudelt seinen ganzen neuen, roten Mantel. Ich gehe heim."

Die Prüferin sitzt in einem Sommerhaus und hat Langeweile. Das gibt uns die Empfindung der Pflanzenfamilie, nämlich eingeschlossen zu sein, eingeengt, ohne neue Anreize. Von Zeit zu Zeit erinnert sie ihren Vater daran, dass die Mutter in die Stadt gehen wollte. Einmal spricht sie ihren Vater an (versucht) und ein andermal verstummt sie (gibt auf). Das weist auf das Ringwurm-Miasma hin.

CANNABIS SATIVA

Hamamelidae + Malaria-Miasma

Cannabis sativa wird als Mittel bei Malaria erwähnt. Im Complete Repertory werden auch folgende Rubriken geliefert:

> Träume: von Pech.
>
> Träume: von Unglück.
>
> Träume: vom Unglück anderer.

Träume von Pech und Unglück erinnern uns an das Unglücksgefühl von China, dem Malaria-Mittel. Das Gefühl von Cannabis sativa könnte entsprechend folgendermaßen heißen:

> *Ist nicht gestattet, sich zu bewegen, hat nur begrenzten Raum zur Bewegung, steht unter viel Druck und wird obendrein auch noch angegriffen.*

MYRICA CERIFERA

Hamamelidae + Malaria-Miasma

Hiermit folgen einige der Geistes- und Gemütssymptome von Myrica aus dem Complete Repertory:

> Träume: von Tieren, Käfern.
>
> Träume: von Tieren, Käfern, übergroßen, die seinen Kopf attackieren, die er einen nach dem andern tötet. (1)

Käfer sind Störenfriede, sie quälen einen immer wieder. *Angriff* signalisiert das Malaria-Miasma; *übergroß* entspricht dem Gefühl von Vergrößerung in der Pflanzenfamilie. Von übergroßen Käfern angegriffen zu werden, hat auch Qualitäten des akuten Miasmas, so wie auch die folgende Rubrik:

> Träume: mit Schrecken.

Wir haben also das Gefühl von Attackiertsein vor uns; entsprechend könnte es sich um das Malaria-Miasma handeln. Und das Gefühl könnte folgendermaßen sein:

> *Ist nicht gestattet, sich zu bewegen, hat nur begrenzten Raum zur Verfügung, steht unter viel Druck und wird obendrein auch noch angegriffen.*

CANNABIS INDICA

Hamamelidae + Sykose

Cannabis indica ist ein hervorragendes Mittel im ersten und zweiten Stadium der Gonorrhoe, was auf die Sykosis hinweist. Das zentrale Gefühl des Mittels könnte folgendermaßen sein:

> *Akzeptiert die Begrenzungen.*

CANNABIS-INDICA-FALL 1

Dies ist der Fall eines jungen Mannes, eines bekannten Interpreten klassischer indischer Musik. Der Fall wurde im August 1995 aufgenommen.

Er kam mit den folgenden Beschwerden zur Behandlung:

> Krabbelempfinden auf dem Kopf, Haarausfall, Gelenkschmerzen im Rücken und in den Schultern.

Beim ersten Anblick kommt man nicht auf den Gedanken, dass er ein Fall von Cannabis indica sein könnte. Er spricht sehr sanft und kontrolliert. Als Musiker spielt er auf eine sehr beherrschte Weise.

A: Was können Sie über sich und Ihr Wesen sagen?

P: “Ich denke, ich bin nett, zurückhaltend, im Grunde bescheiden. Hilfsbereit, manchmal zu hilfsbereit. Ich kann Ungerechtigkeit nicht ertragen, selbst wenn ich nichts dagegen unternehmen kann. Ich mag Gesellschaft, aber mit Menschen auf derselben Wellenlänge; nicht unbedingt aus dem gleichen Lebensbereich (Musik), lieber aus einem anderen. Meine erste Leidenschaft ist die Musik, deshalb trete ich mit Musik auf, aber ich mag auch andere Kunstformen. Ich lese gerne und eine Menge, Kulturelles, Geschichtliches.”

A: Zu hilfsbereit?

P: “Ich mache mir keine Gedanken darüber, ob es auch mir von Nutzen ist. Wenn ich jemand helfen kann, dann tue ich es. Wenn zum Beispiel für einen anderen Künstler die Chance eines Angebots besteht, dann verweise ich an ihn. Ich glaube nicht, dass die andere Person das auch für mich täte.”

Wohltätigkeit ist den Mitteln, die auf Rauschmitteln beruhen, gemein.

> “Ich kann mich nicht mit leichtfertigen Menschen abgeben. Ich rede lieber mit jemand, der etwas Sinnvolles zu sagen hat.”

A: Was wäre das zum Beispiel?

P: “Jemand, der weiterführende Interessen hat als die, den Zug zu erreichen, ins Amt zu gehen und abends wieder nachhause zu kommen. Ich respektiere das, aber ich finde, wir sollten etwas darüberhinaus haben. Wir sollten ganzheitlicher über das Leben nachdenken und nicht nur an uns und unsere Familie denken. Alles um uns herum sollte uns etwas angehen, gleich, ob es kulturell oder politisch oder sonst etwas ist. Unsere Sinne sollten allen diesen Faktoren gegenüber offen sein und wir sollten darauf reagieren.”

A: Was empfanden Sie bei den Aufständen, was für Emotionen kamen da in Ihnen hoch?

P: “Trauer und Zorn.”

Er sagt, seine Leidenschaft sei die Musik.

P: "Es ist eine Art Besessenheit, der Rhythmus und das Tablaspiel. Ohne das fehlt mir etwas, was mir ganz nahe ist. Ich fühle mich süchtig danach – besessen von der Arbeit. Ich bin sehr sensibel auf Musik. Es ist wie eine Beziehung, die Erfahrung (mit der Musik). Ich träume von Konzerten und Musikmustern und vom Musikhören. Das mit der Musik fing an, als ich fünf Jahre alt war. Wenn ich allein bin, dann singe ich und spiele dabei das Instrument. Ich kann nicht einfach nur dasitzen, ich muss etwas Konstruktives tun, zum Beispiel Musik hören.

Als ich an Hepatitis krank war, wollte ich nichts mehr hören, ich wollte nur noch Ruhe. Ich muss jeden Tag etwas Neues komponieren und Formen ausprobieren, die ich nicht erlernt habe. Ich muss damit experimentieren. Das muss ich jeden Tag tun. Ich sehe das Üben nicht als Pflicht an. Es ist einfach ein Teil meiner selbst, ohne den ich nicht existieren kann."

A: Was für Träume haben Sie?

P: "Ich höre das Spiel einer Tambura (ein indisches Saiteninstrument). Ich habe Träume, die visuell für mich faszinierend sind, vor allem was die Farben betrifft. Zum Beispiel von einer Frau, die ein blaues Kleid trägt und über den Rasen läuft, und ich schaue aus dem Fenster eines Hauses hinaus. Ich sehe die Frau, wie sie vorbeiläuft, aber das Faszinierende daran ist nicht die Frau, sondern die Farbe ihres Kleides."

Durch ein Fenster hinauszuschauen, ist ein wichtiges Detail, und wir werden später darauf zurückkommen.

"Ich werde nicht leicht zornig, und ich bin gegenüber Schönheit und gegenüber Gewalt sehr sensibel, auch gegenüber lebendigen Farben und schönen Dingen. Ich möchte immer ganz viel Stimulation, immer mehr Stimulation, und ich bin für Töne äußerst sensibel. Ich kann Töne wahrnehmen, die Sie gar nicht hören können. Ich bin gegenüber Tönen völlig offen."

Verabreichtes Mittel: *Cannabis indica C200.*

Es ging ihm mit dem Mittel sehr gut und gegelentlich braucht er eine Wiederholungsgabe. Er bereiste die ganze Welt, und als es ihm besser ging, hörte er beinahe mit der homöopathischen Medikation auf. Obwohl ich ihn gelegentlich wiedersah, rief ich ihn im August 1999 an und bat ihn zu einem Folgegespräch. Was er dann berichtete, war etwas Unerwartetes.

Wiedervorstellung am 31. August 1999

P: "Früher wollte ich immer alles innerhalb einer Minute erledigen, und jetzt scheint alles auf normalere Weise zu fließen. Als ich zum ersten Mal zu Ihnen kam, war ich in der Lage, eine x-beliebige Anzahl von Tönen im selben Augenblick zu hören. Ich kann das noch immer, aber ich hatte diese verrückte Idee, dass die Zeit sehr begrenzt sei und dass ich sie nutzen müsse, denn jedem steht nur ein gewisses Maß zur Verfügung, und es ist wichtig, dass man sie (die Zeit) nicht vergeudet.

Die Probleme von vorher, die Nacken- und Rückenschmerzen und der Haarausfall, die habe ich nicht mehr.

Kürzlich hatte ich einen schönen Traum von meinem Guruji (geliebter Lehrer oder Meister), der mit mir telefonierte: Er sagte zu mir, ich sollte zu ihm kommen und ihn besuchen. Unsere Gespräche waren immer solcherart gewesen."

A: Was meinen Sie damit, wenn Sie sagen, dass Sie jetzt in einem gemächlicheren Tempo leben?

P: "Ich lief immer sehr schnell, und alle dachten, ich sei in Eile, irgendwohin zu kommen. Jetzt mache ich morgens einen flotten Marsch."

A: Was für einen Unterschied macht es für Ihre Auftritte?

P: "Keine. Mein Guru sagte immer, dass ich sehr früh gereift sei und dass das nicht gut sei. Ich verstand nie, was er damit meinte. Ich hatte das Gefühl, dass ich einfach auf die Art, wie er es mir beigebracht hatte, spielte, also warum sagte er sowas? Manchmal war er noch direkter und sagte: Du spielst wie ein Alter. Er gebrauchte Bilder wie zum Beispiel das vom Rahm auf der Milch, der erst nach langem Kochen kommt; der Rahm sollte nicht einfach auf der Milch erscheinen. Aber ich war schon immer ein ernsthafter Musikschüler gewesen. Ich konnte mich nur entspannen, wenn ich auftrat oder wenn ich übte. Jetzt kann ich in meinem Leben auch Entspannung finden, wenn ich nicht musiziere; ich habe das Gefühl, dass ich jetzt dieses Gleichgewicht gefunden habe."

A: Verstehen Sie denn, was Ihr Guru damit gemeint hatte?

P: "Ich spielte immer sehr gewichtiges Zeug, das normalerweise nur ältere Musiker spielten. Ich begann, so wie er zu denken, und ich imitierte ihn einfach. Wenn man in der Nähe eines Menschen ist, dann neigt man dazu, alles, was der andere sagt, in sich aufzusaugen. Ich musste meinen eigenen Weg finden. Als ich meinen Zugang änderte, sagte er, dass ich jetzt auf dem richten Weg sei."

Der Patient hatte noch nicht geheiratet, obwohl er bereits in seinen späten Dreißigern war. Jetzt hatte er sich zur Heirat mit einer Frau aus einer prominenten Familie entschlossen.

Er bat mich, ihm zu erklären, was mit ihm geschehen und was mit ihm nicht in Ordnung gewesen war. Er verstand die Idee, dass Körper und Geist zusammenarbeiten, aber er wollte eine Diagnose haben.

P: "Sagen Sie mir bitte, was denn im Wesentlichen nicht mit mir in Ordnung gewesen war. Ärzte sind wie Zauberer. Ich weiß nicht, wie Sie meinen Fall diagnostiziert hatten. Ich weiß, dass Sie mich zu Gefühlen und Gedanken und Träumen befragt hatten."

A: (Ich hatte mir angesehen) Wie Sie Ihr eigenes Leben und Ihre Person ansehen. Sie möchten dauernde Stimulation, Sie möchten, dass Ihr Leben mit vielen Reizen vollgeladen ist. Deshalb bekommen Sie beim Spielen ein...

P: "– ein Hoch."

A: Ja, einen Trancezustand.

Wir antworten, indem wir das sagen, was der Patient uns gerade mitgeteilt hat. Heutzutage neige ich dazu, genau die Worte zu benuzten, die der Patient benutzt hat.

Achten Sie darauf, was er jetzt sagt. Wie ein Patient sein eigenes Leben betrachtet, das liefert uns die ganze Geschichte.

P: "Es gibt da einen Bereich, von dem ich Ihnen erzählen möchte. Ich möchte es Ihnen ganz offen mitteilen. Als ich zum ersten Mal zu Ihnen kam, konnte ich es nicht sagen. Und jetzt ist mein Guru auch gestorben. Der Guru ist ein sehr strenger Schulmeister; er ist Teil einer älteren Tradition und steht deshalb auf einem Sockel. Der Guru kann alles diktieren. Er gibt uns den Schlüssel zur Musik. In der Welt von heute kann der Guru nicht die Kontrolle über unser Leben haben."

Das bedeutet, dass der Patient das Gefühl gehabt hatte, dass sein Guru Kontrolle über sein Leben ausgeübt hatte. Der Patient möchte frei darüber reden.

"Gurus neigen im Allgemeinen dazu, dies zu tun. Wir müssen ständig bei unserem Guru sein, und auf diese Weise verbringt man viel Zeit. Im Rückblick sehe ich, dass ich einfach nur durch Beobachtung von ihm eine Menge gelernt habe. Aber es gibt da einen störenden Aspekt, nämlich dass wir auf diese Weise erst später aufblühen können. Man ist dauernd im Schatten des Gurus. Man muss alles tun, was er befiehlt, so beten, wie er es will. Mein gesamter Zugang zur Musik darf nur so sein, wie er es möchte. Ich darf nichts anderes zulassen, die ganze Art des Lebens richtet sich danach.

Ich hatte sehr liberale Eltern, ich war ein freier Mensch. Und dann kam ich zu meinem Guru, und der war sehr konservativ. In der Musik war er ein freier Mensch, aber im Leben konservativ. Ich musste also mit beiden Polen klarkommen. Wenn ich bei ihm war, musste ich so sein, und wenn ich von ihm weg war, musste ich so sein. Ich lebte in einer konstanten Anspannung wegen dieser Polarität. Abends ging ich zu ihm rüber und war ein völlig anderer Mensch, und im College war ich politisch aktiv und tat alles

> Mögliche. Ich hatte das Gefühl, dass ich diese Dinge nicht offen mit ihm diskutieren konnte."

Es war für ihn also etwas Eingeschlossenes. Er lebte zwei verschiedene Leben.

> "Ich war passiver Empfänger. Ich hatte keine Stimme; der Guru sprach, ich hörte zu. Ich musste einfach nur annehmen, was er entschied, dass er es mir gäbe. Ich hatte wenig Zeit und ging nicht mehr täglich zu ihm. Dann gab es immer mehr Gespräche von Mann zu Mann, nicht mehr vom Sockel herunter. Wenn ich in einem Konzert gewesen war, sprach ich mit ihm darüber. Normalerweise mag der Guru so etwas nicht, aber in den letzten beiden Jahren seines Lebens war er nicht bei guter Gesundheit und er mochte es, wenn ich redete. Das war ein schöner Wechsel. Früher war Spannung in mir gewesen. Ich hatte jemand anderes sein müssen. Ich hatte große Scheu vor ihm."

Er sagt, dass er keine Stimme hatte, und dies bringt die Verbindung zu seinem Traum, in dem der Guru zu ihm am Telefon spricht.

A: Haben Sie irgendwelche Ängste?

P: "Nein, ich hatte nie vor ihm oder sonstjemand Angst. Ich war in die Sache (die Musik) zu verliebt und hätte alles dafür getan. Und wenn ich mir die Sache aneignen wollte, dann musste ich alles tun, was der Guru von mir verlangte. Das war ein ungeschriebenes Gesetz."

A: Fühlen Sie sich darüber zornig oder traurig?

P: "Beides."

A: Worüber waren Sie zornig?

P: "Darüber, dass ich keine Kontrolle über die Situation hatte. Der Zorn war immer in mir gewesen, aber ich hatte ihn nie zum Ausdruck gebracht. Ich konnte mit ihm (dem Lehrer) nichts diskutieren, ich musste nur einfach dasein. Ich konnte nichts zu ihm sagen. Wenn ich etwas geheißen wurde, dann musste ich es tun."

Angst davor, die Kontrolle zu verlieren, ist ein wichtiger Zug von Cannabis indica.

Falldiskussion

Der Patient möchte mir offen etwas von sich mitteilen.

In meinem Verständnis lebt er zwei Leben, wovon das eine eingeschlossen und kontrolliert ist. Man kann sich davon sehr abhängig machen, zum Beispiel gehen viele Leute täglich in ihr Büro und abends wieder heim. Das System von Guru und Schüler ist völlig geschlossen oder verschlossen, und die Beteiligten begeben sich in die Abhängigkeit von der Tradition. Wenn man nur dieses eine Leben hätte, wenn man nur den Guru nachahmen könnte, dann wäre das monoton und langweilig. Die Tradition verschließt (gegen die Außenwelt) und schränkt ein – das ist das Empfinden. Man ist darin nicht frei.

Der Guru vermittelt den Schlüssel zur Musik, also ist der Schüler von ihm abhängig (Sykosis). Es gibt etwas, was der Guru besitzt und der Schüler gerne hätte, also hat der Guru Kontrolle über das Leben des Schülers. Es ist ein festes System und man kann es nicht ändern (Sykosis).

Was tut der Patient also? Er findet eine Öffnung. Er kann das System nicht loswerden, also lebt er ein zweites Leben, eines, in dem alles so offen wie möglich ist, das alles hat, was es innerhalb des Systems nicht gibt. Er führt eine Doppelexistenz, bei der die eine Hälfte von Einschränkung gekennzeichnet ist und die andere von Freiheit.

> Verwirrung von Geist und Gemüt: was seine Identität betrifft; Empfinden von Dualität. (Boenninghausen)

Aber dann taucht die Frage auf, was denn das wahre Ich sei. Gibt es mich überhaupt? Das drückt sich in der folgenden Rubrik von Cannabis indica aus:

> Wahnideen: Kopf gehöre zu einer anderen Person. (Schmidt)

Der Patient entflieht in ein schönes Land aus Farben und Tönen; dort ist er frei. Im ersten Traum befindet er sich innen, ist geerdet, schaut aus dem Fenster. Draußen gibt es wunderschöne Farben. Er träumt von Musik und von Mustern der Musik. Er ist allen Tönen gegenüber offen. Musik trägt ihn in eine abstrakte Welt, in der er sich "high" fühlt. Der Hunger nach Anreizen bekämpft die monotone, langweilige Situation mit dem Guru, in der nichts offen diskutiert werden darf und in der der Patient keine Stimme hat.

Das System verleiht Sicherheit und Tragfähigkeit, aber es beraubt der Freiheit. Ein Leben, das eingeschlossen ist, wird langweilig und monoton. Das System hat keine Farben und keine Schönheit. Also lebt man im System, aber entflieht in die Fantasie, in der Freiheit herrscht. Eine Analogie dazu wäre das Leben in einer Kiste (siehe unten).

Das ist das Thema von offen und geschlossen im Empfinden der Hamamelidae. Man ist entweder im Offenen, frei und leicht, oder man ist in der Welt der Verschlossenheit, beschränkt und hinabgezogen.

Wie weiter unten ausgeführt wird, hat Cannabis mit dem Bruch einer Tradition zu tun.

Ausgewählte Rubriken (Complete)

Wahnideen: hat Visionen, wunderschöne.

Träume: angenehme.

Träume: lebhafte.

Erheiterung.

Musik: ist ihm angenehm.

Empfindlich: überempfindlich, im Allgemeinen auf Geräusche.

Ende des Falls

LEBEN IN EINER KISTE

Der Cannabis-Patient sagt, *wir brauchen eine Kiste*. Eine Kiste oder eine Schublade vermittelt Sicherheit und ein Gefühl der Identität, das mit Nationalität, Tradition, Beruf, Kultur usw. einhergeht. Die Kiste schränkt allerdings auch die Freiheit ein, und der Patient wünscht sich, frei und offen zu werden, aber das bedeutete auch Verlust der eigenen Identität und daher auch der Sicherheit. Die Hippie-Bewegung, in der viel Haschisch geraucht wurde, erlaubte es den Menschen, aus der Kiste des konventionellen Lebensstils auszubrechen, offen zu sein, Freiheit zu erleben, neue Lebensformen auszuprobieren, aber gleichzeitig bedeutete sie Verlust einer Identität und eines Sicherheitsgefühls.

Die Kiste ist eine geschlossener, ein zugeschlossener Raum. Cannabis ist das Fenster in der Kiste, aus dem heraus der Patient in die Weite des Raums schaut und von dort die Farben und Töne absorbiert. Ein Mensch, der in der Kiste lebt, empfindet Hunger nach sinnenhaften Reizen. Wenn Zeit und Raum besonders begrenzt sind, dann wird das Bedürfnis danach umso stärker und übersteigerter. Er stellt sich vor, dass kurze Entfernungen bereits lange seien, damit er Freiheit empfinden kann. In gleicher Weise werden alle Sinneseindrücke gesteigert wahrgenommen, Farben, Töne, Gerüche. Die Polarität kommt in den Rubriken von Cannabis indica zum Ausdruck, in Symptomen von Deprivierung an Sinneseindrücken (Wahnidee, ein vegetabiles Dasein zu fristen) einerseits und andererseits in den gegenteiligen Symptomen von exzessiver Überflutung an Sinnesreizen (Wahnidee, dass Entfernungen und Objekte vergrößert seien; Wahnidee, Musik zu hören, Wahnidee von Farben und Geräuschen); dann scheint alles größer und schöner zu sein.

Im heutigen Leben ist das Fenster in unserem Heim das Fernsehen. Der moderne Stadtmensch lebt – einem Kartoffelsack vergleichbar (Wahnidee, er habe eine vegetabile Existenz) – in einer Welt aus begrenztem Raum und Zeit und benutzt das Fernsehen als Fenster in die weite Welt. Mit Filmen wie E.T. erfüllt Hollywood das Bedürfnis nach Erfahrungen und Stimulationen der Sinne, die über die Begrenzungen unseres bewohnten Raumes hinausgehen.

CANNABIS-INDICA-FALL 2

Im Oktober 1998 stellte sich ein junger Mann mit chronischer Hepatitis vor. Er litt an akuten intermittierenden Schmerzen in der Leberregion. Die Leberfunktionstests waren normal, und er hatte Ikterus.

Als er das Zimmer betrat, fiel ihm das Gemälde auf, eine Darstellung von Hahnemann von seiner Frau Melanie, und er sagte: "Wow! Was für ein schönes Bild!" Er war in zwanzig Jahren der erste gewesen, der dazu einen Kommentar gemacht hatte. Ich sagte ihm, dass es Hahnemann darstelle und dass es von seiner Frau Melanie gemalt worden war. Er teilte mir mit, dass er selbst auch ein Maler sei; wir redeten vom Malen, was, wie sich herausstellte, die Fallgeschichte war.

A: Erzählen Sie mir von Ihrer Malerei. Was malen Sie denn?

P: "Alles. Realistisch und semirealistisch. Es ist mein Beruf. Ich arbeite meist in Nachtclubs und Diskotheken und auch eine Menge für Kunstsammler."

A: Wie kam es, dass Sie sich dafür interessierten?

P: "Eigentlich habe ich gemalt, seitdem ich mich erinnern kann. Mein Vater war ein Künstler gewesen, aber er hatte sein Talent nicht weiter verfolgt. Mein Großvater hatte in meinem Heimatort eine Schule, und mein Vater kümmerte sich um sie. Aber ich habe damit meine Karriere gemacht. Ich male gerne wilde Natur."

Er ist einer von wenigen Patienten, die einen Pferdeschwanz tragen. Er malt gerne Pferde.

P: "Ich habe eine Neigung zu den schönen Künsten. Ich malte einen Nachtclub aus und das Ergebnis war gut. Ich tue das immer noch, auch Sportlerbars. Ich male sehr gerne Pferde, sie sind mein Lieblingsobjekt. Sie sind schön und haben viel Kraft. Auch menschliche Körper. Wilde Naturgeschöpfe kommen danach, vor allem Tiger und Geparden."

A: Sie mögen Tiere?

P: "Ich liebe Tiere."

A: Erzählen Sie mir mehr dazu.

P: "Sie machen die Welt schön. Ich mag sie wirklich. Ich habe eine große Liebe zu Tieren, auch und vor allem für Bäume. Mein Bruder wollte einen Baum umhauen, und das versetzte mir einen schlimmen Schock."

Plötzlich wechselt er im Gespräch von Tieren zu Bäumen. Achten Sie auf die Empfindlichkeit und den Schock. Wir haben wahrscheinlich ein Heilmittel aus dem Pflanzenreich vor uns.

P: "Alles, was in meinen Bildern mit Kraft und Vitalität und Unschuld zu tun hat, das regt mich an."

Obwohl er eine starke Liebe zu Tieren ausgedrückt hat, scheint diese von Kraft und Vitalität (der Tiere) abhängig zu sein. Es handelt sich also nicht um ein Mittel des Tierreichs.

P: "Ich mag auch Kinder. Ich mag hochdramatische Themen. Ich bin kein Landschaftsmaler, Landschaften inspirieren mich nicht. Wenn es vibriert, wie zum die Rinde eines Baumstammes oder dramatisches blaues Wasser, dann inspiriert mich das."

A: Was für Träume träumen Sie?

P: "Zuviele Träume, hunderte jede Nacht. Habe sehr unruhige Nächte, mein Denken arbeitet weiter. Ich bin ruhelos im Schlaf und beim Aufwachen immer noch müde, nicht frisch. Als ob ich die ganze Nacht arbeitete."

A: Erinnern Sie sich an irgendwelche Träume?

P: "Nein. Ich habe Träume von meinen Freunden, von meiner Verlobten, von Tieren, von Einbrechern und vom Versuch zu entkommen, von Bildern; Gewitter regen mich an. Ich habe nur ganz selten romantische Träume. Träume, dass meine Familie krank ist oder jemand im Sterben liegt. Das war ein Schock für mich, deshalb erinnere ich mich daran."

A: Und was ist mit Träumen aus der Kindheit?

P: "Ich kann mich an keine erinnern. Ich habe ein sehr schlechtes Gedächtnis. Ich erinnere mich an keine Namen oder Telefonnummern. Wenn ich etwas lese, dann versuche ich gleichzeitig, schon das nächste Wort zu lesen, und dabei übergehe ich dann das erstere. Eine Art von Ungeduld. Die zweite Frage kommt schon, bevor die Antwort zur ersten da ist.

Ich male immer nur eine Stunde am Stück, dann werde ich unruhig und ungeduldig und muss aufhören. Dann verliere ich die Konzentration. Es tut mir leid, ich habe die Frage vergessen."

Ich stellte fest, dass sein Reden von einem Thema zum anderen wanderte, überall herum. Auch diese bestätigte ein Heilmittel aus dem Pflanzenreich. Es war eine seiner charaktistischen Eigenschaften. Ich hatte dann noch eine Frage, um eine Bestätigung für ein Heilmittel zu bekommen.

A: Haben Sie Träume von Angst oder Schrecken?

P: "Nein."

A: Wie war das mit einem Traum von Einbrechern?

P: "Das ist wie im Film."

A: Was für ein Gefühl hatten Sie in dem Traum?

P: "Ein festliches. Es ist wie in Afghanistan, trocken und braun. Uns folgen Leute, und wir versuchen zu entkommen."

Schauen Sie sich an, wie sein Denken von einem Thema zum andern hüpft.

A: Was für ein Gefühl herrschte in diesem Traum?

P: "Meine Angst und meine Erregung sind ein und dasselbe. Ich bin sehr rastlos. Die Träume erschöpfen mich. Wenn ich körperlich auch hier bin, bin ich mit meinen Gedanken anderswo, und das erschöpft mich. Im Grunde bin ich ein sehr ruheloser Mensch."

Seine Hände sind sehr ruhelos.

P: "Ich fühle mich immer unsicher und zweifele alles, was ich tue, an. Leute könnten mit meinem Tun vielleicht nicht einverstanden sein. Vielleicht komme ich damit nicht durch. Ich habe Angst vor der Zukunft, Angst um die Stabilität im Geschäft, (weiß nicht) ob ich in Bombay bleiben oder nach Übersee gehen soll. Für mich gibt es nur Fragen. Ich möchte nicht von meiner Familie weg, aber ich bin in Bombay nicht sehr glücklich. Ich mag nicht, wenn es friedlich und ruhig ist. Ich mag nicht das Schweigen einer ruhigen Gegend, es macht mich unangenehm fühlen. Ich hasse es, allein zu sein, es macht mir Angst, ich mag Leute um mich. Mich friert es immer. Ich kann nicht für lange Zeit bei einer Sache bleiben, ich muss umschalten. Ich kann nicht allein in einem Apartment schlafen. Ich habe dann das Gefühl, dass die Leere, die Einsamkeit zu mir kommen und mich auffressen werden. Ich fühle mich seltsam, ich möchte von diesem Platz wegrennen.

Warum sollte ich mich von etwas inspirieren lassen, das gar nicht existiert. Warum sollte ich so verhaftet sein? Dieser Planet existiert in Wirklichkeit gar nicht. Ich muss einen so schönen Platz wieder verlassen. Warum sollte ich glücklich sein, wenn ich einen blauen Himmel sehe? Der Himmel ist nur eine chemische Reaktion, er existiert gar nicht. Warum habe ich das Gefühl, die Kunst sei so schön? Alles bedeutet nichts. Der Tod bedeutet nichts, ich höre zu existieren auf. Alles ist nichts.

Mein Vater war mit meiner Arbeit immer glücklich. Aber ich hatte trotzdem diese Gedanken. Es macht keinen Unterschied, wozu soll das alles gut sein? Wenn ich alleine bin, dann kommen mir solche Gedanken. Wozu verliebt sein? Wir sollten niemals an etwas verhaftet sein. Wenn man losgelöst bleibt, dann muss man sich nie gut oder schlecht fühlen.

Ich habe Angst vor Geistern. Es klingt vielleicht komisch, aber ich habe Angst vor Gespenstern, vor seltsamen Gesichtern.

Ich schlafe in meinem Studio allein, und wenn ich seltsame Geräusche höre, ist mein Schlaf kaputt und ich muss alle Lichter anmachen. Ich denke seltsame Gedanken und kann Geister kommen sehen. Ich kann nicht im Dunkeln oder allein sein. Wenn ich nachts irgendwo alleine laufe, dann habe ich das Gefühl, dass mir ein Geist folgt. Leere macht mir Angst, Dunkelheit macht mir Angst."

A: Was sind Ihre Lieblingsfarben?

P: "Viele. Ich mag kein Grau oder Braun oder dunkle Farben. Ich mag Blautöne und Violett und Gelbtöne."

Er hatte von seiner Liebe zur Musik geredet, Folk-Music, Musik mit schnellem Rhythmus, manchmal auch friedliche Musik. Er mag klassiche Musik, Tamboura (indisches Saiteninstrument). Er sagte, er liebe auch die Töne der Muschelschale. (Einer Muschelschale Töne zu entlocken, ist Teil der indischen, hinduistischen Tradition – Anm. des Übersetzers.) Und Musik, die von rasender Geschwindigkeit geprägt ist. Das widerspiegelte die Kraft und Vitalität, von der er vorher gesprochen hatte. Er beschrieb die Hare-Krishna-Musik als eine Musik, die einen in Trance versetzt. Er mochte keine traurige Musik oder traurige Filme, er zog lustige Filme vor, zum Beispiel As Good As It Gets, The Gods Must Be Crazy, Beautiful People, Babe. Er mag auch Filme mit Sylvester Stallone.

A: Sagen Sie etwas zum Thema Tod.

P: "Der Tod ist eine deprimierende Angelegenheit. Nichts exisitert; es ist alles eine chemische Reaktion. Alles wird verschwinden. Ich mag das Sterben im Grunde nicht. Dieser ganze Planet wird in ein paar Millionen oder Billionen Jahren nicht mehr existieren. Alles, was wir hier sehen, wird eines Tages verschwunden sein. Für mich bleibt nichts. Ich sehe den Himmel, die Planeten, schöne Dinge, ich fühle mich inspiriert und werde verhaftet, und nichts existiert."

A: Das alles existiert nicht. Und Sie?

P: "In sechzig Jahren wird es mich nicht mehr geben. Ja, es ist da, es passieren chemische Reaktionen. Für eine Weile gibt es all diese Dinge, dann werden sie verschwunden sein. Nichts mehr, Null. Hier ist ein Stein und dort ist der Bus; alles kommt und geht, alles wird ausgelöscht werden. All diese Vorlieben und die Kunst und das alles, Verhaftetsein an die Natur, all das zählt nicht wirklich."

A: Was meinen Sie, wenn Sie sagen, Sie existierten nicht?

P: "Wie kann ich beweisen, dass ich hier bin? Alles kommt und geht."

Das ist sehr interessant. Und später werden die Verbindungen sichtbar.

P: "Ich hänge an allem zu sehr. Ich bin traurig, wenn ich meine Schuhe, mit denen ich zwei Jahre gelaufen bin, abgetragen habe; sie waren so lange mit mir gewesen."

Er hatte gesagt, dass alles kommt und geht. Es geht um Dualität. Er ist verhaftet und gleichzeitig möchte er unverhaftet sein. Er möchte in Bombay sein und auch in Übersee. Er ist hier und gleichzeitig woanders.

P: "Ich hänge an meiner Familie und meiner Verlobten und ihrer Familie und meinen Freunden, am Geruch meines Hauses, an den Bäumen um das Haus herum, an der Atmosphäre um mich herum. Dieses Verhaftetsein macht, dass ich traurig werde, wenn ich den Planeten verlassen muss. Selbst dann, wenn die Existenz der Seele nicht bewiesen ist. Andererseits habe ich meine Zweifel (und glaube), dass ich vielleicht doch nicht abgeschrieben werde, dass ich vielleicht doch eine Seele habe.

Was ich wirklich nicht möchte, ist, im Bett zu liegen und zu sterben. Lieber existierte ich überhaupt nicht; eher brächte ich mich selbst um.

Meine Bauchschmerzen sind ziehend und schleppend. Im rechten Oberbauch. Als hätte mich jemand gepackt und quetschte mich zusammen. Als würde etwas zusammengedrückt und mit Eis behandelt. Ein ziehender Schmerz, als sei ein Stein festgemacht, der es schwer macht, dass ich stehen kann. Nicht eigentlich Kälte, aber die Art Schmerz, die man hat, wenn man für längere Zeit Eis halten muss. Als drückte jemand ganz hart. Der Schmerz kommt jeden Tag und hält immer mehrere Stunden an."

A: Was bedeutet der Schmerz für Sie und Ihr Leben?

P: "Ich werde total geschwächt und muss mich hinlegen. Nach ein paar Stunden kommt meine Kraft langsam wieder zurück. Das geht jetzt schon sechs Wochen und ich kann nicht arbeiten, kann nicht stehen. Ich muss schlafen. Seit meiner Kindheit kann ich nicht stehen, weil ich dann ein Gewicht im Bauchraum fühle, ein Gefühl von Schwere und Hinabziehen."

Er fliegt gerne: Paragliding, Parajumping, Wind-Surfen, alles mit Flügeln.

"Beim Fliegen sieht man die Dinge von oben. Es fühlt sich so leicht an. Das Fliegen macht das Leben so schön. Ich wollte immer Flügel haben, damit ich fliegen könnte. Man kann einen Blick aus der Luft haben und kann sich die Dinge wie ein Zuschauer angucken. Das ist eine bessere Perspektive. In tiefem Wasser bekomme ich Angst."

In den letzten beiden Monaten hatte er 9 kg Körpergewicht verloren.

Zusammenfassung des Falls

Die folgenden vom Patienten angegebenen Symptome sind wichtig. Von Kindheit an hatte er nicht stehen können, denn er hatte ein Schweregefühl in seinem Bauch, er hatte ein schweres schleppendes Empfinden im ganzen Bauchraum. Er beschrieb es, indem er sagte, es fühle sich an, als habe ihn jemand geschnappt oder wolle ihn zusammendrücken oder ausquetschen. Es vermittelte auch das Gefühl eines Eisstücks, das man ihm auf den schmerzenden Körperteil gelegt hätte. Er klagte von einem ziehenden Schmerz, so als habe man einen Stein an ihm festgemacht, was es ihm schwer machte zu stehen.

Er beschreibt seine Lust am Fliegen, an Paragliding und Parajumping. Er mochte das Gefühl von Leichtigkeit, das das Fliegen vermittelte. Er sagte: "Fliegen macht das Leben so schön; ich wollte immer Flügel haben, um einmal zu fliegen. Ich liebe hochdramatische Themen. Ich bin kein Landschaftsmaler, Landschaften inspirieren mich nicht. Falls es voller Leben vibriert, wie die riesige Rinde eines Baumstamms und wie dramatisch blaues Wasser, dann inspiriert es mich."

Zum Verständnis des Falls

Das Empfinden des Patienten, das mit seiner Hauptbeschwerde einhergeht, ist ein Gefühl von Schwere, Hinabgezogenwerden, Unter-Druck-Sein.

Auf der psychologischen Ebene gibt es für diesen jungen Mann den Druck der Tradition und der Gesellschaft; er macht, dass er sich mit dem Boden verbunden und eine gewisse Sicherheit fühlt. Trotzdem fühlt er auch den Druck.

Er möchte aber genau die gegenteilige Erfahrung und träumt deshalb vom Fliegen, vom Schweben, von Farben. Seine Angst vor dem Alleinsein schafft in ihm eine Schwere, die ihn davon abhält, den bekannten Boden zu verlassen, obwohl er gerade das am liebsten täte.

In meinem Verständnis handelt es sich in diesem Fall um das Gefühl, dass man die Verbindung zur Erde und seine Identität verlieren könnte, bis zu dem Punkt, an dem man nicht mehr existierte. Der Körper zieht ihn nach unten. Die Gesellschaft bzw. die gesellschaftliche Gruppe, in der er daheim ist, und die Tradition bewirken, dass er mit dem Boden in Verbindung bleibt. Sein Wunsch, daraus zu entfliehen, zu fliegen oder zu schweben, löst in ihm die Angst aus, sich selbst zu verlieren.

Die wichtigste Rubrik, die der Patient zum Ausdruck brachte, war die "Wahnidee: Existenz, bezweifelt seine eigene." Er war voller Angst, und sobald er sich in die Welt seiner Fantasie begab, packte ihn die Angst.

Wir erkennen den sykotischen Aspekt in dem Gefühl des Patienten, in einer Situation festzustecken, was er akzeptiert.

Ausgewählte Rubriken

Wahnideen: Existenz, zweifelt an seiner eigenen. (1) (Allen, Repertorium)

Wahnideen: Existenz ohne Form, im weiten Raum, Illusion davon. (1) (Allen, Repertorium)

Wahnideen: Doppelexistenz, dachte, dass er eine führe. (2) (Allen, Repertorium)

Wahnideen: unwirklich, alles scheint. (2) (Allen, Repertorium)

Angst: im Allgemeinen vor dem Dunkeln. (Complete)

Angst: im Allgemeinen vor Gespenstern. (Complete)

Eile, Hast: im Allgemeinen. (Complete)

Geschwätzigkeit. (Complete)

Erinnerung: Schwäche, Verlust; an das Gesagte. (Complete)

Erinnerung: Schwäche, Verlust; an das, was er sagen wollte. (Cann-s.) (Complete)

Die folgenden Rubriken führen Cannabis sativa auf, aber nicht Cannabis indica:

Magen: Schmerzen, drückend, in der Magengrube. (Complete)

Bauch: Schmerzen, drückend, im Hypogastrium. (Complete)

Verabreichtes Mittel: *Cannabis indica M1, eine Dosis.*

Nachsorge im November 1998

Innerhalb von zwei Wochen hatte der Schmerz deutlich nachgelassen. Unter dem linken Arm entwickelte sich ein Abszess. Der Patient hatte eine Anamnese vorausgegangener Abszesse. Ich wartete deshalb ab, und der Schmerz ließ langsam nach.

Dann geschah etwas Interessantes: Ein Monat später wurde er sehr zornig. In einem Anfall aggressiver Wut zerbrach er Dinge und schlug sich selbst. Wegen dieses plötzlichen Ausbruchs hatte er Schuldgefühle. Wenn man ihn störte, wurde er gewalttätig. Die Träume waren deutlich geringer geworden.

Wiedervorstellung im April 1999

P: "Mir geht es großartig, ich habe keine Probleme. Einmal im Monat kriege ich leichte Magenschmerzen, aber keine Leberschmerzen. Die Träume sind weniger geworden, und der Zorn und die Ungeduld haben nachgelassen, die depressiven Gedanken sind besser geworden.

Ich mag es immer noch nicht, wenn ich alleine in einem leeren Haus bin, aber ich kann es jetzt ertragen. Früher brachte mich die Leere um, und ich konnte nicht allein sein. Ich bekam diese traurigen Gedanken darüber, dass nichts eine Existenz habe, aber jetzt kommen sie nicht mehr.

Mein Jähzorn ist fast verschwunden. Ich hatte Probleme mit meiner Großmutter; sie versuchte immer, darauf zu bestehen, dass sie recht hatte, auch wenn sie im Unrecht war; ich kann das jetzt leichter hinnehmen."

Wiedervorstellung im August 1999

P: "Jetzt fühle ich mich wohl, auch wenn ich alleine bin; meine Ängste und meine Stimmungswechsel sind geringer geworden. Die Schmerzen sind vollständig verschwunden. Gedanken betreffs der Existenz(losigkeit) kommen mir überhaupt nicht mehr. Manchmal werde ich niedergeschlagen, wenn ich daran denke, dass der Mensch, den ich liebe, nicht für immer bei mir sein kann; aber diese Gefühle halten nicht lange an oder sind nicht intensiv. Auch wenn andere schlechte Laune haben, kann ich jetzt damit umgehen. Ich bin fröhlicher und kann mit Gesellschaft besser umgehen. Meine Freundin sagt, ich sei praktischer geworden als ich es früher war."

Wiedervorstellung im September 1999

P: "Ich fühle mich sehr gut. Ich habe immer öfter meine Selbstbeherrschung verloren; in gewisser Weise merke ich gar nicht, wenn ich zornig werde, zum Beispiel im Verkehr. Ich kann wirklich wild werden und gewalttätig und ich fange dann an zu beben, aber ich komme innerhalb einer Minute wieder runter. Schlaf – ich schlafe normal, von drei Uhr nachts bis morgens um zehn.

Ansonsten geht es mir gut damit, allein zu sein, und das war früher nicht möglich."

Keine Träume.

A: Früher sprachen Sie viel von Ihren Gedanken, darüber, ob Sie existierten oder nicht. Wie ist es nun damit?

P: "Das kommt mir nicht mehr in den Sinn. Früher konnte ich diese Gedanken nicht loswerden, aber jetzt gehen sie ganz leicht vorbei. Wenn ich zusammen bin mit Menschen, die ich liebe, dann kommt mir vielleicht plötzlich der Gedanke, dass wir alle sterben müssen; früher hatte ich solche Gedanken für Stunden, jetzt hält er nur für eine Minute an, er hält nicht lange an. Ich fühle mich frischer, ich bekomme von meinen Mitmenschen bessere Schwingungen. Früher türmte sich alles über meinem Kopf auf. Wenn Leute schlechte Laune hatten, dann litt ich darunter doppelt soviel wie jetzt. Das passiert mir micht mehr, ich bin jetzt ein glücklicherer Mensch."

Ich fragte seine Freundin, wie es ihm ergangen war. Sie berichtete, dass er jetzt geschäftlich mehr Erfolg hatte. Er hatte drei oder vier Projekte angenommen und managte sie gut. Er konnte besser mit Stress umgehen. Sie sagte auch, dass er weniger sensibel und härter geworden sei; als sie zum Beispiel Kopfweh hatte, hatte er nur reagiert, indem er Oh! sagte. Sie hatte sich darüber aufgeregt, dass es ihn nicht mehr bekümmerte, aber dann sagte sie, sie glaube, es sei ein positiver Wandel für ihn. Sie regte sich auch darüber auf, dass er Hunde nicht mehr streichelte; früher war das eine ihrer gemeinsamen Vorlieben gewesen. (Ihr Mittel war Lac caninum.)

In mehrfacher Hinsicht war der Patient härter geworden, aber ich hatte das Gefühl, dass es gut für ihn war.

Ende des Falls.

Einige Heilmittel im Vergleich

Die Arzneimittelbilder von Cannabis, Anhalonium und Opium haben mehrere Gemeinsamkeiten; alle drei sind sogenannte Drogenheilmittel und alle haben ein Gefühl von Leichtigkeit, von Fliegen oder vom Himmel. Ein Verständnis der Pflanzenfamilien hilft bei der Differenzierung; auf diese Weise wird die Unterscheidung von der Ebene von Geist und Gemüt auf die Ebene des *vitalen Empfindens* gebracht. Das vitale Empfinden geht über das bloß Menschliche hinaus und kann auf Pflanzen, Tiere und Mineralien angewandt werden. Darüberhinaus bedeutet es, dass nicht nur das Empfinden selbst von Bedeutung ist, sondern auch die Polaritäten innerhalb der Heilmittel, wie man sie in den aktiven und passiven und den Kompensationsreaktionen sehen kann.

Bei *Cannabis* herrscht ein Gefühl von Ausdehnung, ein Gefühl von Leichtigkeit und Freiheit (der offene Aspekt). Der Gegensatz dazu ist ein Gefühl von Schwere, Hinabgezogenwerden, Belastetsein, Bedrückung (der eingeschlossene Aspekt). Für Cannabis besteht der Himmel aus Fliegen und Freiheit.

Bei *Anhalonium* (Cactaceae-Familie) geht es um die Ausdehnung des Selbst, um den Verlust von Grenzen, bis das Selbst mit dem gesamten Universum verschmilzt. Vielleicht ist das die Erleuchtung, von der spirituelle Meister der Vergangenheit sprachen. Der Gegensatz zu dieser Ausdehnung ist Schrumpfen.

Auch *Opium* kann das Gefühl haben, im Himmel zu sein. Aber im Empfinden der Papaveraceae-Familie geht es um intensiven Schmerz und Leid. Der Himmel ist also nicht der Himmel des Fliegens, sondern ein Himmel von Schmerzlosigkeit. In Frieden zu sein, heiter und ruhig zu sein, das ist die Kompensation für die Empfindung intensivsten Schmerzes.

Auch *Coffea* kennt das Gefühl, wie im Paradies zu sein. Aber Coffea gehört in die Rubiaceae-Familie, bei der es um Wunsch nach Stimulation geht. Der Himmel von Coffea ist deshalb ein Himmel an Stimulation, was sich darin ausdrückt, dass der Geist voller Gedanken und Ideen ist; das ist der Höhenflug von Coffea. Das Gegenteil dazu sind Dumpfheit und Ideenlosigkeit.

Hamamelidae und Euphorbiaceae

Bei den *Hamamelidae* herrscht ein Gefühl von Verschlossenheit, Eingeschlossensein, schwerem Hinabziehen, und das gegenpolige Gefühl drückt sich in den Begriffen offen, frei, leicht und schwebend aus; es gibt ein Fenster, das man öffnen und schließen kann. Jemand lebt zum Beispiel mit dem Empfinden von Verschlossenheit, Eingeschlossensein und Schwere; sobald er befreit ist, fühlt er sich offen, frei und leicht.

Bei den *Euphorbiaceae* dreht sich das Empfinden um Gebundensein und Befreitwerden, fest und lose, festgebunden und losgebunden. Croton tiglium liefert in der Hautsymptomatik das Leitthema des vitalen Empfindens: als sei die Haut straffgezogen, als gäbe es keinen Platz zum Ausdehnen. Wenn der Gefangene, der sich festgebunden und im Gefängnis empfindet, befreit wird, dann hat er ein Empfinden von losgemacht, das Festgebundene ist gelöst; er ist von seiner Gefängniszelle nicht mehr straff eingepackt. Dies ist zu unterscheiden von dem Gefühl des Öffnens und Schließens, wie es von den Hamamelidae ausgedrückt wird.

ULMUS PROCERA bzw. ULME

Hamamelidae + Krebs-Miasma

Dies ist eins der Bachblütenmittel, und in der Literatur ist bisher keine Prüfung dokumentiert. Murphy allerdings bezieht sich auf das Bachblütenmittel und liefert die folgende Beschreibung:

> "Hohe Erwartungen an die Person und ein starkes Pflichtgefühl. Aufgaben werden wie eine einzige große Masse an überwältigender Pflicht angesehen. Die Aufgaben wirken bedrohlich und einschüchternd, wie eine belastende und gefürchtete Pflicht.
>
> Im Ulmen-Zustand fühlt sich das Denken unfähig, sich über die Herausforderungen oder Pflichten, die vor einem liegen, hinaus zu erheben. Man empfindet die Aufgabe als unüberwindlich, fühlt sich angesichts der Herausforderung klein und schwach."

Unüberwindlich, unmöglich zu überwinden, unschlagbar. Die Aufgabe ist zu groß, man muss sich über die eigenen Fähigkeiten hinaus anstrengen. Das ist das Krebs-Miasma.

Das Miasma von Ulme bzw. Ulmus könnte demnach das Krebs-Miasma sein und als zentrales Gefühl könnte das Folgende vorliegen:

> *Muss in völliger Kontrolle der Situation sein, einer Situation, in der er behindert oder eingeschränkt ist.*

Es könnte auch folgendermaßen ausgedrückt werden:

> *Die Situation, in der er sich behindert und eingeschränkt fühlt, schwer und hinabgezogen, ist so intensiv, dass sie außerhalb seiner Kontrolle ist.*

JUGLANS CINEREA

Hamamelidae + tuberkulöses Miasma

Das Mittel kommt in der folgenden Rubrik vor:

Ausmergelung: bei Tuberkulose. (Complete)

Juglans cincerea könnte also ins tuberkulöse Miasma gehören, und das Gefühl könnte wie folgt sein:

Das Empfinden von Eingeschlossen- und Behindertsein ist sehr bedrückend und erstickend, er muss da herauskommen.

CASTANEA VESCA

Hamamelidae + lepröses Miasma

Allens Encyclopaedia gibt ein Bild von Castanea vesca, Rosskastanie, aber die Beschreibung ist kurz. Clarke erwähnt eine Prüfung, die von Houghton angestellt wurde, aber nur wenige Symptome sind geliefert. Die Muttertinktur wurde aus den Blättern hergestellt.

Eine Tinktur aus den Blüten der Kastanie wird für das Bachblütenmittel benutzt und wird in der Literatur folgendermaßen beschrieben:

> "Der Mensch, der Rosskastanie braucht, wird buchstäblich bis zum Punkt des Zerbrechens geprüft. Obwohl die Ursache für seinen Schmerz tief in seiner persönlichen Situation zu suchen ist, geht es dennoch um eine zugrundeliegende essentielle Qualität dieses Zustands, denn die Seele fühlt sich in ihrem Leid völlig allein." (Repertorium der Bachblütenessenzen)
>
> "Das Heilmittel ist für die verzweifelte ängstliche Sorge, für das Gefühl der äußersten Verzweiflung, als gäbe es kein Licht am Ende des Tunnels. Die auf diese Art leiden, haben das Gefühl, dass in ihrem Leben nichts mehr zu retten ist. Sie sind so extrem traurig, dass sie innerlich körperlichen Schmerz wahrnehmen, sie fühlen sich verloren und im Herzen gebrochen." (Bach)

Diese Schilderungen weisen auf das lepröse Miasma hin.

Bachs Schilderungen wurden in die folgenden Rubriken aufgenommen (Bach, Repertorium):

Gottlos, Mangel an religiösem Gefühl.

Verabscheut das Leben.

Selbstmordneigung.

Die Neigung zur Selbsttötung weist in Richtung der Syphilis.

Im Complete Repertory finden sich einige wenige Geistes- und Gemütsrubriken von Castanea vesca, unter anderem folgende:

Träume: ekelhaft. (Complete)

Träume: Exkremente. (Complete)

Träume: Exkremente, besudelt sich selbst mit Exkrementen. (Nur fünf Mittel in dieser Rubrik)

Das für das lepröse Miasma typische Gefühl, schmutzig zu sein, wird durch den Traum der Besudelung mit Exkrementen repräsentiert. Der Mangel an religiösen Gefühlen, die Abscheu vor dem Leben und die suizidalen Gedanken weisen auf das lepröse Miasma hin.

Wenn man das Empfinden der Hamamelidae mit dem leprösen Miasma kombiniert, dann könnte sich als Gefühl von Castanea vesca das Folgende ergeben:

Verdammt zum Eingesperrtsein. Verlassen, aufgegeben, hoffnungslos zurückgewiesen. missbraucht, mit Verachtung behandelt und somit eingesperrt.

JUGLANS REGIA

Hamamelidae + Syphilis

Von Juglans regia liegen keine guten Prüfungen vor. Es ist allerdings als Heilmittel bei Syphilis erwähnt. Das Miasma könnte demnach Syphilis sein. Wenn man dasEmpfinden der Hamamelidae-Familie mit dem Miasma kombiniert, dann könnte das Gefühl von Juglans regia wie folgt sein:

Eine Situation des Eingesperrt- und Behindertseins ist dabei, in Zerstörung zu enden.

ZUSAMMENFASSUNG HAMAMELIDAE – EMPFINDUNGEN UND REAKTIONEN

Empfinden

Geschlossen, eingeschlossen, eingesperrt.

Gedrückt, zusammengedrückt.

Hinabgezogen, schwer.

Offen.

Sich ausdehnend, vergrößert.

Fliegen, schweben.

Leicht, frei.

Passive Reaktion

Dumpfheit, Stumpfheit der Sinne.

(Dumpfheit bedeut Abwesenheit von Enthusiasmus, Antriebslosigkeit, Abwesenheit von Ehrgeiz und Motivation.)

Geerdet, am Boden; alle Bewegungen kommen zum Stillstand.

Neigung sich hinzulegen; Rast und Ausruhen bringen Besserung.

Bewegung, Abneigung gegen.

Gelähmt.

Aktive Reaktion

Wunsch sich zu bewegen; Bewegung bringt Besserung.

Wunsch, an der frischen Luft zu sein; frische Luft bringt Besserung.

(Dies zeigt den Wunsch an, sich lieber zu bewegen und an der frischen Luft zu sein als sich in eng begrenzten Räumen aufzuhalten.)

Fantasiert, hat Fantasievorstellungen.

Kompensierung

Passt sich daran an, auf eng begrenztem Raum zu leben.

Ausgeglichen (weder hoch noch tief).

MIASMEN

Ringwurm	Fagus sylvatica
Malaria	Cannabis sativa, Myrica cerifera
Sykose	Cannabis indica
Krebs	Ulme (Ulmus)

Tuberkulös	Juglans cinerea
Leprös	Castanea vesca
Syphilis	Juglans regia

VERGLEICHSMITTEL

Cactaceae

Rosaceae

Euphorbiaceae

LABIATAE

(Lippenblütler, eigentlich Lamiaceae – Familie der Minzen)

HEILMITTEL

Agnus castus * (Vitex agnus castus)	Mönchspfeffer, Keuschlamm
Collinsonia canadensis	Grießwurzel
Hedeoma pulegioides	Frauenminze, Moskitopflanze
Lamium album	Weiße Taubnessel
Lycopus virginicus	Virginischer Wolfstrapp, Wolfsfuß
Mentha piperita	Pfefferminze
Mentha pulegium	Flohminze, Flohkraut, Pennyroyal
Mentha viridis (Mentha spicata)	Grüne (Ross-)Minze
Mentholum	Menthol, ätherisches Öl der Pfefferminze
Ocimum canum	Behaartes Basilienkraut
Ocimum sanctum	Tulsi, Asiatisches Basilienkraut
Origanum majorana (Majorana hortensis)	Majoran

Anmerkung: * gekennzeichnetes Mittel auch in Gebrauch als Bachblütenmittel. Obwohl Agnus castus eigentlich nicht zur Labiatae-Familie gehört, schreibt Hering wie folgt: "Agnus castus ist das einzige Heilmittel aus der großen Familie der Verbenaceae, das einer Prüfung unterzogen worden ist. Helbing lenkt unsere Aufmerksamkeit auf die nahverwandte Familie der Labiatae, von denen wir mehrere wertvolle Mittel haben." Das Empfinden von Agnus castus passt so genau in das der Labiatae, dass wir es aus praktischen Gründen hier eingereiht haben.

Origanum vulgare	Wilder Majoran, (wilder) Dost, Oregano
Rosmarinus officinalis	Rosmarin
Salvia officinalis	(Echter) Salbei
Scutellaria laterifolia	Helmkraut
Teucrium marum verum	Marum verum, Katzengamander
Teucrium scorodonia	Waldsalbei, Salbeigamander
Thymolum	Thymiankampfer (mehrere Pflanzenstoffe)
Thymus serpyllum	Quendel, Feldthymian

GEBRÄUCHLICHE HEILMITTEL

Agnus castus

Collinsonia

Origanum majorana

Scutellaria

Teucrium marum verum

HERKUNFT

Wir unternahmen eine Suche im MacRepertory-Programm, um Rubriken zu identifizieren, die mindestens zwei Mitglieder aus der Familie der Labiatae aufwiesen. Die folgende Liste war das Ergebnis:

> Weibliche Sexualorgane und Sexualität: Sexualtrieb, heftig, bei Witwen. (3. Symptom) (Orig., Orig-v.)
>
> Geist und Gemüt: Dumpfheit, Trägheit, kann nur schwer denken und verstehen, am Morgen, beim Aufstehen. (6. Symptom) (Menth., Scut.)
>
> Geist und Gemüt: Aktivität, Wunsch nach, körperlicher Ertüchtigung. (8. Symptom) (Orig., Teucr.)
>
> Weibliche Sexualorgane und Sexualität: Masturbation, Neigung zu, bei Kindern. (13. Symptom) (Orig., Orig-v.)
>
> Geist und Gemüt: Stimmung, versöhnlich. (20. Symptom) (Orig., Scut.)

Schlaf: Schlaflosigkeit, von Nervosität. (36. Symptom) (Scut., Teucr.)

Geist und Gemüt: Gedanken, sexuelle. (53. Symptom) (Orig., Orig-v.)

Schlaf: Schlaflosigkeit, von Lebhaftigkeit. (57. Symptom) (Lam., Lycps., Teucr.)

Allgemeines: Zittern, nervöses. (62. Symptom) (Scut., Teucr.)

Geist und Gemüt: Arbeit, Wunsch nach mentaler. (67. Symptom) (Lycps., Menth.)

Es besteht ein Wunsch nach mentaler und physischer Aktivität und es herrscht Schlaflosigkeit (verursacht durch Nervosität und Lebhaftigkeit); auch nervöses Zittern. Umgekehrt gibt es auch Dumpfheit. Bei Frauen finden sich eine Reihe sexueller Symptome, die mit vermehrtem Sexualdrang zu tun haben.

Die Suche wurde wiederholt, indem wir diesmal nach Rubriken mit weniger als fünfzig Heilmitteln suchten und mit mindestens zwei der folgenden Mittel, d.s. Agnus castus, Collinsonia, Ocimum sanctum, Origanum majorana und Teucrium marum verum. Dies sind die besser bekannten Mittel der Familie. Daraus ergab sich die folgende Liste, die der obigen ähnelt:

Geist und Gemüt: Aktivität, Wunsch nach, körperlicher Ertüchtigung. (2. Symptom) (Orig., Teucr.)

Geist und Gemüt: Aktivität, Wunsch nach. (5. Symptom) (Orig., Teucr.)

Geist und Gemüt: Beschwerden ausgelöst durch Masturbation. (13. Symptom) (Agn., Orig.)

Geist und Gemüt: Unzüchtigkeit, obszöne. (15. Symptom) (Agn., Orig.)

Weibliche Sexualorgane und Sexualität: Masturbation, Neigung zu. (21. Symptom) (Agn., Orig.)

Zusätzlich beinhaltet die Liste auch folgende Rubriken:

Allgemeines: Sexualtrieb, Unterdrückung von, verschlimmert. (7. Symptom) (Agn., Orig.)

Männliche Sexualorgane und Sexualität: Beischlaf, Abneigung gegenüber, Abneigung gegenüber Sexuellem. (19. Symptom) (Agn., Teucr.)

Also gibt es einerseits vermehrte Aktivität, andererseits Dumpfheit; ebenfalls – innerhalb derselben Familie – vermehrten Sexualtrieb und unterdrückten Sexualtrieb. Der gemeinsame Faktor scheint *Erregung* zu sein, nervöse, mentale oder sexuelle.

Mit diesem Schlüssel in der Hand wurden Labiatae-Mittel studiert, um zu sehen, ob die Idee der Erregung bei allen Mitteln prominent ist.

Agnus castus:

> Erregbarkeit der Geschlechtsorgane ist verlorengegangen. (Boenninghausen)

In dieser Rubrik ist Agnus castus das einzige Mittel und ist als mittelgradig indiziert gekennzeichnet. Wenn Agnus castus dekompensiert ist, dann herrscht *Verlust von Erregbarkeit*. Beim Empfinden muss es sich also um eine Art Erregung handeln.

Bei **Collinsonia** finden wir Folgendes:

> Die geringste Gemütsbewegung und Erregung verschlimmert die Symptome. (Allen, Keynotes)

In der Prüfung von Collinsonia, wie es Allens Encyclopaedia entnommen und von Tyler zitiert ist, heißt es wie folgt:

> "Zuerst erlebte ich eine Wärme an den Lippen und Schmerzen an dem Punkt, wo der supraorbitale Nerv austritt. Ungefähr zehn Minuten später breitete sich entlang der Innenseiten beider Lippen eine zunehmende Wärme aus, die sich rasch vermehrte und ein Empfinden von unzähligen stechenden, hin- und herschießenden Nadeln auslöste. Dann betraf das Empfinden das Gesicht, die Wangen, die Stirn und die behaarten Regionen des Kinns, von Ohr zu Ohr, und die Taubheit und das nadelähnliche Hin- und Herschießen breiteten sich zum Brustbein aus. Zu keinem Zeitpunkt gab es in der Kehle oder in der Speiseröhre ein Brenngefühl. Während die Lippeninnenseiten und die gesamte Mundhöhle eine intensive Erregung erlebten, schien das Gesicht immer breiter zu werden. Und Geist und Gemüt wurden angenehm erregt."

Aus diesem Zitat entnehmen wir ein Gefühl von *Erregung* bei den Labiatae, das von den Nerven unverzüglich zu einem Endorgan übermittelt wird. *Man erhält auch einen Hinweis darauf, dass die Erregung angenehm ist und dass sie zu Aktivität ansporn t.*

Lamium:

> Uteruserregung. (Allen, Repertorium)

Lycopus:

Die Literatur besagt, dass das Mittel bei vaskulärer Erregung angezeigt ist.

Weiterhin findet sich Folgendes:

> Herzklopfen, schlimmer von Erregung. (Allen, Repertorium)
>
> Sexuelle Erregung fehlt, bei Herzkrankheit. (Knerr)

Von Lycopus berichtet Kent einen geheilten Fall eines Kropfes mit Exophthlamus bei einer achtundvierzigjährigen Frau, wobei die Hauptsymptome *Erregung verschlimmert* und *intensives Genießen der Dinge* waren.

Mentha piperita:

> Aktivität, Wunsch nach. (Complete)
>
> Leidenschaftlich. (Mangialavori)

Das Wort leidenschaftlich ist sehr interessant, denn ich glaube, dass dies eine der Haupteigenschaften der Familie ist, bei der Erregung, Genuss, Sexualität und Aktivität kombiniert sind.

Bei **Mentholum**, dem wichtigsten essentiellen Öl von Mentha piperita, findet sich das folgende Symptom:

> Übelkeit: Nervosität, durch emotionale Erregung. (1) (Boericke)

In der Prüfung von **Ocimum sanctum** findet sich

> Schlaflosigkeit durch Erregung. (Sankaran)

Origanum ist bekannt für sexuelle Erregung:

> "Alle Arten von sexueller Erregung." (Murphy)
>
> Sexuelle Erregung, Nymphomanie, bei einem jungen Mädchen. (Knerr)

Also auch hier findet sich sexuelle Erregung, von den Nerven weitergeleitet.

Auch:

> Träume, erregend. (Allen, Repertorium) (Die Rubrik enthält nur sechs Heilmittel, darunter Origanum.)

Scutellaria

> Kardial irritabel. (Murphy)

Burt notiert wie folgt: “Dies ist unser bestes Mittel bei Hysterie, wo motorische Nerven und Sensorium einbezogen sind, mit extremer nervöser Erregbarkeit.” Hale erwähnt “nervöses Kopfweh, hervorgerufen durch Gram, Freude oder irgendeine emotionale Erregung.” Hale schreibt auch, dass bei Scutellaria Herzklopfen durch emotionale Erregung ausgelöst werden kann, und Clarkes Repertorium erwähnt “Erregung” als Auslöser für das Mittel.

Auch findet sich bei Scutellaria folgende Rubrik:

Erregung, erregbar, durch Schlaflosigkeit. (Complete)

Teucrium marum verum

“Rastlosigkeit in der Nacht aufgrund einer großen Erregung.” (Douglas)

Schlaf: ruhelos, Schlaf in Aufregung. (Cowper)

“Außerordentliche Erregbarkeit und Sensibilität.” (Boenninghausen)

Zittern, unwillkürliches, Erregung verschlimmert. (Phatak)

Traum: lebhaft, ängstlich besorgt, teilweise mit Aufschrecken, nach Mitternacht, mit Rastlosigkeit aufgrund der großen Erregung. (Knerr)

Thymus serpyllum

“Er wurde hin und wieder übererregbar.” (Anshutz)

Atmung: asthmatisch, bei Erregung. (Complete)

Geschwätzigkeit: während der Hitze. (Mangialavori)

Thymolum

Träume: von Liebesdingen, mit Samenerguss. (Boericke)

Geschwätzigkeit. (Complete)

Satyriasis. (Complete)

ZUSAMMENFASSUNG LABIATAE

Es ist offensichtlich, dass die zentrale Empfindung *Erregung* ist; sie taucht quer durch die ganze Pflanzenfamilie auf. Die Erregung kann *lebhaft* sein, *angenehm, eine zitternde Erregung*. Sie kann außerdem begleitet sein von *Wärme, Schwitzen, Zittern, Gefühl von Überwältigtsein, Leidenschaftlichkeit* usw.

In Geist und Gemüt kann die Erregung gekennzeichnet sein von *Erheiterung, Ansturm von Ideen, Geschwätzigkeit, Lebhaftigkeit, Singen* usw.

Auf der körperlichen Ebene äußert sie sich als *körperliche Reizbarkeit und Erregbarkeit, Schmerzen bei Schock und Stößen.*

Man stelle sich ein Kricketspiel oder ein Fußballspiel vor. Ein Spieler schießt ein Tor. Es gibt dann eine Art Erregung, die von den Nerven sofort weitergeleitet wird. Das ist die Art der Erregung, die in der Labiatae-Familie vorkommt. Es ist die Erregung, die zu Aktivität antreibt: Auf, lass uns dies tun! Lass uns jenes tun! Lass uns etwas unternehmen, lass uns Spaß haben, wir wollen eine Party schmeißen, wir wollen ausfahren ... usw. Alles lebt vom Geist des Genusses. Das Gegenteil davon ist Dumpfheit, Interesselosigkeit, verminderte Aktivität.

Wenn ein Labiatae-Patient zum Beispiel sagt: "Ich liebe das soooo sehr", dann möchte er damit sagen: "Ich bin ganz aufgeregt, ganz erregt, ich habe unheimlich viel Spaß daran, ich genieße es sehr." Das Gegenteil davon ist nicht Hass, sondern *Interesselosigkeit* und *Langeweile.*

EMPFINDUNGEN UND REAKTIONEN

Empfinden

Erregung: lebendig, angenehm, zitternd vor Erregung.

Psychologisch: Heiterkeit, Ansturm von Ideen, Geschwätzigkeit, Lebhaftigkeit, Genuss.

Physisch: Erregbarkeit, Reizbarkeit.

Schrecken / ängstliche Sorge.

Unangenehme Überraschungen.

Passive Reaktion

Mangel an Erregbarkeit.

Mangel an Reaktion auf äußere Einflüsse.

Unempfindlichkeit.

Aktive Reaktion

Fleißig.

Bewegung bringt Besserung.

Fröhlichkeit.

Kompensierung

Ruhe.

MENTHOLUM

Labiatae + akutes Miasma

Menthol wird aus dem essentiellen Öl der Pfefferminze, Mentha piperita, hergestellt. Das Miasma ist also wahrscheinlich das akute. Wenn man das Empfinden der Labiatae mit dem akuten Miasma kombiniert, ergibt sich wahrscheinlich das folgende Gefühl:

> *Plötzliche intensive Erregung.*

LYCOPUS

Labiatae + typhöses Miasma

Die Symptome der Labiatae-Familie können abgelesen werden an der rastlosen Aktivität, sich Genuss zu verschaffen, wie sie sich bei den Geistes- und Gemütssymptomen des Heilmittels finden (Complete):

> Aktivität: Im Allgemeinen Rastlosigkeit, abends.
>
> Erregung, erregbar im Allgemeinen, abends.
>
> Gedanken, Ansturm von, Fluss von, mit Schlaflosigkeit.

Wie bereits früher im Kapitel erwähnt, lieferte Kent den Fall einer Frau mit Kropf und Exophthalmus. Die Symptome des Falles waren wie folgt:

> Fröhlich.
>
> Erregung verschlimmert.
>
> Genießt intensiv.
>
> Möchte die Dinge schnell tun.
>
> Ängstliche Sorge oder Angst, wenn von zuhause weg; das war so seit einem Sonnenstich im Alter von vierzehn Jahren.

Erregung verschlimmert und *genießt intensiv* kennzeichnet die Labiatae-Familie.

Ängstliche Sorge und Angst, wenn von zuhause weg weisen auf das typhöse Miasma hin. Der Wunsch, nach Hause zu gehen und die Verschlimmerung weg von Zuhause finden sich auch in anderen Mitteln des typhösen Miasmas, zum Beispiel bei Bryonia.

Wer von einem Sonnenstich betroffen ist, ist zu Boden gestreckt, aber erholt sich vollständig; das hat einen akuten Aspekt. Dies gibt uns einen Hinweis auf das Tempo des vorliegenden Miasmas. Das typhöse Miasma steht zwischen dem akuten Miasma und der Psora.

Lycopus ist auch ein Mittel für malariaartigen Typhus. Das Miasma könnte also typhös sein. Wenn das Empfinden der Labiatae-Familie mit dem typhösen Miasma kombiniert wird, dann könnte das Gefühl wie folgt sein:

> *Fordert Erregung und zwar sofort.*

TEUCRIUM MARUM VERUM

Labiatae + Ringwurm-Miasma

Symptome

> Ausschläge, herpetisch. (Knerr)
>
> Unzufrieden. (Complete)

Es könnte sich also um das Ringwurm-Miasma handeln. Wenn man dieses Miasma mit dem Empfinden der Labiatae-Familie kombiniert, dann ergibt sich als Gefühl das Folgende:

> *Er unternimmt Anstrengungen, sich Erregung zu verschaffen; in Abwechslung dazu resigniert er, d.h. er hat das fixierte Gefühl, dass man sich damit abfinden muss, dass es zu keiner Erregung kommt.*

TEUCRIUM-FALL

Patientin, 44 Jahre alt. Konsultiert am 20. September 2000.

Vorgebrachte Beschwerde: Ekzeme der Finger.

Die Beschwerden setzten im August 1999 ein. Es begann am rechten Mittelfinger als Reaktion auf Detergentien und Waschhandschuhe, beim Schneiden von Zwiebeln und beim Arbeiten in Wasser. Die Haut ist sehr sensibel und zeigt Pustulae; sie springt auf und schält sich.

Der Patientin waren Steroide (Dapsone und Wysolone) verschrieben worden, was eine intensive Reaktion auslöste, nämlich Ausschlag mit Rötung, aufgetriebenes Gesicht, Vergrößerung der Leber und der Milz. Sie musste dann ins Krankenhaus.

Die homöopathische Behandlung hatte bisher keine Besserung gebracht.

Vorausgegangene Ananmnese

> Adrenaler Tumor.
>
> Suizidneigung.

Das Wesen der Patientin

Sie beschreibt sich als extrovertiert, als jemand, der bereit ist, sich auf neue Freundschaften einzulassen. Sie ist sehr dickköpfig und besteht auf ihren Vorstellungen, wie etwas zu laufen hat. Sie hat viele Interessen, Musik, Lesen, Schreiben, Malen und Zeichnen; sie ist mit ihren Händen schöpferisch aktiv. Sie stellt Blumenschmuck her und gießt Kerzen. Sie kocht gerne, isst gerne gutes Essen und ist gerne in Gesellschaft. Sie liebt es, mit anderen zusammenzusein.

Beobachtung: Sie redet sehr *erregt*.

Sie macht sich Sorgen, weil ihr Mann nicht bei ihr ist. Obwohl sie extrovertiert ist, hat sie eine starkes Privatleben und vertraut sich niemandem an außer ihren Eltern.

Sie möchte, dass das Haus sauber ist, sonst fühlt sie sich gestört. Sie ist in Details sehr eigen; alles muss von oben bis unten in Ordnung sein. Sie mag Pflanzen und Blumen im Haus. Sie liebt Nelken, Palmen, Kokosnusspalmen, Blumen aller Art, Pflanzen mit interessant geformten Blättern und starken Farben.

Abneigung gegen üble Gerüche.

Gierig auf Fisch, Gemüsesorten aller Art, besonders Blattgemüse, Kartoffeln.

Sie genießt es, in einer gewissen Hochspannung in Mumbai zu leben und Artikel im Internet zu schreiben. Sie schreibt ihre Artikel mit Humor. Beispiel: "Ein Spaziergang ist kein Spaziergang mehr. Man muss regelrecht rennen, soviele Geschäftsleute gibt es!"

Sie reist gerne, in Indien und in Übersee, ihre Lieblingsorte sind London und Singapur. In London schaut sie sich viele Theaterstücke an. In Singapur geht sie gerne in den Zoo und in einen Vogelpark, in dem Tiere und und Vögel nicht in Käfigen eingesperrt sind; sie geht zum Strand, geht Garderobe einkaufen, Kosmetika, Haushaltsartikel und Schokolade.

Sie mag Schokolade und Gewürze.

Sie reagiert leicht auf alles Mögliche. Wenn ihr jemand ein Kompliment macht, erwidert sie es sofort mit einem Lächeln. Traurige Filme machen sie traurig. Als ihr Sohn zum Sprecher in der Schule gewählt wurde, freute sie sich riesig. Sie fühlt sich vor Freude ganz warm.

Träume: von Prüfungen als Kind.

Ängste: vor dem Tod.

Sie hat Angst davor, dass sie nach dem Tod nicht mehr in Fleisch und Knochen existieren wird, sondern sich in Staub auflösen wird; sie kann den Gedanken daran nicht ertragen. Als eine Freundin ihr als Kind davon erzählte, wurde sie hysterisch. Seither hat sie bei jedem Problem das Gefühl, dass das Ende der Welt gekommen sei, aber wenn sie sich beschäftigt hält, dann kommen ihr diese Gedanken nicht in den Sinn.

Sie ist sehr aktiv, engagiert sich am Theater, in der Elternversammlung. Sie redet zu viel, erschöpft sich rasch bei einem Thema und wechselt dann zum nächsten. Sie singt gerne. Wegen ihrer Hautprobleme hat sie ein Gefühl von Hoffnungslosigkeit; sie fragt sich, wie lange das wohl noch anhält.

Wenn ein Problem auftaucht, hat sie schreckliche Schuldgefühle und fragt sich, ob sie etwas Falsches getan habe und dafür bestraft würde.

Sie möchte die Hautprobleme verschwinden sehen; sie halten sie davon ab, Dinge, die sie gerne tut, zu unternehmen, Schöpferisches, Kunsthandwerkliches. Sie kann nichts für ihre Familie tun und ihr fehlen die Hausarbeit und das Kochen.

In der Kindheit wälzte sie sich oft vor Bauchschmerzen am Boden, und dann hatte sie Würmer im Stuhl.

Fallanalyse

Das Offensichtlichste ist ihre Art zu reden – sie ist gesprächig und *erregt*. Aus der Anamnese wissen wir, dass sie sich von Vielem anregen lässt, von Musik, Lektüre, Essen, Gesellschaft, davon, "in Hochspannung zu leben", sogar davon, das Haus zu säubern.

Sie schreibt Artikel über ganz alltägliche Dinge, wie zum Beispiel vom Spaziergang in der Stadt – sie lebt in Bombay –, und sie versucht, durch Humor etwas Anregung in ihre Schreiberei zu bekommen.

Sie reist gerne. Reisen bringt die Möglichkeit mit sich, etwas Neues zu entdecken, und es ist immer mit Aufregung und Erwartungsfreude verquickt. Ihre Reisen schildert sie sehr lebhaft.

Die andere Seite der Erregung ist in ihrer Kindheit sichtbar. Ihre Freundin hatte ihr gesagt, dass man nach dem Tod nicht mehr aus Fleisch und Knochen bestünde, und sie erregte sich sehr und wurde hysterisch.

Wir finden auch schnelles Reagieren: Wenn ihr jemand ein Kompliment macht, lächelt sie sofort zurück. Wenn sie über etwas glücklich ist, fühlt sie sich ganz warm vor Freude. Traurige Filme stimmen sie traurig.

Sie ist äußerst sensibel, und das ist eine Eigenschaft aller Mittel aus dem Pflanzenreich.

Weitere Charakteristika des Pflanzlichen sind ihre Liebe zu Pflanzen, ihre Kreativität, ihre Liebe zur Musik etc.

Sie braucht also ein Mittel aus der Familie der Labiatae.

Miasma

Man unternimmt Anstrengungen, sich Aufregung zu verschaffen. Das wechselt ab mit Resignieren und Annehmen der Tatsache, dass keine Hoffnung auf Erregung besteht; das ist ein fixiertes Gefühl (Sykose): Ich muss es ertragen. Das Miasma ist daher das Ringwurm-Miasma. Die Ananmnese vom Wurmbefall in der Kindheit bestätigt das Mittel. Teucrium ist bekannt für ausgeprägte Symptome von Helminthiasis.

Verabreichtes Heilmittel: *Teucrium C200, eine Dosis.*

Ausgewählte Rubriken

Erregung, erregbar.

Geschwätzigkeit, wechselnd, schnell von einem Thema zum anderen.

Rastlos, empfindlich, nach zuviel Medikation.

Schreckliche Dinge und Geschichten setzen ihr zutiefst zu.

Lebhaftigkeit.

Rastlosigkeit, von Fadenwürmern.

Wiedervorstellung am 13. Dezember 2000

"Es ist fast wie ein Wunder. Das Ekzema war früher immer unangenehm und schmerzhaft. Jetzt kann ich mit meinen Händen arbeiten, vorher konnte ich nichts dergleichen tun. Ich bin von der Art, dass ich gerne mit meinen Händen arbeite, ich halte mich gerne beschäftigt."

Der Patientin geht es ausgesprochen gut. Das Ekzem ist völlig verschwunden.

Der Grad der Erregung hat sich verringert.

Der Ehemann der Patientin fährt zur See, und sie vermisst ihn sehr und ruft ihn oft an. Sie suchte immer nach Leidenschaft und Erregung in der Beziehung, und ihre Gespräche mit ihm waren immer von dieser Erregung geprägt. Seit dem Mittel ist der Zwang mit ihm zu reden verschwunden.

Spätere Nachsorge

Im Oktober 2001 war sie völlig gesund; dann aber ließ sie sich gegen Hepatitis impfen und erlitt einen sofortigen Rückfall des Ekzems mit Juckreiz am ganzen Körper. Das Mittel wurde noch einmal gegeben, und die Symptome verschwanden vollständig.

Einige Rubriken von Teucrium

Aktivität, wünscht sich körperliche Ertüchtigung, in frischer Luft.

Ängstliche Sorge: im Magen, im Stehen.

Ängstliche Sorge: in der Magengrube.

Fröhlich.

Fröhlich, abends.

Fröhlich, an der frischen Luft.

Fröhlich, wenn sie an frischer Luft spazierengeht und danach.

Träume, lebhaft.

Erregung, erregbar.

Erregung, nervös.

Erregung, wenn sie schreckliche Dinge gehört hat.

Erregung, mit Zittern.

Erheiterung.

Erheiterung, abends, mit starker Redelust.

Schreckliche Dinge, traurige Geschichten setzen ihr zutiefst zu.

Gereiztheit, bis zur Manie.

Geschwätzigkeit.

Geschwätzigkeit, abends, mit Hitze und Erheiterung.

Geschwätzigkeit, wechselt schnell von einem Thema zum andern.

Rastlos, empfindlich, nach zuviel Medikamenten.

Empfindlich.

Singt, unwillkürlich.

Schreckt hoch, aus einem Traum.

Schreckt hoch, während des Schlafs.

Lebhaft.

Ende des Falls.

COLLINSONIA

Labiatae + Malaria-Miasma

Collinsonia hat folgende Symptome, die Aspekte des akuten Miasmas aufweisen:

> "Was Sepia für die chronischen Krankheiten ist, das ist Collinsonia für die akuten." (Hale)
>
> Diarrhoe, akute. (Boericke)

Die folgenden Symptome weisen auf das Malaria-Miasma hin:

Neuralgische Schmerzen. (Mehrere Hinweise)

Frösteln, periodisch, vor allem am Nachmittag. (Knerr)

Bedrückung auf der Brust, periodisch. (Knerr)

Periodische Anfälle von Ohnmachtsgefühlen. (Clarke)

Obstruktionspathologie. (Mehrere Hinweise)

Quälender, trockener Husten. (Boericke)

Das Miasma könnte demnach Malaria sein. Wenn man das Empfinden der Labiatae-Familie mit dem Malaria-Miasma kombiniert, dann ist das Gefühl wie folgt:

Steckt fest in einer Lage, in der es kein Genuss und keine Leidenschaft gibt; gleichzeitig verfolgt und attackiert.

LAMIUM ALBUM

Labiatae + Sykose

Lamium hat die folgenden Symptome:

Wahnideen und Vorstellungen: angeklagt, dass sie es sei. (Complete)

Wahnideen und Vorstellungen: kritisiert, dass sie es sei. (Complete)

Fixe Ideen. (Buck)

Gedanken, anhaltende. (Complete)

Wahnideen, dass man angeklagt sei und kritisiert werde, entstammen dem Gefühl, man habe etwas Falsches getan; dieses Schuldgefühl ist charakteristisch für die Sykose, und daher kommt das Bedürfnis zum Zudecken. Das Miasma scheint also die Sykose zu sein. Wenn man das Gefühl der Labiatae-Familie mit der Sykose kombiniert, könnten wir als zentrales Gefühl das folgende erhalten:

Muss seine Erregung verstecken oder zudecken.

AGNUS CASTUS

Labiatae + Krebs-Miasma

Agnus ist als Mittel für "jaded rakes" (Boger) bekannt. "Jaded" bedeutet abgehetzt, erschöpft, abgearbeitet und signalisiert Überbeanspruchung und Verausgabung im Triebhaften. Und "rake" bedeutet Wüstling, jemand ohne moralische Hemmungen oder Selbstbeschränkung. Keuschlamm oder Mönchspfeffer (Agnus castus) wurde früher von Männern und Frauen dazu benutzt, den Sexualtrieb zu zügeln. Beides weist auf das Krebs-Miasma hin; das Sich-Strecken über die eigenen Grenzen – oder das Ausüben extremer Selbstbeherrschung (der eigenen Sexualität).

Wenn man das zentrale Gefühl der Labiatae mit dem Krebs-Miasma kombiniert, ergibt sich als Gefühl von Agnus das folgende:

Muss seine (sexuelle) Erregung völlig in Kontrolle halten.

AGNUS-CASTUS-FALL

Dieser Fall ist auch in “Die Substanz der Homöopathie” aufgeführt.

Der Patient, ein Mann im Alter von 32 Jahren, kam im März 1989 zu mir. Seine Beschwerden waren hoher Blutdruck, Schlaflosigkeit, Schweregefühl des Kopfes und häufiger Harndrang. Er klagte auch über Vergesslichkeit in Bezug auf Namen und über Konzentrationsschwäche beim Lesen und Zuhören. Er fühlte sich rasch erschöpft und ermüdete schon bei geringster Anstrengung.

Vor allen Gesprächen wird er sehr nervös. Er erträgt es nicht, wenn er von jemandem angeschrien wird. Seine Hände und Füße werden kalt und seine Hände zittern manchmal. Als Kind wollte er immer Frieden um sich. Er konnte es nicht ertragen, einen Streit mitzuerleben. Er hat Selbstmordgedanken, wenn er etwas nicht erreicht, von dem er glaubt, dass er es hätte erreichen sollen.

In seinen Anamneseunterlagen hatte er angegeben, dass er verheiratet war, aber seit Monaten keinen Sex mehr gehabt hatte. Als ich ihn darauf ansprach, gab er einige Gründe wie Mangel an Privatsphäre und Angst vor Schwängerung an, der eigentliche Grund schien aber ein Impotenzgefühl zu sein. Er selbst sagte es nicht, seine Frau drückte es aus.

Fallanalyse

Wir haben einen Fall von vorzeitiger Alterung vor uns, Beschwerden höheren Alters in einem jungen Alter. Der Patient denkt an Selbstmord, wenn er bei etwas versagt. Das weist auf das syphilitische Miasma hin. Er hat jedoch Angst getadelt zu werden, wenn er eine Leistung nicht erbringen kann; er ist vor Prüfungen und Gesprächen sehr nervös. Er muss außerdem seine Impotenz verbergen – er gibt viele ausweichende Erklärungen ab, um sie zu verstecken. Dies weist auf das sykotische Miasma hin. Das Miasma ist demnach syko-syphilitisch, es ist das Krebs-Miasma. Das Mittel ist Agnus castus.

Rubriken des Mittels, die die Erregbarkeit und den Mangel an Erregbarkeit widerspiegeln, sind folgende:

Erektionen, schwierig, unvollständig, ohne Sexualtrieb. (1) (Allen, Repertorium)

Ejakulationen, Samenergüsse, in einem Strom fließend. (1) (Complete)

Erguss, von Prostataflüssigkeit, beim Streicheln einer Frau. (Complete)

Männliche Sexualorgane und Sexualität: Schlaffheit. (Boenninghausen)

Erregbarkeit der Sexualorgane: verlorengegangen. (1) (Boenninghausen)

Koitus: Genuss, äußerster. (Complete)

Nachsorge

Dem Patienten ging es mit Agnus castus sehr gut. Sein Hochdruck normalisierte sich und sein Schlaf wurde besser. Die Schwere des Kopfes verschwand. Seine mentale Verfassung besserte sich, ebenso die Beziehung zu seiner Frau, auch im Sexuellen.

TEUCRIUM SCORODONIA

Labiatae + tuberkulöses Miasma

Es gibt eine Reihe von Hinweisen auf den Einsatz des Mittels bei Tuberkulose-Erscheinungen.

Clarke stellt fest, dass Teucrium scorodonia mit gutem Erfolg bei Schwindsucht und Tuberkulose mit schleimig-eitrigem Auswurf eingesetzt wurde. Er zitiert einen Fall von Criquelion, ein Patient, der seit zehn Jahren an einer Hodenvergrößerung gelitten hatte, die als tuberkulös bedingt diagnostiziert gewesen war. Teucrium scorodonia wurde mit Erfolg eingesetzt.

Ich habe das Mittel deshalb dem tuberkulösen Miasma zugeordnet. Wenn das Empfinden der Labiatae mit dem tuberkulösen Miasma von Teucrium scorodonia kombiniert wird, dann könnte sich als zentrales Gefühl Folgendes ergeben:

Durch ein Zuviel an Erregung bedrückt.

OCIMUM SANCTUM

Labiatae + lepröses Miasma

Aus den Aufzeichnungen der Prüfung, die ich zu diesem Mittel unternahm (siehe unten) geht klar hervor, dass das Miasma leprös ist. Die folgende Rubrik weist ebenfalls darauf hin:

Träume: Verwunderung, dass eine Witwe ein Kind entbunden hat.

In Indien ist es nicht akzeptiert, dass eine Witwe ein Kind gebiert; solche Frauen werden von der Gesellschaft ausgestoßen. Gebären entspringt Sexualität, und wenn eine Witwe sich sexuelle Erregung wünscht, wird sie verdammt.

Wenn das Empfinden der Labiatae kombiniert wird mit dem leprösen Miasma von Ocimum sanctum, dann könnte das Gefühl folgendermaßen sein:

Wegen Erregung verdammt.

PRÜFUNGSAUSZÜGE (Sankaran)

(Aus den Auszügen geht nicht hervor, welchen Geschlechts die Prüfer sind und ob sie über Beziehungen zu männlichen oder weiblichen Partnern oder Freunden sprechen.)

"Fühle Zorn über einen Freund, der mich vernachlässigt und betrogen hat. War sehr kurz angebunden und direkt, als ich mit ihm sprach. Ich hatte das nicht von ihm erwartet; er war der einzige Mensch gewesen, auf den ich mich hatte verlassen können. Ich habe allen Glauben an andere Menschen, an die Menschheit verloren. Ich habe das Gefühl, man geht solche Beziehungen nur ein, um sein eigenes Ego zufriedenzustellen, aber wenn dieser Mensch einen links liegen lässt, was soll das Ganze dann?"

"Ich hatte das Gefühl, er hatte mich hängen lassen. Ich fühlte mich ein wenig verletzt, dass er mich nicht wie ein menschliches Wesen behandelte. Für zwei oder drei Tage redete ich nicht mehr mit ihm, ich hatte dabei das Gefühl, dass ich nicht immer derjenige sein wollte, der nachgibt. Schließlich ging ich aber doch zu ihm und sprach mit ihm und ging ihm auf die Nerven mit der Frage, warum er mir aus dem Weg ginge und mich vernachlässige. Ich wollte mich mit Zyankali umbringen und sagte im Scherz zu ihm, dass ich vorher auch noch ihn umbringen wollte."

Das Gefühl ist dem syphilitischen Miasma nahe.

"Entweder sehr emotional oder überhaupt keine Gefühle. Als jemand in der Verwandtschaft starb, war ich der einzige Mensch, der nicht weinte. Auf der anderen Seite weinte ich bei zwei oder drei anderen Gelegenheiten wegen Trivialitäten."

"War in der Lage, mich mit Freunden wohl zu fühlen, aber wenn ich alleine war, weinte ich, fühlte ich mich von meinem ganz engen Freund betrogen und vernachlässigt. Das ist ungewöhnlich, im Allgemeinen neige ich nicht dazu, vor mich hinzubrüten, es gibt nichts, das mich leicht betroffen macht, nur dieser Kerl. Ich bin kaltblütig geworden. Ungewöhnlicherweise berührte es mich nicht, als ein Freund, mit dem ich verabredet war, nicht wie vereinbart auftauchte."

"Ich bin kaltblütig geworden, auch gleichgültig gegenüber ihm (dem nahen Freund), obwohl ich immer noch das Gefühl habe, dass er ein Teil von mir ist. Ich glaube, ich habe es gelernt, Dinge in meinem Leben zu akzeptieren und mit Menschen und Umständen Kompromisse zu schließen; ich lasse den Dingen ihren Lauf."

Unfähig zum Genuss des Lebens zu sein, ist Teil des Labiatae-Gefühls; sich ganz alleine zu fühlen ist lepröses Miasma.

"Gleichgültig; es lässt mich alles kalt. Gleichermaßen unberührt von Komplimenten, grobem Verhalten oder Beleidigungen. Hatte das Gefühl, dass ich zu viel erwartet hatte, und jetzt hatte ich keine Erwartungen mehr. Hatte überhaupt keine Gefühle mehr, keine Emotionen, kein Genuss, konnte die Dinge, die mir früher Spaß machten und die aufregend für mich gewesen waren, nicht mehr genießen. Ich denke an keine bestimmte Situation und an keinen bestimmten Vorfall mehr. Es fühlt sich an, als habe mein Gehirn aufgehört zu funktionieren."

Hier zeigt sich die dekompensierte Seite der Labiatae: kann nicht genießen, hat keine Freude mehr an den Dingen, die ihm einmal viel bedeutet hatten.

"Singe viel."

"Fühlte mich am Morgen aktiv und leicht. Es kamen mir mehrere Lieder in den Sinn: 'I have written my first love letter ...' und 'I haven't slept nor woken since ages, one day you will come ...' und 'I felt the need of a person very close to me, like a partner whom I could tell everything to'."

Lieder zu singen und zu schreiben ist eine Art und Weise sich Erregung zu verschaffen.

"Wachte ganz früh morgens auf, lebendig, energiegeladen, in einer ungewöhnlich glücklichen Stimmung und sang Lieder wie zum Beispiel folgendes: 'Our dreams are now of one colour. We will always be together ...' und 'My love, I look for you everywhere, we're still apart ...'"

Diese Leidenschaft ist typisch für die Labiatae.

"Ich bin am Singen; ich wollte der Vorlesung, die ich besuchte, nicht zuhören."

"Ich sang die ganze Zeit das Lied: 'I have to make this love grow, slowly'."

"Am Abend sang ich und hatte das Gefühl, das Leben sei voller Spaß und man sollte es in vollen Zügen auskosten." Das ist die Erregung der Labiatae.

Träume

"Ich sehe zu, wie ein Lastwagen jemanden überfährt. Ich renne schnell hin und denke dabei, dass derjenige wohl einen Haufen Rippen gebrochen haben müsste, und dass ich vielleicht den Fall einer "flail chest" (siehe unten) mit allen klassischen Zeichen sehen könnte. Aber als ich näher komme, verwandelt sich die Szene."

"Jetzt ist es ein enger Ort, und es ist da ein riesiger Lastwagen, der mit Metall vollgeladen und mit einer Plane oder mit einer Decke abgedeckt ist. Das Metall ist nicht in guter Balance geladen und fängt an, auf uns zu fallen. Vor mir und hinter mir sind andere Leute."

"Alle drehen sich um, und der Mann vor mir bewegt sich langsam vorwärts. Ich hätte gerne, dass er sich schneller bewegt, ich habe das Gefühl, ich würde gleich zermalmt. Ich sage nichts zu ihm, aber es herrscht eine Stimmung voller Dringlichkeit, von dem Ort wegzukommen."

"Flail chest" heißt der Zustand, wenn der Brustkorb zerquetscht ist; die Prüferin findet Aufregung in der Vorstellung von Zerstörung. Aus dieser Erregung heraus gibt es ein Gefühl, die Prüferin sei in Gefahr, zermalmt oder erstickt zu werden und zu sterben. Das drückt das tuberkulöse Miasma aus, das sich in Richtung Syphilis bewegt, ist also das lepröse Miasma.

"Meine Mutter wollte mich mit einem hässlichen und seltsam aussehenden Kerl mit irgendeiner Hautkrankheit verheiraten. Ich war mir der Heiratspläne nicht bewusst oder dessen, wie die Heirat zustande gekommen war. Ich war auf meine Mutter sehr wütend, hatte das Gefühl, das sei Unsinn, und fragte mich, wie sie mich an einen so schmutzigen Kerl verheiraten konnte. Ich fand ihn ganz schmuddelig. Und als ich aufwachte, war ich erleichtert, dass es nur ein Traum gewesen war."

Das drückt exakt das lepröse Gefühl aus.

"Ich bin in ein Geheimzimmer gegangen und habe mir ein Buch genommen und komme dann in ein anderes Zimmer. Meine

> Schwester tritt ein, und ich möchte nicht, dass sie das Buch sieht, sonst wüsste sie, dass ich in dem Geheimzimmer gewesen bin. Ich versuche verzweifelt sie abzulenken. Sie merkt es beinahe, als ich ihr ein paar Gläser voller Speisen zeige, die meine Mutter zubereitet hat. Alle sind verdorben außer einem einzigen, in dem eine gute Speise ist, womit sie abgelenkt ist und den Raum verlässt."

Das lepröse Miasma steht zwischen dem sykotischen und dem syphilitischen, und davor steht noch das tuberkulöse. Es hat also Aspekte aller drei Miasmen. Im Folgenden zeigt sich der sykotische Aspekt, das Verstecken.

> "Ich war mit meiner Schwester in der Oper. Sie zeigte mir aus einem dicken Buch Bilder von einer berühmten Filmschauspielerin in halbnackter Pose. Es vermittelte ein Gefühl von Offenheit. Als meine Schwester wegschaute, versuchte ich noch einmal einen Blick zu erhaschen und fühlte mich deshalb schuldig."

Auch das ist ein sykotisches Gefühl.

> "Ich hatte mich gut angezogen, um auszugehen, und wartete auf jemand. Ich war glücklich und aufgeregt. Dann verlor ich aus irgendeinem Grund meine gute Laune, und die ganze freudige Erregung war weg."

Ein Gefühl der Labiatae.

ORIGANUM

Labiatae + syphilitsches Miasma

Hering schreibt:

> "Erotomanie und Selbstmordneigung bei einem jungen Mädchen; starke sexuelle Reizung; tiefe Griesgrämigkeit, glaubt sich verloren und verachtet. Als sie aus ihrer Erstarrung erwacht, schreit sie auf und meint, der Teufel komme, glaubt sich in der Hölle, in Ketten, betrachtet sich als wahnsinning, und die Menschen um sie herum befürchten, dass sie es wirklich würde; denkt daran, sich zu zerstören."

Folglich finden sich für Origanum entsprechende Rubriken:

> Wahnideen: sei verloren, für ihr Seelenheil, und sei verachtet, bei Erotomanie. (Complete)
>
> Selbstmordneigung: bei Erotomanie. (Complete)
>
> Wahnideen: von der Hölle, in Ketten, bei Erotomanie. (Complete)

Wahnideen: von Teufeln, bei erotischer Manie. (Knerr)

Wahnideen: von der Hölle, glaubt sich in Ketten. (Knerr)

Wahnideen: hat die Vorstellung, dass er verloren sei, und verachtet. (Knerr)

Die Neigung zu Selbstmord und der Grad der Verzweiflung weisen darauf hin, dass das Heilmittel zum syphilitischen Miasma gehört, was kombiniert mit dem Empfinden der Labiatae-Familie das folgende Gefühl ergeben könnte:

Von Erregung zerstört.

ZUSAMMENFASSUNG LABIATAE – EMPFINDUNGEN UND REAKTIONEN

Empfinden

Erregung: lebendig, angenehm, zitternd vor Erregung.

Psychologisch: Heiterkeit, Ansturm von Ideen, Geschwätzigkeit, Lebhaftigkeit, Genuss.

Physisch: Erregbarkeit, Reizbarkeit.

Schrecken/ängstliche Sorge.

Unangenehme Überraschungen.

Passive Reaktion

Mangel an Erregbarkeit.

Mangel an Reaktion auf äußere Einflüsse.

Unempfindlichkeit.

Aktive Reaktion

Fleißig.

Bewegung bringt Besserung.

Fröhlichkeit.

Kompensierung

Ruhe.

MIASMEN

Akut	Mentholum
Typhös	Lycopus virginicus
Ringwurm	Teucrium marum verum
Malaria	Collinsonia
Sykose	Lamium album
Krebs	Agnus castus
Tuberkulös	Teucrium scorodonia
Leprös	Ocimum sanctum
Syphilis	Origanum

VERGLEICHSMITTEL

Rubiaceae

Piperaceae

LEGUMINOSAE

(Ordnung Leguminosen oder Hülsenfrüchtler, eigentlich Ordnung Fabales)

HEILMITTEL

Balsamum peruvianum	Perubalsam oder Tolubalsam, gewonnen aus Myroxyron balsamum
Baptisia tinctoria	Färberhülse, Wilder Indigo
Caesalpinia (C. bonducella)	
Chrysarobinum	gewonnen aus Andira araroba
Copaiva – Balsamum copaivae	Copaivabalsam, gewonnen aus Copaifera officinalis
Dolichos pruriens (Mucuna pruriens)	Juckbohne
Indigo	Farbstoff Indigo
Lathyrus sativus	Kichererbse, Saat-Platterbse,
Melilotus officinalis	(Echter) Steinklee
Phaseolus (vulgaris) nanus	Buschbohne
Physostigma venenosum	(Calabarbohne)
Robinia pseudacacia	Robinie, Falsche Akazie, Scheinakazie
Sarothamnus scoparius	Besenginster
Trifolium arvense	Hasenklee
Trifolium pratense	Wiesenklee, Roter Klee
Trifolium repens	Weißklee

WEITERE HEILMITTEL

Desmodium	
Gymnocladus	
Joanesia asoca (Saraca indica)	Ashokbaum
Mimosa pudica	Mimose

GEBRÄUCHLICHE HEILMITTEL

Baptisia

Copaiva

Indigo

Melilotus

Physostigma

Trifolium repens

HERKUNFT

Wir suchten im MacRepertory-Programm nach Rubriken, die den Mitteln der Leguminosae gemein sind. Rubriken mit wenigstens zwei der Mittel wurden herausgesucht und näher betrachtet.

> Kopf: Empfinden von Kochen, wie von kochendem Wasser. (12. Symptom) (Indg., Rob.)
>
> Kopf: Schwimmen des Gehirns, wie ein. (16. Symptom) (Bapt., Phys.)

Damit das Gehirn im Kopf herumschwimmen kann, muss es lose sein. Das gibt uns den Hinweis, dass ein wichtiges Empfinden der Leguminosae ein Gefühl von Losesein sein könnte. Wir wollen nach spezifischeren Empfindungen suchen. Zu diesem Zweck schauen wir uns weitere Leguminosae-Mittel näher an.

Wir beginnen dieses Studium mit **Baptisia**, bei dem wir folgende Hinweise auf das zentrale Empfinden finden:

> "Denkt, dass er zerbrochen oder doppelt ist. Teile fühlen sich getrennt oder verstreut. Wirft sich im Bett herum und versucht, die Teile wieder zusammenzubringen." (Phatak, Materia medica)
>
> Wahnideen: Vorstellungen, geteilt, in zwei Teile, dass er sei. (Complete)

Wahnideen: Vorstellungen, Körper, Körperteile, Arme, seien abgeschnitten. (Complete)

Wahnideen: Vorstellungen: Körper, Körperteile, Arme, seien getrennt vom Körper. (Complete)

Wahnideen: Körper, Körperteile, Kopf, seien auf dem Bett verstreut. (Complete)

Wahnideen: Körper, Körperteile, Glieder, seien getrennt vom Körper. (Complete)

Träume: sei gebunden, mit einer Kette über den Mund. (Complete)

Baptisia hat das Gefühl, seine Körperteile, sein Kopf, die Beine und Arme usw. seien voneinander getrennt. Das Gefühl, dass die Gliedmaßen sich abtrennen können, scheint dem Gefühl von Losesein ähnlich zu sein, dem wir in der Repertoriumsuche begegnet sind. "Gebunden" oder "angebunden" ist das Gegenteil von lose.

Bei **Trifolium repens** finden wir Folgendes:

Gliedmaßen: fallen auseinander, als ob die Hüften auseinanderfielen. (Complete)

"Es (das Heilmittel) tut gute Dienste bei aktiver oder passiver Blutung bei drohendem Abort, wenn mit jeder Bewegung ein Schwall von Blut kommt und wenn die Frau um die Hüften und im Rücken ein Gefühl hat, als ob sie auseinanderfielen. Sie verschafft sich Erleichterung, indem sie sich fest bandagiert." (Blackwood)

Auch hier sehen wir eine ähnliche Empfindung, nämlich dass Teile auseinanderfallen und dass Bandagieren Erleichterung bringt. Das Gegenteil von Auseinanderspalten und Entzweien ist Zusammenbinden und Bandagieren.

Bei **Physostigma** finden wir Folgendes:

Kopf: schmerzend, Zusammenschnüren, als sei er mit Bandagen umwickelt. (1) (Allen, Repertorium)

Das Muster, das sich aus dem Studium dieser drei Heilmittel ergibt, ist das Gefühl, dass die Dinge auseinandergespalten werden, verstreut, getrennt, und dass Zusammenhalten und Bandagieren Besserung bringen.

Das Empfinden der Pflanzenfamilie könnte sich um die Polarität von Gespalten - und Zusammengebundensein drehen.

Wenn wir im Reference-Works-Programm nach den Begriffen gespalten, gebunden, zusammen und auseinander schauen, finden wir folgende Hinweise.

Bei **Baptisia:**

Wahnidee: Körper, vom, dass er über das Bett verstreut sei, dass er die Teile nicht zusammensetzen könne. (1) (Knerr)

Kann sein Denken nicht zusammenhalten, ein Gefühl von wildem Umherstreifen (sobald die Augen geschlossen sind). (Vermeulen)

Bei **Desmodium:**

"Kopfweh zusammen mit dem Empfinden, als ob alle Seiten des Kopfes mit einem Band umbunden wären." (Ghose)

Bei **Mimosa pudica:**

Allgemeines: Zusammenbinden, Bandagieren bringt Besserung. (Complete)

Bei **Copaiva:**

Rücken fühlt sich schwach, als triebe das Gewicht des Körpers ihn zusammen. (Wards)

Bei **Gymnocladus:**

Kopf: Zusammenschnüren, Empfinden von Zusammengebundensein. (Complete)

Kopf: Gefühl von Festsein, wie (zusammen)gebunden. (Murphy)

Bei **Indigo:**

Geschraubt: zusammen, als ob der Kopf zusammengeschraubt wäre. (Robert)

Bei **Melilotus:**

Kleidung: Empfinden von zu fest, zu eng, um den Brustkorb. (Complete)

Bei **Joanesia:**

Klopfen: Empfinden von, mit, als ob der Kopf gespalten würde. (Knerr)

Aus all dem können wir schließen, dass das Hauptempfinden der Leguminosae wie folgt sein könnte: *Gefühl gespalten oder zusammengebunden zu sein, auseinandergebrochen oder zusammen zu sein.* Die Leguminosen sind zufällig auch die Familie der Erbsen. Diese Frucht ist zusammengebunden und kann, wenn die Bindung gelöst ist, verstreut werden.

Bei der Lektüre zu Physostigma in Phataks Materia medica lesen wir Folgendes: “Zu viele Dinge im Zimmer; zählt sie unablässig.” Das könnte damit zu tun haben, dass alles verstreut ist.

Der Begriff “gespalten” bezeichnet das Hauptthema der Erbsenfamilie. Erbsen brechen auseinander oder bleiben zugebunden. Ein Faktor von außen, eine Energie von außen spaltet sie auf, und sie möchten geschlossen bleiben.

Während des Studiums an dieser Pflanzenfamilie hatte ich einen Traum: Wir waren in einem Krankenhaus, und mein Schwiegervater erlitt einen Herzanfall oder ein Herzversagen. Wir waren in der obersten Etage, und er war in der zweiten. Gleichzeitig erkrankte auch mein Sohn an einem anderen Ort, und mein Auto war nicht da. Zur gleichen Zeit tauchte eine frühere Freundin meines Schwiegervaters auf. Das war sehr peinlich. Sie verlangte, ihn zu sehen, und wir konnten nicht den Weg zu seinem Zimmer finden. Der Arzt war verschwunden. Es war ein furchtbares Durcheinander. Das zentrale Gefühl war, dass alles in verschiedene Richtungen verstreut war.

ZUSAMMENFASSUNG LEGUMINOSAE – EMPFINDUNGEN UND REAKTIONEN

Empfinden

Spaltet sich.

Fällt auseinander.

Ist in Stücken oder zusammengebunden.

Passive Reaktion

Gefühl von Verstreutsein und Verwirrung.

Gespalten.

Nicht zusammen.

Aktive Reaktion

Die Dinge zusammenbekommen.

Kompensierung

Gefühl von Zusammengehörigkeit, von Geeintheit.

MELILOTUS

Leguminosae + akutes Miasma

Folgende Rubriken weisen darauf hin, dass es sich um das akute Miasma handeln könnte:

> Entkommen: Versuche zu, Versuche wegzurennen. (Complete)
>
> Entkommen: Versuche zu, Versuche wegzurennen, möchte entkommen und sich verstecken, denn sie beharrt auf der Vorstellung, dass alle sie beobachten. (Complete)
>
> Verstecken, Wunsch, sich zu, bei Kindern; rennen weg und verstecken sich. (Complete)
>
> Wahnideen: verfolgt, dass er verfolgt sei. (Complete)
>
> Töten, Wunsch zu: droht zu töten, diejenigen, die sich ihm nähern. (Complete)

Als das Gefühl von Melilotus könnte Folgendes vorgeschlagen werden:

> *Plötzlich (auf)gespalten; akute Bedrohung, gespalten zu werden.*

BAPTISIA

Leguminosae + typhöses Miasma

Die folgenden Rubriken zeigen, dass das Miasma typhös sein könnte.

> Bett, herauskommen, möchte aus dem Bett herauskommen, bei Typhus. (Complete)
>
> Delirium: wild, bei Typhus. (Complete)
>
> Wahnidee: Bett, sei am Versinken. (Complete)
>
> Träume: von Geschäftlichem. (Complete)
>
> Ausgezeichnetes Mittel bei Typhus.

Das Gefühl von Baptisia könnte folgendermaßen sein:

Fühlt sich verstreut und muss unverzüglich alle Stücke zusammensammeln. Oder: *Versucht verzweifelt, alle Teile zusammenzusetzen, und wenn er es tun kann, dann wird er gesund und in Ordnung sein.*

Dieses Empfinden taucht in der folgenden Rubrik auf:

> Wahnidee: Körper, Körperteile, seien auf dem Bett verstreut, wirft sich hin und her, um sie zusammenzubekommen. (Complete)

BAPTISIA-FALL 1

Von Dr. Linda Johnston

Kursivschrift zum Hervorheben aussagekräftiger Wendungen.

S.C. ist eine Frau von 40 Jahren, Hausfrau und Künstlerin. Seit vielen Jahren hatte sie Asthma und das ist auch ihr wichtigster Beweggrund, zur Behandlung zu kommen. Wie man erkennen wird, hat sie noch weitere Schwierigkeiten, mit denen zu leben sie gelernt hat und die unter der Homöopathie erstaunliche Besserung erfahren. Der Originalfall ist sehr lange, deshalb stelle ich hier nur ungefähr ein Drittel des Materials vor. Obwohl es lange dauerte, bis diese Informationen zusammengetragen waren, hatte ich am Ende des Gesprächs alle Aspekte dessen, was S.C. mir mitgeteilt hatte, verstanden, und, wie man dann sehen kann, das Heilmittel ergab sich kristallklar. An einem solchen Punkt können wir ein Mittel mit vollem Selbstvertrauen verschreiben.

Hier ist S.C.s Geschichte in ihren eigenen Worten.

"Ich habe mich schon lange nicht mehr gesund gefühlt. Seit einem Autounfall vor fünf Jahren hatte ich Muskelkrämpfe im Rücken. Ich habe keine Energie. Mein Asthma ist viel schlimmer geworden. Ich hätte gerne, dass ich meine Energie wiedererlange, damit ich produktiver sein kann. Wegen meines Asthmas bekomme ich nur schwer Luft. Einmal im Monat oder alle zwei Monate habe ich eine Nebenhöhlenentzündung. Das geht so vom Herbst bis in den frühen Frühling. Am Schluss habe ich dann eine Hefepilzinfektion und eine Blaseninfektion von all den Antibiotika. Mein Chiropraktiker nimmt sich dieser Dinge an.

An meinem Bein habe ich eine böse Narbe; da habe ich mich, als ich zwei war, mit heißem Wasser verbrannt. Die geht vom oberen Ende meines rechten Beines bis runter zum Fuß. Links ist es weniger schlimm. Als ich zwölf war, hatte ich Hauttransplantationen, und es dauerte den ganzen Sommer, bis ich mich davon erholt hatte. Im Alter von vierzehn wurde die Narbe geschliffen, um sie in ihrer Dicke zu verringern.

Ich habe eine Menge Medikamente genommen. Als kleines Mädchen zum Beispiel bekam ich Grippeimpfungen von meinem Papa. Er gab mir auch Tetrazyklin, ohne zum Arzt dafür zu gehen. Als wir nach Mexiko gingen, bekamen wir Typhusimpfungen. Ich hatte auch jedes Jahr Nebenhöhleninfektionen mit Fieber. Das ist nichts Gutes. Im Alter von zwölf bis dreizehn hatte ich Akne. Papa behandelte es und es ging weg. Dann in meinen frühen Zwanzigern wurde es am Kinn schlimm. Ich nahm Tetrazyklin und Retin-A.

Ich habe auch Hämorrhoiden, vor allem seit der Geburt meines Sohnes; er ist jetzt vierzehn. Der Arzt sagte, es sei der zweitschlimmste Fall von Hämorrhoiden, den er je gesehen hatte. Als ich meinen Sohn bekam, benutzte ich Demerol für natürliche Wehen. Am Ende musste ich eine Epidurale haben und die Wehen mussten eingeleitet werden. Das tat nicht weh, aber so konnte ich keine natürliche Geburt haben. Es war es wert, denn es war sehr schmerzhaft, meinen Sohn zu gebären.

Für das Asthma habe ich alle Arten von Steroiden genommen. Ich hatte schon so viele Behandlungsserien mit Steroiden. Mit dreißig hatte ich viermal hintereinander Bronchitis und ich musste immer stärkere Antibiotika nehmen. Bis dahin war mein Asthma nicht so schlimm gewesen.

Als ich vierundzwanzig war, war ich wirklich schwer krank. Ich hatte gerade geheiratet. Mein Mann und ich, wir wurden beide krank, und es dauerte drei Monate. Es hatte uns wirklich ausgelaugt, wie Mononukleose. Wir waren bleich und müde. Wir konnten nur noch im Apartment herumkriechen und am Boden liegen.

Ich machte eine Menge Missbrauch durch, körperlichen und einigen sexuellen, auch emotionalen und spirituellen. Ich habe dafür schon eine Menge Therapie mitgemacht, drei bis vier Jahre lang, und es half mir. Ich habe deshalb auch schon viele Gebetssitzungen über mich ergehen lassen. Alle meinten, ich sei ein Wunder. Die meisten Menschen mit meinem Hintergrund würden in einer Anstalt landen. Mein Bruder brachte sich selbst um.

Manchmal werde ich depressiv, aber nicht mehr so wie früher. Ich glaube, dass ich die Besserung auf die Gebetssitzungen zurückführen kann. Seitdem sie für mich gebetet haben, ist es anders, ein großer Unterschied. Ich habe nicht mehr so viel Groll wie früher und ich bekomme nicht mehr so arge Depression oder Angst.

Mein Name als Mädchen war Sally Jean und ich habe ihn zu Pleeta verändert. Das ist jetzt mein offizieller Vorname. Als ich dreißig war, wurde ich des Namens Pleeta müde. Ich war des dauernden Erklärens überdrüssig. Ich wollte, dass mein Name wieder Jean sei. Also änderte ich ihn wieder.

Ich habe noch vor ein paar Dingen Angst, zum Beispiel vor dem Dunkeln und vor dem Fahren, vor allem weiter weg von zuhause. Ich habe über Phobien nachgelesen. Es ist eine diffuse Angst. Ich bin nicht agoraphobisch. Ich kann in New York in der U-Bahn fahren. Ich habe ein wenig Angst vor offenen Plätzen, aber es geht mir besser in den Bergen und unter Bäumen. Ich habe das Gefühl, dass ich mich da besser verstecken kann.

In der Kirche bin ich einer der Gebetsdiener. Wir beten für andere Menschen. Ich bekomme Visionen in Form von Gedanken oder Worten. Sie helfen mir bei den Gebeten. Leute kommen nach vorne und beten und oft weinen sie. Ich bete gerne für sie. Ich warte auf einen Gedanken, bis Gott mir sagt, was ich beten soll. Ich mag das.

Ich gebe auch Sonntagsunterricht. Ich wechsele dabei mit anderen ab. Meine Lektionen sind kreativ und wirklich gut. Ich benutze Kunst, ausgestopfte Tiere, um die Geschichten darzustellen. Ich erfinde Lieder und lasse mir dazu Text einfallen. Manchmal sind sie witzig. Ich mag es, wenn ich die Kinder zum Lachen bringe und sie Spaß haben. Wenn man einfach nur seine Lektion runterliest, dann kann das langweilig sein. Ich erfinde Spiele und kriege es fertig, dass die ganze Klasse mitmacht. Es kann ein Unterricht von eineinhalb Stunden sein, aber ich schaffe es, dass sie alle Spaß haben.

Ich kann daraus viel Genuss gewinnen. Es ist wichtig, dass ich jeden Morgen mit einem christlichen Lied im Kopf aufwache. Den ganzen Morgen meditiere ich darüber. Ich lese nicht so viel in der Bibel. Ich meditiere lieber über die Lieder oder über die Visionen und Gedanken, die mir kommen. Jede Woche gehe ich in die Klasse zum Bibelstudium. Ich hole mir eine Menge aus der Bibel. Das ist mein Ding; bin ja ein Christ. Das ist meine allerliebste Nummer-Eins-Beschäftigung. Es tut mir leid, dass Sie sich das anhören müssen. Ich bin von mir selbst enttäuscht, weil ich nicht mehr lese. Ich lese eine Menge Zeitschriften wie Time, Life und People. Das People-Journal fasziniert mich. Ich kaufe es nicht oft, aber ich lese es von vorne bis hinten. Wenn es mich langweilt, dann lese ich es nicht. Politik langweilt mich. Meine Mutter mag Politik und redet darüber.

Mein Bruder hat sich vor fünf Jahren umgebracht. Es war am 14. Dezember, und es war hart, das durchzustehen. Weihnachten war deswegen ganz gespenstisch. Der Therapeut meinte, wir sollten dennoch Weihnachten feiern. Ich zwang mich dazu und fühlte mich gar nicht danach. Ich weinte viel.

Wenn ich für Leute bete, dann kommen mir Tränen. Wegen meiner eigenen Dinge weine ich nie. Ich weine bei einem traurigen Film. Mein Vater starb, als ich achtundzwanzig war. Wir mussten sein Geschäft übernehmen. In den letzten paar Jahren war meine Beziehung zu ihm gut. Wir konnten uns gegenseitig sagen, dass wir uns liebten. Gegen das Ende zu wurde er so nett.

Meine Mutter missbrauchte mich am meisten. Mein Vater verletzte mich stärker, aber weniger oft. Vater missbrauchte mich emotional und auch sexuell. Falls sexueller Missbrauch vorkam, kann ich mich nicht daran erinnern. Ich denke, dass ich missbraucht wurde, denn ich habe Angst vor dem Dunkeln.

Als ich acht war, kam mein Vater immer ins Badezimmer gestürzt und machte Fotos von mir. Als ich Teenie war, starrte er eine Menge auf meine Brüste. Ich kann mich nicht daran erinnern, dass er irgendeine Aufdringlichkeit beging. Vater sagte die verrücktesten Dinge. Vater sagte, Abtreibung sei schlecht außer bei Schwarzen. Das regte mich auf. Vater sagte auch, dass es für Männer in Ordnung sei, Affären zu haben, aber nicht für Frauen. Männer könnte ruhig zunehmen, aber Frauen nicht. Solche Dinge. Er behandelte Mutter schlecht. Mutter machte allen vor, er sei ein toller Ehemann, aber er behandelte sie wie eine Sklavin. Er gab ihr kein Geld, um Kleider zu kaufen, und sie durfte keine Freunde haben. Sie hatte nicht das Leben, das ich mir wünschte.

Vater war eine starke Persönlichkeit. Jeden Sonntag gingen wir zur Kirche. Wir durften kein Fernsehen haben, und er hatte die Kontrolle über alles Geld. Vater hatte gute Kleider, Mutter nicht. Heutzutage habe ich immer wirklich gute Kleider.

Ich hatte den allernettesten Großvater. Ich konnte zu seinem Haus laufen. Er war normal. Ich tat all das, was ich zu tun wünschte, zum Beispiel Fernsehen und Spiele spielen. Er nannte mich Kätzchen. Ich durfte die Nacht in seinem Haus verbringen. Seine Frau war ruhig und nett. Sie machten für mich Abendessen, und ich aß dort jede Woche mehrere Male.

Ich mochte sein Haus, Bleistift und Papier gab es immer. Sie aßen täglich zu genau derselben Zeit. Es war ein schöner Rhythmus und es war organisiert. Großvater hatte seinen Stundenplan. Ich wusste immer, was ich zu erwarten hatte.

Vor meinem Bruder hatte ich immer Angst. Er schlug mich viel, und ich wusste nie, was er als nächste tun würde. Wenn er mit mir alleine in einem Zimmer war, wusste ich nie, ob er mir nicht weh tun wollte. Ich hatte Angst vor seinen Freunden, die bei ihm waren. Sie waren gemein. Einmal zerbrach mir etwas, und er boxte mir in den Magen. Er zerbrach meine Spielsachen.

Vater ignorierte meinen Bruder. Zusammen quälten sie Insekten. Ich hatte Angst davor, dass es ihnen (den Insekten) wehtäte, und ich hasste es, dabei zusehen zu müssen, wenn sie Insekten verletzten. Vater folterte auch Tiere. Er fing Stinktiere und brachte sie mit den Autoabgasen um. Meine Katze bekam Junge, und er spülte sie die Toilette hinunter. Ich fühlte mich schrecklich. Die Katzenjungen waren schwarz, und er mochte keine schwarzen.

Vater bewahrte alle Medikamente unten im Gefrierfach auf. Auch alles Süße war da unten. Vater aß den ganzen Tag Süßes. Bis ich vierzehn war, aß ich auch eine Menge, dann entschloss ich mich, damit aufzuhören. Ich wurde beinahe anorektisch, bis ich neunzehn war. Ich war auch ein wenig auf der anorektischen Seite. Ich wog 47 Kilo. Ich sah wirklich elend aus, wie diese rappeldürren Modelle. Meiner Ansicht nach sah ich nicht gut aus. Ich sah nicht gesund aus. Ich verschaffte mir daraus Befriedigung, nichts zu essen. Vater war glücklich darüber, dass ich so dünn war. Er denkt, Frauen mit Kurven seien hässlich. Er dachte, schlanke Frauen seien hübsch. Wenn ich weite Klamotten anhatte, dann konnte Vater meinen Körper nicht sehen und ich war glücklich. Ich möchte meinen Körper lieber vor allen verstecken.

Ich zog mich damals seltsam an. Im College trug ich einen alten Bademantel, wenn ich zur Schule ging. Ich kämmte mich nicht, und mein Haar war immer wirr. Oft wusch ich es nicht. In der High School trug ich äußerst seltsame Klamotten, wie zum Beispiel Galakleider aus den Fünfzigern, japanische Pyjamas, sprühgefärbte Judo-Hosen und alte Kleider wie Kostüme. Ich trug einen Kimono und kleine Holzschuhe und lustige Hüte. Ich kleidete mich sehr farbenprächtig. In der High School ging ich in die Kunstschule. Ich trug ein T-Shirt und Hosen mit einem Kimono darüber. Ich trug die verrücktesten Klamotten.

Jetzt fühle ich mich etwas normaler als damals. Aber noch nicht so normal wie Butterbrot. Mit zweiundzwanzig hatte ich Selbstmordabsichten. Ich wollte einfach sterben. Ich fühlte mich so schlecht, denn ich lernte mit neunzehn meinen Mann kennen. Ich war streng christlich und wollte mit Sex bis zur Heirat warten. Wir hatten nach sechs Monaten Sex und ich fühlte mich wirklich schuldig. Bis zur Heirat dauerte es fünf Jahre. Nach der Heirat wurde ich nicht schwanger, erst als ich es wollte. Manchmal weine ich deshalb immer noch. Ich fühlte mich so schuldig. Ich konnte nicht aufhören, mit ihm Sex zu machen. Ich glaube, ich war süchtig. Ich kann meinen Hunger nach Sex nicht kontrollieren. Ich wollte keinen Sex mit ihm haben, aber ich tat es trotzdem. Vielleicht geschah etwas mit Vater, weil ich meinen Appetit nicht beherrschen konnte.

Ich regte mich auf, wenn ich hässliche Kleider anhatte. Mutter wollte immer die Kleider für mich aussuchen, also wählte ich die allerverrücktesten. Ich hasste unsere Kirche. Es war so furchtbar fundamentalistisch. Dann, im Alter von achtzehn, ging ich in meine eigene Kirche in Hollywood. Dort waren viele verrückte Leute.

Seit unserem ersten Haus habe ich immer wieder einen Traum. Im Traum haben mein Mann und ich heimlich geheiratet und wir müssen in dem alten hässlichen Schlafzimmer leben. Wir liegen auf einer Matratze am Boden. Manchmal schliefen wir im Haus meiner Eltern. Dieses Haus hat Glaswände, und sie können uns sehen. In meinem Elternhaus können wir die Tür nicht verschließen, und sie können uns sehen. Wir haben keine Privatsphäre. Sie können uns sehen und sie tun es auch. Ich fühlte mich so ausgeliefert und nackt, selbst wenn wir unter den Bettlaken lagen. Ich hatte keine Privatsphäre. Es fühlte sich an, als hätte ich keine Haut, ein stechendes Gefühl. Es fühlt sich kalt an. Ich kann es jetzt noch fühlen. Es ist ein Gefühl von Durcheinandersummen. Jemand möchte mein Leben für mich regeln und übernehmen. *Wenigstens mit meinem Mann habe ich das Gefühl, dass es Grenzen gibt. Ich habe das Gefühl, ich habe keine Grenzen. Ich kann es jetzt ein wenig spüren.*

In der High School hatte ich das Gefühl, als ob Teile von mir überall herumtrieben. Jetzt fühle ich mich eingeschlossen. Ich bin nicht sicher, wer ich bin. Ich weiß nicht, wie ich mich selbst behaupten kann. Ich weiß nicht, wie ich Leute dazu bringen kann, Abstand zu wahren. Sie können tun, was sie wollen. Ich erhielt für mein Aussehen wenig Anerkennung. Mutter hatte mir nichts von Perioden gesagt, bis ich meine erste hatte. Ich fühlte mich nicht vorbereitet auf das, was mit mir geschah. Es gab niemand, der es mir erklärte. Mutter musste in eine Anstalt gesteckt werden und erhielt Schocktherapie. Sie war so deprimiert. Es war, als hätte ich nie eine Mutter gehabt. Wenn ich etwas mitzuteilen hatte, dann hörte sie entweder nicht zu oder sie wechselte das Thema. Ich ging dann zu meinem Vater, aber er sah aus, als hörte er nicht zu. *Ich habe keine Verbindung zu meinen Eltern außer auf eine ungesunde Weise, zum Beispiel wenn sie mich schlugen oder wenn sie mir sagten, was ich zu tun hatte oder wohin ich gehen musste.*

Ich hatte das Gefühl, dass ich überall herumtrieb und dass andere auf mich zutrieben. Es gab keine Grenzen. Jetzt kann ich einfach sagen: Geh weg. Aber damals wusste ich nicht, wie man so etwas sagt. Jungs in der sechsten Klasse zogen mich auf wegen meiner Verbrennung, also ignorierte ich sie. Sie verspotteten mich jeden Tag. Zwei Jungs verspotteten mich jeden Tag. Ich wusste nicht, wie ich sie zum Aufhören bringen konnte. Ich wechselte auf eine andere Schule. Ich liebte es, mich seltsam anzuziehen, und genoss es, wenn man mich aufzog. Das war die Reaktion auf die früheren Vespottungen.

Es ist sehr unangenehm, mich an diese Zeit zu erinnern. Ich hatte nicht einmal das Gefühl, dass ich das wirklich war. Ich war sehr tief unter der Oberfläche verschwunden, und jemand anders hatte mich übernommen. Ich konnte nicht mein Leben leben. Dann bewegte ich mich aus meinem Leben hinaus und ging in Therapie. Ich kam wieder vom Boden hoch. Ich hatte das Gefühl, dass mein wirkliches Ich unter all den Schichten sicher aufgehoben war. Das war die einzige Art, wie ich damit umgehen konnte.

Mein Bruder war sechs Jahre älter als ich und war schizophren. Als er verrückt wurde, arbeitete Mutter. Ich wusste nie, was zum Abendessen auf den Tisch kam. Wenn ich Hunger hatte, war kein Essen da. Mit der Anorexie fühlte ich mich in Kontrolle. Ich mache mich dann für das Essen von niemand abhängig. Als ich älter wurde, kochte ich oft, und Mutter schrie mich an. Sie meinte, ich verschwendete Geld.

Meine Kinder können sicher sein, dass sie etwas zum Abendessen bekommen. Sie wissen, wo etwas zu essen ist. Ich versuche, das gute Gefühl wiederherzustellen.

Wenn ich eine Vision habe, dann meditiere ich viel. Ich sehe sie nicht mit meinen Augen, sondern in meinem Hinterkopf. Ich stelle es mir nicht vor, sondern es kommt zu mir wie auf einem Diabild. Ich sehe es nicht wie beim normalen Sehen. Zweimal hatte ich Visionen, die ich sah wie mit meinen Augen. Es war so, als ob ich alles wie normal sehen konnte und dann noch etwas anderes dazu. *Ich sah ein Licht aus den Augen der Ministranten kommen, als meine Tochter getauft wurde.*

Ich meditiere gerne über Lieder. Wenn ich künstlerisch tätig bin – ich tue es jetzt ganz selten –, dann gehe ich zu einem Ort, wo ich ganz langsam atme. Es passiert einfach. Ich muss ein ganz langsames meditatives Denken üben, damit das passiert. Wenn ich künstlerisch tätig bin, dann ist das besänftigend und entspannend für mich. Es gibt etwas in mir drin Nahrung. Ich tue das, seit ich vier bin. Es war immer eine gute Sache. Meine Kunst ist exzentrisch, nicht das, was Sie erwarten. Ich gehe sehr ins Detail. Ich glaube, es ist das, was ich am besten kann. Ich mache es nicht, wenn ich keine Ruhe und keinen Frieden habe.

Ich habe das Gefühl, dass andere Leute mich nicht mögen. Ich bin isoliert, von anderen entfremdet. Beten hat mir enorm geholfen. Sie beten viel in der Kirche. Der reinigende Strom betet um bestimmte Dinge für uns. Wenn wir zum Beispiel Angst haben, uns verloren fühlen oder Selbsthass haben. Eigentlich tut das Gott.

Ich fühle mich jetzt so viel ganzer, mehr zusammengehalten, im Gegensatz zu auseinanderverstreut. Das eiskalte Gefühl verschwindet, und ich fühle mich jetzt lebendiger und ich habe weniger Angst. Ich hatte nachts immer Angst. Als ich neunzehn war, wachte ich nachts mit dem Gefühl auf, dass ein Gewicht auf meiner Brust gelandet sei. Es war wie eine Katze, die mir auf die Brust gehüpft war. Ich hoffe, Sie glauben nicht, dass das verrückt ist. *Es gab auch ein Gespenst, das über mir schwebte mit einem Gesicht, einer bösen Fratze. Es hatte Kleider an wie aus der Sherlock-Holmes-Zeit. Es hatte eine kleine Weste mit einer Taschenuhr an einer Kette. Da stand auch ein Geistfreund. Sie waren zu mir gekommen, um mich zu schikanieren. Ich schlief und sie weckten mich. Ich war glücklich, und sie kamen herein, um mich zu schikanieren. Es war, weil ich Christin war. Ich betete und vertrieb sie dann aus dem Haus. Ich sagte zu ihnen: Ihr gehört nicht hierher, im Namen Jesu. Ich war zornig darüber, dass sie in mein Haus kamen. Sie gehörten nicht hierher. Sie waren böse.*

Vor der Therapie hatte ich mein Haar nicht gekämmt und nicht viel gegessen. Ich war wirklich verwirrt. Ich fühlte mich leer. Ich fühlte einen Antrieb, aber ich wusste nicht, wie ich damit umgehen sollte. Ich hatte einen starken Glauben an Gott und wusste deshalb, dass ich mich nicht wirklich umbringen wollte. Aber ich dachte oft über die verschiedenen Arten nach, wie ich es tun könnte. Ich hatte Visionen davon, wie ich es tat. Ich sah eine Gewehr und sah mich selbst, wie ich mir in den Kopf schoss oder wie ich Gift einnahm. Alle paar Sekunden sah ich diese Visionen. Ich hatte Angst davor, mich umzubringen, wegen meines Glaubens an Gott. *Ich wollte nichts Unrechtes tun. Ich wusste, dass ich nicht verrückt war, aber dennoch; ich habe mir nicht einmal ein Gewehr gekauft. Ich erinnere mich an Gefühle von Unverbundenheit. Ich war nicht wirklich. Ich war nicht komplett. Es war, als sei ich eine Marionettenpuppe. Ich hatte keine Kontrolle über die Dinge, die ich tun wollte. Ich wollte Leute ärgern und sie rütteln.*

Deshalb trug ich seltsame Kleider. Ich war zornig, dass ich nicht hineinpasste. Ich unternahm große Anstrengungen, dass die Menschen mir fernblieben und mich gleichzeitig wahrnahmen. Ich war mit anderen Kindern aus *gestörten Familienverhältnissen* zusammen. Ich war der Gruppenführer von einer Gruppe von zwanzig solchen Jugendlichen.

Ich war ganz erstaunt, denn es gab etwas Gutes in mir, und ich konnte es nicht zum Ausdruck bringen. Ich war überrascht, dass ich so handelte. Es muss wohl deshalb gewesen sein, weil ich daheim missbraucht und vernachlässigt worden war. Ich reagierte einfach darauf. Mein Bruder war verrückt geworden und meine Mutter depressiv, meine Schwester war weggegangen und Großmutter war sehr krank. Ich hatte niemanden.

Ich hatte das Gefühl, dass einer meiner Arme irgendwo da drüben in einer Ecke schwebte. Meine Kopf war da, wo er war. Meine Glieder waren sonstwo. Wenn ich irgendwo ging, war ich überhaupt nicht eine einzige Person. Ich hatte das Gefühl, ich war nicht miteinander verbunden. Teile meiner Gedanken und Erinnerungen liefen sonstwo herum. Mir passierte irgendetwas, und es war so furcthbar, dass ich es vergessen musste. Ich zwang mich dazu, es zu vergessen. Ein Teil meiner selbst war königlich wie eine Prinzessin, aber das steckte tief in mir fest. Ich war eine Dame mit guten Manieren, die Leute fanden mich nett und höflich, wenn ich sie gut behandelte, aber das war tief in mir drinnen. Es steckte fest.

Ich hatte hohe moralische Vorstellungen. In meiner Brust ist eine schwarze Wolke, die ist nass und tropft vor sich hin. Sie verdeckt die Dinge von mir, die ich mag. Ich weiß nicht, wie ich es rauslassen kann. Ich konnte meine Eltern nicht dazu bringen, mich anzuschauen. Ich versuchte immer verrücktere Dinge, aber sie sahen mich immer noch nicht an. Ich bekam etwas mehr Aufmerksamkeit, nachdem mein Bruder weg war. Als er zurückkam, ignorierten sie mich wieder.

Es fühlte sich gut an, sich verbunden zu fühlen. Es war an meiner Atmung zu spüren. Wenn die Dinge überall verstreut waren, dann war das Atmen sehr schwierig.

Ich hatte immer Angst, dass meine Mutter mich schlüge. Ich beobachtete sie immer aus den Augenwinkeln heraus. Ich hielt den Atem an. Ich musste wegkommen. Wenn ich einen Atemzug nahm, könnte ich vergessen aufzupassen.

Es war, als ob ich teilweise tot wäre. Nur in den Tanzstunden atmete ich tief. In der Tanzklasse fühlte ich mich sicher. Ich konnte in der Kunstklasse tief atmen und fühlte mich da sicher. In den anderen Klassen fühlte ich mich nicht sicher.

Teile von mir waren halb begraben, also brauchte ich nicht so viel Sauerstoff. Der gute Teil von mir war tief unten begraben und andere Teile von mir schwebten herum. Der Rest war im Sand vergraben. Ich habe das Gefühl, ich erzähle Ihnen hier von einer Person, die ich nicht einmal kenne.

Sie müssen denken, ich sei verrückt. Ich schlief ein. Ich mochte es, in Pyjamas zur Schule zu gehen.

Ich bin nicht verbunden. Meine Familie bestand aus Fundamentalisten. Wir durften keine eigenen Gefühle oder Gedanken haben. Alles war Schwarz oder Weiß. Meine Rolle war die vom Maskottchen, das alle zum Lachen bringt. Ich spiele meinen Teil. Ich wollte das nicht tun. Es wurde von mir erwartet, auf diese Art kam ich durch.

Mein wirkliches Ich war unter der Oberfläche. Ich schlief gerne. Ich hatte immer acht Bettdecken auf meinem Bett. Das Haus war wirklich kalt.

Ich war unverbunden, wie ein Mobile. Einen Kopf hatte ich an einem Faden hängen und einen anderen Kopf an einem anderen. Meine künstlerische Seite kann das übernehmen.

Ich habe meinen Kopf und dann gibt es unten ebenen Boden. Untendrin sicher vergraben sind ein Körper und Arme. Es war sehr schwer, sie zusammenzusetzen.

Wenn sie zusammengesetzt wurden, dann war ich nicht sicher. Es war sicherer für mich, wenn alle Teile einzeln vergraben waren, denn dann konnte man mich nicht auf einmal finden. Es wäre dann schwierig, die Stücke zu finden, denn der Boden ist wie Schiefer. Es wäre in Ordnung, wenn es jemand wäre, dem ich nicht vertrauen könnte, aber es wäre schrecklich, wenn mein Vater oder mein Bruder mich fänden. Ich wäre am liebsten gestorben. Ich wollte nicht mehr leben, denn dann wäre ich unter so jemandes Macht.

Kürzlich des Nachts, als mein Mann mich kitzelte und packte, da schrie und weinte ich. Plötzlich verwandelte er sich in meinen Vater. Ich konnte mich nicht mehr bewegen oder sprechen und weinen. Es war, als ob mich etwas niederhielte und ich nicht atmen könnte. Mir war total Gewalt angetan worden, ich war von etwas besessen.

Niemand scherte sich um meine Freiheit oder kümmerte sich darum, ob ich auch eine Persönlichkeit hätte. Ich konnte mich nicht frei bewegen. Ich tat alle möglichen abartigen Dinge, um Vater abzustoßen.

Ich war besessen, nicht von einem Geist, sondern von einem andern Menschen. Ich war ein Haustier in einem zu kleinen Käfig, in dem es sich nicht bewegen kann. Ich war in einer Falle gefangen, hereingelegt, manipuliert, zerquetscht und misshandelt. Es war, als ob ich ein Experiment wäre, ein seltsames kleines wissenschaftliches Experiment, mit dem man herumspielte. *Wie bei Leuten, die eine Blume pflücken und die Blütenblätter einzeln ausreißen*. Mein Vater quälte meinen Bruder. Und als mein Bruder noch klein war, hatte ich Angst, dass er mich quälte. Ich hatte Angst davor, dass er mich dazu brachte, nur noch so zu denken, wie er es wollte. Vater ließ uns immer eine lange Zeit frei laufen und dann wurde er streng. Es war verwirrend.

Wenn das Gesicht meines Vaters mich anschaute, dann war es, als schaute er die Insekten an, die er folterte, und die Tiere, die er einfing. Ich dachte immer, wenn ich ihn so schauen ließe, dann behandelte er mich auf die gleiche Weise.

Mein Vater tat meiner Schwester Dinge an. Er fand einen toten Vogel und kochte ihn und zwang sie dazu, das zu essen. Ich ging raus und versteckte mich in meinem Bett. Er zwang sie auch dazu, gekochte tote Schnecken zu essen. Ich fühlte mich betrogen. Ich hatte Angst davor, dass er scharfe Dinge in mich hineinsteckte, kleine scharfe Messer über die ganze Brust. Wenn er mich wahrnahm, dann kam sein ganzes Gehrin in das meine. Dann war meine Persönlichkeit weg.

Bevor ich geboren war, war er zwei Jahre lang im Gefängnis gewesen, weil er aus Gewissensgründen den Kriegsdienst verweigert hatte. Im Gefängnis erkrankte er an Tuberkulose und starb beinahe. Mein Onkel war auch ein Verweigerer und ging nach Mexiko. Ich war verwirrt, weil er ein Pazifist war, aber auch kleine Käfer folterte.

Ich wollte nicht, dass er zu mir kam und mich übernahm. Ich wollte normal sein. Wenn er in mich hineinkäme, dann hätte ich keine Persönlichkeit mehr. Wenn ich keine Persönlichkeit mehr hätte, dann täte ich alles nur noch ihm zum Gefallen. Ich hätte keinen Kontakt mehr zu meinen eigenen Ideen und Gedanken. *Als Kind hatte ich eher das Gefühl, dass ich wusste, wer ich war. Als Teenie hatte ich das nicht mehr. Ich fühlte mich als Teenie ohne Verbindung, aber als Kind okay.*

Im Alter von vierundzwanzig Jahren wurde ich wieder verbunden. Der Kindesteil kam zurück und wurde ausgegraben. Ich setzte mich wieder zusammen, ich meine, Gott tat es. Ich fühlte mich wieder zusammengesetzt. Als mein Mann mich kitzelte, hatte ich das Gefühl, ich sei wieder ohne Verbindung.

Wenn ich dieses Gefühl von Unverbundenheit habe, dann kann ich kaum mehr atmen. Tief in meinem Kopf weiß ich, was geschieht. Ein Teil von mir übernimmt und weint und schreit und zittert. Das ist der Teil meiner selbst, der in die Ecke getrieben ist. Der andere Teil von mir weiß, was vor sich geht. Vater verprügelte mich einmal mit einer Bürste am ganzen Körper.

Ich hatte das Gefühl, dass ich keine Familie hatte, dass er nicht mein wirklicher Vater war. Ich hatte das Gefühl, dass ich keine Macht darüber hatte, was mit mir geschah. Vater war mehr wie ich, aber Mutter war so langweilig und konservativ und redete immer über Politik.

Ich habe keine Privatspähre. Ich habe immer danach gesucht. Ich wollte mein Schlafzimmer am hinteren Ende des Hauses haben. Seit unserer Heirat sind wir oft umgezogen, deshalb weiß niemand, wo ich lebe. Vater kann mich nicht finden. Ich mag es, meinen Namen zu ändern. Es fühlt sich gut an und es hilft mir mich zu verstecken."

Zum Verständnis des Falls

Wir haben eine Frau vor uns, die in einer extrem ungewöhnlichen Familie aufwächst, in der die hinterhältigsten Misshandlungen verübt werden. Es gibt psychiatrische Pathologie in Fülle, der Bruder ist schizophren und die Mutter in einer Anstalt und erhält Schocktherapie für ihre Depression. Der Vater ist eine seltsame Mischung aus sadistischer Grausamkeit und religiösem Eifer. Wie beeinflusst dieses Familienleben die Patientin? Von all den schrecklichen Dingen, die sie schildert, was hat sie am meisten in Schrecken versetzt? Wie wird S.C. mit dieser Situation fertig und wie bewahrt sie sich ihr Selbst, ihren Verstand, ihre Gesundheit?

Der erste wirkliche Schlüssel zur Antwort auf diese Fragen taucht in dem Traum auf, in dem sie im Elternhaus schläft und die Wände aus Glas sind. Sie hat keine Privatsphäre. Die Idee der Privatsphäre öffnet uns den Zugang zur Welt ihrer Gefühle, in der sie keine Grenzen hat. Sie kann leicht übernommen und von jemand anderem beherrscht werden. Sie lebt mit dem Gefühl, dass man sie leicht übernehmen kann. Wenn ihr Vater sie bemerkte, dann “käme sein ganzes Gehirn in sie hinein”. Dieses Gefühl ist so stark und zentral in ihr, dass sie sogar beim Erzählen des Traums wieder durch die Erfahrung des Empfindens ging. Und in mehreren weiteren Beispielen kam S.C. auf das Thema zurück.

Am meisten hat sie Angst davor, sich selbst, ihre eigene Persönlichkeit zu verlieren, denn sie hat keine klaren Grenzen. Zum Beispiel kam ihr Vater ins Badezimmer und fotografierte sie, oder Leute zogen sie wegen ihrer Verbrennungsnarben auf und sie konnte ihnen nicht Einhalt gebieten. Sie beschreibt, wie andere in sie hineintreiben. Sie sagt, dass sie nicht ihre eigenen Gedanken haben durfte und dass sie besessen gewesen war, und zwar nicht von einem Geist, sondern von einer anderen Person. Am ausdrucksstärksten sind die folgenden Aussagen: “Wenn er in mich hineinkäme, dann hätte ich keine Persönlichkeit mehr. Wenn ich keine Persönlichkeit mehr hätte, dann täte ich alles nur noch ihm zu Gefallen. Ich hätte keinen Kontakt mehr zu meinen eigenen Ideen und Gedanken.” Sie hatte das Gefühl, dass sie nicht mehr diese Person war. Ihr Ich tauchte unter und jemand Anderes übernahm sie. Dies ist ein klares Thema von Verwirrung der Identität. Sie selbst benutzt in ihrer Erzählung das Wort Verwirrung.

Verwirrung: Identität, betreffs seiner.

Verwirrung: Identität, betreffs seiner; Gefühl von Dualität.

Verwirrung: Identität, Irrtümer zur persönlichen.

Dualität, Empfinden von.

Man möge sich daran erinnern, dass sie zweimal ihren Namen wechselte, ein starkes Symbol für die Verwirrung darüber, wer sie wirklich sei. Es endete damit, dass sie drei Namen hatte.

Wahnideen: drei Personen, dass er drei Personen sei.

Meine nächste Frage war nun, wie sie es geschafft hatte, damit umzugehen und darauf zu reagieren, mit dieser Angst, übernommen zu werden, besessen zu werden und die eigene Persönlichkeit zu verlieren. Sie verlor ihre Verbindungen. Sie redet immer wieder von einem Gefühl von Unverbundensein. Sie schildert im Detail, wie ihr Körper in mehreren Teilen im Boden vergraben ist. Wenn sie in Teilen existiert, dann kann jemand, der sie findet, sie nicht auf einmal finden, und auf diese Weise ist sie davor beschützt, völlig vereinnahmt zu werden. Ihr wirkliches Selbst ist im Untergrund und kann nicht herauskommen. “Ich hatte nicht einmal das Gefühl, dass ich das wirklich war. Ich war sehr tief unter der Oberfläche verschwunden, und jemand Anderes hatte mich übernommen ... Ich kam wieder vom Boden hoch. Ich hatte das Gefühl, dass mein wirkliches Ich unter all den Schichten sicher aufgehoben war. Das war die einzige Art, wie ich damit umgehen konnte.” Und: “Ich hatte das Gefühl, dass einer meiner Arme irgendwo da drüben in einer Ecke schwebte. Meine Kopf war da, wo er war.

Meine Glieder waren sonstwo. Wenn ich irgendwo ging, war ich überhaupt nicht eine einzige Person. Ich hatte das Gefühl, ich war nicht miteinander verbunden." "Ich erinnere mich an Gefühle von Unverbundenheit. Ich war nicht wirklich. Ich war nicht komplett. Es war, als sei ich eine Marionettenpuppe. Ich hatte keine Kontrolle über die Dinge, die ich tun wollte."

Die Verwirrung der Identität ist ein Aspekt ihres Zustands. Ihr Gefühl davon, unverbunden in Stücken zu existieren, die überall verstreut sind, ist die ganz eindeutige Qualität eines bestimmten Mittels, nämlich von Baptisia, wildem Indigo, einer Leguminose.

Das Vorherrschen folgender Rubriken, die diese Eigenschaft beschreiben, belegt die zentrale Stellung des Themas innerhalb des Baptisia-Bildes:

Wahnideen: Arme, gehörten nicht zu ihr.

Wahnideen: Arme, seien abgeschnitten.

Wahnideen: Arme, seien getrennt, vom Körper.

Wahnideen: jemand, im Bett mit ihm, als sei jemand.

Wahnideen: Körper, Teile, seien vergrößert.

Wahnideen: Körper, Teile, seien weggenommen.

Wahnideen: Körper, Teile, seien umherverstreut.

Wahnideen: Körper, sei über das Bett verstreut; wirft sich hin und her, um die Stücke zusammenzubekommen.

Wahnideen: Körper, sei über das Bett verstreut; wirft sich hin und her, um die Stücke zusammenzubekommen; die Glieder seien im Gespräch miteinander.

Wahnideen: geteilt, in zwei Teile.

Wahnideen: doppelt, er sei.

Wahnideen: vergrößert.

Wahnideen: Bein, Beine, seien im Gespräch miteinander.

Wahnideen: Bein, Beine, seien im Gespräch miteinander; die Zehe sei im Gespräch mit dem Daumen.

Wahnideen: Bein, Beine, seien abgeschnitten.

Wahnideen: Bein, Beine, seien dabei zu reden.

Wahnideen: Bein, Beine, sei dabei zu reden, Zehe sei dabei, mit dem Daumen zu reden.

Wahnideen: Gliedmaßen, seien verstreut.

Wahnideen: Gliedmaßen, seien vom Körper abgetrennt.

Wahnideen: verstreut, er sei.

Wahnideen: reden, ein Teil des Körpers rede zu einem anderen.

Allen beschreibt die Verwirrung und die Unverbundenheit wie folgt: "Kann sein Denken nicht eingrenzen; Art von wildem, umherstreifendem Gefühl." Man sollte diese Symptombeschreibung Allens im Gedächtnis bewahren, wenn man den Fall noch einmal durchliest. Man muss darauf achten, wie unverbunden ihre Aussagen sind, wie abschweifend und unverbunden. Sie kommt von einem Thema zum andern, streift durch mehrere unverbundene Ideen. Der Erzählungstil liefert uns schon die Erfahrung der Unverbundenheit und des wilden, umherstreifenden Gefühls, wie sie von Allen beschrieben werden. Ihr Körper ist umherverstreut, aber auch ihre Gedanken, und zwar damit sie sicher und davor geschützt sei, von jemand Anderem übernommen zu werden.

Clarke stellt fest: "Fühlt, dass der Körper umherverstreut sei, wirft sich hin und her, um die Stücke zusammenzubekommen, kann nicht schlafen, weil er die Stücke nicht zusammenbekommt."

Das führt uns zum Thema Schlaf und weist auf eine weitere interessante und wichtige Rubrik:

Wahnideen: Schlaf, habe nicht genug geschlafen.

S.C. redete über ihren Schlaf und das Gefühl in ihrem Schlaf. Sie ging mit Pyjamas in die Schule, und der wichtigste Traum handelte vom Schlafen. Sie vergrub sich im Boden, um Schutz zu bekommen, und so war auch ihr Schlaf. Sie brauchte nicht soviel Sauerstoff, wenn sie vergraben war, und beim Schlaf verbraucht man ebenfalls weniger Sauerstoff. Dies hilft, die Verbindung von der körperlichen Pathologie des Asthmas zu ihren Gefühlen und Wahnideen zu ziehen.

Ihr Asthma war noch in einem anderen Aspekt interessant. Baptisia hat die folgenden Symptome:

Angst: vor Ersticken.

Angst: vor Ersticken, wenn er schliefe.

Atmung angehalten: beim Einschlafen.

Atmung angehalten: beim Einschlafen, bei Typhus.

Asphyxie.

Asthmatisch.

Tief: Wunsch tief zu atmen.

Schwierig: Schlaf, in Schlaf zu fallen.

Schwierig: Schlaf, während des Schlafs.

Clarke weist noch auf einige weiter Verbindungen mit dem Schlaf hin: "Denken wandert umher, sobald die Augen geschlossen sind. Wacht auf mit großer

Atemnot, die Lungen fühlen sich eng und zusammengedrückt an, muss frische Luft haben."

Die Familie der Leguminosae ist bedeutungsvoll. Diese Pflanzen fixieren Stickstoff im Boden und bringen Bohnen, Erbsen und andere Nahrungsmittel hervor. Das Thema Essen kam in diesem Fall oft zum Vorschein. Die Patientin redete davon, dass sie daheim kein Essen bekam, dass sie mehrmals in der Woche zum Haus des Großvaters gehen musste, um eine Mahlzeit zu bekommen. In Form einer Anorexie wies sie Nahrung von sich. Andere Begriffe deuten ebenfalls auf das Thema .Nahrung. Sie redet davon, dass ihre künstlerische Arbeit besänftigend und entspannend sei, und: "Sie gibt etwas in mir Nahrung."

Baptisia besitzt auch einen Zustand von Wahnideen, der vor allem in Fieberkrankheiten auftaucht. Auch S.C. hat sie, aber sie beschränken sich auf religiöse Visionen. Obwohl Baptisia nicht für starke religiöse Symptome bekannt ist, ist das bei S.C. der Fall: Religion war Teil des Haushalts und trug durch den Widerspruch zwischen den gepredigten religiösen Werten und dem beobachteten Verhalten zum Gefühl der Verwirrung bei. Interessanterweise wurde ihre Schwester Priesterin.

Und schließlich liefert S.C. noch ein weiteres Bild, das von einer schwarzen triefenden Substanz: "In meiner Brust ist eine schwarze Wolke, die ist nass und tropft vor sich hin. Sie verdeckt die Dinge von mir, die ich mag." Könnte diese schwarze, nasse, tropfende Substanz, von der sie bedeckt ist, Indigo sein?

Wir denken an Baptisia meist nur in Zusammenhang mit septischen Zuständen und akutem Fieber, vor allem Typhus. Es ist in diesem Zusammenhang interessant, dass S.C. als Kind viele Impfungen erhalten hatte, auch welche gegen Typhus vor der Reise nach Mexiko. Im Vergleich zu dem, was sie später an Krankheit entwickelte, wäre es vielleicht besser gewesen, sie hätte einmal eine Typhusepisode durchgemacht.

Die Giftigkeit, die wir mit Baptisia in Zusammenhang bringen, ist nicht auf körperliche Notzustände beschränkt. Sie ist auch in diesem Fall vorhanden, und zwar auf der psychologischen Ebene. Die Familienanamnese mit schwerer psychiatrischer Krankheit und das daraus resultierende Elternhausmilieu bringen sehr wohl denselben Grad an Toxizität zum Ausdruck, wie es ein Patient im Fieberwahn einer septischen Erkrankung tut.

Verabreichtes Mittel: *Baptisia M1.*

Nachsorge

nach sechs Wochen

"Ich habe den Unterschied gesehen. Meine verbrannte Haut ist mehr rosa und weicher. Von meiner Schwangerschaft hatte ich dicke Hämorrhoiden, und die schwollen heftig an. Es juckte nachts. Ich hatte einen Traum, dass ich Würmer hatte, die waren lang und dick. Ich zog sie aus meinem Hintern raus. Und dann am nächsten Tag waren die Hämorrhoiden viel kleiner.

Gegenüber anderen Menschen habe ich klarere Grenzen. Es gibt jetzt eine besser definierte Abgrenzung. Wenn sich jemand schlecht fühlt, dann geht mir das nicht mehr so rein. Wenn ich an jemand nicht interessiert bin, dann rede ich auch nicht mit ihm. Früher interessierte ich mich für jeden. Jetzt tue ich andere Dinge. Ich möchte mit dieser einen Frau nicht mehr so viel reden. Früher hatte ich einen Drang, mit ihr eine Verbindung herzustellen.

Wenn ich schlafe, dann schlafe ich, und wenn ich wach bin, dann bin ich wach. Nicht dieses Halb und Halb wie vorher. Jetzt ist es eindeutig. Ich krieg all meine Sachen erledigt. Wenn ich mit jemand die Zeit verbringen möchte, dann tu ich es mit Genuss. Nicht dieses Halb und Halb. Wenn ich hungrig bin, dann bin ich es, und wenn ich es nicht bin, dann eben nicht. Wenn ich nicht hungrig bin, dann esse ich nicht.

Mein Asthma ist wirklich besser. Ich fühle mich sicherer bezüglich dessen wie sehr mein Mann mich liebt. Früher dachte ich, er hätte aufgehört, mich zu lieben. Jetzt weiß ich, wenn er mich nicht hätte, dann hätte er auch keine Verbindung zu sonst jemand. Es ist ein Wunder. Ich streichelte die Katze und bekam Asthma, aber nur ganz wenig. Ich hasse Würmer und Maden.

Ein Traum – mein Bruder klingelte nachts an der Tür. Ich dachte, es sei wirklich. Ich öffnete und ging die Treppe hoch. Er stand in der Schlafzimmertür und war voll mit Blut. Ich machte Lärm, um meinen Mann darauf aufmerksam zu machen. Es machte mir Angst.

Ich bete viel für andere Menschen. Ich mache die Augen zu und bete. Es ist, als ob ich Visionen sähe und Dinge hörte. Es wird immer stärker und es macht mich glücklich.

Wenn ich mich schläfrig fühle, nehme ich ein Nickerchen und habe keine Schuldgefühle dabei. Wenn ich wach bin, bin ich wach. Ich kann jetzt mehr Dinge tun. Ich mag es, mehrere Dinge zur gleichen Zeit zu tun. Früher konnte ich nicht lesen, denn ich hatte keinen klaren Kopf. Ich bekam nicht genug Sauerstoff in mein Gehirn."

Sie bekam eine Wiederholungsdosis sechs Monate später, als ihr Asthma nach einer schweren Erkältung sich ein wenig verschlechtert hatte. Innerhalb weniger Tage nach dem Mittel beruhigte sich das Asthma. Die Stimmung der Patientin ist deutlich verbessert, es herrscht weniger Verwirrung, sie kann besser ihre Grenzen definieren. Weil sie sich jetzt abgrenzen kann, kann sie auch besser mit Menschen interagieren.

Schlussfolgerung

Wenn wir durch den Fall und die Rubriken gehen, sehen wir, wie alles zusammenpasst. Die Verwirrung der Patientin um ihre Identität ist das Ergebnis ihres Gefühls, keine Grenzen zu besitzen. Das führt zu dem Gefühl, vor anderen Menschen nicht sicher zu sein, und zu der Angst, vereinnahmt werden zu können. Und dies führt zu ihrer Verwirrung um die Identität. Um damit klarzukommen, ist es notwendig, dass sie unverbunden ist, dass ihre Gedanken und ihr Körper in Einzelstücke aufgelöst sind und dass diese in Sicherheit in der Erde vergraben sind, wo sie in einem schlafähnlichen Zustand existieren.

Da es dort wenig Sauerstoff gibt, kann sie nicht atmen und könnte ersticken, aber es ist besser, sicher zu sein als sich zu verlieren.

Jetzt haben wir den Fall aus unverbundenen Einzelteilen zu einem Ganzen verbunden.

Ende des Falls.

BAPTISIA-FALL 2

Von Dr. Laurie Dack, veröffentlicht von der IFH, 1993

Ein Fall von Schizophrenie und chronischer Müdigkeit

Männlicher Patient, 24 Jahre. Alle Symptome sind in des Patienten eigenen Worten wiedergegeben.

“Das Hauptproblem ist der Schlaf. Ich hasse es, zu Bett zu gehen.

Ich weiß nicht, warum ich hier bin. Mein Vater hat mich geschickt.

Ich mag nicht gerne reden. Naja, ein Teil mag es eigentlich und ein anderer Teil tut es Vater zuliebe.

Ich schlafe nicht gut. Ich glaube nicht, dass ich jemals leicht einschlafen konnte. Es ist schon für eine geraume Weile ein Problem. Ich wache auf, oder ein Teil wacht manchmal in der Nacht immer wieder auf. Ich kann abends nicht einschlafen. Dann werfe ich mich hin und her und drehe mich herum. Kann nichts zusammenkriegen. Wach, aber gleichzeitig schlafend. Halbbewusst, als ob mein Körper wach wäre. Oder Teile meines Körpers sind wach – werfen und drehen sich hin und her –, aber andere Teile schlafen. Es ist schwer zu erklären.

Es ist schwierig, darüber nachzudenken. Es ist verwirrend.

Es ist, als ob einige Teile wach wären und andere schlafend, und dazwischen noch andere Stellen.

Ich mag es wirklich nicht, runter in mein Zimmer zu gehen. Es ist im Kellergeschoss und es ist dunkel, kalt und feucht. Dort ist ein Geruch von etwas Fauligem. Ich hasse es, zu Bett zu gehen. Mag nicht dort hinuntergehen.

Man sagt, dass ich auch als Baby nicht schlafen konnte.

Ich habe dafür (für das Schlafproblem) schon viele Tabletten genommen. Zur Zeit nehme ich Halcion. Der Psychiater verschrieb mir das, als ich ins ‘Loch’ kam. So nennen sie alle die Psychiatrie.

Ich war dort schon einige Male. Hat mein Vater Ihnen das erzählt? Sie schickten mich da immer hin, wenn ich nur ganz wenig Schlaf bekam, und dann gehe ich ganz schnell ins Loch und dann kommt da noch anderes Verhalten hoch.

Ohne Schlaf *werden die Dinge einfach zu verstreut, überall hin*. Wenn ich für längere Zeit nicht schlafe, dann löst sich die Wirklichkeit einfach in zu viele Stücke auf – und dann muss ich ins Loch.

Das erste Mal war ich da unten im Krankenhaus, *als meine Familie auseinanderfiel. Wenn ich in Stücke auseinanderfalle, dann fällt auch meine Familie in Stücke*. Mein Vater ging weg. Er hielt es nicht aus, die ganze Zeit so zornig zu sein – auf mich, auf meine Mutter.

Unser Haus ist wie das schwarze Loch von Calcutta.

Mutter wird oft zornig.

Sie möchten noch mehr wissen?

Ich weiß nicht, wo ich weitermachen soll. *Ich bin über den ganzen Platz verstreut.*

Als Vater wegging, verstand ich wirklich nicht, dass er für lange Zeit nicht mehr kommen würde. So ist das. Manchmal merke ich es gar nicht richtig. Mutter sagte nichts. Dann gab es immer mehr Ärger, in der Schule und daheim.

Ich konnte das Spiel nicht mehr spielen. Das Spiel oder die Welt, das wird alles immer komplexer. So viele Seiten. Die Welt schien entweder ein Schlachtfeld zu sein oder eine Bühne. Aber es gibt eine Kraft, die versucht, das Spiel weiterzuspielen. Manchmal wollte ich einfach nur gehenlassen und mich in meine eigene Welt zurückziehen, aber Mutter schien darauf zu bestehen, dass ich versuchte klarzukommen, und ich möchte nicht wieder im Krankenhaus enden.

Alles hat ganz viele Teile und Seiten.

Mutter regt sich sehr über mich auf, weil es immer deutlicher wird, dass ich nicht klarkomme.

Die in der Schule riefen immer an und beschwerten sich darüber, dass ich nicht mitmachte. Ich drehte einfach ab. Ich saß da und war unfähig zu reagieren, oder ich konnte nur eine kurze Antwort geben und drehte dann wieder ins Nichts ab. Ob ich auf Droge sei, fragten sie meine Mutter.

War einfach nicht anwesend. *Alles fiel an verschiedenen Stellen auseinander. Ich rannte gerade schnell genug, um alles zusammenzuhalten. Naja, eigentlich kann ich es nicht zusammenkriegen. Sie (die Teilstücke) kommen nicht zusammen. Sie halten nicht zusammen und sie fallen alle runter und spritzen in alle Richtungen.*

Ich konnte nicht verstehen, was die Leute zu mir sagten, so als seien Teile von mir abgeschaltet.

Ich lief oft aus dem Unterricht hinaus, warf Dinge umher und wurde gewalttätig. Dann fiel ich ins Nichts und reagierte nicht mehr. Ich konnte mich auf nichts mehr konzentrieren.

Ich konnte nicht alle Stücke zusammen an die Oberfläche bringen, es war wie Trance.

Wenn ich nicht viel Schlaf habe, dann kann ich die Tiefe begreifen, aber nur von den allereinfachsten Dingen. Es ist, als ob alles nur auf Farben oder Rhythmen oder Empfindungen reduziert wäre.

Man fragte mich, was für Drogen ich nähme.

Schwierig, sich der Dinge bewusst zu sein. Schwierig, auf die Dinge um mich herum zu reagieren. Wenn ich klar und wachsam bleibe und beobachte, was geschieht, nimmt das soviel Energie und fühlt sich an, als wären viele Schlachten im Gang. *Verschiedene Teile kämpfen. Verschiedene Puzzle-Teile.*

Es ist, wie wenn man aus einem Loch herausklettert – aus **dem** *Loch –, um zu einem Platz zu kommen, wo die Dinge zusammenkommen und es so erscheint, dass ich normal sei.* Manchmal versuche ich verzweifelt, normal zu sein, auf der Kippe zu balancieren, auf der ein Teil von mir in der normalen Welt sein und *funktionieren kann, obwohl das meiste von mir überallhin verstreut ist. Wie ein Bein hier und das andere da drüben.* Aber meistens komme ich *in einem Zustand von Einzelteilen* zurück, *und nur dann habe ich das Gefühl, dass ich mit mir selbst bin, mit meiner Natur. Ganz viele Ebenen voneinander abgetrennt, meistens miteinander im Widerstreit.*

Dann heim, und Mutter ist zornig. Sie weiß überhaupt nicht, wie sie mich erreichen kann. Ich weiß nicht, wie man mich erreichen kann.

Ich hasse es, nach unten in mein Zimmer im Keller zu gehen. Es stinkt dort. Aber da schickt Mutter mich hin – und die Teile schreien und treten und werfen mit Dingen um sich.

Ich hatte damals große Schwierigkeiten, Schlaf zu finden. Eine Menge Unmut drückte sich aus. Eine Menge Schwierigkeiten mit allem damals.

Ich hatte ganz hübsch 'keine Reaktion'. So nennen sie es, wenn es keine Kommunikation mehr gibt oder wenn es so aussieht, als verstünde ich nicht. Mutter kann das nicht aushalten.

Ich esse nicht viel. Manchmal weiß ich nicht mehr, was ich essen soll oder wie man überhaupt isst. *Es scheint alles so verwirrend und unmöglich zu sein, all das zusammenzubringen, was es für einen Willen zu irgendeinem Tun braucht.*

Ich wurde zornig, wenn ich das Bedürfnis hatte, zur Toilette zu gehen oder zu essen, oder wenn man nicht aufforderte, etwas mit der Familie zu tun zu haben.

Vater kam sogar und blieb zuhause und machte Anstrengungen mir zu helfen, um *'aus mir herauszukommen'*.

Man brachte mich ins Krankenhaus und da blieb ich zehn Monate lang. *Die meiste Zeit dort, an die erinnere ich mich nicht mehr, nur hier und dort Fragmente.* Das war der längste Aufenthalt. Seitdem war ich zweimal wieder dort, aber nicht für so lange.

Je mehr Stress ich habe, umso verlangsamter arbeitet mein Gehirn, um auf das zu reagieren, was die Leute sagen. So ist das. Es ergibt keinen wirklichen Sinn mehr, was die Leute sagen. Ich sitze nur da und schaue vor mich hin. *Habe nicht das Gefühl, dass ich jemals darauf antworten kann, denn ich krieg nicht alle Stücke der Frage zusammen.* Ich höre Stücke von dem, was gesagt wird, und *ein Teil meines Denkens teilt den Satz in Worte auf und schickt mir eine seltsame Nachricht.* Mutter wird davon verrückt und regt sich dann furchtbar auf und schlägt dann zu, einmal auf die eine Seite und einmal auf die andere.

Dann fällt alles auseinander und zerschmettert.

Ein Glas fällt einfach auf den Boden. Überall sind die Scherben.

Ich habe nicht viele Freunde oder Menschen, mit denen ich reden kann. Ich bin wirklich nicht gut darin, auf Fragen Antwort zu geben. Es fällt mir schwer, darauf zu regagieren, was Leute von mir wollen. Eigentlich wollte ich von einem Mädchen, dass es mit mir redete, aber diejenigen, die ich ansprechen konnte, waren immer der ruhige Typ, die nie mit mir redeten. Also passierte nichts.

In der Schule werde ich von den Stärkeren viel gehänselt. Sie nennen mich verrückt, bekloppt, durchgeknallt.

Man sagt mir, dass ich mich leicht leiten lasse, dass ich leicht reinzulegen bin. Und es gibt eine Menge Gelegenheiten, bei denen ich einem anderen hinterhermarschiert bin, jemand, dem es einen Spaß machte zuzuschauen, wie dumm ich mich anstellte, wenn zuviel auf mich zukam.

Ich krieg es einfach nicht zusammen. Als ob meine Beine sagten: Auf! Lasst uns losgehen! Aber meine Hand klemmt in der Tasche und tut weh und jemand sagt: Nein, tu's nicht.

Ich verliere den Überblick über das, was vor sich geht.

Ein Teil meinerseits möchte am Ende nur noch weglaufen. Ich muss wegrennen, um zu versuchen, die verschiedenen Aspekte zusammenzuziehen.

Wenn ich (gut) schlafe, scheint es besser zu sein.

Ich arbeite jetzt in einer Bücherei. Ich mag Bücher sehr. Ich lese gerne und ich mag das Gefühl von Büchern. Ich mache mir große Sorgen, wenn ich eine Menge Bücher wegsortieren muss oder wenn ich einen Fehler mache.

Wenn mein Schlaf schlecht ist und es eine Menge Stress gibt, dann ist die Arbeit schwierig. Es fällt mir schwer herauszufinden, wie ich funktionieren soll. Wenn mich Leute in der Bücherei um Hilfe fragen, dann ignoriere ich sie oft völlig. Wenn sie mich weiterhin um Hilfe bitten, dann sortiere ich zwanghaft Bücher ein und arrangiere die Regale um. Ich lasse mich verwirren und denke dann, dass sie die Ordnung zerstören wollen.

Aus meinen Gesprächen mit Ärzten weiß ich, wie meine Verhalten für andere sein muss, wie andere Menschen mich erleben. Die Psychiater versuchen mir zu helfen, meine 'Probleme' zu lösen und mich normaler verhalten zu können, aber sie versuchen nicht wirklich, *alle meine Teile* zu verstehen oder die Welt so zu sehen, wie ich sie sehe. Es scheint alles so einfach zu sein für sie. Die Regeln sind einfach, *und sie halten alles zusammen*. Aber ohne die Regeln ... *fällt alles auseinander und löst sich auf.*

Ich bekomme Kopfweh. Das kann sehr schmerzhaft sein. Es kommt, wenn ich nicht gut schlafe. Stechend scharfe Schmerzen, die um meinen Kopf herumfliegen. Sie beginnen im Rücken und schießen dann nach unten – innen in meinem Kopf. Ganz scharfe Schmerzen.

In meinem Kopf gibt es eine Kanalleitung. Ein Gefühl von etwas Krankem, etwas Giftigem. Als hätte ich zuviel getrunken. Ein Gefühl von Verschmutzung. Dann fliegt mein Verstand umher, ein Wahnsinn in meinem Kopf. Wenn es sich so anfühlt, dann sitze ich da, mit meinem Kopf vor dem Spiegel, schaue in eins meiner Augen und wiederhole immer wieder meinen Namen, um mich zusammenzurufen – um mich zurückzurufen.

Mit dem Kopfweh habe ich das Gefühl, dass ich alle meine Teile verliere. Ich fühle mich dann hilflos vor mir selbst. Es gibt keinen Kern – nur Einzelteile. Das Kopfweh kommt ab und zu. Ich weiß nicht, wie oft. Nehme dafür Kopfschmerztabletten, seit ich vierzehn bin, verschiedene. Sie scheinen die Kopfschmerzen nicht beenden zu können. Ich habe jetzt aufgehört, welche zu nehmen.

Wenn ich in den Spiegel schaue, habe ich das Gefühl, dass sich dieses verrückte Gefühl in meinem Kopf beruhigt. Dann ist nur einfach der Schmerz da. *Der Kopf fühlt sich groß an und ganz verschieden vom Rest meiner anderen Teile.* Das Blut bleibt in meinem Gehirn stecken und sendet verrückte Signale aus. Ein krankes Gefühl.

Ich mache die Augen zu und versuche zu schlafen. Dann sind die Dinge anders. Mein Denken wandert herum. Wilde Träume. *Ich verliere die Fähigkeit, "meine Welt" fest im Griff zu haben. Ich fühle mich in der Schwebe. Verstreut über den ganzen Platz. Keine Verbindung, ohne irgendein Gefühl oder einen Trost. Keine Möglichkeit, alles zusammenzusammeln. In meinem Kopf verrückte Gefühle und ein Gefühl von Unverbundenheit mit all den andern Teilen.*

Ich hatte eine Freundin, aber ich konnte mich nicht konzentrieren und nicht genug empfinden, dass es geschehen konnte. Sie hatte mich in der Bücherei gesehen. Sie redete mich an, und wir gingen zusammen in ein Café.

Ich weiß nicht, wie man das macht, wie man Freunde gewinnt, wie man redet. Meine Strategie besteht oft darin, zu einer anderen Person zu werden, zu jemand, den ich in einem Film oder einem Buch gesehen habe, oder jemand, dem ich begegnet war und den ich gemocht hatte. Ich verwandelte mich dann in sie (diese anderen Figuren) und drückte alle anderen Teilstücke nach unten, ganz tief weg. Ich verhielt mich wie sie, ahmte ihre Art Humor nach, schauspielerte sie.

Einmal küsste sie mich. Ich war nicht wirklich da. *Sie küsste mich auf das Gesicht, nicht wirklich mich, denn ich war irgendwo tief unten in mir, über den ganzen Platz verschleudert.* Sie küsste die Rolle, diese äußere Peron, die sich wie die Person aus dem Fernsehen benahm.

Ich glaube, sie hat wegen meines Mangels an Reaktion mit unseren Spaziergängen aufgehört. Wenn sie nur wüsste, wie sehr ich reagiert hatte. Ich weinte, als ich merkte, dass sie sich zurückgezogen hatte, aber ich weiß nicht, ob irgendeiner meiner Teile traurig war.

Ich hasse es, zu Bett zu gehen. In meinem Zimmer riecht es nach etwas Verrottetem. Es ist kalt und dunkel wie in einem Kanal. Nachts gehe ich raus spazieren, um nicht ins Bett gehen zu müssen, um in Bewegung zu bleiben. Ich gehe am Kanal vorbei und kann den Geruch wahrnehmen, den Geruch von etwas Verrottetem. Ich laufe, um der Erfahrung, wie ich mich im Dunkeln auflöse und mich selbst verliere, aus dem Weg zu gehen. *Ich versuche, durch das Spazierengehen die Dinge wieder auf einen Brennpunkt zu bringen, die Dinge wieder zusammenzubringen.*

Morgens wache ich auf und finde schwarzes getrocknetes Blut an meinem Mund. Das erschreckt mich. Vielleicht habe ich mir auf die Zunge gebissen, oder ich mahle in der Nacht mit den Zähnen. Mund und Zunge sind bedeckt. Alles riecht faul. Ich muss mich duschen, um den Geruch loszuwerden. Ich glaube, ich schwitze nachts.

Um einzuschlafen, versuche ich mich zu konzentrieren. So viele Dinge schwirren um mich herum. *Ich versuche, alles an einem Punkt zusammenzubringen, alle Stücke zusammenzubringen.* Bin ich hier? *Bin ich hier? Ich verliere mich im Muster der Wandtapeten.*

Mutter kommt zu mir runter in mein Zimmer. Ich weiß, dass sie da im Dunkeln ist.

Ich habe das Gefühl, ich versinke in meinem Bett. Durch das Bett hindurch. Tiefer, immer tiefer in einem Loch. Ich fühle mich überall im Zimmer. *Teile von mir sind überall in dem Zimmer.*

Ich bin ruhelos. Kann die Beine nicht stillhalten.

Ich gehe im Zimmer herum, um mich zu konzentrieren.

Nachts in dem schwarzen schlammigen Loch wird die Beklemmnis unerträglich. Die Kämpfe in meinem Innern machen, dass ich schreien möchte.

Ich kann Worte benutzen, aber ich möchte kommunizieren. Ich möchte etwas ausdrücken. Ich möchte etwas herauslassen.

Ich möchte mich konzentrieren."

Anamnese von rekurrierenden Pneumonien mit hohem Fieber. Genesung langwierig. Antibiotikabehandlung.

"Die letzte Lungenentzündung begann damit, dass ich im Regen spazieren ging und keinen Schlaf hatte. Es begann mit Fieber und Schüttelfrost, und dann war ich drin und wieder draußen. Überhaupt nicht hier. Es geschah nach einer Zeit, als ich nicht viel Schlaf gehabt hatte, deshalb war ich anfälliger dafür.

Ich bin über den ganzen Platz verteilt, wenn ich krank werde und keine Kraft habe, mich zusammenzukriegen. Keine Energie, um mich auf einen Punkt zu bringen.

Einmal war ich damit im Krankenhaus, einfach weil *ich nicht die Energie hatte, mich zusammenzureißen.*

Ich bin ein Adoptivkind meiner Mutter und meines Vaters. *Sie trennten sich.* Als kleines Kind war das Leben gut zu mir, aber dann ging ich in Kindergarten und Schule und die Lehrer fingen an, mir zu sagen, was ich zu tun und wie ich mich zu benehmen hätte.

Ich merkte, dass die Dinge in 'meiner Welt' anders waren. Ich wusste nicht, wie ich reagieren sollte. Im ersten Schuljahr verpasste ich viel, weil ich oft krank war.

Ich glaube nicht, dass ich als Kind viel aß, ich war also nicht besonders stark.

Ich erinnere mich daran, wie ich hin und wieder auftauchte, in die Bewusstheit (der Welt).

Mutter sagt, es waren Lungeninfektionen. Ich war im Sauerstoffzelt. Fühlte mich sehr beschützt und sicher.

Sogar damals fühlte ich mich geteilt. Ein Teil von mir in der Bewusstheit und andere Teile von mir auf verschiedenen Ebenen des Gewahrseins. Rauf und runter.

Vater nahm mich einmal in den Zirkus mit und wir gingen in das Haus der Spiegel. Ich schaute mich an, mein hundertfaches Spiegelbild, und dachte, das war die beste Art auszudrücken, wie ich mich selbst fühlte. *Fragmente – geteilt und geteilt und geteilt und geteilt ... Mein Kopf in einem Spiegel, ein Arm hier, ein anderer anderswo. Alles getrennt.*

Soweit ich zurückschauen kann, gab es nie eine einzige Person.

Als Vater wegging, wurde Mutter sehr zornig. Sie war zornig auf mich. Ich tat nicht, was sie wollte, und benahm mich nicht so, wie sie es von ihrem Sohn erwartete. Sie begann, (mich) zu schlagen, wenn ich Dinge tat, die sie aufregten.

Ich nahm nie an Gewicht zu. Ich aß nicht viel. Das frustrierte sie.

Ich mochte es nicht, wenn sie mich schlug, deshalb entschloss ich mich, sie nicht merken zu lassen, wie sehr sie mir weh tat. Ich erreichte den Punkt, an dem ich in der Lage war, in meinem Gesicht ein Lächeln zu zeigen oder zu lachen, während sie dabei war, mich zu schlagen. Sie schlug einfach noch mehr.

Ich lernte, Teile in mir wegzuschließen und sie und alle anderen auszuschließen, vor allem deshalb, weil es zu verwirrend war, wenn so viele Teile auf mich zukamen. Wie passten sie zusammen?

Ich entwickelte eine äußere Schale, die passable Manieren hatte und mehr oder weniger vorzeigbar war. Aber es ist niemand darinnen.

Ich trieb sie wahnsinnig, mit Schreien und Um-mich-Treten.

Ich glaube nicht, dass ich wegen meines Lebens im Heim so bin, wie ich bin, obwohl das nicht normal ist, wie ich später erfuhr.

Vater besucht mich oft. Er versuchte mir beizubringen, Ball zu spielen, Golf zu spielen. Ich mochte nur schwimmen. Wenn ich auf dem Wasser trieb, dann fühlte ich mich irgendwie frei und eins. Ich liebe es zu treiben und zu schwimmen.

Manchmal verbringe ich eine Nacht in einem alten Haus, die Augen geschlossen. Ich verliere dann alles Gewahrsein von Tag oder Nacht, von Licht und Dunkelheit, von Raum und Zeit. Das ist die Ruhelosigkeit, die manchmal in der Nacht auftritt – dieses Gefühl, keinen Boden zu haben.

Dann kann wirklich alles ganz unwirklich werden. Zeit, Entfernungen, Kalender, Uhren, das alles schafft Struktur, *Strukturen, in die ich nicht hineinpasse. Oder in die Teile von mir hineinpassen, aber am Ende fühle ich mich frustriert und in Teile aufgeteilt, und nichts macht Sinn.*"

Ich ließ seine Mutter und seinen Vater hereinkommen, damit sie mir einige Informationslücken schlössen. Seine Mutter lieferte mir folgende Informationen.

Der Patient war ein Adoptivkind.

Dreimal war er in stationäre psychiatrische Behandlung aufgenommen worden. Für seinen Fall waren die Diagnosen Schizophrenie und Syndrom einer multiplen Persönlichkeit gestellt worden, und zuletzt die einer Borderline-Persönlichkeit. Er hatte viele verschiedene Medikamente verschrieben bekommen. Aber er schien nur Halcion einzunehmen, und oft half auch dies nicht.

Sie sagte immer, dass er durchaus normal sein konnte. Er hatte die Schule abgeschlossen und ein Jahr College absolviert.

Derzeit arbeitete er in einer Bibiliothek.

Es ist ein ständiges Auf und Ab, denn er kann jederzeit einen seiner "Anfälle" bekommen. Die Bibliotheksleitung war sehr verständig.

"Es passiert zu einer x-beliebigen Zeit, an einem x-beliebigen Ort. Man kann es nicht vorraussagen. Wenigstens einmal pro Woche passiert etwas und manchmal kann es für eine Woche oder einen Monat anhalten. Man kann das nicht wissen.

Man weiß mit ihm einfach nicht, woran man ist. Es gibt Episoden, da fügt er sich Schnittverletzungen zu, anscheinend ohne Reaktion, ohne Schmerz."

Die folgenden Symptome sind in den Worten der Mutter wiedergegeben.

"Redet viel mit sich selbst.

Schlägt sich den Kopf an.

Räumt zwanghaft Dinge hin und her.

Zerbricht Dinge, vor allem Glas.

Schaukelt vor und zurück, von einem Fuß auf den anderen.

Man weiß nie, wann er sich so verhält.

Manchmal führt er mit sich selbst Streitgespräche.

Schlaflosigkeit war von klein an ein Problem, Schlaflosigkeit und die Neigung, die ganze Nacht herumzulaufen. Ich weiß nie, wo er ist.

Manchmal finde ich ihn zusammengekauert und mit geschlossenen Augen in einem Schrank, und wenn ich ihn dann anschreie herauszukommen, schaut er auf und fällt dann wieder zurück in seinen abgefahrenen, blöden Zustand ohne Reaktion."

Ich befragte den Patienten über einige der Symptome, die mir die Mutter berichtet hatte. Er gab mir die folgenden klaren Erklärungen in seinen Worten.

"Wenn ich mir den Kopf anschlage, dann entsteht in meinem Kopf ein Rhythmus und die fixen Ideen in meinem Kopf gehen dabei unter. *Wenn alles überall verstreut ist, dann erlaubt der Rhythmus mir zu entkommen.*

Ich schneide mich, weil oft die 'eine' Person nicht anwesend ist, nur Teile. Ich kann mich schneiden, damit ich irgendwo eine Art Ähnlichkeit von jemand erreiche – irgendeinen Kern. Aber meistens, wenn ich mich schneide, fühle ich überhaupt nichts.

Wenn ich zwanghaft Dinge hin- und herräume, ist das eine Art und Weise, Ordnung zu schaffen – Ordnung, damit die Welt oder ein normales Verhalten mir näher oder leichter erreichbar sind.

Dinge zu zerbrechen ist eine Flucht, es erinnert mich daran, dass es ein Entkommen geben könnte. *Wenn die Dinge herunterfallen und kaputt gehen, dann ist das irgendwie wie ich selbst. Dann sind alle Teile irgendwo.*

Mich hin und her und vor und zurück zu schaukeln ist eine andere Art, mich in Bewegung zu halten, wenn die Dunkelheit mich scheinbar vereinnehmen möchte. Dann gibt es einen Rhythmus, ein Summen, etwas Anhaltendes, das mir wohl tut."

Zum Verständnis des Falls

Für mich ist das hervorstechende Charakteristikum des Falles der allgegenwärtige Sinn des Patienten von *Fragmentierung – davon, in Teilen zu existieren, aufgeteilt zu sein, verstreut zu sein.* Er schildert dieses Gefühl immer wieder auf vielfache Art und Weise. Beim Beschreiben seiner Schlaflosigkeit sagt er: "... ein paar Teile sind wach, andere sind am Schlafen." Oder: "Bewusst, aber gleichzeitig in Schlaf ... kann die Dinge nicht zusammenkriegen ... bin überall verstreut."

— Er drückt ein tiefes Gefühl von Teilung von der Welt und Unverbundenheit aus, wenn er von seiner Welt redet. Er sagt: "Manchmal möchte ich unbedingt normal erscheinen – möchte auf dieser Gratwanderung bleiben, wo ein Teil von mir in der normalen Welt sein und funktionieren kann, obwohl das meiste von mir überall herum verstreut ist." Selbst im Kindergarten gab es schon eine deutliche Unterscheidung. Er sagt: "Ich begann zu merken, dass die Dinge in meiner Welt anders waren. Ich wusste nicht, wie ich reagieren sollte."

— Sein Gefühl von Getrenntheit von der Außenwelt wird in seiner Reaktion auf Menschen deutlich, zum Beispiel in seiner Unfähigkeit, Menschen in der Bibliothek Antwort zu geben. Wenn jemand ihn um Hilfe bittet, ignoriert er ihn. Er kann keine Verbindung herstellen. Er hat keine Freunde, weil es "schwierig ist, auf das, was die Menschen wollen, zu reagieren." Er fühlt sich innerlich und äußerlich so sehr von Menschen getrennt, dass er nicht weiß, wie er sich verhalten soll. Er glaubt nicht, dass er in die "Regeln, die die Strukturen zusammenhalten," hineinpasst.

— Es besteht ein Gefühl der Trennung von seiner Familie. Er ist adoptiert und er legt Wert darauf, mir es deutlich zu sagen. Danach teilt er mir mit, dass sich seine Eltern getrennt haben. "So wie ich in Teile zerbreche, so zerfällt auch meine Familie in Teile." Er erwähnt seinen jüngeren Bruder kein einziges Mal. Ich wusste nicht, dass er überhaupt irgendwelche Geschwister hatte, bis seine Mutter es mir mitteilte.

— Er fühlte sich von anderen Kindern in der Schule getrennt. Er konnte keine Freunde gewinnen, und es gab Perioden, in denen er auf nichts reagierte und gelegentlich sogar gewalttätig wurde. Er sagte: "Alles fiel an verschiedenen Orten auseinander. Ich musste schnell genug rennen, um alles zusammenzuhalten. Naja, ich kann sie (die Teile) halt nicht zusammenkriegen. Sie halten nicht zusammen."

— Das Gefühl der Fragmentierung ist so stark, dass er sich bis in große Tiefe von sich selbst getrennt fühlt. Er sagt: "... das Meiste ist überall verstreut. Zum Beispiel ein Bein hier und das andere da drüben." Auch sagt er, dass die Psychiater nicht versuchten, "alle meine Teile zu verstehen." Auch seine Beschreibung des Spiegelhausbesuches illustriert die Aufspaltung in Teile: "getrennt und getrennt und getrennt. Mein Kopf in dem einen Spiegel und ein Arm hier und ein anderer an einem anderen Platz. Alles voneinander getrennt... So viele Teile, voneinander getrennt."

— Nachts, wenn er keinen Schlaf finden kann, werden diese Gefühle sehr stark. Er beschreibt Rastlosigkeit und das Gefühl, überall verstreut zu sein. "Der Kampf in meinem Innern bringt mich dazu, dass ich am liebsten losschrie."

— Er bringt die Beschwerde Schlaflosigkeit vor. Es ist immer interessant darauf zu horchen, auf welche Art ein Patient seine Beschwerde schildert. Das Bild, das er beschreibt ist wie folgt: "Loch ... Kanalleitung ... kaltes, feuchtes, dunkles Loch ... riecht schrecklich, verfault. Ich gehe nicht gerne da hinunter ... Es stinkt ... Ich hasse es, hinunter zu gehen... das schwarze Loch von Calcutta ... im Loch." Und er fügt hinzu, dass er aufwacht "mit schwarzem getrocknetem Blut um den Mund ... Alles riecht verfault." Er sagt, dass er das Gefühl hat, "tief ins Bett zu versinken. Durch das Bett hindurch. Tiefer, immer tiefer in ein Loch." Es ist ein sehr hässlicher Platz, ein Loch, und manchmal muss er da heraus. Er muss dann umhergehen, muss sich bewegen. Die Ruhelosigkeit und das Gefühl der Aufspaltung sind so groß, dass er da nicht bleiben kann. Er spricht von Bewegungen in der Tiefe, im Untergrund.

— Ein weiterer hervorstechender Aspekt ist eine Art Empfindungsverlust, eine Unfähigkeit wahrzunehmen und zu fühlen. Er schneidet sich und fühlt dabei keinen Schmerz. Er weint, aber erlebt kein Gefühl von Traurigkeit. Er ist verwirrt im Denken – und reagiert nur mit Verzögerung. Er sagt: "Ich kann wirklich den Sinn dessen, was gesagt wird, nicht verstehen ... fühle mich ausgeschlossen." In der Beschreibung, wie sein Vater die Familie verlässt, sagt er: "Manchmal merke ich es wirklich nicht." "... saß da und war unfähig zu reagieren, oder konnte nur kurz reagieren und fiel dann wieder zurück in das Nichts ... Ich kann die Tiefe erfassen, aber nur die einfachster Dinge. Es ist, als ob alles auf Farben oder Rhythmen oder Empfindungen reduziert wäre."

— Er reagiert nicht normal. Er gibt vielleicht eine kurze Antwort, aber dann fällt er wieder zurück in "eine andere Welt". Er beschreibt den ersten Kuss:

"Sie küsste mein Gesicht, aber nicht wirklich mich", und zeigt damit wieder die Trennung von sich selbst.

— Auch die Beschreibung seiner Kopfschmerzen ist interessant, denn sie führt das Thema fort. Die Gefühle von Getrennt- und Verstreutsein zeigt er sicherlich auch damit, dass er den Kopf an den Spiegel legt und seinen Namen ruft, um wieder alles zusammenzubringen. Er sagt, dass sich sein "Kopf groß anfühlt und ganz verschieden von meinen anderen Teilen." Er hat ein Gefühl von Vergiftung, ein Gefühl von Stauung im Gehirn, das ihn wahnsinnig und von sich selbst abgetrennt fühlen lässt. Er sagt, es fühle sich wie ein Kanal im eigenen Gehirn an, ein Gefühl von Vergiftung und Verschmutzung. "Das Blut bleibt im Gehirn stecken, und das sendet verrückte Signale aus."

All diese Themen scheinen für ein Verstehen des Patienten wichtig zu sein: das Empfinden von Aufgespaltensein (vom Zentrum abgespalten), die Bemühungen, die Stücke wieder in einem Zentrum zusammenzubringen, das Empfinden von Vergiftung, die Abwärtsbewegung.

Ich wählte folgende Rubriken aus:

Geist und Gemüt: Bett, Abneigung gegen das.

Geist und Gemüt: Wahnideen, Körper sei über das Bett verstreut; wirft sich hin und her, um die Stücke zusammenzukriegen.

Geist und Gemüt: Wildheit, während Kopfschmerzen.

Geist und Gemüt: Antworten, Betäubtheit tritt nach Antworten wieder schnell ein.

Eine weitere mögliche Rubrik ist die folgende:

Geist und Gemüt: Verwirrung, betreffs seiner Identität.

Daraus ergibt sich das Mittel Baptisia. Werke zur Materia medica beschreiben Baptisia in erster Linie als ein akutes Heilmittel; es wird bei Typhus, Diphtherie und Gangrän eingesetzt und bei septischen Zuständen, die sich sehr rasch entwickeln. Es wird außerdem bei Malaria benutzt, bei Folgen von schlechtem Trinkwassser und bei Sepsis. Aber es finden sich auch Passagen, die in Bezug auf unseren vorliegenden Fall interessant sind. Kent schreibt Folgendes:

> Man stelle sich einen Menschen vor, der in einer Mine gearbeitet hat, in einem Sumpf, tief im Schlamm, in den Kanalleitungen, jemand, der Fäulnisgase eingeatmet hat und in einem stuporösen Zustand zu Bett geht.

Eine weitere Passage bei Kent lautet wie folgt:

> Sein Denken ist zerstört. Er weiß nicht, wovon er redet. Er ist verwirrt, und wenn man ihn aufweckt, dann versucht er etwas zu sagen und bringt ein

> oder zwei Worte hervor, und dann entflieht ihm alles und er ist wieder in seinem Stupor ... eine eigentümliche Art von mentaler Verwirrung, bei der er sich in einem dauernden Disput mit Teilen seiner selbst befindet. Er scheint das Gefühl zu haben, dass es ihn zweifach gäbe. Immer wenn er aufgeweckt wird, nimmt er sich als Doppelexistenz wahr. Es wird aus dem Klinischen berichtet, dass "seine große Zehe im Streitgespräch mit seinem Daumen ist", oder, dass "das eine Bein zu dem anderen spräche." Oder dass er über das Bett ausgebreitet ist; dass er herumhantiert, und wenn man ihn danach fragt, was er tue, dann sagt er: "Wieso, ich versuche doch nur, die Stücke zusammenzubringen." Es gelingt ihm nicht; er ist natürlich in einem Delir. Das alles sind nur Beispiele; mit jedem neuen Baptisia-Fall kann man etwas Neues erleben.

Ich glaube, dass Kents abschließende Bemerkung interessant ist. Er sagt damit, dass wir diese Symptome auf viele verschiedene Weisen ausgedrückt hören werden und räumt damit den Platz ein, den ein Patient braucht, um sich auszudrücken.

Kent fährt folgendermaßen fort:

> Wenn der Stupor nicht zu stark ist, dann ist er (der Patient) ruhelos und dreht und wendet sich und wirft sich herum. Er kann nicht schlafen, denn er kann seine Teile nicht zusammenbekommen. Er hat das Gefühl, dass er, wenn er alles zusammenbekäme, schlafen könnte, und dass all diese Teile, die miteinander reden, ihn wach halten.

— Dann fährt Kent fort, Symptome von Baptisia zu beschreiben: Bluten im Mund, Blut, das aus dem Mund herausrinnt. Das Blut ist schwarz und abstoßend, niemals hellrot, immer schwarz. Es herrscht ein durchdringender Gestank von Verwesung und Fäulnis, wie von Fleisch, das sich zersetzt. Kent redet von Verwirrung und von Blutansammlung im Gehirn und einem Gefühl des Vergiftetseins.

— Der Patient erlebte außerdem einen Verlust an Fähigkeit zu reagieren und einen Verlust an Gefühl. Er fühlte sich von seinem Zentrum abgetrennt, ohne Verbindung zur Quelle seiner eigenen Gefühle. Kent beschreibt einen weiteren Aspekt von Baptisia, und zwar schmerzlose Geschwürsbildung, schmerzlose Schwellungen und Geschwüre an verschiedenen Körperteilen. Er redet von gangränösen Schwellungen und schweren Ulzerierungen in der Kehle, die keine Schmerzen machen. Ich frage mich, ob wir dies weiterverfolgen und in Verbindung bringen können mit der Unfähigkeit des Patienten, auf der mentalen und emotionalen Ebene zu fühlen. Die Teile sind so verstreut und so weit vom Zentrum entfernt, dass eine normale Wahrnehmung von Schmerz oder Wohlbefinden nicht auftaucht, so wie er sich auch ohne Schmerz selbst Schnitte zufügen kann, so wie er ohne Traurigkeit weint, so wie er kaum reagiert und antwortet.

Verabreichtes Mittel: *Baptisia M1, einmalige Dosis.*

Nachsorge
sieben Wochen nach Einnahme des Mittels

"Ich fühle mich anders. Fühlte mich die ganze Zeit anders.

Es ist irgendwie schwierig.

Ich sehe vergangene Ereignisse meines Lebens. Sie laufen durch verschiedene Bereiche meines Denkens.

Es ist schwierig, sie zusammenzusetzen, so dass ich herausfinden könnte, warum ich so bin."

Schlaf:

"Habe Schwierigkeiten zu schlafen.

Ich habe Träume, die mir Angst machen. Träume von einer Katze. Und die Katze öffnet ihr Maul und alle diese kleinen Geschöpfe kommen heraus – laufen hektisch umher, stoßen aneinander, übereinander, durcheinander. Es sind alles Teilstücke, keines ist sich selbst. Sie wollen in die Katze zurück, aber sie lässt sie nicht herein.

Es macht mir so schreckliche Angst, dass Teile von mir aufwachen und ein Teil meines Körper ins Schwitzen gerät. Ein Teil von mir schläft weiter. Meine Beine fangen an zu schaukeln, und ich sehe die kleinen Kreaturen und fange an, mich mit ihnen zu beschäftigen. Streichele ein paar, andere beobachte ich nur, bei anderen lache ich über ihre Streiche.

Eigentlich war es ein angenehmer Traum. Die Geschöpfe gehen wieder in die Katze, nicht alle durch ihren Mund, werden aber durch verschiedene Körperteile der Katze wieder absorbiert.

Ich erzähle Ihnen das, weil ich nicht glaube, jemals die Erfahrung eines angenehmen Traumes gehabt zu haben. Ich fühlte mich irgendwie erleichtert, als ich aufwachte.

Sie baten mich, auf Veränderungen zu achten.

In letzter Zeit war ich ruhiger. In der Bibliothek gab es viel zu tun, aber ich war ruhiger, konzentrierter, und konnte mithalten.

Zweimal während der Arbeit ging J. gleichzeitig mit mir durch die Tür. Wir redeten nicht miteinander, aber ich genieße das Gefühl, wenn sich unsere Schultern berühren, wenn wir gleichzeitig durch die Tür gehen. Es kann mir Angst machen, nicht zu wissen, welcher Aspekt von mir berührt wird. Eine Berührung kann eine große Herausforderung sein.

Ich laufe nachts nicht mehr auf den Straßen herum.

Ich glaube, der Geruch ist weg aus meinem Zimmer.

Wenn ich nicht schlafen kann, dann sitze ich in meinem Zimmer und schaukele hin und her. Oder ich bin im Schrank und schließe alle Geräusche aus.

Der Geruch ist verschwunden, ich bin also nicht mehr im dunklen Loch.

Meine Mutter ist weggegangen.

Ich genoss es, Dinge im Haus zu tun. Unabhängig und frei. Ich ging einkaufen und kochte Abendessen.

Machte drei große Töpfe voller Suppe und gab Frau C. (einer Nachbarin, die nach dem Rechten sieht) davon etwas ab. Den Rest der Suppe füllte ich in verschiedene Töpfe für das Abendessen.

Ich genoss die Unabhängigkeit.

Kein Kopfweh. Habe keine Arbeit versäumt wegen Kopfweh.

Schlaf kommt leichter. Mein Zimmer daheim riecht besser. Es ist leichter einzuschlafen.

Die Kämpfe gehen weiter.

Weiß eigentlich nicht, was sich verändert. Fühle mich anders."

Therapeutisches Vorgehen: Abwarten.

Nachsorge

drei Monate nach Einnahme des Mittels

Die Mutter des Patienten rief an und sagte, es habe ihn wieder erwischt. Sie habe ihn im Schrank gefunden, er habe sich den Kopf angeschlagen und Schnitte zugefügt. – Der Patient kam in die Praxis.

"Ich bin wieder dabei, ins Loch zu steigen.

Hat damit angefangen, dass ich bei der Arbeit Dinge fallen ließ und die Lichter an- und ausschaltete.

Ich ziehe mich nach innen, weg von der Welt. Ziehe mich zurück.

Überall finden Schlachten statt.

Morgens habe ich überall im Mund Blut. Auf den Zähnen und auf der Zunge. Im ganzen Gesicht.

Ich versinke. Versinke in die Scheiße.

Der Geruch in meinem Zimmer ist wiedergekommen. Geruch von Verrotten, von Feuchtem, Krankem. Wie ein Kanal. Gehe nachts zum Kanal, laufe dort umher. Muss aus meinem Zimmer herauskommen.

Alles ist überall (verstreut).

Ich ging mit J. spazieren. Sie sagte, sie 'wolle mich erreichen'.

Ich weiß nicht, was ich tun soll. Habe alles Gefühl für mich selbst verloren. Es gab da ein Gefühl von Ich-Sein, das war einmal da. Aber das ist jetzt alles zerschmettert. Es toben die Kämpfe in diesem feuchtkühlen Loch.

Tauchte in die Verwirrung ein.

Stücke flogen überall umher.

Suche nach einer möglichen Person. Diese Person? Diese Reaktion? Nein, jene Person, die da drüben auf der Couch sitzt. Nein. Nein. Jene dort auf dem Bett. Das ist diejenige, die weiß, wie man sich zu benehmen hat.

Ruhelos. Kann nicht still sitzen.

Schaukele vor und zurück. Bin mir dessen nicht bewusst, bis J. mich darauf aufmerksam macht.

Sie berührte diesen Arm, es fühlte sich an wie Feuer. Wie Feuernadeln, die durch mich hindurchgehen. Wie Blut, das in meinen Kopf einschießt. Verwirrung. War unfähig, mit ihr zu reden.

Ich weiß nicht, wie ich alles zusammenkriegen kann. Weiß nicht, was ich tun soll. Ein Teil in mir sagt, ich solle mich so verhalten, und ein anderer sagt, ich solle mich so verhalten. Und da sind viele andere Teile, die dies und das sagen.

Mein Kopf tut weh und mein Magen brennt. Meine Beine schmerzen und sie sind ganz uneins mit den anderen Teilen.

Angst und Sorgen. Innerlich Kämpfe.

Ich weiß nicht, wer ich bin. Ich bin so viele verschiedene Teile. Wie kann ich die nur zusammenbekommen.

Gehe nicht zur Arbeit. Die Heilmittel helfen nicht.

Ich weiß nicht, warum ich so bin. So aufgeteilt.

Kann nicht zur Arbeit gehen. Räume immer wieder ein Regal auf. Kann nicht aufhören damit. Es fühlt sich an, als sei es nicht vollständig und nicht in Ordnung. Ich kann es anscheinend nicht zusammenkriegen.

Fühle mich innerlich verloren.

Kann nicht denken.

Schlafe nicht. Wandere in der Nacht umher. Suche nach Plätzen, wo ich mich hinsetzen und in die Dunkelheit starren kann.

Schneide in diesen Arm. Weiß nicht einmal, wessen Arm es ist.

Schlage den Kopf an. Blut tropft herunter. Ich kann es wahrnehmen.

Sie (J.) wurde eine Fremde. Sie wurde wie eine Farbe ohne Form oder ein Empfinden ohne Ursprung. Einfach nur eine Fremde. Niemand, den ich erkennen könnte."

Beurteilung: Ursache dieses Rückfalls schien die Konfrontation mit der Frau bei der Arbeit zu sein. Ich konnte sonst nichts weiter herausfinden, was den Rückfall hätte auslösen können. Vielleicht war ihr Versuch, ihm näher zu kommen, zu diesem Zeitpunkt einfach zu viel für ihn gewesen. Es war ein guter Test für das Mittel herauszufinden, ob eine Wiederholungsgabe den Fall vorwärts bringen könnte.

Verabreichtes Mittel: *Baptisia M1, Einzeldosis.*

Nachsorge

eine Woche nach der letzten Gabe einer Dosis

Der Patient telefonierte.

"Nachdem ich das Mittel eingenommen hatte, schlief ich zwei Tage lang.

Ich gehe wieder zur Arbeit und kann arbeiten.

Fühle mich noch wackelig.

Ich bin nicht verrückt. Ich bin die Röhre hinuntergegangen. Das ist alles.

Ich fühlte mich zu verwundbar, und das ist vernichtend.

Das Ich konnte es nicht zusammenhalten, als J. versuchte, mir näher zu kommen. Ich weiß, dass Zuneigung mir nicht weh tut, aber es fühlt sich schmerzhaft an, es macht Angst. Und anstatt das zu fühlen, zerschmettere ich in klitzekleine Stücke. Ich sehe jetzt, wie winzig und getrennt sie sind.

Ich fühlte mich im Schock. Ganz verwirrt und unfähig, an die Oberfläche zu kommen. Unfähig zu denken. Unfähig, die Stücke zusammenzusetzen.

Jetzt ist es besser: ich schneide mich nicht, ich stoße mir nicht den Kopf an, ich schlafe gut."

Therapeutisches Vorgehen: Abwarten.

Spätere Nachsorge

Ich sah den Patienten noch mehrere Male. Es ging weiterhin aufwärts mit ihm. Die Symptome der Schlaflosigkeit wurden besser. Er brauchte keine Medikation mehr. Seine Fähigkeiten, mit Menschen umzugehen und zu verkehren, besserten sich ständig. Er hatte vor, ein eigenes Apartment zu beziehen. Ungefähr fünfzehn Monate nach Baptisia rief seine Mutter an und teilte mit, dass er krank sei.

Es tut ihm alles und überall weh.

Er ist erschöpft, aber ruhelos und kann kaum stillliegen.

Seine Arme und Beine fühlen sich wund an. Wund bei Berührung.

Sein Fieber steigt an.

Er fühlt sich schwach und erschöpft.

Er redet und murmelt vor sich hin. Es macht keinen Sinn. Er träumt und er redet im Schlaf.

Seine Mutter kann in seinem Gemurmele keinen Sinn erkennen.

Sein Mund ist trocken.

Er schwitzt. Er riecht. Es ist ein schrecklicher Geruch, als als sei jemand gestorben.

Er ist belegt in der Brust, empfindet Enge. Er möchte das Fenster öffnen.

Beim Husten bringt er Schleim hoch, dunkelgrünen und schwarzen.

Seine Nase sondert Schleim ab, grünlich mit Streifen von schwarzem und rotem Blut.

Sehr übler Geruch.

Er hat etwas Diarrhoe, geblich, dunkelgelb. Mit schrecklichem Geruch.

Er hat Schmerzen in der Brust und im rechten Unterbauch.

Fühlt sich insgesamt wund und schmerzend.

Bei Berührung oder einer äußeren Anwendung geht es ihm schlechter.

Er weiß nicht, wo er ist. Überall verstreut.

Dann rollt er sich zur Seite, zieht die Beine an und kriegt es nicht mit, dass seine Mutter da ist.

Beurteilung: Ich konnte nur mit seiner Mutter reden, der Patient selbst konnte nicht ans Telefon kommen. Ich bat sie, ihm ein paar Fragen zu stellen, aber sie teilte mir mit, dass er nicht antwortete. Er schaute sie ihn, als ob er betrunken sei, und versank dann wieder in Schlaf. Ich konnte nicht herausfinden, was diese Situation ausgelöst haben mochte. Bis dahin schien es ihm gut gegangen zu sein. Es war möglich, dass dies ein Wiederauftreten seiner Pneumonien war. Weil er für drei Tage krank war, die Erkrankung plötzlich begonnen hatte und es ihm rasch schlechter ging, ließen sie einen Internisten rufen, und der Patient bekam Antibiotika.

Verabreichtes Mittel: *Baptisia M1, Einzeldosis.*

Derzeitiger Stand

Im Lauf der nächsten beiden Tage löste sich die Episode auf, und dem Patient ging es im Verlauf der letzten beiden Jahre immer nur besser.

Er lebt jetzt in einem eigenen Apartment und hat immer weniger mit seiner Mutter zu tun.

Keine Episoden mehr, in denen er sich den Kopf anschlägt oder Schnittwunden zufügt. Ab und zu noch verfällt er in das Schaukeln und das zwanghafte Aufräumen.

Er lebt immer noch in einer “anderen Welt”.

Das Gefühl von Aufspaltung in seiner Welt ist verschwunden.

Er fühlt sich immer noch von anderen getrennt und entfernt. “Es gibt Zeiten, da bin ich von all dem befreit.”

Therapeutisches Vorgehen: Abwarten.

Ende des Falls.

BAPTISIA-FALL 3

Von Dr. Laurie Dack, veröffentlicht von der IFH 1993.

Hervorhebungen in Kursivschrift zum Unterstreichen von aussagestarken Wendungen.

Ein Fall von chronischer Müdigkeit (Chronic Fatigue-Syndrom)

Patientin von 43 Jahren.

Erstbesuch

(in den Worten der Patientin)

“Im März 1990 wurde chronische Müdigkeit diagnostiziert. In Wirklichkeit geht es mir schon seit November 1989 schlecht.

Ich konnte das ganze Jahr nicht arbeiten.

Ich hatte Kontakt mit mehreren Ärzten, die mich auf Nahrungsmittelallergien und mit verschiedenen Nahrungsergänzungsmitteln behandelten, aber ich bin damit nicht weit gekommen. Ich nahm Nahrungsergänzungsmittel ein und änderte meine Diät. Hatte Behandlung bei einem Chiropraktiker für Manipulationen der Wirbelsäule, auch mit einem Trainer, der mich auf Körpermuster beim Halten aufmerksam machte, um meine Energien zu befreien. Habe auch mit einem Physiotherapeuten gearbeitet, wegen meiner Muskel- und Gelenkschmerzen. Arbeite mit einem Therapueten an meinen emotionalen Traumata in der Vergangenheit. *Ich glaube, dass ich damit alle Teile meiner selbst abdecke. Ich bin sicher, dass es noch Teile gibt, die ich nicht erwischt habe. Auf jeden Fall fühlt es sich so an.*

Bevor ich diese Krankheit bekam, war ich bereits überempfindlich, aber jetzt bin ich auf die ganze Welt allergisch. Mich macht alles krank.

Kann mich kaum konzentrieren, schon beim kleinsten Stress nicht mehr.

Mein Körper tut einfach nur weh, alle Muskeln und Gelenke. Man nennt es Fibromyalgie.

Bei jeder Art Aufregung löse ich mich in alle Richtungen auf, werde völlig verstreut.

Ich weiß dann wirklich nicht mehr, wer ich bin.

Seit dieser Krankheit habe ich auch Schlafstörungen. Ich war in einer Klinik für Schlafstörungen. Man sagte mir, dass ich nie in einen REM-Schlaf komme, und dass dies die Ursache für all meine Gesundheitsprobleme sei, denn der Körper könne sich nicht wirklich erholen ohne diesen ganz tiefen Schlaf. Ohne Schlaftabletten kann ich nicht einschlafen.

Ich hatte noch nie ein besonders gutes Abwehrsystem, aber jetzt ist alles überall verstreut. Ich weiß nicht, wer ich bin. Ich habe das Gefühl, ich wirbele auseinander und bin in einem Teufelskreis gefangen. Die Dinge spalten sich überall ab.

Mein ganzes Leben lang hatte ich Probleme mit Allergien.

Extreme Müdigkeit. Ich weiß nicht wieso, aber gegen Abend werde ich ängstlich. Irgendwie aufgedreht. Extrem müde und gleichzeitig aufgedreht. Nachts voller Ängste. Sie halten mich vom Schlaf ab. Ich fühle mich nachts rastlos und erregt. Als ob ein Teil von mir schlafen wollte und Teile meines Körpers einfach zu rastlos wären und ich das Ganze nicht in Einklang bringen könnte.

Manchmal habe ich das Gefühl, ich schaute mir diese Person in meinem Bett an und fragte mich, wie jemand nur so müde sein und trotzdem nicht einschlafen kann.

Ich frage mich, ob ich mich jemals zusammenreißen und schlafen kann.

Extreme Müdigkeit. Die Hälfte der Zeit kann ich nicht einmal denken.

Ich beobachte mich, wie ich tagsüber alles mitmachen kann, und frage mich, wie ich nur funktionieren kann.

Depressionen.

Konzentrationsmangel. Kann nicht denken. Ich verliere dauernd den Faden meiner Gedanken. Ich möchte gerade etwas sagen und dann ist es schon verschwunden.

Ich war immer ein aktiver, gehetzter Mensch. Ich hatte einen gut bezahlten Job. Ich ging zur Schule und lehrte für zwei Jahre.

Im September 1988 erkrankte ich an einer Tonsillitis. Es war nicht sehr schmerzhaft, aber sehr geschwollen und ganz rot. Die Mandeln war belegt mit einem stinkenden Eiter. Ich war davon völlig erschöpft. Mir blieb die Stimme weg, und ich nahm Antibiotika. Dreimal und trotzdem keine besondere Veränderung, außer, dass es langsam in meinen Brustkorb ging und ich am Ende Lungenentzündung hatte und ins Krankenhaus musste und Antibiotika intravenös erhielt. Danach, als ich aus dem Krankenhaus entlassen wurde, war ich vier Monate lang in Antibiotikabehandlung.

Seither war ich nicht mehr gesund gewesen.

Inmitten von all dem, bevor ich ins Krankenhaus kam, hatte ich eine naturheilkundliche Behandlung, und dann bekam ich es auf die Brust. Ich schaute mir einfach dabei zu, wie ich in Stücke auseinander fiel.

Meine intellektuellen Fähigkeiten lösten sich einfach auf. Mein Gehirn arbeitet jetzt viel langsamer. Ich fühle mich meist verwirrt. Ich gehe in einen Gemüseladen und weiß, warum ich dort bin, und dann kann ich mich plötzlich nicht mehr erinnern. Der Gedanke verschwindet einfach.

Es fühlt sich an, als würde das Gehirn einfach nicht funktionieren. Als ob es mit irgendeinem Schlamm verstopft wäre. Ich führe das auf den Schlafmangel zurück, aber es gab auch schon andere Perioden in meinem Leben, in denen ich Schwierigkeiten hatte, mich zu konzentrieren. Meistens in Zeiten, in denen ich unter Stress stand.

Nachdem ich aus dem Krankenhaus entlassen wurde, wurde Schlafen ein Problem, obwohl es auch vorher schon manchmal problematisch gewesen war.

Die nächtlichen Ängste begannen danach.

Als Kind war ich kränklich. Man nannte es Wachstumsprobleme. In meinem frühen Leben verbrachte ich viel Zeit im Krankenhaus. Ich hatte eine Art Anfall. Anfälle niedrigen Grades, die meistens darin bestanden, dass ich am Boden oder im Bett vor- und zurückrollte und dabei stöhnte.

Als ich fünf war, hatte mein Vater einen Nervenzusammenbruch und musste ins Krankenhaus. Wir zogen zu einem Mann, der uns bei sich aufnahm und für den meine Mutter arbeitete. Er missbrauchte meine Schwester und mich sexuell. Ich entwickelte schreckliche Angst, außer Sichtweite meiner Mutter zu sein. Ich verbrachte viel Zeit mit Tieren und Haustieren.

Meine Mutter leugnete ab, dass sexueller Missbrauch stattfand. Ich fühlte mich einfach nur verwirrt. Ich sagte es meiner Mutter, aber sie konnte damit nicht umgehen. Also leugnete sie es ab, und ich wusste nicht, was ich fühlen sollte. *Ich war zerschmettert. Die eine Hälfte von mir war in sexuellem Kontakt mit diesem Mann, und die anderen Teile waren über den ganzen Platz verstreut.*

Im Alter von sieben bis zwölf wurden die Anfälle schlimmer. Ich war wirklich im Chaos. Alles aufgelöst und zerschmettert. Wusste wirklich nicht mehr, wer ich war oder was ich war. Ich fühlte mich ganz ohne Verbindung und verstreut.

Damals war Schlafen ein großes Problem. Ich war nachts unruhig und voller Angst.

Ich habe immer noch Angst im Dunkeln. Rastlos. Stöhne und rolle von einer auf die andere Seite, um irgendwie einen Zusammenhang herzustellen, irgendetwas, das alle Stücke zusammenbringt.

Mein Vater wurde als schizophren diagnostiziert.

Wir konnten nie herausfinden, was Wirklichkeit war in unserer Familie. Eine Menge dunkler, tiefer, niedriger Geheimnisse, pfuhllochartig. So fühlt es sich an, wie eine infektiöse Giftmasse in unserer Familie.

Mein Vater wurde schließlich aus dem Krankenhaus entlassen, und wir lebten alle zusammen. Er konnte wirklich nicht mehr funktionieren. Er war in Wirklichkeit ein Nichts.

Meine Mutter ließ mich in eine Klinik einweisen, weil ich einen Freund hatte, mit dem sie nicht einverstadnen war, und ich war sexuell aktiv, was gegen Gottes Gebote ging. Deshalb ließ sie mich, als ich achtzehn war, in eine psychiatrische Anstalt einweisen. Ich stand völlig unter der Kontrolle meiner Mutter und lebte in der Panik, sie könne mich zusammen mit meinem Freund erwischen, was sie auch tat.

Ich glaube, meine Mutter war ihr Leben lang valiumsüchtig. Vater ist schizophren. Und meine Schwester nimmt Tranquilizer wegen Schlafproblemen.

Vier Monate lang war ich in der Anstalt. Ich war verzweifelt und lebte in entsetzlicher Angst, dass ich niemals mehr herauskommen könne. Dann wurde ich richtig krank. Art von Lungenentzündung. Sie mussten mich zur Behandlung in ein anderes Krankenhaus bringen. Ich hatte sehr hohes Fieber und war im Delir. Wusste nicht mher, wer ich war oder wo ich war. Hatte immer das Gefühl, dass ich mich über den ganzen Platz auflösen oder dass ich sterben würde. Schließlich kam ich wieder raus.

Als ich draußen war und mich ein wenig stärker fühlte, verließ ich die Stadt. Ich trennte mich von meiner Familie. Strich sie aus meinem Leben.

Ich fühlte mich neugeboren, als ich die Stadt verließ und für mich zu leben begann. Aber ich begann viel zu trinken, denn ich fühlte mich von allem, was ich kannte, so abgeschnitten.

Ich ließ mich mit einem Mann ein, den ich wirklich zu lieben glaubte. Ihm zuliebe trank ich auch weniger, aber dann trennte er sich wegen einer anderen Frau von mir, und ich war am Boden zerstört.

Ich wurde sehr krank und kam wieder ins Krankenhaus. Eine ähnliche Art von Lungenentzündung wieder. Hohes Fieber, Delir. Fürchtete mich wirklich davor, dass ich sterben würde. War völlig verwirrt und reagierte auf keinen, der mit mir redete. Für einige Tage war ich wirklich tief drinnen. Ich erholte mich und tauchte langsam wieder hoch.

Danach vertraute ich emotional überhaupt niemand mehr. *Ich war zu verletzlich, zu leicht kaputt zu machen.*

Jetzt bin ich seit sieben Jahren in einer Beziehung.

Habe eine Menge, eine gewaltige Menge Zorn auf meine Mutter in mir. Hass auf meine Mutter.

Ich verlor meine Fähigkeit zu denken und meine Fähigkeit zu fühlen.

Verbrachte eine Menge Zeit mit dem Gefühl, dass mein Kopf und meine anderen Körperteile nicht miteinander verbunden waren. Ich kämpfe immer noch mit dem Gefühl, dass ich nicht mit mir verbunden bin.

Vor zwei Jahren begann ich, in eine Therapie zu gehen. Weil ich in stationärer Behandlung gewesen war, würde ich niemals zu einem Psychiater gehen. Die möchte ich um alles in der Welt vermeiden. Aber ich fand einen Psychologen, dem ich langsam immer mehr vertraue. Es ist sehr schwierig, jemand hereinzulassen.

Schmerzen in meinen Gelenken und Muskeln.

Angst davor, dass mein Herz stehen bleibe. Ich erinnere mich an diese Angst, als ich mit Fieber im Krankenhaus war und das Gefühl hatte, mein Körper sei in Stücken und mein Herz werde aufhören zu schlagen. Ich werde dann wirklich voller Angst und ganz verwirrt darüber. Ich bin darüber verwirrt. Ich lasse mein Herz oft von einem Kardiologen überprüfen. Die Angst ist immer noch da, vor allem nachts. Es ist nicht im mindesten logisch. Es ist eine verrückte Angst. Aber wenn mein Denken einmal damit anfängt, dann geht es immer weiter. Es wandert überall umher. Es wird immer wilder, und ich kriege Angst, dass ich sterben würde. Verwirrung wegen meines Herzens. Was ist damit nicht in Ordnung? Es ist völlig verrückt.

Die Hälfte der Zeit kenne ich mich selbst nicht.

Früher war ich ein beschäftigter Mensch. Jetzt habe ich einfach keine Vitalität mehr.

Angst davor, nicht unabhängig sein zu können.

Angst vor Zurückweisung, davor, dass mir Liebe und Zuneigung wieder entzogen werden.

Seit ich krank gewesen war, verbrachte ich viel Zeit mit Alleinsein, eingeschlossen. Wollte nicht mit vielen Menschen zusammensein.

Habe Angst davor, die Kontrolle zu verlieren. Das ist natürlich ein Witz, denn ich habe das Gefühl, dass ich sie eh völlig verloren habe und dass alle Stücke verstreut sind. Ich habe das Gefühl, ich versuche verzweifelt, diese Stücke wieder zusammenzusammeln und mich zusammenzureißen, alles wieder zu integrieren.

Ich vermeide es, Zeit zu haben, mit meinen Emotionen in Kontakt zu kommen. Es ist zu schwierig.

Habe Angst, dass ich mich völlig auflöse.

Ich hasse es, wenn es langsam Abend wird und ich weiß, dass ich bald zu Bett gehen muss. Ich versuche es zu vermeiden, zu Bett zu gehen. Ich werde ruhelos und fange an, über meine Gesundheit nachzudenken. *Ich beginne hinabzusteigen in diese Sorgen, dass ich nicht schlafen könnte. Ich fange an, in Stücke zu zerfallen.* Rastlosigkeit.

Kann nicht klar denken. Ich möchte etwas zu meinem Mann sagen, und auf einmal ist das, was ich sagen wollte, einfach weg. Ich kann mich nicht einmal um seiner Hilfe willen an ihn wenden. Die Gedanken verschwinden einfach.

Ängstlich. Fange an, über meine Gesundheit nachzudenken. Habe das Gefühl, ich werde es nie zusammenbekommen. Mein Herz fängt an laut zu pochen. Ich bin erschreckt und verwirrt. Ich glaube, ich müsse sterben.

Ich denke nicht gerade. Ich möchte nach meinem Mann rufen, damit er mir helfe, aber ich kann mich nicht daran erinnern, was ich sagen wollte.

Ich weiß, es ist verwirrend. Ich fühle mich überallhin verteilt. Alles verstreut. Keine Mitte. Versuche verzweifelt, die Stücke zusammenzukriegen."

Das ist der Schnittpunkt von Leguminosae und typhösem Miasma.

Zum Verständnis des Falls

Das Gefühl, aufgeteilt zu sein, taucht in diesem Fall von Anfang an auf, als die Frau ihren Zugang zu Therapien beschreibt. Sie besucht ungefähr neun oder zehn Praktiker zur Behandlung all der verschiedenen Teile ihrer selbst. Das Gefühl des Gespaltenseins taucht auf, wenn sie fragt: "Wer bin ich?" und wenn sie sagt: "Ich glaube, dass ich damit alle Teile meiner selbst abdecke."

Eine andere Ausdrucksweise desselben Themas ist die Beschreibung ihrer Schlaflosigkeit: "Teile meines Körpers sind einfach zu rastlos und ich kann das Ganze nicht in Einklang bringen." Es mangelt ihr an mentaler Kraft, sie verliert "den Faden der Gedanken". Sie denkt an etwas, und dann ist es verschwunden. Sie drückt ihre Zerfahrenheit und Getrenntheit auf eine weitere Art und Weise aus, wenn sie sagt: "Meine intellektuellen Fähigkeiten haben sich einfach aufgelöst." Sie bringt das mit der Vorstellung in Zusammenhang, dass ihr Gefühl von Schlamm verstopft sei, dass es deshalb nicht funktioniere.

Die Erfahrungen von sexuellem Missbrauch in ihrem frühen Leben zerschmetterten die Patientin völlig und setzen damit das Thema des

Aufgeteiltseins fort. Die Tatsache, dass ihre Mutter die Traumatisierung verleugnete, trug zusätzlich dazu bei. Sie ist umso mehr niedergeschmettert und am Boden zerstört, so dass ihre Anfälle sich verschlimmern: sie rollt sich stöhnend auf dem Bett hin und her und wälzt sich umher auf der Suche nach einem Ruhepunkt in ihrer Mitte. Auch ihre Art, den sexuellen Missbrauch zu schildern, zeichnet ein Bild des Vor- und Zurückrollens, um ihre eigene Mitte zu finden: "Die eine Hälfte von mir war in sexuellem Kontakt mit diesem Mann, und die anderen Teile waren über den ganzen Platz verstreut... Ich fühlte mich ganz ohne Verbindung und verstreut."

Sie beschreibt die "pfuhllochähnlichen Geheimnisse" in der Familie, "eine infektiöse Masse von Giften." Die Geheimnisse tragen zur weiteren Fragmentierung bei. Das Dilemma der Diskrepanz zwischen dem, was sie erlebte, und dem, was von ihrer Mutter anerkannt wurde, trug weiterhin zur Aufspaltung bei. Es beginnt mit der Verleugnung von sexuellem Missbrauch und es kulminiert in der Einweisung der Patientin in eine stationäre Behandlung, weil sie sich sexuell mit ihrem Freund eingelassen hatte. Die Inkonsequenz und die Verleugnung verstärken die Fragmentierung, und das manifestiert sich darin, dass sie "von einer Seite auf die andere rollt, um irgendeine Kontinuität zu finden, irgendetwas, was alles zusammenhält."

Der Gedanke des Diskontinuität, des Verteiltseins, des Verstreutseins aller Einzelteile und die Bemühungen und Bewegungen, alles wieder zusammenzubringen, scheinen das Thema des Falles auszumachen. Interessanterweise hat sie große Angst vor einer Herzkrankheit. Das Herz wird oft als die Mitte einer Person angesehen, sowohl physisch als auch emotional. Die Angst, dass das Zentrum erkrankt sei oder zu existieren aufhören könne, ist schrecklich, vor allem, wenn man sich aufgelöst fühlt und Bewegungen macht, die Einzelteile zur Mitte zurückzubringen.

Die Situation verursacht eine Verzweiflung um ihre Genesung, eine Verzweiflung, dass die Teile nie wieder zusammenkommen könnten und das Zentrum nie wieder gefunden werden könnte.

Wir benutzten die folgenden Rubriken:

> Geist und Gemüt: Verwirrung, um seine Identität.
>
> Geist und Gemüt: Angst, vor Herzkrankheit.
>
> Geist und Gemüt: Gedanken, Verschwinden von.
>
> Geist und Gemüt: Verzweiflung, um die Genesung.

Die Mittel, die sich aus diesen Rubriken ergeben, sind Medorrhinum, Lachesis und Baptisia.

Verabreichtes Mittel: *Baptisia M1, Einzeldosis.*

Nachsorge
sechs Wochen nach dem Mittel

“Ich fühle mich heute viel mehr beisammen.

Ich fühle mich besser.

Ich habe einen besseren Schlaf. Ich habe seit drei Wochen keine Schlaftabletten mehr genommen und konnte schlafen.

Irgendwie habe ich das Gefühl, dass alles wieder zusammenkommt. Die Dinge überwältigen mich nicht mehr so sehr.

Ich hatte keine akuten Krankheiten, obwohl ich mit Leuten zusammen war, die wirklich krank waren.

Ich habe das Gefühl, dass ich aus dem Schlamm herausgezogen werden kann.

Ich hatte zwei Anwandlungen von ängstlicher Sorge um meine Gesundheit, aber sie hatten nicht mehr so einen starken Zugriff auf mich wie früher.

Ich habe viele Dinge erledigen können.

Ich habe das Gefühl, dass mir meine Fähigkeiten wieder besser zur Verfügung stehen. Ich kann wieder denken. Ich vergesse nicht alles.

Ich habe das Gefühl, dass die Dinge zusammenkommen.

Ich bin mehr in meiner Mitte.

Nachts bin ich immer noch unruhig, aber dann mache ich einen kräftigen Spaziergang und gehe wieder heim und kann einschlafen.

Therapeutisches Vorgehen: Abwarten.

Spätere Nachsorge
Zweiundzwanzig Monate lang wurde kein Mittel mehr verabreicht. Dann entwickelte die Patientin vaginale Varikosen mit starken Blutungen, ein Wiederauftreten eines alten Symptoms von zehn Jahren zuvor. Die Patientin erhielt eine Dosis von Hamamelis C30, womit sich das Problem auflöste, und sie blieb seither das letzte Jahr hindurch gesund.

Ende des Falls.

BAPTISIA-FALL 4

Von Dr. Laurie Dack, veröffentlicht von der IFH 1993

Hervorhebungen von aussagekräftigen Wendungen in Kursivschrift.

Patientin von 45 Jahren.

Erstbesuch

Die Patientin war in Behandlung bei einem anderen Homöopathen, aber ich konnte nicht herausfinden, welche Heilmittel verschrieben geworden waren. Die Symptome sind in den Worten der Patientin wiedergegeben.

Ich habe die Pest. Grippe und Mandelentzündung. Das geht jetzt schon seit Monaten so, immer wieder. Es kommt jetzt in Episoden.

Ich habe das Gefühl, ich bin am Sterben.

Es begann plötzlich. Eines Morgens konnte ich einfach nicht aus dem Bett aufstehen.

Ich fühle mich durch und durch krank. Alles ist betroffen. Alle Muskeln und Knochen schmerzen.

Kopfweh, als ob von innen etwas drücke und meine Augen nacheinander aus dem Schädel herausgedrückt würden. Mein Kopf ist ganz schwer und benommen. Fühlt sich an, als gehöre er gar nicht zu mir.

Etwas Diarrhoe. Explosionsartige Stühle und es riecht schrecklich. Ein- oder zweimal am Tag.

Fieber, ungefähr 39.5 (Grad Celsius).

Fühle mich eigentlich weder heiß noch kalt, aber mein Gesicht ist gerötet und ein wenig angeschwollen.

Kann einfach nicht aus dem Bett. Fühle mich fertig.

Ich kann nicht denken. Fühle mich blöd. Kann nicht lesen und nicht einmal Fernseh schauen. Ich kann mich nicht konzentrieren, bin wie schlaftrunken.

Ich fühle mich rastlos und kann nicht zur Ruhe kommen.

Das Bett fühlt sich an, als sei es nicht in Ordnung. Alles tut weh. Alles ist verkehrt. Zu hart. Aber ich kann nicht aus dem Bett. Finde es nirgendwo bequem.

Ich kann mich nicht sammeln. Ich fühle mich verstreut.

Ich möchte die Fenster offen haben, ich brauche frische Luft.

Der Arzt kam, um nach mir zu sehen, denn ich wusste einfach nicht mehr, was mit mir los war. Ich dachte, dass ich besser den Arzt da hätte, wenn ich stürbe. Aber er sagte nur, die Mandeln seien rot und geschwollen, und er verschrieb mir Antibiotika. Ich habe jetzt drei Serien von Antibiotika genommen.

Ich fühle mich weder hungrig noch durstig.

Habe keine argen Schmerzen in der Kehle. Es überraschte mich, als der Arzt so um meinen Hals besorgt war. Er schaute nur in die Kehle, und sonst sah er nichts.

Ich fühle mich wirklich am Boden zerstört.

Ich habe jetzt dreimal Antibiotika genommen und sie helfen nicht wirklich. Ein paar Tage lang fühlte ich mich besser, Und dann auf einmal war ich ganz unten.

Für ein paar Tage fühlte sich der Teil (von mir) mit den Antibiotika besser an. Es schien meiner Kehle gut zu tun, meinte der Arzt. Aber ich hatte dort sowieso keine Schmerzen. All die anderen verschiedenen Teile betraf es eh nicht.

Die Muskelschmerzen und die Schmerzen und das allgemeine Krankheitsgefühl, das alles kommt und geht wie es ihm beliebt.

Plötzlich bin ich wieder am Boden. Müde, wate durch den Schlamm. Es hat mich wirklich sehr aufgeregt.

Ich kann keine Arbeit fertigkriegen. Wenn ich nur an Arbeit denke, fühle ich mich schon überwältigt. Es ist unmöglich. Ich hasse es, daran zu denken, an all die Papiere, durch die ich mich hindurcharbeiten muss.

Erschöpfung und eine unglaubliche Verwirrung, als fragte ich mich, wer ich eigentlich sei. Bin ich dieser kranke Mensch oder bin ich jemand anders? Es ist wirklich verwirrend.

Ich kann mir die Arbeit nicht einmal anschauen.

Möchte mit niemanden reden.

Möchte mich einfach nur einrollen und sterben. Ich fühle mich ohne Leben.

Es ist gut, dass ich heute zu Ihnen gekommen bin, denn ich fühle mich recht gut und genug beisammen, dass ich das alles mitteilen kann. Aber wenn ich drinnen bin (im Krankheitszustand), dann – das sag ich Ihnen – dann denke ich, ich sterbe.

Ich möchte schlafen, aber der Schlaf bietet mir keine Zuflucht. Es ist ein unruhiger Schlaf, und er ist voller Träume. Ich möchte eigentlich gar nicht schlafen. Ich fühle mich ganz müde, aber kann nicht schlafen und nicht zur Ruhe kommen.

Das ist es. *Ein Gefühl, als sei ich überall – als wolle ein Teil von mir dieses und ein anderer Teil wolle es nicht.*

Ich möchte schlafen gehen, aber das Bett fühlt sich für meine Muskeln zu hart an, und ich möchte mich bewegen. *Ein Teil von mir will den Arzt rufen und um Hilfe bitten, und ein anderer Teil denkt: Wozu soll es gut sein!*

Mein Arm wird gefühllos, mit den Kopfschmerzen. Taubheit in meinen Armen und Händen, ein Gefühl wie tot. Gefühllos.

Ich fühle mich schläfrig und schwerfällig. Mein Kopf fühlt sich schwer an und dumm.

Ich weiß nicht, was mit mir vor sich geht. Es geht gerade so weiter. Ich bin darüber aufgeregt, aber dann gibt es da einen Teil in mir, der hat all dem gegenüber aufgegeben.

Ich sage Ihnen, während ich hier sitze und Ihnen all diese Symptome aufzähle, fühle ich mich seltsam. Wie überall. Ein Teil hier und ein Teil dort. Kein Zusammenhalt.

All das war wirklich auch seltsam. Es ist, als wüsste ich nicht, wer ich bin. Ich war noch nie auf diese Art krank gewesen. Im Allgemeinen bin ich ein gesunder Mensch. So etwas ist noch nie vorher mit mir geschehen.

Ich mache Sport und esse relativ gesund. Während der Periode esse ich Schokolade, aber das war schon immer so.

Im Allgemeinen bin ich ganz gut beisammen. Aber jetzt habe ich das Gefühl, dass es eine Seite in mir gibt, die zerfällt in lauter Einzelteile.

Im Bett stöhne ich.

Fühle mich nach Sterben.

Zum Glück nimmt mich mein Mann nicht zu ernst.

Sogar mein Sprechen ist genuschelt.

Wenn ich einen guten Tag erwische, bin ich ein völlig anderer Mensch.

Aber sobald ich es kommen fühle, stürze ich ab, in das dunkelste Dunkel.

Verabreichtes Mittel: *Bapitisia M1, Einzeldosis.*

Nachsorge

Die Patientin erholte sich innerhalb weniger Tage und war seither die letzten beiden Jahre gesund.

Ende des Falls.

ROBINIA

Leguminosae + Malaria-Miasma

Die folgende Rubrik weist darauf hin, dass es sich um das Malaria-Miasma handeln könnte:

> Intermittierendes Fieber. (Clarke)

Demnach könnte das Gefühl von Robinia folgendermaßen sein:

> *Intermittierende Bedrohungen auseinanderzubrechen.*

Indien zum Beispiel ist in viele Einzelstaaten aufgeteilt, und von Zeit zu Zeit drohen einzelne Staaten sich abzuspalten oder drücken den Wunsch danach aus. Die meisten separatistischen Bewegungen der Welt lassen sich dieser Pflanzenfamilie zuordnen. Die Aufspaltung der UdSSR-Staaten ist ein Beispiel zur Illustration desselben Gefühls.

CHRYSAROBINUM

Leguminosae + Ringwurm-Miasma

Es ist als ausgezeichnetes Heilmittel für Ringwurm bekannt.

Das Miasma könnte somit das Ringwurm-Miasma sein und das Gefühl von Chrysarobinum wie folgt:

> *Versucht, sich zusammenzuhalten.*

COPAIVA

Leguminosae + Sykose

Ausgezeichnetes Mittel bei Sykose und Gonorrhoe.

> Verschlechterung nach Gonorrhoe. (Boenninghausen)
>
> Entzündung, chronische (zweiwertiges Symptom); von Gonorrhoe. (Vermeulen)
>
> Dysurie nach Gonorrhoe. (Hering)
>
> Wasserlassen: schwierig, nach Gonorrhoe. (Knerr)

Die Rubriken weisen darauf hin, dass es sich um die Sykose handelt. Das Gefühl von Copaiva könnte wie folgt sein:

Vermeidet, sich aufzuspalten.

BALSAMUM PERUVIANUM

Leguminosae + tuberkulöses Miasma

Die folgende Rubrik weist darauf hin, dass das Miasma tuberkulös sein könnte.

Tuberculosis pulmonalis/Lungentuberkulose. (Complete)

Das Gefühl von Balsamum peruvianum könnte demgemäß wie folgt sein:

Es ist ein Wettlauf mit der Zeit, alles zusammenzubekommen; andernfalls wird alles zugrundegehen.

CAESALPINIA

Leguminosae + lepröses Miasma

Das Mittel wird bei der Behandlung von Lepra erwähnt, das Miasma könnte leprös sein und das Gefühl wie folgendermaßen:

Verdammt, weil er aufgespalten ist.

PHYSOSTIGMA

Leguminosae + Krebs-Miasma

Das Mittel wird bei Krebs des Endometriums benutzt. Wir finden es in Allens Encyclopedia in der folgenden Rubrik: "Zu viel Dinge im Zimmer, zählt sie unablässig." Diese Beschreibung zeigt genau das Empfinden an, bei dem sich Krebs-Miasma und Leguminosae treffen. Es handelte sich um den Fall einer krebskranken Frau. Das ist der Rahmen von Physostigma, in dem zu viele Dinge da sind und die Patientin versucht, Ordnung zu schaffen.

Das Gefühl von Physostigma könnte wie folgt sein:

Strengt sich über die eigenen Fähigkeiten hinaus an, die Dinge zusammenzuhalten.

LATHYRUS

Leguminosae + Syphilis

Die Symptome von Hoffnungslosigkeit und Dauer oder von andauernder

Hoffnungslosigkeit sind nach Vermeulen die Schlüsselsymptome.

Das Miasma könnte syphilitisch sein und das Gefühl wie folgt:

Wird vernichtet, weil er aufgespalten ist.

ZUSAMMENFASSUNG LEGUMINOSAE – EMPFINDUNGEN UND REAKTIONEN

Empfinden

Spaltet sich.

Fällt auseinander.

Verstreut.

Zusammengebunden.

In Stücken.

Passive Reaktion

Gefühl von Verstreutsein und Verwirrung.

Gespalten.

Nicht zusammen.

Aktive Reaktion

Die Dinge zusammenbekommen.

Kompensierung

Gefühl von Zusammengehörigkeit und Geeintheit.

MIASMEN

Akut	Melilotus
Typhös	Baptisia
Malaria	Robinia
Ringwurm	Chrysarobinum
Sykose	Copaiva
Tuberkulös	Balsamum peruvianum
Krebs	Physostigma

Leprös	Caesalpinia
Syphilis	Lathyrus

VERGLEICHSMITTEL

Coniferae

Scrophulariaceae

LILIIFLORAE
(Überordnung)

Zu den Liliiflorae gehörige Familien:

- Trilliaceae
- Smilacaceae
- Xanthorrhoeaceae
- Aloaceae
- Hyacinthaceae
- Amaryllidaceae
- Melanthiaceae
- Colchicaceae
- Liliaceae (Lilien)
- Iridaceae

HEILMITTEL

Agraphis nutans	Sternhyazinthe
Aloe socotrina	Aloe
Colchicum (C. autumnale)	Herbstzeitlose
Convallaria majalis	Maiglöckchen
Crocus sativus	Safran, Echter Krokus
Helonias (H. dioica) (Chamaelirium luteum)	Teufelsbiss
Lilium tigrinum (Lilium lancifolium)	Tigerlilie
Ornithogalum umbellatum *	Dolden-Milchstern, Goldiger Milchstern

Paris quadrifolia	Einbeere
Sabadilla (S. officinalis)	Sabadillsamen, Läusekörner
Sarsaparilla (Smilax officinalis. Smilax regelii)	Stechwinde
Squilla oder Scilla (S. maritima) (Urginea maritima)	Meerzwiebel
Trillium pendulum	Amerikanische Waldlilie
Veratrum album	Weißer Germer
Veratrum viride	Grüner Germer

Anmerkung: Obwohl einige Autoriäten die Dioscoreaceae in die Liliiflorae eingeordnet haben, haben andere wie z.B. Chronquist sie getrennt von den Liliiflorae (Liliales) aufgeführt, ihnen ihre eigene Kategorie als Familie der Dioscoreaceae gegeben und sie unter den Liliidae eingereiht. In meiner jüngsten Untersuchung der Dioscoreaceae-Familie fand ich heraus, dass ihr Empfinden ein anderes ist als das der Liliiflorae. – Chronquist hat ebenfalls die Asparagales und Orchidales von den Liliales getrennt, was damit die Familien Alliaceae, Agavaceae und Convallariaceae einerseits und die Orchidaceae andererseits einschließt.

* Bachblütenmittel

HERKUNFT

Nur wenige Pflanzen der Familie Liliaceae – z.B. Helonias, Lilium tigrinum, Paris und Sarsaparilla – sind als homöopathische Heilmittel gut geprüft. Hinzu kommt, dass einige Mittel, die in einer Klassifizierung in die Familie eingeschlossen sind, in einer anderen Klassifizierung ausgeklammert wurden; so gehören zum Beispiel Veratrum album und Veratrum viride im MacRepertory-Programm zur Familie der Liliaceae, während Wichmans Arbeit über natürliche Verwandtschaften (die ins Computerprogramm "Reference Works" aufgenommen ist) diese beiden Mittel in die Familie der Melanthiaceae einordnet. Ähnlich verhält es sich mit Colchicum: Nach dem MacRepertory-Programm gehört es in die Familie Colchicaceae, während es bei Wichman zu den Liliaceae zählt. Aus diesem Grund machte ich die größere Gruppe zu meinem Studienobjekt, die Liliiflorae (taxonomische Kategorie einer Überordnung; Anm. d. Übersetzers). Die Untersuchung der Mittel ergab, dass ein gemeinsames Empfinden nicht nur für die Familie Liliaceae zutraf, sondern ebenfalls für andere Mittel innerhalb der Liliiflorae. Wir sehen uns also eher die (Überordnung) Liliiflorae an, nicht die (Familie) Liliaceae.

In meiner Suche nach einem gemeinsamen Empfinden wählte ich diejenigen Rubriken aus, die sich auf vierzig Heilmittel beschränkten und die wenigstens drei Mitglieder der Liliiflorae aufwiesen. Wenn dabei auch die hier aufgeführten Rubriken herauskamen, ergab die resultierende Liste kein eindeutiges Muster:

Bauch: Schmerzen, drückend, in den Seiten, in den Flanken. (7. Symptom) (Colch., Sars., Sabad., Squil.)

Bauch: Schwere wie von einer Last oder einem Gewicht, in der Leistengegend. (17. Symptom) (Croc., Lil-t.)

Bauch: Schmerzen, drückend, im Hypogastrium, nach unten. (34. Symptom) (Aloe, Lil-t., Sars.)

Allgemeines: Blutfülle innerlich. (58. Symptom) (Conv., Sars., Verat., Verat-v.)

Weibliche Geschlechtsorgane: Schwere, Uterus. (62. Symptom) (Aloe, Helon., Lil-t.)

Allgemeines: Fülle, äußerlich. (79. Symptom) (Aloe, Par., Verat.)

Man kann erkennen, dass hier folgende Empfindungen auftauchen: Druck nach unten, Fülle, Schwere. Es ließen sich weitere gemeinsame Empfindungen finden: eingeengt, gequetscht, festgemacht, gedrückt, gewürgt, verwickelt, unterdrückt, gezwungen, Einengung der Körperöffnungen.

Als Nächstes suchte ich im Repertorium ausschließlich nach Geistes- und Gemütssymptomen:

Träume, von Liebesdingen.

Aufregung, Neigung zur.

Aktivität, überaktiv.

Geistige Erschöpfung verschafft Besserung.

Gesprächigkeit.

Fröhlich.

Übermütig.

Wahnidee, sie sei schwanger.

> Redet lebhaft.
>
> Im Zweifel, über das Seelenheil.

Aus diesen Symptomen ergab sich noch kein offensichtliches Gefühl oder Empfinden. Aber bei den gemeinsamen Symptomen fand sich: Besserung durch Bewegung, durch vermehrte Aktivität oder durch Wunsch nach Aktivität, Besserung durch Erschöpfung, muss gehen, Drang zu hüpfen, zu rennen, aus dem Bett zu steigen, zu entkommen, ängstliche Sorge treibt ihn von Ort zu Ort, beschäftigt, gebessert durch Aufstehen aus dem Bett oder aus einem Sessel, als müsse sie fliegen, hält sich fest.

Im Allgemeinen sieht man eine Menge Aktivität, und trotzdem gibt es scheinbar keine Empfindung, die all diese Symptome miteinander verbindet.

Jetzt machte ich mich daran, jedes Arzneimittel einzeln zu untersuchen.

Zuerst schaute ich mir **Lilium tigrinum** in Phataks Materia medica an. Im einführenden Abschnitt über Allgemeinsymptome ist das auffallendste Empfinden wie folgt:

> Voll, Völlegefühl, Gefühl von Schwere oder Auspressen, in Uterus, Ovarien, Herz usw.

Dieses Empfinden ist charakteristisch und allgemein. D.h. es wird in verschiedenen Körperregionen wahrgenommen; es muss das Hauptempfinden des Heilmittels sein. Es wird in mehreren Abschnitten klar geschildert und es liefert den notwendigen Schlüssel zur Verbindung der Symptome.

Ich suchte nach dieser und nach ähnlichen Empfindungen bei anderen Mitgliedern der Liliiflorae, unter den körperlichen und den Geistes- und Gemütssymptomen. Ähnliche Empfindungen – der körperlichen Ebene – fanden sich zum Beispiel bei den folgenden Mitteln:

> **Sarsaparilla**: Baucheingeweide fühlen sich anfangs an, als würden sie zusammengezogen, dann, als würden die Gedärme hinausgepresst. (Hahnemann)
>
> **Helonias**: Hitze oder Druck nach oben im Scheitel, als sei der Schädel zu voll. (Phatak)
>
> **Paris**: Schmerz, als würden die Ohren hinausgedrückt oder mit einem Keil gewaltsam auseinandergebracht; schlimmer beim Schlucken. (Phatak)

Aloe: Stuhl wird hinausgepresst, oder *zurückgehalten.* (Allen, Encyclopedia)

Ich schlage daher als Empfinden dieser Familie das Gefühl des Hinauspressens vor; Gefühle von Gequetschtsein, Hinauspressen, Unterdrückung, Zwang. Das Empfinden mag damit verglichen werden, wenn Zahnpasta aus einer Tube gequetscht wird. Lilium tigrinum hat dieses Empfinden besonders stark im Bauch.

Falls es ein Gefühl von Hinauspressen gibt, dann sollte auch das gegenteilige Empfinden von festem Zurückhalten auftauchen, und die allgemeine Empfindung der Liliiflorae muss sich zwischen diesen beiden Polen bewegen. Und weiterhin, falls diese Hypothese richtig ist, dann müssten Empfindungen von Hinausgepresst- oder Zurückgehaltenwerden auch psychologisch zum Ausdruck kommen.

Eine Stichwortsuche nach "Ausgepresst" oder "Hinausgezwängt" brachte keine Ergebnisse. Da das hypothetisch vorgeschlagene Empfinden bei den Geistes- und Gemütssymptomen nicht vorkam, fragte ich mich: "Was wäre wohl die Reaktion darauf, sich hinausgezwängt zu fühlen?" Offensichtlich ist die Antwort: "Man wird versuchen, sich festzuhalten." Und Symptome, die Festhalten ausdrücken, lassen sich tatsächlich finden.

Lilium tigrinum: Angst davor alleine zu sein; Kind möchte, dass seine Mutter es an der Hand hält. (Complete)

Sabadilla: Wahnidee, Vorstellungen, vom Fallen, davon, dass sie fiele, wenn sie sich nicht an etwas festhielte. (Complete)

Veratrum: Wildheit ... muss gehalten werden. (Hering)

Es könnte also sein, dass das Hauptempfinden bei den Liliiflorae das Empfinden des Hinausgepresstwerdens ist, und die Reaktion darauf, festhalten zu müssen oder festgehalten zu werden.

Die psychologische Entsprechung zum Empfinden des Hinausgepresstwerdens könnten ein Gefühl des Ausgeschlossenwerdens sein und der daraus resultierende Wunsch zum Integriertwerden.

KURZE ZUSAMMENFASSUNG VON SCHLÜSSELBEGRIFFEN BEI DEN LILIIFLORAE

Lilium tigrinum

Hinausgezwängt, -gepresst

Kopf: Schmerzen, drückend, als würden die inneren Organe hinausgezwängt. (1) (Complete)

Zusammenschnürende Schmerzen im Herzen. (Kent)

Zusammenschnüren in Kopf, Brust, Uterus.

Allgemeines: Schmerz, drückend, wie von einer Last. (Complete)

Schmerzen von Öffnen und von Schließen. (Phatak) (Hat wahrscheinlich mit Einschließen und mit Ausschließen zu tun.)

Allgemeines: Empfindung von Umklammern. (Complete)

Wahnidee: dass sie verrückt werde, falls sie sich nicht an sich selbst festhalte. (Complete)

Gefühl von Im-Stich-Gelassensein (korrespondiert wahrscheinlich mit Ausgeschlossensein).

Muss sich beschäftigt halten, um sexuelle Begierde zu unterdrücken (muss festhalten, sonst entkommt es). (Allen, Keynotes)

Eile. (Complete)

Muss laufen. (Complete)

Angst vor dem Alleinsein, Kind möchte, dass seine Mutter es an der Hand hält. (Complete)

Und wie bereits oben bemerkt, findet sich bei Lilium tigrinum ein Gefühl des Hinausgepresstwerdens und des Zusammengeschnürtseins.

Sabadilla

Zusammenschnüren: Kehle, Körperöffnungen, Kopf, Bauch, Brustkorb.

Allgemein: Drüsen, quetschend. (Boenninghausen)

Allgemein: Schmerz, zusammendrückend. (Complete)

Wahnidee, zu fallen, dass sie falle, wenn sie sich nicht an etwas festhalte. (Complete)

Schwindel: festhalten an etwas, muss sich. (Complete)

Wahnideen, Vorstellungen: Seele, der Körper sei zu klein für die; oder dass er von ihr getrennt sei. (Complete)

Bewegung verschafft Besserung. (Knerr)

Ruhe bringt Verschlimmerung. (Knerr)

Ängstliche Besorgnis, treibt ihn von Ort zu Ort. (Complete)

Träume: von Geschäftigsein. (Complete)

Bett, springt aus dem Bett und rennt ungestüm umher. (Complete)

Springen, Drang aufzuspringen und ungestüm umherzurennen. (Complete)

Und wiederum findet sich das Gefühl des Hinausgepresstwerdens, des Quetschens, Drückens, und davon, dass sie fiele, wenn sie sich nicht festhielte.

Ähnlich verhält es sich mit anderen Mitteln:

Helonias

Schmerz, zusammendrückend. (Complete)

Hände halten den Bauch: Drang dazu, dass. (Complete)

Aktivität verschafft Besserung. (Complete)

Geistige Erschöpfung verschafft Besserung. (Complete)

Veratrum album

Ängstliche Sorge: Atmen, Engegefühl beim, Unterdrückung des Atmens; Wunsch sich aufzusetzen oder aus dem Bett zu springen. (Knerr)

Allgemeines: Schmerz, einengend, in Körperöffnungen; Sphinkterspasmen. (Complete)

Schwindel: festhalten, muss sich an etwas. (Boenninghausen)

Arm, Zittern, versucht sich an allem festzuhalten (d.h. kann nicht festhalten) (Allen, Encyclopaedia)

Wild, tanzt umher, muss gehalten werden. (Hering)

Besorgnis treibt von Ort zu Ort. (Complete)

Delirium: Bett, springt plötzlich aus dem Bett und entflieht.

Flucht, Versuche zu entkommen; Haus, möchte aus dem Haus heraus. (Complete)

Impulse, krankhafte: herumzurennen, Dromomanie. (Complete)

Aktivität: im Allgemeinen dauernde. (Complete)

Träume: von Herumspringen. (Complete)

Gewalttätigkeit, Heftigkeit, im Allgemeinen, jagt die Familie aus dem Haus. (Complete)

Bei Veratrum findet sich auch das Gefühl, er sei in einer engen Ecke und müsse da herauskommen, entweder durch Lügen oder Angeben oder durch ein irgendein anderes Mittel. Gleichzeitig besteht ein Gefühl, durch

Verlust der Stellung in der Gesellschaft ausgeschlossen zu werden, und deshalb findet sich ein Verhalten, das Aufmerksamkeit erregen soll, und selbstgefälliges Gerede, um integriert zu werden.

Agraphis

Aus dem Fall von Peggy Chipkin, der später im Kapitel geschildert wird:

Muss gehalten zu werden.

Schlief besser, wenn eingewickelt.

Möchte nicht eingeengt, behindert sein.

Aloe

Kehle: inneres Engegefühl. (Allen, Repertorium)

Colchicum

Brustorgane: Bedrückungsgefühl, wechselnd. (Einzelsymptom) (Allen, Encyclopaedia)

Paris

Nach einer Stunde Empfinden im ganzen Kopf wie hinausgeblasen, oder als seien Schläfen und Augen von innen nach außen gepresst. (Hughes)

Veratrum viride

Verletzungen: Veneneröffnung; Krampfanfälle während Geburtswehen. (1) (Knerr)

Delirium: Bett, springt plötzlich aus dem Bett und entflieht. (Complete)

Bett: möchte im Bett bleiben; weigert sich aufzustehen und sich anzuziehen und gibt dafür keine Gründe an, im Wahn. (Complete)

Trillium

Träume von Festlichkeiten, Schlittenfahrten, usw. (Complete) (Wobei man sich festhalten muss.)

Besserung durch festes Bandagieren. (Boger)

Paris

Redet: springt von einem zum nächsten Thema; redet einfach nur um des Redens willen. (Knerr)

Springt von einem Thema zum anderen, nur um des Redens willen. (Vermeulen)

Törichtes Verhalten; Neigung, andere mit Grobheit und Verachtung zu behandeln. (Hering)

(Möglicherweise ein Verhalten, das Aufmerksamkeit auf sich lenken soll.)

Diskussion der Liliiflorae-Themen auf der Basis einer Untersuchung der Heilmittel

Religion/Ausschluss

Ein den Liliiflorae gemeinsames Thema ist Religiosität im Sinne von religiöser Erregung und Verbindung mit Gott. Was hat das nun mit dem Gefühl von Hinausgedrängtwerden zu tun?

Soweit ich es verstehe, verleiht Religion ein Gefühl der Zugehörigkeit und des Einbezogenseins. Wenn man außerhalb der Religion steht oder hinausgezwungen wird, dann ist man ausgeschlossen, ausgestoßen, exkommuniziert. Von seiner lateinischen Wurzel her bedeutet das Wort Religion Rückverbindung, Rückhalt. Zu einer Religion zu gehören bedeutet, zu einer Gruppe zu gehören und zu Gott zu gehören.

Als Adam und Eva den Willen Gottes taten, waren sie integriert. Dann gaben sie der Verführung nach und wurden daraufhin hinausgeworfen, vertrieben, hinausgedrängt.

Wir finden Liliiflorae-Mittel in den Rubriken "Verzweiflung um der religiösen Erlösung willen" und "Zweifel am eigenen Seelenheil", womit Furcht vor Exkommunikation und Ausschluss ausgedrückt wird (Lilium tigrinum, Veratrum, Crocus).

Ein Wörterbuch definiert Ausgeschlossensein wie folgt: Vor dem Zutritt hindern, draußenhalten, hinauswerfen, vertreiben, exkommunizieren, diskriminieren, absondern. Wenn ein Gefühl von Ausgeschlossensein und Hinausgezwängtsein besteht, dann muss auch der entsprechende Wunsch nach Einschluss herrschen.

Bei **Lilium tigrinum** könnte das Hauptgefühl folgendermaßen ausgedrückt werden: "Falls ich meinem Sexualtrieb nachgebe, dann werde ich ausgeschlossen, aus meiner Religion hinausgeworfen, also muss ich meinen Trieb unterdrücken." Folglich findet sich ein Wechsel von Sexualität und Religiosität.

Veratrum leidet an der Wahnidee, er sei in Kommunikation mit Gott, was ihm wahrscheinlich hilft, sich eingeschlossen zu fühlen. Selbst wenn er vom gesamten Rest der Welt hinausgeworfen wird, gehört er immer noch zu Gott. Das gibt ihm das Gefühl der Sicherheit. Es finden sich Selbstgefälligkeit, Angeberei, Zurschaustellung, dass er der Integration würdig sei; auch Festhalten an einer verlorenen Position.

Was **Paris** betrifft, folgt unten ein Fall, in dem das Thema Religion auftaucht (mit Gott zusammen zum Essen ausgehen), ebenso das Gefühl des Ausgeschlossenseins und das kompensatorische Verhalten, Aufmerksamkeit auf sich lenken zu wollen; ebenso Selbstgefälligkeit.

Colchicum is sehr empfindlich für schlechtes Benehmen, wahrscheinlich weil dies das Gefühl auslöst, dass er/sie ausgeschlossen ist. Weiterhin taucht das damit zusammenhängende Thema der Gesellschaft auf.

Bei Veratrum finden wir die Rubrik "Verzweiflung ob der gesellschaftlichen Position", ein Gefühl, das sich auf die Gesellschaft bezieht und wahrscheinlich aus Angst vor plötzlichem Ausschluss besteht (akutes Miasma). Im unten folgenden Sarsaparilla-Fall muss eine Mutter ihre Tochter – die Patientin – dazu zwingen, zu Parties zu gehen. Der Crocus-Fall – ebenfalls unten folgend – war früher Herz und Seele einer Party; hier hat also das *Bedürfnis nach Einschluss* durch Gesellschaft oder Religion mit einem *aufmerksamkeitsheischenden Benehmen* zu tun.

Benehmen, das Aufmerksamkeit auf sich ziehen soll

Sowohl bei den Liliaceae als auch den Liliiflorae findet sich das Thema von aufmerksamkeitsheischendem Benehmen, von Lebhaftigkeit, Selbstgefälligkeit, Geschwätzigkeit usw. Vielleicht vermitteln diese Dinge den Patienten das Gefühl, etwas Besonderes zu sein. Was die Rückseite zum Gefühl des Ausgeschlossenseins ist, zum Draußenstehen und Isoliertsein.

Festhalten oder Einbehalten/Schließmuskel

Festhalten/Zurückhalten und Hinausdrängen sind die beiden Seiten der Liliiflorae, wie es die Fälle dieses Kapitels illustrieren werden.

Sarsaparilla wird von der Schwere der Umstände einbehalten oder festgehalten.

Paris sagt: "Ich tue alles, was mein Vater sich von mir wünscht – was Kleidung oder Redeweise betrifft –, so lange er mir seine Aufmerksamkeit schenkt." Der Freund der Patientin sagt: "Falls du etwas tust, was mir nicht gefällt, hast du mich verloren." Sie muss seinen Wünschen nachkommen, um eingeschlossen zu sein. Trotzdem redete sie mit dem Jungen, wie im Paris-Fall 1 unten dargestellt.

Die Liliiflorae haben also Einbehalten oder Festhalten zum Thema, und es wird im Physischen und im Psychologischen (mit Zwang behindert, gezwungen) ausgedrückt. Man möchte nicht hinausgeworfen werden. Dennoch gibt es einen Punkt, an dem man bereit ist hinauszugehen, einen Punkt, an dem man weggehen möchte. Wenn man dieses Entwicklungsstadium erreicht hat, dann ist es Zeit zu gehen.

Einbehalten —— Hinausgedrängt

Etwas wird lange einbehalten, bis es bereit ist, hinausgepresst zu werden.

Bei Lilium tigrinum finden sich eine Menge Symptome, die sich auf den Uterus und Schwangerschaft beziehen. Man halte sich die Funktion des Muttermundes in der Schwangerschaft vor Augen: Der Foetus wird vom Sphinkter einbehalten, bis er reif zum Hervorkommen ist, bis er bereit dazu ist, hinausgedrängt zu werden. Wenn er frühzeitig hinausgedrängt wird, dann resultiert ein Abort. Auf meiner Suche nach den Rubriken der Liliiflorae stieß ich auf "Beschwerden ausgelöst durch Abort". Auch die Themen Fülle und Leere tauchen auf.

Was den analen Sphinkter betrifft, stellt sich die Sache folgendermaßen dar: Im Rektum wird der Stuhl geformt, und wenn er fertiggestellt ist, öffnet der Schließmuskel sich und der Stuhl wird hinausgepresst. Beim Mittel Aloe socotrina finden sich Probleme mit dem Analsphinkter; Stuhl wird hinausgepresst, bevor er fertiggeformt ist, da der Sphinkter nicht fest genug hält.

Eine Tür öffnet und schließt sich, und ein Prozess läuft in zwei Richtungen ab. Aber im Fall des Sphinktermuskels handelt es sich um einen Prozess in einer Richtung: Sobald etwas hinausgedrängt ist, kann es nicht mehr zurück.

Jede Gesellschaft hat so etwas wie einen Sphinktermechanismus, der für die Funktionen von Einbehalten und Hinausdrängen oder Ausstoßen sorgt.

Wenn man hinausgdrängt wird, bevor man bereit ist, dann hält man sich fest. Und wenn es an der Zeit ist hinauszukommen und man wird festgehalten, dann wird man unruhig. Im unten folgenden Paris-Fall war die Patientin ein gehorsames Mädchen; später wurde sie ein böses Mädchen ("Mama nennt mich vorwitzig") und war zu Unfug bereit.

Wegen der großen Anzahl von schwangerschaftsbezogenen Symptomen und der Gefühle von Einbehalten- und Hinausgedrängtwerden, auch wegen der Themen von Eingeengtsein und Aktivität, glaube ich, die Mittel der Liliiflorae könnten bei Geburtswehen sehr hilfreich sein.

Ergreifen/Festhalten

Wie bereits erwähnt, haben die Liliiflorae-Mittel Festhalten, Ergreifen und Anklammern zum Thema.

Colchicum – Hand: Schwäche, kann nichts festhalten, bei Rheumatismus. (Knerr)

Sabadilla – plötzlicher Krampf in der rechten Hand, kann nichts greifen. (Allen, Encyclopaedia)

Veratrum – Zittern, allgemeines, der oberen Gliedmaßen, auf den ganzen Körper übergreifend. (Complete)

Arme: Zittern, wenn etwas gegriffen wird. (Complete)

Aktivität

Wie oben erwähnt, finden sich bei den Liliiflorae starke Aktivität und das Bedürfnis sich zu bewegen. Man kann dies als Reaktion auf das Empfinden von Unterdrückt-, Eingeengt- und Zurückgehaltenwerden verstehen.

Nahrung

Das Thema der Nahrung taucht bei dem Fall des Veratrum-Kindes mit Ekzemen (Feinschmecker) und bei dem Paris-Mädchen mit seinem Traum von Gott im Restaurant auf. Die Sarsaparilla-Patientin träumt davon, mit ihrem Vater zum Essen auszugehen. Einer der Colchicum-Patienten nimmt für einen Arbeitskollegen Essen mit zur Arbeit und in einem seiner Träume führt er seinen Arzt zum Essen aus. Colchicum ist empfindlich auf Essensgerüche.

ZUSAMMENFASSUNG LILIIFLORAE – EMPFINDUNGEN UND REAKTIONEN

Empfinden

Hinausgepresst und ausgequetscht, ausgestoßen.

Unterdrückt, mit Zwang zurückgehalten.

Eingeengt.

Ausgeschlossen, ausgelassen.

Im Psychologischen geht es um das Empfinden von *Ausgeschlossensein*, im Körperlichen um das von *Hinausgepresstsein*.

Passive Reaktion

Muss sich festhalten.

Aktive Reaktion

Muss sich bewegen.

Kompensierung

Verhalten, um Aufmerksamkeit auf sich zu lenken.

Dazugehören.

Eingeschlossensein, Teil sein.

VERATRUM ALBUM

Die folgenden Symptome von Veratrum deuten auf sein Miasma:

Allgemeines: Schock, wie elektrischer. (Complete)

Allgemeines: Schock, Verletzung durch. (Complete)

Angst: vor dem Tod, bei Cholera. (Complete)

Angst: vor dem Tod, Schwitzen mit kalter Stirn. (Knerr)

Plötzlicher Kraftverlust. (Lippe)

Wirkungen sind plötzlich und heftig. (Phatak)

"Wie eine König, der plötzlich arm geworden ist." (Sankaran)

Plötzliche übermäßige Entleerung. (Boger)

Attacken von plötzlichem Ohnmachtsgefühl. (Allen, Handbook)

Somit handelt es sich beim Miasma von Veratrum um das *akute*.

Wenn man die Gefühle des Hinausgezwängtseins oder Ausgeschlossenseins der Liliiflorae mit dem akuten Miasma kombiniert, dann kommt man auf das wahrscheinliche Empfinden von Veratrum, also:

Plötzliches Hinausgedrängt- und Ausgeschlossensein.

Ausgehend von dem Empfinden der Pflanzenfamilie und vom vorgeschlagenen Gefühl des Mittels, können wir unser Verständndis von Veratrum vertiefen. Das Hauptgefühl von Veratrum ist Ausgeschlossensein und die

Furcht vor dem Verlust einer gesellschaftlichen Position. Er wird aus seiner beruflichen Anstellung entlassen, er wird aus seinem Königreich hinausgeworfen. Er ist ausgestoßen und versucht daher verzweifelt und akut und in panischer Bange, festzuhalten an dem, was er verloren hat. Er entwickelt eine Pathologie, die ihn in der Tat ausschließt.

VERATRUM-ALBUM-FALL 1

Am 8. November 1997 wurde ein Junge von drei Jahren zu mir gebracht; er litt an schwerstgradigen Ekzemen, die von Geburt an bestanden, und anamnestisch an Asthma. Dies ist seine Vorgeschichte:

> Der Junge ist sehr unsicher und möchte immer seine Mutter bei sich haben. Er hat eine Menge Ängste und ist schüchtern.
>
> Er ist selbstgefällig und möchte immer Anerkennung. Wenn seine Mutter von der Arbeit nach Hause kommt, erwartet er, dass sie zu ihm kommt und ihn gebührend grüßt. Wenn sie als erstes einen Schluck Wasser trinkt, schaut er sie schon nicht mehr an und redet nicht mehr mit ihr, bis sie sich bei ihm entschuldigt. Wenn sie ihn einmal tadelt, dann erinnert er sie nachher: “Du hast mich ausgeschimpft, du hast mich ausgeschimpft!”
>
> Wegen seines Ekzems tut er sich schwer, sich auf andere Kinder einzulassen. Er möchte seine Spielzeuge nicht mit anderen teilen.
>
> Er neigt zu starker Körperwärme und schwitzt übermäßig an Kopf und Stirn.
>
> Die Ekzeme eitern profus, sie verursachen heftigen Juckreiz, schlimmer in der Nacht. Wo er kratzt, wird die Haut danach dunkler. Sie wird dadurch entstellt, und er trägt deshalb langärmelige Hemden und lange Hosen und bedeckt seinen Kopf. All sein Haar ist ausgefallen.

Wegen der Themen von Ego und Anerkennung, der Warmblütigkeit, des Juckens, Eiterns und Schwitzens usw. verabreichte ich dem Jungen Calcarea sulphurica. Anfangs gab es keine Reaktion auf das Mittel, es schien aber wohlangezeigt und ich wartete ab und sah das Kind bei Wiedervorstellungen.

Nach vier Monaten Behandlung erhielt ich eines Abends einen Telefonanruf, dass der Junge kollabiert sei. Er war nicht mehr ganz bei Bewusstsein, schwitzte profus und überall. Er konnte kaum mehr meine Fragen beantworten. Ich veranlasste, dass er ins Krankenhaus aufgenommen wurde und eilte hinterher.

Als ich das Krankenhaus erreichte, war er am ganzen Körper am Schwitzen, hatte eiskalte Hände und zyanotische Fingernägel. Er hatte starken Durst auf kaltes Wasser. Er war bei Bewusstsein, reagierte aber nicht. Ich verstand die Ursache für seinen Zustand nicht; sein Herz schien in Ordnung zu sein. Ich wollte, dass ein Kinderarzt ihn sich sofort ansah.

Ich fragte nach, was denn passiert war, was den Kollaps wohl hätte auslösen können. Seine Mutter war ausgegangen und der Junge war mit seinen Großeltern alleine gewesen. Er hatte irgendetwas getan, worauf sein Großvater ihn angeschrien und gesagt hatte: "Deine Mutter wird überhaupt nicht mehr zurückkommen." Der Junge bekam einen solchen Schrecken, dass er zu zittern anfing, am ganzen Körper in Schweiß ausbrach und dann kollabierte.

Um diesen akuten Zustand eines Kollapses zu behandeln, gab ich ihm Veratrum M1. Das Mittel hat plötzlichen Kollaps mit profusem Kaltschweiß und Zyanose und deckt auch die folgenden Rubriken eines akuten Zustandes ab:

Geist und Gemüt: Beschwerden ausgelöst von Schrecken, von Furcht.

Geist und Gemüt: möchte getragen werden.

Haut: Kälte.

Gesicht: blaue Verfärbung durch Schrecken ausgelöst.

Zittern vor Angst.

Durst: dauernd.

Durst: während Frösteln.

Frösteln, mit Schütteln.

Innerhalb von fünf Minuten nach Gabe des Mittels hörte das Schwitzen auf und das Kind kam zu Bewusstsein. Innerhalb von fünfzehn Minuten war die Krise vorbei. Ich hielt es nicht mehr für notwendig, dass ein Kinderarzt es sich anschaute.

Eine Woche später brachten die Eltern den Jungen wieder in meine Sprechstunde. Er war damals noch von Kopf bis Fuß mit Ekzemen bedeckt. Er konnte nicht laufen, da er Blasen an den Fußsohlen hatte. Aber im Allgemeinen war die Haut etwas glatter und eiterte weniger. Ich wusste nicht, was ich tun sollte, und gab ihm Milchzucker.

Drei Wochen später sah ich das Kind wieder, und die Ekzeme begannen besser zu werden. Also schaute ich mir den Fall erneut an und versuchte zu verstehen, was hier vor sich ging und was ich bisher nicht verstanden hatte. Ich hatte bemerkt, dass er immer in die Klinik gebracht wurde und dann auf dem Schoß seiner Eltern saß. Als erstes, wenn er hereinkam, sagte er: "Ich habe drei Fische gegessen." Essen war das einzige Thema, über das er sprach: Kann ich dies essen oder das? Ich aß dieses und jenes. Dies oder das hat mir so gut geschmeckt. Er redete unablässig über Essen und hatte eine lange Liste von Essenswünschen. Dies erschien mir seltsam.

Als Nächstes fiel mir auf, dass er Autos sehr liebte und eine Sammlung von mehreren hundert Spielzeugautos besaß. Und er wollte immer noch mehr; immer wenn seine Eltern weggingen, bat er sie, ihm ein Auto mitzubringen. Er hielt sie alle intakt und funktionierend; er war sehr anspruchsvoll.

Er konnte beinahe wie ein Erwachsener reden; er war frühreif.

Er mochte es, Filmstars zu imitieren und wiederholte Filmszenen. Er stellte sich vor, er sei ein großer Filmstar. Er liebte es nackt zu tanzen und sah sich im Fernsehen gerne Nacktszenen an. Er wollte von einem kleinen Mädchen, dass es ihn berühre und zu ihm sage, dass es ihn liebe. Er nahm sich mit seiner Großmutter eine Menge Freiheiten heraus und berührte sie an Körperstellen, an denen er nicht sollte, und sagte dabei: "Lass uns Liebe machen." Er liebte es, mit seiner Großmutter zu tanzen; er nannte sie "meine Heldin" oder "mein Schatz". Er sprang auf sie drauf. Er schlug andere Leute auf den Hintern und lachte dann.

Er war reizbar, nörgelte immer und weinte. Im Zorn warf er Dinge um sich und knirschte mit den Zähnen.

Er spielte sich als Boss auf und diktierte andere herum, besonders seine Großmutter. Er war selbstgefällig. Zu seinem Vater sagte er: Du brauchst nicht daheim anzurufen, wenn du außerhalb bist, ich kümmere mich um Mama und Großmama." Er war dreist. Er sagte zu seinem Vater: "Halt den Mund und mach, dass du fortkommst." Er drohte anderen Leuten: "Ihr tätet besser dies und das, sonst wird mein Juckreiz noch schlimmer."

Er träumte von Göttinnen und davon, Eis zu essen.

Er hatte Angst vor hohen Orten.

Er klammerte sich extrem an seine Mutter und wollte von ihr, dass sie alles für ihn tue. Er hatte Angst davor, seinen Eltern könnte ein Unglück zustoßen oder dem Auto könnte etwas passieren. Er ermahnte seine Eltern langsam zu fahren, damit sie keinen Unfall erlitten.

Ich verstand, dass sein Heilmittel *Veratrum* war.

Rubriken

Geist und Gemüt: Feinschmecker.

Geist und Gemüt: Frühreife.

Geist und Gemüt: schamlos.

Geist und Gemüt: diktatorisch.

Geist und Gemüt: Selbstgefälligkeit.

Geist und Gemüt: wählerisch.

Geist und Gemüt: dickköpfig.

Geist und Gemüt: religiöse Gefühle.

Allgemeines: Gier auf Eis.

Allgemeines: Gier auf Früchte.

Wiedervorstellung drei Monate nach der Mittelgabe

Die Hautläsionen wurden besser, ebenso das Asthma.

Wiedervorstellung

Ein Jahr nach der ersten Gabe von Veratrum war das Kind immer noch auf dem Weg zur Besserung. Die Hauterscheinungen waren zu 80 bis 90% besser geworden, aber an Händen und Füßen gab es noch Ekzeme, während es an Rumpf und Gesicht weniger war.

Der Junge hatte sich stark verändert. Er hatte begonnen, zur Schule zu gehen; früher hatte er es gehasst, wenn Leute ins Haus kamen, und hatte sich nie auf andere Kinder eingelassen. Jetzt mochte er Gesellschaft, auch die von Kindern. Er liebte es, gute Kleidung zu tragen.

Früher hatte er danach verlangt gefüttert zu werden; jetzte fütterte er sich selbst. Seine Leidenschaft für Essen war etwas reduziert. Er verlangte nicht mehr nach allen möglichen Nahrungsmitteln.

Seine Leidenschaft zum Autosammeln war nach Aussagen seiner Mutter noch dieselbe.

Sein Gemütszustand, sein Ego, die Frühreife und die Schamlosigkeit waren beinahe verschwunden.

Früher war er ein Ekzem gewesen, in dem sich irgendwo ein Kind versteckt hielt, jetzt war er ein Kind mit etwas Ekzem.

Wiedervorstellung

Zweieinhalb Jahre nach der ersten Veratrum-Gabe erfährt die Haut weiterhin Besserung und ist fast völlig frei von Läsionen. Es eitert noch, aber weniger. Auf den Handrücken bestehen noch Eruptionen, an denen er kratzt.

Sein Haar ist wiedergekommen.

Es ist ihm warm, vor allem nachts, und er möchte den Ventilator anhaben.

Er liebt Regen, während er Wasser früher hasste. (Veratrum hat Furcht vor Wasser.)

Sein Wunsch nach Spielzeugautos ist geringer geworden; er spielt jetzt gerne Unfallgeschehen mit seinen Autos und knallt sie dabei zusammen (d.h. er sieht sich seine Ängste jetzt an).

Das Thema Essen ist erledigt.

Er liebt es, von etwas hinabzuspringen. (Früher hatte er Angst vor hohen Orten und vor Hüpfen und Angst davor sich zu verletzen.)

Er liebt die Gesellschaft von anderen Kindern; früher war er isoliert gewesen.

Er benimmt sich wie ein normales Kind.

Wiedervorstellung im Juni 2002

Es geht dem Kind körperlich und psychologisch gut. Er ist jetzt sehr offen für Gesellschaft und im Allgemeinen glücklich. Seine Hautprobleme sind verschwunden.

Diskussion

Jedes einzelne Symptom ist Teil des Krankheitszustandes. Die Wirkung der Symptome auf das Leben des Patienten war Isolierung; er hielt sich abseits von anderen Menschen; erst, als es ihm besser ging, wurde er geselliger.

Wie ist dies im Zusammenhang des Arzneimittelbildes von Veratrum zu verstehen?

Das Hauptgefühl von Veratrum besteht im Ausgeschlossensein und in der Furcht davor, die Stellung in der Gesellschaft zu verlieren:

> Geist und Gemüt: Angst um seine Stellung in der Gesellschaft.
>
> Geist und Gemüt: Angst davor, seine lukrative Stellung zu verlieren.
>
> Geist und Gemüt: Verzweiflung um seine soziale Stellung.
>
> Geist und Gemüt: besorgt um seine soziale Stellung.

Der Veratrum-Mensch hat das Gefühl, er sei aus seinem Job entlassen worden, von seinem Thron gestoßen, aus seinem Königreich verbannt. Er ist im Aus und deshalb versucht er verzweifelt, akut und panisch, festzuhalten an dem, was er verloren hat.

Deshalb sehen wir an ihm Selbstgefälligkeit, Angeben, das Sammeln von 500 Autos, das Festhalten an einer verlorenen Position. Die Frühreife des Jungen und sein fast erwachsenes Benehmen bringen Leute zum Lachen, sorgen für Unterhaltung und erregen Aufmerksamkeit. Er möchte ein Filmstar werden und integriert werden.

Auch hat er die Religiosität der Liliiflorae, er träumt von Göttinnen.

Der Junge klammert sich angstvoll an seiner Mutter fest. Als er in eine Krise gerät, erleidet er einen plötzlichen Zusammenbruch. Das ist das akute Miasma.

Pflanzenheilmittel im akuten Miasma haben bestimmte Eigenschaften gemein, aber sie unterscheiden sich durch die Eigenschaften der Pflanzenfamilien. Aconitum (Familie Ranunculaceae) hat nervöse Aufregung. Belladonna

(Solanaceae) hat schreckliche Angst und Furcht und hat mit Schlangen zu tun. Und im Fall von Veratrum (Liliiflorae) rührt die akute Angst von dem Gefühl ausgeschlossen und hinausgeworfen zu werden, dann folgt Kollaps, gefolgt von gewaltiger Selbstgefälligkeit.

Die typische Veratrum-Situation entsteht dann, wenn ein Manager in hoher Funktion in den Ruhestand gehen muss und plötzlich ohne Job und damit ohne Status ist. Dies ist ein plötzlicher Verlust einer Stellung in der Gesellschaft. Also unternimmt er enorme Anstrengungen, sich wieder ein Reich aufzubauen; das erfolgt instinktiv, reflexhaft, deshalb das akute Miasma.

Ende des Falles.

VERATRUM-ALBUM-FALL 2

Hier folgt der Fall eines Jungen, den ich 1989 gesehen habe. In meinem Buch "Das geistige Prinzip der Homöopathie" habe ich bereits darüber geschrieben, aber man kann sich den Fall auf eine noch viel interessantere Weise anschauen. Für mich wurde er zu einem entscheidenden Wendepunkt.

Ein Junge von neun Jahren lebte und arbeitete in der Kantine unseres Krankenhauses. Er machte sauber und trug Wasser herbei.

Er war völlig taub und konnte nicht sprechen; aber er war eigentlich der gesprächigste Mensch auf dem ganzen Campus; er kommunizierte mit Gestik. Er war ebenfalls ein hervorragender Unterhalter, er machte Witze und brachte die Menschen zum Lachen. Er war sehr religiös, betete viel, tanzte für Gott vor den Schreinen und sang dazu, obwohl er stumm war. Er war niemals still, immer aktiv und im Brennpunkt von Zuwendung und Aufmerksamkeit. Alle liebten ihn.

Einer meiner Kollegen wollte ihm Hilfe zukommen lassen und brachte ihn zur HNO-Abteilung. Man untersuchte ihn und konnte keine körperlichen Befunde erheben. Die Diagnose lautete "hysterisch bedingte Taubheit". Dann – eines Tages – kletterte der Junge auf einen Baum, fiel herab und löste dadurch viel Aufruhr aus. Er rief laut, und von diesem Tag an konnte er wieder sprechen.

Ich rief ihn zu mir in die Klinik und befragte ihn über sein Leben. Was er mir berichtete, änderte völlig meine Ansichten über das Wesen von Krankheit. Er erzählte seine Geschichte:

> "Meine Mutter ist tot, und ich kümmerte mich immer um die Kühe und das Melken. Ich verkaufte die Milch und benutzte das Geld zum Einkauf von Nahrungsmitteln. Mein Vater war ein Trinker. Er ging gewöhnlich morgens aus dem Haus und kam vor Mitternacht nicht heim. Dann verkaufte er eine Kuh nach der anderen, um sich den Alkohol leisten zu können, bis noch eine Kuh übrigblieb. Als auch diese Kuh weg war, nahm mich mein Vater zum Bahnhof, und als ich eingeschlafen war, setzte er mich in einen Zug und machte sich aus dem Staub. Als ich aufwachte, war ich auf dem Weg nach Bombay und völlig allein."

Eines Tages, als er fünf Jahre alt war und noch in seinem Dorf lebte, stürzte er einmal, als er auf einem Karren tanzte, und verlor plötzlich seine Stimme. Als er in Bombay ankam, war er sechs Jahre alt, und da er stumm war, hatten Menschen Mitleid mit ihm. Er machte in einem Imbissladen das Geschirr sauber und dann begann er die Arbeit in der Kantine.

Er war ganz allein in Bombay.

Er sagte: "Ich singe gerne und ich kenne eine Menge Lieder." Ich bat ihn, mir eines vorzusingen. Er sang ein Lied mit einem Text, der auf dem alten indischen Epos Ramayana basiert.

Es war die Geschichte des Prinzen Rama, der im Begriff war, zum König gekrönt zu werden. Da erinnerte eine seiner Stiefmütter den König an sein altes Versprechen, dass er ihr zwei Wünsche erfüllen werde, gleich, was sie sich wünsche. Ihr erster Wunsch war daraufhin, dass sein Sohn Rama für vierzehn Jahre aus dem Königreich verbannt werde; sie sagte das gerade zu dem Zeitpunkt, an dem die Krönungsfeierlichkeiten hätten stattfinden sollen. Ihr zweiter Wunsch war es, dass ihr eigener Sohn zum König gekrönt werde.

Der König verbannte Rama, und dieser kam als pflichtbewusster Sohn dem Geheiß seines Vaters nach. Rama wanderte nach Süden und erreichte den Ganges. Hier fand er einen Flößer und sprach zu ihm: "Setz mich über den Fluss. Denk nicht, ich habe keinen Vater; ich habe einen. Denk nicht, ich habe keine Mutter; ich habe eine. Bitte setz mich über den Fluss."

Es war kein Zufall, dass der Patient dieses Lied gewählt hatte. Er sang von sich selbst, er teilte uns seinen inneren Zustand mit, seine innere Geschichte, die Situation der Wahnidee, in der er sein Leben lebte. Die Geschichte von Rama ist die eines hochstehenden Prinzen, der plötzlich verbannt wird. Er stürzt aus seiner hohen Stellung in der Gesellschaft ab. Er sagt: "Denk nicht, dass ich keine Mutter und keinen Vater habe." Sein Gefühl sagt ihm nämlich, dass er keine hat. Auf einen plötzlichen Sturz hin wurde der Junge stumm. All sein Tun ist eine Reaktion auf seine innere Geschichte.

Ich verstand dies als einen Veratrum-Zustand:

> Geist und Gemüt: Wahnidee, taub und stumm zu sein.
>
> Geist und Gemüt: sich Krankheit einbilden, bei Kindern.
>
> Geist und Gemüt: Taubheit vorgetäuscht.
>
> Geist und Gemüt: Wahnidee, kann nicht hören.

Er zog Aufmerksamkeit auf sich durch seine Stummheit und durch seine Gesprächigkeit, sein Tanzen und Singen. Alle mochten ihn:

> Geist und Gemüt: fröhlich, klatscht die Hände.

Geist und Gemüt: singt, fröhlich, freudig.

Geist und Gemüt: Aktivität, überaktiv.

Der Sturz oder Fall des Prinzen Rama geschieht aus heiterem Himmel. Der Patientenjunge wurde stumm nach einem plötzlichen Sturz, und dann, nach einem weiteren plötzlichen Sturz, erlangte er auf dramatische Weise seine Stimme wieder.

Die Plötzlichkeit zeigt das akute Miasma an. Das Gefühl des Verbanntseins (des Ausgeschlossenseins, Hinausgedrängtseins) zeigt die Liliiflorae an. Am Kreuzungspunkt des Miasmas und der Pflanzenfamilie findet sich das Gefühl von Veratrum: *plötzlich ausgeschlossen*. Als er in der Kantine arbeitete, wurde ihm von Seiten der Ärzte eine Menge Aufmerksamkeit zuteil, und irgendwie durchschaute er, dass er zum weiteren Aufstieg wieder reden musste; und, seltsam wie es klingt, er erleidet einen weiteren Fall und kann wieder reden.

Interessant waren auch seine Träume; es waren immer dieselben. Gott kommt zu ihm, nimmt ihn auf den Schoß und führt ihn überall herum, zum Himmel, bringt ihn dann zur Erde zurück und geht weg. Der Junge war extrem religiös und betete viel. Er lebte mit dem tiefen Gefühl, dass er mit Gott kommuniziere. “Ich habe das Gefühl, dass Er zu mir kommt und mich mit sich nimmt.” Wir haben das Thema der Erhebung und das Thema des Absturzes vor uns. Er betete viel und in seinem Gebet sang er die Worte: “Oh Gott, hier kommt jemand zu Deinem Tempel, ein Verehrer der Liebe, aber jetzt ist er ein Bettler.”

Hier zeigt sich die Verbindung mit Gott, der religöse Aspekt der Liliiflorae. Auf dem Schoß Gottes zu sitzen bedeutet integriert zu sein, das Gegenteil davon, vom eigenen Vater verbannt zu werden, allein in einem Zug ausgesetzt zu werden. Selbst wenn er vom gesamten Rest der Welt hinausgeworfen wird, wenigstens zu Gott gehört er immer noch. Das gibt ihm das Gefühl der Sicherheit.

Ende des Falls.

VERATRUM-ALBUM-FALL 3

Von Dr. Mahesh Gandhi

Der Fall ist hier gekürzt wiedergegeben. Die Hervorhebungen stammen von mir.

Der Patient kam zum ersten Mal zu einer Vorstellung am 23.04.1998, ein Mann von 54 Jahren, zur homöopathischen Behandlung überwiesen von einem Psychiater. Er hatte zur Behandlung einer manisch-depressiven Psychose allopathische Medikamente erhalten.

“Die allopathischen Medikamente belebten mich für eine Weile, aber ich fiel immer wieder in meinen alten Zustand zurück, ich hatte bereits viele Episoden von Depression und von manischer Erregtheit. Deshalb fragte ich schließlich meinen Arzt, ob es nicht noch eine andere Art Behandlung gebe, und da überwies er mich an Sie.

Ich arbeitete als Chefingenieur auf einem Schiff. Die Arbeit ist mein Hauptproblem. Ich kann nicht vorhersagen, wie ich reagiere. Ich mag das Arrangment nicht. In meinem jetzigen Zustand habe ich eine schreckliche Spannung bei der Arbeit. Ich habe nicht die innere Kraft morgens aufzustehen. Ich fühle mich nicht danach, irgendetwas zu tun. Ich kann mich auf nichts freuen, ich habe jegliches Interesse am Leben verloren. Ich verschiebe alle Arbeiten auf den nächsten Tag. Im Prinzip möchte ich einfach nicht auf dem Schiff sein. Ich habe in England studiert. Ich habe es mit Geschäftemachen versucht, aber Geldmachen funktioniert nicht bei mir. Ich habe eine Menge Geld durch Aktien verloren. Ich kann meinen Ehrgeiz nicht aufgeben, aber zur Zeit scheint alles öde zu sein. Ich bin nicht sehr gut in Schreibarbeit, aber meine Arbeitsstellung verlangt es von mir.

Meine Probleme begannen 1980. Ich war zum Studium in Großbritannien. Damals war die Lage auf dem Arbeitsmarkt dort sehr schlecht. *Ich wollte nicht, dass jemand auf mich herabsehen kann, wenn ich nach Indien zurückkomme. Ich habe meinen Stolz, aber ich musste zurück nach Indien.* Hier fand ich es auch schwierig, etwas Passendes zu finden. Ich heiratete. Körperlich war sie nicht attraktiv. Ich ließ mich scheiden, denn sie wollte keinen Sex. Die Hochzeit wurde also nie vollzogen, denn damals hatte ich die Anstellung auf dem Schiff und nach 15 Tagen musste ich verreisen.

1980 hatte ich eine Menge Geld investiert und ich dachte, bis 1985 würde es mir gut gehen. Aber 1985 musste ich feststellen, dass meine finanzielle Situation nicht gut war. 1993 *war ich am Ende, wegen meiner Investitionsverluste.* Ich litt immer an einer leichten Depression, wenn ich für 15 Tage auf See musste. Seitdem ich zwanzig bin, bin ich auf Schiffen gewesen.

Von 1985 an wurden meine Depressionen immer schlimmer. Ich versuchte, sie von mir fernzuhalten, indem ich mich mit Arbeit beschäftigt hielt.

Seit 1991 nahm ich Alprazolam zum Schlafen und bin seither auf Medikation.

Nach meinen Geldverlusten 1993 verlor ich alles Interesse an meiner Arbeit. Ich verlor jegliche Energie irgendetwas zu tun. Ich dachte sogar an Selbstmord. Ich lebte in Goa und später in Kerala. In Kerala *stellte ich fest, dass ich mit meinen Verwandten nicht kommunizieren konnte.* Vier oder fünf Monate verbrachte ich in Depressionen, und dann kam ich wieder heraus. Seitdem habe ich meine Firmen gewechselt. Jetzt habe ich wieder eine gewählt, aber ich habe keine Vertrauen, dass ich es lange mache.

Auf Grund meiner beruflichen Erfahrung geben sie mir alle die härtesten Jobs. *Um der besseren Bezahlung willen wechsele ich dauernd die Anstellung, und wenn ich dann das Geld habe, bekomme ich ein Hoch und gebe es verschwenderisch aus. Ich habe mich an einen passabel guten Lebensstil gewöhnt.* Ich will wenigstens 50,000 Rupien im Monat (sehr viel Geld für indische Verhältnisse) für ein gediegenes Leben; aber in meiner derzeitigen Situation bezweifele ich, dass ich mir das erlauben kann. Ich brauche Geld für einen guten Lebensstil. Ich glaube auch, dass es gut ist, für gute Zwecke Geld zu geben, aber ich habe das bisher nicht geschafft. *Ich habe noch nie an Gott und an Religion geglaubt.* Jeder muss sich selber helfen. Aber meine Krankheit kommt mir in die Quere. Deshalb wäre es besser, ich stürbe. Entweder gut leben oder verschwinden. Das ist ein unwürdiges Leben. *Ich weiß, dass Religion helfen kann, aber ich glaube überhaupt nicht an sie.* Ich habe das Gefühl, das ist alles Humbug und Mist. Es macht keinen Sinn. Es ist meine eigene Entscheidung, Gottes Name jemals in meinem Leben auszusprechen.

Im Alter von einundzwanzig Jahren begann ich zu arbeiten. Damals war ich in England. Ich fühlte mich mit den Engländern eins. Ich konnte mit einigen hübschen Mädchen ausgehen. Sie konnten durchaus aus dem Arbeitermilieu stammen, in Indien hätte ich an so etwas nicht denken können, wirklich ausnahmsweise gutaussehende Mädchen. Viel größer als ich. Sie wollten nur die Zeit nett verbringen. Ich hatte einen Sportwagen. Mir fehlte nichts. Ich war Teil des Mainstream, die Mädchen kamen also zu mir und fragten mich, wann ich sie denn ausfahren könne. Ich fuhr mit ihnen weg, nach Berlin, manchmal Amsterdam, manchmal Paris, zu den besten Orten, in Fünf-Sterne-Hotels. Ich tat alles, was sie wollten. Ein normaler Arbeiter in England kann sich das nicht leisten. Ich hatte Geld und ich hatte Stil, damit umzugehen. Ich war mehr Brite als Inder. Ich konnte nie mit meinen Brüdern in Indien Beziehungen pflegen oder mich mit ihnen eins fühlen. Ich habe mir alle möglichen Plätze angeschaut, Clubs, die besten der Welt. Hatte eine Menge Spaß. Es war ziemlich ungewöhnlich für einen aus dem Mittelstand und aus Indien, solche Orte zu besuchen. Nachdem ich mit so vielen hübschen Mädchen ausgegangen war, konnte ich das eine Mädchen, das ich gerne geheiratet hätte, nicht finden. Sie sahen gut aus, aber sie hatten keinen Grips. Und ich wusste, dass ich mich letzten Endes in Indien niederlassen wollte, und dass sie da nicht hinpassten. Und dort bleiben wollte ich auch nicht, denn ich wollte kein Bürger zweiter Klasse sein. Ich lieh mir einmal einen Wagen. Der Verkäufer schaute mich an. Ich war gut gekleidet. Er fragte mich: 'Von welchem Land kommen Sie?' Ich sagte, dass ich aus Indien sei. Ich war zum Streiten aufgelegt. Er sagte: 'Oh, Indien! Das war mal eine Kolonie.' Ich sagte zu ihm: 'Sehen Sie, ich brauche einen Wagen. Was für ein Problem haben Sie mit der Kolonie? Darüber können wir uns ein andermal unterhalten. Und im Übrigen, was wissen Sie schon von Kolonialismus? Sie sind Verkäufer. *Sie haben an keiner Kolonisierung teilgehabt und Sie werden es auch nie.* Schauen Sie her, ich bin in Ihrem Land, ich spreche Ihre Sprache, besser als Sie selbst. Wo sind Sie denn zur Schule gegangen? In irgendeine Gemeindeschule? Geben Sie mir jetzt einen Wagen. Ein anderes Mal werde ich Ihnen Geschichte beibringen.' Auf diese Art habe ich im Lauf der Zeit gelernt zu überleben. Manche Leute haben diese Tendenz und möchten uns 'Schwarze' nennen. Diesen Idioten sage ich, dass wir Inder eine Sonnenbräune haben, für die sie stundenlang in der Sonne sitzen müssten. Ich hatte also meine Antworten parat. *Ich habe Ego, aber ich glaube nicht, dass ich weniger intelligent bin als diese Idioten.*"

Kindheitsvorgeschichte

"Ich stamme aus einer großen Familie. Ich ging nach Großbritannien, als ich noch jung war. Von klein an hatte ich ein äußerst unabhängiges Denken, und schon damals konnten meine Eltern es nicht hinnehmen. Ich glaube, dass jeder auf sich selber gestellt ist. Für andere etwas zu tun, das ist nicht meine Aufgabe. Ich habe meinen Vater nie dazu ermutigt, dass er von mir Geld annehme.

Ich werde leicht zornig, wenn jemand bei der Arbeit nicht mit mir übereinstimmt. Wenn ich rechthabe, dann kann ich sehr bestimmend sein; man sollte besser auf mich hören. – Was willst du tun? Manchmal schlage ich sogar die Person, die vor mir steht. Ich bin der Experte in technischen Fragen, und man täte gut daran, das zu akzeptieren.

Ich bin 'impulsiv'. Wenn ich von etwas überzeugt bin, dann handle ich oft aus dem Impuls heraus.

Ich bin ehrlich und bei der Arbeit sorgfältig. Aber meine Schreibarbeit verschiebe ich. Ich muss es noch einmal durchlesen und noch einmal überprüfen, darin bin ich nicht gut."

Interessen/Hobbies

"Als Kind liebte ich Sport, Basketball. Ich habe mich gerne zu meinem Thema belesen und Philosophie gelesen. Geld habe ich schon immer geliebt. Ich brauchte es, um es ungehindert ausgeben zu können. Ich stehe auf Sportwagen, auf schnelles Fahren, auf Palästen von Häusern. Bin sehr diszipliniert."

Träume

"Ein angenehmer Traum: von Reisen im Flugzeug.

Zweiter Traum: Jemand ist hinter mir her, will mich aus irgendeinem Grund töten, und dann wache ich auf."

Wärmehaushalt	:	Kann keine Extremtemperaturen vertragen.
Schwitzen	:	auf der Brust, in den Achseln, im Gesicht.
Durst	:	durchschnittlich.
Nahrungsmittel	:	Scharf Gewürztes, Kaffee, Tee, Gebratenes, Abneigung gegen Süßigkeiten.
Schlaf	:	im Allgemeinen unruhig, wacht häufig auf.

Frühere Vorgeschichte

Gutartige Vergrößerung der Ohrspeicheldrüse. Ging zum besten plastischen Chirurgen und ließ sich operieren. Hielt für neun Jahre an, dann Wiederauftreten, ließ sich wieder operieren, ließ diesmal die Speicheldrüse entfernen und lebt jetzt damit.

Ausgewählte Rubriken

Beschwerden ausgelöst von enttäuschtem Ehrgeiz;

Beschwerden ausgelöst von geschäftlichem Verlust;

Beschwerden ausgelöst von finanziellem Verlust;

Beschwerden ausgelöst von exzessiver Freude.

Spott, Verspottetwerden.

Ehrgeiz: starker.

Angeber.

Urteilend.

Verachtungsvoll.

Diktatorisch.

Selbstgefälligkeit.

Wahnidee, sei auserlesen: verschwendet Geld, ist stolz auf seine Stellung.

Wahnidee, er sei verdammt; er sei eine große Persönlichkeit.

Unglück, untröstlich über sein.

Verschwendet Geld.

Unglücklich, er ist.

Verzweiflung: um seine Genesung.

Verzweiflung: um seine gesellschaftliche Stellung.

Entfremdet, ignoriert seine Verwandten.

Überspanntheit, Verschwendungssucht.

Hochmütig.

Wichtigkeit, fühlt seine; pompöses Auftreten.

Zum Verständnis des Falls

Wir sehen in diesem Fall, wie ein Patient sich nicht zu seiner Gruppe zugehörig fühlt. Er fühlt sich von seinen Verwandten entfremdet und ignoriert sie. Er empfindet sich außerhalb der Gruppe und als etwas Besonderes. Er ist anderen gegenüber voller Verachtung, und er hat das starke Gefühl mehr wert zu sein. Er ist hochmütig und verschwenderisch. Geld verleiht ihm die besondere Stellung in der Gesellschaft, die er so dringend braucht. Plötzlicher Geldverlust oder -gewinn leitet eine depressive oder manische Phase ein.

Verabreichtes Mittel: *Veratrum album M1,*

einmal pro Woche für vier Monate. Dann einmal in zwei Wochen für einen Monat. Und danach einmal monatlich für sechs Monate.

Wiedervorstellung elf Monate später

"Innerhalb einer Woche nach dem Einnehmen des Arzneimittels ging meine Depression weg. Als ich zu Ihnen kam, dachte ich an Selbstmord, diese Gedanken sind jetzt einfach verschwunden. Die Umstände haben sich nicht verändert. Ich werde nicht mehr zur See gehen, aber ich habe mich mit meinen Bedingungen abgefunden. Ich habe die Absicht, zu meiner Mutter nach Kerala zu ziehen. Es regt mich immer noch auf, wenn ich auf eine üppige Party gehe und die Leute beobachte, wie sie sich vergnügen, aber ich hatte jetzt seit mehr als zwei Jahren keine depressiven oder manischen Phasen mehr. Vorher hatte ich kaum jemals eine Phase des Normalseins. Ich war entweder im Hoch oder im Tief. Und das Beste ist, dass ich mich nicht einmal mit den Nebenwirkungen der allopathischen Medikamente herumärgern muss."

Ende des Falls.

PARIS

Paris hat die folgenden Rubriken:

Kindisches Benehmen. (Complete)

Tölpelhaftes Benehmen. (Complete)

Typhus. (Boenninghausen)

Diese Rubriken zusammen mit der Information der nachfolgenden Fälle lässt darauf schließen, dass das Miasma von Paris typhös ist. Wenn man das Hauptempfinden der Liliiflorae mit dem Gefühl des typhösen Miasmas kombiniert, dann ergibt sich das Gefühl von Paris, das man folgendermaßen zusammenfassen könnte:

Fühlt sich ausgeschlossen, übergangen, hinausgedrängt und verlangt nach sofortiger Zuwendung.

Der Patient weist ein *Verhalten* auf, *das Aufmerksamkeit auf sich ziehen möchte*. Darauf wird in den unten folgenden Fällen näher eingegangen.

PARIS-FALL 1

Ein Mädchen von 14 Jahren, das sich im Januar 1998 zum ersten Mal vorstellte. Ihre Vorgeschichte bestand darin, dass sie bei einem Chemieexperiment Dämpfe eingeatmet hatte, worauf sie Husten bekam, der dann immer schlimmer wurde, so dass sie Steroide und Antibiotika brauchte. Dies dauerte trotz Medikation bereits seit fünf Monaten an, und jetzt kam sie, um homöopathisch behandelt zu werden.

Der Husten wird durch starke Gerüche verschlimmert (Mercurius iodatus flavus, Phosphorus, Sulphuricum acidum).

Husten wird schlimmer durch Staub und besser durch Schlaf. Er ist laut und dauert lange an, was zur Folge hat, dass der Patientin Teilnahme am Schulunterricht verboten ist, da sie die Klasse stört, oder dass sie an einem Extratisch sitzen muss. Sie hat eine heisere Stimme, und nach einem Hustenanfall bekommt sie Kopfschmerzen.

Hier ist das Interview mit ihr.

A: Was für eine Art Mensch bist du?

P: "Ich kann mit jedem Freundschaft schließen. Ich kann mich an jeden anpassen. Ich bin hilfsbereit und sehr gehorsam. Ich mag es nicht, wenn ich in einer Diskussion verliere. Wenn jemand anderes versucht zu beweisen, dass ich im Irrtum bin, dann widersetze ich mich oder ich höre ganz zu reden auf."

(Direkt bevor der Husten begann, hatte in der Schule eine Wahl stattgefunden. Sie hatte sich für eine Freundin eingesetzt, die dann die Wahl verlor. Sie fühlte sich nach der Niederlage "verlegen".)

A: Hast du irgendwelche Träume?

P: "Von Räubern, die in mein Haus eindringen. Und während die anderen alle herumsitzen, fange ich den Räuber und schlage ihn mit einem Stock. Ich träume vom Krieg zwischen Indien und Pakistan, und ich gewinne eine Menge goldene Medaillen, denn wegen mir wird der Krieg gewonnen. Ich bin der Kommandant. All die anderen Soldaten finden den Tod – sie sind dumm – aber ich setze mich ein und kämpfe.

Ich bin der Bandenführer in meiner Klasse." Sie hat einen großen Körper.

"Die Leute wissen, dass das ganze Militär hinter mir steht, falls man mir etwas antun möchte. Ich mag Krieg und Kriegsfilme. Ich mag es zu prügeln und ich mag Messer und Kanonen und Keilereien. Ich bin rachsüchtig. Ich möchte einmal große Geschäfte machen, und ich werde sie auf meine Art machen und besser sein als alle Männer."

Während des Schlafs läuft ihr stark der Speichel. Ihr Schweiß verfärbt die Kleider gelb.

Es sah nach einem Fall von Mercurius aus, und zwar wegen folgender Rubriken:

> Diktatorisch.
>
> Böswillig.
>
> Träume/Wahnideen von Räubern.
>
> Selbstgefälligkeit.

Die Rubrik "Husten verschlimmert durch Gerüche" beinhaltet nur drei Mittel, unter anderem Mercurius iodatus flavus. Und da es ihr auch mit Fasten schlechter ging, schien es eine passende Verschreibung zu sein.

Verabreichtes Heilmittel: *Mercurius iodatus flavus C 200.*

Aber das Mittel half ihr nicht aus dem Husten heraus, und sie rief mich dreimal am Tag an. Ich musste ihr sagen, dass sie damit aufhören solle, es war einfach zuviel. Sechs Monate später war der Husten immer noch der gleiche, also nahm ich ihren Fall erneut auf. Sie sagte dabei folgendes:

> "Ich werde sehr leicht zornig. Ich werde extrem zornig. Ich sage: 'Wie kannst du es wagen, ich will meinen Platz für mich haben.' Ich kämpfe um ihn. Ich bin sehr ehrgeizig."

Sie berichtete noch einmal von denselben Träumen, von dem Räuber und davon, wie sie ihn schlug.

Ich gab ihr wieder Mercurius iodatus flavus, aber es half nichts.

Ich achtete darauf, dass sie mich einmal pro Woche aufsuchte, und immer zusammen mit ihrer Mutter. Sie setzte sich immer mir genau gegenüber, ihre Mutter saß an der Tischseite, und die Patientin sagte zu ihr: "Sag ihm, dass ich einen schlimmen Husten habe." Worauf ihre Mutter sie wörtlich wiederholte. Die Patientin war sehr gesprächig und ging einfach nicht mehr aus meinem Praxisraum hinaus. Ihr Mutter bemerkte, was für ein folgsames Kind sie war, immer gut, und wie sie immer alles tat, was ihre Eltern ihr antrugen. In meinem Büro aber war sie laut und grob und beleidigend. Es machte einem Angst, man hatte das Gefühl, sie könne den Verstand verlieren. Sie rief weiterhin an. Sie war sehr anmaßend und nahm sich viele Freiheiten heraus, machte Witze und machte sich über mich lustig. Ich musste meinen Assistenten bitten, ihren Fall zu übernehmen. Sie kam jeden dritten Tag und verursachte diese Art Störungen.

Eines Tages, als sie wieder einmal zur Klinik kam, sagte zu mir: "Ich möchte ein Foto von Ihnen." Ich antwortete, dass ich nach einem schauen würde, aber sie zog schnell eine Kamera heraus und machte ein Bild von mir. Dann fragte sie: "Wissen Sie auch, waurm ich ein Foto gemacht habe? Ich komme so oft zu Ihrer Klinik, dass meine Freundinnen den Verdacht haben, dass ich eine Affäre mit Ihnen habe, deshalb wollte ich sie mit einem Foto davon überzeugen, dass das nicht wahr ist, dass es gar nicht möglich ist." Wiewohl das ein Spaß war, war es dennoch wieder ein verletzendes Verhalten.

Dann wusste ich, dass Mercurius iodatus flavus keine Wirkung hatte. Am 3.10.98 nahm ich ihren Fall erneut auf und fand ein gutes Mittel für sie. Mercurius iodatus flavus hatte durchaus einige ihrer Symptome abgedeckt, aber nicht wirklich ihren Gesamtzustand angesprochen. Einer der Züge, der mit dem Mittel unerklärlich blieb, war der Widerspruch zwischen der Beschreibung der Patientin durch ihre Mutter als ein gutes Mädchen und dem tatsächlichen Verhalten der Patientin, ihrem verletzenden Ton und ihrer fordernden Art mir gegenüber. Das Mittel hatte auch nicht ihre Redeweise – dümmlich, mit Lachen – angesprochen.

Fallwiederaufnahme am 3. Oktober 1998

"Seit jenem Chemiepraktikum bin ich fortwährend am Husten. Ich huste so viel." Sie weint.

"Ich weiß nicht mehr, wo ich enden werde. Ich habe Vertrauen in Sie und ich nehme die Medikamente gewissenhaft ein. Leute sorgen sich um mich, weil ich so viel huste, aber ich hasse das. Sie antworten mir nicht. Ich weiß nicht, was als Nächstes kommt. An einem Tag ist es mein Husten, am nächsten meine Stimme. Ich vertraue Ihnen so viel wie ich mir selbst traue, und ich denke so oft an Sie wie an Gott, so dass ich wieder gesund werde.

Ich habe mich entschlossen, dass ich heute nicht weine und nicht zornig werde.

Ich niese. Ich hatte so viel Husten, dass ich keine meiner Unterrichtsklassen besuchen konnte.

Welcher arbeitende Mensch könnte das tun, Zeit und Geld verschwenden, nur um hier zu sein. Was soll ich Ihnen sagen?"

A: Erzähl mir mehr von dir.

P: "Sie wussten, dass ich weinen würde, richtig? Doktor, ich rede mit Ihnen. Sie wussten, dass ich innerhalb von fünfzehn Minuten in Tränen ausbrechen werde. Jetzt sagen Sie mir, was Sie eigentlich wollen."

Sie *suchte nach Aufmerksamkeit und Zuwendung*. Das war mir viele Monate lang entgangen. Sie suchte ständig nach Zuwendung. Der ganze Husten und ihr Verhalten waren sämtlich aufmerksamkeitsheischend. Sie hatte viel Kindisches an sich, besaß keine Reife.

A: Was für Träume hast du?

P: "Als ich zum ersten Mal zu Ihnen kam, da hatte ich Träume von Krieg. Ich war Kommandant in der Schlacht. Jetzt habe ich meist frohe Träume, da geht nichts mit mir schief. Gestern träumte ich, dass ich morgen nach Amerika reiste und dass meine Mama ganz viele Leckereien für mich machte. Alle nur für mich. Und ich esse sie alle auf. Ich war in meinen Träumen glücklich.

Ich träumte, dass kein Elektriker aufzutreiben ist und dass ich dann einen guten finde, der die Arbeit ausführen kann. Ich bin sehr glücklich in meinen Träumen. In der Wirklichkeit kann ich es nicht aushalten, wenn ich verliere. Ich muss unbedingt gewinnen. Um Geld zu verdienen, bin ich zu allem bereit, sogar zum Morden. Wenn es um das große Geld geht, kann ich sogar jemanden umbringen. Ich möchte zehn Millionen Dollar verdienen. Es macht mir nichts aus, dafür etwas Unrechtes zu tun.

Ich bin sehr intelligent. Wenn ich für einen Mord zehn Millionen bekäme, würde ich neun Millionen behalten und die eine Million jemand anderem geben, damit der dann den Mord begeht."

Dann ahmte sie mich nach, wie ich saß und wie ich redete und wie ich nicht auf sie reagierte.

"Warum schauen Sie mich an? Habe ich mich Ihnen gegenüber daneben benommen? Habe ich Ihnen irgendetwas angetan?"

Es ist ihr wichtig, dass sie in den Augen anderer Menschen gut dasteht. Sie möchte als ein gutes Mädchen gelten.

A: Was für Träume hast du?

P: "Ich vergesse meine Träume. Glückliche Träume, Hochzeiten, Reisen. Ich rette Menschen. Ich bin Anführer von Menschen. Ich bin Kommandant auf einem Schiff."

Diese Dinge, die sie erwähnt – Schiffskommandant sein, für viel Geld einen Mord begehen, alles nur für sich tun –, sind kindische Vorstellungen. Alles für mich und nichts für den andern. Selbstbezogenheit. Auch die Art und Weise, wie sie es ausdrückt, ist kindisch.

A: Erzähl mir mehr von deinen Träumen.

P: "Im Krieg von 1861 bin ich Kommandant und ich gehe hinaus und töte den Kommandanten der anderen Armee und rette mein Land und erhalte die höchste Ehrenauszeichnung. Dann kommt ein Dieb in mein Haus, und ich komme dazu und verprügele ihn und trete ihm das Knie kaputt. Und die Polizei gibt mir dafür eine Belohnung. Mein Foto kommt in die Zeitung und alle sagen: 'Das ist meine Freundin.' Ich helfe meinen Freunden mit Geld aus. Ich löse alle Probleme; ich bin die Heldin. In meinen Träumen sehe ich Gott, und er sagt zu mir: Du bist einer meiner besten Verehrer. Ich träume, wie ich mit Gott zu einem Restaurant gehe und wie ich die Rechnung bezahle. Ich führe ihn aus zu dem Restaurant, denn er braucht die Abwechslung. Er ist mein Gast.

Ich träume davon, Doktor, wie Sie mich ausschimpfen.

Doktor, komme ich auch in Ihren Träumen vor? Sagen Sie mir bitte, dass ich auch in Ihren Träumen vorkomme, wenigstens einmal, das würde mich sehr glücklich machen."

Dann schaut sie zu meinem Assistenten und fragt ihn, ob sie in seinen Träumen auftauche; er weiß nicht, was er sagen soll. Schließlich sagt er Nein, und sie antwortet: 'Sie kommen auch nicht in meinen Träumen vor.'

"Ich erwarte, dass ich einmal ein großes Reich haben werde. Wenn ich etwas will, dann *muss* ich es bekommen, es ist ganz egal, wie lange es dauert. Ich muss wenigsten fünfzehn Fabriken besitzen und ich werde alle Menschen glücklich machen. Ich werde Häuser bauen und Autos und noch mehr Fabriken. Und dann werde ich einen Multimultimillionär heiraten.

Meine Freundinnen sagen, wenn ich heiraten werde, dann solle ich einen Arzt heiraten. Ein Arzt tut nur drei Dinge – er geht zur Klinik, teilt Medizin aus und antwortet auf dumme Patientenanrufe. Er sollte mir genug Zeit widmen. Wenn ich ihn brauche, dann sollte er für mich dasein und seine Patienten vergessen. Wenn ich ihn um fünf Uhr anrufe, dann sollte er auch um fünf Uhr zu mir kommen.

Eine meiner Freundinnen sagte zu mir: Red nicht mit dem Jungen da drüben; wenn du mit ihm redest, dann kannst du nicht mehr meine Freundin sein. Also ging ich hin und redete mit dem Jungen, und sie redete nicht mehr mit mir und sagte auch zu meinen Freundinnen, dass sie nicht mehr mit mir reden sollten. Ich wurde zornig, ich wollte sie verprügeln. Ich habe sie alle wieder auf meine Seite gekriegt, und dann hat keine mehr mit ihr geredet! Wenn mir jemand etwas antut, dann zahl ich es ihm doppelt zurück.

Gandhi ist blöd. All diese gewaltlosen Dinge, das hätte er nicht tun müssen. Er wäre besser hingegangen und hätte ein paar Leute umgebracht. Alle Inder sind blöd, alle außer Ihnen und mir.

Rufen Sie bitte meine Mutter jetzt herein. Die arme Frau, sie ist ganz allein da draußen.

Diskussion des Falles

Sie redete und redete für insgesamt zweieinhalb Stunden. Nach einem Studium des Falles fand ich zum Mittel Paris. Es hat folgende Rubriken:

Beschwerden ausgelöst durch Spott.

Kindisches Verhalten.

Tölpelhaftes Verhalten.

Lachen, törichtes.

Fröhlichkeit, dumme.

Frivol.

Selbstgefälligkeit, redet immer nur von sich selbst.

Geschwätzigkeit, wechselt rasch die Themen, redet um des Redens willen. (1)

Reden, hat Gefallen an seinem eigenen.

Reden, plappert.

Reden, lächerliches.

Reden, lebhaftes.

Lebhaftigkeit, mit Plappern. (1)

Fröhlich.

Überschwänglich.

Verachtungsvoll.

Hochmütig.

Böswillig.

Lächerlichkeit; Manie andere lächerlich zu machen.

Grobheit.

Spotten, Sarkasmus.

Verleumden, Hang zum.

Allens Enzyklopädie erwähnt Folgendes: Dumm, redet eine Menge über alle möglichen Themen. Wechselt von einem Thema zum andern. Redet um des Redens willen.

Auch Clarke notiert: Törichtes Verhalten, Neigung zu völligem Unsinn.

Die vorausgegangene Schilderung ging nicht auf ihr recht eigentümliches Verhalten ein. Sie redete in einem fort, und zwar auf eine dumme Art und Weise und mit einem ungeheuren Bedürfnis nach Zuwendung.

Warum aber dies überwältigende Bedürfnis nach Zuwendung?

Bei Paris findet sich das folgende Einzelsymptom:

Wahnidee, findet sich an seltsamen und einsamen Orten, nachts wenn sie aufwacht.

Soweit ich das Bild verstehe, drückt sich in dieser Zeile das innere Gefühl aus. Was wir in ihrem Verhalten sehen, ist der äußere Ausdruck dafür, wie sie versucht, mit diesem inneren Gefühl klarzukommen. Gegenüber ihrer Mutter ist sie sehr anhänglich.

In meinem Buch “Die Seele der Heilmittel” habe ich Situation und Zustand beschreiben, und zwar als die Situation und den Zustand eines einsamen Kindes, das versucht, Aufmerksamkeit und Zuwendung zu bekommen, indem es sich egoistisch, dümmlich und kindisch verhält. Die Pflanze Paris hat eine einzelne Beere, die von vier Blättern umringt ist.

Aus diesem Fall lernte ich viel Neues über Paris als Beispiel der Liliiflorae. In seinem Gefühl geht es nicht nur um Einsamkeit und Isoliertsein. Es geht um *Ausgeschlossensein*, Ausgesperrtsein, Draußengehaltenwerden. Das Verhalten, das Aufmerksamkeit auf sich lenken möchte, ist die Kompensierung zu diesem Gefühl, in dem konkreten Fall der Patientin ihre Art, witzig sein zu wollen, ihre Geschwätzigkeit, das Reden von ganz großen Dingen, ihre selbstgefällige und gleichzeitig witzige Art.

Es ist ihr wichtig, dass sie in den Augen anderer Menschen gut dasteht; sie möchte integriert sein. Dafür spricht auch die Beschreibung von Seiten ihrer Mutter als folgsam, und die Bemerkungen der Patientin selbst, dass sie ein gutes Mädchen sei und dass sie sich in der Klinik anständig benehmen wolle.

Was ist die Bedeutung der Hauptbeschwerde? Was macht der Husten mit ihr? Wenn wir den Fall wirklich recht verstanden haben, dann muss alles zusammenpassen.

Die Hauptwirkung des Hustens besteht darin, dass sie sich eingeschränkt oder eingesperrt fühlt.

Eine zweite Folge ist, dass sie durch den Husten Zuwendung bekommt, dass sie als etwas Besonderes angesehen wird. Sie muss deshalb an einem Extratisch im Klassenzimmer sitzen, und die Lehrer erkundigen sich nach ihrer Gesundheit. Aber, wie sie bei der Fallaufnahme bemerkte, hätte sie lieber, sie würde ihre Extrastellung dadurch bekommen, dass sie etwas Konstruktives beiträgt, woraus deutlich wird, dass sie etwas Einblick in ihre eigene Lage hat.

Verschiedene Figuren (Gandhi, die Soldaten in ihrem Traum) bezeichnet sie als dumm. Eine Weise, sich eines anderen Menschen Weltsicht zu betrachten, besteht darin, seine Beschreibung der Welt sozusagen als eine Beschreibung seiner selbst zu verstehen. Die Patientin selbst verhält sich dümmlich, obwohl sie eigentlich recht intelligent ist. Die Dümmlichkeit ist Teil ihres Zustandes, Teil ihrer Art, Aufmerksamkeit gewinnen zu wollen. In einem ihrer Träume sieht sie ihr Foto in der Zeitung, und alle sagen von ihr, dass sie ihr Freund sei. Man achte auch auf ihre Bemerkung betreffs ihrer Mutter, nämlich dass sie draußen vor der Tür einsam sei; das bedeutet, sie selbst ist einsam ohne ihre Mutter.

Das Thema *Religion* taucht auf. Ich hatte bei dem Mädchen das Gefühl, sie versuchte meine Zuwendung zu gewinnen und festzuhalten, an mir festzuhalten, als wäre ich ihr Gott, und von mir eine Reaktion zu erwarten. In mir entstand das Gefühl, dass ich sie mir einfach aus der Klinik hinauswünschte, dass ich sie ausschließen wollte. Sie träumte davon, dass sie die Zuwendung von Gott erhalte, dass sie ihn zu einem Restaurant ausführte. Nachdem ich die Liliiflorae verstand, verstand ich auch diesen Traum. Es geht um das Gefühl, *zu Gott zu gehören*; das ist für sie essentiell. Das Konzept der Pflanzen- und Heilmittelfamilien kann mithelfen, unverstandene Aspekte zu verstehen.

Um welches Miasma handelt es sich? Man kann an der Patientin etwas sehr Kindisches beobachten, die Suche nach Zuwendung, all die Wunschvorstellungen. Sie ist Kommandantin eines Schiffes, sie erklärt sich bereit, um viel Geldes willen alles zu tun, sie tut alles um ihrer selbst willen – all das sind kindische Qualitäten. Alles für mich und nichts für andere. Selbstbezogenheit. Es ist typisch für das *typhöse Miasma.* Sie möchte integriert sein, sie möchte alle Zuwendung und Aufmerksamkeit auf sich gelenkt – und zwar sofort. Sie sagt: "Doktor, hören Sie mir jetzt zu!" Körper und Gemüt sprechen die gleiche Sprache – auch der Husten fordert Zuwendung und zwar sofortige. Beides sind Ausdrucksweisen des vitalen Empfindens.

Bryonia (Violales) und Nux vomica (Loganiaceae) gehören ebenfalls dem typhösen Miasma an. Die Situation von Bryonia ist die eines Geschäftsverlustes oder Geschäftszusammenbruchs, der rasch wiedergutgemacht werden muss, und deshalb arbeitet der Patient in fieberhafter Eile und konzentriert all seine Energien darauf, das Geld wieder hereinzubekommen. Nux vomica muss die verlorene angenehme Position wieder zurückgewinnen und konzentriert sich einzig und allein darauf und tut dafür alles, wetteifert, reißt alles an sich. Man schaue sich die Haltungen an.

Hyoscyamus (Solanaceae) und Paris haben viele ähnliche Rubriken. Beide haben törichtes, dümmliches Verhalten, aber Hyoscyamus kennt nicht das Gefühl des Ausgeschlossenseins. Die wichtigste Eigenschaft von Hysocyamus ist Misstrauen: das Gefühl, dass da jemand ist, der einen töten oder einem schaden möchte, das Thema Terror. Das Misstrauen kommt von dem Gefühl verfolgt zu sein, ermordet werden zu sollen. Dies fehlt bei den Liliiflorae; hier dreht sich das zentrale Gefühl darum, *übergangen zu werden, ausgeschlossen zu sein.* Hyoscyamus und Paris gehören beide ins typhöse Miasma.

Heilmittel: *Paris M1.*

Wiedervorstellung zwei Wochen später, am 19. Oktober 1998

Die Patientin sieht sehr viel besser aus.

"Ich werde jetzt nicht mehr zornig. Mein Zorn ist viel geringer geworden. Ich werde nicht mehr so schnell zornig. Ich mache den Mund auf, wenn ich jemand etwas sagen und in seine Schranken weisen muss, aber meistens bleibe ich einfach still. Kein Zornigwerden, keine schnellen Antworten, keine Worte. Ich versuche, ruhig zu sein und keinem irgendetwas zu sagen. Ich werde sehr schnell müde, nach dem College am Ende des Tages bin ich erschöpft. Leute fordern mich auf, dass ich sie necken solle so wie früher. Sie fragen mich, warum ich nicht mehr all die Streiche spiele und den Unfug anstelle." Sie lacht. "Zum ersten Mal bin ich für acht Tage ohne meine Mutter aus der Stadt gegangen. Ich vermisse sie unheimlich, besonders wenn sie nicht daheim ist. Ich vermisse Mama ganz toll. Aber ich fuhr mit meiner Tante weg und ich genoss es. Ich wurde zornig, aber ich habe es niemand gesagt."

A: Warst du jemals ohne deine Mutter gewesen?

P: "Einmal vorher, für acht Tage. Ich bin die letzte, die von ihrer Mutter weggeht." Sie lacht.

A: Wie fühlst du dich im Großen und Ganzen?

P: "Ich muss so viel lernen und studieren. Ich büffele drei Stunden lang, so wie andere auch. Das habe ich früher nie getan. Im Unterricht gebe ich gute Antworten. Die Anderen in der Klasse schauen voller Respekt zu mir rüber."

A: Und wieso gerade jetzt?

P: "Mein Vater sagt, ich solle lernen. Ich studiere und ich werde besser. Wenn Sie mich fragen, es gibt keinen Grund dafür, aber er will es von mir, und ich tue es. Was er von mir möchte, das tue ich auch. Er meint, ich solle eine gutes Mädchen sein und solle lernen."

A: Was für Träume hast du jetzt?

P: "Von Eisenbahngleisen. Mehr von den Zügen als von den Schienen. Ich träumte, dass ich meine Mutter verloren hatte. Ich fange sie ein."

Sie vermisst ihre Mutter und sie geht verloren. Ihre Mutter ist im Zug, sie ist es nicht. – Die Träume sind jetzt näher an ihrem inneren Zustand, drücken das Anklammern an ihre Mutter jetzt deutlicher aus.

"Ich habe gute Träume, ich sehe meinen Priester und meinen Gott."

Der Priester sagt zu ihr, sie solle sich verbeugen, damit sie Gott sehen könne, aber sie kann ihn nicht sehen. Sie ist glücklich darüber, dass sie wenigstens den Priester sehen kann.

Ihre Träume sind also realistischer, sie vermisst ihre Mutter und Gott. Die Träume sind weniger großspurig. Auch ihre Redeweise ist gereifter. Die Patientin ist bei weitem nicht mehr so kindisch.

"In meinen Träumen sah ich immer Essen, Eis und all die Sachen, die ich mag. Das habe ich jetzt nicht mehr."

Diese Träume waren auch kindisch gewesen, auch sie sind seit der Heilmittelgabe verschwunden.

A: Gibt es eine Veränderung in deinem Wesen?

P: "Ja."

A: Was ist das für eine Veränderung?

P: "Ich werde nicht mehr zornig und benutze nicht mehr so hässliche Worte und muss nicht immer etwas entgegnen. Ich habe angefangen, mich wie ein gutes Mädchen zu benehmen, so wie mein Vater es von mir möchte. Noch bin ich kein gutes Mädchen."

Ihr Husten und ihr Verhalten sind deutlich besser geworden.

Interessanterweise hatten die Eltern der Patientin nicht empfunden, dass in ihrem mentalen und emotionalen Verhalten irgendetwas unangebracht gewesen war. Sie hatten ihre Kindischkeit gemocht.

Wiedervorstellung im Juli 2000

"Ich kann alles ertragen, aber ich halte es nicht aus, wenn Leute sagen, ich sei krank. Ich mag nicht, wenn die Leute von mir denken, ich sei krank und mich deshalb auf besondere Weise behandeln.

Meine Gesundheit ist jetzt viel besser. Früher taten mir meine Füße weh. Ich musste niesen."

A: Was für eine Veränderung gibt es in deinem Wesen?

P: "Ich konnte mich nicht so gut ausdrücken, nicht so nach außen gehen. Ich hatte ein sehr leichtes Leben, keine Beschwerden.

Dann bekam ich den Husten. Da begann ich, Beschwerden auszudrücken und zornig zu werden. Früher sagten alle, ich sei ein gutes Mädchen. Jetzt sagen sie, ich sei durchtrieben, aber das macht mir nichts aus. Früher war ich sehr konservativ.

Früher war ich sehr empfindlich. Wenn meine Mutter mir etwas nicht erlaubte, dann weinte ich. Jetzt gebe ich Antworten, ich kann das nicht mehr aushalten. Meine Mutter sagt, ich sei sehr böse geworden.

Ich ging auf ein Amt und fragte eine Dame nach etwas, und sie forderte mich auf, den Raum zu verlassen. Ich war zutiefst beleidigt. Ich hatte das Gefühl, sie war im Unrecht, sie hatte mir nicht zu sagen, was ich zu tun und zu lassen hatte. Ich fühlte mich danach, ihr zu sagen, dass sie das Gebäude verlassen sollte. Ich war nicht im Unrecht.

Ich bin sehr einfühlsam gegenüber meinem Vater – ich tue alles, was er von mir möchte. Alles, was er mir sagen will, betreffs Studium, Kleidung. Ich bin sehr gehorsam. Ich möchte, dass meine Eltern sich nur um mich kümmern."

Dies ist ihr Thema, das Problem des Richtighandelns – und dafür Integriertwerden – und Falschhandelns – und deshalb Ausgeschlossenwerden. Integriertwerden bedeutet Zuwendung zu bekommen, und dafür ist sie bereit, alles zu tun.

"Ich besuchte eine Klasse zur Selbstentwicklung. Der Lehrer sprach über Kleidung, und da stand ich mitten im Unterricht auf und sagte, Kleidung sei nicht wichtig. Der Lehrer fragte mich, wie es wohl damit wäre, wenn ich zu Besuch in ein Haus käme, wo jemand gerade gestorben ist – ob es dann recht sei, in einem roten Sari zu erscheinen. Das würde unpassend aussehen und der Situation nicht gerecht werden."

Wenn es einen Todesfall gibt, dann trägt man hier Weiß. Passende oder unangebrachte Kleidung gehört zu dem Thema der Liliiflorae, bei dem es um Integriertwerden und Ausgeschlossenwerden geht, um Dazugehören oder nicht. Die Patientin scheint hier das Gefühl zu haben: "Ich muss anders als die anderen sein, um dazuzugehören – muss anders und somit etwas Besonderes sein."

Ihr Zustand ist noch derselbe, wenn auch an Intensität deutlich abgeschwächt.

In allen Fallbeispielen in diesem Kapitel erfahren die Patienten auf Grund ihrer Symptomatik besondere Aufmerksamkeit und Zuwendung.

Wiedervorstellung am 7. Dezember 2000

"Ich bin jetzt völlig gesund. Es kann mich nichts mehr aufregen, der Husten und die Empfindlichkeit für Gerüche sind verschwunden. Ich lerne jetzt."

Jetzt erfährt sie Zuwendung durch konstruktiven Einsatz ihrer Talente und in ihren Bemühungen, ihren wahren Platz zu finden.

Die Besserung, die diese Patientin erfahren hat, ist enorm, aber es bleibt noch eine Strecke zu gehen. Sie wirkt stabiler und kommt einmal im Monat. Sie telefoniert nicht mehr.

Wiedervorstellung im Juni 2002

Es geht der jungen Frau weiterhin gut. Kein Husten mehr. Sie geht ihrem Management-Studium erfolgreich nach. Ihre Redeweise ist nüchterner geworden. Sie hat mit der medikamentösen Behandlung aufgehört, und es geht ihr gut damit.

Ende des Falles.

PARIS-FALL 2

Von David Levy, aus: The Homeopath, Vol. 53, 1994.

Der Fall wurde überarbeitet und gekürzt.

Dame von 62 Jahren, sie hatte zur Behandlung einer chronischen Sinusitis homöopathische Behandlung erhalten. Eine Operation aus demselben Grund hatte zu einer schweren Fazialis-Neuralgie geführt. Andauernder postnasaler Katarrh, nur mit Mühe klebrigen grünen Schleim produzierend. Dauerndes Räuspern.

Die Patientin war extrem gesprächig. Sie redete von ihren Problemen und Beschwerden und schien immer unbefriedigt zu sein. Diese nörgelnde Geschwätzigkeit führte zu zahlreichen Telefonanrufen, manchmal zu Levys Privatwohnung. Sie redete immer ausführlich von sich selbst.

Sie schilderte eine glückliche Kindheit. Als Einzelkind hatte sie vor allem mit Erwachsenen zu tun und sie berichtete, dass ihre Wünsche und Bedürfnisse meist unverzüglich befriedigt wurden. Sie war geschieden. Ihre Tochter sagte von ihr: "Mama hat Papa verrückt gemacht, mit ihrem Gequassel und ihren Forderungen, ihn immer verspottend und kritisierend, voller Verachtung für all seine Leistungen. Wenn sie nicht sofort bekam, was sie wollte, konnte sie wie ein verzogenes Kind sein."

Sie hatte keine Träume von Bedeutung. Alledings berichtete sie, dass sie oft von einem Traum aufwachte und dann meinte, sie sei nicht in ihrem Haus, und sich sehr allein fühlte. Dies geschah recht häufig.

Nachdem Levy mehrere Mittel erfolglos probiert hatte, wählte er die folgenden Rubriken:

Delirium, schwatzhaft.

Geschwätzigkeit.

Geschwätzigkeit, wechselt schnell von einem Thema zum andern.

Geschwätzigkeit, selbstzufrieden.

Wahnsinn, geschwätzig.

Geschwätzigkeit, lebhafte.

Kindisches Verhalten.

Verurteilend.

Verachtungsvoll.

Unzufrieden.

Spöttisch.

Tadelt andere.

Reden, hat Gefallen an seinem eigenen.

Was das Gefühl der Patientin beim Aufwachen betrifft, wurde die folgende Rubrik herangezogen:

Wahnidee, als sei sie in einem fremden Land. (Bry., Paris, Plat., Verat.)

Und die weitere Suche ergab:

Wahnidee, findet sich an einem fremden und einsamen Ort, nachts beim Aufwachen. (Paris)

Wenn dies auch nicht die Träume selbst erklären kann, so liefert es uns doch eine gute Beschreibung des Zustandes der Patientin beim Aufwachen, ihr Gefühl einerseits, dass sie allein sei, und andererseits, dass sie nicht daheim sei.

Die Wirkung einer Einzeldosis von Paris war ganz erstaunlich.

Im Körperlichen, in Bezug auf die Neuralgie und die Nebenhöhlenbeschwerden, ging es ihr bedeutend besser. Das Räuspern hatte sich gelegt. Die Patientin war weniger schwatzhaft. In der Sprechstunde war sie immer noch bereit, Fehler und Probleme zu sehen, aber sie gab zu, dass es ihr viel besser ging. Nach einer leichten Wiederverschlechterung wurde ihr das Mittel noch einmal gegeben. Drei Wochen nach dieser zweiten Dosis berichtete sie, dass sie körperlich völlig intakt sei. Und was auffallend war, Levy hatte in den vorausgegangenen sieben Wochen keinen einzigen Telefonanruf gehabt. Die Patientin erwähnte nichts mehr von einem Aufwachen aus Träumen.

Ende des Falles.

Kommentar

Auch hier sehen wir wieder dieselbe nörgelnde Schwatzhaftigkeit und das Aufmerksamkeitsheischen wie im ersten Paris-Fall und viele weitere Ähnlichkeiten. Wenn man sich den Fall im Zusammenhang mit der Pflanzenfamilie und dem Miasma anschaut, dann erhält man ein vollständigeres Verständnis für die Motivation hinter dem Verhalten der Patientin. Interessanterweise war auch sie ein Einzelkind, dem alle Bedürfnisse befriedigt wurden und das dennoch das Gefühl hatte, dass ihm nicht die gewünschte Aufmerksamkeit und Zuwendung zuteil wurde.

SARSAPARILLA

Bei einer Wortsuche nach den Miasmen in der Literatur stoßen wir bei Sarsaparilla auf die häufige Erwähnung von Syphilis. "Verzweiflung" taucht ebenfalls auf, aber das für das syphilitische Miasma typische Thema von Selbstmord und Mord ist nicht zu finden.

Sarsaparilla hat die folgende Rubrik:

> Geist und Gemüt: Wahnidee, der Körper sei zerbrechlich. (Complete)

Das Gefühl der Zerbrechlichkeit assoziieren wir im Allgemeinen mit der Sykose.

Sarsaparilla hat auch folgendes Symptom:

> Verschlimmerung durch starres, fixiertes Hinschauen, durch Anstrengungen beim Sehen. (Boenninghausen)

Fixiertheit wird mit der Sykose assoziiert.

Wenn wir uns Fälle von Sarsaparilla anschauen, dann finden wir das Element des Versuchens, das eher an das Ringwurm-Miasma denken läßt, ebenso das allseitige Unzufriedenheitsgefühl. Der Patient hält sich mit vergangenen unangenehmen Vorkommnissen auf, er ruft sich alte Beschwerden in Erinnerung. Gemäß der Literatur ist Sarsaparilla ein gutes Mittel für Herpes.

Auf Grund dieser Beobachtungen ordnete ich Sarsaparilla dem *Ringwurm-Miasma* zu.

Das Liliiflorae-Gefühl von *Ausgeschlossensein oder Hinausgedrängtwerden* zusammen mit dem Gefühl des Ringwurm-Miasmas ergibt das wahrscheinliche Gefühl von Sarsaparilla:

> *Fühlt sich ausgeschlossen und macht Anstrengungen, hineinzukommen und integriert zu werden.*

SARSAPARILLA-FALL 1

Männlicher Patient, um die vierzig Jahre alt. Kommt mit drei Problemen: Chronische Übersäuerung, Psoriasis, Bluthochdruck.

Ich sah den Patienten zum ersten Mal im September 1994 und fand das richtige Mittel erst eineinhalb Jahre später. Interessanterweise fand ich im vorliegenden Fall zu dem Mittel und sah seine Wirkung, obwohl ich keine Ahnung hatte, warum es wirkte. Jetzt erst, mit dem Verständnis der Pflanzenfamilien, beginne ich zu verstehen, warum es geholfen hat.

Der Patient ist Luftfahrt-Ingenieur und verantwortlich für die Wartung von Flugzeugen.

Er hat Anfälle von Übersäuerung begleitet von Kopfschmerzen in der Stirnmitte. Er braucht Antazida. Im Schlaf wird er ganz steif, so als könne er sich nicht bewegen.

Träume

Er sieht die Leichen seiner Vorfahren. Diese Träume bekommt er, wenn er ängstlich besorgt ist.

Er muss ein Flugzeug erwischen und seine Visum-Papiere sind nicht vollständig.

Er verpasst einen Zug.

Er fällt von einer Höhe hinab.

Träume von Tempeln und davon, dass er religiöse Lieder singt.

Er ist sehr religiös, singt die ganze Zeit (religiöse Gesänge) und unterlässt keine seiner religiösen Riten.

Sein Vater hat Kehlkopfkrebs, seine Mutter Tuberkulose. Er hat Geschwister und er hat zwei Kinder.

Nachmittags fühlt er sich ausgelaugt, wenn er zuviel Arbeit hat. Sein Bruder ist Alkoholiker, unverheiratet, und das ist ein Problem. Der Patient fühlt sich leicht verletzt oder beleidigt. Er zeigt es nicht, sondern behält es für sich und trägt es mit sich herum. Er geht Streitgesprächen aus dem Weg. Er ist empfindlich.

Er tut eine Menge für seine Familie, aber sie anerkennen es nicht gebührend und das bringt ihn sehr aus der Fassung.

Er bekam Staphysagria verschrieben, aber es hatte keine Wirkung. Seine Psoriasis wurde weiterhin schlimmer, eine Stelle am Fußgelenk begann geschwürig zu werden. Er ging in ein Krankenhaus, und man verschrieb ihm Antibiotika und Steroide. Das Geschwür wurde groß und verursachte Schmerzen. Es schaute schrecklich aus.

Er kam zu mir und fragte, was man tun könne. Ich hatte das Gefühl, dass ich etwas für ihn tun müsste. Also nahm ich seinen Fall 1996 wieder auf, und da wirkte das verschriebene Mittel.

Fallwiederaufnahme

P: "Ich habe wiederholt Träume von meinem Elternhaus und von Leichen meiner Vorfahren."

A: Was für ein Gefühl lösen diese Träume aus?

P: "Ich habe Angst, denn meine Eltern leben noch an meinem alten Heimatort, und wenn ihnen etwas zustößt, dann werde ich ihnen nicht helfen können. Sie leben dort noch wegen meines Bruders.

In meinem Büro gibt es eine Menge Probleme. Ich arbeite hart und mache enorme Anstrengungen, aber ich kann einfach nicht die Ergebnisse bringen, die ich mir wünsche.

Meine Eltern werden nicht umziehen, obwohl ich mir das wünsche. Ich versuche, dieses Problem mit meinem Bruder zu lösen. Ich habe schon so viel versucht und schon so viele Anstrengungen unternommen, aber die Probleme sind immer noch da. Meine Anstrengungen waren alle erfolglos. Ich fühle mich hilflos. Meine Eltern werden meinen Bruder nicht verlassen. Diese Unsicherheit macht auch meiner Frau zu schaffen, und sie ist sehr gereizt. Wir machen uns beide eine Menge Sorgen und ich kann ihr nicht aus dem Problem heraushelfen. Es gibt keinen Ausweg.

Zur Zeit schlafe ich schlecht, wegen der Probleme meines Schwagers. Es gab auch Probleme beim Gericht. Mein Schwager hatte meinen Eltern übel mitgespielt. Ich hatte das Gefühl, mein Vater ist so ein aufrichtiger und respektabler Mann, wie kann man nur so meine Familie beleidigen? Von all dem Zorn fühle ich mich traurig. Im Zorn zittere ich und manchmal schlage ich mich selbst.

Ich habe Angst vor Höhen und fühle mich leicht schwindelig. Ich mag Tiere und Pflanzen, aber ich habe keinen besonderen Sinn für Ordnung. Ich habe es lieber kalt. Wenn ich öffentlich etwas sagen muss, habe ich sehr viel Angst."

Pflichtbewusst. Vorgeschichte von Malaria. Kopfschmerzen, mit dem Gefühl eines Ringes um den Kopf herum und als ob etwas aus dem Kopf herauskäme.

Die Psoriasis hatte an den Handflächen begonnen, die Haut war rauh und aufgesprungen.

Fallanalyse

Ich nahm mir die Symptome vor, die ich in der Vergangenheit ausgelassen hatte:

Träume von Toten, von Leichen, von Verwandten, die schon lange tot sind.

Ebenfalls Geschwüre am Fußgelenk, Risse in der Haut der Hände.

Rubriken

Geist und Gemüt: Träume von Leichen.

Geist und Gemüt: Träume von Toten.

Geist und Gemüt: Träume von Toten und von Verwandten, die schon lange tot sind.

Gliedmaßen: Geschwüre, am Fußgelenk.

Gliedmaßen: Risse in der Haut, an den Händen.

Er fröstelte leicht und schauderte nach dem Wasserlassen, und dies bestätigte das Heilmittel.

Verabreichtes Mittel: *Sarsaparilla M1.*

Wiedervorstellung

Das Heilmittel wirkte rasch, wiewohl ich immer noch nicht wirklich verstand wieso. Ich bestellte den Patienten nach einer gewissen Zeit wieder ein und wollte mir seine Geschichte noch einmal anhören. Oftmals ergibt sich erst in Folgegesprächen das vollständige Bild.

A: Was geschieht mit Ihnen?

P: "Die Haut ist sehr viel besser geworden. Es kam noch einmal wieder vor drei bis vier Monaten, und jetzt ist es besser. Die Übersäuerung ist auch seltener geworden. Das Kopfweh kommt noch ein- oder zweimal im Monat. Ich hatte auch Probleme mit dem Knie, und das ist mit dem Mittel auch besser geworden. Es behindert mich nicht mehr sehr. Die Ängste und Sorgen, die ich immer hatte, kommen nicht mehr so oft, nur noch, wenn ich unter Anspannung bin."

A: Können Sie das noch näher beschreiben? In was für Situationen werden Sie ängstlich und besorgt?

P: "Manchmal bei Problemen zuhause, oder bei Bluthochdruck. Als ich damals zu Ihnen kam, hatte ich Probleme in der Familie. Jetzt ist das daheim etwas abgestumpft. Es gibt auch Probleme mit der Gesellschaft, der unser Apartment gehört, und ich habe versucht, das zu ändern."

Man achte darauf, wie er das Wort "*versuchen*" benutzt. Er *versucht*, ein Problem zu lösen, und dann verschwindet das Problem für eine Weile und taucht dann von Zeit zu Zeit wieder auf, und er *macht eine Anstrengung*, es wieder zum Verschwinden zu bringen. Das *geschieht immer wieder*.

P: "Ich mache mir Sorgen darüber, was wohl passieren wird, wenn wir das nicht lösen können. Es gibt so viele Wenn und Aber."

Seine ängstliche Sorge geht nicht allzu tief; er ist nicht verzweifelt. Die Probleme sind bohrend, sie sind immer existent und von Zeit zu Zeit kommen sie hoch. Man macht eine Anstrengung, und das führt zu einem gewissen Ergebnis, die Lage beruhigt sich, aber dann taucht das Problem auf seine bohrende Art wieder auf.

Das ist das Ringwurm-Miasma. Das Gefühl im Ringwurm-Miasma besagt: 'Ich habe es immer wieder versucht und jetzt gebe ich auf.' Es besteht die Hoffnung, dass man sein Ziel erreicht und zu Erfolg kommt, aber dann rutscht man wieder ab, das Problem kommt zurück, und man *versucht* es wieder.

A: Was für ein Gefühl ist diese Ängstlichkeit?

P: "Was wird wohl passieren? Ich kann deshalb nicht schlafen. Mir geht es finanziell besser, und ich wollte umziehen und da herauskommen, aber wegen bestimmter Gründe kann ich es nicht."

Er versucht, in eine bessere Wohnung umzuziehen, aber bisher schaffte er es nicht und steckt fest mit seinem alten Haus. Er versucht, umzuziehen und eine neue Bleibe zu finden, aber es kommt nicht dazu; bleiben zu müssen bedeutet allerdings noch nicht den Weltuntergang.

A: Sagen Sie mir etwas mehr über Ihr Wesen.

P: "Bei der Arbeit versuche ich perfekt zu sein."

(Das Wort *perfekt* hat mit dem Krebs-Miasma zu tun, das Wort *versuchen* mit dem Ringwurm-Miasma. Er sagt also, dass er versuche, perfekt zu sein. Es ist das Wort *versuchen*, das immer wieder auftaucht.

Die nächste Frage ist, warum er versucht perfekt zu sein. Ist es etwas, was in seinem Wesen steckt, oder ist es eine Vorbedingung für etwas Anderes?

P: "Ich bin der Ansicht, dass niemand durch mich verletzt werden solle. Ich sollte niemandem weh tun."

Hier sieht man seine große Sensibilität für Leid. Es bedeutet, ihm wird weh getan. Diese Sensibilität gegenüber Verletzung ist ein Charakteristikum der Pflanzenwelt.

P: "Ich verausgabe mich, weil ich aufrichtig bin und weil ich niemand weh tun möchte. Viele Menschen unternehmen Dinge und denken dabei nicht daran, was für Auswirkungen es auf andere haben mag."

A: Können Sie mir ein Beispiel nennen?

P: "Während ich hier mit Ihnen rede, frage ich mich, was Sie wohl von mir denken mögen. Ich versuche zu sein, wer ich bin, und würde gerne genau das hier präsentieren."

A: Was für ein Gefühl haben Sie dabei?

P: "Es geht im Prinzip darum zu versuchen, niemand weh zu tun."

'Versuchen' – das ist das Ringwurm-Miasma, und 'niemand weh zu tun' – das muss auf die Pflanzenfamilie verweisen. Wir müssen die entsprechende Pflanzenfamilie finden.

A: Um was geht es bei dieser Furcht, jemandem weh zu tun?

P: "Wer auch immer mit mir in Kontakt ist, sollte nicht von mir verletzt werden. So empfinde ich das seit meiner Kindheit. Schon wenn ich als Kind mit jemand gekämpft und jemand geschlagen hatte oder der andere hatte mich geschlagen, dann fragte ich mich, warum ich ihn schlug. Warum sollte ich irgendjemand weh tun wollen?"

A: Was für ein Gefühl haben Sie dabei?

P: "Ich fühle mich deprimiert. Ich hätte es besser nicht getan."

A: Was ist das für ein Gefühl in dieser Depression?

P: "Ein Reuegefühl."

Mein Hauptgedanke während seines Redens ist die Frage, was das Gesagte mit seinen Träumen von toten Vorfahren zu tun hat. In dieser Verbindung steckt die Wahrheit. Das geht mir nicht aus dem Kopf.

Ich muss diesen Traum verstehen; dann weiß ich, dass ich die Wahrheit gefunden habe. Vorher habe ich den Fall nicht verstanden. Ich hatte den Traum nicht verstanden, also musste ich ihn verstehen lernen. Darin liegt für mich die Faszination einer Fallaufnahme.

P: "Ich hätte es besser nicht getan, das ist mein Gefühl."

A: Wieso?

P: "Weil es jemand verletzt hat, jemand eine Wunde beigebracht hat."

A: Und dann?

P: "Nichts weiter. Diese Art Depression hält ein oder zwei Tage an, oder auch eine Woche, und dann verschwindet sie langsam."

A: Machen Sie sich Sorgen wegen der Konsequenzen?

P: "Ja."

A: Was könnten das für welche sein?

P: "Ich glaube eigentlich nicht, dass der andere Mensch mir weh tun wird. Er ist es, der durch mich gelitten hat. Oder der wegen mir in Probleme geraten ist."

A: Und was sonst noch?

P: "Ich glaube, ich habe mich sogar unter diesen bestehenden Umständen sehr verbessert. Früher machte ich mir eine Menge Sorgen. Als ich zum ersten Mal zu Ihnen kam, da sagte ich Ihnen, dass ich ein Problem mit meinem Bruder und mit meinem Schwager hatte. Ich dachte immer viel zu viel daran, und das tue ich jetzt nicht mehr. Das Beste, was man tun kann, das sollte man tun. Viele Menschen machen sich keine Gedanken um den nächsten Augenblick."

A: Wie zum Beispiel?

P: "Wenn jemand verletzt wird, dann kümmert sie das nicht. Als Beispiel: Ich bin einer der dienstältesten Kollegen in meiner Abteilung, und ich muss zusammen mit den Jüngeren etwas fertigstellen. Sie stehen dabei unter einem enormen Druck, und ich muss sie beschützen. Es geht um eine große Verantwortung, wir teilen die Arbeit aus, die ganze Verantwortung ist auf unseren Schultern. Wir müssen zusehen, dass die Arbeit gemacht wird. Ich rede darüber mit meinem Boss. Wir müssen uns auch vor den Autoritäten verantworten. Manchmal möchten wir gewisse Regeln und Gesetze durchbrechen."

Gesetze zu brechen löst in ihm ängstliche Sorge aus. Was wissen wir dadurch über ihn? Er möchte niemand verletzen und er möchte keine Gesetze verletzen.

P: "Wir strengen uns an, uns an alle Regeln und Vorschriften zu halten. Manchmal wird man verletzt, wenn man beschuldigt wird, man habe sich nicht an gewisse Dinge gehalten. Wenn man Regeln und Vorschriften ganz streng folgt, dann wird der Chef zornig und wirft einem vor, man halte sie zu streng ein. Und wenn ich es nicht tue, dann wird mir gesagt, ich handele nicht entsprechend der Vorschriften. Das ist ein zweischneidiges Schwert, und es verursacht eine Menge Sorgen, wenn man bei der Arbeit ehrlich sein möchte, und ich bin ehrlich.

Das hat nichts damit zu tun, dass mich jemand beaufsichtigt oder dass ich vor etwas Angst habe, wenn es vielleicht auch so aussieht."

Das ist Verleugnung. Er handelt so, als wäre er beaufsichtigt.

"Ich weiß, morgen muss ich als Chef übernehmen und ich muss dann vielleicht Entscheidungen treffen, die nicht jeder mag. Wie kann ich bei meinem Wesen – mit meiner Sorge, niemand weh zu tun –, wie kann ich so die Chefverantwortung übernehmen?"

P: Und wie reagieren Sie?

P: "Wenn jemand verletzt wird, dann sage ich, dass es mir leid tut. Oft hat man keine Gelegenheit, das zu sagen oder seine Entscheidungen zu rechtfertigen. Ich habe oft das Gefühl, es wäre besser gewesen, ich hätte etwas nicht getan.

Ich habe meinen Antrag für ein Visum gestellt und gestern rief ich an, und die fragliche Person war krank."

Vorher hatte er einmal von einem Traum erzählt, in dem er seine Visumpapiere nicht parat hatte. Man achte auf diese Zusammenhänge.

P: "Ich bitte darum, dass ein anderer Beamter die Arbeit übernimmt. Ich rufe noch einmal an, niemand hat bei mir angerufen. Sie wissen von überhaupt nichts. Ich musste ihnen sagen, dass sie mich besser angerufen hätten. Ich redete in einem sehr bestimmten Ton und man hatte den Eindruck, ich sei zornig. Aber es war sehr berechtigt. Das ist, was ich an meinem Wesen nicht mag. Das ist nicht richtig; es verursacht mir Sorge und macht es sehr schwierig, Probleme zu lösen."

A: Was wäre, wenn Sie jemand verletzten?

P: "Nichts."

Wenn man immer wieder nach etwas frägt und er kann darauf keine Antwort geben, dann ist das der Punkt, an dem man nach Träumen fragen kann.

A: Was für Träume haben Sie?

P: "Ich habe derzeit nicht viele Träume."

A: Was für Träume hatten Sie denn früher?

P: "Ich sah Leichen, da, wo ich herkomme."

A: Was für ein Gefühl verband sich mit den Leichen?

P: "Sie lagen da einfach nur herum, am Ort meines Elternhauses. Der Körper meines Bruders war auch dabei – ich hatte Ihnen ja von meinem Bruder erzählt, er ist Alkoholiker. Jetzt hat er das Haus verlassen und wir wissen nicht, wo er sich aufhält. Auch der Körper meiner Großmutter, von zwei Onkeln, auch von Großvater."

Er ist nicht in der Lage, die mit dem Traum verbundenen Gefühle wiederzugeben, kann nur von den Leichen berichten. Der nächste Schritt besteht also darin, ihn nach einer Assoziation mit dem Traum zu fragen – und da entfaltet sich die ganze Geschichte.

A: Erzählen Sie mir mehr von ihnen (von den Toten, den Leichen.)

P: "Ich träume manchmal von meinem Großvater. Er ist vor vierzig Jahren gestorben."

A: Was für ein Gefühl haben Sie dabei?

P: "Es deprimiert mich. Dann eines Tages sagte ich mir, wenn das Gefühl noch einmal kommt, dann werde ich es einfach auslachen, und da hörte es auf. Diese Träume machten mich sehr deprimiert. Nachdem ich angefangen hatte, die Medizin zu nehmen, blieben sie weg."

A: Beschreiben Sie mir die Depression, die Sie von den Träumen bekamen.

P: "Gemischte Gefühle von Angst und von Druck auf der Brust."

A: Was für eine Angst?

P: "Ein unangenehmes Gefühl, wenn ich eine Leiche sehe. Selbst jetzt, wenn ich Blut sehe, dann macht mich das sehr deprimiert.

Diese Träume von Leichen machten mir Angst. Ich hing nicht an diesen Menschen; als sie starben, war ich noch sehr jung. Aber einfach nur all die Leichen zusammen zu sehen, machte mir Angst. Es war wie ein Gang in ein Leichenhaus."

A: Hatten Sie das gleiche Gefühl auch bei einer anderen Gelegenheit?

P: "Ja, als der Vater meines Schwagers starb. Ich hing sehr an ihm, und es machte mich sehr traurig."

A: Was für Gefühle hatten Sie innerlich?

P: "Ich war sehr traurig. Er war ein sehr frohgelaunter und ein großer Mensch. Er liebte unsere Familie sehr. Er stand im Mittelpunkt. Noch ein Monat nach dem Vorfall zitterten mir die Hände, und ich ging zu einem Arzt. Vielleicht hatte ich damals die Gefühle unterdrückt."

A: Was für Gefühle waren das?

P: "Traurigkeit."

A: Beschreiben Sie das.

P: "Darüber, dass er mir fehlte und ich ihn nie mehr wiedersehen könnte. Sie waren drei Brüder und sie werden jetzt keine Unterstützung mehr von ihrem Vater bekommen können. Sie waren recht jung. Und ich war hier allein, denn meine Eltern wohnen woanders. Sein Tod war so unzeitig: wir haben eine echte Persönlichkeit verloren."

A: Was heißt allein?

P: "Ich wohnte bei meinem Onkel, und meine Eltern wohnten weit weg. (Eigentlich) kein Gefühl von Alleinesein."

A: Warum haben Sie es erwähnt?

P: "Ich war nicht mit meiner Familie zusammen. Ich wohnte bei meinem Onkel."

A: Warum haben Sie es gerade jetzt erwähnt? Was für eine Bedeutung hatte es für Sie?

P: "Ich hatte einen Kulturschock. Meine Eltern waren aus dem großen Haus ausgezogen, in dem ich aufgewachsen war. Ich musste in Bombay bei meinem Onkel bleiben, ich konnte keine Unterkunft finden, und wir mussten in einem kleinen Zimmer zurechtkommen. Sogar die Toilette war eine Gemeinschaftseinrichtung für mehrere Apartments. Ich konnte diesen Menschen einfach nicht näher kommen. Ich war introvertiert und immer allein."

A: Was taten Sie damals?

P: "Ich hatte damals hohe philosophische Ideale, las Bücher über Meditation und Yoga und war introvertiert. So kam dieses Gefühl auf, das Gefühl ganz allein zu sein. Obwohl ich bei meinem Onkel wohnte, fühlte ich mich sehr allein."

A: Schildern Sie mir, was für ein Gefühl sich für Sie mit dem Vater Ihres Schwagers verband.

P: "Er fehlte uns."

A: Was bedeutete das? Was für eine Bedeutung hatte er in der Familie?

P: "Er war die zentrale Persönlichkeit. Er war für uns sehr wichtig, denn er besaß ein sehr gutes Wesen. Er war immer guter Laune."

A: Und warum war er die zentrale Persönlichkeit?

P: "Als meine Schwester heiratete, war ihr Ehemann ein frohgelaunter Mensch. Sie behandelten uns die ganze Zeit gut. Er unterschied nicht nach Kaste oder Klasse. Er behandelte auch seine Arbeiter sehr gut."

A: Was geschah in diesem Haus?

P: "Ein besonders guter Mensch war nicht mehr da."

A: Was war damit verlorengegangen? Was für ein Gefühl war das? Können Sie mir ein Beispiel nennen, ein Bild geben?

P: "Ich dachte dabei an ein Vakuum."

A: Können Sie mir ein Vakuum beschreiben?

P: "Kürzlich passierte etwas Ähnliches, als eine Verwandter starb. Er war eine starke Persönlichkeit und auch berühmt und behandelte uns gut, und dann starb er und ich hatte das ähnliche Gefühl eines Vakuums."

A: Beschreiben Sie ein Vakuum.

P: "Wer wird wohl seine Arbeit übernehmen?"

A: Können Sie mir ein Vakuum beschreiben?

P: "Nicht mehr die Freiheit und Möglichkeit zu haben, mit einem bestimmten Menschen umzugehen."

A: Einfach nur das Wort Vakuum?

P: "Ein Vakuum ist ein leerer Raum."

And dieser Stelle erinnerte ich mich an die Rubrik:

Geist und Gemüt: Wahnidee, von Leere.

Und die Rubrik nennt Sarsaparilla, was ich dem Patienten verschrieben hatte.

Wiedervorstellung im Jahr 1999

P: "Meine Empfindlichkeit ist um über 60% geringer geworden. Mein Wesen hat sich geändert. Das Schaudern vor und nach dem Wasserlassen ist weg. Das Geschwür verheilte bald nach der Einnahme des Heilmittels. Die

Übersäuerung ist weniger geworden. Ich bin weniger empfindlich dafür, anderen weh zu tun oder selbst verletzt zu werden."

Wiedervorstellung im Juni 2002

Im Großen und Ganzen geht es dem Patienten gut, kein Rückfall des Geschwürs. Sein Gemütszustand is deutlich besser. Träume von toten Verwandten tauchen nicht mehr auf.

Falldiskussion

Auf der körperlichen Ebene besteht das Empfinden eines Reifs um den Kopf, so als ob etwas herauskommen wolle. Weiterhin Druck auf der Brust, als ob etwas von innen nach außen dränge. Dies ist das Gefühl der Liliiflorae, hinausgedrückt und -gedrängt zu werden.

Im Psychologischen finden wir das Gefühl eines Kulturschocks; er fühlte sich völlig allein, so als sei er ausgeschlossen. Er konnte niemand näherkommen, konnte nicht zu den andern gehören. Er blieb draußen.

Das Hauptgefühl im Zusammenhang mit den toten Ahnen war, dass die wichtigste Person im Haus verschwunden war und dass dies ein großes Vakuum hinterließ, eine Leere.

Die Angst davor andere zu verletzen basiert auf dem Gefühl, dass man, wenn man andere verletzt, selber ausgeschlossen werden wird. So wie er es mit den toten Ahnen und dem Vakuum und der Leere empfindet.

Sarsaparilla findet sich auch in Kents Repertorium, und zwar unter der Rubrik "Wahnidee, sei ohne Freunde". Im Complete Repertory ist das Symptom nicht zu finden. In den Prüfungen von Hahnemann steht das Wort freudlos, und es wurde später als freundlos übersetzt und blieb unkorrigiert. In der jüngsten Ausgabe des Complete Repertory ist dies berichtigt, und jetzt wird Sarsaparilla unter "freudlos" aufgeführt.

Sarsaparilla fühlt sich freudlos und freundlos und im Stich gelassen.

Wie im Kapitel des Crocus-Falles weiter unten diskutiert, zeigt der Patient die Sensibilität einer Pflanze, obwohl sich dies in Beziehungen ausdrückt. Das Problem hieß immer: "Ich tue ihnen weh, und sie tun mir weh." Es drehte sich um eine Sensibilität, um die Sensibilität für Verletzung. Es ging nicht darum, dass eine bestimmte Beziehung fehlte. In der Praxis kann es recht schwierig sein, zwischen einem Beziehungsproblem (Minerale) und einem Sensibilitätsproblem (Pflanzen) zu unterscheiden. Wir müssen unser Veständnis verfeinern.

Ende des Falles.

SARSAPARILLA-FALL 2

Von Dr. Divya Chhabra, aufgenommen 1994

Der Text ist eine Zusammenfassung.

Frau im Alter von 24 Jahren. Sie kommt mit chronisch rezidivierenden Harnwegsinfektionen, Kolitis, Rückenschmerzen seit einer Entbindung, Menstruationsproblemen und Anämie. Am Tagesende fühlt sie sich erschöpft.

A: Erzählen Sie mir etwas von Ihrem Wesen.

P: "Früher, von Kindheit an, war ich zurückhaltend. Ich brauche lange, um Freundschaften zu schließen. Ich habe keinen nahen Freund, dem ich mich anvertrauen kann. Ich versuche es, aber es fällt mir schwer, mich anderen Menschen zu öffnen.

Ich bin ein stiller Mensch, ich mag die Dinge auf meine Art tun. Ich bin immer noch recht zurückhaltend. Ein wenig habe ich mich geöffnet.

Als Kind wurde ich sehr leicht zornig. Ich mochte keine Gesellschaft. Ich wollte immer alleine sein. Meine Mutter musste mich regelrecht dazu zwingen, auf eine Party zu gehen. Ich mag es immer noch nicht, auf eine Party zu gehen oder an einem Ort mit vielen Menschen zu sein.

Ich kann nicht aufmachen. Ich kann nichts mit anderen Menschen teilen. Ich fällt mir schwer, mit irgendjemand zu reden. Ich bin sehr zurückhaltend.

Ich rede nicht viel, auch nicht mit meinen Eltern und Brüdern und Schwestern. Ich war schon immer sehr verschieden von ihnen; ich war immer ich selbst.

Jetzt mag ich es zwar in Gesellschaft zu sein, aber ich brauche immer noch lange Zeit Freundschaft zu schließen. So war ich auch in der Schule, ich konnte mit niemand warm werden. Ich konnte einfach mit keinem nähere Freundschaft schließen, ich hatte nur lose Freundschaften. Ich habe so oft versucht, jemand näher zu kommen, Freundschaft zu schließen, aber ich kann es einfach nicht.

Eine meiner Schwestern lebt in London, und wenn sie hierherkommt, dann treffen wir uns. Sie könnten an ihr den Unterschied zu mir sehen. Sie redet gerne und lebhaft, aber ich bin genau das Gegenteil.

Von Kindheit an habe ich versucht, unter Leute zu kommen, mich ein wenig zu öffnen, aber ich kann es nicht. Ich weiß nicht, was mich daran hindert.

Ich redete immer ein wenig mit meinem Bruder, aber dann, als meine Schwestern heirateten und das Elternhaus verließen, begann ich, mit meinem Vater zu reden, und wir kamen uns sehr nahe.

Ich habe einfach das Gefühl, dass ich in meinem Wesen anders bin als sie. Meine Schwestern waren älter als ich, und ich war in gewisser Weise auf mich selbst gestellt. Mein Vater ist sehr streng, und mir war es nicht erlaubt, aus dem Haus zu gehen oder Freunde nach Hause einzuladen, also beschäftigte ich mich mit mir selbst. Von Anfang an konnte ich keine Freundschaft schließen oder mich anderen Menschen gegenüber öffnen. Irgendetwas hindert mich daran, mit ihnen ins Gespräch zu kommen. Ich weiß nicht, was es ist.

Ich fühle mich übergangen, als ob man mich nicht wahrnähme. Meine Schwestern kommen nach Hause und fangen an miteinander zu reden, und ich werde ausgelassen. Sie schenken mir keine Aufmerksamkeit, sie schließen mich nicht ein. Ich fühle mich wirklich übergangen, ich fühle mich ignoriert. Jetzt sage ich mir, es ist in Ordnung, ich akzeptiere es.

Als Kind fühlte ich mich sehr vernachlässigt, da ich nicht unternehmen konnte, was sie taten, denn sie waren älter. Sie redeten miteinander und heckten zusammen einen Unfug aus. Ich dachte, ich könnte diese Dinge nicht zusammen mit ihnen tun und sie wollten mich nicht dabeihaben.

Sie hatten kein Interesse an dem, was ich zu sagen hatte, sie redeten einfach nur miteinander. Wenn sie ins Haus kommen, schließen sie sich zusammen in einem Zimmer ein, und ich bin ausgesperrt. Sei rufen mich nie herein. Wenn ich hineingehen möchte, hören sie auf zu reden und verlassen einer nach dem andern den Raum, und ich fühle mich unerwünscht. Jetzt denke ich: Was soll's, lass sie reden.

Das taten sie oft. Mein Bruder redet nicht mehr mit mir, seitdem er verheiratet ist. Er war ein wirklich guter Freund. Ich fühlte mich schon immer unsicher mit meinen Geschwistern.

Ich bin sehr sensibel, vor allem seit dem Tod meines Vaters, seither bin ich noch sensibler geworden.

Vor ein paar Tagen fühlte ich mich unwohl. Mein Mann kam nach Hause und war zornig und fragte nicht einmal, wie ich mich fühlte, sondern begann sofort herumzuschreien. Ich war emotional sehr verletzt. Das sollte er nicht, herumschreien und seinen Zorn an mir auslassen. Ich denke, er sollte mein Freund sein, und er ist niemand, dem ich mich anvertrauen könnte, nicht einmal ein kleinstes Geheimnis.

Als mein Vater starb, war das ein echter Schock für mich. Ich war isoliert. Ich hatte das Gefühl, ich hatte niemand auf der ganzen Welt, ich sei ganz allein, ohne Dach über dem Kopf. Er fehlt mir immer noch sehr, und wenn ich an ihn denke, muss ich weinen. Er war mein Idol, er bedeutete mir alles. Ein ganz süßer Mensch. Er liebte mich sehr. Ich fühle immer noch manchmal, dass er noch dasein sollte. Ich fühle mich deprimiert. Ich möchte alles hinter mir lassen und irgendwo hingehen, wo ich niemanden kenne. Niemand möchte mich, niemand schert sich um mich.

Ich träume davon, wie mein Vater bei mir ist. Ich sehe ihn oft.

Ich fühle mich sehr deprimiert. Ich habe die Nase voll von mir selbst. Ich bleibe allein."

Fallanalyse

In dem Fall dreht sich alles um das Gefühl der Patientin, freundlos zu sein. Man könnte die folgenden Rubriken dazu herholen:

Geist und Gemüt: Wahnidee, sei freundlos.

Geist und Gemüt: Träume, von toten Angehörigen.

Geist und Gemüt: Im Stich gelassen.

Ihr wurde Sarsaparilla M1 verschrieben, und sie reagierte darauf sehr gut.

Weiterverfolgung nach einem Jahr

P: "Ich fühle mich viel besser. Ich habe eine Menge neue Freunde und ich kann leichter unter Menschen sein. Ich hatte mich immer deprimiert und leblos gefühlt – jetzt fühle ich mich viel besser. Ich kann mit den Situationen besser umgehen.

Ich fühle mich glücklicher und frisch.

Ich habe mich sehr geöffnet. Ich kann mich jetzt Menschen viel leichter öffnen. Ich kann jetzt mit Leuten reden, mit meinen Freunden, mit meinen Nachbarn.

Ich bin nicht mehr gereizt – nur noch manchmal am Ende des Tages, wenn ich müde bin. Aber im Großen und Ganzen werde ich nicht mehr so leicht zornig.

Ich habe angefangen, meine Beziehungen in der Familie zu ordnen. Mit meinen Schwestern rede ich immer noch nicht viel, aber es ist alles recht normal. Es ist kein Problem mehr. Wir sind eine glückliche Familie.

Seit dem Medikament hat sich mein Leben völlig verändert. Ich fühlte mich immer elend, hatte immer das Gefühl, dass es nicht wert sei zu leben. Mein Wesen hat sich sehr gewandelt. Ich bin jetzt glücklicher, und ich gehe leichter unter Leute. Ich kann jetzt die Initiative ergreifen und ein Gespräch beginnen.

Die Kolitis ist verschwunden. Die kleinen Fibroide sind alle verschwunden. Auch die Menstruationsprobleme und die anderen körperlichen Beschwerden sind alle weg.

> Ich hatte einen Traum, in dem ich mit meinem Vater zum Mittagessen ausging; es war ein glücklicher Traum. Er hatte mir immer sehr gefehlt, jetzt fehlt er mir nicht mehr so sehr."

Ende des Falles.

Kommentar

Wie bereits oben erwähnt, ist die Rubrik "Wahnidee, sei freundlos" inzwischen berichtigt worden. Glücklicherweise wurde die Korrektur lange Zeit nicht gemacht, denn es gibt eine Menge Fälle sowohl von Sarsaparilla als auch von Magnesium muriaticum, denen ihr Mittel auf der Basis des Gefühls der Freundlosigkeit verschrieben wurde und denen es damit besser ging!

"Im Stich gelassen" wird umschrieben als Aufgegebenwerden, Verlassenwerden, Aussetzen. Jetzt können wir sehen, dass es um ein Gefühl geht, das über das Im-Stich-Lassen hinausgeht.

Im Kontext der Liliiflorae lässt sich das Gefühl der Patientin leicht verstehen. Ihr Hauptgefühl bestand darin, sich ausgeschlossen zu fühlen, von ihren Geschwistern hinausgedrängt. Sie fühlte sich übergangen, vernachlässigt – "sie haben kein Interesse an mir". Sie strengt sich an dazuzugehören, nicht ausgeschlossen zu werden. Nach Einnahme des Mittel empfindet sie sich als Teil einer glücklichen Familie. Wir beobachten auch, dass sie gefühlsmäßig etwas *einbehalten* möchte, denn ihr Vater war streng. Beide Aspekte tauchen also auf.

Man achte auch darauf, wie die Patientin das Wort "versuchen" verwendet. Dies zeigt das Ringwurm-Miasma an. Sie versucht integriert zu werden, sie versucht, von ihren Geschwistern eingeschlossen zu werden, und wenn man immer wieder versucht und es führt zu keinem Ziel, dann akzeptiert man es schließlich. Nach einer Weile versucht man es wieder. Anstrengung und Kampf wechseln ab mit Resignation, das typische Muster des Ringwurm-Miasmas.

SARSAPARILLA-FALL 3

Von Dr. Sudhir Baldota

Der Fall ist bearbeitet und gekürzt. Hervorhebungen durch Kursivschrift sind von mir.

Fall von Frau A.C., 27 Jahre alt, lebt in Kalkutta. Sie stellte sich bei mir am 4. September 2000 vor.

Das Video zeigt eine übergewichtige junge Frau mit starker und entstellender Gesichtsakne.

Das Folgende ist ihre Schilderung.

A: Was geht vor sich?

P: "Ich habe Angst."

A: Wegen was?

P: "Ich weiß es nicht."

A: Erzählen Sie von sich, von Anfang an.

P: "Von Kindheit an habe ich eine Allergie gegen Moskitostiche; wenn sie mich stechen, bekomme ich davon einen Ausschlag. Das Problem habe ich, seitdem ich vier bin. Ich habe deshalb schon viele Hauttests machen lassen und Behandlungen dafür gehabt, habe auch Steroide genommen. Eigentlich war ich immer dünn, aber nachdem ich Steroide genommen hatte, wurde ich dick. Ich bekomme jetzt viele Pickel, meine Haut ist fettig, und ich habe Haare im Gesicht.

Also mein Hauptprobleme sind die Haut und das Dicksein.

Immer wenn ich von Moskitos gestochen werde, kriege ich Ausschläge; sie jucken ganz arg, und wenn ich heftig kratze, dann bluten sie. Am Kopf habe ich eine Zyste; dafür habe ich Homöopathie eingenommen, aber es hat nichts geholfen."

A: Was für ein Gefühl verbindet sich mit dieser Krankheit?

P: *"Ich fühle mich wegen meines Dickseins so sehr verletzt; all meine Verwandten sagen, ich machte keine Arbeit und ich schliefe zuviel, und das verletzt mich. Und sie zwingen mich dazu, Arbeiten zu machen, ohne dass ich es will, und ich fühle mich deshalb ganz schlecht."*

A: Was meinen Sie mit schlecht?

P: "Es regt mich sehr auf. Warum heißen sie mich, eine bestimmte Arbeit zu machen? Selbst wenn mein Vater etwas sagt oder meine Schwester oder mein Bruder, dann verletzt mich das. *Ich versuche so sehr, mein Gewicht zu verringern, aber nichts passiert.*

Manche Leute sagen, ich solle "Herbalife" nehmen. Seit dem Tod meiner Mutter geht es mir noch schlimmer.

Als meine Mutter noch da war, hatte ich keine Probleme und ich hatte nur einen einzigen Freund, meine Mama. Ich habe nicht viele Freunde, und das macht mich sehr zornig und gereizt. Wenn ich eine Arbeit verrichte und jemand sagt, es sei nicht anständig gemacht, dann werde ich sehr zornig, und meine Verwandten suchen nur nach einer Gelegenheit mich aufzuziehen. Sie machen alle möglichen Vorschläge, ich sollte Sport machen, und sie kneifen mich immer. *Es hat keinen Sinn, zu versuchen schlanker zu werden, denn ich weiß, dass es sowieso keinen Unterschied machen wird.*

Mein Vater sagt, ich solle mich mehr anstrengen, aber ich habe mein Bestes getan, und ich glaube jetzt nicht mehr, dass es jemals passieren wird, dass ich mein Gewicht reduzieren kann. Doktor, was ist mit der Zyste an meinem

Kopf, wrid das von einem Medikament besser werden? Ich hoffe, das ist kein Tumor.

Ich habe all diese Probleme, und mein Vater muss sich das alles von mir anhören. Mein Vater hat angefangen zu rauchen, alles nur wegen mir. Ich fühle mich so verletzt."

A: Erzählen Sie mir etwas mehr von sich. Sind Sie deprimiert?

P: "Alles, was ich Ihnen erzählt habe, das ist meine Depression; jeder andere in meiner Lage würde deprimiert sein. Nach dem Tod meiner Mutter ist das Problem schlimmer geworden. Ich fühle mich nicht danach, noch irgendwohin auszugehen. Wegen meines Gewichts fühle ich mich zu schüchtern, noch irgendwohin zu gehen. Ich fühle mich sehr unstabil und versuche, solchen Situationen soweit wie möglich aus dem Weg zu gehen."

A: Was für ein Gefühl hatten Sie, als Ihre Mutter starb?

P: "Ich vertraute mich immer ganz meiner Mutter an, und jetzt, da sie nicht mehr da ist, bin ich traurig."

A: Was ist das für ein Gefühl in dieser Traurigkeit?

P: "Ich habe niemand, dem ich mich anvertrauen kann."

A: Wie fühlt sich das an?

P: "Niemand ist für mich da. Ich bin ganz allein. *Ganz leer*. Ich habe das Gefühl, es ist nichts bei mir. Ich schaue mir immer das Foto meiner Mutter an und weine. Wenn ich nach Hause komme, denke ich immer, Mama sollte jetzt die Tür aufmachen, aber mein Vater macht die Tür auf. Sie fehlt mir sehr. Ich fühlte mich immer sehr traurig und verletzt. Mama war immer daheim, und meine Schwester ging immer ins Büro. Als meine Schwester heiratete, empfand ich das als Vakuum."

A: Ich verstehe nicht ganz, was Sie mit Vakuum meinen.

P: "*Vakuum heißt, dass ich völlig leer wurde; als meine Schwester heiratete und nach Bombay zog, fühlte ich mich noch leerer. Ich fühlte mich sehr einsam. Ich hatte das Gefühl, wenn es jetzt irgendein Problem gäbe, dann müsste ich das ganz alleine lösen*. Mein Vater hat ein Blutdruckproblem, und ich hatte das Gefühl, niemand würde da sein. Ich glaube, ich muss alles alleine tun. Ich konnte es kaum glauben, dass meine Mutter nicht mehr da war. Ich war wie von Sinnen, als ich hörte, dass sie nicht mehr am Leben war. Ich musste mich oft übergeben. Ich wurde ganz still. Ich fühlte mich nicht danach, irgendeine Arbeit zu tun. Ich war immer schweigsam. Zuletzt wurde mir klar, dass sie nicht mehr zurückkommen würde, dass sie tot war. Ganz allmählich wird mir klar, dass sie nicht mehr da ist."

A: Was für ein Gefühl ist das?

P: "*Ich bin völlig leer geworden. Meine ganze Welt ist leer geworden. Denn ich habe keine Freunde.* Meine Mama war für mich Alles. Ich habe alles verloren. Sie hat mir immer alles erklärt, mich nie geschimpft. Wenn ich jetzt irgendetwas sage, dann schimpft man mich. Alle sagen zu mir, ich sei jetzt erwachsen, ich sollte mich nicht so benehmen. Sie sagen auch, dass ich heiraten werde und dass ich mich den Umständen anpassen werden müsse. Meine Mutter hätte so etwas nicht gesagt."

A: Was für Träume haben Sie?

P: "Ich sehe oft meine Mutter. Ich fühle sie immer neben mir. Ich habe auch Träume vom Reisen. Ich liebe es sehr zu reisen. Es ist ein angenehmer Traum und ich genieße ihn. Ich habe auch Träume vom Schwimmen.

Ein anderer Traum handelt davon, wie ich bei einer Hochzeit bin und aus irgendeinem Grund die Hochzeit nicht recht genießen kann, denn alle Freundinnen meiner Schwester kommen, aber da ist niemand (mit mir), nicht einmal meine Mutter, die ich als meine beste Freundin betrachtet hatte. All die Freundinnen meiner Schwester sind in einer Gruppe, und ich fühle mich ganz allein, denn sie reden nur miteinander, so als ob sie kein Interesse an mir hätten. Ich fühlte mich sehr verletzt.

Im Traum von meiner Mutter, da kommt sie und spricht zu mir: Mach dir keine Sorgen, auch wenn ich nicht mehr in dieser Welt bin; du musst jetzt lernen, du selbst zu sein, und all diese Menschen um dich herum sagen alle möglichen Dinge zu dir, gib ihnen keine Gelegenheit, dich auszuschimpfen. Pass auf dich auf, sagt sie.

Das fühlte sich sehr gut für mich an.

Ich sehe auch andere Angehörige, die schon lange vor meiner Mutter gestorben sind. Ich verstehe nicht, warum ich solche Träume habe. Zum Beispiel mein Großvater, meine Großmutter mütterlicherseits. Als Kind hatte ich immer große Angst vor Leichen, vor Geistern."

A: Was für Hobbies und Interessen haben Sie?

P: "Ich lese gerne und schaue gerne Fernsehen, höre mir Musik an, schaue mir Filme an."

A: Worin liegt der Unterschied zwischen Ihrem Wesen und dem Wesen Ihrer Schwester?

P: "Wir sind sehr verschieden. Sie redet gerne, und ich bin schweigsam. Sie schließt leicht Freundschaften, ich dagegen bin zurückhaltend und schüchtern und rede nur mit Menschen, die ich mag. Einmal war ich zu einer Party ausgegangen, und eine ihrer Freundinnen bemerkte: Wie kommt es nur, dass du so dunkel bist und deine Schwester so hell? (Anm. des Übersetzers: Im Allgemeinen assoziieren Inder Hellhäutigkeit mit Schönheit.) Ich fühlte mich so verletzt. Diese Freundin meiner Schwester redete weiter und meinte, niemand könne glauben, dass wir wirklich Schwestern wären. Ich fühle mich nicht danach, mich in solche Art Gesellschaft zu begeben. Ich halte mich raus. Ich fühle mich nach Weinen."

A: Was für ein Gefühl bringt Sie dazu zu weinen?

P: "Alle vergleichen mich, all meine Angehörigen machen, dass ich mich minderwertig fühle. In solch einer Atmosphäre bleibe ich nicht, ich gehe einfach weg, denn es hat keinen Sinn zu versuchen, ihnen immer wieder dasselbe zu sagen. Es ist besser, man sagt gar nichts."

A: Was war der glücklichste Augenblick Ihres Lebens?

P: "Den gab es noch nicht."

A: Was für Speisen und Getränke mögen Sie gerne?

P: "Ich mag Gewürztes, nicht zu scharf gewürzt, mittel. Ich mag Früchte und Fruchtsäfte. Nichts Bestimmtes."

A: Gibt es noch irgendein anderes Problem?

P: "Nein. Nur mein Gewicht, die Rückenschmerzen und diese Depression."

Rubriken

Wahnideen, Vorstellungen: von Leere.

Wahnidee, freundlos.

Gefühl von Im-Stich-Gelassensein.

Träume, von Toten, von toten Angehörigen.

Zurückhaltend.

Still, Neigung zum Stillsein.

Gesicht: Ausschläge, Pickel, Juckreiz.

Allgemeines: Speisen und Getränke, gierig auf Früchte.

Weitere Hinweise:

In Phataks Materia medica steht Folgendes: "Allgemeines: hellt die Hautfarbe auf".

Verabreichtes Mittel: *Sarsaparilla C200.*

Wiedervorstellung

nach einem Jahr und drei Monaten

Das Video zeigt eine junge Frau, viel schlanker und ohne Ausschläge. Sie ist kaum als die Person aus dem älteren Video wiederzuerkennen. Sie sagt:

"Ich fühle mich in jeder Hinsicht viel besser.

Die Ausschläge sind verschwunden.

Fühle mich besser, seitdem ich ungefähr 15 Kilo verloren habe.

Fühle mich innerlich entspannt und nicht mehr so gereizt und zornig.

Fühle mich nicht mehr deprimiert und besorgt um mein Körpergewicht.

Habe das Gefühl, dass die Menschen mich annehmen, wie ich bin, und ich liebe und genieße alle Gesellschaft.

Früher fühlte ich mich immer sehr vernachlässigt und übergangen, und ich glaube, meine Haltung, wie ich mir die Situation anschaue, hat sich gewandelt. Mein Schlaf ist sehr gut. Keine Träume ... oder falls ich welche habe, kann ich mich nicht erinnern.

Im Großen und Ganzen bin ich viel glücklicher mit mir selbst, und die Menschen um mich herum bemerken eine deutliche Veränderung."

Ende des Falles.

COLCHICUM

Eine Suche im Programm Reference Works ergibt, dass Colchicum viele verschiedene intermittierende Symptome besitzt, im Bauchraum und im Rektum, in den Atemwegsorganen, im Puls, bei Fieber, bei rheumatischen Schmerzen usw.

Wir finden weiterhin:

> Brustkorb: Bedrückung, wechselnd. (Allen, Encyclopaedia)

Intermittierende Verläufe sind typisch für das Malaria-Miasma, das zwischen dem akuten Miasma und der Sykose zu stehen kommt. Bei Colchicum finden sich sowohl "akuter Rheumatismus" als auch "Sykose".

Das Miasma scheint eindeutig das *Malaria-Miasma* zu sein. Dieses Miasma zusammen mit dem Hauptgefühl der Liliiflorae, d.i. dem Gefühl des Hinausgedrängtwerdens und Ausgeschlossenseins, führt zu dem wahrscheinlichen Gefühl von Colchicum:

> *Verfolgt durch Ausgeschlossenwerden.*

COLCHICUM-FALL 1

Aufgenommen von Dr. Jayesh Shah am 24. Januar 1995

Männlicher Patient, 55 Jahre alt.

Der Patient kam ohne Voranmeldung und war bereit, vier Stunden zu warten, bis er vorgelassen werden konnte.

Seine Beschwerden waren Schmerzen auf der gesamten rechten Körperseite, von Kopf bis Fuß.

Er hat Schwellungen um die Augen und im Gesicht; das Gesicht wirkt aufgequollen. Er hat beim Laufen niedrigen Blutdruck, was dazu führt, dass er zu einer Seite schwankt (entweder zur rechten oder zur linken).

Er berichtet, das seine Beschwerden durch Fischgenuss schlimmer werden. Er ist empfindlich für den Geruch von Fisch, sein Gesicht rötet sich, wenn andere (in seiner Nähe) Fisch essen.

Er redet langsam. Er sagt, er habe ein leichtes Leben ohne Stress. Er ist Junggeselle und geht zum Essen gerne aus.

“Ich mag nicht gerne kämpfen. Ich kämpfe nicht. Wenn ich geheiratet hätte, dann wären auch die Streitereien gekommen, also habe ich lieber nicht geheiratet. Meine Namensinitialen sind JP – ich bin wie ein ‘Justice of the Peace’ – ein Friedensrichter!”

Wenn er zornig wird, geraten seine Hände in Zittern und seine Augen schwellen an.

Er redet auf unschuldige und einfache Art.

Er macht sich Sorgen wegen seines Hochdrucks; fragt sich, was wohl die Leute denken, wenn er schwankt und dabei mitten auf der Straße aus Versehen in Richtung einer Frau kippt? Das wäre sehr peinlich und würde verursachen, dass er Respekt und Ansehen verlöre. Er befürchtet, dass andere von ihm denken, er benehme sich nicht anständig.

Er ist empfindlich gegenüber Filmszenen, in denen Frauen misshandelt werden, in den Frauen etwas angetan wird.

Verabreichtes Mittel: *Colchicum C200.*

Die seltsame und seltene und eigenartige Rubrik dieses Falles ist die Empfindlichkeit auf den Geruch von Fisch.

Zusätzlich ist er empfindlich auf das Fehlverhalten anderer Menschen. Er kann schlechtes Benehmen nicht ertragen, deshalb benimmt er sich ausgesprochen hochanständig, in dem Ausmaß, dass er sogar vier Stunden auf eine ärztliche Konsultation wartet.

Er hat gleichfalls die Wahnidee, dass er sich fehlverhält (oder dass andere es tun).

Die Sensibilität für Fisch und die Verschlimmerung durch Missverhalten führt uns zu dem Heilmittel Colchicum.

Wiedervorstellung nach drei Monaten

All seine Beschwerden sind besser geworden. Schmerzen auf der rechten Körperseite sind insgesamt geringer. Der Patient hatte gichtähnliche Symptome gehabt; sie sind im Verlauf weniger Wochen allmählich besser geworden.

Wiedervorstellung zwei Jahre später

Danach hatte der Patient nie wieder irgendwelche Beschwerden. Das Problem seines niedrigen Blutdrucks besserte sich. Die Schwellungen verschwanden völlig. Nach seiner ersten Heilmittelgabe brauchte er nie mehr eine weitere. Seither ist der Patient symptomfrei.

Ende des Falles.

Kommentar

Was an neuem Verständnis liefert uns dieser Fall von Colchicum als Exemplar der Liliiflorae? Wie wir sehen, bringt die Sensibilität für Fisch den Patienten dazu, sich auszuschließen. Er sondert sich auch ab durch seine Sorgen darüber, was andere von ihm denken, wenn er sich daneben benimmt. Er hat Angst, dass er, falls er etwas Falsches macht, ausgeschlossen wird. Seine Gefühle drehen sich darum, drinnen behalten zu werden, Schwierigkeiten zu bekommen, verfolgt zu werden.

Warum heiratete er nicht? Er sagt, deshalb nicht, weil im Fall einer Heirat sich Streitereien einstellten. Im Zusammenhang der Liliiflorae und des Malaria-Miasmas verstehen wir das Folgende: Wenn er geheiratet hätte, dann wäre er integriert worden, gleichzeitig aber steckengeblieben und festgefahren gewesen – und Angriffen ausgesetzt.

Seine Symptome beruhen aber auf der Angst davor, als jemand mit einem Fehlverhalten wahrgenommen zu werden, und in diesem Fall würde er fallen gelassen und ausgeschlossen werden.

Sein Fall bewegt sich also zwischen den Polen von Drinbehaltenwerden und Hinausgedrängtwerden oder Ausgeschlossenwerden (Liliiflorae), weiterhin zwischen Steckenbleiben und Attackiertwerden (Malaria-Miasma).

COLCHICUM-FALL 2

Dr. Jayesh Shah hatte noch einen Fall, dem es mit Colchicum besser ging.

Frau mittleren Alters. Stellt sich vor mit den folgenden Beschwerden: Bronchialasthma, fühlt sich am Ersticken, als sei es ihr letzter Atemzug. Muss sich nach vorne beugen, daraufhin Besserung der Symptome. Muss manchmal für mehrer Stunden vornübergebeugt bleiben, um sich Erleichterung zu verschaffen.

Die Patientin trug eine ganze Litanei aus Aufregungen und Beschwerden vor. Ihr Leben war sehr schlimm, mit vielen Spannungen und Ängsten. Sie weint.

Sie hatte eine Sohn von dreizehn Jahren, der Lernschwierigkeiten hatte. Sie hatte Träume von ihrem Sohn, wie er alles Mögliche tat, was er nicht sollte. Sie war mit ihm sehr streng.

Sie sagte, dass es wichtig sei, es genau zu nehmen, zu einem festen Zeitpunkt zu Bett zu gehen und aufzustehen.

Sie hatte große Gier auf Erfrischungsgetränke, auf kohlensäurehaltige Getränke.

Das Heilmittel für ihren Fall wurde gefunden, indem das Symptom Besserung durch Vornüberbeugen verallgemeinert wurde. Sie hatte ganz allgemein Besserung, wenn sie sich nach vorne beugte, nicht nur bei Bedrückung im Brustkorb.

Sie weinte und war sehr empfindlich, besonders auf die Meinung anderer Menschen. Sie war ganz besonders sensibel für das, was sie als das Fehlverhalten ihres Sohnes wahrnahm, so sehr, dass sie sogar davon träumte.

Verabreichtes Mittel: *Colchicum M1, Einzeldosis.*

Wiedervorstellung

Die Patientin reagierte ausgezeichnet. Ihr Asthma wurde nach und nach besser. Sie benötigte nur noch ein einziges Mal – nach drei Monaten – eine Gabe des Heilmittels. Das Wichtigste aber war, dass ihre Empfindlichkeit gegenüber dem Fehlverhalten ihres Sohnes völlig verschwand. Sie fühlte sich in Kontakt mit ihrem Sohn, mit einem Sohn, der ein paar Lernschwierigkeiten hat.

Seit letztem Jahr kein einziger Asthmaanfall, die Träume vom Fehlverhalten ihres Sohnes sind verschwunden.

Ende des Falles.

Diskussion

Phatak schreibt wie folgt:

> "Missverhalten anderer hat üble Wirkung. Reizbar und sensibel gegenüber Eindrücken, starken Gerüchen ... Extreme Eindrücke wie zum Beispiel die Missetaten anderer Menschen bringen ihn dazu, ganz außer sich zu sein."

Kommentar

Wieder sehen wir die Themen des Malaria-Miasmas, nämlich sich in Schwierigkeiten zu sehen und im Unglück zu sein. Ihre Symptome haben zur

Wirkung, dass sie sich ausschließt; sie glaubt, dass wenn ihr Sohn sich fehlverhalte, sie ausgeschlossen würde.

COLCHICUM-FALL 3

Von Dr. Sujit Chatterjee

Der Fall ist bearbeitet und gekürzt.

Frau in ihren Dreißigern, leidet an einem Meningiom.

Die Patientin hatte bereits ein Mittel erhalten, aber die Wirkung hatte enttäuscht. Deshalb wurde ihr Fall am 5. Dezember 1998 erneut aufgenommen.

A: Wie hat es dieses Mal angefangen?

P: "Ich hatte Kopfweh und Erbrechen. Mein Kopf fühlte sich schwer an, und ich hatte eine Empfindung wie Wellen von meinen Ohren zu meinem Gehirn, ein Wellengefühl. Dann musste ich mich übergeben und danach fühlte ich mich wohler. Es ist besser, wenn ich mich hinlege oder wenn ich mich nach vorne beuge. Sitzen macht es schlimmer. Es fühlt sich an wie ein innerliches Kopfweh, so als wolle jemand mit Gewalt mein Gehirn herausziehen. Ich konnte dann nicht mehr laut reden, nur noch ganz leise. Ich konnte den Geruch von frischem Zeitungspapier nicht mehr einatmen."

Das charakteristische Symptom dieser Kopfschmerzen, nämlich Besserung durch Beugen – durch Vornüberbeugen – ist kein allgemeines Symptom eines Meningioms. Es fällt weiterhin auf, dass die Patientin leise reden muss. Sie ist empfindlich auf den Geruch von Zeitungen; das ist ein sehr wichtiges Symptom, da es während einer akuten Kopfschmerzattacke auftaucht.

P: "Als ich fünfzehn Jahre alt war, machte ich mein Schulexamen und kam nach Bombay, um bei meinem Onkel zu wohnen. Weil ich bei ihm wohnte, glaubte ich, ich solle auch etwas arbeiten, und ich tat eine Menge für ihn. Er zwang mich dazu, eine Sekretärinnenausbildung zu machen. Alle sagten, Arbeit für Sekretärinnen gebe es genug, und falls man einen guten Chef erwische, dann sei alles in Butter, und wenn nicht, dann müsse man ein paar üble Dinge tun.

Ich arbeitete sehr hart in einer Farbenfirma und hatte ein gutes Gehalt. Ich arbeitete zusammen mit dem Sohn des Chefs – mein Freund brachte mir Englisch bei – und ich sprach gewöhnlich Hindi, aber sie sagten, ich solle nicht Hindi reden.

Als der Sohn meines Chefs starb, musste ich alles tun, bei der beruflichen Arbeit und zuhause."

Sie fühlt sich gedrängt. Falls ein Chef nicht gut ist, dann muss man falsche Dinge tun.

Uns fällt auch auf, dass sie oft von Geld spricht. Sie redet davon, Englisch zu reden – was bedeutet das für sie? Man muss das verstehen, um den Zusammenhang zu begreifen.

P: "Mein Onkel sagte mir, ich habe weder Geld noch ein gutes Aussehen. Ich war dort nicht besonders glücklich, aber ich passte mich an.

1981 heiratete ich. Ich dachte, dass man im Haus meines Mannes erkenne, wer ich war, wenn ich mich nur anpasste. Mein Traum war, dass mein Mann so sein solle wie ich selbst. Ich tat alles für ihn – überall, wo er hinging, sollte er in seinem Auftreten perfekt sein. Ich hatte immer alles für ihn bereit. Dann kam meine Tochter zur Welt."

Sie erwähnt wieder einmal Geld. Sie möchte, dass ihr Mann so sei wie sie selbst – obwohl wir nicht verstehen, was sie damit meint. Sie möchte, dass er "in seinem Auftreten perfekt sei, überall, wo er hinging". Man achte auf die Formulierung.

A: Was für ein Gefühl hatten Sie?

P: "Ich fühlte mich schlecht. Ich hatte das Gefühl, diese Leute waren nicht viel wert. Während der Schwangerschaft kümmerte sich meine Schwiegermutter nicht im geringsten um mich, sie bot mir nicht einmal Essen an. Ich musste alleine für mich sorgen. Eine Woche nach der Entbindung nahm ich wieder meine regelmäßige Arbeit auf.

Ich stritt mich mit meinem Mann. Außerhalb des Hauses trank er. Ich habe Trinkern gegenüber ein ganz schlechtes Gefühl. Mein Vater trank, und wir fühlten uns immer alle ganz schlecht. Mutter litt immer darunter. Mein Mann sollte nicht außerhalb trinken. Mein Vater trank auch, und wir fühlten uns schlecht durch die Art und Weise, wie Außenstehende über ihn redeten. Ich wollte nicht, dass meine Kinder ebenso leideten – deshalb stritt ich mich mit meinem Mann."

Ihre Schwiegermutter sorgte sich nicht um sie während ihrer Schwangerschaft.

Sie ist empfindlich auf das Trinken ihres Mannes – besonders außerhalb des Heims. Noch wichtiger als das Trinken ist es ihr, dass Außenstehende nicht darüber reden sollten. Sie glaubt, ihre Kinder könnten darunter leiden, wie andere Leute darüber reden.

A: Was war Ihr Gefühl dabei?

P: "Ich habe das Gefühl, dass er trotz meiner Liebe trinken geht. Ich möchte ihm soviel Liebe geben, dass er zu trinken aufhört. Es gibt nichts Wichtigeres als Liebe. Ich werde ihn zum tollsten und besten Menschen der Welt machen.

Ich half ihm immer, ich ermutigte ihn, Englisch zu sprechen. Wenn man Englisch redet, dann beginnt man auch, in Englisch zu denken. Achtzehn Jahre lang lebte ich bei meiner Schwiegermutter. Nur langsam merkte ich, dass meine Schwiegereltern nur an einer Dienstmagd im Haus interessiert waren, und mein Mann wollte Sex. Ich tat immer alles, so dass die Leute sagten: 'Sie ist ein guter Mensch.' Ich arbeitete immer wie eine Dienstmagd und brachte obendrein auch noch ein Gehalt nach Hause."

Sie möchte, dass ihr Mann der tollste und beste Mensch der Welt sei. Es ist ihr wichtig, dass man Englisch spricht.

Sie hat die Vorstellung, dass von ihr erwartet ist, Dienstmagd zu sein und für Sex zur Verfügung zu stehen.

Sie möchte, dass die Leute von ihr sagen: 'Sie ist ein guter Mensch.'

P: "Meine Schwiegereltern waren nicht glücklich darüber, dass unser Haus so klein war.

Mein Mann will Sex; er kann nicht einschlafen, ohne vorher Sex gehabt zu haben. Ich muss seinen Sexualwünschen nachkommen und den Haushalt erledigen. Ich werde noch krank werden oder ich werde sterben. Sein Sexualtrieb ist der gleiche all die letzten siebzehn Jahre. Ich mache ihm deshalb keine Vorwürfe, sein Sexualtrieb ist nun mal stärker, aber er sollte mich auch lieben. Jetzt habe ich das Gefühl, dass er mich nicht liebt. Wenn man jemanden liebt, dann kümmert man sich um ihn."

Sie glaubt, sie müsse ihrem Mann sexuell zur Verfügung stehen, auch wenn er sie nicht liebte.

Sie fühlt sich nicht umsorgt, obwohl sie doch soviel tut.

P: "Gestern wollte ich mit meinem Sohn zum Zahnarzt gehen. Mein Mann wollte das nicht. Vor unseren vier oder fünf Nachbarn sagte er zu mir: 'Du denkst wohl, er kann überhaupt nichts allein unternehmen!' Ich fühlte mich verletzt, da er es vor anderen Leuten ausgesprochen hatte. Mein Sohn sagte, dass ich im Recht sei. Ich fühlte mich sehr gut, dass wenigstens mein Sohn mich verstand; er sagt, ich solle mich gegen meinen Mann zur Wehr setzen, aber ich mag das nicht. Ich habe die Fehler meines Mannes akzeptiert, zuerst die schlechten Dinge und dann die guten. Ich möchte ihn nicht vor anderen Leuten beleidigen."

Sie fühlt sich nicht umsorgt, nicht geliebt.

Sie fühlt sich in Gegenwart anderer Menschen beleidigt. Und sie möchte nicht ihn auch beleidigen, in Gegenwart anderer Menschen.

Wir fragen uns also, warum sie noch bei ihrem Mann bleibt. Er trinkt, hat keine Manieren und will die ganze Zeit Sex. Das alles weist auf eine Art Fixiertheit in ihr, sie steckt fest.

P: "Ich möchte ihn nicht verletzen. Was den Sex betrifft – dafür soll er zu anderen Damen gehen – zu Prostituierten. Ich hatte immer Angst, dass wenn ich mich wehrte, er dann gehen würde. Aber jetzt sage ich: 'Geh doch.' Wenn er dann wirklich geht, dann wäre dies eben Pech für mich. In achtzehn Jahren hat er sich nicht gebessert, trotz all der Liebe von mir, er schreit und streitet."

Wenn ihr Mann zu Prostituierten ginge, dann betrachtete sie es als Pech, und sie würde das Schicksal anklagen. Das ist das Unglücksgefühl des Malaria-Miasmas. Sie hat das Gefühl, sie steckt fest, üble Dinge widerfahren ihr, und sie ist hilflos und kann die Situation nicht ändern.

A: Sie konnten Ihren Mann also mit Ihrer Liebe nicht verändern? Was für ein Gefühl löst das in Ihnen aus?

P: "Es war mir nicht gegeben. Gott gab mir diese Liebe nicht. Mein Mann verstand meine Liebe nicht. Ich mag Zurückhaltung und Anstand. Wir haben doch unsere Privatsphäre – warum sich also öffentlich unschicklich benehmen?

Als ich gestern meine Kusine daheim absetzen wollte, wollte mein Mann mich küssen. Da sagte ich zu ihm, er habe doch daheim eine Privatsphäre, warum wollte er solche Dinge auf der Straße tun? Man sollte sich anständig benehmen und anständig reden. Er hat doch eine Privatsphäre, was soll dann dieses schäbige Verhalten. Die Anderen werden noch denken: 'Wie billig.' Ich mag das nicht.

Ich mag Anständigkeit an erster Stelle, gute Manieren und Anstand. Ich sorge mich darum, dass uns alle Respekt entgegenbringen und von uns sagen: Das ist ein verheiratetes Paar. Ich bin eine vollkommene Ehefrau. Ich habe meine Pflichten alle auf vollkommene Weise erledigt. Ich bin meinen Pflichten nicht um ein einziges Prozent nicht nachgekommen."

Sie sagt, gute Manieren sind ihr äußerst wichtig. Als ihr Mann sie zu küssen versucht, dreht sich all ihre Sorge nur darum, ob andere Menschen es sehen. Sie möchte Anstand und ist empfindlich auf jegliches Danebenbenehmen. Alle sollten sie respektieren. Wichtig ist ihr ihre gesellschaftliche Stellung.

P: "Letztes Jahr lernte ich jemand in meinem Büro kennen und ich dachte, wir könnten gute Freunde sein. Ich dachte mir, dass er daheim wohl keine Liebe erfahre, dass irgendetwas mit seiner Frau nicht in Ordnung sei, er schimpft mit ihr. Seine Frau streitet sich mit ihm. Für diesen Menschen war ich wie eine Mutter. Ich habe wie eine Mutter gearbeitet, ich brachte ihm Essen. Aber ich dachte, ich tue etwas Falsches, denn ich hatte meinem Mann nicht die Wahrheit erzählt. Ich hatte ihm gegenüber gelogen, und das tat mir weh."

Man achte wieder auf das Thema Essen; sie brachte ihrem Kollegen Essen, ohne dass ihr Mann davon wusste.

A: Warum tat Ihnen das weh?

P: "Mein Mann hätte das nicht gemocht. Niemand möchte so etwas. Sogar mein Mann hat eine Freundin. Ich kann das hinnehmen. Man muss eine Freundin haben, damit man eine Gattin verstehen kann.

Dieser Mann bei der Arbeit – ich habe ihm beigebracht, wie man eine Ehefrau liebt; ich sagte zu ihm: Dies ist ein Geschenk an deine Frau. Glaub mir, dass ich niemand etwas davon erzählen werde, was für Schwierigkeiten du daheim hast. Seine Frau zweifelte sogar wegen ihrer Schwägerin an ihm. Ich sagte zu ihm: Mach dir keine Sorgen, du hast ein reines Gewissen; unsere Freundschaft ist etwas Anderes. Wenn sie sieht, wie ich mich verhalte, dann wird sie lernen, wie man einen Ehemann lieben sollte. Indem ich mit dir darüber rede, sagte er, bin ich dieses eine Mal meiner Frau gegenüber untreu.

Irgendjemand hatte bei seiner Frau angerufen und ihr mitgeteilt, dass ich ihm Essen brachte.

Deshalb brach er den Kontakt zu mir ab. Ich fühlte mich sehr schlecht – wenn man jemanden nicht mehr braucht, dann – wirft man ihn in den Abfallkorb. Wer hilft, wenn es einem schlecht geht? Ich sollte von allen Liebe empfangen – wenn nicht einmal mein Mann mich lieben kann, wie soll es dann dieser Mann können? Jetzt reden wir nicht mehr miteinander und ich habe bei der Arbeit offiziell nichts mehr mit ihm zu tun. Aber auf eine gewisse Weise bin ich froh darüber, dass ich das dieser einen Person beigebracht habe. Sein Familienleben ist ganz anders. Er sollte glücklich sein und er wird es sein, denn ich hatte ihn als einen guten Menschen angenommen; ich respektiere ihn. Ich war eine echter Freund. Und ich habe eine Menge Respekt vor ihm, denn er nutzte meine Situation nicht aus."

Sie möchte ihrem Freund nichts Unangemessenes oder Unrechtes antun. Sie hält ihn lieber in Würde als dass sie auf ihn zornig ist, denn er ist ein anständiger Mensch.

P: "Mein Vater kümmert sich nicht um mich. Er hatte keine Ahnung davon, was es bedeuten könnte, seine fünfzehnjährige Tochter an einen anderen Ort zu schicken. Und mein Mann ist nichts und niemand, aber immerhin ist er mein Mann. Warum sollte er sich um mich kümmern, wenn nicht einmal meine Eltern es tun?

Wenn mein Vater nach Bombay kam, war er immer völlig betrunken. Ich musste einen Gepäckträger bezahlen, damit er in den richtigen Zug gesetzt wurde. Meine Mutter sollte es nicht wissen, dass mein Vater ein Trinker war. Ich sagte zu meinem Mann: Ich habe nichts dagegen, dass du betrunken bist, aber ich muss immer an meinen Vater denken. Ich möchte nicht, dass irgendjemand es sieht, dass mein Mann trinkt. Alle sollten uns respektieren. Die Schwägerin, alle sollten stolz auf uns sein. Mein Mann hat das Gefühl, ich sei zu dominant, aber ich schimpfe ihn nie vor unseren Kindern oder sonstjemand aus. Ich sagte sogar zu meinem Sohn: Iss anständig, hab Geduld. Aber mein Mann meint, ich sei dominierend. Er ist der einzige Mensch, den ich von Herzen liebe."

Auch diese weist auf ihre Fixiertheit hin: Ich werde ihn lieben, ich werde meine Pflichten erfüllen, ich bleibe gut.

A: Als Sie fünfzehn Jahre alt waren, was für ein Gefühl hatten Sie da?

P: "Ich verrichtete gerne Haushaltsarbeit. Ich wollte eine gute Erziehung haben, einen guten Job bekommen und meinen Eltern helfen. Wenn mein Mann ein besseres Gehalt bekäme, dann könnte ich meinen Job sein lassen und mich auf die Familie konzentrieren. Ich hatte keine gute Erziehung genossen, meine Kindern sollten eine haben. Es ist mein Ehrgeiz, dass meine Junge einmal ein guter Gastgeber sein wird, ein wohlerzogener Junge. Wenn er nach draußen geht, dann sollen alle sich fragen: Wessen Junge ist das denn? Er sollte auf allen Gebieten sehr wissend sein. Er sollte der Beste in Englisch sein. Er sollte jeden Tag fünf neue Vokabeln einer Fremdsprache lernen. Ich mag es, Sprachen zu lernen – Englisch, Französisch, Deutsch -, aber sie mögen es nicht. Ich habe das Gefühl, ich bin allein. Wie kann ich da alles tun? Mir fehlt die Unterstützung von Seiten meines Mannes.

Vor zwei Tagen hatte ich einen Traum: Meine Mutter war gekommen und sie sagte zu mir: Komm mit, wir wollen mit dem Auto ausfahren. Aber ich sage, ich habe nicht genug Selbstvertrauen, um dieses Auto zu steuern. Sie besteht darauf und sagt, ich solle Selbstvertrauen haben, ich fahre das Auto ganz ordentlich. Wenn ich genug Vertrauen hätte, dann könnte ich den Wagen auch fahren.

Dann erwachte ich aus dem Traum. Mein Freund sagte: Deine Mutter hat dir durch Gott Vertrauen gegeben. Du kannst dein Bestes geben. Deine Mutter ist mit dir gekommen, um dir das Vertrauen einzuflößen, dass du den Wagen fahren kannst. Ich habe das Gefühl, dass du zum Autofahren denselben Mut brauchst, den du brauchst, um meine eigene Familie zu steuern. Ich muss mein Familienleben steuern.

Zur Zeit wächst der Tumor. Ich mache mir Sorgen. Ich muss mich wohl operieren lassen. Was wird aus meinen Kindern werden?"

A: Was für ein Gefühl hatten Sie in dem Traum?

P: "Ich hatte das Gefühl, ich kann es. Meine Mutter starb am 1. August 1993."

A: Hatten Sie während des Ganesh-Festes irgendwelche Träume?

P: "Ich träumte von einer Dame, die in einem Stuhl saß und zu mir sagte: Ich bin gekommen, um dich abzuholen. Sie sagte: Ich möchte deinen Körper übernehmen. Ich fragte sie: Wie soll das denn gehen?

Dann, am nächsten Freitag, träumte ich von einer Dame, die im Stuhl saß, zusammen mit zwei oder drei spielenden Kindern. Sie fragte mich: Erkennst du mich? Ich bin dieselbe.

Nachdem ich aufgestanden war, dachte ich, dass eine bestimmte Kraft (Shakti) meiner Göttin bei mir war. Ich hatte schon oft das Gefühl, dass sie mit mir war. Ich rede mit Gott; ich sage zu ihm: Steh meinem Mann bei, er fährt nicht vorsichtig. Wenn meine Kinder eine Prüfung bestehen müssen, dann sage ich zu Gott, er solle hingehen und ihnen beistehen. Sogar Sie, Herr Doktor, wenn Sie zu einem Seminar müssen, sage ich zu Gott, er solle mitkommen und Ihnen helfen. Manchmal, Herr Doktor, sehe ich Sie wie einen Bruder an. Aber ich habe das Gefühl, Sie sind wie mein Sohn.

Vor meiner Heirat träumte ich von der Göttin; manchmal sitzt Lord Shankar (ein anderer Name für Shiva – Anm. des. Übersetzers) vor mir.

Einmal träumte ich, dass ich aus dem Bus aussteigen sollte und da saß ein großer Löwe. Mir war sehr bange."

Akute Angst ist typisch für das akute Miasma.

P: "Als ich im fünften oder sechsten Monat schwanger war, hatte ich einen Traum: Ich betete und redete mit Gott. Ich sagte zu ihm, dass ich mit allem zufrieden sei, was er mir gebe. Ich betete: Wenn du mir einen Sohn gibst, dann mach bitte, dass es ein guter Sohn sei.

Eines Nachts hatten wir beide, mein Mann und ich, Träume von der Göttin. Solche Träume kriege ich oft.

Und ich träumte von Ihnen, Herr Doktor, davon, dass Sie mit mir zum Essen ausgingen."

Sie hat Träume von ihrer Mutter, die vor Jahren verstorben ist. Sie hat Träume davon, wie sie mit Gott spricht. Sie hat Träume von Göttinnen. Und sie hat Träume davon, wie sie zum Essen ausgeht.

A: Hatten Sie in Ihrer Kindheit irgendwelche Ängste?

P: "Mein Vater schimpfte immer ganz übel. Ich hatte Angst vor ihm.

Am 1. Januar gab es einen Schönheitswettbewerb, und mein Mann gab fünfhundert Rupien aus. Ich dachte, er hätte wenigstens etwas für mich, für seine Frau kaufen können, so dass die Leute auch denken können: 'Sie ist eine gute Frau.' Meine Wichtigkeit bedeutet (ihm) nichts. Er macht anderen

Leuten Geschenke. Aber er hat eine gute Frau – warum rennt er dann mit anderen Leuten herum?"

Sie hat das Gefühl, dass sie keine Bedeutung hat, und fühlt sich vernachlässigt.

A: Warum sind Sie so streng gegenüber Ihrer Schwiegermutter?

P: "Sie sagt hinter meinem Rücken zu meinem Mann: 'Was macht denn deine Frau?' Mein Mann glaubt, dass seine Mutter sich um mich sorge – (und wundert sich,) warum ich sie so behandele? Aber ich bin selbstbewußt; ich verdiene Geld, ich steuere das Maximum meines Gehalts zum Haushalt bei. Früher hatte ich das Gefühl, dass er mich mitsamt den Kindern rauswerfen wollte. Jetzt habe ich das Vertrauen, dass er das nicht tun könnte, denn ich verdiene und deshalb läuft im Haus alles gut. Meine Schwiegermutter merkt jetzt, dass meine Schwägerin sich nicht richtig verhalten hatte."

Sie hat das Gefühl, dass ihre Schwiegermutter sich nicht um sie kümmert. Sie hat das Gefühl, dass sie aus dem Haus hinausgedrängt werden kann. Sie reagiert empfindlich auf schlechtes Benehmen.

P: "Achtzehn Jahre lang lebten wir mit meinen Schwiegereltern. Aber mein Schwiegervater hat sich mir gegenüber nicht richtig verhalten, deshalb mussten sie gehen. Ich habe dafür gesorgt, dass sie gingen. Jetzt würde ich meine Schwiegermutter nicht mehr zu mir ziehen lassen, selbst wenn sie es ausdrücklich wünschte. Jetzt hat sie begonnen, es zu verstehen. Sie sagte: 'Wegen deiner Gegenwart hatten wir immer das Gleichgewicht im Haus, du bist das Rückgrat des Hauses, wir hatten es gut wegen dir.' Ich bin nicht stolz. Ich kann es hinnehmen, dass sie es jetzt verstehen.

Meine Schwiegereltern behandelten meine Kinder anders als die meines Schwagers. Sie sollten alle gleich sein.

Meine Kinder werden groß, sie können verstehen, was richtig und falsch ist. Sie geben Antworten. Ich möchte solche Situationen vermeiden.

Einmal sagte mein Mann zu mir: 'Wenn du dich nicht um meine Eltern kümmerst, dann kannst du von hier verschwinden.' Ich fühlte mich tief verletzt. Das Haus war auf meinen Namen eingetragen. Ich dachte mir: Wenn du deine Eltern haben willst, dann geh doch – du kannst sie einfach mitnehmen. Aber ich sagte nichts und ich weinte. Selbst heute, bei meinem Gehalt könnte ich einfach weggehen, wenn ich es wollte. Ich könnte mich auf und davon machen, mitsamt meinen Kindern."

Sie hat das Gefühl, sie könnte hinausgeworfen, hinausbefohlen, hinausgedrängt werden. Sie hat ihre Schwiegereltern hinausgedrängt. Aktion und Reaktion. Stolz. Empfindlich gegenüber schlechtem Benehmen.

A: Könnten Sie mir bitte die Situation mit Ihrem Chef darstellen?

P: "Er war mein Freund. Seine Frau mochte es nicht, dass er mit mir redete. Aber wenn einem beigebracht wurde, wie man sich als Mutter zu verhalten hat, oder als Freund, dann könnten die Anderen doch wenigsten einmal meine Seite ergreifen und sagen, mach dir keine Sorgen. Aber als er erfuhr, dass ich krank war, stellte er mir nicht eine einzige Frage. Er redete kein einziges Wort mit mir. Also hielt ich mich fern von dieser Freundschaft, von der Selbstbezogenheit dieses Menschen, der in der Lage ist zu sagen: 'Nachdem ich dich benutzt habe, werfe ich dich in den Mülleimer.' Ich bin kein Mülleimer, ich bin kein Müll. Das kann ich mit Stolz behaupten."

Wieder ist ihr Gefühl, dass sie hinausgeworfen, hinausgedrängt worden ist. Und wieder sehen wir ihre Empfindlichkeit auf jemandes (Fehl) Verhalten.

Verabreichtes Mittel: *Colchicum C200, Einzeldosis.*

Später bekam die Patientin Colchicum M1.

Nachsorge im März 2000

Untersuchungen des Gehirns im November 1998, d.h. vor der Behandlung, hatten ein Meningiom diagnostiziert. Im März 2000 zeigte eine MRI-Untersuchung keine Spur des Meningioms mehr.

Wiedervorstellung im April 2001

Es gab viele Änderungen im Wesen der Patientin. Ihr Selbstvertrauen ist besser geworden und sie ist fähig zu äußern, wenn sie sich mit etwas nicht wohl fühlt. Über ihre Schwiegereltern sagt sie: "Ich muss sie respektieren, denn sie sind die Eltern meines Mannes." Sie leben immer noch getrennt. Sie ist gegenüber ihrem Mann und Sohn weniger restriktiv.

Es geht der Patientin weiterhin gut, zur Zeit braucht sie keine Behandlung.

Ende des Falles.

Diskussion

Die Eigenschaften der akuten Kopfschmerzen waren wie folgt:

— Besserung durch Vornüberneigen.

— Empfindlichkeit für Gerüche und Lärm.

Hinzu kommt die Empfindlichkeit der Patientin für anderer Menschen schlechtes Benehmen.

Rubriken dieses Falles:

Geist und Gemüt: Beschwerden ausgelöst durch Grobheit anderer Menschen.

Geist und Gemüt: empfindlich für Grobheit.

Geist und Gemüt: empfindlich für Gerüche.

Geist und Gemüt: Träume von Tieren. (Die Rubrik der Wahnidee oder der Angst vor Tieren könnte auch herangezogen werden.).

Fehlverhalten anderer Menschen verschlimmert. (Phatak, Repertorium)

Bücken bringt Besserung. (Phatak, Repertorium)

Phatak über Colchicum:

Verschlimmerung durch Gerüche von Essen.

Besserung durch Vornüberbeugen, Bücken.

"Fehlverhalten anderer Menschen hat üble Wirkung. Gereizt und empfindlich gegenüber Eindrücken, starken Gerüchen ... ziemlich außer sich darüber."

Kommentar

Die Wirkung des Mittels war sehr stark. Was kann daraus über Colchicum als Exemplar der Liliiflorae (und als Beispiel des Malaria-Miasmas) gelernt werden?

Sie verhält sich immer sehr anständig und nett, alle sollen von ihr meinen, sie sei ein guter Mensch, eine gute Gattin, so dass sie gesellschaftlich integriert bliebe. Ihr Vater hatte sie im Alter von fünfzehn Jahren vom Elternhaus weggeschickt, und sie befüchtet, dass sie ebenso aus dem Elternhaus ihres Mannes verdrängt werden könne. Ihre Reaktion darauf besteht schließlich darin, dass sie ihre Schwiegereltern hinausdrängt (Aktion und Reaktion).

Sie möchte, dass man ihren Mann als den Besten, den Ersten ansehe. Dasselbe gilt für ihren Sohn; er soll gut sein, Englisch reden können, alle sollen mit Bewunderung fragen: Wessen Sohn ist denn das? Ihre Nächsten sollten in ihrem Verhalten und Benehmen vollkommen sein. Ihr Bild in der Öffentlichkeit ist ihr von größter Wichtigkeit, denn sie befürchtet, dass, wenn dies nicht hundertprozentig intakt ist, sie dann ausgestoßen würde.

Das Miasma ist leicht zu durchschauen. Die Patientin fühlt sich abwechselnd feststeckend und angegriffen. Ihr Vater trank und sie hatte Angst vor ihm, da er im betrunkenen Zustand zornig werden konnte. Für ihren Onkel musste sie hart arbeiten, während er ihr einflößte, sie habe weder Geld noch gutes Aussehen. Sie fühlt sich im Haus ihrer Schwiegereltern festgefahren, ihr Mann schränkt sie ein, ihre Schwiegermutter kritisiert sie hinter ihrem Rücken und quält sie. Sie fühlt sich im Unglück – wenn ihr Mann zu Prostituierten geht, dann ist das schicksalhaftes Unglück. Das Malaria-Miasma steht zwischen dem akuten und dem sykotischen. Das akute Miasma kommt zum Vorschein in ihrem angstbeladenen Traum von einem Löwen. Die sykotische Seite kommt zum Ausdruck in ihrer Fixiertheit, in einer Situation zu verweilen, in ihrem

Bedürfnis, das Fehlverhalten ihres Mannes zuzudecken, und in ihrer resignierten Haltung.

Der Fall bewegt sich in einer gewissen Polarität: Einerseits lebt sie durchaus in gesetzten Grenzen, religiös verpflichtet und sich niemals falsch verhaltend. Andererseits ist da das Fehlverhalten ihres Mannes und der männlichen Verwandten (Trinken, Prostituierte, und ihr Schwiegervater benimmt sich ihr gegenüber unangebracht.)

Der Fall erhält neues Licht, wenn man sich ihn aus einer weiteren Perspektive und im Zusammenhang der Liliiflorae anschaut, in der Veratrum das akute Miasma und Sabadilla die Sykose repräsentiert. Man kann eine Menge Symptome erkennen, die man auch mit anderen Mitteln dieser Pflanzenfamilie in Verbindung bringen kann:

Verzweiflung um der gesellschaftlichen Stellung willen. (Verat.)

Wahnidee, sei in Kommunikation mit Gott. (Verat.)

Träume von Angehörigen, die schon lange verstorben sind. (Sars.)

Und mehr allgemein (d.h. größere Rubriken):

Beschwerden ausgelöst durch Spott. (Par., Verat.)

Selbstgefälligkeit (Par., Verat.)

Hochmütig. (Lil-t., Par., Sabad., Verat.)

Diktatorisch, beherrschend. (Lil-t., Verat.)

Beschwerden ausgelöst durch verletztes Ehrgefühl. (Verat.)

Verleumdung, Neigung zur. (Par., Verat.) (Die Patientin hat Angst, dass ihr das widerfährt.)

Wahnidee, sei verfolgt. (Verat.)

Ehrgeiz, ehrgeizig, nimmt alle Mittel wahr. (Verat.)

Angst, seine lukrative Position zu verlieren. (Verat.)

Gesellschaftliche Stellung, besorgt über seine. (Verat.)

Religiöse Gefühle. (Croc., Lil-t., Sabad., Verat.)

Wahnideen, religiöse. (Croc., Verat.)

Empfindlich gegenüber Gerüchen. (Colch., Par., Sabad.)

Empfindlich für Gerüche, von gekochtem Essen (Colch.), von Fisch (Colch.) (Einzelsymptom), von Blumen (Sabad.).

Wie auch in den anderen Fällen dieses Kapitels sehen wir, wie das Thema Essen sich durch den gesamten Fall hindurchzieht (Essen bereiten für ihren Freund, zum Essen ausgehen mit ihrem Arzt, ihre Schwiegermutter machte ihr kein Essen, als sie schwanger war).

Ebenso verhält es sich mit dem Thema Religion (meine Göttin ist bei mir, Gott um Hilfe bitten, mit Gott reden), was wir bei anderen Fällen der Liliiflorae auch beobachten können.

Interessanterweise finden wir auch das Thema Sexualität, aber nicht das Dilemma von Lilium tigrinum, wo die Spannung zwischen Sex und Moral zur Quelle eines inneren Konfliktes wird. Diese Patientin wird immerhin mit den exzessiven, beinahe demütigenden Forderungen ihres Ehemannes fertig, anscheinend ohne Klage, obwohl sie ihnen keinerlei Lust abgewinnen kann. Auf gewisse Weise bringt sie im Sexuellen ein Opfer, um ihre gesellschaftliche Stellung zu bewahren, um als gute Gattin angesehen zu werden und um nicht aus der Gemeinschaft und dem Haus hinausgedrängt zu werden.

Man ist versucht zu schlussfolgern, dass die "Verzweiflung um der gesellschaftlichen Stellung willen" bei den Liliiflorae eine zentrale Rolle spielt, da das grundlegende Gefühl ein Hinausgedrängtwerden ist. Das wäre allerdings ein schwerer Fehler. Das Gefühl des *Hinausgedrängtseins* ist das Hauptempfinden der Familie, das auf der Ebene der *Vitalität* erfahren wird. Dann wird es auf verschiedene Weise auf der körperlichen und psychologischen Ebene und in Allgemeinsymptomen *ausgedrückt.* Der Unterschied mag subtil sein, aber er ist wesentlich für das Verständnis und diesen Einblick in die Welt der Pflanzen.

CROCUS

Folgende Symptome geben Hinweise auf das Miasma:

Sykose (Complete)

Wahnidee, Geschäft, dass er dazu unfähig sei. (Complete)

Wahnidee, schwanger, dass sie es sei. (Complete)

Wahnidee, kleiner, er sei. (Complete)

Schwangerschaft vortäuschend. (Complete)

Die Wahnidee, er sei zu den Geschäften unfähig, lässt sich folgendermaßen umschreiben: Er hat das Gefühl, dass er nicht managen kann, dass ihm etwas fehlt, dass er nicht die Fähigkeit besitzt. Dies macht den Patienten dann abhängig von einer Beziehung, löst in ihm die Angst aus, dass er seinen Partner verlieren könne; dass er deswegen übergangen werde, unfähig, mit seiner Situation fertig zu werden. Als Reaktion darauf entwickelt er ein Verhalten, das Aufmerksamkeit auf ihn lenken soll. Falls er ignoriert wird, gerät er gelegentlich in Zorn (ebenfalls, um Aufmerksamkeit auf sich zu ziehen).

Verhalten, das Aufmerksamkeit auf sich lenkt, ist etwas Tierhaftes, aber bei den Liliiflorae ist es ein Ausdruck ihrer Empfindlichkeit gegenüber dem Gefühl des Ausgeschlossen- und Ausgestoßenwerdens. Die Themen von Wettkampf und Kampf um das Überleben des Stärksten kommen hier nicht vor, auch sehr wenig von Eifersucht.

Wie bei Sabadilla finden sich auch hier verirrte Vorstellungen vom eigenen Körper, z.B. schwanger zu sein, klein zu sein. Das sind fixe Ideen und sie unterstützen die Vorstellung, dass Crocus in die Sykose gehört, wie es wegen der Erwähnung von Gonorrhoe und Sykose in der Literatur auf der Hand liegt.

Schwangerschaft vorzutäuschen mag ebenfalls ein strategisches Mittel sein, Aufmerksamkeit auf sich zu ziehen, einen Mann an sich zu binden mit der Aussage: Ich bin jetzt schwanger, du kannst mich nicht verlassen.

Bei Crocus finden wir das folgende Gefühl: Ich bin nicht attraktiv genug, deshalb könnte man mich ausschließen. Ich muss mich darum kümmern, dass ich anziehender bin. Das Verhalten im Arzneimittelbild beinhaltet Singen, Lachen , Küssen, Zärtlichkeiten usw. Dahinter steht die Aussage: Ich darf nie langweilig sein, sonst werde ich ausgeschlossen.

Ich habe deshalb Crocus der Sykose zugeordnet. Das Empfinden lässt sich wohl folgendermaßen formulieren:

> *Abhängig, muss alles dazu tun, integriert zu sein. Muss warmherzig sein, Zärtlichkeiten verteilen, Aufmerksamkeit auf sich lenken, um integriert zu sein.*

CROCUS-FALL

Junge Ärztin, zum ersten Mal vorgestellt am 23. März 1989.

Sie kam wegen Kopfschmerzen und Menstruationsbeschwerden.

Sie trug Kleidung mit Spiegeln und Blumenmustern, Kleidung, die Aufmerksamkeit auf sich lenkt.

Sie redet von ihrer Natur.

"Ich bin sehr sensibel. Wenn ich mit Leuten zusammen bin, die glücklich sind, dann bin ich es auch. Ich lasse mich leicht auf alles ein. Wenn ich einen traurigen Film sehe, dann lasse ich mich auf ihn ein und werde auch traurig."

A: Gut.

P: "Nein! Was ist daran gut?"

A: Nein, Sie beschreiben das sehr gut, reden Sie weiter so.

P: "Ich gehe leicht aus mir heraus. Ich möchte es anderen recht tun, ich schauspiele und ich male. Ich bin gerne vor einer Menge Menschen.

Ich kann meine Launen sehr schnell wechseln. Bin glücklich und lache, und wenn mir jemand eine traurige Geschichte erzählt, dann lasse ich mich völlig darauf ein und werde traurig."

Sie ist Mittelpunkt und Brennpunkt einer jeden Party. Die Attraktivität der Liliiflorae.

Bevor sie zu einer Rede auf die Bühne muss, – oder vor einer Prüfung oder einer Party – wird sie sehr nervös und angespannt.

"Wenn ich im Dunkeln allein bin, bekomme ich große Angst. Dann kommen alle möglichen Dinge aus den Ecken auf mich zu, schwarze Figuren. Wenn irgendetwas an der Wand hängt, dann kriege ich Angst. Nachts im Schlaf bin ich besonders empfindlich für Geräusche. Das leiseste Knarren flößt mir den Gedanken ein, dass Ungeheuer kämen. Meine Freundin sagt, ich sei launenhaft.

Wenn meine Freundin von ihren Problemen redet, dann verstehe ich sie sehr gut. So bin ich eben. Wenn sie traurig ist, dann werde ich auch traurig. Alle Beschwerden, die sie hat, bekomme ich auch. Und am Ende muss sie mich trösten. Ich bin dann so traurig, dass sie mich beruhigen muss.

Ich kann alle Gefühle ausdrücken, nur nicht Zorn. Wenn ich zornig bin, dann kann ich einfach nicht mehr reden, da ich dann so voller Emotionen bin. Und danach denke ich in einem fort daran, was ich eigentlich hätte sagen sollen. Ich werde so zornig, dass ich daran ersticke und nicht reden kann."

A: Was für Interessen und Hobbies haben Sie?

P: "Ich male gerne. Ich schauspiele gerne und bin gerne vor Menschen auf der Bühne. Ich mag es, die Anerkennung auf ihren Gesichtern zu sehen. Ich mag Tanz und Musik. Alle Art von Musik regt mich an. Bei trauriger Musik weine ich. Wenn sie fröhlich ist, bin ich es auch. Ich möchte mitmachen. Wenn jemand vor sich hinpfeift, dann pfeife ich mit."

Das ist das Leitmotiv des Heilmittels: Lust zu singen, wenn sie nur eine einzige Note gehört hat.

Geist und Gemüt: singt, unwillkürlich, selbst wenn sie nur eine einzige Note gehört hat.

Das Mittel ist *Crocus*.

Phataks Materia medica:

> Leicht zu beeindrucken; einfühlsam und launenhaft. Schwankend. Neigt zu Wechseln. Manie zu lachen. Hüpft und tanzt. Lacht, pfeift, möchte alle küssen. Singt, wenn sie nur eine einzige Note gehört hat. Unwillkürliches Lachen und Weinen; schlimmer durch Musik.

Leicht zu beeindrucken bedeutet, dass sie sich einem Objekt oder einem anderen Menschen angleicht. Wenn der andere traurig oder fröhlich ist, ist sie es auch. Warmherzig, einfühlsam.

Verbundenheit mit Musik ist ein wichtiger Zug dieses Mittels, so wie bei Tarentula. Auch Crocus geht es besser mit Musik.

Impulsiv.

— Zorn, abwechselnd mit warmherziger Zuneigung.

— Zorn, so viel, dass sie daran erstickt.

— "Ich bin sehr geistesabwesend. Ich vergesse oft meine Schlüssel. Ich muss meine Freundin fragen, wo ich die Schlüssel hingelegt habe."

Die Tatsache, dass sie geistesabwesend ist, ist nicht so wichtig wie die Tatsache, dass sie sich von ihren Freunden abhängig macht, wenn es darum geht, ihr aus der Patsche zu helfen. Sie ist von ihnen völlig abhängig. Sie ist extrem mitfühlend mit ihnen. Wenn ihre Freundin glücklich ist, ist sie es auch, und wenn die Freundin traurig ist, ist sie es ebenfalls.

> "Meine Freunde müssen mir sagen, welche Klasse wir haben und was der Professor beim letzten Mal gelehrt hat. Ich vergesse, was ich vor einer halben Stunde getan habe. Ich habe Angst, ich könnte eine bestimmte Frage nicht beantworten, und man könnte meinen, ich sei dumm. Die Leute meinen vielleicht, ich sei dumm und blöd, aber ich bin es nicht."

Sie gibt mir ein breites Lächeln, genauso wie der Veratrum-Junge in diesem Kapitel.

> "Ich bin sehr launisch. Meine Freunde können den Stimmungswandel in mir sehen. Allein einen traurigen Gedanken zu denken macht mich schon deprimiert und traurig. Wenn meine Freundin dann einen Witz macht, dann ändere ich mich und werde wieder fröhlich. Deshalb sagt man, ich sei launisch.
>
> Wenn es sehr ernst wird, dann denke ich an etwas Absurdes und entdecke den Humor in der Situation. Oder wenn Leute lachen, dann sage ich: Merkt ihr denn nicht, dass es um etwas Ernstes geht? – Ich schaue mir die Dinge aus verschiedenen Blickwinkeln an."

Sie spricht also ernste Dinge aus, wenn das Gespräch eine amüsante Note hat, und umgekehrt. Das scheint wie im Paris-Fall zu sein; sie muss anders sein, damit sie dazugehört, und deshalb lenkt sie Aufmerksamkeit auf sich.

> "Ich bin impulsiv. Im Allgemeinen rede ich nicht mit den Jungs in unserer Klasse. Da gab es einmal einen Jungen in meiner Klasse. Ich machte ein paar Schritte aus meiner Gruppe hinaus und sagte einfach zu ihm, dass sein Haar sehr hübsch aussehe. Ich dachte überhaupt nicht nach, bevor ich redete. Das war so ungewöhnlich, dass es für alle ein Schock war.
>
> Ich bin sehr beliebt, und ich komme mit Leuten gut zurecht."

Wir können erkennen, dass sie integriert sein möchte. Das Sich-Einlassen auf Menschen kommt stark zur Sprache. Sie geht völlig auf die Emotionen anderer Menschen ein, so als habe sie keine eigenen. Sie nimmt die Gefühle einer anderen Person in sich auf, und deshalb verändert sie sich auch ständig. Leicht zu beeindrucken.

> "Ich kann keinen Menschen anleiten oder anweisen, wie er mit seinen Problemen umgehen sollte, aber ich kann seine Gefühle genau verstehen. Ich habe keine Ahnung, was man unternehmen sollte (um mit Problemen fertigzuwerden)."

Worin ist sie stark? In der Emotion. Worin ist sie schwach? Im Intellekt. Intellekt bedeutet Erinnerung und die Fähigkeit, einen Ausweg zu erkennen.

Wir reden hier von einem Teil ihrer Persönlichkeit, der krank ist. Ihr IQ ist gut genug, um Ärztin zu werden. Sie ist keine Idiotin. So sieht sie sich auch: sie ist gefühlsbetont, aber sie braucht in allem Hilfe, sie hängt von ihren Freunden ab.

> "Manche Leute meinen, ich sei klug, aber ich glaube, ich bin nicht so klug."

Hier ist das Symptom:

> Geist und Gemüt: Wahnidee, Geschäfte, dass sie unfähig dazu sei.

Ihr Gefühl besagt: Da ich nicht klug genug bin, meine Geschäfte zu erledigen, brauche ich andere Menschen. Ich habe das Gefühl, dass ich es nicht alleine tun kann. – Das ist ein wichtiges Symptom von Crocus und es führt uns zum Miasma des Mittels.

Warum muss sie so warmherzig und einfühlsam sein? Ihr Gefühl sagt: Mir fehlt etwas, und um diesen Mangel zuzudecken, muss ich andere Dinge tun. Die Patientin sagt eigentlich:

Ich bin abhängig von anderen und ich habe nicht die intellektuelle Fähigkeit, meine Dinge alleine zu regeln. Ich bin abhängig und muss alles dafür tun, integriert zu sein. Dafür muss ich superwarmherzig und oberfreundlich und besonders anziehend sein.

Mir fehlt etwas und ich muss den Mangel zudecken – dieses Gefühl ist charakteristisch für die Sykose.

Wie jemand darüber empfindet, wie er diesen Mangel zudecken sollte, hängt von der Pflanzenfamilie ab, in diesem Fall – im Fall der Liliiflorae – besteht die Reaktion darin, besonders liebevoll zu sein und Aufmerksamkeit auf sich zu lenken; andernfalls würde die Person sich ausgeschlossen fühlen.

Der sykotische Aspekt ist auch bei Pulsatilla zu beobachten; aber als Exemplar der Ranunculaceae wird ihr Gefühl ein anderes sein. Das Empfinden in der Ranunculaceae-Familie besteht darin, sich gequält und misshandelt zu fühlen. Pulsatilla fühlt also: Ich bin abhängig (sykotisch) und muss deshalb nachgeben und Beleidigungen annehmen. Ich bin jemand, der in Bezug auf Entscheidungen (sykotisch) immer von anderen abhängig sein wird und ich muss alle Qualempfindungen (Ranunculaceae), die mir andere Menschen zumuten, unterdrücken; ich muss sanft bleiben und darf niemals zornig werden; ich muss sanft und nachgiebig sein und ohne Zorn überleben.

Crocus gehört zusammen mit Iris zu der Iridaceae-Familie innerhalb der (Überordnung) Liliiflorae. Iris und Crocus weisen beide dieselbe plötzliche Wandelbarkeit auf. Eine kleine Variante unter den Liliiflorae.

A: Wann, bei welcher Gelegenheit singen Sie?

P: "Ich singe, wenn ich glücklich bin und wenn ich traurig bin und auch sonst."

A: Lachen Sie gerne?

P: "Ja, ganz ausgelassen."

A: Machen manche Leute dazu Bemerkungen?

P: "Ja."

A: Weinen Sie leicht?

P: "Ja, wenn man mich verletzt. Wenn ich mich verletzt fühle, dann habe ich das Gefühl zu ersticken und ich werde zornig, aber ich kann es nicht aussprechen. Wenn ich in der Sprechstunde einen Patienten mit Krebs sehe – der Gedanke daran, dass er bald sterben muss, bringt mich zum Weinen. Ich weine auch während Prüfungen. Ich weine ungewollt. Ich weine wegen kleiner Fehler und (einmal) besonders, als mich ein Professor tadelte, und danach wurde er mitfühlend."

Bei der Betrachtung eines Falles besteht einer der Schritte darin zu sehen, welches Naturreich vor uns liegt, das der Mineralien oder das der Pflanzen oder das der Tiere. Eine Patientin mag von sich sagen, dass sich bei ihr alles um die Beziehungen zu Freunden drehe. Bei näherer Betrachtung mag sich dann herausstellen, dass ihr Problem nicht eines von Beziehungen ist (Mineralien), sondern eines von Überempfindlichkeit (Pflanzen). Empfindlichkeit mag das herausragende Phänomen sein, und es kommt in all ihren Beziehungen zu anderen Menschen zum Ausdruck.

Natürlich sind Beziehungen in jedermanns Leben wichtig, aber im vorliegenden Fall geht es nicht darum, dass jemand einen Freund verliert, es geht nicht um Struktur. Das ist nicht, was die Patientin ausdrückt. Sie sagt: "Ich bin sehr empfindlich gegenüber meinen Freunden und leicht verletzt." Das ist typisch für ein Pflanzenheilmittel.

Es gibt ein gutes Maß an Attraktivitätsthematik (Tiere) in ihrem Fall, aber es gibt keinen Hinweis auf die anderen Eigenschaften aus dem Tierreich, auf Wettbewerb, Eifersucht, Kampf ums Überleben. Das Thema ist *Empfindlichkeit.*

Aus Crocus wird Safran hergestellt, und der Geruch ist anziehend.

> Geist und Gemüt: liebevoll.
>
> Geist und Gemüt: küsst alle.

Sie liebt Regen, sie behauptet, er mache, dass sie sich frisch und kühl und sauber fühle. Nur Pflanzen reden so.

"Ich reagiere heftig auf Dinge."

"Ich kann gegenüber Menschen gewalttätig und wirklich zornig werden."

Gewalttätigkeit und Zorn sind wichtige Symptome von Crocus. Zorn in Wechsel mit Zuneigung.

Verabreichtes Heilmittel: *Crocus C200.*

Wiedervorstellung am 2. Mai 1990

Auf das Mittel Crocus hin ging es ihr viel besser, und sie blieb nur für sechs Monate in Betreuung. Nach einem Jahr bestellte ich sie wieder ein.

Sie war viel nüchterner und ruhiger. Ihre Launen waren nicht mehr so extrem wechselhaft.

Die körperlichen Beschwerden waren verschwunden, und ihre Art und Weise zu reden und sich zu verhalten hatte sich deutlich gewandelt.

Ich wiederholte noch einmal ein Gabe von Crocus und sah sie dann nicht wieder.

Ende des Falles.

LILIUM TIGRINUM

Boericke und Schmidt erwähnen bei diesem Arzneimittel "Sykose".

Phatak schreibt für Lilium tigrinum das Folgende:

Möchte reden, aber hat Angst davor, etwas zu sagen, weil sie etwas Falsches sagen könnte.

Es liegen hier zwei Eigenschaften vor. Einerseits möchte sie reden, kommunizieren, möchte gesprächig sein, andererseits hat sie Angst davor zu reden, weil sie etwas Falsches sagen könnte. Das wird sie dazu bringen, vorsichtig und bedacht zu sein, damit ihr Reden nicht Anlass zum Ausgeschlossenwerden wird. "Ich muss mich zurückhalten und unterdrücken, muss mich verstecken; ich darf mich nicht ausdrücken, denn ich könnte etwas Falsches sagen, etwas, was nicht akzeptabel ist."

So drückt sich die Sykose aus.

Wenn man also das Hauptgefühl der Liliiflorae mit dem sykotischem Miasma kombiniert, dann erhält man ungefähr Folgendes:

Sollte nichts tun, das als falsch angesehen werden könnte (z.B. nichts Falsches sagen, oder sexuell etwas Unangebrachtes ausdrücken); muss vorsichtig und aufmerksam sein, dass man ihn/sie nicht ausschließt.

Wie bei allen Mitgliedern der Liliiflorae findet sich auch bei Lilium tigrinum ein Verhalten, das Aufmerksamkeit auf sich lenken möchte. Bei Lilium tigrinum findet sich ein Tigeraspekt und ein Lilienaspekt, und bei beiden Aspekten geht es um das Integriertwerden. Sie zeigt sexuelles Verhalten, um in einer Beziehung zu bleiben, sie ist religiös, um in eine Gruppe integriert zu sein. Aber das Thema ist Empfindlichkeit für Hinausgedrängt - und Ausgeschlossenwerden, und das aufmerksamkeitsheischende Verhalten ist eine Reaktion darauf. Anders als bei Tierheilmitteln, die ebenfalls das aufmerksamkeitsheischende Verhalten zeigen, sind Wettbewerb, Kampf ums Überleben des Stärksten und Eifersucht hier keine vorherrschenden Themen.

LILIUM-TIGRINUM-FALL

Die Patientin ist eine Frau von 50 Jahren, die seit November 1998 bei einem meiner Kollegen in Behandlung war. Ihre Beschwerden waren starke und lang andauernde Menstruationsblutungen. Sie hatte Ignatia erhalten, was ihr anscheinend geholfen hatte, denn danach waren ihre Blutungen weniger profus und hielten nicht mehr so lange an.

Eine Ultraschalluntersuchung zeigte eine Endometriumverdickung. Im September 2000 traten die schweren Blutungen wieder auf, und bei der Ultraschalluntersuchung fand sich eine endometriale Verdickung von 20 mm. Ihr wurde eine baldige Hysterektomie angeraten, wiewohl es keinen Hinweis auf Bösartigkeit gab.

Zu mir kam die Patientin am 13. November 2000, und ich erhob die folgende Anamnese.

Letzte Periodenblutung sehr stark, drei bis vier Tage lang profuses Bluten, dann fünfundzwanzig Tage lang Schmierblutungen. Seitdem ausgeprägte Schwäche. Wenn sie sich hinlegt, wird die Blutung stärker.

Sie hat drei Kinder, das jüngste ist achtzehn Jahre alt. Die Geburten verliefen normal.

Hände, Gesicht, Füße, (obere) Augenlider sind aufgedunsen, besonders am Morgen beim Aufwachen. Verstopfung.

Sie hat im Allgemeinen keine Träume. Sie erinnert sich, dass sie während einer Schwangerschaft davon träumte, wie ihr Gott (Hindus erwählen sich oft einen Lieblingsgott, vergleichbar mit einem Schutzheiligen im Christentum - Anm. d. Übersetzers) unter einem Baum saß und allen Menschen und Tieren predigte. Unter dem Einfluss Gottes bestand keine Angst voreinander. Sie hatte auch einen Traum von einem weißen Tempel. Von Kindheit an war sie immer sehr religiös gewesen.

Sie hält sich immer mit Haushaltsarbeit beschäftigt und während der Arbeit denkt sie meist an zwei oder drei Pflichten gleichzeitig. Sie möchte, dass alle zusammen leben und sie mag es nicht, wenn man sich streitet.

Sie mag Blumen mit lebhaften Farben. Sie hat Lust auf Süßigkeiten, auf scharf gewürzte Speisen und auf Orangen und sie hat eine Abneigung gegen starke Gerüche und Parfüme. In ihrer dritten Schwangerschaft verspürte sie eine große Lust, Benzin zu riechen. Sie mag auch Tiere sehr, insbesondere Kaninchen und Hunde.

Von Natur aus ist sie sehr empfindlich, vor allem wenn man etwas über sie sagt, was nicht wahr ist. Sie ist auch empfindlich für Situationen, in denen Mutter und Tochter voneinander getrennt werden; sie glaubt, dass eine Tochter nach der Heirat ihre eigene Familie verlassen und sich ihrem neuen Heim anpassen sollte. Sie möchte, dass immer alles ordentlich und sauber ist.

Aus ihrer früher aufgenommenen Vorgeschichte lagen folgende Informationen vor:

Sie kümmert sich sehr und ist hilfsbereit, vor allem in ihrer unmittelbaren Familie und in ihrer Großfamilie. Manchmal hatte sie das Gefühl, sie gebe zu sehr nach. Wenn sie sich gefühlsmäßig aufregte, wurden ihre Menstruationsblutungen heftiger. Dann wurde sie ärgerlich mit ihrer Schwiegerfamilie, aber sie konnte es nicht aussprechen.

Sie hatte diese starken und häufigen Menstruationsblutungen seit vielen Jahren. Bevor es begann, hatte sie sich sehr aufgeregt. Sie war in einer Großfamilie groß geworden, und ihre Schwiegereltern hatten gewünscht, dass sie und ihr Mann mitsamt den Kindern an einen sehr entfernten Ort ziehen sollten. Sie wollte das nicht, denn dort gab es niemand aus ihrer sozialen Gemeinschaft und Religionsgemeinschaft. Sie war sich nicht sicher, ob sie damit fertig werden konnte. Sie hatte das Gefühl, ihre Schwiegereltern hatten diesen Schritt zur Trennung geplant, ohne sie dabei einzubeziehen oder auf eine gemeinsame Entscheidung zu warten. Sie hatte weiterhin das Gefühl, ihre Schwiegereltern wollten, dass sie alle Haushaltsarbeit erledigte, aber dass sie sie links liegen ließen und nicht einschlossen, wenn es darum ging, miteinander Spaß zu haben. Sie selbst dagegen nahm sie überallhin mit und unternahm nichts allein. Sie hatte das Gefühl, dass ihre Schwiegereltern sie nicht als eine der Ihren betrachteten, sondern als jemand von ihnen Getrenntes. Anfänglich erledigte sie alle Arbeiten, als seien es die ihren, aber als sie zu fühlen begann, dass sie sich von ihr getrennt hielten, da begann sie, ihre eigenen Dinge von denen der Anderen zu trennen und die Dinge in "das Meine" und "das Ihre" einzuteilen.

Zum Zeitpunkt der letzten heftigen Periodenblutung lebte sie in Unentschiedenheit darüber, ob sie sich um Reparaturarbeiten am Haus kümmern sollte. Sie war sich nicht sicher, ob sie dazu fähig sei, es alleine zu bewerkstelligen, und sie hatte das Gefühl, sie brauchte jemandes Hilfe dazu. Sie hatte sich gewünscht, dass ihr Mann und die Kinder mitarbeiteten und als Familie in Harmonie miteinander lebten, aber sie hatte es aufgegeben, ihnen das immer wieder zu sagen. Sie lebte in dem Gefühl, ihre Krankheit halte sie davon ab, nach draußen zu gehen und ihren Verwandten und ihrer Familie von Nutzen zu sein.

Verabreichtes Mittel: *Lilium tigrinum M1; zwischen November 2000 und Juli 2001 dreimal verabreicht.*

Falldiskussion

Die Patientin ist religiös gesinnt, sie arbeitet viel, ist in Eile, tut immer zwei oder drei Dinge gleichzeitig. Sie liebt farbenprächtige Blumen (Charakteristikum des Pflanzenreichs) und sie hat eine Abneigung gegen kräftige Gerüche und Parfüme (Liliiflorae).

Sie ist empfindlich für Szenen der Trennung von Mutter und Tochter, wenn die Tochter ihre ursprüngliche Familie verlassen muss (die Gruppe verlassen, zu der sie gehört).

In ihren Bemühungen, dazuzugehören und nicht aus ihrer Gruppe auszuscheiden, unternimmt sie eine Menge für andere Menschen. Gegenüber ihrer Gruppe ist sie sehr fürsorglich.

Als belastend kommt im vorliegenden Fall dazu, dass die Schwiegereltern die Patientin und ihren Mann und die Kinder aus dem Haus haben wollten. Dann hätte die Patientin nicht einmal mehr Angehörigen ihrer Religionsgemeinschaft um sich gehabt. Sie wollte an der bestehenden Situation festhalten, aber man verlangte von ihr wegzuziehen, obwohl sie keine Trennung wollte.

Ihre Schwiegereltern brachten sie dazu, für die ganze Familie alle Haushaltsarbeiten zu verrichten, aber wenn sie ihren Spaß hatten, dann war die Patientin ausgeklammert. (Sie verrichtete die Arbeit, um integriert zu sein.) Sie selbst bezog alle ein, aber sie wurde von den Anderen nicht wie eine der Ihren behandelt (sondern wie jemand, der ausgeschlossen ist).

Sie machte eine Menge Anstrengungen integriert zu werden, sie tat vieles für andere Menschen und sie drückte ihre eigenen Wünsche nicht aus. Sie wollte unbedingt, dass alle zusammenlebten und dass man nie miteinander stritt.

Die körperlichen Symptome während ihrer letzten übermäßigen Regelblutung fielen zeitlich zusammen mit ihrem Gefühl, dass sie ausgeschlossen sei. Die Symptome hinderten sie daran, anderen zu helfen.

Man beachte auch dieses charakteristische Symptom von Lilium tigrinum: bei einer Beschäftigung oder Arbeit in Eile; möchte immer mehrere Dinge gleichzeitig tun.

Nachsorge

Von der ersten Heilmittelgabe an hatte die Patientin keine übermäßige Blutung mehr. Sie hat jetzt alle drei Monate eine Periode, die drei oder vier Tage dauert.

Eine Ultraschalluntersuchung im Juli 2001 ergab eine endometriale Verdickung von 1 mm.

Sie fühlt sich weniger in Eile, kann jetzt Yoga-Übungen und Atemübungen machen und sich ausschließlich auf eine Sache konzentrieren. Das fiel ihr früher viel schwerer.

Ende des Falls.

SABADILLA

Eine Suche durch Rubriken und in Materia medica ergibt für Sabadilla die folgenden Symptome, die auch auf das Miasma hinweisen:

> Gonorrhoe. (Boenninghausen)
>
> Akute/chronische Gonorrhoe. (Clarke)
>
> Sykose. (Complete)
>
> Wahnideen: Körperteile seien geschrumpft. (Complete)
>
> Wahnideen: Körper, manche Teile seien deformiert. (Complete)
>
> Wahnideen: Körper, abwegige Vorstellungen betreffs des Zustands seines Körpers. (Complete)
>
> Wahnideen: Körper, sei geschrumpft wie bei einem Toten. (Complete)

Wahnideen: verkleinert; der Bauchraum sei eingefallen. (Complete)

Wahnideen: Gliedmaßen seien verbogen. (Complete)

Wahnidee: er sei kleiner. (Complete)

Wahnidee: sie sei schwanger. (Complete)

Furcht: vor Krankheit; davor, an einer unheilbaren Krankheit zu leiden. (Complete)

Wahnidee: zu fallen; dass sie falle, wenn sie sich nicht an etwas festhalte. (Complete)

Wir sehen die Hinweise auf die Sykose (Gonorrhoe und Sykose) und ebenso die fixierte Angst davor, unheilbar krank zu sein – die Krankheit mag nicht tödlich sein, aber man kann nichts dagegen tun. Diese resignierte Haltung gehört zum Miasma der Sykose.

Wie bereits oben erörtert, findet sich der Wunsch *festzuhalten* bei vielen Pflanzen der Liliiflorae.

Die anderen Rubriken erzählen davon, dass der Patient einen Teil seines Körpers als größer oder kleiner als normal wahrnimmt. Darin zeigt sich die Fixiertheit der Sykose. Wenn dies mit dem Gefühl der Liliiflorae zusammenkommt, dann ergibt sich als wahrscheinliches Gefühl von Sabadilla folgendes:

Sein Körper hat gewisse Abnormalitäten, ein Teil ist größer und ein anderer ist zu klein; aus diesem Grund schließt man ihn aus; er muss sich vorsehen, dass niemand das sehen kann.

SABADILLA-FALL 1

Fall aufgenommen am 25. Juli 2001.

Patientin, ca. 23 Jahre alt, leidet seit 1982 an idiopathischer thrombozytopenischer Purpura. Ließ sich 1986 die Milz entfernen, die Krankheit kam dennoch wieder.

Zum Zeitpunkt ihres ersten Besuches bei mir betrug ihre Blutplättchenzählung 15.000, während der Normbereich 150.000 bis 500.000 ist.

Sie kam zusammen mit ihrem Vater (V).

A: Schildern Sie mir Ihre Beschwerden.

P: “Kopfschmerzen. Nachts kann ich nicht schlafen. Menorrhagie. Mir brennen die Handflächen und Fußsohlen und ich muss sie in Eau de Cologne eintauchen. Seit zwei Jahren habe ich Rückenschmerzen.”

Wenn sich die Temperatur ändert, erkrankt sie an einer Erkältung. — Wegen Abszessen im Gesicht hatte sie einen Hautarzt aufgesucht.

A: Was für Erkrankungen hatten Sie außerdem, vor der jetzigen?

P: "Ich war zu einem Haematologen gegangen. Man gab mir Septran und machte Knochenmarksuntersuchungen. Ich bekam auch Steroide, aber die Krankheit kam wieder. Trotz der Steroide ging 1986 der Blutplättchenwert nicht hoch, und deshalb wurde mir die Milz entfernt. 1995 und 1999 gab es Rückfälle. Jetzt ist der Blutplättchenwert wieder niedrig (15.000)."

Ihre Menstruation kommt alle zweiundzwanzig Tage, und die Blutungen sind stark. Sie hat Progesteron genommen. Ihr Gynaekologe riet zu einer Ultraschalluntersuchung.

A: Können Sie mir etwas über Ihr Wesen erzählen?

V: Sie ist sanft. Sie hat die Willenskraft, alle Schwierigkeiten zu durchstehen. Sie ist gehorsam und in ihren Studien sehr aufmerksam. Sie wird nie zornig.

P: "Aber wenn ich zornig werde, dann esse ich nicht. Ich werde all meinen Zorn am Essen los, und ich esse nicht, obwohl ich hungrig bin. Wenn man mir meinen Wunsch nicht erfüllt, dann werde ich zornig. Ich rede mit niemand; ich möchte alleine sein. Wenn ich mit meinem Freund streite, dann esse ich für ein, zwei Tage nicht."

A: Zum Beispiel?

P: "Wie zum Beispiel jetzt. Ich wollte bei einem Kinderarzt lernen, und mein Vater sagte, nein, ich könne das nicht. Er sagte: Du gehst da nicht hin. Und ich wurde zornig und sagte: Ich gehe, egal was passiert. Dann willigte er ein."

Sie hat Ego-Kollisionen mit ihrem Vater.

P: "Zuhause diskutiert niemand so sehr mit meinem Vater wie ich es tue, wir sind vom selben Schlag. Diese Menorrhagie-Episode begann am fünften Juli, und unser Streit war am dritten. An dem Tag dachte ich, ich habe eine so großartige Chance, wie kann er mich nur daran hindern wollen? Ich wurde zornig, aber nicht sehr, denn ich wusste, er hatte recht, denn ich werde sehr schnell müde. Wegen dieser Müdigkeit fahre ich auch nicht mit dem Zug. Er versuchte, es mir zu erklären, aber trotzdem … ich war zornig, ich hatte das Gefühl – warum sagt er mir das? Ich versuchte noch mehr, ihn zu überzeugen; ich will eigentlich nicht mit ihm reden.

Er rief meinen Onkologen an, um einen anderen Arzt ausfindig zu machen, bei dem ich lernen könnte. Aber ich kann das alleine. Ich wollte nur einfach lernen. Warum setzt er mich so unter Druck?"

A: Was meinen Sie mit Unter-Druck-Setzen?

P: "Er wollte, dass man ihm recht gibt. Es kommt aus allen Richtungen – er wollte unbedingt Gründe finden, warum ich da nicht hingehen sollte. Erst sagte er, ich sei zu spät dran, dann sagte er, es sei wegen meiner Gesundheit."

A: Und was ist Unter-Druck-Setzen?

P: "Mein Vater möchte immer haben, dass er recht bekommt. Meine Mutter stimmt ihm einfach immer zu, aber ich nicht, ich diskutiere mit ihm."

A: In welchen anderen Situationen empfanden Sie sich unter Druck gesetzt, egal, ob es mit Ihrem Vater zu tun hatte oder nicht?

P: "Er sagt: Alles, was ich dir sage, musst du tun. Manchmal sind wir einer Meinung, aber nur in wenigen Angelegenheiten. Als ich Naturwissenschaften studierte, wollte ich eigentlich Medizin studieren, denn ich litt (wegen der Krankheit). Ich hielt fest an dem Gedanken, Ärztin zu werden. Nach der zehnten Klasse, 1994, 1995, da kämpfte ich regelrecht mit meinem Vater. Zuerst war er einig mit mir, dann, als er mit meinem Onkel geredet hatte, wollte er nicht mehr, dass ich studierte. Ich dachte, wieso mischt sich mein Onkel in unsere Familienangelegenheiten ein. Ich stritt mich mit meinem Vater – ich habe das Zeug dazu, wieso sollte ich nicht studieren dürfen?

Das Problem mit den Menstruationen begann achtzehn Monate nach dieser Auseinandersetzung von 1995. Davor hatte es einmal eine solche Episode gegeben, das war 1989 gewesen.

Ich habe mich ganz und gar in das Studium gestürzt; ich gehe nicht aus, ich bin nur noch in meinen Büchern. Damals dachte ich, was wird, wenn ich nicht Medizin studieren darf, was dann? Ich wollte schon immer Medizin machen. Wenn ich nicht hart arbeite, was werde ich dann tun? Ich wollte immer jemand sein und auf meinen eigenen Füßen stehen. Selbst mein Onkologe war froh, als ich in die Medizin ging. Ich träumte immer davon, Patienten zu heilen. Eigentlich wollte ich selber Onkologe werden, denn ich leide sehr, und es gibt für meine Beschwerden keine Behandlung. Ich wollte Forschung dafür unternehmen.

Nach beinahe zwanzig Jahren jetzt ist es immer noch nicht geheilt. Ich fühle mich deprimiert, ganz, ganz traurig. Ich möchte eigentlich mit niemand darüber reden. Warum hat Gott mir all das geschickt? 1984 wurde ich praktisch vom Sterbebett gerettet. Warum war Gott so hart zu mir? Ich glaube sehr fest an Gott, aber dieses Mal … Jedesmal wenn ich zum Tempel gehe, denke ich, wieso hat mir Gott dies gegeben, warum soll ich zu Ihm gehen? Lasst mich erst einmal gesund werden, dann gehe ich schon zu Gott.

Es ist nicht so, dass wenn man den Tempel nicht besucht, Gott einem dann nicht hilft. Trotzdem gehe ich hin. Er wird mir schon helfen.

Ich möchte immer in Gesellschaft meiner Freunde oder Familie sein. Seit ich krank bin, bin ich leicht gereizt. Ich fühle mich nicht danach, mit irgendjemand zu reden, außer mit meiner Mutter. Sie sagt: Selbst wenn Gott dir Sorgen schickt, er gibt dir auch Glück. Dennoch, warum passiert mir all das? Warum so viel Schmerz? Ich sage zu meinem Doktor immer: Finden Sie mir eine Lösung, die anhält.

Das Schreckliche an den Steroiden ist, dass man dabei zunimmt. Ich fühle mich deshalb schlecht, dann schaue ich nicht gut aus. Dann fühle ich mich minderwertig. Bei uns sind alle Mädchen hellhäutig (allgemeines indisches Schönheitsideal – Anm. d. Übersetzers). Ich bin es nicht, und das macht, dass ich Minderwertigkeitsgefühle habe. Wenn ich Kleidung kaufe, dann kaufe ich helle, damit ich auch heller aussehe, damit ich besser herauskomme. Mit meinem Vater zusammen lache ich darüber, denn er ist auch nicht hellhäutig.

Ich sehe nicht gut aus. Bei Kleidern bin ich sehr wählerisch. Ich bin empfindlich; wenn man mich schimpft, dann fange ich sofort an zu weinen. Meine beste Freundin erklärt es mir. Aber ich muss den ganzen Tag daran denken, ich werde die Gedanken nicht los. Ich bin nicht stabil. Ich bin voller Ängste, wenn es darum geht, irgendwo rechtzeitig anzukommen, und ich werde ärgerlich, wenn jemand nicht rechtzeitig ist. Ich muss sichergehen, dass ich nicht zu spät bin. Ich bin sehr rastlos."

A: Erzählen Sie mir von Ihren Träumen.

P: "Von Anfang an habe ich einen Traum, in dem eine alte Dame im Schlafzimmer meines Vaters ist, mit weißen offenen Haaren, und sie schlägt mich. Immer wenn ich krank bin, bekomme ich diesen Traum.

Ich glaube an Sai Baba (einen weit verehrten Heiligen). Ich sah ein Bild eines Mannes, der in Schwarz gekleidet war und mich zu sich rief; dann sagt Sai Baba zu mir: Geh nicht. Im Traum sitzt Sai Baba neben mir und sagt mir, dass alles in Ordnung sein wird. Immer wenn es mir schlecht geht, bekomme ich seinen Darshan (eine Vision des Heiligen).

Ich habe in mir einen starken Glauben an ihn. Als ich von jener Dame träumte, bekam ich große Angst und wachte oft weinend auf. Die alte Frau mit den offenen Haaren schlug mich. Warum schlägt sie mich immer wieder?

In den Nächten, in denen ich Sai Baba sehe, habe ich Kopfschmerzen."

A: Erzählen Sie mir von Ihren Kopfschmerzen.

P: "Die Schmerzen sind sehr stark, sehr ernst, Schmerzen überall, zum Explodieren. Wenn ich die Augen bewege, wird es schlimmer. Die Geräusche vom Fernsehen machen es schlimmer. Ich habe das Gefühl, dass mir mein Kopf platzt. Wenn ich Druck ausübe, mit einer Bandage, dann ist es besser. Es ist druckempfindlich, sogar leichtester Druck macht es schlimmer. Ich trinke eine Tasse Kaffee oder ein Pepsi, das hilft. Ich bin süchtig nach Pepsi, ich trinke zwei oder drei Gläser am Tag." Sie zeigt auf ihre Schläfen. "Als ob es platzen möchte, als ob mein Gehirn aus meinem Schädel will, schlimmer bei jedem Schritt. Ich möchte mich dann hinlegen; wenn ich auf der Seite liege, geht es mir besser. Es ist, als ob mir jemand auf den Kopf schlägt, als ob etwas innerlich schlägt." Sie zeigt es mit beiden Fäusten. "Dann fühle ich mich nicht danach, mit irgendjemand zu reden.

Laute Geräusche oder wenn jemand spricht, das macht es schlimmer. Selbst das leiseste Geräusch macht es schon schlimm. Lange reden macht es auch schlimmer; ich würde dann lieber mit Gesten reden. Wenn ich aus dem Fenster schaue, wird es schlimmer. Wenn ich mit geschlossenen Augen liege, dann ist es etwas besser. Es ist wie ein Explodieren – über meinen Augen, zu den Schläfen hin.

Ich fühle mich danach, in einem Bett in der Ecke zu liegen. Ich möchte niemand in mein Zimmer kommen lassen, weil man mich dann anspricht und das macht das Kopfweh nur noch schlimmer. Ich will absolute Stille."

A: Wenn Sie zornig sind, warum essen Sie dann nicht?

P: "Manche Leute fluchen oder schlagen im Zorn. Wenn ich zornig bin, dann esse ich nicht. Andere Menschen erkennen meinen Zorn daran, dass ich nicht esse. Ich bleibe in meinem Zimmer sitzen und schaue Fernsehen. Mit dem Menschen, auf den ich zornig bin, kann ich nicht reden."

A: Erzählen Sie mir von Ihren Interessen und Hobbies.

P: "Schwimmen. Und ich gehe gern Einkaufen. Mein Vater sagt, wenn er mir 10,000 Rupien gäbe, gäbe ich sie an einem Tag aus! Ich mag gerne herumstreunen. Ich sitze nicht gerne daheim herum."

A: Erzählen Sie mir etwas von Ihrem Schlaf.

P: "Früher habe ich in den Ferien bis mittags geschlafen. Jetzt kann ich nicht einmal bis nachts um drei Uhr schlafen. Um halb neun oder neun stehe ich auf."

A: Erzählen Sie mir mehr vom Einkaufen.

P: "Ich kaufe gerne Kleider. Alle zwei oder drei Wochen gehe ich Hemden und Jeans kaufen. Ich fühle mich dann gut, und hübsch.

Wenn ich mich nur ein wenig anstoße, bekomme ich schon Purpura-Flecken."

A: Was ist das Gegenteil von "hübsch"?

P: "Wenn ein paar Tage vergangen sind und ich nichts Neues eingekauft habe. 'Hübsch' ist, wenn ich mir etwas gekauft habe, so geht es jedem. Ich bin dann sehr gut aufgelegt, fühle mich gut. Ich fühle mich dann zufrieden."

A: Was ist das für ein Gefühl?

P: "Ich habe neue gute Kleider, denn ich mag es nicht, dieselben Kleider immer wieder zu tragen. Dann sehe ich gut aus. Ich habe einen Minderwertigkeitskomplex, dass ich nicht gut aussehe. Es (das Einkaufen, die neuen Kleider) stärkt meine Persönlichkeit."

A: Was ist das Gegenteil dazu?

P: "Schlecht aussehen, zum Beispiel wenn ich nicht die passenden Farben tragen kann. Ich habe deswegen einen Riesenkomplex, denn ich bin nicht hellhäutig."

A: Was ist das schlimmste Gefühl?

P: "Auf Parties halte ich mich immer im Hintergrund, ich dränge mich nicht nach vorne. Deshalb muss ich sogar manchmal weinen, warum ist das nur so? Ich verfluche mich selbst. Warum das alles mit mir? Meine Mutter ist sehr hell; ich rede mit ihr darüber. Es macht mich traurig. Am Anfang hat mich das Gefühl überwältigt; ich konnte nicht zu gesellschaftlichen Veranstaltungen gehen, wenn ich nicht anständig angezogen war. Jeder würde denken: Sie hat aber keine hübschen Sachen angehabt. Und das würde mir weh tun."

A: Beschreiben Sie dieses Gefühl, dieses Wehtun.

P: "Ich verfluche Gott: warum hat er mich nur so gemacht?"

A: Sagen Sie mehr dazu.

P: "Ich werde zornig. Wer will mich noch heiraten?"

A: Sagen Sie mehr dazu.

P: "In meiner Familie sind alle hellhäutig. Jeder versucht mich davon zu überzeugen."

A: Sagen Sie mir etwas zum Heiraten.

P: "Jemand will eine Partnerin, die hell ist, und ich bin es nicht, und das macht einen schlechten Eindruck."

A: Und was passiert dann?

P: "Dann wird es zum Problem, einen Burschen zu finden."

A; Und was passiert dann? Was wäre das Schlimmste?

P: "Meine Eltern und Großeltern versuchen, meine Krankheit zu verstecken. Der Rest der Familie, von denen weiß keiner etwas. Ich sage mir: Warum muss ich das unbedingt versteckt halten?"

A: Was geschieht mit solch einem Mädchen?

P: "Es wird Probleme damit haben, heiraten zu können. Heirat muss sein."

A: Reden Sie weiter.

P: "Ich bin die Älteste und ich habe studiert. Wenn jemand mich mit dieser Krankheit abwiese ..."

A: Was würden Sie dann empfinden?

P: "Ich möchte es nicht verstecken. Am Schluss finden es ja doch alle heraus; dann fühlen sie sich umso schlechter - warum hat man es vor uns versteckt?"

A: Was hätte das zur Folge?

P: "Streitereien. Sogar Scheidung."

A: Und was würden Sie bei einer Scheidung empfinden?

P: "Wenn man es ihnen vorher mitgeteilt hätte, dann hätte es später keinen Streit gegeben. Ich wollte schon immer lang andauernde Beziehungen. Wenn Freund, dann Freund für immer. Wenn Feind, dann Feind für immer. Wenn mich jemand verletzt hat, dann vergesse ich es nicht. Ich nehme Rache."

A: Was verletzt Sie?

P: "Wenn jemand schlecht über mich spricht, wenn man etwas Übles über mich redet. Wenn mich im College eine Gruppe kritisiert. Meine Freundin hat immer etwas an mir auszusetzen, zum Beispiel wenn ich ihr Auto nehme, oder wenn ich ein bestimmtes Hemd getragen habe. Ich könnte hingehen und ihr eine kleben. Ich frage mich: Wieso muss sie mit allen darüber reden, wieso hat sie mich zu kritisieren? Was werden die Leute von mir denken? Ich werde dann keine Freunde mehr haben, und ohne Freunde fühlte ich mich sehr einsam. Mit wem könnte ich dann meine Sorgen und Freuden teilen. Mit wem könnte ich dann ausgehen, oder mit wem studieren und lernen? Ich wäre dann sehr einsam. Ich würde verrückt werden, wenn ich alleine wäre. Dieses Mädchen – ich werde ihr nie verzeihen können."

A: Und was passiert bei einer Scheidung?

P: "Ich habe bereits so viele andere Probleme. Wenn es dann auch noch zur Scheidung käme – was wäre das Leben dann noch wert? Ich sage zu meiner Mama, man sollte sich erschießen, im Alter von dreißig oder fünfunddreißg, wenn dann so viele Probleme zusammenkommen, auf den Ehemann hören, immer tun, was er will, auf die Kinder aufpassen. Probleme über Probleme."

A: Und was wäre das Schlimmste?

P: "Wenn man weiterhin tun muss, was der Mann sagt. Können wir denn nicht unsere eigenen Entscheidungen fällen? Zum Beispiel meine Mutter, sie muss für alles meinen Papa fragen. Wenn sie ihn einmal nicht auf dem Laufenden hält ... Warum kann sie nicht mal ausgehen? Sie hat immer Angst, Papa könne laut herumschreien und würde sich nicht gut fühlen. Es könnte seine Laune verderben. Er wäre nicht in guter Verfassung für seine Geschäfte. Es könnte ihn aus seiner Routine bringen."

A: Und was empfindet sie dabei?

P: "Sie hat das Gefühl – wenn ich nichts Schlechtes getan habe, wieso schimpft er mich dann? Das nächste Mal gehe ich aus, ohne ihm etwas zu sagen, dann tue ich es absichtlich."

A: Fühlen Sie sich noch aus irgendeinem anderen Grund minderwertig?

P: "Körpergröße. Ich würde mich gerne ein bißchen größer fühlen. Ich trage immer hohe Absätze. Wenn man eine gute Größe und eine gute Hautfarbe hat, dann hilft das dem Aussehen."

A: Erzählen Sie mir von der Milzentfernung.

P: "Das bedeutet, dass ich jetzt sehr leicht eine Infektion bekommen kann; ich kann nicht außerhalb essen, was ich sehr gerne tat. Gott hat mir so viele Sorgen geschickt – wenn Er mir noch mehr von der Sorte schicken möchte, dann werde ich Ihm sagen: Mach mich lieber sterben."

A: Was für ein Gefühl haben Sie in Bezug auf Ihre Krankheit?

P: "Es ist höchste Zeit, dass ich endlich geheilt werde; ich habe große Hoffnung. Gott ist da – Er muss mich genesen lassen, wenn ich doch so sehr an Ihn glaube, dann muss er ...

Ich fröstele sehr leicht, muss dann niesen. Sobald ich aus dem Bad komme, niese ich zwei- oder dreimal; das ist schon seit Jahren so. Auf meiner Nase schält sich auch die Haut; am zweiten Tag einer Erkältung muss ich dann Crème auftragen."

Die Symptome wurden noch näher beschrieben:

Niesen, schlimmer beim Geruch von Masala-Gewürzen, von starkem Parfüm.

Niesen, schlimmer, wenn sie klimatisierte (gekühlte) Räume verlässt.

Niesen, schlimmer bei einem plötzlichen Luftzug.

Nasenlaufen, dauernd, dünn, wässrig.

Die ganze Nase wird rot.

Ohren fühlen sich blockiert an, schmerzhaft.

P: "Ich habe eine Angewohnheit, mir die Haar (häufig) zu waschen. Meine Mutter sagt, ich sollte es nicht tun, sonst bekäme ich eine Erkältung.

Ich mag kalte Pepsi, mit vier oder fünf Eiswürfeln drin."

Gierig auf: scharf Gewürztes, süße Speisen.

Abneigung gegen: Milch, grüne Gemüse, warme Speisen, Extrasalz.

Sie zieht mild gewürzte, neutrale Speisen vor.

Sie mag nichts Saures, dafür aber Süß-Saures. Sie isst Eier (In Indien keine Selbstverständlichkeit – Anm. d. Übersetzers)

Sie mag Zwiebel, rohe Zwiebeln, Knoblauch nicht so sehr.

P: "Morgens nach dem Zähneputzen mag ich etwas Süßes, es kann sogar einfach nur Zucker sein."

A: Erzählen Sie mir von den Kopfschmerzen.

P: "Die Kopfschmerzen sind so, als wollte mein Kopf explodieren; sie sind schlimmer beim Gehen und beim Treppensteigen und bei Erschütterung. Ich muss niesen. Wenn ich laufe, fühlt es sich an, als ob mich jemand schlüge; beim Laufen muss ich meinen Kopf halten."

A: Und was ist mit Singen, Tanzen, Musik?

P: "Nein (kein Interesse)."

A: Erzählen Sie mir mehr von Ihrer Rastlosigkeit.

P: "Ich muss dauernd die Position wechseln; muss unablässig meine Beine bewegen. Ich kann nicht an ein und demselben Platz bleiben, muss mich dauernd bewegen."

A: Wann haben Sie Schuldgefühle?

P: "Wenn ich lüge, sogar dann, wenn mein Gegenüber lügt. Ich denke dann, wieso müssen sie lügen? Man muss immer die Wahrheit sagen, ganz gleich um was es geht."

A: Haben Sie auch Nasenbluten?

P: "Fünf Tage lang ging es mir schlimm am Nachmittag, Erkältung, Niesen."

Derzeitige Behandlung

Prednisolon zweimal am Tag. Fortypide 40 mg. Regesterone zweimal am Tag.

Früher hatte sie von einem anderen Homöopathen Phosphorus bekommen. In der Vergangenheit hatte sie bei Erkältungen und Husten auch Septran erhalten.

Zum Verständnis des Falles

Die Patientin hatte eine Menge Ego-Kollisionen mit ihrem Vater. Ihr Gefühl besagt: "Warum setzt er mich so unter Druck?" Ich fragte sie: Was meinen Sie mit Unter-Druck-Setzen? Und sie antwortete, dass es "aus allen Richtungen" komme. Das ist, worauf sie empfindlich ist, darum geht es in ihrem Empfinden. Sie sagt: "Es geht darum, dass man das tun muss, was jemand sagt. Er versuchte mich zu überzeugen, von allen Seiten."

Und dann hat sie das Gefühl: "Wieso schickt mir Gott diese Dinge, warum ist er so unfreundlich zu mir? Ich glaube doch so sehr an Gott. Ich glaube, dass er mir helfen wird." Und weiterhin sagt sie: "Ich bin immer glücklich, wenn jemand bei mir ist, und wenn ich krank bin, dann möchte ich mit niemand reden." Es ist also ganz wichtig für sie, einer Gruppe anzugehören. Dieses Gefühl taucht in ihrem Fall immer wieder auf. Sie sagt, dass sie verrückt werde, wenn sie alleine ist.

Aber sie hat einen Minderwertigkeitskomplex. Steroide machen sie dick, und für ihre Gemeinschaft ist sie nicht hellhäutig genug. Wie wird sie damit fertig? Indem sie sich helle Kleidung kauft und so ihre Person aufwertet, damit sie wenigstens hübsch aussieht, wenn schon nicht hell. Sie versucht die Tatsache, dass sie nun mal nicht hellhäutig ist, abzuschwächen, so als wolle sie das Gefühl dunkel zu sein abschwächen. Dieses Verdeckenwollen ist in gewisser Weise ein Großteil ihrer Krankheit.

Sie ist also empfindlich gegenüber zwei Situationen: unter Druck gesetzt zu werden und alleine zu sein. Ihre Weise, damit umzugehen und fertigzuwerden, ist Verstecken und Verdecken, Nicht-Gesehenwerden; der Mangel an Hellhäutigkeit und die Krankheit müssen versteckt bleiben. Sie vermeidet es alleine sein zu müssen, sie muss integriert sein. Alles, was sie aus der Gemeinschaft ausschließen könnte, muss sie verdecken.

Dann sehen wir ihren Sinn für das Religiöse und ihre Träume von Gott. Sai Baba ist Gott für sie, und sie träumt von Gott. Gleichzeitig schildert sie ein Kopfweh und das Gefühl dabei, dass ihr Kopf explodieren könnte, und wie sie dauernd Druck ausüben muss. Als wolle der Kopf explodieren und das Gehirn hervorkommen. Hinausgedrückt, hinausgezwängt, als wolle das Gehirn herauskommen; als wolle es hinausgeschleudert werden. Als ob etwas im Inneren nach außen gedrängt würde.

Im Psychologischen lebt sie also mit dem Gefühl, dass sie aus der Gruppe hinausgedrängt würde; im Körperlichen hat sie das Empfinden, ihr Gehirn werde aus dem Schädel gedrückt.

Dunkelhäutig zu sein ist etwas Unabänderliches; man kann daran nichts ändern. Aber es hat für sie potentiell Destruktives, und sie geht damit um, indem sie sich gute Kleider kauft und es verdeckt. Hauptsache, keiner weiß davon. Sie akzeptiert es als ihre Realität, aber sie möchte es immer verstecken, sonst – so sagt sie – würde sie keiner heiraten. “Alle versuchen, diese Krankheit zu verstecken, damit man es nicht merkt, aber ich habe das Gefühl, dass am Ende doch alles herauskommt, und dann wird es zur Scheidung kommen.” Sie lebt damit und lebt daher mit einer ständigen Sorge und Anspannung. In dem Augenblick, wenn das versteckte Etwas ans Tageslicht kommt, wird sie ausgestoßen werden, aus der Ehe hinausgedrängt.

Bei den Liliiflorae geht es um zwei Gefühle: Einbehalten, was zu Druck führt, und Hinausgedrängtwerden. Man muss also mit einem gewissen Ausmaß an Druck leben, sonst wird man hinausgedrängt. Man muss mit gewissen Begrenzungen leben; wenn man es nicht kann, wird man ausgeschlossen.

“Ich muss innerhalb der von meinem Vater gesetzten Beschränkungen leben.” Aber sie hat Angst, nicht dazuzugehören. Sie kann sich mit ihm ein wenig streiten, aber sie überschreitet nicht ernsthaft die Grenzen.

Und was bewirkt die Krankheit noch? Sie schränkt ihr Essverhalten ein, hält sie im Haus fest und verbietet es ihr, hinauszugehen und die Welt zu genießen. All das gehört zu den Liliiflorae, und das Gefühl ist ganz fixiert und festgelegt (Sykose). Also gab ich ihr das Mittel Sabadilla.

Eines der Sabadilla-Symptome ist “Abwegige Vorstellung betreffs seines Körpers”, und wir könne dies auch auf ihr Gefühl von ihrem dunklen Köprer ausweiten. Auch fixierte Ideen und religiöse Gefühle gehören zu Sabadilla.

Außerdem leidet die Patientin an Niesen und Nasenlaufen ausgelöst durch Temperaturwechsel; dies bestätigt Sabadilla. Ebenfalls Nasenbluten (Rubrik Nasenbluten bei Niesen); und ebenso Niesen bei Nasenlaufen und Niesen ausgelöst durch Gerüche.

Liliiflorae – zum Beispiel Colchicum – sind oft äußerst empfindlich gegenüber Gerüchen.

Kopfschmerzen ausgelöst durch Niesen und Erschütterung und Laufen sind Sabadilla-Symptome. Das Heilmittel kennt auch Brennen der Handflächen und der Füße.

All diese Symptome sind interessante Bestätigungen, aber sie sind von zweitrangiger Bedeutung.

Ausgewählte Rubriken

Wahnidee: Körper, abwegige Vorstellungen zum Zustand seines eigenen Körpers.

Wahnidee: Kleiner, er sei.

Träume: angstvolle.

Träume: die den Patienten aufwecken.

Ideen, fixierte.

Religiöse Gefühle.

Empfindlich für Lärm.

Coryza (Rotznase), ausgelöst durch Temperaturwechsel.

Epistaxis (Nasenbluten), beim Niesen.

Niesen, ausgelöst durch Gerüche.

Kopf: Schmerzen, im Allgemeinen Besserung durch Druck.

Kopf: Schmerzen, im Allgemeinen Verschlimmerung durch Niesen.

Kopf: Schmerzen, zum Explodieren.

Kopf: Schmerzen, zum Explodieren, durch die kleinste Erschütterung.

Speisen und Getränke: kalte Getränke, kaltes Wasser, gierig auf.

Speisen und Getränke: gierig auf Zwiebel, rohe.

Speisen und Getränke: gierig auf Süß-Saures.

Verabreichtes Mittel: *Sabadilla C200, eine Dosis.*

Wiedervorstellung am 8. August 2001

Blutplättchenwert von 15.000 auf 67.000 angestiegen.

Sie fühle sich im Allgemeinen besser. Nasenlaufen vermehrt. Hatte am Tag vorher Bluten aus dem Mund.

Die Steroide sind reduziert.

Therapeutisches Vorgehen: Abwarten.

Wiedervorstellung am 17. August 2001

Blutplättchenwert 229.000. Seit einer Woche keine Steroide mehr.

Schläft viel besser. Blutungen in die Haut geringer.

Therapeutisches Vorgehen: Abwarten.

Wiedervorstellung am 20. September 2001

P: "Es geht mir sehr gut, und ich habe einen ausgezeichneten Schlaf. Die Schwäche ist auch besser geworden. Ich versuche darauf zu achten, dass ich mich nicht überanstrenge, sonst bekomme ich Schmerzen in den Beinen. Keine Kopfschmerzen. Brennen an Handflächen und Fußsohlen ist völlig verschwunden. Seit ich aufgehört habe, Hormone zu nehmen, ist meine Menstruation wiedergekommen. Das Nasenlaufen ist weniger stark."

Ihre Stimmung hat sich gebessert, und sie ist weniger leicht reizbar.

P: "Herr Doktor, ich wollte Ihnen noch etwas erzählen. Dass ich in meinen Händen und auch in meinen Gedanken ruhelos bin. Ich kann nie stillsitzen, ohne etwas dabei zu tun."

Immer aktiv, möchte Beschäftigung, Beschäftigung bringt Besserung – dies sind Symptome aller Liliiflorae.

A: Gab es Zusammenstöße mit Ihrem Vater?

P: "Jetzt nicht mehr."

A: Sie hatten das früher häufig?

P: "Nicht häufig, ab und zu."

A: Traurig? Weinen?

P: "Nein, das war ja wegen meiner Krankheit, und die ist vorbei."

A: Einsam und allein?

P: "Nur während dieser Periode."

A: Ihre Krankheit, und dass Sie nicht integriert sind?

P: "Nicht vorhanden."

A: Und was ist mit dem Nicht-hellhäutig-Sein?

P: "Herr Doktor, das gibt es nicht mehr." Halb lachend.

Sie wischte es einfach beiseite, konnte sich kaum erinnern, dass sie überhaupt davon gesprochen hatte. Sie hatte insgesamt eine einzige Dosis Sabadilla C200 erhalten, und zwar im Juli.

Ende des Falles.

SABADILLA-FALL 2

Von Linda Beaver, 1996 in Homeopathic Links veröffentlicht.

Der Fall ist bearbeitet und gekürzt. Manche Passagen sind in Kursivschrift gesetzt, weil sie unter dem Aspekt der Liliiflorae – und der Sykose – von Interesse für uns sind.

Sally ist ein sehr philosophischer Mensch, sie ist Studentin, ihre Unterhaltung ist voller Verweise auf Astrologie, auf "positives Denken" und auf populärwissenschaftliche Vorstellungen wie zum Beispiel: Jeder schafft sich seine eigene Krankheit.

"Ich fühle mich pockig, wie kann irgendjemand erotische Gefühle haben gegenüber einem pockigen Menschen?

Ich habe das Gefühl, dass ich niemals schön oder begehrenswert sein könnte. Meine Geschlechtsteile sind weiß, es ist ganz seltsam, das sieht nicht normal aus, wer wollte mich schon haben!"

Sally beschreibt ihren Körper wie folgt:

> "Er fühlt sich nicht an, als sei ich das, er fühlt sich an wie etwas Fremdes."
>
> "Etwas wie von einem fremden Wesen in meinem Körper."
>
> "Ich möchte eine andere Person sein."
>
> "Wie kann ich etwas anbieten, wenn ich kein vollkommenes Gefäß bin."
>
> "Wie kann ich Spaß haben, wenn ich keinen perfekten Körper habe."

Als Kind hatte Sally eine angeborene Hüftluxation gehabt. *Im Alter von 18 Monaten bis zu ihrem dritten Lebensjahr hatte sie einen Gipsverband um und danach Gehhilfen. Sechs Monate lang war sie völlig unbeweglich und von Hals bis Füßen in einen Gipsverband eingeschlossen.* Ihre Eltern reden davon wie von einer Kleinigkeit und spielen es runter. Wenn sie versucht davon zu reden, sagt ihre Mutter: "Stell dir einmal vor, wie sich das anfühlte, dich so herumzutragen." Und damit möchte sie Sympathie für sich selbst, währenddessen sie Sallys Gefühle runterspielt.

Sally ist jetzt siebenunddreißig Jahre alt und kommt mit Beschwerden von Vitiligo an mehreren Körperstellen. Dies hat sich im Verlauf der letzten zehn Jahre langsam entwickelt, und sie erhält deshalb wenig Anerkennung oder Zuwendung.

> "Andere Menschen haben schlimmere Krankheiten. *Niemand sieht meine Sorgen, die ich mir deshalb mache.*
>
> Ich fühle mich deshalb traurig und einsam, ich fühle mich wirklich verletzt.
>
> Ich habe keine Schmerzen, also kriegen es die Leute gar nicht mit.
>
> Ich weiß nicht, wie ich meine Trauer und das Verlustgefühl deswegen jemanden klar machen kann."

Ich horchte tief in ihren Schmerz hinein und versuchte hinter das zu sehen, was sie selbst und andere Menschen als ihre "Negativität" und ihre "übersteigerte Sorge" betreffs Vitiligo betrachteten. Ich wandte mich der Verletztheit, die sie zum Ausdruck brachte, ganz zu, ohne sie in irgendeiner Weise zu verkleinern.

Am Anfang unserer Unterhaltung hatte Sally die Theorie postuliert, dass sie ihre Krankheit selbst erschaffen habe. Andererseits hatte sie das Gefühl, ihre Krankheit sei unheilbar. Die populäre Vorstellung besteht darin, dass man seine eigene Krankheit erschafft und deshalb auch die Mittel und Wege zu einer Heilung hat. Dieser Widerspruch erregte meine Vorstellung.

Ich verstand ihn folgenderweise: *Ich habe etwas ganz Falsches getan, und daran lässt sich nichts ändern.*

> Wahnidee, sie habe ein Verbechen begangen. (Ihre eigene Krankheit erschaffen.)
>
> Gefühlskalt. (Zu glauben, dass man seine eigene Krankheit geschaffen hat, ist eine sehr unfreundliche Weise, mit sich umzugehen.)
>
> Wahnidee, sie habe eine unheilbare Krankheit.
>
> Wahnidee, sie sei kleiner.

Ich fand mich in der Welt von Sabadilla wieder!

Auch Sabadilla hat die Wahnvorstellung, dass ihre Gliedmaßen verkrümmt seien – genau die Situation dieser Patientin!

Zwei weitere sehr wichtige Rubriken für Sabadilla sind die folgenden:

> Wahnidee: Gedanken seien außerhalb des Körpers.
>
> Wahnidee: Seele; der Körper sei zu klein für die Seele, oder er sei getrennt von ihr.
>
> "Mein Geist machte sich auf und davon und schwebte zur Decke."
>
> "Als ich eingegipst war, habe ich immer meinen Körper verlassen."
>
> "Es ist für mich leicht, meinen Körper zu verlassen."
>
> "Ich versuche immer noch anwesen zu sein, um den Geist in der Materie zu finden."
>
> "Ich weiß nicht, was ich tun möchte."
>
> "Ich kenne mein eigenes Wesen nicht."
>
> "Wo gehöre ich hin? Ich habe meinen Platz noch nicht gefunden, ich hasse meine Welt und mein Leben."
>
> "Meine Mutter half mir nicht dabei, mein Wesen zu finden."
>
> "Ich weiß nicht, was mich emotional mit den Geschehnissen verbindet."
>
> "Ich passe einfach nicht in diese Welt."
>
> "Ich hänge an nichts. Frei schwebend, nirgendwo auf der Erde verhaftet. *Keine Heirat*, *keine Arbeit*, keine Hypothekenbelastung, keine leidenschaftliche Affäre."

Es blieb noch ein weiterer wichtiger Aspekt des Falles. Und das betraf die Art, wie Sally ihre Vitiligo beschrieb:

> "Es geht um mein Bild nach außen und um Sexualität."

"Ich habe eine Art Schuldgefühl."

"Ich bin voller Gram. Es ist in mein Gesicht geschrieben, ich bin wie ein wandelnder Schwerverletzter."

"Ich möchte mich zudecken."

"Ich bin einsam, keiner kann mir helfen. Ich muss damit alleine fertig werden."

"Für mich gibt's keine Hilfe. Ich habe es verursacht, es ist mein eigener Fehler."

"Ich verdiene nicht, dass man mir hilft. Ich habe es selbst verursacht, also muss ich es auch bis zu Ende tragen."

Von Anfang an hatte ich das Gefühl, es handele sich um einen Fall von sexueller Misshandlung oder Vergewaltigung oder ungewollter Schwangerschaft. Worte wie Scham, Sexualität und Zudecken und ihre Abneigung gegenüber ihrem eigenen Körper wiesen alle in diese Richtung.

Von meinem Studium des Mittels Sabadilla her glaubte ich mit Sicherheit annehmen zu können, dass eine ungewollte Schwangerschaft im Spiel gewesen war. Bei Sabadilla findet sich:

Wahnidee, glaubt, schwanger zu sein.

Wahnidee, vergrößert zu sein.

Wahnidee, der Körper sei geschrumpft wie bei Toten.

Ich bestellte Sally zu einem zweiten Gespräch ein, und ohne weitere Aufforderung erzählte sie mir den Rest ihrer Geschichte.

Als sie dreizehn Jahre alt war, wurde ihre damals fünfzehnjährige Schwester schwanger. Das Kind wurde zur Adoption freigegeben.

"Es war eine Riesenschande."

"Ich war die einzige, die davon wusste."

"Meine Mutter verlor ihr Enkelkind und weinte mir die letzten vierundzwanzig Jahre etwas vor. Es herrschte eine unglaublich tiefe Traurigkeit. Meine Mutter war am Boden zerstört, und ich habe mich von ihrem Gram und ihrer Schuld einfangen lassen."

"Es wurde daraus solch ein Geheimnis gemacht. Was andere Leute eventuell denken könnten, wurde so wichtig. Was das alles mit mir gemacht hat, das hat keiner mitgekriegt."

Wir erkennen, dass Sallys Gefühle betreffs ihres eigenen Lebens eine Kombination sind aus den Emotionen um die Schwangerschaft ihrer Schwester und aus den Gefühlen ihrer frühen Kindheit, in der sie *im Gipsverband unbeweglich gemacht* worden war.

Betreffs ihrer Vitiligo sagt sie:

> "Wann kommt es zu einem Stillstand, wann hört es endlich auf!"
>
> "Es ist nicht auszuhalten."
>
> "Es zieht sich schon so lange hin, es geht immer weiter. Ich weiß nicht, wie ich es noch aushalten kann."
>
> "Es ist nicht zum Aushalten, es ist unerträglich."
>
> "Ich fühle mich in meiner Welt und in meinem Körper wie in einer Falle gefangen."
>
> "Was wird nur aus mir, ich habe solche Angst davor festzustecken."

Dies sind die unbearbeiteten Emotionen des Kleinkindes, das in einen Gipsverband eingeschlossen war. Von dem Zeitpunkt an, als sie als Kind in Gips gesteckt wurde, entwickelt sich ihr Sabadilla-Zustand: die Vorstellung, dass ihre Gliedmaßen verkrümmt seien, dass sie ihren Körper verlasse, die Trennung von Körper und Seele.

Im Alter von dreizehn, als ihre Schwester schwanger war, entwickelt sie das Gefühl, dass sie etwas Unrechtes getan habe, dass es ihr Fehler sei, dass sie die Situation selbst geschaffen habe. Es gibt viel Trauer und Gram und ein Verlustgefühl. Scham. Sie kann nicht um Hilfe bitten, sie verdient keine Hilfe, denn es ist ihre eigene Schuld. *Dann fühlt sie sich einsam und isoliert. Man kann nicht darüber reden, man kann deshalb keine Sympathien bekommen, sie muss es zudecken.*

Jetzt hat sie sehr negative Empfindungen gegenüber ihrem Körper. Sie kann für niemand anziehend sein. Was ihr Genitale betrifft, trägt sie ein Perversionsgefühl mit sich herum. Es schaue seltsam aus. Das ist ein Sabadilla-Zustand.

Seit einem Jahr ist sie jetzt in Behandlung. Es ist eigentlich ein Fall, bei dem man davon ausgeht, dass er einer langen Behandlung bedürfe. Wenn es sich um so tiefsitzende Abneigungen gegenüber dem eigenen Selbst handelt, erwartet man, dass eine neue Charakterstärke sich nur langsam wiedereinstellt. Sabadilla war das wichtigste Mittel, Stramonium und Ignatia waren wichtige Mittel in zwischenzeitlichen Perioden, und Pulsatilla stellte sich als der darunterliegende Zustand heraus, so wie es erwartet werden konnte.

Seit zwölf Monaten bis auf den heutigen Tag hat es kein Veränderung an ihrem Hautzustand gegeben, was die zahlreichen Flecken von Blassverfärbung betrifft. Abgesehen davon war ihre Reaktion auf das Mittel stabil und anhaltend. Sally hat ihre Studien zu Ende gebracht und sich zum ersten Mal in ihrem Leben eine gutbezahlte Position verschafft. Jüngst hatte sie den Mut, eine ihr schädliche

Beziehung zu beenden, trotz ihrer Angst, alleine zu sein und niemanden zu haben.

Von Anfang an hatte Sally weniger negative Gefühle, ihre Laune war besser, sie war nicht mehr so besessen von ihrem Hautzustand.

“Ich war besessen gewesen von meiner Krankheit. Jetzt bin ich zu einem neuen Abenteuer bereit.”

“Die Krankheit hat mich nicht mehr so vereinnahmt.”

“Ich habe einen unglaublichen Drang nach Veränderung. Ich möchte einen Wechsel in meiner Beziehung, ich spüre einen Drang auszubrechen, frei von Beschränkungen zu sein, habe ein Gefühl von Eingrenzung und sehne mich nach Freiheit.”

“Ich möchte in Bewegung sein.”

Nach sechs Monaten Behandlung fühlte sich Sally im Emotionalen um fünfzig Prozent gebessert.

“Ich habe nicht mehr diesen Gram wegen meiner Haut. Nicht mehr diesen konstanten Zustand von Verletztheit. Ich bin nicht mehr völlig am Boden zerstört. Bin nicht mehr ganz so verzweifelt.”

Sally berichtet davon, dass sie ihren Körper stärker wahrnimmt, weniger intellektuell ist.

“Ich möchte wirklich ganz da sein, möchte ein körperliches Leben erleben.”

“Ich möchte Einfachheit, ein sinnlicheres Leben; ein Haus, Garten und Tiere.”

Sie hat Träume voller Würde, von Kriegerinnen, von Selbstmäßigung, davon, anziehend und begehrenswert zu sein. Sie redet davon, angesichts aller Probleme Würde zu bewahren, sich nicht kleiner machen zu lassen.

“Ich möchte mich einfach ändern und wahrer werden. Entschlossenheit, für mich selbst gerade zu stehen. Ich komme von einem neuen Ort, wo ich Liebe für mich empfinde.”

Die Themen von Sexualität und Misshandlung sitzen am tiefsten und bedürfen noch einer zufriedenstellenden Bearbeitung. *Sie hofft, dass eines Tages jemand auftaucht und sie in ihrer Sexualität und Sinnlichkeit aufschließt. Man achte wieder auf das Bild des Kindes, das in Gips eingeschlossen in einer Falle sitzt.*

Was Sally über ihren Bauch sagt, ist besonders bemerkenswert:

“Ich habe das Empfinden, dass mein Bauch neu zusammengewebt wird.”

In dem, was sie sagt, kommen viele Dinge zusammen.

“Mein Bauch fühlt sich wohlgenährt. In meinem Bauch soll Stärke sein, Vitalität, ein Sinn für Genuss. Die Möglichkeit innerer Schönheit.”

Die Patientin liefert uns einen Sabadilla-Zustand, und die Homöopathie fühlt sich dadurch bereichert.

Sabadilla ist ein bemerkenswertes Mittel; es ist fähig, einen Menschen aus Selbsthass und Ekel gegenüber dem eigen Körper herauszuführen und zu Selbstliebe zu verhelfen; von einem Gefühl von Verkleinertsein, Geschrumpftsein, Verwelktsein hinzuführen zu Würde, Selbstmäßigung und innerer Schönheit.

Ende des Falles.

Kommentar

Was können wir über Sabadilla als Exemplar der Liliiflorae und der Sykose daraus lernen?

"Ich habe das Gefühl, ich kann niemals schön oder begehrenswert sein."

So drückt sich die Sykose aus; und auch das Gefühl, ausgeschlossen und hinausgedrängt zu sein.

Von einem Alter von achtzehn Monaten bis zum dritten Lebensjahr war die Patientin in einen Gipsverband gepackt, danach musste sie Gehhilfen und Schienen tragen. Sechs Monate lang war sie völlig unbeweglich und von Kopf bis Fuß eingegipst. Sie war definitiv länger darin eingeschlossen, als es ihr lieb war.

Sie entwickelte Symptome, "für die sie wenig Zuwendung und Anerkennung erfährt".

"Niemand sieht meine Sorgen, die ich mir deshalb mache."

"Ich fühle mich deshalb traurig und einsam, ich fühle mich wirklich verletzt."

Wir müssen uns die Wirkung der Hauptbeschwerde anschauen: sie zieht Aufmerksamkeit auf sich und gleichzeitig bewirkt sie Ausgeschlossenwerden. "Wer will mich schon haben." Sie wünscht sich Zuwendung, bekommt sie aber nicht. Niemand ist an ihr interessiert.

Sie glaubt, dass ihre Krankheit heilbar ist; das ist ein Aspekt der Sykose. Die Krankheit ist als schicksalhaft angenommen, die Symptome werden als fixiert erlebt, aber sie sind nicht todbringend. Irgendetwas ist nicht in Ordnung, am besten man verdeckt es.

Beaver schreibt selbst: *"Ich verstand es folgenderweise: Ich habe etwas gänzlich Falsches getan, und daran lässt sich nichts ändern."* Das ist die Sykose.

Zwei weitere wichtige Rubriken für Sabadilla sind die folgenden:

> Wahnidee, Gedanken seien außerhalb ihres Körpers.

Wahnidee, Seele, der Körper sei zu klein für die Seele oder getrennt von ihr.

“Mein Geist machte sich auf und davon und schwebte zur Decke.”

“Als ich eingegipst war, habe ich immer meinen Körper verlassen.”

Man schaue sich die Empfindungen von Eingeschlossen-/Ausgeschlossensein an, von Hinausgedrängtsein. So als seien Geist und Seele aus dem Körper hinausgedrängt.

“Ich passe einfach nicht in diese Welt.”

“Ich hänge an nichts. Frei schwebend, nirgendwo auf der Erde verhaftet. Keine Heirat, keine Arbeit. “

Sie fühlt sich ausgeschlossen.

Sally beschreibt die Vitiligo:

“Es geht um mein Bild nach außen und um Sexualität.”

“Ich habe eine Art Schamgefühl.”

“Ich möchte mich zudecken.”

Das ist die Sykose.

Und in der Beschreibung der Schwangerschaft ihrer Schwester sagt sie: “Es war eine Riesenschande. Ich war die einzige, die davon wusste. ... Es wurde geheimgehalten.” Dann fühlt sie sich einsam und isoliert. Es kann mit niemand darüber diskutiert werden, sie kann dafür kein Mitgefühl bekommen, es muss verdeckt werden.

Auch dies ist die Sykose.

“Es ist nicht zum Aushalten, es ist unerträglich.”

“Ich fühle mich in meiner Welt und in meinem Körper wie in einer Fall gefangen.”

“Was wird nur aus mir werden, ich habe solche Angst davor festzustecken.”

Beaver schreibt dazu: “Dies sind die unbearbeiteten Emotionen des Kleinkindes, das in einen Gipsverband eingeschlossen war.”

Liliiflorae: zurückgehalten, eingeschränkt, zusammengeschnürt.

Beaver diskutiert im Zusammenhang mit diesem Fall auch Pulsatilla, einerseits als ein verwandtes Mittel und andererseits als eines, von dem sie glaubt, es könne der Patientin helfen. Obwohl Pulsatilla zu den Ranunculaceae zählt, gehört es ebenfalls in das sykotische Miasma. Wenn ein Mittel verabreicht wird und die Pflanzenfamilie nicht die richtige ist, dann wird dennoch eine Wirkung da sein, solange das Miasma stimmt.

Dann hat die Patientin sehr negative Gefühle bezüglich ihres Körpers. Sie glaubt, sie könne für niemand attraktiv sein. Man sieht das Thema von Attraktivität und Attraktivitätsbedürfnis (Liliiflorae).

"Ich habe einen unglaublichen Drang nach Veränderung. Ich möchte einen Wechsel in meiner Beziehung, ich spüre einen Drang auszubrechen, frei von Beschränkungen zu sein, habe ein Gefühl von Eingrenzung und sehne mich nach Freiheit."

"Ich möchte in Bewegung sein."

Wir sehen, wie die Liliiflorae agieren und wie sie auf das Gefühl festgehalten zu werden reagieren, indem sie ausbrechen und frei von Einschränkungen sein wollen. Das ist die bereits oben diskutierte Rastlosigkeit.

Nach sechs Monaten Behandlung hatte die Patientin u.a. Träume, in denen sie sich attraktiv fühlte.

Sie hofft, dass eines Tages jemand auftaucht und sie in ihrer Sexualität und Sinnlichkeit befreit. Auch hier achte man auf das Bild des In-der-Falle-Sitzens, wie das Kind, das in Gips eingeschlossen ist. Wieder das Thema von Eingeschränktsein, Zurückgehaltenwerden.

Im Lepra-Miasma ist das Gefühl der Abscheu viel intensiver: Wenn nicht einmal meine Nächsten und Liebsten es mit mir im gleichen Raum aushalten, dann kann es erst recht sonst niemand auf der Welt. An diesem Punkt ist unsere Patientin nicht, hier ist das Miasma noch skyotisch.

SABADILLA-FALL 3

Von Dr. Linda Johnston

Der Fallbericht wurde bearbeitet und gekürzt.

Einführung

Diese Frau von 41 Jahren kam zum ersten Mal im April 1999 zu mir; sie hatte eine Hauptbeschwerde, die ihr so schrecklich und störend war, dass sie das Gefühl hatte, ihr Leben sei völlig ruiniert. Seit ungefähr einem Jahr litt sie an extremen Schmerzen in der Vulva. Im Folgenden ist ihr Fall zusammengefasst und ergänzt mit zusätzlichem Informationsmaterial, das über die folgenden zweieinhalb Jahre zusammengetragen wurde. Im Augst 2001 fand ich schließlich ihr Heilmittel. Ich hatte damals keine irgendwie besondere oder zusätzliche Information. Es war ein neues Verständnis, das es mir ermöglichte, den Fall auf eine frische und richtigere Weise zu sehen.

Fall

"Probleme tauchen in allen Ecken auf. Das neuste ist ein Ausschlag im Gesicht, der aber wieder schön verschwunden ist. Ich habe Ausschläge, Nesselsucht,

Herpes und Vulvodynie (kaum gebräuchliche Wortschöpfung, um den leichter verständlichen Ausdruck “Schmerzen im Genitale” zu umschreiben – Anm. d. Übersetzers). Die Vulvodynie begann im Juli 1998. Davor hatte ich schon seltsame Dinge wie zum Beispiel einen Herpes im Gesicht, und das über mehrere Monate. Das Gefühl bei der Vulvodynie ist ausgetrocknet, eng, zusammengezogen, ziehend, ohne Feuchtigkeit. Es ist ein schreckliches Gefühl, ein Gefühl von rohem Fleisch, intensive quälende Nervenschmerzen, als ob da kleingeriebenes Glas wäre. Als ob ein Stock oder ein Bambusspross in mir drinsteckte. Wie die chinesische Wasserfolter, und ich muss es auswischen. Manchmal ist sogar Gehen schmerzhaft. Es ist außer Kontrolle. Ich habe solche Angst, dass ich eine schreckliche Krankheit habe. Sex ist seither nur noch beschränkt möglich gewesen. Ich betete oft zu Gott, dass es mir wieder möglich wäre. Seit Januar 99 war ich in solchen Schmerzen und ich war völlig aufgelöst.

Meine Kindheit war schön. Ich habe zwei Schwestern, und die eine der beiden ist meine beste Freundin. Wir waren uns sehr nahe, auf innige Weise miteinander verschlungen. Meine Mutter war großartig. Mein Vater kümmerte sich nicht besonders um uns. Ich war ein wirklich nettes und gutes Kind. Als Kind wollte ich es allen Menschen recht machen und immer gut sein. In der Schule war ich Cheerleader. Oft war ich “zu gut”. Manchmal lag ich in meinem Bett und dachte daran, wie rein ich war. Ich war unberührt rein, intakt, makellos gesund, sauber. Ich rauchte weder Marihuana noch Zigaretten, ich nahm keine Tabletten. Mir wurde das Gutsein zu viel und ich rebellierte. Dann, im Sommer zwischen der neunten und zehnten Klasse beschloss ich Surferin zu werden, das hieß, man sah cool aus und war attraktiv mit diesen Miniröcken. Meine früheren Freunde waren alle ganz behütet und verklemmt. Ich wurde ihnen fremd und schlug mich ins Lager der Surfer, die waren ein verwegener Haufen. Ich war wirklich wild. Ich schwänzte die Schule und trank. Es war großartig auszubrechen. Ich wollte davonfliegen. Es war mir klar, dass ich meine “Reinheit” aus dem Fenster warf. Wenn man nicht rein ist, stirbt man früh. Ich war so gut gewesen und so langweilig. Ich war so isoliert.

Als ich vierundzwanzig war, hatte ich eine Verabredung mit einem Unbekannten. Die Anziehung war augenblicklich und von besonderer Intensität. Es war ein schneller Typ, wild, “gefährlich”, erfolgreich und mit Geld. Er schlief auch mit anderen Frauen, als ich mit ihm war. Er bedeutete Sicherheit für mich. Bald nachdem ich mich mit ihm eingelassen hatte, begann ich häufige Vaginalinfektionen mit Hefekeimen zu haben, die nie mehr ganz verschwanden. Es war einfach furchtbar. Ich fühlte mich dazu verdammt, mein ganzes Leben lang damit leben zu müssen. Sechs Monate später bekam er Herpes. Als er es mir sagte, war ich am Boden zerstört. Die folgenden sechs Monate saß ich auf glühenden Kohlen, indem ich darauf wartete, auch einen (Herpes-)Ausbruch zu bekommen. Wegen AIDS war ich ganz außer mir. All die nächsten Jahre war ich wie gelähmt vor Angst, wenn ich nur daran dachte, einen AIDS-Test machen zu lassen. Wenn ich AIDS hatte, war mein Leben vorbei. Ich hätte nicht mehr heiraten können. Dann ist man allein und muss alleine sterben. Alles ist in Geheimnistuerei gehüllt. Es ist eine so verabscheuungswürdige Sache. Nur die Leute ganz unten, die in der Gosse, die bekamen es. So tief war ich gesunken. Ich saß in einer freien Klinik und wartete auf mein AIDS-Testergebnis neben all diesen Untermenschen, diesen schmutzigen, schmuddeligen, kranken Leuten. Es war abscheulich. Man wird wie ein Aussätziger behandelt. Ich hatte das Gefühl, dass ich nicht mehr rein war. Ich war vom Schmutz angesteckt. Ich versuchte, nicht daran zu denken. Herpes zu haben machte, dass ich mich angesteckt fühlte, schmutzig, infiziert. Bevor das alles anfing, hatte ich noch meine Unschuld.

Dann beschloss er, dass er mich verlassen und wegziehen würde. Ich entwickelte das Gefühl, ich hätte eine große Chance verpasst, und ich wollte ihn unbedingt zurückhaben. Ich hatte entschieden, dass ich ihn liebte, und daran hielt ich jahrelang fest, lange über unsere Beziehung hinaus. Ich hatte das Gefühl, es hatte einmal eine Zeit gegeben, in der er mich wirklich geliebt hatte, und ich wollte daran festhalten. Ich war davon besessen und ich verfolgte ihn. Ich lauerte ihm praktisch auf. Noch nie hatte ich solch eine rohe, wunde Emotion erlebt. Ich rief ihn an, ich schrieb ihm Briefe und gestand ihm meine Liebe. Ich ging zu ihm zu seiner Arbeitsstelle, um sie ihm zu geben. Ich hatte das Gefühl, mein Atem und seiner seien eins, und er war in meinen Gedanken immer gegenwärtig. Er saß mir unter der Haut. Er saß in jeder Faser meines Körpers. Es war, als lebte ich durch ihn. Alles, was ich tat, tat ich für ihn. So sehr war ich mit ihm verbunden. Wegen seiner Zurückweisung hatte ich solch eine Trauer und Gram. Mein Leben war dadurch zerstört. Ich dachte, dies sei meine einzige und einzig wahre Chance, jemals mit jemand solch eine Verbindung zu erleben. Ich musste einfach an jemand festhalten. Ich fühlte all die Liebe und den Schmerz, die dadurch entstanden, und solch eine Verbindung... Ganz allmählich begann sich die Anklammerung zu lösen.

Ich war zu einer solchen Verbindung fähig, und das war etwas Großartiges. Solch eine Verbindung nicht zu haben, ist nicht gut. Er war mein Seelenpartner, und die Verbindung existierte. Direkt von Herz zu Herz. Der Mann musste vollkommen sein, sonst konnte ich die Verbindung nicht eingehen. Ich scheine immer miserable Kerle aufzugabeln, aber ich suche nach den hehren Idealen. Ich wünsche mir diese langdauernde Verbindung, sonst fühle ich mich isoliert.

1994 traf ich meinen Ehemann. Wir hatte uns eigentlich schon 1987 kennengelernt, ein Jahr, nachdem meine Besessenheit begonnen hatte. Er ist gesund und intakt. Ich wollte wirklich ausharren, um auf den richtigen Mann zu warten.

Acht Jahre lang habe ich für eine Versicherungsgesellschaft gearbeitet. Ich bin im Verkauf, aber manchmal bin ich schüchtern. Ich hatte Entsetzen vor öffentlichen Auftritten, vor allem wenn es um ein kontroverses Thema geht. Ich bin völlig eingeschüchtert, aber nach außen sieht man es mir nicht an.

In Wirklichkeit zittere ich bis in meine Schuhe. Wenn mich jemand anschaute, würde ich einen Herzanfall bekommen. Ich bin immer leicht errötet. Wenn sich die Aufmerksamkeit auf mich wendet, werde ich rot wie eine Tomate. Wenn man vor einer Gruppe Menschen steht und etwas Dummes gesagt hat, dann ist das sehr peinlich. Leute schauten mich an, als hätte ich meinen Verstand verloren. Man steckte allen Mut und alles Gefühl hinein, und dann wurde man dafür ausgelacht, übergangen und beleidigt. Der Eindruck, den ich mache, ist mir wichtig, denn ich habe schreckliche Angst davor, bloßgestellt zu werden. Man könnte herausfinden, dass ich von dem, wovon ich rede, keine Ahnung habe. Ich bleibe unter Deckung. Ich muss sie täuschen, ich kann nicht ehrlich sein. Ich möchte nicht kritisiert werden. Ich versuche, gut zu sein. Es ist wirklich peinlich. Ich fühle mich wie ein Haufen Dreck. Als kleines Mädchen wurde ich verlegen, als ich merkte, wieviel ich pinkeln musste. Etwas war nicht in Ordnung mit mir. Ich dachte, die Leute würden schlecht von mir denken und auf mich herabschauen. Dann machte ich mir Sorgen, dass sie denken könnten, dass etwas mit mir nicht in Ordnung sei. Sie könnten meinen, ich sei armselig. Gemeine Menschen hackten auf mir herum, schrien mich an, beleidigten und kritisierten und attackierten mich im ganz Persönlichen. Ich hatte immer versucht, nett zu sein und nicht gemein zu sein."

Traumthemen

1. "Darüber, was gerade in meinem Leben passiert."

2. "Träume, die ich meine Schleimträume nenne. Voller schleimiger, widerlicher, schmutziger und unflätiger Exkremente. Entweder ich falle gerade in sie hinein oder sie fallen über mich herein. In einem Traum rutsche ich im Schlamm aus. Der Schlamm ist dieses dreckige Exkrement. Leute schauen dabei zu. Ich versuche, herauszukommen und nicht darin auszurutschen. Ich versuche, mich an etwas festzuklammern, so dass ich nicht hineinfalle. Es ist ganz abscheulich. Wie wenn man in etwas Fieses hineinrutscht, in einen schleimigen See. Ich empfinde totale Abscheu."

3. "Viele unangenehme Träume, in denen ich in eine schmutzige Toilette oder ein Plumpsklo falle. Ich möchte gerade zur Toilette zu gehen, und sie ist verstopft. Ich fühle mich bloßgestellt und kann aus irgendeinem Grund nicht gehen. In einem Traum bin ich in einem Restaurant. Ich gehe zur Toilette, aber sie ist schmuddelig und überall mit Kot verschmiert. An der Wand hatte ein Stück Stoff gehängt, aber es war abgerutscht und in den Kot gefallen, und ich musste alles saubermachen. Es war ganz abscheulich und fies. Ich versuchte, nicht in die Toilette zu fallen. In einem anderen Traum bin ich in einem Plumpsklo und ich schaukele hin und her. Ich versuche, richtig über dem Loch zu balancieren, um zu pinkeln. Irgendein schwarzes, fauliges, widerliches Zeug spritzt auf mich. Ich kann es nicht abwischen.

Jemand aus der Familie kommt vorbei und sagt zu mir: Du bekommst noch AIDS. Ich fühle mich angesteckt."

4. "Meine Arme sind vor mir verschränkt und auf mir lastet ein Gewicht. Als wäre ich in einer Falle gefangen und an mein Bett gefesselt. Ich soll vergewaltigt oder umgebracht werden. Irgendjemand ist in meinem Haus. Es ist etwas Übernatürliches. Ein Traum aus meiner Kindheit, der sich wiederholt: Ich bin im Dunkeln. Der Kühlschrank lacht mich immer an und ich bekomme Angst. Es war zwar kein schmutziges Lachen, aber ein Kühlschrank sollte trotzdem nicht lachen. Ich habe Angst und bin gleichzeitig fasziniert. Es war, als ob darin (im Kühlschrank) ein Gespenst lebte, übernatürliche Geister, als ob er besessen wäre. Ich war voller Schrecken, wie in einem spukbesessenen Haus. Es konnte mich kriegen, hinter mir herjagen, mich töten, mich foltern und mich auf langsame qualvolle Weise umbringen. Das wäre furchtbar. Es wäre schrecklich, wenn ich an einem Ort schlafen müsste, an dem Geister umgehen."

   "Ich glaube nicht, dass Menschen besessen sind. Als Kind fand ich es immer aufregend und interessant, Gespenstergeschichten zu hören. Wenn es zum Beispiel um einen Besessenen ging. Es gab einen Film, der hieß Stigmata, und es war ein religiöser Film über Teufel. Eine Frau ist von einem Mann besetzt, und sie sieht zum Tod entsetzt aus. Sie (solche Menschen) sehen aus, als seien sie in Qual, denn es lebt etwas in ihnen, das nicht sie selbst sind. Wenn sie in dem Zustand der Besessenheit sind, dann ist ihre eigene Persönlichkeit zu Nichts zerquetscht."

5. "Ich werde von Männern verfolgt. Ich schaffe es wegzukommen. Um aus ihrer Reichweite zu kommen, springe ich und dann beginne ich zu fliegen."

6. "Mein Mann verliebt sich in eine Andere. Ich bin von Schmerz überwältigt. Völlig zerschmettert. Es ist immer dasselbe schmerzliche Gefühl von Verlassenwerden, jedesmal wenn ich von einem geliebten Menschen verlassen werde. Morgens schaue ich nach an meiner Seite und bin dann ganz erleichtert, dass er noch da ist. Es geht alles dahin zurück (auf die Angst), dass man von jemand verlassen wird. Ich hatte noch einen Traum, in dem ich nach einem Vulkanausbruch meine Eltern und meinen Mann verlor. Jemand bleibt zurück und ist verlassen von allen geliebten Menschen. Wenn ich an so etwas denke, stürze ich in tiefe Trauer. Es ist ein ganz wunder Schmerz. Ich habe immer Angst, meinem Mann könnte etwas zustoßen. Die Welt da draußen ist voller Gefahren. Ich fühle mich sehr verwundbar."

Fortsetzung des Falles

"Ich hatte meine Portion Freunde, die mich sitzen ließen. Aber das ist nicht dasselbe. Bei den Freunden hatte ich das Gefühl, dass ich durch den Dreck gezogen worden war. Das hätte nicht sein sollen. Die Unschuld war verlorengegangen. Ich hätte mit jemand sein sollen, der intakt ist. Mein Leben ist so vollkommen. Wenn da nicht dieses eine medizinische Problem wäre, wäre alles vollkommen.

Die Entscheidung für ein Kind ist noch in der Schwebe. Habe ich das nötige Zeug dazu? Ich habe Angst davor, nicht mit einem kranken Kind umgehen zu können. Was wäre, wenn ich ein Kind bekäme, das ein großes Problem oder einen Hirnschaden hätte? Ich habe eine große Angst vor einem missgestalteten Kind. Jeder würde es anstarren. Ich könnte das Kind nicht lieben. Das passiert, wenn die Gene verrückt spielen, aber ich würde mir selbst dafür die Schuld geben. Wir machen Pläne für eine Adoption.

Diese Vulvodynie zerstört mein ganzes Leben. Etwas ist in meinem Körper. Es hält mich, als sei ich von etwas besessen. Es hat meinen Körper im Griff und lässt mich für Tage und Monate nicht los. Ich bin nicht ich selbst. Was ist das da drinnen, was heraus möchte? Es muss etwas Böses sein, etwas Schleimiges, etwas Gemeines. Ich weiß nicht, wie ich es herausbringen kann. Es quält mich. Ich kann es nicht richtig erkennen, aber es manipuliert meinen Körper. Es attackiert mein Gesicht mit einem Ausschlag. Es ist heiß wie der Teufel. Es dreht mich und zieht mich hinunter. Was habe ich Falsches getan? Das ist eine Art Leiden, das einem Mörder zusteht.

Vieleicht habe ich böse Gedanken. Vielleicht glaube ich nicht stark genug an Gott. Ich bin nicht gerade besessen von Religion. Ich bekomme etwas zurückgezahlt. Ich tue nicht genug Gutes. Ich habe nicht genug Liebe zu den Menschen. Ich bin böse und manchmal empfinde ich groben Gefallen daran, wenn ich jemanden leiden sehe. Als ich ein kleines Kind war, tat ich ein paar böse Dinge. Wir quälten oft andere Kinder, wir verspotteten sie. Wir taten abscheuliche Dinge, aus lauter Spaß daran.

Ich habe oft das Gefühl, dass zwischen mir und anderen Menschen eine Wand ist. Ich lasse nicht wirklich zu, dass ich ich selbst bin. Ich habe keine Identität und kann auch keine bekommen. An verschiedenen Orten bin ich ein völlig verschiedener Mensch. Ich bin unbeholfen, aber man sieht es mir nicht an. Es ist mir wichtig, wie man mich wahrnimmt. Ich muss das Richtige sagen und kalkuliere und denke über die Reaktion der Anderen nach. Ich setze mich mit ihnen in Verbindung. Mit vielen Menschen gehe ich keine Verbindung ein. Wenn ich nicht in Verbindung bin, enthülle ich nichts von mir, und dann werde ich ein anderer Mensch. Ich habe Angst, dass man mich nicht mag. Ich fühle mich sehr unsicher, ob man mich mag oder ob man mich liebt. Aber die Menschen sagen immer, ich sei so nett und so gut. Dann werde ich ganz unsicher und fühle mich isoliert.

Ich hatte einen Traum, in dem ich ein Paar dabei beobachtete, wie sie Morde begingen. Ich war auf Raub aus, aber ich tötete niemand. Ich wachte auf und hatte das Gefühl, tief in meinem Gehirn, dass ich jemand absichtlich getötet hatte. In meinem Gehirn gab es ein dunkles Geheimnis, so als hatte ich etwas zu verstecken. Ich empfand solch einen Schrecken und eine Panik. Was, wenn so etwas ans Tageslicht käme? Das würde alles vernichten. Menschen könnten sich auf diese Weise verstecken, und später würde es sie irgendwann einmal beeinflussen. Ich habe solche Dinge nicht. Das Schlimmste wäre, wenn ich in meiner Vergangenheit irgendwann einmal jemand ermordet hätte und wenn ich dafür gefangen würde und ins Gefängnis müsste. Dann würde ich Abscheu vor mir selbst empfinden.

Ein anderes tiefes Geheimnis, das geheimgehalten werden muss, ist, wenn man als Kind mit Sex zu tun hatte, wenn man von jemand geschlagen oder verletzt wurde, vergewaltigt oder belästigt, oder wenn man Zeuge eines schrecklichen Unfalls von Schwester oder Bruder gewesen war.

Hunde sind vulgär. Sie sind so aufdringlich und abscheulich. Das Letzte, was ich mir wünsche, ist Hundespeichel auf meinen Händen. Ich hasse den Geruch von Hunden. Ich hatte Angst vor Hunden gehabt. Ich wollte einmal Hundetrainer werden. Ich übte zusammen mit gemeinen Männern, um Hundetrainer zu werden. Ich wusste damals noch nicht, dass ich Hunde (eigentlich) hasse. Manchmal hatte ich eine Neigung zur Allergie auf Hunde. Ich hasse vor allem Besitzer von Pitbulls (eine Hunderasse, die aggressiv ist und für Hundekämpfe herangezüchtet wird – Anm. d. Übersetzers). Die bloße Gesinnung, diesen Hund besitzen zu wollen, beweist, dass man aggressiv ist und Macht haben will. Es sind Tyrannen. Es macht keinen Sinn, einen Hund besitzen zu wollen, der jemanden töten kann.

Ich mag keine Tiere. Ich hasse Grillen und Käfer, die hüpfen. Sie können auf mich draufhüpfen und mich erschrecken. Sie sind nicht berechenbar. Es sind Ungeziefer. Ich habe keine Angst vor Ratten. Tiere sind schmutzig und schleppen Krankheiten mit sich herum.

Reinheit bedeutet, Jungfrau zu sein und keine Verbrechen zu begehen. Intakt zu sein und zu anderen Menschen gut zu sein. Die Farbe Weiß ist rein. Keine Böswilligkeit im Herzen zu haben, sauber und nicht verschmutzt zu sein. Das Gegenteil davon ist böse zu sein, häßlich, befleckt. Ich denke an die Farbe Schwarz. Wenn ich an Schwarz denke, dann muss ich an ein Plumpsklo denken und daran, in das Toilettenloch zu schauen und nur Schwarz zu sehen. Jemand, der gemein ist, der manipuliert, der sich um nichts schert. Pitbulls. Das ist Manipulation, Grausamkeit, Sarkasmus, Boshaftigkeit, ein böses kriminelles Supergehirn, das versucht, anderen weh zu tun, oder Pläne schmiedet, die nicht in Ordnung und nicht gut sind, jemand, der Grausamkeiten verübt, wie zum Beispiel ein Mann, der Hitchhikern Arme und Beine abschneidet. Ich denke nicht über solche Dinge nach. Zuallerunterst ist Drogenmissbrauch, Mord, Vergewaltigung, jemanden von einer Klippe runterschmeißen oder eine Bank überfallen. Das ist Sünde und Hölle. Der Himmel ist wohl das Reine, und die Hölle das Unreine. Ich behaupte nicht, dass es eine Hölle gibt und dass böse Menschen hineingehen müssen. So wurde es uns allen beigebracht. Ich habe es nicht mehr nötig, dass dieses reine Engelhafte so weitergeht. Ich werde nichts mit bösen Willen unternehmen, aber ich bin nicht so rein.

Der Gedanke an Ansteckung macht mich verrückt. Ansteckung ist hinterhältig. Auf irgendeine Weise wird alles angesteckt. Es gibt nukleare Verseuchung. ("Contamination" im Englischen steht für Ansteckung und für Verseuchung – Anm. d. Übersetzers). Unser Grundwasser und unsere Luft sind verseucht. Wir essen sie und atmen sie ein und bewahren die verseuchten Dinge in uns auf, und es kommt nie wieder heraus. Es gibt Verseuchung, so wie vor ein paar Jahren die BSE-Krankheit in Großbritannien. Ich bin immer verstört, wenn ich aus einer Plastikflasche trinken muss, wegen der Moleküle, die sich aus dem Plastik lösen. Wir verseuchen uns langsam und bringen uns selbst um. Man kann nicht mehr Wasser trinken. Man ist sich nicht hundertprozentig sicher, dass es sauberes Wasser ist, und oft ist es das auch nicht. Es sieht ganz sauber aus. Ein schönes Glas kalten Wassers, es sollte so rein sein, wie es aussieht.

Am schlimmsten ist die radioaktive Verseuchung. Wir werden Krebs bekommen, und unsere Kinder werden geistesbehindert und missgestaltet sein. Von radioaktiver Verseuchung enstehen schreckliche Dinge und Krankheiten. Wenn man Atomtests macht, dann trägt der Wind die Verseuchung überallhin. Ich glaube, in meinem Blut schwimmen solche Dinge herum. In meinem Blut sind Gifte. Ich hatte einmal mein Blut untersuchen lassen und ich schaute mir die Zellen an, wie sie sich bewegten, und all das Zeug, was da herumschwamm. Das Schrecklichste für mich wäre, wenn ich frühzeitig und unter Schmerzen sterben müsste und nie einem Mann begegnete und Liebe erfahren könnte.

Einmal, als ich sechzehn war, kam ich von der Schule nach Hause, und niemand war zuhause. Ich hatte den Drang, draußen ein Häufchen zu machen. Es war solch ein Gefühl von Freiheit, oder eher ein Gefühl von Tier. Wie ein Tier zu sein, das heißt ohne Hemmungen zu sein. Sie (die Tiere) schlagen sich nicht damit herum, was angebracht oder unangebracht sei. Es ist eine körperliche Funktion und sie tun's einfach. Sex ist einfach etwas sehr Tierhaftes, etwas Instinktives, Körperliches. Es fühlt sich gut an, ein paar Tabus sausen zu lassen und sich nicht darum zu sorgen, ob man höflich oder nett ist.

Ich möchte einfach, dass wir ein normales Leben haben. Ich möchte nicht nur einfach vollkommen sein. Ich möchte in der Lage sein, eine Entscheidung nach meinem eigenen Gutdünken zu fällen und mich auf etwas anderes als meinen Unterleib zu konzentrieren. Normal wäre es, wenn ich mir um ein normales Sexualleben keine Sorgen zu machen bräuchte und wenn ich, wann immer wir uns danach fühlen, Sex machen könnte. Jetzt geht das nicht. Ich möchte einfach nur die Freiheit haben, Sex zu machen – schmerzfreien Sex, den ich genießen kann.

Ich fühle mich wie düstere Schwermut. Ich bin ganz verzweifelt. Ich stürze ab und ich versuche, wieder heraufzuklettern. Ich träume davon, auf hohen Dingen rumzuklettern. Ich habe keine Angst vor Höhen, aber in vielen meiner Träume klettere ich auf hohen Dingen herum und habe große Angst und mir ist schummerig wie auf einer Achterbahn. Mein Magen kommt mir hoch."

A: Was für eine Situation müsste das sein, in der ein Mensch keinen Sex haben könnte?

P: "Man hat keinen Sex, wenn man ein kleines Mädchen ist, oder wenn man einen Partner mit AIDS hat, oder wenn man ganz arge Schmerzen hat. Oder vielleicht hat man ein emotionales Trauma von einer Vergewaltigung oder einer Belästigung. Oder man ist von einer Pistole bedroht. Man hat auch keinen Sex, wenn man die Jungfrau Maria ist. Die Jungfrau Maria bleibt immer jungfräulich, unschuldig, rein und unberührt, auch psychologisch rein. Wenn sie wüsste, was Sex ist, dann hätte sie unreine Gedanken. Als ich noch Jungfrau war, hatte ich Gedanken an Sex, also war ich nicht rein. Nur die Unschuld eines Kindes ist rein. Meine Nichte ist rein und sie hat keine schlechten Gedanken. Sie hat ein kindliches Gemüt und sie weiß nicht, was Leiden heißt. Andere Kinder wissen bereits in frühem Alter, was Leiden ist. Sie sind unschuldig, was die Härten des Lebens betrifft, unschuldig, was Manipuliert - und Verletztwerden bedeutet. Es ist ein engelhafter Zustand. Sie baden in Gutheit. Sie haben noch keine Narben erhalten, Narben nach schmerzlichen Erfahrungen. Sie glauben, dass der Mensch von Natur aus gut ist und nicht böse oder verletzend oder abweisend. Ich bin befleckt. Ich bin beschädigte Ware, und das sagt im Grunde alles. Der Kern meines Frauseins ist beschädigt. Beschädigte Ware, das ist eine Frau, die eine Schlampe ist und mit jedem ins Bett geht, oder jemand mit AIDS. Vielleicht wurde sie vergewaltigt und hat jetzt eine Geschlechtskrankheit. Ich bin so froh, dass ich nicht so bin.

Man wird mit Unschuld geboren und dann verliert man sie Stückchen für Stückchen in der Wirklichkeit des Lebens. Man muss einiges davon verlieren, um in der Welt zu funktionieren. Es ist so schade, dass das Unschuldige nicht hier sein kann, dass wir es uns nicht ganz bewahren können, und dass wir nicht alle in Unschuld und mit Liebe miteinander umgehen können. (Es gibt) Menschen, die mit Gewalt verletzt werden. Das tut weh. Die Wirklichkeit des Lebens tut weh. Man kann zurückgewiesen werden. Man muss Leistung bringen und man wird kritisiert. (Man muss lernen,) dass die Welt kein Spielplatz ist. Es gibt Verletzungen und Schaden, die einen Teil deiner Seele mit sich nehmen. Man muss mit Schmerzen und Feinden und Zurückweisung umzugehen lernen. Es nimmt der unschuldigen Seele (einen Teil) ihre Schönheit. Verlorene Unschuld, so wie in dem Filme "The Sybil". Sie ist zerschmettert wie Glas. Sie macht enorme Beleidigungen durch und dann löst sie sich in zig Persönlichkeiten auf. Es gibt Kinder, die sind ihr ganzes Leben in einen Schrank eingesperrt. Da geht die Unschuld kaputt. Ihre Eltern sind vielleicht Alkoholiker, niemand kümmert sich um sie, sie bekommen nicht die Grundlagen des Lebens vermittelt, Nahrung, Obdach und Liebe. Vernachlässigte Kinder, die auf der Straße leben müssen, verkauft in die Sklaverei, an die Prostitutionsmafia. Eine Person kann kaputt gehen, wenn das Gehirn in Teile gespalten ist. So wie man sein Gesicht in einem zerbrochenen Spiegel in verschiedene Teile aufgeteilt sieht. Ein Teil ist zerbrochen und kann nicht wieder zusammengesetzt werden. Ich denke dabei an Menschen, die gebrochen sind, mittellos, verarmt, an schlechte Gegenden, in denen Armut und Kriminalität regieren, wo man überfallen wird, gekidnappt, wo Hitchhiker in Stücke geschnitten werden. Menschen, die einem Angst machen, schwarz und bedrohlich und sadistisch, Serienmörder. Das sind wahrscheinlich kaputte (Menschen).

Es gibt Kinder, die werden in solche schlimmen Situationen hineingeboren. Sie haben schlechte Karten gezogen. Manche Kinder sind einfach widerstandsfähiger und können mit Unglück besser umgehen. Sie sind intakter als die andern. So ist das Leben, das mit jedem ein anderes Spiel spielt. Manche sind unter guten Sternen geboren. Ihr Schutzengel ist stärker als der von anderen.

Das Gegenteil von Unschuld ist der Satan, der Teufel, Böses, Grausamkeit. Sie (die Teufel) sind zornig und spucken Feuer mit gespaltenen Zungen. Es gibt rote Monster, die weh tun, die gemein und bösartig sind. Ich stelle mir Schwärze vor, Beflecktheit, vom Schicksal verdammt, traurig. Es gibt den Schmerz der Hölle. Da gibt es Wahnsinn, Tod und Würmer. Satan ist ein Wesen mit bösen roten Augen und blutstropfenden Händen. Er verdammt die ganze Welt zu Weinen und Schmerz. Und ist dabei fröhlich und glücklich. Er frisst unsere Seelen auf. (Meinen Sie) nicht, dass ich wirklich an ihn glaube. Er manipuliert die Welt und macht Menschen elend. Er wiegelt Leute gegeneinander auf und raubt ihnen die Unschuld. Ich glaube nicht an Religion. Ich glaube nicht an den Teufel oder Satan, aber ich habe Geschichten von ihm gehört.

Schwarze Schwermut ist die schwarze neblige Dunkelheit des Waldes, Häuser, in denen es spukt. Da gibt es Kanalleitungen, in denen schwarze bedrohliche Kräfte hausen. Jederzeit und aus jeder Richtung kann ein Angriff kommen. Es gibt Obdachlose, die im Untergrund wohnen, in dieser Art unwürdigen Bedingungen, in Nässe, fauligem Gestank, Schmutz, traurig und ohne Hoffnung. Sie essen Dinge, die eigentlich nicht essbar sind, alte Schuhe, tote Ratten, alte Frikadellenbrötchen, Müll, abgeschälte Käsereste, aus Abfallpapier.

Es ist furchtbar, wenn man sich vorstellt, dass es so schlimme Menschen gibt, so angsteinflößend, die zu solch schrecklichen Dingen fähig sind. Geistige Gesundheit und Wahnsinn liegen ganz dicht beieinander. Viele Menschen kann man ganz leicht in den Abgrund stoßen. Manche sind einfach anders in ihrer biologischen Verkabelung. Die meisten sind normal und scheinen auch normal, haben aber trotzdem ihre verrückte Seite, wenn man sie hinabstößt. Natürlich gehöre ich nicht dazu! In dem Film "Thelma und Luise", da werden sie in diese Situation hinabgestoßen, und dann drehen sie durch. Da gibt es den Nachbar von nebenan, der das Postamt zusammengeschossen hat. Die Schulkinder laufen eine Straße runter und dann drehen sie durch und gehen über die Schwelle. Nette

Menschen werden zu Verkehrsmördern. Man weiß nie, was für Munition sie im Auto bei sich haben, also schneide sie nicht in der Spur! (Denken Sie) nicht, ich könnte zum Verkehrsmörder werden. Es gibt einfach böse Menschen, die anderen alles Mögliche antun, so als ob sie nicht die Gesellschaftsregeln einhalten müssten, und sie machen es absichtlich. Sie leben außerhalb der Gesellschaftsschranken und sie leben gefährlich. Die Gesellschaft hat ihre Normen und sie verzeiht. Es gibt einen großen Spielraum, und man kann immer noch innerhalb der Normen sein, aber manche treiben es auf die Spitze und dann überschreiten sie die Grenzen. Jenseits der Grenzen, das ist Charles Manson. Es gibt eine feine Unterscheidung zwischen dem Normalen und einem Charles Manson.

Einer, der befleckt ist, das ist ein Serienmörder. Ein richtiger durchschnittlicher Serienmörder. Irgendwann im Lauf des Lebens ist etwas mit ihm geschehen. Andererseits gibt es auch welche, die sind mit den Genen dazu geboren. Vielleicht sind sie karmisch befleckt. Es gibt Kinder, die von schlechtem Samen kommen. Leute können noch in meinem Alter sein, und meine Seele wird beschmutzt ... Im Grunde genommen habe ich das Gefühl, dass meine Seele immer hübsch intakt war. Als ich damals mit diesen Burschen ging, fühlte ich, dass ich ganz offen war für Liebe. Ich nahm mein Herz in die Hände und übergab es ihnen, vertraute es ihnen an. Mein Herz war in ihren Händen, und so viele Menschen haben ihm weh getan. Ich versuchte, ihnen die Liebe eines Kindes zu geben, Herz und Seele und Unschuld. Als es in ihrer Hand war, wussten sie es nicht zu schätzen. Das ist das Gute mit meinem Mann. Ich gab ihm Herz und Seele, und er weiß sie in seinen Händen zu halten und sie in Schönheit sich entfalten zu lassen."

Fallanalyse

Ihr Hauptproblem hat mit Verletzen zu tun. Sie ist extrem sensibel, sie ist gefühlsbetont und sentimental und sie wird leicht verletzt. Sie gehört in das Pflanzenreich.

Dies sind die Hauptthemen des Falles:

1. Sich schmutzig fühlen, ekelhaft, verseucht, verschmutzt, erkrankt, wie Exkrement, befleckt, wie ein Tier, durch Dreck gezogen, Schleim, ruiniert, niedriges Leben, Abschaum, Stigma, Gelgenheitsfick, im Sexuellen wahllos, Aussätziger, verachtenswert, verkrüppelt, gemein und vulgär, abstoßend, Gewürm, schlechter Samen, getrübt, dumm, Gifte, schlechte Gedanken, beschädigte Ware, Schlampe, AIDS.

2. Marter, Mord, kriminell, böse, Satan, Teufel, gemein, quälen, verspotten, beleidigen, extremer Schmerz, übernatürlich, Geister, verdammt, besessen, Serienmörder, von Spuk besessene Häuser, Agonie, räuberisch, Vergewaltigung, Belästigung, Töten, böswillig, attackiert, ausgelacht, schwarz, Manipulation, abgeschnittene Körperteile, die Seele aufessen, Prostitutions-

mafia, Kanalsystem, Charles Manson, Hass, bedrohlich, sadistisch, Pitbull-Terrier, Tyrann.

3. Peinlich, ihr wahres Selbst verstecken, niemand versteht sie, was sich nach außen zeigt und was innen verborgen bleibt, etwas verkehrt mit ihr, nervös vor öffentlichem Reden, eingeschüchtert, enttäuscht, Geheimnistuerei, entblößt, angestarrt, nicht sich selbst sein, was andere von ihr denken, unsicher, tiefes Geheimnis, Bild, in Deckung, erröten.

4. Rein, intakt, unbefleckt, jungfräulich, vollkommen, unschuldig, nett, gut, hohe Ideale, gesund, respektiert, weiß, sauber, kindhaftes Gemüt, engelhaft, Reinheit der Liebe, Jungfrau Maria, Gott, Liebe, Vertrauen, Ganzheit.

5. Sich eine Verbindung wünschen, mit einem Geliebten ganz innig verschlungen sein, jemand unter die Haut gegangen, Teil des Anderen sein, den Atem mit dem Geliebten teilten, wünscht sich Heirat, Seelenpartner, von Herz zu Herz, etwas Besonderes fühlen, völlig zusammen.

6. Sich isoliert fühlen, verlassen sein, am Boden zerstört, völlig allein, entsetzt, terrorisiert, in Gram, extrem verletzt, wunder Schmerz durch Verlust eines Geliebten, nicht Gehenlassen-Können, anklammern, sich festhalten.

7. Panische Angst um die Gesundheit, ausgeflippt, Angst vor Schmerzen.

8. Über dem Abgrund, kaputt, zerstört, durchgedreht, Gehirn in Teile geteilt, auseinandergebrochen, gefährlich leben, über die Schwelle gegangen, verrückt, jenseits der Gesellschaftsschranken und -regeln, schlechte Gene, Karma, fehlende Teile.

Wie können wir diese Puzzleteile zusammensetzen? Wir haben eine Frau vor uns, die sich absolut abscheulich / ekelhaft fühlt, schmutzig, verseucht und befleckt, all die Dinge der ersten Aufzählung. Sie fühlt sich in der Tat schlimmer als schmuddelig, sie sieht sich sogar so, wie es die zweite Aufzählung ausdrückt. Sie ist (wie) ein krimineller Untermensch, der andere zu seinem Vergnügen foltert, wie ein fleischgewordener Satan, der in seiner Gemeinheit und Zerstörungslust und bösen Natur andere Menschen in extremsten rohen Schmerz und Qual stürzt. Sie ist schlechter Samen, genetisch defekt, unabänderlich. Sie ist besessen. Es gibt ein tiefes schwarzes Geheimnns in ihrem Gehirn, das nicht zu entfernen ist. Wenn sie vom Beleidigt- oder Verspottetwerden redet, dann hat es die gleiche Qualität wie Gequältwerden, wie Vergewaltigung und Mord.

Wie reagiert sie nun auf diese tiefsitzenden Gefühle? Sie versteckt sich. Sie zeigt nicht ihr wahres Selbst, denn sie hat festgestellt, dass mit ihr etwas nicht stimmt, dass ihr ein ganz furchtbarer Makel anhaftet. Die einzige Möglichkeit, die sie hat, ist sich zu verstecken. Man rufe sich in Erinnerung, dass sie sich große Sorgen darüber machte, ob sie ein verkrüppeltes Kind mit einem angeborenen Defekt zur

Welt brächte. Das ist etwas, das man nicht verstecken kann. Alle würden hinstarren und wissen, dass das Kind nicht gesund ist. Sie tut also alles, was die dritte Aufzählung beschreibt. Das erklärt ihr extremes Peinlichberührtsein, das Erröten, die Geheimnistuerei. Was sie unternimmt, um mit ihren Gefühlen fertig zu werden, das zeigt ihr Miasma. Es ist die Sykose. Sie versteckt sich hinter einer Tünche aus Reinheit und Intaktheit.

Eines ihrer Themen in diesem Zusammenhang ist die Vorstellung von der heimtückischen Natur von Ansteckung. Es gibt Menschen in der Welt, die ganz normal aussehen, aber in Wirklichkeit defekt sind, erkrankt, Mörder. Gibt es nicht normale Menschen, die hinter dem Steuerrad in einem Anfall von Tobsucht zu den bösartigsten Mördern werden? Ihre Welt ist bevölkert von Menschen, die normal und rein aussehen, die aber eigentlich wahnsinnig sind, gemein, krank, schmuddelig, kriminell, böse, bereit, das schlimmste Verbrechen zu begehen. Das Bild, das sie vom Kanalsystem zeichnet, von einer Welt voller schwarzer bedrohlicher Kräfte, die jederzeit und aus jeder Richtung kommen und attackieren können, ist sehr lebendig. Die Kanalleitungen sind die verborgene Unterwelt.

Das Bild von der Umweltverschmutzung ist eine schöne Metapher. Man hat ein Glas kühles, perlendes Mineralwasser vor sich und denkt, es sei rein, aber es ist es nicht! Es mag reichlich kontaminiert sein, ohne dass etwas zu sehen ist. Der Grund für die Patientin, das zu erkennen, liegt darin, dass sie selbst rein aussieht, aber voller unsichtbarer Kontamination ist. Wenn dies bei ihr so ist, wieviel andere mag es dann geben, die ihre Verunreinigungen genauso verbergen. Wieviele sauber erscheinende und nette Menschen mögen auf der Welt sein, die eigentlich Serienmörder sind? Ihre Bemerkung vom "ganz durchscnittlichen Serienmörder" ist völlig zutreffend. Das sind die Durchschnittstypen, die man beim Sport oder beim Fußballtraining des eigenen Jungen trifft, die allesamt auch Massenmörder sein könnten.

Sie müht sich, rein und unschuldig zu sein (Aufzählung 4). Warum ist das so wichtig? Warum sich so hart mühen, ein Bild von Reinheit und Gutheit abzugeben? Sie tut es, weil sie sich einen Partner wünscht, Verbundenheit mit einem Seelenpartner (Aufzählung 5). Ihre schmuddelige Bosheit bewirkt, dass sie sich isoliert und kaputt fühlt (Aufzählung 6), so dass nur noch ein inniges Verschlungensein mit einem anderen Menschen ihr das Gefühl der Ganzheit geben kann. Wie kann sie aber je solch eine Verbindung finden, wenn sie doch abstoßend ist? Indem sie diesen Teil ihrer selbst versteckt und nach außen ein Bild von Reinheit und Vollkommenehit abgibt. Das bringt sie dazu, sich ängstlich darum zu sorgen, ob man ihr wahres Selbst (Aufzählung 3) sehen kann, und sich um ihre Gesundheit zu sorgen (Aufzählung 7). Sie sagt, dass sie nach einem Burschen Ausschau hielt, der Klasse und hohe Ideale hatte, und wenn er nicht perfekt wäre, dann würde sie sich auf keine Verbindung einlassen. In Wirklichkeit meint sie damit, dass kein Mann eine Verbindung mit ihr eingeht, wenn sie nicht perfekt ist.

Ihr Wiederholungstraum liefert ein wunderschönes Bild all dieser Gefühle und hilft uns, sie wirklich zu verstehen. Im Traum rutscht sie in faulige, stinkige Exkremente. Leute schauen ihr dabei zu, und sie fühlt sich entblößt und angeekelt. Sie versucht, nicht in diese schleimige, fiese Brühe zu rutschen, indem sie sich an etwas festhält. Diese Idee von "Sich-Festkrallen" ist wichtig. So wie sie sich in ihrer Vernarrtheit an ihrem Nachbarjungen festkrallt, so wie sie an dem Mann festhält, von dem sie besessen ist, so hält sie auch Ausschau nach jemand, der sie vor dem schleimigen, bösen, satanischen, schrecklichen Teil ihrer selbst retten kann. Weitere Verweise auf diese Vorstellung finden sich, wenn sie davon redet, "für den richtigen Mann auszuharren", oder davon, wie sich nach dem Bruch mit dem Geliebten "der Zugriff langsam Schrittchen für Schrittchen löste" und wie sie nicht "aus seinem Griff loskam". Sich festklammern, festhalten, zugreifen, das sind wichtige Themen.

Eine ihrer größten Ängste besteht darin, dass sie bis an ihre Grenzen gereizt würde und dann durchdrehte, kaputtginge, auseinanderbräche und ihre ganze Bosheit dann offen zu Tage träte. Dann würde sie zu einem Charles Manson. Sie könnte es nicht länger verbergen. Dann wäre sie alleine und verlöre alle Hoffnung, jemals die Verbindung einzugehen, nach der sie sich so sehr sehnt. Sie stürbe einen elenden, qualvollen, schmerzhaften Tod, ganz allein in der Hölle. Es ist durchaus in Ordnung, ein bisschen Schlechtes herauszulassen, wie zum Beispiel Risiko-Sportarten auszuüben, oder die Regeln ein klein bisschen zu missachten, frei und spielerisch zu sein, sonst wird das Leben langweilige Routine. Aber es ist überhaupt nicht gut durchzudrehen, kaputtzugehen, total wild und verrückt zu sein und völlig gegen die Gesellschaftsregeln zu verstoßen.

Oftmals widerspricht sie sich selbst und manchmal gar in Sätzen direkt hintereinander. Sie hasst Hunde, aber sie war Hundetrainer. Sie nimmt Dinge nicht persönlich, aber dann nimmt sie etwas persönlich. Sie sagt, sie sei nicht besessen, aber sie schildert im Detail mehrere ihrer Besessenheiten. Sie beschreibt ihr Inneres und ihr Äußeres. Klingt sie nicht wie jemand, der in Einzelteile zerstreut ist? Das ist das Gegenteil von Intaktheit.

Die Vorstellung von Besessenheit steht im Zusammenhang mit dem Gefühl des Zerschmettert- und Kaputtseins. Wenn jemand besessen ist, dann ist er völlig verwandelt, denn etwas anderes als er selbst wohnt in seinem Innern. Es ist wie Ineinanderverschlungensein. Man ist eine andere Person. Das ist interessant, denn diese tiefe Verbindung ist eigentlich das, was sie will, und was könnte eine tiefergehende Verbindung sein als die von Besessenheit, wovor sie Angst hat. Sie lässt zu, dass von ihr Besitz ergriffen wird und dass sie besessen ist, und sie war besessen. Der Gedanke widert sie an, dass etwas Böses in ihrem Gehirn hause, dass sie von diesem üblen Samen abstamme, ohne Hoffnung auf Reinheit und Ganzheit. Es ist nur eine Frage der Zeit, dass sie durchdreht, kaputtgeht und einen Mord begeht. Es ist alles eine Frage von Glück oder Pech, schlechtem Karma. Was kann sie schon tun? Sie kann nur hoffen, dass ihr Schutzengel stark genug ist und dass die Sterne ihr Glück bringen. Sie greift sich jemanden, um eine Verbindung herzustellen, damit sie nicht in den Schlamm fällt und das Schlimmste nicht eintritt.

Inzwischen hat sie diese Verbindung gefunden. Schließlich hat sie einen intakten, netten, guten und moralischen Mann geheiratet, der sie in Gänze liebt, der in tiefgreifender Verbindung mit ihr steht, und es ist ihr gestattet, ihr wahres Selbst zu sein. Warum ist sie dann krank? Warum dann die Vulvodynie? Die Heirat mit einem reinen, intakten Gatten hat ihre inneren Gefühle nicht verändert. Sie fühlt sich immer noch schmutzig und krank, immer noch böse und verdorben.

Wir müssen immer noch ihre körperlichen Symptome mit ihrem Zustand in Verbindung bringen. Die Vulvodynie ist ein intensiver roher Schmerz, und das Gefühl zu ihrem Liebhaber war ebenfalls eine rohes wundes Gefühl und ebenso intensiv. Es sagt eine Menge, wenn sie von ihrer Vulvodynie berichtet, dass sie wie Folter ist, von der Sorte Schmerz, der einem Mörder zusteht. Also fühlt sie sich als Mörder. Und warum sollte irgendein Schmerz an anderer Körperstelle nicht denselben Zweck erfüllen?

Sexualität spielt in ihrem Fall eine ausgesprochen starke Rolle. Weil ihre körperlichen Symptome sie von Sex abhalten, müssen wir verstehen, unter welchen Umständen jemand keinen Sex haben sollte. Wenn man als Mädchen noch zu jung ist, wenn man AIDS hat, oder wenn man in Schmerzen ist. Vor der Heirat hielt die Angst vor AIDS sie zurück, jetzt nach der Heirat, als diese Sorge überflüssig geworden ist, muss ein anderes Symptom dafür sorgen, daher die Vulvodynie. Sie bringt Sex mit der Tierseite im Menschen in Verbindung, und sie hat einen ausgeprägten Ekel vor Tieren. Das übersetzt sich in einen starken Ekel vor Sex, denn Sex macht sie unrein.

Ein kleines Mädchen ist ein reines, unschuldiges Wesen, unbefleckt von schlechten Gedanken an Sex. Das andere Wesen, das nichts mit Sex zu tun hat, ist die Jungfrau Maria, das wichtigste Symbol für Reinheit von Körper und Geist. Nicht Sex zu haben heißt jungfräulich zu sein. Keinen Sex zu haben und ein Kind zu adoptieren macht sie zu einer Jungfrau Maria. Man braucht sich nicht zu wundern, dass sie eine Adoption plant. Wo verlieren Kinder ihre Unschuld? In einem Waisenhaus, wo sie isoliert sind, aufgegeben und verlassen von ihren Eltern, die keine Verbindung mit ihnen eingingen. Wenn sie ihre Unschuld verloren haben, werden sie zu Massenmördern.

Wir wissen, dass das Miasma die Sykose ist. Welches Gefühl versucht sie zu verstecken? Ist es das Gefühl, in Teile zersplittert und kaputt zu sein? Das würde uns zu den Koniferen und zu Thuja führen. Ist es das Gefühl, in zwei Teile geteilt zu sein, zerschmettert und aufgeteilt zu sein, das uns zu den Leguminosen und zu Copaiva führt? Oder ist es die Gefühlswelt der Scrophulariaceae, die sich um das Thema von Verbundenheit und Unverbundenheit dreht? Obwohl diese

Gefühle in ihrem Fall stark hervortreten, schließt keine der drei Pflanzenfamilien ihre tiefsten Gefühle und den ganzen Fall ein. Sexualität; Religion; und das Böse.

Diese Frau fühlt sich so schmutzig und befleckt und von Grund auf böse, dass es sicher ist, dass sie etwas tun wird, das außerhalb der Gesellschaftsnormen liegt, zum Beispiel jemanden umbringen, von hohen Moralvorstellungen abfallen, um dann am Ende alleine dazustehen, vernachlässigt und ohne Verbindung, und einen schmerzvollen qualvollen Tod zu sterben, ganz allein in Schleim und Hölle. Wenn sie rein und unschuldig sein könnte, dann könnte sie in Verbindung sein und wäre von Folter und Hölle gerettet. Die einzige Art rein zu sein besteht für sie darin, keinen Sex zu haben, nicht einmal einen Gedanken an Sex.

Jungfrau, rein, Verbindung, auf der einen Seite – Sex, böse, alleine, auf der anderen Seite; das umschreibt die Liliiflorae am besten.

Miasma Sykose – Verstecken.

Familie Liliiflorae – hinausgedrängt, vernachlässigt, Religion, Festhalten.

Sabadilla-Thema: Ich muss meine Bosheit verstecken, sonst werde ich von der Gesellschaft ausgeklammert und ende alleine.

Verabreichtes Mittel: *Sabadilla M1.*

Nachsorge

Es genügt hier festzustellen, dass es der Patientin auf die erste Dosis hin sofort besser ging. Wiederholungsgaben helfen ihr weiterhin gut. Sie ist seit sieben Monaten schmerzfrei. Ich erwarte, dass eine wirkliche Heilung sehr lange Zeit brauchen wird, und zwar aus mehreren Gründen. Der erste ist die Tiefe ihrer Gefühle, der zweite ist, dass das sykotische Zudecken so stark entwickelt ist. Wie auch immer, die Wirkung bei ihr ist ausgezeichnet, und sie macht sehr gute Fortschritte.

HELONIAS DIOICA

Liliiflorae + Sykose

Die folgenden Rubriken aus "Complete" (siehe Punkt (7) in der Vorbemerkung) weisen darauf hin, dass das Miasma von Helonias sykotisch ist.

Gesellschaft: Abneigung gegen, verschlimmert durch; bevorzugt Alleinsein.

Glücklich, andere glücklich sehen verschlimmert. (1)

Angesprochen, möchte nicht werden; möchte alleingelassen sein.

Vorschläge werden nicht angenommen. (1)

Hypochondrie.

Das Gefühl von Helonias könnte wie folgt sein:

Muss vermeiden, ausgeschlossen zu sein.

Unterscheidung von Crocus, Sabadilla, Lilium tigrinum und Helonias

Diese vier Heilmittel sind alle dem sykotischen Miasma zugeordnet. Ihnen gemeinsam ist das Gefühl, etwas zudecken zu müssen, auf der Hut sein zu müssen, nicht ausgeschlossen zu werden. Wie lassen sie sich unterscheiden?

Die Unterschiede sind qualitativer Natur. Jedes Mittel ist mehr als bloßes Gefühl der Pflanzenfamilie plus Miasma, jedes besitzt seine eigene subtile Färbung, seine eigene Nuance.

Lilium tigrinum ist mehr religiös gesinnt. Ich darf nichts Falsches tun; meine Sexualität ist falsch; ich darf in Wort oder Tat nicht grobschlächtig werden, das ist nicht akzeptabel. Bei diesem Mittel hat der Patient das Gefühl, dass er etwas Unrechtes tue, wenn er seine Triebe auslebte; dafür würde er aus der Gesellschaft ausgeschlossen werden; er muss sie unterdrücken.

Der *Sabadilla*-Patient hat abwegige Vorstellungen von seinem Körper; etwas in ihm ist verkehrt. Das ist eine fixe Idee. Und weil etwas an seinem Körper verkehrt ist, wird er von seiner Gruppe oder der Gesellschaft ausgeschlossen. Er muss deshalb vorsichtig sein und seine "Tatsachen" verdecken.

Bei *Crocus* herrscht das Gefühl: Ich bin nicht attraktiv genug, deshalb schließt man mich aus. Ich muss dafür sorgen, attraktiv genug zu sein. Ich darf nie langweilig für andere sein, mein Verhalten muss immer Aufmerksamkeit auf sich ziehen – durch Gesang, Lachen, Küssen, Zuneigungsbezeigungen –, damit man mich nicht ausschließt.

Helonias sucht Aufmerksamkeit auf sich zu lenken durch Hypochondrie. Das ist seine Art, sich vor Ausschluss zu bewahren.

Es taucht die offensichtliche Frage auf: Falls wir das Empfinden der Pflanzenfamilie mit dem Miasma kombinieren und zum Beispiel Crocus anstatt Lilium tigrinum verabreichen, wird das Mittel dennoch wirken?

Nach meiner Theorie wird das Heilmittel auch dann noch wirken, aber nicht mehr so genau.

ORNITHOGALUM

Liliiflorae + Krebs-Miasma

Ornithogalum ist als Krebsheilmittel bekannt, besonders bei Magen- und Pyloruskrebs. Eine Literatursuche ergibt zahlreiche Hinweise auf diese Indikation.

Eine seiner Hauptwirkungen besteht auf den Pylorussphinkter, was insofern für uns interessant ist, als es sich auf die Thematik der Liliiflorae bezieht – einbehalten / hinausgezwungen – und auf unsere vorher diskutierten Vorstellungen betreffs der Sphinkterfunktion.

Weiterhin finden wir "Neigung zu Selbstmord". Das Krebs-Miasma steht zwischen dem sykotischen und syphilitischen. Neigung zu Selbstmord hat mit den zerstörerischen Tendenzen der Syphilis zu tun, und die Tatsache, dass wir das Symptom in diesem Arzneimittelbild vorfinden, unterstreicht die Annahme, dass das Mittel zum Krebs-Miasma gehört.

In seinem Buch über Drogen für den Verdauungstrakt bezieht sich Borland auf Ornithogalum. Er schreibt von seinem Gebrauch bei Pylorusulzera und Magen- und Pyloruskrebs. Charakteristische Symptome des Mittels beschreibt er wie folgt:

> Ein Gefühl von extremem Druck, Ausdehnung im Epigastrium, die als schreckliches Gefühl geschildert wird, als sei der gesamte Oberbauch und der untere Teil des Brustkorbs angefüllt.
>
> Ein Gefühl, als würde etwas mit Gewalt in den Magen hinein oder durch die Pylorusregion oder durch den Brustraum gezwängt.
>
> Ein schreckliches Gefühl von Rastlosigkeit – die Patienten sagen aus, dass sie nicht still sein können.
>
> Das eigentümliche Empfinden, als sei der Magen voller Wasser.
>
> Die Patienten – was in dieser Verfassung nicht verwunderlich ist – sind meist depressiv und manchmal tatsächlich suizidal.
>
> Bei dem Gefühl der Ausdehnung des Bauches haben sie ein merkwürdiges Empfinden von Druck im ganzen Körper, das oft als ein Gefühl beschrieben wird, als seien alle Nerven unter Spannung… Es ist durchaus dasselbe Gefühl von Fülle, das sie sonstwo beschreiben.

Obwohl für Ornithogalum nur wenige Symptome dokumentiert sind, sehen wir die uns bekannten Empfindungen der Liliiflorae:

Fülle, Druck.

Hinausgedrängt.

Rastlosigkeit (d.h. muss sich bewegen, Aktivität).

Und die oben genannte Neigung zum Selbstmord finden wir wieder im syphilitischen Aspekt des Krebs-Miasmas. Aus diesem Grund ordne ich Ornithogalum dem Krebs-Miasma zu. Das Gefühl auf der Ebene von Geist und Gemüt könnte folgendermaßen sein:

Muss sich völlig in Kontrolle haben und sich beschäftigt halten, sonst wird er ausgeschlossen.

AGRAPHIS

Liliiflorae + tuberkulöses Miasma

In der Literatur ist Agraphis als Tuberkulose-Mittel bekannt. Die Kombination des Empfindens der Liliiflorae und des tuberkulösen Miasmas könnte das folgende Gefühl ergeben:

Fühlt sich eingeengt und am Ersticken, wenn eingeschlossen.

AGRAPHIS-FALL

Von Peggy Chipkin (IFH 1995)

Der Fall ist bearbeitet und gekürzt.

Zweijähriges Mädchen, in Behandlung, seitdem es vier Monate alt ist; hat verschiedene Heilmittel erhalten. Auf Calcium carbonicum und ein oder zwei andere Mittel gab es eine gewisse Reaktion, aber der grundlegende Gesamtzustand war noch nicht getroffen. Als das Mädchen zwei Jahre alt war und mehr oder weniger dasselbe Symptombild vorlag, wurde der Fall erneut aufgenommen.

Das Mädchen leidet an immer wieder auftretenden Atemwegsinfektionen; sie wird dann unregelmäßig schnellatmig, wird rot unter den Augen, die Nase läuft, sie hustet. Sie hatte auch Ohreninfektionen.

Zu Geburt wurden ihre Atemwege abgesaugt, da sie Mekonium verschluckt hatte. Schwangerschaft und Entbindung waren normal gewesen.

Die Mutter bringt die Geschichte vor.

Wenn das Mädchen sich als Säugling aufregte, mochte sie heftiges Hin- und Herbewegen. Bei Geräuschen fährt sie hoch.

Sie ist sehr aktiv, und wenn es ihr schlecht geht, wird sie es noch mehr. Sie ist zappelig.

Ihr Schlaf ist unruhig, mit dem Einschlafen hat sie Probleme.

Sie hat viel Durst; sie mag Eis.

Sie mag Tiere, aber wenn ihr eines nahekommt, z.B. ein Hund, dann bekommt sie Angst.

Wenn sie müde ist oder sich aufregt, möchte sie sich entkleiden.

Sie kann laufen, rennen, klettern und beginnt auch zu reden. Im Körperlichen ist sie ohne Furcht, sie ist ein guter Kletterer. Wenn sie sich eine neue Fähigkeit angeeignet hat, ist sie wirklich glücklich.

Sie mag Musik.

Ihre Eltern hatten ein Weile im Ausland gelebt, in der Mongolei, in China und in Thailand.

Ihre Mutter berichtet:

“Fremde Leute mag sie überhaupt nicht. So war sie schon, als sie noch ganz klein war. Als sie zum ersten Mal krank wurde, waren wir in China. Wir hatten das Gefühl, es kam dadurch, dass sich Menschen regelrecht um sie scharten. Sie wurde Anlass für Verkehrsstaus. Sie wurde sehr geliebt. Jeder wollte sie halten, sie lieben und halten. Oft versuchten sie sogar, sie mir vom Arm zu reißen, um sie zu ihren eigenen Kindern zu bringen. Ich wehrte das ab und nahm sie zurück. Aber sie hat es gerne, sich mit ihnen zu treffen. Wenn die Thais einmal erkennen, dass sie sich aufregt, dann hören sie auf, aber dann muss man sie auf dem Arm halten und beruhigen. Sie mag es, zur Ruhe zu kommen, indem sie sich mit etwas beschäftigt. Sie liebt ihre Unabhängigkeit. Nach einer Weile geht sie zu Menschen hin, falls diese nicht zu ihr kommen. Sie mag Menschen, aber sie braucht ihre eigene Zeit.”

Sie schwitzt viel, besonders beim Einschlafen. Wenn sie krank ist, dann kann der Schweiß säuerlich sein.

Als sie klein war, konnte sie besser schlafen, wenn man sie völlig einwickelte, denn sie bewegte sich immer wie ein kleiner Wurm.

Manchmal kneift und kratzt sie ihre Mutter; mehr, als sie kleiner war.

“Sie ist kein Kind, das geschmust werden möchte, sie mag nicht eingeengt sein, möchte von ihrer älteren Schwester nicht herummanipuliert und -getragen werden. Ich glaube, dass dies daherkommt, dass sie um die Brust herum nicht eingeengt sein möchte.

Immer wenn sie krank ist, benimmt sie sich, als sei sie es überhaupt nicht. Sie besteht darauf, sich energisch zu gebärden und so unabhängig wie möglich zu sein. Sie läßt sich nur schwer trösten; sie mag nicht gehalten werden, denn sie fühlt sich behindert; sie wehrt sich dagegen, außer wenn ich ihr zu trinken gebe. Wenn ich sie nicht mehr füttern kann, dann wird die einzige Art sie zum Einschlafen zu kriegen oder sie zu beruhigen darin bestehen, dass man sie fest hält und sie stoßen und schreien lässt, bis sie sich beruhigt."

Ihre Mutter berichtet weiterhin: "Mein Mann und ich glauben, dass ihr Mangel an Ruhe von den traumatischen ersten Lebensminuten herrührt, als die Ärzte ihr die Lunge leerpumpten. Sie schrie für eine Stunde. Sie war zornig, als wollte sie sagen: Macht das nicht mit mir. Sie erhielt nicht diesen ersten körperlichen Kontakt. Ich wollte sie an die Brust nehmen, aber zuerst musste sie mit der Vakuumpumpe abgesaugt werden. Das war ein traumatischer Start ins Leben."

In Thailand musste sie einmal wegen Symptomen einer Lungenentzündung ins Krankenhaus aufgenommen werden; es hatte mit einer Erkältung und mit starkem Nasenlaufen und Husten angefangen. Es schien daher zu kommen, dass sie sich in einem Auto mit Klimaanlage unterkühlt hatte und von da in die feuchte Außenatmosphäre gekommen war.

Sie wird leicht zornig. Sie möchte, dass die Dinge genauso getan werden, wie sie es sich vorstellt. Sie ist leicht frustriert, will die Spielzeuge haben, mit denen ihre Schwester gerade spielt; sie hat keine Lust zu teilen. Sie hat einen starken Sinn für ihr Revier.

Beim vorliegenden Anlass war sie mit einer Erkältung zum Homöopathen gebracht worden, denn ihre Mutter sorgte sich, dass es ihr wieder auf die Brustorgane schlagen könnte. Sie bekam Belladonna, aber die Symptome wurden schlimmer. Ihre Atmung wurde schlimmer und sie pfiff; sie war reizbar. Ihre Nasennebenhöhlen waren auch angegriffen. Die Symptome waren ähnlich denen, die sie damals bei der Lungenentzündung wegen der Unterkühlung hatte.

Am Tag zuvor hatte sie Energieausbrüche, so als sei sie nicht mehr krank. Sie war ruhelos; sie wehrte sich gegen die Bemühungen ihrer Mutter, sie ruhig zu halten. Sie wollte herumspringen. Schien verleugnen zu wollen, dass sie eigentlich krank war. Die Nacht zuvor wollte sie ausschließlich auf dem nackten Bauch ihrer Mutter schlafen, genauso wie sie es als Säugling getan hatte.

Sie hatte Fieber, 38,3 C.

Ihre Eltern verstehen nicht, wie sie so vital und voller Energie sein kann, während sie gleichzeitig die gegenteilige Eigenschaft zu haben scheint, nämlich eine Schwäche und einen Mangel.

Beobachtung durch Videokamera: Patient ist wach und singt.

Untersuchungsbefunde: Dyspnoe und Fieber; wahrscheinliche Diagnose Bronchitis oder Bronchiolitis.

Verabreichtes Mittel: *Agraphis nutans D30, Einzeldosis.*

Nachsorge

Dem Kind ging es mit dem Mittel sehr gut. Soweit notwendig, wurde die Dosis wiederholt. Im Verlauf von weiteren Monaten hatte sie noch akute Erkältungskrankheiten und Atemwegsaffektionen, aber sie wurden zunehmend seltener, und das Mädchen erholte sich rascher. Die Patientin wurde insgesamt gesunder und stärker.

"Wenn sie gesund ist, ist sie eine starke, kraftvolle, glückliche Persönlichkeit, und es ist eine Freude, bei ihr zu sein. Wenn sie krank ist, dann ist sie eine starke unglückliche Persönlichkeit ... Sie ist jetzt flexibler, was die Art und Weise betrifft, in der Dinge getan werden." Wenn sie gesund ist, ist sie weniger aggressiv und verspielter. Mit Tieren ist sie immer noch vorsichtig. Sie lässt eher mit sich schmusen. Sie bevorzugt, im Freien und aktiv zu sein.

Fallanalyse

Chipkin zitiert aus der Literatur, von Clarke und von Boericke.

Clarke schreibt: "Agraphis is eines der Mittel, die Dr. Cooper eingeführt hat. Es hat Charaktereigenschaften mit den Liliiflorae gemein und bezieht sich auf katarrhalische Zustände. Verstopfung der Nase, vor allem bei Adenoidschwellungen, und Taubheit durch krankhafte Zustände des Rachens können, wie ich oft beobachten konnte, von diesem Mittel Besserung erhalten. Es wirkt an der Wurzel des Nasenraums ... Die Pflanze wächst an geschützten Orten, und Dr. Cooper gibt an, dass Besserung durch Beschützung eine der wichtigsten Indikationen ist ... Es reagiert auch auf Unterkühlung durch kalten Wind ..."

Boericke erwähnt "Rachen- und Ohrenprobleme mit einer Neigung zu Ausfluss von den Schleimhäuten", was das Nasenlaufen des Kindes beschreibt.

Fast alle Symptome in der Literatur beziehen sich auf körperliche Symptome wie Adenoidschwellungen, Katarrh, Taubheit und Diarrhoe.

Was können wir also aus dem Fall lernen, wenn wir die Ideen zu den Liliiflorae und den Miasmen heranholen?

Kommentar

Themen der Liliiflorae und des tuberkulösen Miasmas

Aktivität

Aktiv, läuft, rennt, klettert, mag heftige Bewegung. Zappelig, Windet sich.

Voller Energie und aktiv, wenn krank. Möchte herumspringen, wenn krank.

Unruhiger Schlaf.

Gehaltenwerden/eingeschränkt sein/behindert werden

Bei der Geburt wurde die Patientin den Armen ihrer Mutter entrissen, bevor sie darauf vorbereitet war.

Alle wollten sie in den Armen halten.

Muss gehalten werden (um sich zu beruhigen). Schläft auf dem Bauch ihrer Mutter.

Verlangt, gefüttert und gepflegt zu werden (gehalten zu werden).

Schlief besser, wenn eingewickelt. Die einzige Art, sie zu beruhigen, besteht darin, sie fest an sich zu halten.

Möchte nicht eingeengt werden, hat etwas dagegen, von ihrer Schwester getragen zu werden, weil es sie einengt. Schwierig zu besänftigen, da sie nicht eingeschränkt sein will. Wehrt sich dagegen. Ist kein Schmusekind.

Vielleicht ist der Wunsch danach, gepflegt zu werden und auf dem Bauch der Mutter zu liegen, die von Clarke erwähnte Besserung durch Beschützung.

Tuberkulöse Aspekte

Sie ist sehr unruhig, zappelt viel und windet sich hin und her.

Leute umschwärmten sie, sie wurde von den Frauen, die nach ihr greifen wollten, fast erstickt.

Glücklich, wenn sie eine neue Fähigkeit gelernt hat.

Immer wieder auftretende Erkältungen und Atemwegsinfekte; Dyspnoe.

Schwitzen im Schlaf.

Leicht zornig; kratzt, kneift.

(Angst vor Hunden.)

Genau wie bei den anderen Exemplaren der Liliiflorae (z.B. bei Paris und Sarsaparilla) sehen wir auch hier das Thema von Beschränktwerden, von Festgehaltenwerden. Am anderen Pol des Spektrums ist das Gefühl von Hinausgezwängtwerden.

Interessant ist auch die Erwähnung des Herumspringens im akuten Zustand und das Singen. Agraphis kommt in diesen Rubriken nicht vor, dafür finden wir andere Liliiflorae:

> Herumspringen, Drang zum – schließt die Mittel Crocus, Sabadilla und Veratrum ein.
>
> Singt, wenn sie Fieber hat – schließt Sarsaparilla und Veratrum ein.

ALOE

Liliiflorae + lepröses Miasma

Rubriken von Geist und Gemüt (Complete):

Gesellschaft, Abneigung gegen.

Ekel.

Träume von Exkrementen

Träume von Exkrementen, dass sie sich damit besudele.

Angst nach einem Samenerguss.

Verbrüdert sich mit der ganzen Welt.

Hass.

Hass auf Menschen, stößt alle zurück. (1)

Laune, weist alle ab. (1)

Lebhaftigkeit.

Man kann erkennen, dass Aloe viele Züge des leprösen Miasmas trägt, Träume von Exkrementen, Träume davon, sich selbst mit Ekrementen zu besudeln, Ekel.

"Angst nach einem Samenerguss" steht für Schuldgefühl, für die Hoffnung, dass niemand es herausfindet.

"Hass, stößt alle zurück" bedeutet, dass der Aloe-Mensch das Gefühl hat, die Menschen fühlten sich von ihm zurückgestoßen, so wie sich ein Aussätziger, ein Leprakranker wahrnimmt. Er ist ausgeschlossen, weil er ekelhaft abstoßend ist. Wenn er etwas Falsches tut, wird er hinausgeworfen, z.B. wegen Samenerguss, wegen Schmutzigkeit.

"Laune, weist alle ab" bedeutet, dass er sich selbst als abweisend empfindet. Dass alle ihn als abweisend erleben, also fühlt er sich ausgeschlossen und hinausgedrängt.

Das Gegenteil davon ist das Gefühl, mit der ganzen Welt brüderlich verbunden zu sein; das ist der gegenteilige Pol zu dem Gefühl, sich völlig übergangen zu fühlen, und repräsentiert den stärkst kompensierten Zustand.

Lebhaftigkeit macht die Anziehungskraft der Liliiflorae aus.

Wie bereits zu Beginn des Kapitels erwähnt, hat Aloe Probleme mit dem Analsphinkter; Stuhl wird hinausgestoßen, bevor er fertiggeformt ist. Es gehört zur Pathologie von Aloe, Stuhl zu verlieren. Auf der körperlichen Ebene sehen wir also, dass etwas durch den Sphinkter hinausgedrängt wird, das noch eingehalten werden sollte. Die Beobachtung haben wir auch sonstwo bei den Liliiflorae gemacht.

Man stelle sich auch die Wirkung vor, die es hätte, Stuhl zu verlieren. Es würde wahrscheinlich Ekel provozieren.

Aloe könnte durchaus ins lepröse Miasma gehören, und als Gefühl schlagen wir vor:

Hinausgezwungen / ausgeschlossen von allen, weil er abweisend ist.

ZUSAMMENFASSUNG LILIIFLORAE – EMPFINDUNGEN UND REAKTIONEN

Empfinden

Hinausgedrängt und (zusammen)gedrückt, hinausgepresst.

Unterdrückt, eingeschränkt.

Behindert.

Ausgeschlossen, ausgelassen.

In Geist und Gemüt geht es um das Empfinden von Ausgeschlossenwerden, im Körperlichen um Ausgepresstwerden.

Passive Reaktion

Muss sich festhalten.

Aktive Reaktion

Muss sich bewegen.

Kompensierung

Verhalten, das Aufmerksamkeit auf sich lenkt.

Dazugehören.

Eingeschlossensein, Teil von etwas sein.

MIASMEN

Akut	Veratrum
Typhös	Paris
Ringwurm	Sarsaparilla
Malaria	Colchicum
Sykose	Crocus, Lilium tigrinum, Sabadilla, Helonias
Krebs	Ornithogalum
Tuberkulös	Agraphis
Leprös	Aloe

RUBIACEAE
(Familie der Kaffee-Verwandten)

HEILMITTEL

Asperula odorata (Galium odoratum)	Waldmeister
Cahinca (oder Cainca) (Chiococca racemosa)	
Cephalanthus	
China boliviana (Cinchona calisaya)	Chinarindenbaum
China officinalis (Cinchona officinalis)	Chinarindenbaum
Chininum sulphuricum	Chininsulfat, Sulfatsalz des Alkaloids Chinin
Coffea cruda	ungeröstete Bohne des Kaffeebaums
Coffea tosta	geröstete Kaffeebohne
Coffeinum	Coffein, das Alkaloid der Kaffeebohne
Galium aparine	Klebkraut
Ipecacuanha (Uragoga ipecacuanha)	Brechwurzel
Mitchella repens	Rebhuhnbeere
Rubia tinctorum	Färberkrapp, Färberröte
Yohimbinum	

Anmerkung: Die Salze des Chinins lassen sich ebenfalls in der Rubiaceae-Familie einordnen.

GEBRÄUCHLICHE HEILMITTEL

China officinalis

Chininum sulphuricum

Coffea cruda

Ipecacuanha

Yohimbinum

HERKUNFT

Wir unternahmen eine Suche durch die Repertorien, indem wir nach Rubriken suchten, die zwei Mittel der Rubiaceae enthielten. Das Ergebnis war eine lange Liste von vielen Rubriken mit zwei der wichtigsten Mittel, nämlich China und Coffea, zum Beispiel unter Geist und Gemüt folgende:

> Pläne, viele, nachts. (2. Symptom)
>
> Theoretisiert, nachts. (11. Symptom)
>
> Beschwerden ausgelöst durch angenehme Überraschungen. (83. Symptom)
>
> Wünsche, unbestimmte. (140. Symptom)

Wenn man drei Heilmittel für die Suche benutzt, dann erscheint an der Spitze der Liste das folgende Symptom:

> Geist und Gemüt: wünscht unzählige Dinge, irrsinnig. (Chin., Coff., Ip.)

Das Empfinden in der Pflanzenfamilie muss irgendwie zu tun haben mit einem Mentalen, das sehr aktiv ist und sich viele Dinge intensiv wünscht und auf “Überraschungen” reagiert. Das weiterführende Studium sollte dies zu verstehen suchen und herausfinden, inwieweit dieselben Elemente in jedem Mittel auftauchen.

China

Hahnemann schreibt dazu:

> “Er schmiedet eine Reihe großartiger Pläne für die Zukunft. Er macht viele Pläne und denkt über ihre Ausführung nach. Viele Ideen zwängen sich ihm auf einmal auf.”
>
> “Er hat viele Ideen, unternimmt alle möglichen Dinge zur Ausführung, baut Luftschlösser. In seinem Kopf hat er eine Reihe von Plänen, die er unbedingt ausführen möchte, vor allem abends.”
>
> “Lust zur Arbeit, zu lesen, zu schreiben und nachzudenken; überhaupt besondere Aufgelegtheit und Betriebsamkeit.”
>
> “Projektierende Ideen in Menge.”

Die folgenden Rubriken von China wurden somit vermerkt:

Aktivität, im Allgemeinen überaktiv. (Complete)

Beschwerden ausgelöst von übermäßiger Freude. (Complete)

Wünsche, unbestimmte. (Allen, Repertorium)

Erregung, erregbar, wie nach Kaffee. (Complete)

Vorstellungen, Überschwang an, mit Schlaflosigkeit. (Complete)

Ideen, im Überfluss, Klarheit des Denkens mit. (Complete)

Pläne, viele für die Zukunft. (2) (Allen, Repertorium)

Pläne, große Anzahl. (1) (Allen, Repertorium)

Pläne, große Anzahl, abends. (1) (Allen, Repertorium)

Lesen, Wunsch zu; zu Vorgelesenbekommen. (Complete)

Theoretisiert. (Complete)

Schreiben, Wunsch nach. (Complete)

Mund: Blut, gefüllt mit, nach übermäßiger Freude. (1) (Complete)

Mund: Blut im, nach angenehmen Überaschungen. (1) (Allen, Repertorium)

Offensichtlich ist das Mentale hochaktiv, voller Gedanken, Fantasien und Pläne. Wir finden auch zwei Symptome, die sich auf Freude beziehen: Warum sollte Freude auf irgendjemand eine nachteilige Wirkung haben? Angenehme Überraschungen bringen Verschlimmerung, wie sich auch aus der Suche in den Repertorien ergab. Und es ist weiterhin von Interesse, dass Erregung wie nach Kaffeegenuss vorkommt und dass China dazu benutzt wird, die Angewohnheit des Kaffeetrinkens zu durchbrechen.

Als nächstes wurde **Coffea** studiert. Hier einige der Rubriken:

Aktivität, kreative. (1) (Allen, Repertorium)

Aktivität, übermäßig vermehrt. (Complete)

Aktivität, mit Schlaflosigkeit. (Complete)

Beschwerden ausgelöst durch übermäßige Freude. (Complete)

Ekstase, Empfindlichkeit der weiblichen Geschlechtsorgane, mit. (1) (Knerr)

> Emotion, Beschwerden ausgelöst von plötzlicher, angenehmer. (1) (Knerr)
>
> Erregung, Beschwerden ausgelöst durch. (Knerr)
>
> Schlechte Wirkungen von Stimulantien, Alkohol, Tee usw. (Allen, Handbook)
>
> Geschmack, findet angenehmen Geschmack an Tabak. (1) (Allen, Repertorium)

In Bestätigung unseres ersten Eindrucks aus der erstellten Liste findet sich bei Coffea – wie auch bei China – eine starke mentale Aktivität, die zu Schlaflosigkeit führt. Und wiederum bringen Freude und angenehme Überraschungen Verschlimmerung. Wir finden Rubriken, die sich auf Tabak und Stimulantien wie Alkohol und Tee beziehen, die alle einen schlechten Effekt ausüben.

Was ist die Verbindung zwischen all dem? Ich verstand "Stimulation" als den Schlüssel. Wenn das Mentale stimuliert ist, dann herrscht Erregung, es gibt viele Ideen und es kommt zu Schlaflosigkeit wegen der vielen Gedanken. Der Mensch ist bereits stimuliert, aber wünscht sich noch mehr Stimulation; das führt zur Überstimulation und dann zur Verschlimmerung. Das erklärt, warum stimulierende Einflüsse Verschlimmerung mit sich bringen, zum Beispiel Erregung, angenehme Überraschungen und natürlich stimulierende Substanzen wie Tabak, Alkohol und Tee.

FREUDE

Bei der Suche durch die Repertorien nach Geistes- und Gemütsrubriken mit mindestens drei Heilmitteln aus der Familie findet sich folgende Rubrik von besonderem Interesse:

> Geist und Gemüt: Beschwerden von übermäßiger Freude. (4. Symptom) (Chin., Chin-a., Coff.)

Freude als Symptom von China ist kaum bekannt, und China hat auch folgendes Symptom:

> Mund: Blut, gefüllt mit, nach übermäßiger Freude. (1) (Complete)

Das zeigt uns, dass die Freude auch eine körperliche Wirkung hat und dass Blutungen ein Symptom von China sind.

Sowohl China als auch Coffea erfahren Verschlimmerung bei übermäßiger Freude; man kann davon ausgehen, dass diese Menschen für Freude empfänglich sind, denn Freude stimuliert, dann überstimuliert und dann verschlimmert sie sogar. Dann ist es logisch, dass beide Heilmittel in der folgenden Rubrik zu finden sind:

Allgemeines: Krampfanfälle ausgelöst durch Lachen. (Complete)

Auch Lachen muss für diese Menschen Stimulation bedeuten.

Das Hauptthema der Familie ist also Stimulation. Alles stimuliert, dann überstimuliert und dann bringt es Verschlimmerung. Das Tempo oder die Tiefe, in der dieses Thema ausgedrückt ist, widerspiegelt das Miasma jedes Heilmittels in dieser Pflanzenfamilie.

Beim Durchsuchen anderer Rubiaceae finden wir die Bestätigung unserer Ideen.

Ipecacuanha

Wünsche, voller unaussprechlicher. (1) (Knerr)

Wünsche, unbestimmte. (Complete)

Wünsche, nach unzähligen verschiedenen Dingen, irrsinnig. (Complete)

Gier, Begierde. (Complete)

Ideen, Mangel an. (Das ist das Gegenteil des sonst Ausgedrückten) (Complete)

Ruhe, Heiterkeit, Ausgeglichenheit. (Complete)

Cephalanthus

Erregung, erregbar. (Allen, Repertorium)

China boliviana

Gedanken, über die Zukunft. (Knerr)

Coffea tosta

Aktivität, übermäßig vermehrt. (Knerr)

Vernunft, vermehrte Kraft der. (Allen)

Gedanken, Ansturm, Flut von. (Allen)

Mitchella

Gedanken, umherwandernd, morgens. (Complete)

Yohimbinum

Geist und Gemüt: Gedanken, im Allgemeinen ein Ansturm und eine Flut von Gedanken. (Complete)

Geist und Gemüt: Gedanken, im Allgemeinen ein Ansturm und eine Flut von Gedanken, mit Schlaflosigkeit. (Complete)

Schlaflos, wegen Gedanken an Ereignisse im ganzen vergangenen Leben, halten ihn wach. (2) (Boericke)

Geist und Gemüt: Heiterkeit, Ausgelassenheit, Lebendigkeit. (Complete)

Das Arzneimittelbild von Yohimbinum ist nur klein, aber auch hier finden sich starke Aktivität und von Gedankenaktivität gestörter Schlaf. Boericke berichtet vom Gebrauch des Pflanzenmittels als potentem Aphrodisiakum; die aktive Wirksubstanz (Johimbin) wude als starkes Stimulans der männlichen Sexualfunktionen identifiziert. Choudhuri berichtet vom Wert des Heilmittels zur Stimulierung der Milchbildung.

Beim Durchsuchen der Rubiaceae-Familie fanden sich eine Menge Hinweise auf Tabak, Alkohol und andere Stimulantien. Hahnemann zum Beispiel schreibt zu China: "Er verträgt seine Gewöhnung an Tabak nicht, es belastet seine Nerven ... Hat Abneigung gegen Kaffee."

Allens Repertorium führt für China die folgende Rubrik an:

Abneigung, gegen Tabak, beim Rauchen. (1)

Weitere Symptome von Coffea

Coffea hat noch viele weitere Symptome, die mit unseren Schlussfolgerungen übereinstimmen, einschließlich der Rubriken, die es mit anderen Beispielen der Rubiaceae-Familie gemeinsam hat.

Erregung, erregbar, mit Ausbrüchen. (1) (Knerr)

Erregung, erregbar, durch Freude. (Complete)

Ideen im Überfluss, mit Klarheit des Denkens, nachts. (Chin., Chin-a., Chin-s.) (Complete)

Freude, Schlaflosigkeit von übermäßiger. (1) (Complete)

Pläne, für die Zukunft. (1) (Knerr)

Sentimental, mit Ekstase. (1) (Knerr)

Schreckt hoch, ist aufgeschreckt, von übermäßiger Freude. (1) (Complete)

Gedanken, rasch, schnell. (Chin.) (Complete)

Gedanken, Ansturm, Flut von. (Chin., Chin-a., Coff-t., Yohim.) (Complete)

Es liegt Hunger nach Stimuli vor – er ist gierig und hat viele Wünsche; er wünscht sich all diese Dinge, weil er Stimulierung möchte. Stimulantien wie Alkohol, Sexualität und Tabak werden genossen. Seine Nerven neigen aber zur Überstimulierung, und ein Zuviel an Stimulierung verschlimmert. Die wohlbekannte Mattigkeit von China ist die andere Seite der Stimulierung; Stumpfsinn findet sich auch bei Coffea und anderen Rubiaceae-Mitteln.

ZUSAMMENFASSUNG RUBIACEAE – EMPFINDEN UND REAKTIONEN

Empfinden

Stimulierung.

Überstimulierung, die zu Verschlimmerung führt.

Viele Wünsche.

Viele Ideen.

Einfälle, Vorstellungen.

Hunger nach Stimulierung.

Tabak, Alkohol, Sex und andere Stimulantien verschlimmern.

Freude verschlimmert.

Passive Reaktion

Erschöpfung, Ermüdung.

Müdigkeit.

> "Große Müdigkeit und Schwäche bei überempfindlichen Patienten." (Morrison zu Coffea)
>
> "Die Beine fühlen eine große Müdigkeit wie nach einer langen Reise." (Cowper zu China)

Stumpfsinn, Gedanken verschwinden.

Katalepsie.

Schlaf bringt Besserung.

Ausruhen bringt Besserung. (Chin., Coff., Ip.)

Aktive Reaktion

Schmiedet Pläne.

Theoretisiert.

Ansturm von Gedanken.

Kreative Unternehmungen; Lesen, Schreiben, Musik.

Schlaflos vor lauter Einfällen.

Gier beim Essen.

Aktivität.

Sentimental.

Kompensierung

Ruhe und Meditation.

COFFEINUM

Rubiaceae + akutes Miasma

Da es ein Alkaloid ist, handelt es sich wahrscheinlich um das akute Miasma. Das Heilmittel hat folgendes Symptom:

Heftige Schmerzen präkordial.

Wenn das Empfinden der Rubiaceae-Familie mit dem akuten Miasma kombiniert wird, dann könnte das Gefühl von Coffeinum wie folgt sein:

Plötzliche intensive Stimulierung.

IPECACUANHA

Rubiaceae + typhöses Miasma

Ipecacuanha hat folgende Rubriken in Geist und Gemüt:

Wünsche, voller. (Complete)

Wünsche, unbestimmte. (Complete)

Wünsche, nach zahllosen verschiedenen Dingen. (Complete)

Wünsche, nach zahllosen verschiedenen Dingen, irrsinnig. (Complete)

Ungeduld, nach Arbeit. (2) (Complete)

Betriebsam, Manie nach Arbeit. (Complete)

Gereiztheit, im Allgemeinen betreffs der Geschäfte, wenn sie nicht schnell vonstatten gehen. (2) (Complete)

Mürrisch, grießgrämig, verdrießlich, knurrig, humorlos, übelgelaunt, wenn die Geschäfte nicht schnell vonstatten gehen. (1) (Complete)

Launenhaftigkeit. (Complete)

Bei Ipecacuanha finden sich viele Verweise auf Typhus und Wechselfieber. Auch die obigen Rubriken weisen auf das typhöse Miasma hin. Die zahlreichen Wünsche und Begierden zeigen die Ungeduld und die kindische Qualität, die dem Mittel anhaften. Wenn das Empfinden der Rubiaceae-Familie mit dem typhösen Miasma kombiniert wird, dann könnte das zentrale Gefühl von Ipacacuanha folgendermaßen sein:

Wünscht sich viele Dinge, um sich schnell Stimulierung zu verschaffen; verlangt nach sofortiger Stimulierung.

Vergleich mit Chamomilla (Compositae)

Phatak schreibt zu Ipecacuanha Folgendes:

"Weint, schreit, heult und kann kaum zufriedengestellt werden (Kinder). Voller Verlangen, weiß aber nicht, nach was."

Der *Wunsch nach Stimulierung* treibt diesen irrsinnigen Wunsch nach allen möglichen Dingen an. Eigentlich wissen diese Menschen nicht, was sie wollen, aber sie wollen es *jetzt*; deshalb dieses Verlangen nach unbestimmten Dingen, nach einem Ding nach dem andern, auf der Suche nach Stimulierung.

Auch Chamomilla (Compositae) taucht in der Rubrik "irrsinniges Verlangen nach zahlreichen Dingen" auf und gehört ins typhöse Miasma. Beide Mittel haben diese hartnäckige, kindische Haltung. Was unterscheidet sie dann? Die Antwort darauf findet sich im Empfinden der Pflanzenfamilien, zu denen die Mittel jeweils gehören.

Wenn wir bei Phatak über Chamomilla nachlesen, finden wir Folgendes: "Hässlich im Verhalten, mürrisch und ungeschliffen." Chamomilla verhält sich kränkend und beleidigend. Diese Eigenschaften sind bei Ipecacunaha nicht hervorstechend und gehören daher eher zu den Compositae (als zum Miasma). Die Compositae haben das Empfinden, verletzt zu werden und weh getan zu bekommen; wir finden bei ihnen Hinweise auf Verletzungen (auf der körperlichen Ebene) und auf Beleidigung (auf der Ebene von Geist und Gemüt). Sie fühlen sich also verletzt und beleidigt und ihre Reaktion (Aktion und Reaktion) besteht entsprechend darin, ebenfalls verletzen und beleidigen zu wollen. Chamomilla in ihrem Verlangen nach vielen Dingen geht es nicht so sehr um das Verlangen und Wünschen, sondern um die Art und Weise, wie das

Verlangen vorgebracht wird, nämlich äußerst grob. Grobheit und Zuschlagen sind hervorstechende Merkmale von Chamomilla und bei Ipecacuanha nicht vorhanden.

CHINA OFFICINALIS

Rubiaceae + Malaria-Miasma

China ist das wichtigste Heilmittel, das für Malaria aufgeführt ist. Außerdem finden wir folgende Symptome:

> Wahnideen: verfolgt, dass er verfolgt sei. (Complete)
>
> Wahnideen: gequält, dass er gequält werde. (Complete)
>
> Wahnideen: Unglück, dass er in Unglück sei. (Complete)
>
> Wahnideen: Arbeit, dass er an der Arbeit gehindert werde. (1) (Complete)
>
> Angst, vor Tieren, vor Hunden. (Complete)
>
> Angst, treibt ihn von einem Ort zum andern. (Complete)

Es handelt sich eindeutig um das Malaria-Miasma. Das Hauptgefühl dieses Miasmas und des Mittels China ist Verfolgung. China hat zwei Komponenten. Die eine ist akute Bedrohung, zum Beispiel durch Hunde, und die andere Komponente sind fixe Ideen (Sykose), dass er gequält werde, verfolgt sei und behindert werde; das ist der chronische Aspekt.

Pläneschmieden und Einfälle kommen meistens in der Nacht, wie man es von jemand erwartet, der von der Unbrauchbarkeit seiner Fantasien weiß und sie zum eigenen Vergnügen pflegt und nicht um einer Verwirklichung willen. Um etwas in die Tat umzusetzen, macht man seine Pläne am Morgen.

Wenn das Empfinden der Rubiaceae mit dem Gefühl des Malaria-Miasmas kombiniert wird, dann erhalten wir das Gefühl von China:

> *Sein Denken ist voller Pläne, aber er fühlt sich in einer Position feststeckend, in der er keinen seiner Pläne ausführen kann; darüberhinaus muss er auch noch ab und zu Angriffe abwehren.*

Es ist kein Zufall, das China das erste Mittel war, das Hahnemann eingenommen hatte. In gewisser Hinsicht war es seine eigene Geschichte: Er hatte eine Menge Ideen, stieß aber auf viel Widerstand, und Menschen griffen ihn wegen seiner neuen Ideen an. Oder anders ausgedrückt: Er wurde verfolgt, weil er stimuliert war und viele Ideen hatte. Das kommt in seinen Schriften zum Ausdruck, und wir wissen, dass er auf die

Prüfung von China sehr sensibel war.

CHINA-FALL 1

Patient im Alter von 55 Jahren. Erster Besuch am 3. September 1997.

Er hatte Schüttelfrost, der nach einer Malaria begonnen hatte. Die Schüttelfröste bestehen weiterhin, obwohl in seinem Blut keine Malaria-Erreger mehr nachweisbar sind. Im Juni hatte er innerhalb von drei Wochen zweimal Malaria-Anfälle gehabt.

Frösteln beim Aufwachen am Morgen, auch nachts.

Schwäche beim Aufstehen; keine Vitalität.

Er leidet auch an einem mehr chronischen Problem, an einer Angstneurose. Er kann nicht alleine ausgehen, er muss jemanden bei sich haben. Er kann nicht mit Flugzeug, Zug oder Bus reisen, nur mit dem Auto, wenn jemand an seiner Seite sitzt. Er ist Junggeselle, unverheiratet.

Der Patient leidet schon sei 21 Jahren an dieser chronischen Angst. Es begann mit Herzklopfen und mit Schwitzen an den Händen, und er dachte, es sei ein Herzanfall. Danach bekam er Angst vor dem Reisen mit Zug oder Bus. Er sagt: "Diese Angst hat mich überwältigt."

Der Patient fährt fort.

P: "Ich kann nicht alleine reisen, kann weder im Büro noch zu Hause allein sein, sonst kriege ich Angstanfälle. Seit der Malaria ist das schlimmer geworden.

Anstatt dass ich mich gegen die Angst wehre, renne ich von ihr weg, und die Angst hat alle Aspekte meines Lebens eingenommen."

Er hat die Angst personifiziert, sie ist zu einer Person geworden, die alle seine Lebensbereiche eingenommen hat. Er kann mit dieser Person namens Angst nicht kämpfen und muss deshalb vor ihr wegrennen. Die Art und Weise, wie der Patient darüber redet, ist sehr interessant.

P: "Es fing 1966 an. Ich war in ein Mädchen verliebt, konnte sie aber nicht heiraten. So hat es angefangen. Ich lebte immer in der Vergangenheit und dachte nur daran. Ich brütete darüber vor mich hin. Ungefähr zehn Jahre hat mein Körper das mitgemacht, aber 1976 brach er zusammen, in diesen Angstzustand hinein."

A: Sie waren verliebt in sie?

P: "Total. Ich war zwanzig. Ich wollte heiraten, aber wegen bestimmter Umstände konnte ich nicht."

Die Ursache könnte also "Enttäuschung in der Liebe" sein. Die Wirkung ist ein Angstzustand, in dem sich überwältigende Angst manifestiert, der Patient nicht dagegen ankämpfen kann und deshalb wegrennen muss.

Was ist die Verbindung? In beiden Fällen kann er nicht das tun, was er tun möchte. Er ist machtlos. Die Umstände hinderten ihn an der Heirat, und jetzt überwältigt ihn die Angst und hindert ihn dahin zu gehen, wo er will. Das ist die ganze Affäre. Das ist also meine Aufgabe bei der Fallaufnahme: Der Patient sagte Dinge, die scheinbar nicht miteinander verbunden sind, und unsere Aufgabe ist es, die Verbindung zu erkennen, nicht sie durch Theoretisieren herzustellen. Es sollte sich alles zu einer einzigen Idee ergeben. Das ist die Kunst der Fallaufnahme.

A: Was für Umstände?

P: "Unterschiede in unserer Religion und Kultur und Widerstand von Seiten ihrer Eltern. Sie wurde mit jemand anderem verheiratet, und ich brütete die ganze Zeit vor mich hin und lebte immer in der Vergangenheit. Vierzehn Jahre lang hat meine Körper mitgemacht, aber zuletzt ist er zusammengebrochen."

A: Brüten?

P: "Ich dachte immer an die Vergangenheit."

A: Angenehme Gedanken?

P: "Ja. Aber auch Betroffenheit darüber, was ich durchmachen musste. Einige (Gedanken) angenehm und andere nicht. Ich dachte immer daran, wie es geschehen war."

A: Und dann brachen Sie zusammen?

P: "Ich bekam einen Angstanfall."

A: Erzählen Sie mir mehr von sich.

P: "Ich habe diese Angstneurose; sonst habe ich keine Probleme. Ich kann nicht allein sein, nicht daheim und nicht im Büro. Ich kann nicht in den oberen Stockwerken eines Gebäudes sein, zum Beispiel im zehnten Stock. Ich brauche die ganze Zeit jemandes Gesellschaft."

A: Träume?

P: "Nie."

Wenn ein Patient keine Träume zu berichten weiß, dann konzentriere ich mich auf "virtuelle Träume", Traumersatz wie Ängste, Fantasien, Interessen und Hobbies, Filme, Bücher. Wenn sie nicht in Träumen erscheinen, dann erscheinen die unterbewussten Gefühle in diesen Dingen.

A: Was für Interessen und Hobbies haben Sie?

P: "Nur Musik. Alte Lieder, zum Beispiel Blues-Songs."

A: Was für Art Lieder oder Songs?

P: "Alte."

A: Irgendwelche Favoriten?

P: "Blues. Sentimentale Songs. Alles sentimentale Songs."

A: Gibt es welche, die Sie sich immer wieder anhören?

P: "Ja, ein Lieblingslied heißt 'Paper Boat'. Kinder machen in der Regenzeit Schiffchen aus Papier und setzen sie aufs Wasser und lassen sie schwimmen. In dem Lied heißt es: 'Nimm mir Reichtum und Ruhm und Jugend weg, aber gib mir die Tage meiner Kindheit wieder, die Papierschiffchen und das Regenwasser.' Und in der zweiten Strophe heißt es: 'Das älteste Gut unserer Gemeinschaft war die alte Frau, die wir alle Großmutter nannten und die uns alle mitnahm; in ihrer Tasche gab es ein Bündel von Märchen. Ich erinnere mich an die langen Nächte und die Geschichten. Nimm mir Reichtum und Ruhm, aber gib mir jene Zeiten zurück'."

Wenn man dies hört, dann braucht man zum Verständnis des Falls keine Träume mehr. Das hier ist sein Traum und seine ganze Geschichte.

P: "Ich mag auch noch andere Lieder."

Beruflich hat er mit Papier und mit Wasserrohren zu tun. Er sagt, er habe wegen der Liebe zu diesem Mädchen nie geheiratet.

A: Beschreiben Sie mir bitte Ihren Angstzustand.

P: "Es fing an mit Ängstlichkeit und Schwitzen und ich hatte das Gefühl, ich kollabierte. Es kommt in Attacken. Ich kann nicht ausgehen und nicht alleine reisen. Ich kann kein gesellschaftliches Leben haben. Ich brauche immer jemand um mich herum. Ich hänge von andern ab und muss sie bitten, mit mir zu gehen. Ich kann nicht in Urlaub fahren. Ich kann nirgendwo alleine hingehen. Ich kann nicht einfach gehen, wohin ich will."

A: Was für eine Wirkung hat diese Angst und Ängstlichkeit auf Sie?

P: "Ich habe das Gefühl, ich könnte kollabieren."

A: Was für eine Wirkung hat das auf Ihr Leben?

P: "Ich kann nicht reisen und nicht ausgehen. Ich muss jemand bei mir haben."

A: Wie fühlen Sie sich dann?

P: "Elend. Ich komme nicht klar. Ich bin abhängig und kann mein Leben nicht alleine organisieren."

Er beschreibt seinen Angstzustand, indem er sagt, er sei abhängig, und er redet von Attacken. Wir müssen zu verstehen versuchen, wie dies mit der enttäuschten Liebe in Verbindung steht.

A: Wie fühlen Sie sich, wenn Sie von jemand abhängig sind?

P: "Ich verliere mein Selbstvertrauen jeden Tag mehr."

Die Wirkung, die die Hauptbeschwerde auf den Patienten hat, ist der wichtigste Hinweis auf seinen Zustand. Die Wirkung auf den Patienten und die Art und Weise, auf die dies von ihm beschrieben wird, sind für uns von größerem Interesse als die eigentliche Beschwerde. Ich frage ihn also weiterhin, "wie fühlen Sie sich dabei?", bis ich es verstehe. Der Patient sagt vielleicht, "aber ich habe es Ihnen doch schon gesagt", aber ich bestehe darauf: "Schildern Sie es mir noch einmal." Soweit wie möglich fahre ich damit fort, bis er mir wörtlich eine Rubrik aus den Repertorien liefert, dann erst höre ich auf.

P: "Ich brauche zwei Leute, die mich im Auto begleiten. Ich kann nicht mit dem Zug fahren. Nur mit dem Auto und mit zwei Leuten. Ich darf nicht einmal ans Flugzeug denken."

A: Was für ein Gefühl löst das in Ihnen aus, so abhängig zu sein und all die Menschen, die mit Ihnen reisen müssen, zu brauchen?

P: "Ich habe ein Minderwertigkeitsgefühl."

A: Erzählen Sie mir von dieser Minderwertigkeit.

P: "Jede Kleinigkeit muss ich erbetteln, muss jemand bitten, dass er mir hilft. Mangel an Selbstvertrauen."

A: Wie fühlen Sie sich?

P: "Elend. Ich muss dauernd jemand bitten: 'Können Sie mir bitte helfen?' Ich habe einen Freund, der bereit ist mitzukommen und mir zu helfen und mich zu fahren, aber im Herzen mag ich das eigentlich nicht. Ich habe das Gefühl, ich bin ihm eine unnötige Last."

A: Was fühlen Sie dabei?

P: "Ich bin mir darüber nicht im Klaren."

A: Was für Gefühle bewirkt es in Ihnen?

P: "Elende. Ich mag es nicht."

A: Was für einen Eindruck bekommen Sie dabei von sich selbst? Wie sehen Sie sich dann selbst? Was fällt Ihnen dabei ein?

P: "Wenn ich mich mit dem Gefühl auf einen Kampf eingelassen hätte, hätte es mich vielleicht nicht überrennen können und ich wäre nicht in dem

Zustand, in dem ich bin. Aber ich lief davon weg und es hat mich zum Krüppel gemacht."

Ich bin über seine Wortwahl sehr froh: Sein Gefühl ist das eines Krüppels. Die Angst hat ihn zum Krüppel gemacht.

A: Wie fühlt es sich an, ein Krüppel zu sein?

P: "Ich kämpfte mit der Situation, und indem ich wegrannte, ging es mit mir bergab. Früher reiste ich viel mit dem Zug und dann konnte ich nicht mehr und versuchte es mit dem Bus. Ich reiste viel mit dem Bus, und anstelle einer Auseinandersetzung mit dem Problem des Busfahrens rannte ich einfach weg. Dann bekam ich von meinem Bruder einen Wagen, und jetzt kann ich nicht mehr alleine mit dem Wagen fahren. Ich gab der Angst nach. Und jetzt bin ich hilflos und verkrüppelt. Es (die Angst) hat sich aller Lebensbereiche bemächtigt. Ich kann nicht hingehen, wo ich gerne hinwollte. Wenn ich zwei Wochen lang reisen wollte, ich könnte es nicht. Wenn ich meinen Freund treffen möchte, ich kann es nicht."

Wir verstehen, welches Gefühl mit dem Angstzustand verbunden ist, das des Abhängigseins und des Attackiertwerdens und das Gefühl ein Krüppel zu sein. Jetzt befragen wir den Patienten betreffs der Situation, in der er eine Enttäuschung in der Liebe erlebte. Da die Situationen miteinander zusammenhängen, hoffen wir darauf, vielleicht genau dieselben Worte wieder zu hören.

A: Erzählen Sie mir von Ihrer Enttäuschung in der Liebe.

P: "Ich studierte in einer Kleinstadt, wo es nur wenig Möglichkeiten gab und man kaum 200 Rupien (5 US Dollar) verdienen konnte. Die Umstände zwangen mich deshalb, nach Bombay zu kommen, um Geld zu verdienen, und ich hatte dieses Mädchen außerdem in Bombay kennengelernt. Ich konnte dort nicht bleiben, da es zu wenig Möglichkeiten gab und die Bezahlung zu gering war. Man bekommt keinen Urlaub, ist abhängig und braucht die Erlaubnis von der Leitung, in Urlaub zu gehen. Man ist abhängig. Wenn ich gehen wollte, dann konnte ich es nicht, denn ich war von dem Job abhängig. Ich hatte immer das Gefühl, wenn ich in der Kleinstadt geblieben wäre, dann hätte ich bessere Anstrengungen (in Bezug auf eine Heirat mit der Geliebten) machen können. Als ihr Vater erfuhr, dass sich zwischen uns etwas anbahnte, ließ er sie rasch mit einem anderen Mann verheiraten. Ich fühlte mich betrogen. Es war ein großer Schock für mich."

Er benutzt die Begriffe "abhängig" und "Schock".

P: "Wenn ich mehr Geld gehabt hätte, hätte ich alles besser arrangieren können. Es gab keine Telephone."

A: Was für Gefühle haben Sie dabei, wenn sie zurückschauen?

P: "Ich hätte mit der Situation besser kämpfen können, wenn ich da gewesen wäre."

Auf diese Weise beschreibt er seine Beziehung zur Angst: Ich hätte mich besser auf einen Kampf mit der Angst eingelassen. Ich habe den Umständen erlaubt, mich zu überrennen und zu vereinnahmen, denn ich fühlte mich abhängig.

A: Wenn Sie sich zurückerinnern, glauben Sie dann, dass Ihr Nach-Bombay-Kommen eine falsche Entscheidung gewesen war?

P: "Ja. Mein Bruder rief mich an, ich hatte eine Stelle bekommen und musste hin."

A: Ihre Entscheidung war also von den Umständen diktiert.

P: "Ja."

A: Sie hatten keine Wahl?

P: "Eigentlich hatte ich doch eine. Die Menschen in der (Klein-)Stadt schafften es und konnten überleben. Ich hätte dort überleben können. Aber mein Gefühl der Abhängigkeit, dass ich mich dort nicht selbst erhalten könnte, brachte mich dazu umzuziehen. Ich hätte auch in der Nähe meiner Eltern bleiben und dort arbeiten können. Die Umstände zwangen mich dazu hierherzukommen, mein Bruder hatte mir eine Stelle verschafft, also kam ich."

Jetzt sieht er es so, und es ist recht tragisch.

A: Machen Sie sich deshalb Vorwürfe?

P: "Nein, die Umstände zwangen mich. Wenn ich dort geblieben wäre, hätte ich es wenigstens versuchen können und es wäre anders gewesen."

A: Als Sie sagten, dass Sie vor sich hinbrüteten, worüber hatten Sie da immer nachgedacht und gebrütet?

P: "Über den Betrug, der passiert war."

A: Sie brüteten über die Situation? Über die tatsächlichen Umstände? Dachten Sie vielleicht daran, wie eine gemeinsame Zukunft hätte aussehen können?

P: "Nein, dieser Traum bestand nur bis zu dem Punkt, als sie verheiratet wurde. Ein kleines Haus zu haben und zusammen darin zu leben."

Der Patient mag Früchte, Äpfel, Mangos, scharfgewürzte Speißen.

Er liebt die Natur, die Berge, Flüsse.

Er war 17 Jahre lang bei einem Psychiater in Behandlung gewesen, hatte Antidepressiva erhalten und nicht aus seinem Zustand herausgefunden.

Man schaue sich die Wirkung dieses Zustandes an, die Angst und das Überwältigtsein. Man muss die Wirkung zu ihrer Ursache zurückverfolgen und die Verbindungen erkennen. Das ist die Kunst der Fallaufnahme. Es handelt sich nicht um Ignatia und enttäuschte Liebe.

Verabreichtes Mittel: *China M1, Einzeldosis.*

Wiedervorstellung am 16. April 1999

Innerhalb von zwanzig Tagen waren die Schüttelfröste verschwunden. Die Symptome, die zuletzt aufgetaucht waren, verschwanden als erste.

P: "Ich komme zum ersten Mal allein zu Ihrer Praxis. Das ist ein ausgezeichneter Fortschritt. Ich kann alleine zu meinem Büro gehen, allein dort sein, allein mit dem Bus fahren. In den letzten fünf Monaten scheint es keinen Fortschritt zu geben. Ich habe nicht viel Fortschritt gemacht. Ansonsten hat sich mein Leben geändert; ich habe mehr Selbstbewusstsein und bin entspannter. Ich habe das Leben jetzt besser im Griff. Ich kann meine eigenen Angelegenheiten jetzt organisieren."

Dass die Besserung stagniert hatte, war ein Zeichen dafür gewesen, dass er das Mittel wieder gebraucht hatte.

Er hat mehr Selbstbewusstsein.

P: "Ich kann allerdings noch nicht mit dem Zug fahren."

A: Was fühlen Sie dabei?

P: "Keine Probleme."

A: Wenn Sie nicht in der Lage sind zu gehen, wohin Sie gehen wollen, was fühlen Sie dann?

P: "Das ist etwas, worüber ich mit Ihrer Behandlung hinwegkommen kann. Wenn ich allein hierherkommen kann, dann kann ich nach einer Weile vielleicht auch allein Zug fahren. Das Problem besteht jetzt seit zwanzig Jahren, und mit der Zeit wird es noch besser. Ich hatte einen Therapeuten, der mir sagte, ich solle jeden Tag ein wenig weiter gehen. Ich habe jetzt bereits eine Menge erobert. Ich kann 35 Kilometer weit mit dem Bus fahren, aber ich kann noch nicht überall hingehen, wohin ich gerne ginge."

A: Was für eine Wirkung hatte das auf Ihr Leben ausgeübt?

P: "Mein Leben war völlig eingeschränkt gewesen. Ich konnte überhaupt nichts tun. Ich hatte absolut kein soziales Leben. Ich war im Haus gefangen, und sogar die Ängste kamen ins Haus hinein."

Ich möchte, dass er den Ausdruck benutzt, im Gefängnis eingesperrt zu sein, und ich warte darauf. Er wechselt vom Thema der "Einzelhaft" zu dem eines größeren Gefängnisses, er fühlt sich also besser.

A: Wenn Sie sagen, Ihr Leben war eingeschränkt, können Sie das näher schildern?

P: "Ich musste jemand telefonisch Bescheid sagen, dass er mich vom Büro aus abholte. Ich fühlte mich im Gefängnis in mir selbst."

A: Was war das für ein Gefühl, im Gefängnis zu sein?

P: "Als ich das erste Mal alleine ins Büro fuhr, da tanzte ich buchstäblich vor Freude."

Das ist interessant, denn "Freude" ist eine wichtiger Aspekt des Heilmittels, das er erhalten hatte.

P: "Ich konnte nicht einmal einen Tee im Teehaus trinken und jetzt kann ich es. Es ist eine Art Befreiung. Ich bin jetzt nicht mehr wegen kleiner Dinge von anderen Menschen abhängig. Ich hatte immer Angst davor gehabt, was wohl geschähe, wenn ich eine Bestellung aufgäbe und ein Panikanfall über mich käme."

Falldiskussion

Was für eine Wirkung hat die Pathologie auf den Patienten. An der Ausübung welcher Aktivitäten behindert sie den Patienten?

Wir haben einen Mann vor uns, der seit mehr als zwanzig Jahren an einer Angstneurose leidet. Der von Angst überwältigt ist, der unfähig ist, gegen sie anzukämpfen, und der von ihr wegrennt. Die Wirkung besteht darin, dass er eingeschränkt ist, dass er nicht ausgehen und sich nicht vergnügen kann, und dass es ihn in Abhängigkeiten bringt. Auf mein Nachbohren hin vergleicht er sein Gefühl von Abhängigkeit mit Verkrüppeltsein.

Die Situation mit jener Frau vor dreißig Jahren liefert eine ähnliche Geschichte. Er war nicht in der Lage, die Situation kämpferisch anzugehen und rannte davor weg. Der Grund dafür war wiederum seine Abhängigkeit. Er benutzt beim Beschreiben beider Situationen dieselben Begriffe, so wissen wir, dass es einen Zusammenhang gibt. Auch sein Lieblingslied erzählt uns von seinem inneren Zustand, von einer sentimentalen Sehnsucht nach der Vergangenheit.

Er hatte Anfälle von Malaria erlitten, er hatte Panikattacken.

Das Heilmittel ist *China*. Wir können zum Beispiel folgende Rubriken anführen:

Wahnidee, sei gebremst oder behindert.

Wahnidee, sei im Unglück.

Brütet vor sich hin.

Sentimental.

Gier auf Früchte.

Gier auf scharf Gewürztes.

Frösteln, schlimmer am Morgen.

Ebenfalls auf China weisen folgende Symptome:

Gefühl von Schwäche und Kollaps.

Vorgeschichte von Malaria.

Rubiaceae-Familie

Er kann nicht in Urlaub fahren, kann in kein Restaurant oder ohne Begleitung eines Freundes ausgehen. Das alles sind Unternehmungen, die mit Vergnügen zu tun haben, Aktivitäten, die Stimulierung verschaffen. Er ist wie in einem Gefängnis. Die Neurose hält ihn also davon ab, Stimulierungen erleben zu können (Rubiaceae), denn er ist abhängig, er ist ein Krüppel (Malaria-Miasma).

Malaria-Miasma

Dieses Miasma steht zwischen dem akuten und dem sykotischen. Die Sykose hat das Gefühl festzustecken, abhängig zu sein, unvollständig zu sein. Das ist bei dem vorliegenden Patienten wiederzuerkennen: Er hat das Gefühl des Verkrüppeltseins, kann nichts gegen das Problem tun, was ihn somit von anderen abhängig macht. Er kann es nicht bekämpfen, also muss er es vermeiden, rennt weg. Auch Pulsatilla (Ranunculaceae) ist sykotisch und hat ein ähnliches Gefühl der Abhängigkeit.

Zusätzlich erleidet der Patient immer wieder Malaria- und Panikattacken; das ist der Einfluss des akuten Miasmas. Im Malaria-Miasma fühlt sich der Patient in einer abhängigen Lage feststeckend, machtlos, immer wieder attackiert. Im Kapitel über die Miasmen ist dies näher beschrieben.

China ist das wichtigste Heilmittel des Malaria-Miasmas. Zusätzlich zu den oben genannten Rubriken gelten folgende:

Wahnidee, er werde gequält.

Wahnidee, er sei verfolgt.

Unwürdig, Dinge scheinen nichts wert zu sein.

Unzufrieden.

Verachtungsvoll.

Der Patient fühlt sich verbittert und unzufrieden mit dem, was er hat. Alles scheint ihm billig und wertlos zu sein. Dann mag er sich in Fantasien ergehen und seinen Ehrgeiz in Fantasien ausleben, in der Wirklichkeit aber fühlt er sich behindert und entwickelt eine Haltung von Trägheit.

Auch *Natrium muriaticum* gehört ins Malaria-Miasma und fühlt sich abhängig. “Ich kann ohne diesen Mann nicht leben.” Sie ist abhängig von einer Partnerschaftsbeziehung, in der ihr weh getan wird und sie von ihrem Partner enttäuscht wird.

Die Abhängigkeit von *Baryta* entsteht, wenn der Mensch das Gefühl hat, er könne nicht auf seinen eigenen Füßen stehen. Es handelt sich um eine extreme Abhängigkeit von Unterstützung. Er will eine Krücke. Er kann seine Arbeit nicht verrichten, er fühlt sich schrecklich minderwertig.

Bei *Calcarea* geht es um finanzielle Abhängigkeit; ein Angestellter fühlt sich zum Beispiel abhängig von seinem Boss. Bei China geht es um Abhängigkeit im Allgemeinen.

Baryta hat das starke Gefühl, dass Leute ihn auslachen, dass er keine Kontakte knüpfen kann, dass er keine Entscheidungen in seinem Leben treffen kann, daher sehen einige Aspekte von Baryta ähnlich aus wie Aspekte von China. Aber das Miasma von Baryta ist syphilitisch, und das Mittel ist assoziiert mit anderen pathologischen Mustern, zum Beispiel mit Greisenhaftigkeit, Haarausfall, Herzanfällen und Bluthochdruck in jungem Alter. Die Herausforderungen scheinen unmöglich zu bewältigen zu sein, die Verantwortungen zu groß.

China hat nicht dieses Gefühl der Minderwertigkeit. China hat das Gefühl, dass Umstände ihn ins Unglück gebracht haben. Es erinnert mich an das Bild von Aschenputtel, die von ihrer bösen Stiefmutter abhängig ist. Sie hegt Fantasien einer guten Patentante oder Mutter, und hier spielen die Fantasien von China herein. Man steckt fest und fängt dann zu fantasieren an. Und die Fantasien sind nur nachts lebendig, und am Morgen sind sie weg.

Ende des Falls.

CHINA-FALL 2

Patient von 42 Jahren. Fallaufnahme am 31. Dezember 1998.

Hauptbeschwerden: Rückenschmerzen und Gelenkschmerzen.

P: “Der Arzt sagte mir, dass meine untersten Wirbelkörper schwach seien und dass die Schmerzen von da herrührten. Wenn ich im Sitzen meinen Körper entspanne, kriege ich Schmerzen. Es ist konstant.”

Eine spinale Myelographie ergab keinen Befund.

P: “Wenn ich meinen Motorroller fahre, bekomme ich Schmerzen hoch bis in meine linke Schulter. Jetzt sind sie in der Herzregion lokalisiert. Ich hörte auf, Motorroller zu fahren, aber es ist nicht weg.

Ich habe es mit Allopathie probiert, mit Homöopathie, Ayurveda, mit vielen Ärzten. Sie sagen mir, es sei alles in Ordnung. Einer sagte mir, ich brauche eine Operation.

Der Schmerz bedeutet eine konstante Qual."

So beschreibt der Patient seinen Schmerz. Man schaue sich an, wie er seine Hauptbeschwerde schildert. Die Antworten sind alle vor uns ausgebreitet. Wie im vorherigen Fall ist auch hier die Angst personifiziert.

P: "Mein Problem ist es, eine halbe Stunde lang zu stehen oder zu gehen. Aber das Hauptproblem ist, wenn ich sitze und den Körper entspanne, dann bekomme ich Schmerzen. Aber der Eindruck (dass Schmerzen kommen könnten) ist immer da."

Die Schmerzen sind konstant. Wenn etwas die ganze Zeit anhält, dann handelt es sich um eine Manifestation der Sykose. Malaria liegt immer vor, ihre Attacken tauchen immer wieder auf. Der Patient hat das Gefühl, dass der Schmerz dauernd auf der Lauer liege, aber dass er attackenweise erscheint, wenn er (der Patient) bestimmte Tätigkeiten ausübe. Es handelt sich also um das Malaria-Miasma.

A: Warum sagen Sie, es sei eine konstante Qual?

P: "Es ist ein konstanter Schmerz, Herr Doktor."

A: Was für Probleme haben Sie sonst noch?

P: "Die Probleme mit dem Kniegelenk und der Schulter entwickelten sich vor wenigen Jahren. Wenn ich meinen Arm hochhebe, bekomme ich Schmerzen in der Schulter."

A: Was sonst noch?

P: "Nichts. Das Knie, die Schulter und der Rücken."

A: Was ist Ihre berufliche Tätigkeit?

P: "Vor sechs Monaten habe ich eine Firma verlassen. Ich arbeite jetzt zuhause und muss mich nach einem besseren Job umschauen."

A: Sind Sie verheiratet?

P: "Ja, ich habe zwei Kinder, neun und zwölf Jahre alt. Ich bin einundvierzig."

A: Wo leben Sie?

Der Patient gibt seine Adresse an.

A: Und Ihre Mutter?

P: "Sie lebt bei mir."

A: Erzählen Sie mir etwas über Ihr Wesen.

P: "1993 verlor ich meinen Schwager (den Mann meiner älteren Schwester), das waren für mich schockierende Nachrichten. Nach diesem Todesfall fing es damit an, dass ich Gedanken davon hatte, ich könnte einen Herzanfall bekommen und sterben. Die Spannung wurde immer größer, und der Psychiater verschrieb mir Medikamente. Diese Gedanken sind jetzt weg, aber nicht völlig. Die Rückenschmerzen bestehen seit 1998. Ich weiß, dass ich mein Denken im Griff haben muss."

A: Was können Sie sonst noch erzählen?

P: "Ich erwarte nichts, von niemand."

A: Was meinen Sie damit?

P: "Wenn man viele Dinge erwartet und nichts davon bekommt, dann macht man sich selbst verrückt. Ich tue meine Pflicht, das ist alles."

A: Zum Beispiel?

P: "Was auch immer meine Pflichten sind, gegenüber Sohn, Mutter, Frau und Brüdern. Ich werde meine Pflicht tun und nichts von ihnen erwarten."

A: Was für Interessen und Hobbies haben Sie?

P: "Ich spiele gerne Federball. Ich nahm an den jährlichen Wettkämpfen teil, aber wegen des Rückens konnte ich nicht spielen. Ich schreibe gerne, aber ich kann nicht für länger als eine halbe Stunde sitzen. Ich schreibe für Zeitungen."

A: Was schreiben Sie gerne?

P: "Geschichten. Etwas, was mich überzeugt, aus Politik, aus Sport. Ich schreibe meistens von meinen eigenen Reaktionen."

A: Zu welchen Themen haben Sie starkes Engagement, starke Überzeugungen? Über was schreiben Sie gerne?

P: "Wenn ich mit etwas nicht einverstanden bin, dann schreibe ich darüber, zum Beispiel, wenn man diesen oder jenen nicht in die Mannschaft aufnimmt."

A: Was für ein Gefühl haben Sie (dabei)?

P: "Glücklich. Es ist deren Entscheidung, und es betrifft mich nicht."

A: Was betrifft Sie, was bringt Sie in Aufregung?

Vor seiner Antwort schaut er zur Decke.

P: "Diese Rückenschmerzen, Herr Doktor."

A: Sie genießen Ihr Leben nicht?

P: "Nein, diese Aktivitäten sind begrenzter Natur. Ich kann nicht spazieren gehen oder rennen, so wie ich es mir wünschte. Ich möchte mein eigenes

Geschäft anfangen, aber ich müsste körperlich fit sein. Unglücklicherweise bin ich nicht fit genug zu tun, was ich gerne täte."

A: Was für Träume haben Sie?

P: "Ich sehe oft meinen Vater. Er hing sehr an mir; er war mir wie ein Bruder oder ein Freund."

A: Wann ist er gestorben?

P: "Im Mai 1985."

A: Was bedeutete das für Sie?

P: "Ich habe es hingenommen. Er hatte einen Herzanfall. Wir hatten für meinen Schwager ein paar Bäume gepflanzt, und bevor wir losfuhren, sagte mein Vater, er habe etwas Schmerzen und ich sagte zu ihm, dass er nicht mitkommen solle. Er kam und hatte weiterhin die Schmerzbeschwerden. Mein Bruder hieß ihn, zum Arzt zu gehen.

Ich verliere Selbstvertrauen. Negative Gedanken fangen an, zu mir zu kommen. Wenn der Schmerz weniger wird, dann geht es gut. Ich singe und spiele gerne und all so 'was."

A: Was schreiben Sie gerne?

P: "Briefe. Ich schreibe lange Briefe an einen Freund meines Vaters, über alles Mögliche, was in meinem Leben passiert. Ich verstecke nichts vor ihm. Ich schreibe auch Geschichten, die auf meinen Erfahrungen beruhen. Über die Erfahrung mit meinem Vater habe ich mehr als zehn Geschichten geschrieben. Er hatte mir seine Erfahrungen weitergereicht."

Man schaue sich auch hier eine Sentimentalität an, die ähnlich ist wie die im vorhergehenden Fall von China. Er träumt von seinem Vater, schreibt Geschichten von seinem Vater.

A: Können Sie mir ein Beispiel nennen?

P: "Mein Vater ging gerne fischen. Er erzählte mir, wie er einmal spät abends zum Fischen zur See ging und bei der Heimkehr eine Frau sah. Als er sie sah, bekam er sofort Angst. Er hatte das Gefühl, wenn er mit solchen Gedanken heimkehrte, dann hätte er Angst. Er erreichte die Frau und sah, dass sie nicht ein Geist war, sondern eine Frau, die darüber wahnsinnig geworden war, dass sie ihre beiden Söhne verloren hatte. Sie ging zum Meer und war völlig unbekümmert darüber, dass es spät in der Nacht war. Ich habe über diese Begegnung eine Geschichte geschrieben.

Ich möchte diese Geschichten eigentlich veröffentlichen. Aber wegen dieser Krankheit kann ich sie irgendwie nicht zu Ende bringen. Wegen der Rückenschmerzen kann ich nicht lange genug sitzen. Ich bekomme Blähungen und dann wird der Schmerz immer stärker."

A: Was dachten Sie sich dabei, gerade diese Geschichte niederzuschreiben?

P: "Ich hatte sehr an meinem Vater gehangen und wollte deshalb die alte Zeit wieder aufleben lassen."

Wieder dieselbe Sentimentalität.

A: Was für Geschichten schreiben Sie sonst noch? Haben sie alle mit Ihrem Vater zu tun?

P: "Die meisten."

A: Warum haben Sie ihre Anstellung aufgegeben?

P: "Es war sehr schwierig. Ich arbeitete als zweiter Manager, und die Firma bezahlte einen Zulieferer nicht. Es machte keinen Sinn, bei solch einer Firma zu bleiben."

A: Was für Gefühle hatten Sie?

P: "Spannung. Ich weiß, wieviel Prozent Profit sie machen, und es ist meine Pflicht, wenn irgendwie möglich innerhalb von 60 Tagen zu bezahlen. Ich kann das bis zu 90 Tagen ausdehnen, aber nicht länger. Das sind auch Menschen. Ich bekomme immerhin an einem festgelegten Tag mein Gehalt. Was passiert mit denen, wenn sie ihre Bezahlung nicht erhalten? Die Leute in der Finanzabteilung kümmerten sich nicht einmal darum, ob die Bezahlungen gemacht wurden oder nicht. Es war witzlos, ihnen nachzurennen. Es war einfach nur Betteln. Und die finanzielle Situation der Firma war nicht sehr gut. Ich fühlte mich schuldig und dachte, ich würde lieber mein eigenes Geschäft aufziehen.

Ich habe ein paar gute Ideen. Eine besteht darin, Mangos zu exportieren, aber die Mango-Produktion ist nicht gut. Bei einer anderen geht es um chemisches Recycling. Aber meine Rückenschmerzen lassen es nicht zu. Ich habe eine Menge Ideen, kann aber nichts tun. Ich schreibe eine Menge Briefe an die Zeitungen, aber keiner wird veröffentlicht."

Das ist ein sehr klares Bild des Heilmittels. Er hat viele Ideen und Pläne. Aber er ist behindert; er kann nicht arbeiten, und die Artikel, die er schreibt, werden nicht veröffentlicht. Er liebt einfach nur die Idee, Briefe zu schreiben. Kreativität und Schreiben. Er ist sentimental. Die Schmerzen kommen in Attacken. Von Schmerzen gequält. Wahnidee, er werde gefoltert und verfolgt.

Verabreichtes Mittel: *China C200.*

Wiedervorstellung am 4. September 1999

A: Wie geht es Ihnen?

P: "Ich bin hundertprozentig in Ordnung und völlig frei von jeglicher Spannung. Ich arbeitete für eine Firma und bekam ein gutes Gehalt, und obendrauf gaben sie mir noch Bargeld. Mein Denken konnte das irgendwie nicht akzeptieren. Zum Glück verließ ich die Stelle und bin zu einer anderen Firma gegangen. Ich bekomme ein kleineres Gehalt, aber ich habe meinen Frieden dabei. Früher konnte ich keine halbe Stunde sitzen und schreiben und jetzt schreibe ich. Ich brachte etwas mit, um es Ihnen zu zeigen. Es gab einen Wettbewerb, bei dem man über ein Lied zu schreiben hatte, das einen sehr beeindruckt hatte, und dann gab es noch einen anderen Wettbewerb, und ich schrieb auch zu diesem Thema etwas. Ich bin sehr überrascht darüber, dass ich diesmal schreiben konnte, und ich weiß, wie ich es anstellte. Ich saß zwei Stunden am Stück daran."

Er zeigt die Geschichten, die er geschrieben hat und ist eindeutig zufrieden und glücklich. Er lächelt.

"Mir geht es viel besser als früher."

Kommentar

Er ist noch weit von einer endgültigen Heilung entfernt, aber er hat sich eindeutig von einem Zustand des Versagens zu einem des Erfolgs hinbewegt. Nach weiteren drei Jahren kann er wahrscheinlich auch dieses Stadium hinter sich lassen und wird nicht mehr so viel schreiben müssen. Wenn ich dieses Stadium hier präsentieren könnte, dann sollte nicht einmal mehr die Freude vorhanden sein, denn auch sie ist immer noch Ausdruck seines ursprünglichen Zustands – natürlich eher der Ausdruck eines erfolgreichen Stadiums anstatt der eines Versagens. Das Hauptthema ist das Bedürfnis nach *Stimulierung* (Rubiaceae), und er trägt es immer noch mit sich herum. Er ist jetzt freier und erfolgreicher, aber er ist noch im China-Zustand. Wenn er (mit der Therapie) nicht weitermacht, dann wird er vielleicht in diesem Stadium weiterleben, nicht notwendigerweise wieder zurückfallen in das Stadium des Versagens.

Einige Patienten behaupten, sie möchten lieber sensibel sein, sie könnten seit der Behandlung nicht mehr so kreativ sein. Aber ich habe das tiefe Gefühl, dass sie wissen, dass sie eine bessere Gesundheit erleben. Ich glaube, dass alles (wirklich) Gute auf Gesundheit basiert. Krankheit kann wohl zu einer gewissen Produktivität führen, aber Erfolg dieser Produktivität und Kreativität mag am Ende nicht zu einem Gut für alle führen.

Ende des Falls.

CHINA-FALL 3

Die Patientin ist ungefähr 50 Jahre alt und war bereits seit einiger Zeit bei mir in Behandlung gewesen. Sie kam gelegentlich zu mir und hielt treu an der Homöopathie fest. Eines Tages – im April 1999 – rief mich ihr Mann aus Kalkutta aus an.

Er sagte: “Meine Frau ist in großen Schwierigkeiten und hat starke Bauchschmerzen. Wir konsultierten ein paar Leute hier und gaben ihr Carbo vegetabilis, aber es half nicht. Sie hat weniger Urin gelassen, und ihr Bauch ist übel aufgetrieben. Sie hat Schluckauf und es geht ihr schlecht.”

Ich sagte ihm, ich könne sie auf diese weite Entfernung nicht behandeln und sie sollten zu einer Ultraschalluntersuchung gehen und einen Internisten aufsuchen. Sie wollten ein Mittel haben und ich schlug eines vor. Dann luden sie die Patientin auf einer Trage ins Flugzeug und brachten sie nach Bombay. Sie litt starke Schmerzen.

Ich ließ sie ins Krankenhaus bringen und veranlasste die Ultraschalluntersuchung. Sie ergab Gallensteine und eine aufgetriebene Gallenblase. Ihr Bilirubin war 5 und sie hatte steinbedingten Ikterus. Außerdem hatte sie keinen Urin mehr. Ich überwies sie an einen Internisten. Ich erhielt vom Krankenhaus einen Telefonanruf, der Arztkollege hatte mir eine Nachricht hinterlassen, die seine Besorgnis über die Untersuchungsergebnisse ausdrückte: “Als ich zum Krankenhaus ging, hatte ich anliegende Haare, als ich es verließ, standen sie mir zu Berge.” Der Serumkreatinin-Wert war bei 9,3 (normal ist 0 bis 1); die Patientin glitt ins Nierenversagen ab. Der Urologe meinte, das Nierenversagen und die Gallensteine hätten nichts miteinander zu tun. Sie gaben ihr noch drei Tage zu leben und konnten die Ursache für das Nierenversagen nicht ausmachen.

Im Krankenhaus nahm ich ihren Fall auf.

Vorliegende Beschwerden:

Empyem bei Cholezystitis, akutes Nierenversagen.

Bitterer Geschmack im Mund.

Fieber und Schüttelfrost.

“Meine Hände und Füße werden kalt vor Schmerz.”

Die Schmerzen kommen und gehen langsam.

Das Fieber kommt um 16 Uhr und am nächsten Tag um 1 Uhr nachts.

Abdominale Schmerzen, die in den Rücken ausstrahlen. Schmerz, schlimmer bei Erschütterung.

Ich fragte sie, ob es irgendwelche Auslöser gegeben habe. Worauf sie wie folgt erwiderte.

P: “Ich bin überhaupt nicht angespannt, ich bin glücklich. Wir waren in den letzten Monaten viel auf Reisen, und die Schmerzen begannen auf der letzten Teilstrecke.”

A: Was ist während des Reisens vorgefallen?

P: "Es war recht hektisch. Wir besuchten viele Orte, darunter Orte, die ich mein ganzes Leben lang hatte besuchen wollen. Wir besuchten wunderschöne Orte."

Ihr Mann teilte mit, dass sie auf der Reise äußerst aktiv gewesen war. Sie sahen sich zwölf Stunden am Tag Sehenswürdigkeiten an, und alle waren erschöpft, nur nicht die Patientin. Sie war wegen der Reise ganz aufgeregt. Zum Zeitpunkt des Schmerzbeginns war sie sehr glücklich gewesen.

A: Erzählen Sie mir von Ihrem Wesen.

P: "Ich mag Orte mit großartiger landschaftlicher Schönheit, und es war seit langem mein Wunsch gewesen, auf solch eine Reise zu gehen.

Ich lege viel Wert auf Reinlichkeit."

Das ist in der folgenden Rubrik beschrieben:

Allgemeines: Unreinlichkeit verschlimmert. (All-c., Caps., Chin., Psor., Puls., Sulph.)

Eigentlich sollte die Rubrik "Unreinlichkeit" heißen und nicht "Unreinlichkeit verschlimmert". Dieser Fehler hat sich seit Knerr fortgepflanzt. Es sind hier die unreinlichsten Heilmittel aufgelistet, die Patientin ist das Gegenteil und liebt Reinlichkeit sehr.

A: Was in Ihrem Leben macht Ihnen Kummer?

P: "Ich habe dauernd Spannungen mit meiner Tochter."

Die Spannungen beziehen sich auf eine dreißigjährige Tochter; sie ist mit einem Alkoholiker vereiratet, der abends lange aufbleibt und nicht nach Hause kommt. Er redet nicht mit seiner Frau; sie hatten seit drei Jahren keinen Sex mehr miteinander gehabt. Sie haben eine Tochter im Alter von vier Jahren. Die Tochter der Patientin glaubt, dass sie wegen des Kindes mit diesem Mann festsitzt. In ihrem Haus gibt es täglich einen Vorfall wie zum Beispiel Streit, oder die Tochter greift zum Telefon und ruft ihre Mutter an, die sich daraufhin sehr aufregt und Sorgen macht. Sie macht sich immer wieder Gedanken darüber und schmiedet Pläne, wie sie ihre Tochter finanziell unabhängig machen könnte.

Sie sagt (P): "Alle sind glücklich, nur nicht meine Tochter."

Sie macht sich Sorgen um die Zukunft ihrer Tochter.

Ich verstand, dass es sich bei diesem Fall um das Malaria-Miasma handelte: Es liegt ein Problem vor, das keine Lösung findet, und ab und zu flammt es auf. Man muss sich die wichtigsten Elemente des Falles ansehen:

(Ihre Gedanken,) wie sehr ihre Tochter im Unglück lebe.

Sie hatte immer davon geträumt, jene landschaftlich schönen Plätze zu besuchen, die sie so sehr liebte.

Periodisches Fieber.

Bitterer Geschmack im Mund.

Verabreichtes Heilmittel: *China C200, alle drei Stunden.*

Nachsorge

Innerhalb eines Tages stieg ihr Urinfluss an und der Kreatininwert fiel. Ihr Allgemeinzustand verbesserte sich.

Drei Tage später wurden ihr mittels ERCP die Gallensteine entfernt. Der Kreatininwert kehrte rasch zum Normalbereich zurück.

Kommentar

Nachdem ich die Rubiaceae-Familie verstanden hatte, konnte ich ihr Problem erkennen:

> Beschwerden ausgelöst durch Freude, durch Überstimulierung.

Deshalb war sie krank geworden. Das Problem mit der Tochter war chronisch, aber die Patientin erlitt ihre Schmerzen auf einem Hoch der Überstimulation und Freude.

Ein eindeutiges Bild von China. Das Mittel hat ihr wunderbar herausgeholfen.

Ende des Falls.

CHINA-FALL 4

Die Patientin ist eine Ärztin.

Ihre Hauptbeschwerde ist eine primär chronische Polyarthritis (PCP). Es war recht schlimm und alle Gelenke waren betroffen. Sie konnte ihre Schulter nicht bewegen.

Sie kam im November 1988 zum ersten Mal zu mir, damals war sie 29 Jahre alt. Sie sagte: "Ich werde die PCP niemals loswerden und möchte nur einfach von den Medikamenten wegkommen." Ich sagte, dass ich das nicht für sie tun könne, dass ich eine Heilung ins Auge fasste, und bat sie heimzugehen und darüber nachzudenken. Sie kam nach zwei Wochen zurück und bat mich, es zu versuchen, aber sie war immer noch davon überzeugt, dass sie niemals gesund werden könne. Ich sagte, dann gehe nichts, und bat sie, einige Bücher über Homöopathie zu lesen und zu verstehen, dass man auf Heilung ziele. Sie kam nach einem Monat wieder und bat mich wieder, wollte sich aber auf keine Fallaufnahme einlassen. Sie fühlte sich von mir verfolgt und gequält und sagte, ich sei senil. Zwei Monate später stellte sie schließlich ihren Fall vor, und dann war es ein Fall von nur kurzer Dauer.

Sie hat eine gutmütige Natur und wird nicht zornig. Aber sie kann depressiv werden und betrachtet die Welt von der negativen Seite. Sie brütet über vergangene Vorkommnisse nach. Sie wird angespannt und fühlt sich hilflos; sie hat Angst davor, alleine und ein Krüppel zu sein. Sie ist voll ängstlicher Sorge und fühlt sich zurückgelassen. Bei Trost kann sie in Tränen ausbrechen; sie weint nie, wenn sie alleine ist. Weinen bringt Besserung.

Im Lauf des zweiten Jahres ihres Medizinstudiums entwickelte sie Symptome an den kleinen Gelenken ihrer Hände. Bei Kälte bekam sie oft Niesattacken. Sie litt an Haarausfall. 1997 hatte sie Tuberkulosis.

Beobachtung: Sie runzelt die Stirn. Hat Schwellungen unter den Augen.

Gier nach Salzigem, Süßem und Gewürztem. Mag Speisen vom Restaurant.

Schwitzt nur wenig.

Sie sagte: “Ich fühle mich verkrüppelt. Ich fühle mich zurückgelassen.” Von Natur aus zum Brüten neigend. Ich gab ihr *China M1*, und dies ist das Mittel, das sie durch die letzten zehn Jahre hindurch immer wieder erhielt.

Nachsorge im Januar 1990

Fühlt sich viel besser. Nimmt derzeitig Chloroquin. Hatte vorher schon Goldinjektionen.

Sie sagt: “Zu verschiedenen Zeiten denke ich an verschiedene Dinge. Eins davon ist es, viel Geld zu verdienen und mich im Alter von fünfundreißig zur Ruhe zu setzen und ein Haus in einem Dorf zu kaufen. Zu anderen Zeiten habe ich das Gefühl, selbst wenn ich Medizin praktizierte und gut darin würde, was behandelte ich schon? Nur Symptome! Mutter Theresa und Baba Amte haben mich inspiriert, etwas Sinnvolles zu tun. Ich würde gerne zu ihnen gehen und mit ihnen arbeiten.”

Wenn sie an solche Dinge denkt, dann ist sie auch optimistisch, was das Gesundwerden betrifft, aber ihr Arzt sagt zu ihr: Sie sind Arzt; wie können Sie nur so reden? Wie könnte Ihre Schulter jemals wieder in Ordnung kommen – das Gelenk ist erodiert.

Bevor sie schlafen geht oder wenn sie nur herumsitzt, macht sie Pläne und pflegt positive Tagträume. Das macht sie schon so von Jugend an.

Seit dem Tag, an dem die Diagnose PCP gestellt worden ist, hat sie eine negative Haltung. PCP bedeutet, von Leuten abhängig und ein Krüppel zu sein und im Rollstuhl zu sitzen. Darüber hatte sie noch nie positive Gedanken.

Hat Angst vor Tieren und Vögeln. Angst davor, Grausamkeit mitansehen zu müssen. Schreckensdinge setzen ihr zutiefst zu. Fühlt sich nach Selbstmord, aber hat nicht den Mut dazu.

Hände und Füße fühlen sich sehr kalt an. Die Füße fühlen sich schwer an.

Wurde zweimal an Stimmbandknötchen operiert.

Hatte nach Tuberkulose aufgrund der antituberkulösen Medikamente einen Ikterus.

Nachsorge im Mai 1990

Kommt mit ihrer Schwester in die Praxis.

Ihre Schwester beschreibt die Patientin als leichtgläubig, sie vertraue Menschen zu leicht. Sie sei sanft, abgeklärt, drücke nie Zorn aus. Die Patientin reagiert darauf, indem sie sagt, sie habe dadurch, dass sie Menschen vertraut hatte, gelitten.

Im Allgemeinen hat sie eine lockere Laune, ist gerne und leicht glücklich. Nach ihrer Krankheit wurde sie introvertiert und verzweifelt und pessimistisch. Sie akzeptierte ihr Schicksal und resignierte. Sie mag nicht, wenn man Mitleid mit ihr hat.

Keine Träume.

Nachsorge zwischen 1990 und 1999

Von 1990 bis 1993 haben wir keine Unterlagen zur Patientin. 1993 erhielt sie dann sechsmal China M1; 1994 brachten fünf weitere Einzeldosen eine ständige Besserung. 1995 brauchte sie das Mittel nur zweimal.

Anfang 1996 nahm sie immer noch täglich Indocid, aber es ging ihr insgesamt besser und sie war positiver in ihrer Haltung. Sie lebte micht mehr mit dem Bewusstsein, krank zu sein. Ende des Jahres brauchte sie zweimal das Heilmittel. 1997 weitere vier Dosen und 1998 weitere sieben. Damals nahm sie noch Voveran. 1999 begann sie mit Meditation, was ihr weiterhalf. 1999 erhielt sie vier Dosen China M1.

Wiedervorstellung am 11. September 1999

Klinisch hatte sie Besserung erfahren und hatte mit den Steroiden aufhören können, aber ihre Laboruntersuchungen hatten sich nicht stark verändert; die BSG war immer noch hoch (84). Sei sagte, sie fühle sich wohl mit sich selbst.

A: Was für einen Gemütszustand haben Sie?

P: "Ich komme besser mit allem klar; früher habe ich immer überreagiert. Jetzt fühle ich mich fünf Minuten lang schlecht und dann kann ich den Vorfall vergessen und weitermachen. Früher dachte ich immer wieder darüber nach, warum es gerade mir passierte, ich tat doch niemand etwas zuleide.

An manchen Tagen habe ich arge Schmerzen. Die Leute sehen nicht, dass ich krank bin, sie glauben, ich schauspielere. Darauf bin ich sehr empfindlich geworden. Ich muss immer daran denken. Warum muss das so sein? Ich werde sehr deprimiert. Ich habe das Gefühl, andere haben so viel Glück, erfreuen sich ihrer Gesundheit, müssen sich nicht so sehr abmühen und haben eine Familie. Für mich ist immer alles ein Kampf gewesen, und wenn Leute dann sagen, ich habe viel Glück, dann ärgert mich das sehr. Diese Leute sind verrückt; wieso meinen sie immer wieder, ich sei vom Glück heimgesucht? Ich muss all diese Tabletten einnehmen, um normal zu funktionieren. Ich fühle mich deswegen sehr schlecht und überreagiere viel. Es bringt mich zum Weinen.

Ich brüte weiter vor mich hin. Der Frohsinn verschwindet. Aber ich zweifele nicht an den Medikamenten, die Sie mir geben. Seitdem ich hergekommen bin, habe ich keinen anderen Arzt aufgesucht.

Ich habe ein Gefühl von Hilflosigkeit. Ich habe das Gefühl, dass ich es nicht schaffen werde. Genuss und Wohlgefühl stellen sich nicht ein, und ich fühle mich bitter und deprimiert. Mental bin ich sehr unabhängig, aber ich mache mir selbst Vorwürfe und weiß nicht, ob ich es schaffe. Ich habe eine Menge Probleme mit mir selbst. Ich bin sicher, es gibt eine Menge Leute, die schlechter als ich dran sind. Trotzdem habe ich dieses Gefühl von Hilflosigkeit."

A: Können Sie das Gefühl von Hilflosigkeit näher schildern?

P: "Angenommen man sagte mir, ich werde in einem anderen Land leben. Ich sollte mich darüber freuen, aber es überkommt mich die Angst, ob ich damit klarkommen würde. Ich fühle mich hilflos, frustriert."

A: Können Sie "frustriert" noch näher beschreiben?

P: "Ich möchte so viele Dinge unternehmen und kann es nicht und mein Körper hält mich zurück. Letztendlich ist es mein negatives Denken, was mich zurückhält, das Gefühl, dass ich es nicht kann. Ich bin negativ. Ich habe mich selbst mit PCP etikettiert. Es hält mich zurück. Es bedeutet, dass ich keine Chance wahrnehmen kann, dass ich mich Situationen nicht stellen kann. Ich vermeide sie, und das macht mich traurig. Ich werde darüber sehr wütend, warum ich? Warum musste ich diese PCP bekommen?"

A: Wen könnten Sie sich vorstellen, dass er ein ähnliches Gefühl haben könnte?

P: "Ich glaube, wenn jemand quadriplegisch wäre. Wissen Sie, dann liegt die ganze Welt vor einem und man kann nicht aufstehen und sie nicht nehmen. Ich habe das Gefühl, dass die ganze Welt in meinen Händen ist, ich sie aber nicht nehmen kann. Das Gefühl macht mich zum Krüppel. Psychologisch und physisch zum Krüppel."

Ich hatte ihr seit zehn Jahren China gegeben, und in den letzten sechs Monaten hatte es, so sagte sie, einen Wandel in ihrer Haltung gegeben. Man muss sich anhören, was sie sagt. Man muss sich ansehen, wie lange es dauert, bis es zu dieser Veränderung kommt.

P: "In den letzten fünf oder sechs Monaten fühle ich mich nicht mehr so absolut hängengelassen. Ich schaue mir die Dinge in mir an. Früher hätte ich sie nicht einmal eingestehen können. Jetzt kommt es mir mehr zu Bewusstsein, die Negativität, die Frustriertheit darüber, was ich hätte tun können."

A: Das Gefühl des Krüppelseins, ist das etwas besser?

P: "Besser, denn ich habe es akzeptiert. Ich fühlte mich wohler damit, als ich es mir noch nicht zugestanden hatte, und jetzt gestehe ich es mir ein und die Dinge kommen hoch. Ich war eine Gefangene, gebunden, und jetzt habe ich das Gefühl, dass ich von all dem freikommen werde. Früher bestand da Angst, also verkroch ich mich in meiner Schale. Jetzt gestehe ich es vor mir ein, und das ist gut so."

Die Symptome der PCP sind 95% besser geworden. Der pathologische Zustand verbesserte sich dramatisch. Zuerst verbessert sich die Pathologie, Wandel im Geistes- und Gemüstzustand brauchen ein lange Zeit. Am Ende wird sich die Patientin auch des mentalen und emotionalen Zustandes gewahr; sie wird sich ihrer Wahnvorstellungen bewusst und sie kann darüber reden. Wenn die zentrale Störung unterdrückt ist, dann entsteht Pathologie. Während also die Pathologie sich bessert, wird die zentrale Störung im Verlauf der Zeit immer deutlicher. Ich erwarte nicht, dass bei ernsthaften pathologischen Zuständen der psychologische Zustand sich dramatisch bessert, denn die zentrale Störung muss zuerst hervorkommen und sie ist weitgehend unterdrückt. Das braucht Zeit, in diesem Fall eine lange Zeit. Manche Fälle brauchen nicht ganz so lange.

Jetzt nach zehn Jahren ist die Patientin bereit, über ihre ursprünglichen Probleme zu reden, nämlich darüber, dass sie in einer Liebesbeziehung zurückgewiesen wurde, weil sie eine PCP entwickelt hatte; sie hatte noch nie vorher mit jemand darüber geredet.

Wiedervorstellung am 16. Oktober 1999

Die Patientin lieferte ein ausgesprochen offenes Wiedervorstellungsgespräch.

Es geht ihr insgesamt und in Geist und Gemüt besser. Sie kommt mit der Situation gut zurecht, obwohl diese die gleiche ist.

P: "Leute machen sich über meine Arbeit lustig, aber ich mache daraus kein Thema. Früher war ich sehr empfindlich. Man durfte nur nette Dinge über mich sagen; das war mein Handikap. Jetzt macht mir das, was andere sagen, nichts mehr aus. Ich merke sogar, dass sie es nicht einmal so gemeint haben. Ich stelle sogar fest, dass ich selbst immer gewertet und verurteilt habe, und ich nehme jetzt die Menschen wie sie sind. Früher versuchte ich, es allen recht zu machen, besonders nett zu sein. Ich hatte Angst davor, jemand weh zu tun. Jetzt kann ich eine Geste nur anerkennen, wenn sie auch ehrlich ist.

Anstatt dass ich versuche, den Fehler bei anderen zu finden, wie ich es immer getan habe, versuche ich jetzt zu schauen, wo mein eigener Fehler ist, und ich versuche, mich zu verbessern. Ich bin viel selbständiger geworden. In meinem Leben hat es einen großen Wandel zum Positiven gegeben und ich bin darüber froh. Habe jetzt mehr Frieden in mir und schlafe besser.

Ich verschleuderte meine Energie mit unnötigen Gedanken. Das ist jetzt 70% besser. Ich kann meine Gedanken besser kontrollieren. Ich habe jetzt eine Akzeptanz im positiven Sinne. Ich habe festgestellt, dass wenn man andere akzeptiert wie sie sind, die eigenen Erwartungen an sie geringer werden.

Ich hatte wegen meiner Gesundheit immer eine Menge Komplexe in mir und ich war mir dessen nicht bewusst. Jetzt kann ich es zugeben. Wenn ich von weitem einen Freund sah, ging ich rasch auf die andere Straßenseite, um ihm aus dem Weg zu gehen. Jetzt gehe ich weiter und auf ihn zu; ich habe viel mehr Selbstvertrauen.

Ich dachte immer: Warum ich? Jetzt halte ich, glaube ich, nicht mehr so an der Vergangenheit fest und schaue nach vorn. Ich lebte in einer Schale, völlig abgeschirmt. Mein Freund hatte mich wegen meiner Krankheit verlassen. Deshalb fiel ich in Depression, ich fühlte mich zurückgestoßen, ich verfluchte ihn, ich hasste ihn; mein Ego war verletzt. Das hatte mein Selbstbewusstsein zerstört. Ich war deswegen sehr, sehr empfindlich, schon wenn ich darüber redete. Heute kann ich ohne Emotion darüber reden.

Nach sechzehn Jahren habe ich jetzt das Gefühl, ich bin eine normale Frau: nicht verkrüppelt. Ich war emotional und physisch ein Krüppel. Jetzt fühle ich mich normal."

Nachsorge im August 2000

Die BSG ist 34 (d.h. im Normalbereich).

P: "Es geht mir besser. Für eine Weile hatte ich Depressionen. Es ist schmerzhaft, sich die Wünsche nach Partnerschaft, Erfolg und Gesundheit einzugestehen. Ich hatte mich zur Religion gewandt. Man stimuliert sich selbst mit gewissen Dingen. Ich war mir all der Gefühle vorher nie bewusst gewesen, Groll, Bitterkeit, Hass, Eifersucht, Schuldgefühle und meine Angst vor der Zukunft. Ich lerne jetzt, mit diesen Regungen umzugehen. Ich dachte, gut zu sein bedeutet, diese Gefühle zu unterdrücken. Ich habe einige Entdeckungen über mich selbst gemacht. Ich bin allein und von allen abgeschnitten. Weil ich nicht verheiratet war und nicht als Ärztin praktizierte, hatte ich früher einen Komplex. Jetzt empfinde ich, dass ich auch ein kompletter Mensch sein kann mit dem, was ich habe. Meine emotionalen Bedürfnisse waren unterdrückt."

Nachsorge im Dezember 2000

Die Gelenkschmerzen sind besser.

P: "Manchmal fühle ich mich deprimiert. Ich weiß, dass ich mich ändern muss, denn es bleibt nichts dasselbe. Niemand ist verantwortlich. In der Vergangenheit konnte ich es nicht zum Ausdruck bringen, wenn ich mich verletzt fühlte; jetzt weiß ich, dass es allen zustößt. Fühl den Schmerz, fühl die Verletzung, gib es zu und dann komm wieder daraus hervor. Es kommt und es geht auch wieder weg. Religion lehrt uns aufzuhören, anderen Vorwürfe zu machen. Man fühlt emotionalen Schmerz und man fühlt sich nicht fähig, mit dem Leben klarzukommen.

Ich war körperlich krank. Ich hatte physisch und psychologisch eine Schale; die Eltern wollen einen beschützen. Aber um da herauszukommen, muss man stark werden. Diese Schale, die ich mir angeeignet hatte, sie war ein Verleugnen; ich fühlte die Dinge nicht. Es ist jetzt gut, Mensch zu sein, besser so. Es gab eine große Veränderung in meinem Wesen, einen Wandel in meinen Gedanken, meinen Gefühlen, meinem Verhalten.

In meiner Kindheit war ich hunderprozentig extrovertiert gewesen. Aber mit der PCP kam die Angst, hundertprozentiger Rückzug nach Innen, und ich wollte niemand mehr sehen. Es gibt nicht nur körperlichen Schmerz. Jetzt kann ich besser damit klarkommen, kann mich besser verstehen. Jetzt bin ich weder extrovertiert noch introvertiert; ich kann Menschen entgegentreten und ins Gesicht schauen. Ich bin im Gleichgewicht."

Nachsorge im September 2001

P: "Ich gehe nach Japan und ich bin wirklich froh darüber. Ich bin aus meiner Schale heraus. Meine Krücken sind verschwunden und ich kann alleine gehen. Mein Potential kann sich jetzt entfalten. Ich bin ganz gesund."

Verabreichtes Mittel: *China C200.*

Kommentar

China ist ein gutes Heilmittel bei Arthritis. In der Allopathie werden zwei Mittel eingesetzt, die auch von Homöopathen benutzt werden: Quinin und Gold. Quinin oft, wenn der Patient behindert ist, und Gold, wenn es sich um einen mehr destruktiven Zustand handelt. Zuerst behindert PCP nur und von Zeit zu Zeit gibt es intensive Schmerzen. Das ist der China-Zustand. Es schränkt ein, verkrüppelt, quält; es bringt den Patienten für den Rest seines Lebens in ein Gefängnis. Das ist die Pathologie, die China im inneren Zustand der Patienten widerspiegelt.

Diese Patientin begann ihre Reise an einem Punkt, an dem ihre Zukunft hoffnungslos aussah. Als sie zu uns kam, hatte sie alle Hoffnung auf Besserung aufgegeben, sie wollte nur ihre Medikation verringern, denn sie litt an deren Nebenwirkungen. Jetzt ist sie tatsächlich von den Symptomen der PCP geheilt; sie hat nur geringe Bewegungseinschränkung in einer Schulter und ist in allen anderen Gelenken schmerzfrei. Es war interessant zu beobachten, dass die BSG trotz ihrer körperlichen Genesung für lange Zeit erhöht blieb. Schließlich fiel auch die BSG und ist jetzt im Normalbereich, und der Patientin geht es körperlich und gemütsmäßig gut.

Ende des Falls.

CHININUM SULPHURICUM

Rubiaceae + Malaria-Miasma

Das Mittel hat die folgenden Rubriken unter Geist und Gemüt:

> Aktivität, im Allgemeinen am Abend, nach 21 Uhr, nach Spaziergang an der frischen Luft. (1) (Allen)
>
> Abneigung, gegen Nachdenken; dagegen, sich über Dinge Gedanken zu machen, abends. (1) (Allen)
>
> Geschäfte, Unfähigkeit für, morgens. (1) (Allen)
>
> Entmutigt. (Complete)
>
> Erregung, erregbar, im Allgemeinen wie nach Kaffeegenuss. (Complete)
>
> Pläne, viele, abends. (2) (Complete)
>
> Traurigkeit, Abhängigkeit, Depression, Melancholie, wie von drohendem Unglück. (Complete)

Nachts fantasiert er über alles Mögliche und morgens kann er nichts ausführen. Er ist entmutigt und hat das Gefühl, er kann nichts tun. Und das Gefühl Unglück zu haben ist typisch für das Malaria-Miasma. Das Miasma ist also wahrscheinlich Malaria.

Das Gefühl ist wie folgt: Ein Mensch, der erfinderisch und talentiert und stolz ist (Sulphuricum), wird behindert, gebremst und verfolgt (China).

Wenn man das Empfinden der Rubiaceae mit dem Malaria-Miasma kombiniert, könnte das Gefühl wie folgt ausgedrückt werden: Stimulierung dadurch, dass er verfolgt ist; oder:

Ist verfolgt, um der Stimulierung willen.

CHININUM-SULPHURICUM-FALL

Männlicher Patient im Alter von 31 Jahren, erste Konsultation am 16. April 1996.

Sein Verhalten war von klein an nicht normal. Er warf Leuten Steine hinterher und spuckte sie an. Deshalb wollten die Leute ihn schlagen, und er rannte dann zu seiner Mutter. Als er acht war, starb seine Mutter, und er hatte niemanden mehr, zu dem er hätte rennen können, denn sein Vater war sehr streng.

Sein Vater war Schulleiter und hatte ein ziemliches Ansehen im Dorf. Zwischen dem Patienten und seinem Vater gab es kein herzliches Verhältnis. Er fühlte nur Zorn in sich, fühlte sich gequält. Er hat das Gefühl, dass sein Vater für alles verantwortlich ist. Er hatte auf seinen Vater großen Zorn und wollte alles anzünden. Sein Vater verweigerte ihm Geld, manchmal sogar Essen. Sein Vater beschimpfte ihn und hieß ihn, das Haus zu verlassen. Ihm wurde gesagt, dass er dazu geboren sei, Ruin zu verursachen. Er hatte davor Angst, dass sein Vater ihn verprügeln würde.

Er hatte an Depressionen mit Suizidabsichten gelitten. Sein Vater hatte ihm gesagt, dass er ihnen das Blut aussage. Schreckliche Depressionen.

Er wurde ins Haus seiner Tante geschickt. Er konnte vor niemand seine Gedanken "offenlegen" und war gereizt. Er fühlte sich von seinen Stiefeltern gequält. Die schlimmsten Gefühle in seiner Kindheit hatte er, wenn er von harten Menschen gepeinigt wurde. Bei weicheren Menschen konnte er zornig reagieren und über sie dominieren; er tut dies bis heute.

Ängste davor, geschlagen zu werden, vor Dunkelheit, vor Geistern. Träume voller Schrecken, von Gespenstern, vom Fallen.

Er bringt eine Menge Beschwerden vor und er hat das Gefühl, dass er eine Menge Chancen verpasst hat.

Seine Ansichten sind recht verschieden von denen anderer Menschen. Er hat eine Anstellung als Verkaufsleiter. Manchmal redet er Unsinn, sagt einfach irgendetwas; ein andermal redet er Geniales. Er kann nichts für sich behalten, keine Geheimnisse. Lobt sich gerne selbst, gibt an. Er hat das Gefühl, dass er ein Genie sei, dass er die richtige Haltung habe, den richtigen konzeptuellen Zugang. Er ist sehr ehrgeizig und möchte in seinem Leben Fortschritte machen. Er hat betreffs seiner selbst keine schlechten Gefühle, aber andere haben das. Er sagt anderen offen ihre Fehler ins Gesicht; er stellt sich anderen zu heftig entgegen, aber seine Freunde wissen, dass er im Herzen ein guter Kerl ist. Er lobt andere gerne für Kleinigkeiten.

Er lässt sich leicht dominieren und kann seinen Standpunkt nicht zum Ausdruck bringen. Er hasst Menschen, die kritisieren, und möchte sie am liebsten verhauen oder ihnen großen Schaden zufügen. Im Büro hat er heftige Streitigkeiten; einmal wurde er von seinem Posten entfernt, weil er sich sehr brutal verhalten hatte. Er liebt Streitgespräche, muss unbedingt gewinnen, muss das letzte Wort haben. Wenn jemand eine andere Meinung äußert, dann hasst er diese Person. Er fühlt sich deprimiert, wenn er eine Niederlage erleidet, und er tut sich schwer damit, sich davon zu erholen. Die Gedanken daran verfolgen ihn für lange Zeit.

Minderwertigkeitskomplex, wenn er mit Mädchen redet. Fühlt sich schüchtern.

Tagträume. Zwei Gedanken:

Erstens, Kricketspieler zu werden, große Leistungen zu vollbringen und dafür gepriesen zu werden.

Zweitens, Masturbation mit Gedanken, jemand zu schlagen, oder mit Fantasien, von einem Mädchen geschlagen zu werden. Das hat er, seitdem er vier ist.

Er brauchte vier Jahre, um die zwölfte Klasse zu absolvieren. Er kann sich nicht konzentrieren, keinen klaren Entschluss fassen. Lebt in seiner eigenen Welt, ist gedankenabwesend.

Er würde gerne in Ordnung kommen, denn er hat das Gefühl, dass Masturbation nicht in Ordnung ist. Er hatte bisher noch keinen sexuellen Kontakt mit einer Frau. Er hat keine Erektionen. In der achten, neunten und zehnten Klasse hatte er homosexuelle Aktivitäten. Gelegentlich hat er homosexuelle Fantasien, zum Beispiel dass ihn jemand schlüge; er mag Schmerz. Frauen haben auf ihn eine mehr als gewöhnliche sexuelle Ausstrahlung, er kann seine Augen nicht von ihnen lassen.

Er mag Tiere und möchte sie fest an sich drücken. Er mag Hunde, vor allem Spitze.

In den letzten sechs Jahren nahm er "biochemische" und homöopathische Heilmittel, unter anderem Sulphur und Hepar sulphuris calcareum.

Verabreichtes Mittel: *Lac caninum M10, Einzeldosis.*

Nachsorge

Er berichtet, dass es ihm 20% besser gehe. Die homosexuellen Gefühle und die sadomasochistischen Fantasien seien 60% besser. Er ist entspannter als vorher.

Er fühlt sich damit besser, wenn Gedanken an die Vergangenheit auftauchen, aber er gibt seinem Vater noch die Schuld für alles.

Er meint, die Menschen sollten sich seine Schmerzklagen anhören und mit ihm Mitleid haben. Er hat Schwierigkeiten damit, zu Freunden Nein zu sagen. Er sagt, er sei hastig und gehe Risiken ein. An neuen Orten hat er ängstliche Vorahnungen.

Träume von Geistern.

Keine Änderung der Medikation.

Spätere Nachsorge

Daraufhin heiratete er; er berichtete, dass seine Erektionen schwach seien.

Zwei Monate danach hatte er keine Arbeit mehr, und seine Frau setzte ihn unter Druck, eine neue Arbeit zu finden. Er wurde zornig. Er redete von Geschäften, er plante Dinge, die nicht machbar waren, davon, einen Gewinn von 60.000 Rupien zu machen, usw.

Seine sexuellen Gedanken tauchten wieder auf.

Seine Frau beschrieb ihn als jemand, der große Ambitionen habe und nach Übersee gehen wolle. Er sagt zu seiner Frau, sie sei nutzlos, wenn sie nicht auch nach Übersee gehen wolle. Er gibt ihr die Schuld daran, dass er seine Stellung verloren habe, und sagt, sie bringe ihm Unglück. Er meint, arme Menschen seien Parasiten der Gesellschaft.

Er erlaubte seiner Frau nicht einmal, eine Anstellung bei der Regierung zu nehmen, und lässt sie nicht mitreden, wenn es um seine Arbeit geht. Er sagt zu ihr, dass er sich in zwei Jahren von ihr scheiden lasse, wenn er nicht gesund würde. Er schaut immer darauf, was er von ihr bekommen könne, und behauptet, er habe sie geheiratet, damit er nach Übersee gehen könne.

Er sagt, seine Eltern hätten sein Leben vergeudet und seine Chancen Ingenieur zu werden vereitelt. Manchmal verhält er sich seiner Frau gegenüber grob und ein andermal sagt er zu ihr, sie sei die einzige (positive) Person in seinem Leben. Er sagt zu seiner Frau, dass sie ihn nicht verlassen dürfe.

Verabreichtes Heilmittel: *China M1.*

Nachsorge

Fantasien waren weniger geworden, aber Erektionen nicht besser. Depression und Minderwertigkeitsgefühle waren noch die gleichen. Seine Frau stellte einen Scheidungsantrag.

Fallwiederaufnahme am 2. Juni 1997

Der Patient brachte ausführliche Aufzeichnungen mit sich, von denen er im Verlauf der Konsultation ablas. Die Notizen berichteten Folgendes:

> Schwitzen in schwülem Klima.
>
> Viel Juckreiz im Dammbereich.
>
> Hatte Hautprobleme von Kindheit an.
>
> Schmerzen in den Beinen, muss sie ständig bewegen.

Hat das Gefühl, dass Insekten ausschließlich ihn stechen.

Gefühl von Ameisenlaufen.

Übersäuerung und Halsprobleme beim Reisen.

Blähungen, laut. Aufgetriebener Bauch.

Unerträglicher Juckreiz der Augen.

Ausschläge auf der Nase, Rotznase.

Er sagt, er möchte gerne spirituelle Kraft erwerben. Um sich Führungsqualitäten zu erwerben, betet er die Sonne an.

Er kann sich jetzt konzentrieren und meditieren, was er früher nicht konnte, und er kann Entscheidungen fällen. Er liest nicht gerne, aber auch das hat sich um 25% gebessert. Um sich zu erinnern, muss er etwas mehrmals lesen, und er macht Fehler beim Schreiben und Sprechen.

Minderwertigkeitskomplex: Starrt Mädchen an, verhält sich in ihrer Gesellschaft ungeschickt. Hat das Gefühl, dass es ihm an Mut fehle, dess er nicht genug wage, dass er ein Feigling sei. Unter Druck gibt er nach. Er hat Schwierigkeiten, anderen etwas abzuschlagen, aus Furcht davor, sie zu verletzen.

Leute sagen, er rede zu freizügig, er respektiere nicht den Abstand, der dem höheren Alter zusteht. Er hat das Gefühl, dass diejenigen, die unter ihm arbeiten, die Arbeiten, die er ihnen anträgt, zu allerletzt ausführen. Er versucht immer zu zeigen, dass die Umstände ihm nichts anhaben können. Aber in Zeiten von Empfindlichkeit geht es ihm damit schlecht. Er sucht Fehler bei anderen und setzt diejenigen, die bei ihm Fehler finden, zurück.

Er glaubt, er gebe im Vergleich zu andern eine ungeschickte und lächerliche Figur ab. Schluckt laut und hat die Neigung sich zu räuspern.

Die Depression ist 50% besser. Aber wenn er Geld verliert, wird er deprimiert und erinnert sich an Vorfälle in seiner Kindheit: Er erinnert sich daran, dass sein Vater ihn quälte, und schiebt alle Schuld auf seinen Vater.

Er hatte einen Traum, in dem er Mädchen aus der Nachbarschaft zum Sex mit ihm zwang.

Sein Vater war streng wie ein Schuldirektor und wurde zornig, wenn etwas nicht in Ordnung war. Sein Vater hatte zum ihm gesagt, dass er (der Patient) ihnen die Knochen aussauge und sie umbringe. Er schlug ihn, sogar noch, als der Patient siebzehn war, auch wegen Kleinigkeiten wie zum Beispiel, wenn er einen Federhalter verräumt hatte. Der Patient konnte nichts dazu sagen. Als er dem Unterricht beiwohnen wollte, sagte ihm sein Vater, der sei für reiche Leute. Er zeigte dem Patienten gegenüber Verachtung. Als seine Mutter verstarb, gab es niemand, der Partei für ihn ergriff. Seine Vetter waren ihm überlegen und brachten ihn dazu, dass er für sie Arbeiten erledigte, und er konnte nichts erwidern. Er hatte Angst davor, dass sie ihn schlagen würden. Er hatte Hass und Eifersucht auf sie alle und wollte sie und sich selbst am liebsten umbringen. Manchmal, wenn sein Vater ihm Geld gab, fühlte er große Zuneigung zu ihm und hatte das Gefühl, dass er eine Menge für ihn tue. Er wurde oft mit seinem jüngeren Bruder verglichen, was ihn sehr wütend machte.

Die Leute dachten oft, er sei verrückt, und andere Jungen schlugen ihn und er hatte nicht den Mut zurückzuschlagen. Er weinte viel. Wenn sein Lehrer ihn schlug, dann schlug er mit der Tafel zurück. Er beschwerte sich wegen der kleinsten Nichtigkeiten bei seinem Lehrer. Im Rennen war er sehr langsam, und seine Lehrer "vergaben" ihm dies. Er hatte Angst vor dem Reiten.

Seitdem er ungefähr dreizehn war, tagträumte er darüber, eine Hühnerfarm zu haben mit tausend eierlegenden Hennen.

Er träumte davon, dass sein Sohn ein großer Kricketspieler werde.

Er träumte von einem großen Haus mit einem Swimming Pool.

Das wichtigste Ziel hinter seinen Fantasien war, dass ihm ein Mädchen dabei zusehe und bewundere.

Er wollte eine großen Namen haben, ein Wissenschaftler sein, berühmt sein.

Er wusste, dass all das nichts taugte, aber die Gedanken daran waren angenehm und nicht zu beherrschen.

Er hatte Vorstellungen davon, die dienstälteste Person in der Armee oder ein berühmter Sportler zu sein. Aber nichts davon konnte er tun. Er wollte ein Fußballspieler sein, aber er konnte es nicht spielen, und die anderen Jungen stellten ihm ein Bein, um ihn zu Fall zu bringen. Er wollte ein Schwimmer sein und zu den Olympischen Spielen gehen, aber er konnte nicht einmal schwimmen, und die anderen Jungen versuchten ihn unterzutauchen. Er war voller Zorn und hätte sie gerne verprügelt und war zornig über die Umstände.

Er empfindet sich im Unglück, aber sein Ego sagt ihm, dass er da herauskommen werde. Er glaubt, er sei intelligent, aber er benutze seine Intelligenz in der falschen Richtung.

Selbst in der hoffnungslosesten Situation hat er noch Hoffnung.

Er hat einen starken Appetit und isst auch, wenn er nicht hungrig ist. Er sagt mit Stolz, dass er als Kind die Mengen von vier oder fünf anderen essen konnte. Er hat Rekorde gemacht darin, die größte Anzahl an Süßigkeiten zu essen, und er ist darauf stolz. Er kann Hunger nicht ertragen.

Er mag Gemüse, Mangos, Eis und saure Speisen.

Es mag nicht gerne stehen, muss sich setzen.

Er erträgt Kälte nicht.

Bis zum Alter von zwölf Jahren hatte er jeden Winter Fieber; nachts gingen seine Temperaturen hoch und er fröstelte, vor allem zwischen 18 und 19 Uhr.

Verabreichtes Mittel: *Chininum sulphuricum M10.*

Nachsorge

Anfangs bekam er viel Juckreiz, und psychologisch gab es keine Veränderung. Er erhielt im September, November und Dezember 1997 weitere Dosen des Mittels, die letzten beiden wegen stark entzündeten Rachens.

Im nächsten Jahr erhielt er vier Dosen, dann drei weitere 1999. Die Gedanken an das Sexuelle waren geringer geworden. Seine Gefühle gegenüber seinem Vater waren dieselben geblieben. Das Minderwertigkeitsgefühl war auch dasselbe. Er war immer noch aggressiv, arrogant und tagträumte davon, eine wichtige Figur zu sein.

Im Jahr 2000 erhielt er einmal M10 und dann C200, worauf sich Besserung einstellte.

Nachsorge am 10. März 2001

Es geht ihm psychologisch besser, er ist weniger deprimiert.

Er hatte einen Traum: "Ein Polizist hält auf einer Brücke Leute an. Wir gehen mit einem Gefühl der Überlegenheit weiter, um uns durchzustoßen, und er treibt uns alle prügelnd zum Polizeirevier. Dort lassen wir den Oberkommissar rufen, um unsere Überlegenheit zu zeigen. Wir wollen demonstrieren, dass wir überlegen sind, keine Angst haben und über sie bestimmen können."

Seine Neigung zum Streiten und Argumentieren ist noch dieselbe: "Ich möchte nicht nachgeben."

Er hat weiterhin Gedanken an Mädchen.

Sinusitis, Schweregefühl im Kopf. Analfissuren.

Verabreichtes Mittel: *Chininum sulphuricum M1, Einzeldosis.*

Nachsorge am 14. April 2001

Träume davon, beim Ingenieursexamen nicht gut abzuschneiden.

Er hatte auch einen Traum, dass Frauen da waren und er zu schüchtern war, vor ihnen herzulaufen.

Weitere Träume:

Er sagt seinem Vater, dass er zu arbeiten aufhören und stattdessen lieber studieren möchte.

Er schmust mit einer Taube.

Er gibt einem Pendel einen Namen, wird von seinem Bruder gelobt, und beide sind glücklich.

Er gewinnt auf korrupte Weise Geld und versteckt es in seinem Auto. Die Polizei überprüft ihn und nimmt Fingerabdrücke; er könnte davonrennen, aber er tut es nicht.

Auch im wirklichen Leben gibt es Situationen, aus denen er herauskommen kann, aber er bleibt darin stecken.

Neue Gedanken: schießt auf Beamte, hat keine Angst vor Polizeibeamten.

Er glaubt, er habe ein "sklavisches" Benehmen und leiste totalen Gehorsam.

Juckreiz.

Er nahm Antibiotika wegen einer Zahninfektion.

Verabreichtes Mittel: *Chininum sulphuricum M1.*

Das Mittel wurde im September 2001 noch einmal wiederholt.

Wiedervorstellung am 20. September 2001

A: Wie geht es Ihnen?

P: "Mit diesem Mittel geht es mir viel besser. Das Mittel hat eine ausgezeichnete Wirkung. Meine Erkältung und mein Husten sind besser. Vor der Behandlung war ich sehr faul, fühlte mich nicht danach zu arbeiten, aber jetzt fühle ich mich danach. Die Schmerzen in meinen Beinen sind ganz verschwunden.

Meine finanzielle Lage ist besser, denn ich kann jetzt sehr hart arbeiten."

A: Was für Veränderungen haben Sie insgesamt erlebt, vom Beginn der Behandlung bis heute?

P: "Meine Gedanken sind besser geworden, das Tagträumen ist völlig verschwunden. Die Knieschmerzen, die mich am stärksten quälten, sind ganz weg. Meine Tagträume davon, irgendwelchen Mädchen zu imponieren oder ein großer Wissenschaftler zu sein, habe ich unter Kontrolle. Vor der Behandlung konnte ich meine Gedanken und meinen Zorn kaum beherrschen, jetzt ist alles unter Kontrolle. Wenn sie gelegentlich auftauchen, dann stört mich das nicht. Meine Sexgedanken sind fast ganz verschwunden. Gedanken daran, Mädchen zu schlagen, sind ganz reduziert."

A: Was für eine Wirkung hatten diese Veränderungen auf Sie?

P: "Ich kann mich jetzt besser konzentrieren, kann in der Arbeit mehr leisten. Früher hatte ich keinen Wunsch danach, irgendetwas zu werden, jetzt habe ich den Wunsch danach. Jetzt setze ich meine Gedanken in Taten um."

A: Um wieviel Prozent geht es Ihnen besser?

P: "95% in den Gedanken, den Fantasien und betreffs des Zorns. Meine Stimmungschwankungen haben sich zum Besseren gewendet. Die Depression ist 80% besser."

In meiner Sicht hat der Patient in all seinen Lebensbereichen einen bemerkenswerten Wandel vollzogen. Er hat die Herstellung von Stempeln aufgebaut, wobei in ein von ihm erfundenen Verfahren ein Personenfoto im Stempel enthalten ist. Das ist insofern von Interesse für uns, als hier die Erfindungsgabe (Rubicaceae) und das Ego (Einbezug des eigenen Fotos in den Stempel – Sulphur) kombiniert wurden. Seine Fantasien sind beinahe verschwunden und seine sadomasochistischen Aktivitäten haben völlig aufgehört.

Falldiskussion

Wir haben einen Mann mit einem überaktiven Denken vor uns, voller Ideen und Pläne. Er geht Tagträumereien nach und verfolgt unpraktikable Theorien.

In seiner Kindheit wurde er von seinem Vater oft verprügelt. Er hatte eine Menge guter Ideen, aber konnte keine davon umsetzen, er fühlte sich behindert und gebremst. Er hat einen schrecklichen Egoismus. Er war sehr stolz auf seine neuen Ideen, aber fühlte sich behindert. Er hat das Gefühl, dass andere Menschen über ihn bestimmen, ihm zusetzen, ihn verfolgen. Sogar Mücken suchen sich gerade ihn zum Stechen aus. Er sinnt auf Rache, aber er verwirklicht sie nicht. Es fehlt ihm der Mut.

Er verbringt viel Zeit damit, über seine Ideen und über Frauen zu tagträumen. Er unterhält sadomasochistische Fantasien; er kann beim Masturbieren nur dann einen Orgasmus bekommen, wenn er sich vorstellt, dass er von einem Mädchen geschlagen werde. Das ist seine Fantasie seit dem Alter von vier Jahren. Er stellt sich vor, dass das Mädchen ihn schlägt und peitscht und dass er ihr dasselbe antut. Er war davon besessen. Es bedeutete ihm Stimulation.

Das ist der Schnittpunkt der Rubiaceae und des Malaria-Miasmas. Wir könnten sagen, es gehe *um Stimulierung durch Verfolgtsein*. Oder um Verfolgtwerden um der Stimulierung willen.

Das führt uns zum Heilmittel China, aber es gibt einen Aspekt des Falles, der von China nicht abgedeckt ist, der Egoismus. In all seinen Fantasien und Theorien sieht sich der Patient als eine großartige Figur. Und das Gegenteil davon ist das Gefühl, Sklave zu sein, gedemütigt und beleidigt zu werden (Gefühl in der

Kindheit). Egoismus, Stolz, Demütigung, all das hat mit dem "Ich" zu tun, was eigentlich ein Thema der Minerale ist, das Bilden einer Identität. Diese Aspekte finden sich im Periodensystem der Elemente in der Gruppe, in der Alumina, Silica und Sulphur daheim sind.

Der Patient braucht also das Heilmittel, das eine Kombination aus Pflanzen- und Mineralreich ist, das zur Rubiaceae-Familie und ins Malaria-Miasma gehört. Das führt uns zu Chininum sulphuricum, zu Kreativität und Stimulierungswunsch von China und zum Egoismus von Sulphur. In seinen Tagträumen ist der Patient ein berühmter Wissenschaftler; somit kommen Ideen und Egoismus zu einer Einheit.

Seit er das Mittel erhält, hat der Patient eine Besserung von 95% erfahren, und die Fantasien haben gänzlich aufgehört. Er ist jetzt in der Lage, ein paar seiner Ideen in die Tat umzusetzen, und er hat in seinem Leben etwas Erfolg. Er sagt: "Meine Ziele sind jetzt realistischer geworden; was ich tun kann, das werde ich tun."

China ist ein herausragendes Mittel bei Malaria, bei intermittierendem Fieber mit Schüttelfrost, und wurde bereits von den Allopathen dafür benutzt. Auch Juckreiz zwischen 18 und 19 Uhr ist charakteristisch für das Mittel.

Der Treffpunkt eines Kations (Chininum bzw. Quinin) und eines Anions (Sulphuricum bzw. Sulphat) ist in dem Glauben des Patienten wiederzuerkennen, dass sein Ego ihn dazu befähige, aus seiner unglücklichen Lage herauszukommen. Sein Gefühl kann auch folgendermaßen ausgedrückt werden:

> *Ein Mensch, der erfindungsreich und stolz ist* (Sulphur) *wird gehindert, gebremst und verfolgt* (China).

Ende des Falls.

YOHIMBINUM

Rubiaceae + Sykose

Über dieses Mittel wurde nicht viel geschrieben, wiewohl sich Hinweise auf seine Wirkung als sexuelles Stimulans finden. Es wurde auch bei Gonorrhoe und Urethritis eingesetzt, deshalb ordnete ich es provisorisch dem sykotischen Miasma unter.

Wenn das Empfinden der Rubiaceae-Familie mit dem sykotischen Miasma kombiniert wird, dann könnte das Gefühl von Yohimbinum ungefähr wie folgt sein:

Fühlt sich stimuliert, muss es aber verbergen oder zudecken. Oder, fühlt sich schuldig dafür, dass er stimuliert ist. Stimulierung ist falsch und muss versteckt werden. In Kürze also:

> *Vermeidet Stimulierung.*

YOHIMBINUM-FALL

Von Dr. Sujit Chatterjee

Der Fall ist um der Kürze willen überarbeitet wiedergegeben. Bestimmte Wendungen sind durch Kursivschrift hervorgehoben, um die für die Pflanzenfamilie und das Miasma hervorstechenden Aussagen deutlich zu machen.

22. Januar 2002

Ein Musiker im Alter von 27 Jahren kam zu mir mit der Hauptbeschwerde einer Colitis ulcerosa. Es fing mit flüssigem Stuhlgang an. Er erklärte es folgendermaßen: "Ich vermied es, zu einem Arzt zu gehen, ich dachte, es würde sich von selbst geben, aber dann bemerkte ich Bluten. Bei der Koloskopie stellten sie Colitis ulcerosa fest. Ich möchte wieder normal werden, ich kann mich nicht auf die Musik konzentrieren, ich kann deshalb nicht ein großer Musiker werden. Ich bin nie deprimiert. Ich lebe jetzt mit so vielen Diäteinschränkungen. Ich fühle mich hungrig, ich kann keinen Hunger aushalten."

"Ich möchte ein schöpferischer Künstler sein, Musik komponieren, eine Kombination aus indischer und westlicher Musik, aber in einem neuen Stil. Wenn ich ein großer Musiker werde, dann würde ich sehr glücklich sein. Wenn ich Musik nicht zu meiner Karriere mache, dann wird mein Vater sehr enttäuscht sein." Er ist dabei beinahe in Tränen. "Ich möchte Dirigent werden, berühmt werden, dann anerkennen mich die Menschen. *Ich genieße es, für neue Zuhörer zu spielen, aus meinen Fehler zu lernen, neue Ideen zu bekommen. Mit 'genießen' meine ich etwas Anstrengungsloses.* Das endgültige Ziel ist Geld.

Ich genieße Essen, ich höre gerne irische Flötenmusik, Violine; ich höre lieber traurige Musik, die Bhaktiraga (Melodien in religiösen Liedern, in Liedern zur Verherrlichung Gottes). Ich habe darüber ein Lied geschrieben. Wenn ich dieser Musik zuhöre, dann habe ich das Gefühl, dass etwas mit mir passiert, dann fühle ich mich danach, alleine zu bleiben, fühle mich traurig, fühle die Wut in mir. Es erinnert mich an eine verlorene Liebe oder eine gescheiterte Liebe. Ich war noch nie verliebt, wenn ich einmal heirate und Kinder habe, werde ich dafür sorgen, dass sie die beste Erziehung in diesem Bereich erhalten.

Ich bin nicht in der Stimmung, mich zu verlieben.

Das Traurigste in meinem Leben ist die Tatsache, dass ich 27 Jahre alt bin und immer noch von meinem Vater unterstützt werde. Ich habe für meine Familienmitglieder noch nichts getan, noch keine Menge Geld verdient. Mein Vater war Musiker und hat mir eine Menge Geld vermacht. Meine größte Angst ist es, dass ich das Geld, das mir mein Vater zurückgelassen hat, noch mehr strecken muss; ich möchte nicht den Luxus verlieren, den ich mir im Moment leisten kann. Falls ich es verliere, dann – so glaube ich – könnte ich damit nicht fertig werden."

Traum

"Ich sehe einen Menschen, der in Wut tanzt. Er vermittelt das Gefühl, dass er tanzt, um den Zorn über sein Versagen loszuwerden."

"Ich fühle mich durch den Stuhlgang eingeschränkt, es schwächt mich. Bevor das Problem anfing, hatte ich den Stress, dass man in diesem Bereich (in der Musik) lange braucht, um sich einen Namen zu machen. Ich fühle es, wenn die Leute mich fragen. *Ich möchte schöpferisch tätig sein. Ich möchte etwas schaffen, denn heutzutage ist jeder ein Manipulator.*"

Als er gefragt wurde, was es bedeute, gänzlich erfolgreich zu sein, sagte er: "*Ich bin völlig blank, ich kann mir nichts vorstellen.*"

"Ich liebe die Natur, das Land, das Grüne, zum Beispiel europäische Wiesenlandschaften, wenn weit und breit niemand ist. Keine Sorgen, niemand stört einen. Wäre gerne mit Freunden zusammen, die nicht zuviel reden."

Gier auf Pizza und Teigwaren.

"Ich vermisse die Menschen, das Essen, alles Westliche, denn ich lebte in meiner Schulzeit am Persischen Golf."

Zum Verständnis des Falls

Hat eine Menge Fantasien, möchte ein Musiker und Dirigent werden, um damit berühmt zu werden und viel Geld zu verdienen, aber macht nicht besonders viele Anstrengungen dafür. Braucht Genuss, Stimulierung und Spaß, indem er Musik hört, gutes Essen hat. Das gegenteilige Gefühl dazu ist Traurigkeit und Langeweile, er hasst es, traurig zu sein. Kann Hunger nicht ertragen. Die Pflanzenfamilie ist die der Rubiaceae.

Sein Vater hat ihm Geld hinterlassen, damit hat er Sicherheit; er hat Angst es zu verlieren, aber falls dieser Fall einträte, könnte er es akzeptieren. Abneigung dagegen traurig zu sein. Sein Vater versuchte, sich mit Musik hervorzutun, schaffte es aber nicht; jetzt versucht es der Sohn, das zeigt Fixierung von Ideen. Fühlt sich durch die Krankheit eingeschränkt, verdeckt damit seine Schwäche. Das weist auf das sykotische Miasma.

Verabreichtes Mittel: *Yohimbinum C200, Einzeldosis.*

Nachsorge am 22. April 2002

Die flüssigen Stühle des Patienten sind gänzlich beherrscht. Die Steroide wurden ausgeschlichen und ganz eingestellt, und der Patient nimmt keine allopathischen Medikamente mehr. Fühlt sich im Allgemeinen aktiv. Keine Schwäche. Guter Appetit. In Geist und Gemüt entspannt.

Obwohl der Zeitraum des Nachverfolgens recht kurz ist, ist das Resultat wirklich sehr gut; der Fall wird weiterhin begleitet.

Ende des Falls

GALIUM

Rubiaceae + Krebs-Miasma

Es gibt keine Prüfung von Galium, aber Clarke stellt fest, dass es ein weitverbreitetes Mittel bei Krebs ist, sowohl innerlich wie auch äußerlich angewandt. Es hat auch folgendes Symptom, das auf das Krebs-Miasma hindeutet:

> Optimistisch, Schwäche, trotz. (2) (Julian)

Es sei hiermit probeweise vorgeschlagen, dass das Mittel das Krebs-Miasma innerhalb der Rubiaceae-Famlie repräsentiert.

Wenn das Empfinden der Rubiaceae mit dem Krebs-Miasma kombiniert wird, dann könnte das Gefühl des Menschen darin bestehen, dass er das Bedürfnis empfindet Kontrolle zu bewahren, wenn er stimuliert ist. Er hat Hunderte von Ideen, die ihm alle außer Kontrolle geraten, und hier muss er Kontrolle bewahren. In anderen Worten:

> *Trotz einer Menge Stimulierung muss er Kontrolle bewahren.*

COFFEA

Rubiaceae + tuberkulöses Miasma

Wir vermerkten die folgenden Rubriken von Coffea:

> Geistige Aktivität, übermäßig vermehrt. (Knerr) (Dies weist auf ein hektisches Tempo.)
>
> Geist und Gemüt: Aktivität, im Allgemeinen schöpferische. (Complete)
>
> Geist und Gemüt: Aktivität, im Allgemeinen mit Schlaflosigkeit. (Complete)
>
> Geist und Gemüt: Aktivität, im Allgemeinen überaktiv. (Knerr)
>
> Schlaf, gestört, durch Gedankenaktivität. (Complete)
>
> Schlaflosigkeit, von allerhand Gedanken. (Complete)

Wie wir sehen, ist Coffea aktiv, kreativ, schlaflos wegen seiner Gedanken; es ist ein wichtiges Mittel bei Schlaflosigkeit. Dieses hohe Maß an Aktivität findet sich bei China nicht; Coffea hat übermäßig vermehrte

Aktivität und lässt uns an das tuberkulöse Miasma denken.

Es wird auch bei Tuberkulose und Lungenbeschwerden gegeben.

Wenn das Empfinden der Rubiaceae-Familie mit dem tuberkulösen Miasma kombiniert wird, dann könnte das Gefühl von Coffea wie folgt sein:

> *Muss rasch kreative Ideen hervorbringen, die er unter Termindruck vorlegen muss.*

COFFEA-FALL

Der Fall ist in Gänze in "Das System der Homöopathie" (als Fall 17) wiedergegeben. Hier ist er gekürzt dargestellt.

Es ist der Fall eines Mannes von 60 Jahren. Nach achtzehnmonatiger Behandlung stellte ich fest, dass es ihm nicht besser ging, obwohl er es behauptete. Er hatte an Depressionen und Angst gelitten und nahm Sedativa ein. Ich ließ ihn noch einmal zu mir kommen und nahm den Fall erneut auf.

Ich bat ihn, alles aufzuschreiben, was er gefühlsmäßig erlebt hatte. Er kam und begann mit seiner Geschichte.

P: "Ich konnte nichts aufschreiben, denn als ich mit dem Schreiben begann, bekam ich einen schrecklichen Stau in meinem Kopf. Ich sprach mein Gebet und dann begann ich zu schreiben, aber es setzte ein Ansturm von Gedanken ein."

A: Was für Gedanken?

P: "Nur betreffs der Schmerzen, und dann bekam ich Migräne. Alles rannte und lief mir durch die Gedanken, und ich konnte überhaupt nichts aussortieren. Also kam Schreiben überhaupt nicht in Frage."

Wir schauen uns bei einer Fallaufnahme alles an, was der Patient zu sagen hat. Es ist Tatsache, dass er es nicht fertigbrachte etwas zu schreiben, aber der Ansturm von Gedanken (der ihn vom Schreiben abhielt) könnte wichtiger sein als das, was er vielleicht aufgeschrieben hätte.

A: Das verstehe ich nicht.

P: "Sie hatten gesagt, dass ich alles ausformulieren sollte. Ich hatte das Gefühl, das Schreiben sei äußerst schwierig. Ich werde Ihre Zeit in Anspruch nehmen, ist das in Ordnung?"

A: Wir haben eine Menge Zeit.

P: "Ich sprach mein Gebet und setzte mich hin. Dann machte ich einen Versuch zu schreiben und das löste einen Zusammenstoß von Gedanken aus, und ich konnte sie nicht mehr auseinanderhalten. Es war mit Schmerzen verbunden und mit diesem Stau im Kopf, und dann begann die Migräne. Das Aufschreiben kam nicht in Frage, und ich versuchte, ein paar der Gedanken zu definieren, die zusammenprallten und mich daran hinderten, mein Problem klar auszudrücken. Ich konnte sie von zwei Seiten betrachten, von einer beruflichen und einer privaten.

Es gab einmal eine Zeit der totalen Befriedigung. Es war eine kurze Zeit, und dann kamen neue Dinge, ich stieß auf Widerstand und brach zusammen. Meine größte Stärke war es, dass ich mir den ganzen Werkprozess der Firma anschaute und alles zusammensetzen konnte. Das wurde anerkannt, aber dann wurde es zur Quelle meines Misserfolgs, denn als ich später mit neuen Konzepten kam, traf ich auf Widerstand.

Ich hatte vor zu rationalisieren, mit Computern. Die Ideen, die jetzt in den Neunzigern aktuell sind, hatte ich schon in den Achtzigern. Ich erhielt meine Gehaltserhöhungen und all das. Die ganz oben riefen mich zu sich, um ihre Probleme zu lösen.

Daheim gab es keine Probleme. Dann ließ ich mich vorzeitig pensionieren. Sie wollten meine Ideen nicht mehr. Sie konnten meinen Vorstellungen davon, wie sich die Dinge weiterentwickeln sollten, nicht mehr folgen. Sie stellten mich kalt und benutzten meine Konzepte nicht mehr. Sie beförderten mich und gaben mir Gehaltserhöhungen, aber ich war nicht glücklich und ließ mich deshalb vorzeitig in den Ruhestand setzen.

Ich entschloss mich dazu, ein eigenes Unternehmen aufzubauen. Ich hoffte, außerhalb der Firma die Leute zu finden, die an meinen Ideen interessiert wären. Aber das stellte sich als Irrtum heraus, als haltlose Annahme. Leute wollen, was sie wollen, und sie sind bereit, dafür einen Preis zu zahlen. Sobald man ihnen aber sagt, was wirklich das Beste wäre, sobald man über ihre Wünsche hinausgeht, dann sagen sie Nein. Ich musste mich also entscheiden, ob ich um des Geldes willen arbeitete oder nicht. Ob ich um meiner Befriedigung willen mitmachte oder um des Geldes willen. Ich entschloss mich, etwas um der persönlichen Befriedigung willen zu tun, und gab deshalb mein Geschäft vor zwei Jahren auf."

Worüber wir reden: Über ein Stadium des Erfolgs, dann über einen Punkt, an dem die Chancen erschöpft sind, dann ist der Erfolg zu Ende und es folgt Fehlschlag. Wir sehen auch, dass der Patient eine Menge Ideen entwickelte, die seiner Zeit voraus waren.

"Es gibt viele Menschen, die etwas mit mir zu tun haben und die das früher verstanden. Sie erhielten eine Menge von mir, und ich dachte, wir könnten ein ganzes System entwickeln. Ein jeder war für sich sehr erfolgreich, und sie riefen mich noch an, als ich meine Firma schon geschlossen hatte. Sie sagten, sie hätten eine Menge von mir gelernt, aber auch dies hatte ein

Ende. Ich verstand allmählich, dass es bei allem immer nur um Beziehung ging. Man erwartet von jemandem einen Nutzen, und dann kommt es zu einer Engstelle, und die Beziehung ist zu Ende. Ich hatte von ihnen nichts erwartet."

Er schweift beim Reden von einem Thema zum andern. Man muss sehr aufmerksam hinhören, um zu verstehen, was er meint.

"Wenn ich eine Organisationsstruktur für ein Unternehmen zu entwerfen hatte, dann musste ich alle Details haben, aber ich bekam sie nicht. Ich musste alles über das Telefon erledigen. Ich sagte: 'Ich muss das von Mensch zu Mensch regeln.' Aber nein – so ist das heute; jemand ruft mich an und erzählt mir eine lange Geschichte über Leute, die großen Erfolg hatten, nachdem sie eigentlich abgeschrieben worden waren. Nachdem man jemand benutzt hatte, sagte man Tschüs. Das war mir passiert. Ich hatte es nicht gemerkt. Einer nach dem anderen verließen sie mich. Eins kam nach dem andern, bis es zu Ende war.

Ich redete mit meinen Sohn. Er sagte, sie könnten mich jetzt nicht mehr gebrauchen. Wenn sie einmal hatten, was sie wollten, liefen sie weg. Sie wollten nur das, was sie von mir bekommen hatten. Ich konnte es nicht verdauen, und das zog mein Privatleben in Mitleidenschaft.

Ich habe einen Sohn in den USA, der sehr erfolgreich ist. Er bat mich, zu einem Besuch zu ihm zu kommen, aber ich teilte ihm mit, dass ich das Geld für den Flug nicht hätte und dass ich nur ginge, wenn ich es mit meinem Geld täte. Er meinte, es sei unser aller Geld, und da flog ich hin. Das war ein Fehler. Die Enkelkinder zogen sehr an mir. Es war ein Fiasko. Menschen in den Staaten wussten meine Ideen wohl zu schätzen. Sie sagten: 'Warum bleiben Sie nicht einfach hier? In sechs Monaten könnten Sie das groß herausbringen.' Ich sagte, ich könnte nicht in den USA leben, ich wollte es nicht noch einmal in einem neuen Umfeld versuchen. Ich konnte das nicht. Ich kam zurück und damit war es vorbei.

Ich habe einen zweiten Sohn. Er ist verheiratet und hat ein Kind, und wir kümmern uns jetzt um das Enkelkind. Das hält uns jung und in Hoffnung, all meinen Verpflichtungen nachzukommen, den Jüngsten bis zum Schulabschluss zu begleiten. Jetzt glaube ich, dass ich mich nach etwas sehne. Aber ich weiß nicht, was ich will."

Er seufzt.

A: Was wünschen Sie sich?

P: "Ich sehne mich nach weitem offenem Raum. Ich stamme aus einem Dorf, das ist jetzt wahrscheinlich völlig verkommen, aber ich sehne mich nach dem weitem Raum. Jeder hat seine eigenen Prioritäten, aber ich fühle mich nutzlos. Man hat keine Verwendung mehr für einen Oldtimer wie mich. Mit meinem Sohn, bei dem ich lebe, habe ich nichts gemeinsam, in der Tat ist die Verbindung zu allen meinen Söhnen sehr schwach.

Kinder haben ihre eigenen Prioritäten. Sie haben keine Geduld für einen Oldtimer wie mich. Der eine ist Herzspezialist für Kinder. Ich lebe mit meinem anderen Sohn, wir reden den ganzen Tag kaum miteinander. Mit meiner Schwiegertochter habe ich mehr Austausch. Sie las ein paar Notizen, die ich aufgezeichnet hatte, und sie fand sie gut. Ich hatte etwas über Management geschrieben. Aber mein Sohn sagte, sie seien ganz in Ordnung, aber niemand würde sie veröffentlichen wollen. Ich hatte versucht, den kompliziertesten Konzepten von Management und Buchführung neue Ideen zu liefern. Ein völlig in sich geschlossenes System. Ein Freund von mir legte sie (die Notizen) einer multinationalen Firma vor. Der Mann lehnte sie (die Konzepte) ab, weil seine eigene Stelle überflüssig würde, wenn man sie verwirklichte.

Ich hatte nie ein Gesellschaftsleben. Ich war schon immer ein Workaholic. Auch wenn ich heimkam, arbeitete ich an irgendetwas weiter, wie man dies oder jenes verbessern könnte. Ich habe einer Anzahl von Leuten dabei geholfen, ihren Job besser zu machen, und das hatte mir sehr viel Befriedigung verschafft. Ich zwinge mich niemand auf.

Ich habe ein starkes Gefühl von Entfremdung. Ich fühle mich allein. Es gibt nichts, auf das ich mich freue. Ich habe das Gefühl, dass meine Kinder und meine Frau mich nicht mögen. Ich weiß, es ist irrational.

Ich möchte Ihnen von einem Vorfall mit meinem zweiten Sohn erzählen. Mein Sohn hatte mir ein paar schöne Dinge gesagt. Ich musste meine Einkommensteuer zahlen, und all mein Geld war fest angelegt, wovon meine Schwiegertochter Wind bekam. Sie nahm das Geld und legte es uns in den Schrank, und dann sagte sie zu meiner Frau, es sei ein Darlehen, und danach gingen sie aus dem Haus. Als mir klar wurde, was sie getan hatte, war ich am Boden zerstört. Ich fragte mich, wozu ich je auf die Welt gekommen war. Ich fühlte mich niedergeschmettert. Das Beste wäre es zu sterben (so dachte ich). Wozu war ich je auf die Welt gekommen und warum war ich nicht als junger Mensch schon gestorben? Es war nicht so, dass ich mich verletzt fühlte. Er bot mir jeden Monat Geld an. Ich sagte immer: 'Nein, ich kann es mir leisten. Wenn ich Geld brauche, komme ich zu dir.' Aber er wusste, dass ich das nicht getan hätte. Dass er es ganz ruhig seiner Mutter gab und dabei sagte, es sei ein Darlehen – da brach ich völlig zusammen. Das Geld seiner Mutter zu geben und dabei zu sagen, wir könnten es zurückzahlen, wenn der Scheck eingelöst sei."

Der Patient erstickt beinahe (an seinen Gefühlen).

A: Was für ein Gefühl hatten Sie da?

P: "Diese Art Verständnis ... mein Sohn wechselt den ganzen Tag über kaum zwei Worte mit mir. Was habe ich nur getan, dass ich das verdient habe? Der Scheck ist eingelöst, und ich habe ihm noch nicht zurückgezahlt. Das bringt mich wieder zu diesem Gefühl der Entfremdung. Habe ich es wirklich soweit kommen lassen, dass das Entfremdungsgefühl aus meinem Berufsleben durch mein ganzes Privatleben hindurchsickern konnte und es korrodierte und vergiftete?"

Wenn wir verstehen, warum ihn dies am Boden zerstört, dann haben wir den Fall verstanden. Wir müssen den Satz verstehen: "Was habe ich nur getan, dass ich das verdient habe?"

Wir haben eine Situation vor uns, in der der Patient zutiefst erschüttert ist, und wir wissen, dass es mit seinem inneren Zustand, seiner Wahnidee zu tun haben muss. An diesem Punkt, wenn der Patient bereits in die Tiefe vorgedrungen ist, können wir uns noch ein tieferes Verständnis verschaffen, wenn wir uns anschauen, was er träumt und was für Gefühle er bei seinen Träumen hat.

A: Was für Träume haben Sie denn?

P: "Seit einem Monat nehme ich ein Beruhigungsmittel. Ein Psychiater verschrieb es mir wegen angstbedingter Depressionenen. Wenn ich früher nicht einschlafen konnte, dann las ich oder schrieb ich, aber jetzt habe ich nichts zu lesen oder zu schreiben. Ich war alleine, und plötzlich überfiel mich eine Art Schrecken."

A: Was für eine Art Schreckensgefühl?

P: "Einsamkeit. Es ist so: ich bin alleine im Dunkeln, sitze in einem Stuhl. Dann leuchtet neben mir ein Licht auf. Dann ist alles nur Licht, dann wieder Dunkel und dann wieder Licht. In meinen Träumen gibt es schmutzige, schmuddelige, enge Räume und Gestalten ohne Gesicht. Ich weiß, dass Leute in der Nähe sind, schmuddelig und schmutzig und kein Licht, keine Luft, und ich frage mich, wann ich da herauskomme. Haufen menschlicher Exkremente. Ich möchte da herauskommen.

Oft hatte ich auch noch einen anderen Traum, beruhigend und erhebend. Ich träumte oft von Musik. Es ist da niemand, der singt, es handelt sich um Muster. In meinem Traum schwillt der Ton immer mehr an und es gibt nur lange gehaltene, reine Töne. Ich sehe keinen Rhythmus in ihnen.

Ich singe in meinem Schlaf und störe alle anderen, und meine Schwester sagt, ich sänge gut, aber ich glaube, sie sagt das nur aus Mitleid. Es verursacht eine Menge Ärger."

Er hört plötzlich auf und lacht und fragt, ob er es gut mache, und dann fragt er mich: "Sind Sie da sicher oder sagen Sie das nur aus Mitleid?" Der Patient benutzt den Begriff "aus Mitleid" immer wieder.

A: Erzählen Sie mir von dem Traum.

P: "Ich sehe einen weiten offenen Raum. Ich höre Töne von Musik und mit jedem Ton kommen Pflanzen aus der Erde. Ich sehe eine Knospe, wie sie sich öffnet. Ich sehe Wachstum, enormes Wachstum, unaufhörlich, mit jeder Note wächst jeder Ast weiter und weiter. Ergibt das für Sie irgendeinen Sinn oder fragen Sie nur aus Mitleid? In meinen Träumen war ich immer so glücklich, dass ich gar nicht mehr aufwachen mochte.

Ich mag das Geräusch von Wasser, wenn es über Kieselsteine läuft. Ich sehne mich danach.

Ich rufe im Schlaf den Namen meines ältesten Sohnes.

Vor zehn Jahren gab es Rückschläge in meinem Berufsleben. Ich war voller Angst und Sorgen und seit damals leide ich an Schlaflosigkeit."

A: Wie sind Sie mit dieser Angst umgegangen?

P: "Ich rauchte viel und trank und rutschte in einen vernebelten Gemütszustand. Mein Denken kochte über mit der Frage Warum, Warum, Warum? Die Firma hatte ein Projekt, und ich fand heraus, dass dreißig Millionen fehlten. Ich wollte dem ein Ende bereiten."

A: Warum wollten Sie dem ein Ende bereiten?

P: "Dreißig Millionen verschwanden in den Taschen des Vorstands, und ich war der Hauptbuchführer."

A: Warum hat Sie das so bekümmert?

P: "Jemand anderes stellte mir genau dieselbe Frage. Natürlich geht es mich nichts an, aber ich konnte es nicht ertragen, dass es geschehen war und ich der Hauptbuchführer war. Sie fanden heraus, dass ich es wusste. Ich sagte: 'Okay, entlasst mich aus dem Job.' Ich hatte Angst, sie würden mich feuern."

A: In dieser Situation, was passierte dann?

P: "Eine Person, vor der ich Respekt hatte, schickte mir einen Boten, der mir sagen ließ: 'Du bist knapp bei Kasse und hast keine Ersparnisse, wir geben dir eine Million Rupien, also dreh die Buchführung entsprechend.' Ich weigerte mich und war wirklich zornig. Ich war enttäuscht. Er hatte all das um des Geldes willen getan. In Gedanken wurde ich gewalttätig. Ich wollte sie alle ermorden. Sie hatten nicht verdient, dass sie in den Positionen waren, in denen sie saßen. Ich hatte das Gefühl, dass ich meine Arbeit gemäß meiner besten Fähigkeiten erledigen müsse."

A: Wollte man Ihnen die Schuld dafür geben?

P: "Nein. Ich war der Experte, und keiner hätte etwas herausfinden können. Schließlich tat ich es. Wenn ich es nicht getan hätte, dann säßen alle anderen in der Patsche. Sie kamen alle zu mir und baten mich es zu tun."

A: Was fühlten Sie da?

P: "Im nachhinein bedaure ich jetzt meine Entscheidung."

A: Was für Gedanken hatten Sie damals?

P: "Ich machte mir Sorgen um die Zukunft. Dass man mich auf die Straße setzen würde."

A: Was für Gefühle hatten Sie?

P: "Ich fühlte mich benommen. Ich redete mit niemandem. Ich rauchte, trank, ging auf und ab und dachte unablässig: 'Warum nur? Warum?'

Ich habe immer Dinge für andere getan und jetzt will ich Dinge für mich selbst tun, aber ich weiß nicht was.

Ich habe eine Frage an Sie. Bin ich dabei, meinen Verstand zu verlieren? Ich nehme jetzt eine Menge Psychopharmaka."

Zusammenfassung

Dies ist der Fall eines Mannes, der ein Workaholic gewesen war und einen unheimlichen Gedankenfluss produzieren konnte. Seine Hauptaufgabe bei der Arbeit bestand darin, Neues zu schaffen. Als seine neuen Ideen nicht angenommen wurden, setzte man ihn auf Eis. Er betrachtet sich als einen kreativen Menschen.

Er tat viel für andere, die ihn als Trittbrett benutzten; wenn sie von ihm erhalten hatten, was sie gebraucht hatten, verließen sie ihn. Er fühlt sich nutzlos.

Es gab eine Situation, in der er Geldknappheit hatte, und seine Schwiegertochter hinterlegte ihm Geld in einem Schrank. Das war für ihn niederschmetternd. Er fragt sich: Was habe ich getan, um das verdient zu haben?

Er hat Träume:

— Von Einsamkeit, allein im Dunkeln zu sein, in Schrecken zu sein.

— Von schmutzigen, schmuddeligen, engen Plätzen.

— Besänftigende, erhebende, glückliche Träume von weiten, offenen Räumen, von Pflanzen, die mit jeder Musiknote enorm wachsen.

Zehn Jahre zuvor hatte er ein Problem bei der Arbeit, wobei er Angst und Sorge entwickelte und dann Schlaflosigkeit, an der er immer noch leidet. Er war damals in einem Dilemma und er handelte so, dass alle ihren Nutzen davon hatten, obwohl es gegen seine Prinzipien ging. Er dachte: Was wird in der Zukunft geschehen? Er ging auf und ab und rauchte und trank.

Er hat schon immer Dinge für andere Menschen getan und möchte jetzt etwas für sich tun.

Er fühlt sich alleine und entfremdet, selbst von seiner eigenen Familie.

Fallanalyse

Das erste Element ist das Gefühl von Einsamkeit und Entfremdung. Er hat das Gefühl: "Ich bin völlig allein. Ich kann mit niemand kommunizieren." Das spiegelt sich auch in einem Traum, in dem er allein im Dunkeln ist. Er fühlt sich in Schrecken versetzt.

Wenn man sich seine Träume anschaut, dann versteht man, dass sein Gefühl folgendermaßen ist: "Ich bin in der Falle, zusammen mit schmutzigen, schmuddeligen Menschen an einem geschlossenen, engen Ort." Das ist seiner Situation am Arbeitsplatz ähnlich, in der er dazu gezwungen wird, gegen sein eigenes Urteil zu handeln; als sei er von beschissenen Menschen umgeben und die einzige Lösung sei es, in offene Räume hinauszugehen und von Musik zu träumen.

Er sehnt sich nach weiten Räumen und träumt von ihnen. Der Traum ist erhebend und besänftigend. Er hört Musik und sieht, wie mit jeder Note Pflanzen aus dem Boden sprießen und ganz schnell wachsen. Die Musik, die er hört, ist die Sri-Raga; sie wird assoziiert mit dem Sich-Öffnen der Erde, mit dem Erblühen. Es ist für ihn eine schöne Vision.

Der Schmutz ist das Gegenteil dieser schönen Szene. Diese Gefühle könnte man auf folgende Weise zusammenfassen: "Ich bin in einer Falle gefangen, zusammen mit schmutzigen, schmuddeligen Menschen in einem geschlossenen, engen Ort, und ich sehne mich nach einem schönen Platz für mich."

Schmutz und Schmuddeligkeit sind dem leprösen Miasma nahe. Alle Miasmen können Schmutz beinhalten, aber es variiert im Ausmaß, in der Intensität.

Achtzehn Monate lang hatte der Patient Stramonium erhalten, aber es hatte nichts bewirkt. Stramonium (Compositae) deckt das Gefühl ab, dass er alleine und in Schrecken versetzt ist, aber es deckt nicht den Traum nach weitem, offenen Raum ab und nicht die Vision von wachsenden Pflanzen. Wenn wir nach dem Eigentümlichen eines Falles suchen, dann fragen wir uns: Welches Element dieses Falles ist es, dem ich noch nie begegnet bin? Was ist das Seltsame, Eigentümliche, das nicht hineinzupassen scheint? Dann müssen wir herausfinden, wie die wichtigsten Charakteristika zueinander in Verbindung stehen.

Warum hat der Patient das Gefühl, er müsse so viel für andere tun?

Im Allgemeinen glaubt er, er muss Neues entwickeln, muss mit einer schöpferischen Tätigkeit beschäftigt sein. Er muss anderen helfen, selbst wenn das bedeutet, gegen seine eigenen Überzeugungen von Recht und Unrecht zu handeln. Nur so erfährt er Verständnis und Freundlichkeit. Falls er es nicht tut, ist er wertlos, entfremdet, und das führt in die Einsamkeit, in den Schrecken.

Sein Gefühl sagt ihm: "Ich muss für andere nützlich sein, damit sie sich um mich kümmern. Ich kann von niemand etwas Gutes erwarten, wenn ich nicht auf Kosten meiner selbst Gutes für andere tue."

In der Situation, in der sein Sohn ihm Geld gibt, ist er am Boden zerschmettert und stellt sich die Frage: "Was tat ich, dass ich das verdiente?" Er meint damit: "Was tat ich, um dieses Ausmaß an Verständnis zu erfahren, diesen Akt des Wohlwollens und der Freundlichkeit?" Er hat das Gefühl, dass er, um etwas zu erhalten, auch etwas tun müsse. Aber in dieser Situation gibt ihm sein Sohn, für den er nicht viel getan hatte, Geld, und zwar auf eine Weise, dass es ihn niederschmettert. Sein Sohn war gegen und über all seine Erwartungen hinaus einfühlsam. Sein ganzes Leben lang hatte der Patient immer das Gefühl gehabt, dass er nur dann Liebe erhielt, wenn er etwas für andere tat, und dass er ungeliebt war, wenn er es nicht tat.

Die Rubrik ist die folgende:

> Beschwerden ausgelöst von übermäßiger Freude.

Es ist das wichtigste Symptom des Falles.

Er sagt: "Jetzt möchte ich Dinge für mich selbst tun. Ich habe vorher noch nie an mich gedacht."

Er hat ein großes Bedürfnis nach Offenheit, ein großes Bedürfnis danach, nützlich zu sein (Hilfsbereitschaft).

Ausgewählte Rubriken

> Beschwerden ausgelöst durch Freude, weint vor Freude.
>
> Wahnideen: hat Visionen von Schönheit, träumt von schönen Landschaften.
>
> Aktivität, schöpferische.
>
> Taten, wünscht, für andere gute Taten zu tun, verehrungswürdige Taten.
>
> Schlaflos vor lauter Gedanken und Ideen, gedanklich aktiv.
>
> Gewissensbisse, Bedauern.

Verabreichtes Mittel: *Coffea M1.*

Der Coffea-Patient hat das Gefühl, dass er nur Liebe und Beachtung erfährt, wenn er etwas für andere tut. Wenn er völlig selbstlos und hilfsbereit ist, nur dann verdient er, dass ihm Freundlichkeit zuteil wird.

Die Reaktion des Patienten auf die Tat seines Sohnes auf dem Hintergrund des Gefühls, nur geliebt zu werden, wenn er etwas für andere tue, das entspricht genau dem Gefühl von Coffea. Ich muss selbstlos allen geben, sonst bekomme ich keine Liebe, Freundlichkeit, Sympathie. Ich muss handeln, vor allem schöpferisch sein. Wenn ich etwas erhalte, ohne dass ich dafür etwas getan habe, dann schmettert mich das zu Boden. – Der Patient kann nichts ohne Gegengabe annehmen, etwas, das ihm aus Wohlwollen oder "Mitleid" gegeben wird.

"Das Entfremdungsgefühl ist von meinem beruflichen Leben in mein Privatleben hineingesickert."

Dann frug ich den Patienten betreffs Kaffeegenuss:

> "Gut, dass Sie mich danach fragen. Das geschah nämlich in der Zeit der Krise, dass ich begann, Kaffee zu trinken. Ich trank dann sechs bis zehn Tassen Kaffee am Tag, und am Abend Whisky. Vorher trank ich nichts davon. Kaffee gab mir das Gefühl, dass alles in Ordnung sei. Auch jetzt noch trinke ich täglich drei oder vier Tassen Kaffee. Ich mag ihn sehr."

Kaffee gehört zu den Heilmitteln, die auf Drogen basieren; es wird aus einer Substanz hergestellt, die abhängig macht. Den Drogenheilmitteln sind mehrere Charakteristika gemein:

(1.) Ein Gefühl der Entfremdung, isoliert und vom Rest der Menschheit entfernt zu sein. Als lebten sie in einer eigenen Welt.

(2.) Ein erhebendes Gefühl – wie es erlebt wird in den Visionen einer schönen Welt, in Musik, in weitem Raum.

(3.) Hilfsbereitschaft – das Bedürfnis, etwas in dieser Welt zu tun, damit man dazugehört.

(4.) Überempfindlichkeit / Mangel an Empfindlichkeit.

(5.) Aktivität des Denkens, zu viele Gedanken.

In diesem Fall wiesen also die Symptome bereits auf ein Drogenmittel, aber diese Verschreibung ruht auf soliden Symptomen, nicht auf intuitivem Gefühl.

Rubriken von Coffea

Visionen von Größe.

Visionen von beeindruckender Großartigkeit.

Wahnideen: sieht schöne Landschaften.

Schöpferische Tätigkeit.

Fleißig.

Wohlwollend, hilfsbereit.

Heftiger Zorn.

Empfindlich für Musik.

Glückselig.

Ängstlich besorgt um die Zukunft.

Ängstlich gewissenhaft.

Wahnidee, er sei ein Verbrecher.

Zu viele Ideen.

Taubheit.

Gefühl des Im-Stich-Gelassenseins.

Gesteigerte Vernunftskraft.

Lernt leicht.

Beschwerden ausgelöst von plötzlicher Erregung.

Angst vor drohender Gefahr, beim Einschlafen.

Verzaubert von Beschreibung der Schönheit der Natur.

Wünscht, gute Taten zu vollbringen.

Nachsorge

Der Patient berichtet:

> "Die Gefühle kommen noch hoch, aber es ist nicht mehr mit Schmerz verbunden. Es geschah über einen gewissen Zeitraum, und wenn ich davon rede, dann drückt das nicht gut aus, was eigentlich passiert ist.
>
> Als ich zehn Jahre war, verlor ich meinen Vater. Er hatte Krebs und litt eine Menge, und diese Erinnerungen kommen immer wieder hoch. Aber jetzt tauchen nicht nur diese Dinge auf, sondern auch die schönen Ereignisse von damals. Das Verständnis und die Unterstützung, die mir damals zuteil wurden. Zuvor hatte ich nur Erinnerungen an den Schmerz, und jetzt erinnere ich mich auch an die Unterstützung und das Verständnis.
>
> Was heißt das? Ich bin vierundsechzig Jahre alt und trage Erinnerungen mit mir herum von der Zeit, als ich sechs Jahre alt war. Kommt es daher, dass Leute versucht haben, mir mein Leben zu ruinieren? Oder war letztendlich die Art und Weise, mit der ich mir alles betrachtete, das Problem? Das entwickelte sich zu einer verzerrten mentalen Wahrnehmung, wo ich nur noch sah, was ich sehen wollte. Meine Erinnerungen zuvor waren nie vollständig, da gab es immer eine Wand oder einen Punkt, hinter den ich nicht sehen konnte. Dann sah ich das ganze Geschehen (in der Erinnerung), und der Schmerz verschwand.

Mein Vater half immer allen im Dorf. Der Arzt machte immer halt bei uns und grüßte meinen Vater respektvoll. Die Erinnerung bestand darin, dass mein Vater immer allen im Dorf half und allen nützlich war, aber als er ihnen nicht mehr von Nutzen war, wies ihn der Arzt ab. Das war der Teil, an den ich mich immer erinnert hatte. Ich bat den Dorfarzt um Medikamente und beim zweiten Mal sagte er: 'Das ist das letzte Mal. Du brauchst nicht wiederzukommen.' Und er war sehr zornig. Er sagte, ich solle verschwinden, und ich weinte. Und jetzt erinnere ich mich daran, dass dieser Mann (der Arzt) herauskam und mich auf den Arm nahm und sehr freundlich zu mir war. Er sagte: 'Mein Sohn, verstehst du denn nicht, dass dein Vater gar nichts mehr schlucken kann? Es gibt nichts, was ihm noch helfen kann, es wird nur noch schlimmer. Lassen wir ihn doch in Frieden sterben.' Vorher hörte diese Erinnerung immer an dem Punkt auf, an dem er mir sagte, ich solle verschwinden."

A: Was bedeutet das für Sie, dass die Erinnerung an diesem Punkt immer aufhörte? Was für ein Gefühl hatten Sie dabei?

P: "Mein Vater lag hilflos im Bett, und sein angeblicher Freund kümmerte sich nicht im geringsten um ihn. Als die Erinnerung vollständig wurde, wurde mir klar, dass er gar nicht mehr hatte schlucken können. Ich habe es nicht verstanden. Es kam einfach so und löste sich auf. Ich weiß nicht wie.

Wieso kann ich plötzlich die Dinge in ihrer Gesamtheit sehen? Die Erinnerungen wurden komplett und der Schmerz verschwand. Wieso konnte ich früher nicht das Ganze sehen?

Ich hatte das Gefühl, dass die Menschen mich nicht akeptierten. Und wenn ich versuchte Akzeptanz zu finden, dann ging das mit Verletzung einher. Das ist jetzt nicht mehr so.

Das Problem war nicht, was passiert war, sondern das, was ich von den Geschehnissen sah. Die Ereignisse, wie ich sie damals sah, und die Art, wie ich sie jetzt sehe, da liegt der Unterschied. Ich sah in allem extreme Gleichgültigkeit. Ich hatte das Gefühl, dass sich keiner um mich kümmerte, totales absolutes Abschreiben.

Nach dem Mittel hatte ich die Vision eines großen Topfes und darin war eine dicke, braune, zähe Flüssigkeit. Ich sagte mir: 'Da bin ich drin; dies ist mein innerer Zustand, meine Aufruhr.' Ich sah es kochen. Ich dachte, wenn ich durch diese braune Masse hindurchgegangen bin, dann bin ich frei. Dann ging ich durch und fand ins Freie und in diesem offenen Raum lebe ich jetzt.

Ich machte mich verrückt damit herauszufinden, warum ich zu irgendjemand eine Gemeinheit gesagt hatte. Heute weiß ich, dass es mich an etwas erinnerte, was ein paar Tage zuvor passiert gewesen war, und ich hatte es unter Verschluss gepackt. Aber damals musste ich mich selbst verprügeln."

Seine Träume von Musik sind verschwunden, aber er singt noch im Schlaf.

"Meine Frau sagt, mein Singen sei unerträglich, ich würde weiterhin blöken und nenne es Gesang.

Ein einziges Mal hatte ich diesen Traum, in dem die Musik kam und ich Sträucher sah und Blumen, und dann verschwand alles wieder.

Im Dezember fühlte ich mich wie ein Zombie, aber jetzt nicht mehr. Mein Erinnerungs- und mein Auffassungsvermögen sind besser geworden."

A: Sagen Sie mir in einem Satz (worin die Verbesserung besteht).

P: "Von Hoffnungslosigkeit zu Hoffnung.

Bis vor wenigen Monaten kam sie (die Hoffnungslosigkeit) immer wieder zurück, und ich dachte, ich sei dazu bestimmt, unglücklich zu sein. Ich wäre so gerne glücklich gewesen. Ich hoffe nicht auf etwas Bestimmtes. Ich hoffe auf Ausgeglichenheit und Glücksgefühl.

Etwas tief in mir hat das alles heraufbeschworen. Wenn nichts mehr davon übrig ist, dann werde ich nicht mehr eingeengt sein und alles wird offen sein."

A: Warum macht es Ihnen Sorgen?

P: "Macht es nicht. Habe ich das alles heraufbeschworen? Zum Beispiel den Vorfall mit dem Arzt? Ich hatte mich nur an die Hälfte erinnert. Habe ich die ganze Geschichte heraufbeschworen? Ich kann Ihnen etwas erzählen und glaube, es ist Gottes eigene Wahrheit, aber es ist nicht die (ganze) Wahrheit; ich merke jetzt, dass diese viel größer ist. Das falsche Bild ohne das Ende bleibt in Erinnerung, so wie mit dem Arzt. Ich konnte daran nichts ändern."

A: Wenn Sie nichts daran ändern konnten, wieso haben Sie dann das Gefühl, dass sie alles erfunden hatten?

P: "Ich hatte es nicht erfunden; es war hier, wo es erfunden wurde. Selbst wenn man meint, man ist ganz aufrichtig und kristallklar, dann stimmt das gar nicht. Da ist immer ein Element des Selbstbetrugs und der Selbsttäuschung am Werk."

Seine Einsicht in den Krankheitsprozess ist ausgezeichnet. Es kommt ganz klar heraus, dass Krankheit eine Wahnvorstellung ist. Wir möchten nur den Teil des Lebens sehen, der in unsere Wahnvorstellungen hineinpasst, aber das ist nur ein Teil der ganzen Wahrheit. Wenn man bewusster wird, dann kann man sich die ganze Wahrheit anschauen und der Schmerz verschwindet. Es ist dann nicht mehr eine Frage von Schmerz oder Schmerzlosigkeit. Es ist dann einfach das, was es ist. Das ist die Heilung.

Der Patient ist guten Mutes in seinem Leben und hat einen guten Kontakt zu seiner Familie. Ich sah ihn im Juli 2000, und er sagte: "Als ich damals zu Ihnen kam, war ich drauf und dran aufzugeben. Jetzt bin ich nicht mehr am Aufgeben. Wenn ich gerufen werde, dann werde ich abtreten."

Ende des Falls.

Beispiel von "mentaler Flinkheit"

Die Flinkheit und Schläue von Coffea bedeuten, mental wach zu sein, auf Draht zu sein, bedeuten Kreativität, Humor und schnelle Reaktionen. All das macht einen Menschen "mental flink".

In Indien gibt es eine Geschichte vom Moghul-Kaiser Akbar, dem Großvater des Erbauers des Taj Mahal. Dieser hatte einen weisen Minister namens Birbal, auf den die anderen Minister eifersüchtig waren. Eines Tages in Birbals Abwesenheit sagte einer der eifersüchtigen Minister zum Kaiser: "Weißt du, dass Birbal Gedanken lesen kann?" Der Herrscher sagte Nein, und als Birbal zurückkam, fragte er ihn danach. Dieser sagte: "Ja, natürlich." Also fragte ihn der Kaiser: "Kannst du mir ein Beispiel nennen?" Worauf Birbal erwiderte: "Du, der Kaiser, stehst so hoch, dass ich deine Gedanken nicht lesen kann. Aber ich kann die Gedanken aller andern hier lesen: Sie beten alle unablässig für deine Gesundheit und dein langes Leben, und das ist der einzige Gedanke in ihrem Denken; du kannst sie fragen, ob das die Wahrheit ist!"

Das ist eine rechte Coffea-Geschichte. Einmal fragte der Kaiser Birbal, wer größer sei, Gott oder er. Worauf Birbal erwiderte: "Das weiß ich nicht, aber ich kann die eine Eigenschaft nennen, die du besitzt, aber Gott nicht. Du kannst jemanden aus deinem Königreich verbannen, Gott kann das nicht."

Vergleich von Coffea und China

Coffea ist also ein gutes Mittel für schöpferische Menschen, zum Beispiel für Menschen in der Werbebranche, wo es dauernd darum geht, neue Ideen und Einfälle nachzuliefern. Aktivität, Kreativität, Schlaflosigkeit wegen zu vieler Gedanken. Coffea gehört ins tuberkulöse Miasma, hat also extrem gesteigerte Aktivität. Das Denken ist aktiv, man schmiedet Pläne, ist stimuliert (Rubiaceae-Familie) und hat ein hektisches Tempo (tuberkulöses Miasma).

China (Malaria-Miasma) hat dieselbe Kreativität und Stimulierung, auch viele Ideen (Rubiaceae-Familie), aber es gehört ins Malaria-Miasma. China hat nicht dieses extreme Niveau an Aktivität, wie es für das tuberkulöse Miasma typisch ist. Die wichtigste Eigenschaft des Malaria-Miasmas ist das Gefühl, festzustecken und angegriffen zu sein. China erreicht also trotz seiner Kreativität nicht seine Ziele, es fühlt sich verhindert und verfolgt.

Coffea und Phosphorus

Auch Phosphorus ist ein tuberkulöses Mittel und besitzt dasselbe schnelle Tempo wie Coffea. Phosphorus möchte allerdings schnell *Kontakt* haben, während Coffea (Rubiaceae) in schnellem Tempo (tuberkulöses Miasma) *Stimulierung* (Rubiaceae-Familie) verlangt.

Coffea und Gebären

Beim Betreuen einer Kindsgeburt fragte ich die Mutter, was sie fühle. Sie erwiderte: “Ich habe das Gefühl: womit habe ich das verdient?” Es bedeutete: “Was habe ich dafür getan, dass ich dieses Geschenk Gottes verdient hätte?” Als ob es nichts gäbe, das großartig genug wäre, um es verdienen zu können.

Dann verstand ich die Rubrik:

> Geist und Gemüt: Weinen ausgelöst durch unbeherrschbare Glückseligkeit, nach Entbindung.

Diese Rubrik enthält nur ein einziges Heilmittel, mittelgradig indiziert, nämlich Coffea.

Vergleich von Chamomilla und Coffea bei Geburtswehen

Dies sind zwei der wichtigsten Mittel bei Geburtswehen. Ein Verständnis der Pflanzenfamilien und der Miasmen hilft uns, zwischen den beiden Mitteln zu differenzieren.

Chamomilla liegt am Schnittpunkt von Compositae-Familie und typhösem Miasma. Die Chamomilla-Frau schimpft während der Geburtswehen und ist ungeduldig, dass der Arzt nicht sofort erscheint. In der Materia medica lesen wir dazu: Streitsucht und Wut während der Geburtswehen, macht anderen Vorwürfe, möchte getragen werden. Das Empfinden der Compositae besteht in dem Gefühl, verletzt und beleidigt zu werden; entsprechend fühlt sich die Frau von den Ärzten beschimpft, beleidigt und verletzt und reagiert auf dieselbe Weise, nämlich indem sie den Arzt beschimpft und ihn sogar schlägt. Das typhöse Miasma gibt dem Mittel eine kindische, ungeduldige, fordernde Qualität; die Frau ist rasend und besteht darauf, dass ihre Forderungen sofort erfüllt werden.

Bei Coffea finden wir folgende Symptome:

> Gefühl des Im-Stich-Gelassenseins.
>
> Ängstliche Sorge um ihr Gewissen.
>
> Getragenwerden, Abneigung dagegen.
>
> Angst, das Kind bei der Geburt umzubringen. (4)
>
> Getötetwerden, Wunsch nach, während Entbindung. (1)

Als Beispiel der Rubiaceae fühlt sich die Frau stimuliert, dann überstimuliert und dann durch die Geburtswehen verschlimmert. Sie wird darauf mit dem Gefühl reagieren, unterdrückt zu sein (tuberkulöses Miasma), am Ersticken zu sein; als habe sie nur noch wenig Zeit und müsse entkommen. Die Rubriken spiegeln den Grad der Verzweiflung in diesem Zustand der Verschlimmerung wider. Coffea gibt, ist hilfsbereit, hat Gewissensbisse; sie macht sich Sorgen um ihr Gewissen und hat Angst davor, etwas Falsches zu tun. Sie könnte das Gefühl haben: "Ich habe Angst davor, etwas Unrechtes zu tun, um meinem Kind zu schaden. Es ist besser, du bringst mich um, bevor etwas mit dem Kind geschieht."

ZUSAMMENFASSUNG RUBIACEAE – EMPFINDUNGEN UND REAKTIONEN

Empfinden

Stimulierung.

Überstimulierung, die verschlimmert.

Viele Wünsche.

Viele Ideen.

Einfälle, Vorstellungen.

Tabak, Alkohol, Sex und andere Stimuli bringenVerschlimmerung.

Freude verschlimmert.

Hunger nach Stimulierung.

Passive Reaktion

Erschöpfung.

Müdigkeit.

Stumpfsinn, Gedanken verschwinden.

Katalepsie.

Schlaf bringt Besserung.

Ausruhen bringt Besserung.

Aktive Reaktion

Schmiedet Pläne.

Theoretisiert.

Ansturm von Gedanken.

Schöpferische Unternehmungen; Lesen, Schreiben, Musik.

Schlaflos mit Einfällen.

Gier beim Essen.

Aktivität.

Sentimental.

Kompensierung

Ruhe und Meditation.

MIASMEN

Akut	Coffeinum
Typhös	Ipecacuanha
Malaria	China, Chininum sulphuricum
Sykose	Yohimbinum
Krebs	Galium
Syphilis	Coffea

VERGLEICHSMITTEL

Labiatae

TEIL - III

TABELLEN

TABELLE DER EMPFINDUNGEN

Pflanzenfamilie	Empfinden	Passive Reaktion	Aktive Reaktion	Kompensierung
Anacardiaceae	Gefangen. Steif/starr. Anspannung. Feststeckend. Krämpfe. Drückend.	Gelähmt. Unbeweglich.	Besserung bei Bewegung. Verschlimmerung im Haus, im Sitzen. Besserung bei der ersten Bewegung. Rastlosigkeit. Verschlimmerung bei sitzender Tätigkeit. Man steckt fest und möchte sich unablässig bewegen.	Immer in Bewegung.
Berberidaceae	Plötzliche, intensive, schnelle Wechselhaftigkeit, sowohl im Psychologischen als auch Körperlichen.	Verwirrung. Stumpfheit, Empfindungslosigkeit. Mentale Erschöpfung. Verwirrung der Identität. Verwirrung durch Unterbrechung.	Schneller Wechsel von Ort und Charakter.	Passt sich leicht der wechselnden Situation an. Ist fähig, sich entsprechend der Notwendigkeit schnell zu ändern.

Pflanzenfamilie	Empfinden	Passive Reaktion	Aktive Reaktion	Kompensierung
Cactaceae	Zusammengeschnürt. Kleiner gemacht. Geschrumpft. Gebunden, in der Falle, zusammengedrückt. Niedergetrampelt. Bedrückt. Umklammert. Von einer Last niedergedrückt.	In einer Falle gefangen.	Ausdehnung. Größerwerden.	Wird durch Zusammenziehen und Bedrückung nicht beeinträchtigt.
Compositae	Verwundet. Verletzt oder beleidigt. In Schock. Verbrannt oder verbrüht. Angst vor Berührung, Verletzung, Annäherung.	Abgestumpft. Anästhesiert. Stupor. Katalepsie.	Verletzt andere. Tut anderen weh. Grausam. Gewalttätig. Schlägt.	Ist ein harter Bursche. Kann alle Prügel einstecken. Schützt andere davor, dass ihnen weh getan wird.
Coniferae	Zerbrechlich. Zerbrochen. Spröde. Verbunden/ unverbunden. Leere/Fülle. Abgeschnitten. In Stücke aufgeteilt.	Faulheit. Voller Angst. Schwach.	Rigide. Hart.	Stärke. Wird stark und zum Beschützer derer, die spröde und zerbrechlich sind.
Euphorbiaceaebiaceae	Festgemacht und losgemacht. Angebunden und losgebunden.	Festgebunden und kann nichts dagegen tun.	Wunsch, sich loszureißen.	Jemand, der frei ist, ungebunden, von nichts festgebunden.

Pflanzenfamilie	Empfinden	Passive Reaktion	Aktive Reaktion	Kompensierung
Hamamelidae	Zusammengedrückt. Schwer. Drückend. Belastung. Begrenzt. Schleppend. Festgemacht. Eingesperrt. Gegenteil: Leichtigkeit, Fliegen.	Dumpfheit, Stumpfheit der Sinne. Geerdet, am Boden, alle Bewegungen kommen zum Stillstand. Neigung sich hinzulegen. Rast, Ausruhen bringen Besserung. Abneigung gegen Bewegung. Gelähmt. Deprimiert, Traurigkeit.	Fliegen. Schweben. Frische Luft bringt Besserung. Bewegung bringt Besserung.	Passt sich an, auf eng begrenztem Raum zu leben.
Labiatae	Erregung/Aufregung, kann lebhaft sein, angenehm, mit Zittern. Kann einhergehen mit Schwitzen, Zittern, Gefühl des Überwältigtseins, Leidenschaft.	Mangel an Erregbarkeit. Keine Reaktion auf äußere Dinge.	Fleißig. Bewegung bringt Besserung. Heiterkeit. Schrecken/ ängstliche Sorge. Unangenehme Überra-schungen.	Ruhe.
Leguminosae	Spaltet sich. Fällt auseinander. Verstreut. Zusammengebunden. In Stücken.	Gefühl von Verstreutheit und Verwirrung. Gespalten. Nicht zusammen.	Die Dinge zusammen-bekommen.	

Pflanzenfamilie	Empfinden	Passive Reaktion	Aktive Reaktion	Kompensierung
Liliiflorae	Ausgestoßen. Ausgepresst. Ausgeschlossen. Bedrückt. Eingeschränkt. Zusammengeschnürt. Ausgelassen. Niemand ist an mir interessiert. Man vernachlässigt mich.	Muss sich festhalten.	Muss sich bewegen.	Aufmerksamkeitsheischendes Verhalten. Dazugehören, Eingeschlossen-sein, Teil des Ganzen sein.
Loganiacaeae	In Schock. Niedergeschmettert, zerschmettert. In Stücke zerrissen. Schock kommt so plötzlich, dass Lähmung eintritt. Enttäuschung. Ruiniert.	Gelähmt, kann sich nicht bewegen. Traurigkeit. Kann nicht weinen. Stiller Gram. Fällt in Ohnmacht.	Außer sich. Erregbar. Krampfanfälle.	Gefasst. Ruhig.
Magnolianae	Verwirrung. Verunsichert. Umnebelt, trüb. Fremdartig. Weil das Außen verunsichernd und verwirrend ist, fühlt sie sich isoliert und nicht Teil des Ganzen; als Reaktion zieht sie sich zurück in eine vertraute Schale.	Kollaps. Betäubt. Ohnmacht. Schläfrig. Aussperren. Möchte in seiner eigenen Welt leben. Schwebend. Zurückgezogen. Bewusstlos.	Rückzug. Schafft sich seine eigene vertraute Welt und sperrt die fremdartige Welt aus.	Passt sich leicht an. Anpassungsfähig an fremdartige, neue, verwirrende, verunsichernde Situationen.

Pflanzenfamilie	Empfinden	Passive Reaktion	Aktive Reaktion	Kompensierung
Malvales	Verhaftet und dann losgelöst. Verbunden und dann getrennt. Zusammen und dann getrennt.	Entfremdet. Gleichgültig. Gleichgültig gegenüber allem. Abneigung gegen Ehemann.	Kommunikativ. Zuneigungsvoll. Traum vom Sich-Verlieben. Wunsch nach Gesellschaft.	Unabhängig. Voller Selbst-vertrauen.
Papaveraceae	Schmerz, Schmerz jeglicher Sorte, aber von großer Intensität. Qual, intensives Leiden. Bestraft. Krieg. Mörder, hingericht. Gewalttätigkeit. Schrecken und Schock. Agonie- und höllenähnliche Zustände.	Analgesie, Koma, Anästhesie, in Ohnmacht fallen, Katalepsie, Narkolepsie, schmerzlos und taub.	Wut. Krämpfe, Krampfanfälle, Kolik. Heftig und gewalttätig. Taubheit abwechselnd mit Schmerz.	Ruhig in einer Situation voller Schmerz. Von Schmerz und Leid nicht betroffen.
Piperaceae	Schmerz, keine Erregung, Langeweile. (Auch: monoton, langweilig, neutral, geschmacklos, fad.)	Schwäche. Der Langeweile nachgeben.	Wunsch nach Vergnügen. Wunsch nach Wechsel. Fröhlichkeit. Unterhaltung und Vergnügen verschaffen Besserung. Parties.	Vergnügen. Unberührt von Langeweile, Schmerz und Leiden.

Pflanzenfamilie	Empfinden	Passive Reaktion	Aktive Reaktion	Kompensierung
Primulaceae	Unfähig sich zu bewegen, auf Grund von Lähmung, Druck und lähmender Schwäche.	Trägheit. Abneigung auszugehen. Besserung im Haus. Eingeengt, eingesperrt. Bewegt sich nicht.	Bewegung bringt Besserung. Andauernde Bewegung bringt Besserung. Wunsch zu reisen. Wunsch nach Bewegung. Aktivität. Fleißig. Vermehrte Kraft.	Ist glücklich auf engem Raum.
Ranunculaceae	Gequält verdrossen, leicht erregt. Rohe Nerven. Krankhaft empfindlich. Elektroschock. Reizbarkeit übersteigert, Zorn mit Trauer, Schuld, Schock und Verärgerung, Gefühl von Schikaniert-werden. Beleidigt. Quälende Träume. Scharfer, stechender, durchdringender Schmerz.	Taubheit. Stumpfheit.	Nervliche Anspannung. Innere Konflikte, viele Emotionen gleichzeitig erregt, eine auf der anderen. Somatisierung, somatopsychische Symptome. Ausbrüche, Brüten, leidenschaftlich. Zittern von Emotionen; anhaltende Spannung. Verbindungen zwischen Geist- und Gemütssymptomen oder Abwechslungen unterdrückt.	Gleichmut.

Pflanzenfamilie	Empfinden	Passive Reaktion	Aktive Reaktion	Kompensierung
Rubiaceae	Überstimulierung, die verschlimmert. Viele Wünsche. Viele Ideen. Einfälle. Tabak, Alkohol, Sex und andere Stimuli verschlimmern. Freude verschlimmert. Hunger als Stimulans.	Müdigkeit. Stumpfsinnig. Katalepsie.	Pläne. Schlaflosigkeit mit Einfällen. Schlaf bringt Besserung. Ausruhen bringt Besserung.	Meditation.
Scrophulariaceae	Bindungen und Verbindungen sind nicht stark, müssen sich deshalb ganz stark festhalten; falls Verbindung entzweibricht, dann beginnen Angst, Schrecken, Wahnvorstellungen.	Gleichgültigkeit Tod.	Anhaftend. Unglück. Tod. Anhaften. Loslösung. Mit Liebe beschäftigt.	Kein Bedürfnis nach Bindungen.
Solanaceae	Gewalttätigkeit, plötzlich, spaltend, zerbrechend, exponierend, spastisch, ruckartig, einschießend, Apoplexie, heftiger Schrecken, verfolgt, Mord, Leben und Tod, getötet. Schlangen. Themen von Schwarz und Weiß, von Licht und Dunkel.	Anästhesiert. Betäubt. Mangel an Reizbarkeit. Träge. Feigheit.	Sinne akut geschärft. In Hetze. Kreischen. Schreckt im Schlaf hoch. Fährt im Schlaf hoch. Spasmen, Krämpfe. Panik. Wut. Kampf- und Flucht-Situation.	Angesichts Gefahr Mut.

Pflanzenfamilie	Empfinden	Passive Reaktion	Aktive Reaktion	Kompensierung
Umbelliferae	Plötzliche, unerwartete Gewalttat oder Attacke. Unglück. Schläge. Unruhen. Ohrfeige. Überwältigt von Taubheit, Betäubung, Dumpfheit, Schlaf.	Plötzliche Schwäche. Regrediert. Lähmung.	Heftig/ gewalttätig. Krampfanfall. Manie. Wilde Attacke. Anfälle von Emotion. Entkommen.	Ruhig in einer Situation, in der eine plötzliche, unerwartete Gewaltattacke passiert.
Violales	Im Körperlichen: Schneidend, dolchartig, durchbohrend, scharf. In Geist und Gemüt: Quälender Verdruss. Hauptgefühl: Möchte nicht gestört sein.	Erschöpfung. Mürrisch. Einer Störung abgeneigt. Möchte totales Ausruhen.	Gereiztheit, wenn gefragt. Gewalttätigkeit. Böswillig. Wut. Rastlos.	Ruhe, Geräuschlosigkeit.

"PERIODENSYSTEM" DER MIASMEN UND HEILMITTEL

	Akut	Typhös	Malaria	Ringwurm	Sykose	Tuberkulös	Krebs	Leprös	Syphilis
Anacardiaceae		Rhus-t	Rhus-r	Rhus-v	Mangi		Anac	Rhus-g	
Berberidaceae		Podo	Berb		Caul				Berb-a
Cactaceae	Cactin	Carn-g	Cact	Opun-v		Cere-b	Anh	Cere-s	
Compositae	Arn	Cham	Cina	Tarax	Senec	Abrot	Bell-p	Inul	Echi
	Calen		Eup-per					Lact	
								Lappa	
Coniferae	Agath-a	Ter	Abies-n	Pseuts-m	Thuja	Pix-l	Sabin		
Euphorbiaceae	Crot-t	Manc	Casc			Acal	Euph	Hura	Still
Hamamelidae			Myric	Fagu	Cann-i	Jug-c	Ulm	Cast-v	Jug-r
			Cann-s						
Labiatae	Menthol	Lycps	Coll	Teucr	Lam	Teucr-s	Agn	Oci-s	Orig
Leguminosae	Meli	Bapt	Rob	Chrysar	Cop	Bals-p	Phys	Caesal	Lath
Liliiflorae	Verat	Par	Colch	Sars	Sabad	Agra	Orni	Aloe	
					Croc				
					Lil-t				
					Helon				
Loganiaceae	Stry	Nux-v	Spig	Upa	Gels		Ign	Cur	Ho
Magnolianae	Camph	Nux-m			Cinnam	Myris	Asar	Arist-cl	
Malvales	Choc	Abel	Abrom-aug	Goss	Til			Kola	
Papaveraceae	Morph	Arge	Chel	Sanguin-n	Sang	Succ-ac	Op	Cod/Fum	Cory
Primulaceae			Lysim					Cycl	Anag
Ranunculaceae	Acon	Hell	Ran-b	Act-sp	Puls	Cimic	Staph	Hydr	Clem
			Ran-s						
Rubiaceae	Coffin	Ip	Chin/Chin-s		Yohim	Coff	Gali		
Solanaceae	Bell	Hyos	Caps	Dulc	Fab	Atro	Tab	Mand	Franc
	Stram								
Scrophulariaceae	Digin	Euphr	Chelo	Vero-o	Dig	Verb	Scroph-n	Grat	Lept
Umbelliferae	Oena	Aeth	Sumb		Asaf	Phel	Con	Cic	Hydrc
Violales	Elat	Bry	Coloc	Viol-t	Luf-op	Cist	Viol-o		

INDEX

Abelmoschus (Abel.)
749, 788, 789, 806

Abies canadensis (Abies-c.)
257-259, 262, 264, 266

Abies nigra (Abies-n.)
257, 258, 262, 265, 266, 281, 284

Abroma augusta (Abrom-aug.)
749, 789

Abrotanum (Abrot.)
67, 171, 172-174, 217 f (C), 256

Absinthium (Absin.)
171, 178

Acalypha indica (Acal.)
67, 285, 315

Aconitinum (Aconin.)
913

Aconitum cammarum (Acon-c.)
913

Aconitum ferox (Acon-f.)
913

Aconitum lycoctonum (Acon-l.)
913

Aconitum napellus (Acon.)
913, 914, 924 ff (C), 932 ff (C)

Actea spicata (Act-sp.)
913, 935, 936 ff (C), 939, 961

Adlumia fungosa (Adlu.)
807

Aegopodium podagraria (Aego-p.)
1041

Aethusa cynapium (Aeth.)
1041, 1042, 1086

(C) – verweist auf ein Fallbeispiel
(P) – verweist auf eine Arzneimittelprüfung

Agathis australis (Agath-a.)
257, 270, 284

Agnus castus (Agn.)
349-352, 362, 363 ff (C), 370

Agraphis nutans (Agra.)
425, 547 ff (C), 550

Allium cepa (All-c.)
581

Alnus glutinosa (Aln.)
317

Aloe socotrina (Aloe)
425, 435

Alumina (Alum.)
261, 598

Ambrosia (Ambro.)
171

Ammoniacum gummi (Ammc.)
1041, 1043

Anacardium occidentale (Anac-oc.)
85

Anacardium orientale (Anac.)
72, 85, 90, 107 ff (C), 118 ff (C),

Anagallis arvensis (Anag.)
893

Anhalonium lewinii (Anh.)
149, 164 ff (C)

Anthemis nobilis (Anth.)
171

Antimonium crudum (Ant-c.)
967

Apium graveolens (Ap-g.)
1041

Apomorphinum (Apom.)
807

Argemone mexicana (Arge.)
807, 892

Argentum metallicum (Arg-m.)
38

Argentum nitricum (Arg-n.)
38, 768, 1037

Aristolochia clematitis (Arist-cl.)
697, 747, 748

Aristolochia milhomens (Arist-m.)
697

Arnica montana (Arn.)
171, 180 ff (C), 189 ff (C), 194 ff (C)

Arsenicum album (Ars.)
28, 72, 119, 123, 681, 930

Artemisia vulgaris (Art-v.)
171, 174

Asafoetida (Asaf.)
1041-1043, 1055 ff (C), 1065, 1066, 1086

Asarum canadense (Asar-c.)
697

Asarum europaeum (Asar.)
697, 701, 727 ff (C), 737, 738, 742 ff (C)

Asperula odorata (Asper.)
555

Atropinum purum (Atro.)
629

Aurum metallicum (Aur.)
68

Bacillinum (—)
65, 82, 119

Balsamum peruvianum (Bals-p.)
67, 371, 422, 423

Baptisia tinctoria (Bapt.)
372, 377 ff (C), 393 ff (C), 410 ff (C), 418 ff (C)

Baryta carbonica (Bar-c.)
25

Baryta sulphurica (Bar-s.)
817

Belladonna (Bell.)
65, 68, 135, 442, 549, 994, 99-1000, 1003, 1006 ff (C), 1008, 1009, 1072

Bellis perennis (Bell-p.)
67, 171-173, 176, 218 ff (C), 222, 225 ff (C), 239-241, 245 ff (C), 251, 252, 256

Berberis aquifolium (Berb-a.)
139, 140, 147, 148

(C) – verweist auf ein Fallbeispiel
(P) – verweist auf eine Arzneimittelprüfung

Berberis vulgaris (Berb.)
67, 139, 140, 142 f (P), 143, 144 ff (C), 145, 146 f (C), 148

Betula alba (Betul.)
317

Brachyglottis repanda (Brach.)
171

Brucea antidysenterica (Bruc.)
649

Bryonia alba (Bry.)
1087, 1097 ff (C)

Cacao (Cac.)
749, 759

Cactina (Cactin.)
149, 154, 170

Cactus grandiflorus (Cact.)
149, 152, 156

Caesalpinia (Caesal.)
371, 422, 424

Cahinca (Cahin.)
555

Calcarea carbonica (Calc-c.)
25, 768

Calcarea fluorata (Calc-f.)
165

Calcarea muriatica (Calc-m.)
1103

Calcarea silicata (Calc-sil.)
66, 70

Calcarea sulphurica (Calc-s.)
66, 70, 438

Calendula (Calen.)
50, 171-173, 176, 197 ff (C), 200, 239, 256

Camphora (Camph.)
697, 699, 700, 703 ff (C), 705, 747, 748, 868, 871, 872

Cannabis indica (Cann-i.)
168, 317-321, 323, 324, 327, 328 ff (C), 329, 332, 333, 334 ff (C), 341, 347, 847

Cannabis sativa (Cann-s.)
168, 317, 318, 320, 326, 327, 341, 347

Capsicum (Caps.)
58, 67, 69, 993, 994, 1001, 1003, 1019 (ff) (C), 1022, 1023 ff (C), 1026, 1027 ff (C), 1030, 1039

Carbo vegetabilis (Carb-v.)
80

Carcinosinum (—)
28, 65, 67, 72, 82, 123, 124, 727, 738

Carduus benedictus (Card-b.)
171, 176 f

Carnegiea gigantea (Carn-g.)
149, 152 f (P), 154, 155, 170,

Carpinus betulus (—)
(Weißbuche, in englischsprachiger Literatur als hornbeam aufgeführt.)
318

Carya alba (Cary.)
317

Cascarilla (Casc.)
285, 308, 315

Cassada (Cass.)
285, 315

Castanea vesca (Cast-v.)
317, 345, 346, 348

Caulophyllum thalictroides (Caul.)
139

Cephalanthus (Ceph.)
555, 559

Cereus bonplandii (Cere-b.)
149, 150, 152, 156, 157, 159 f (C), 160 f (C), 161 f (C), 162, 170

Cereus serpentinus (Cer-s.)
149, 152, 169, 170

Chamomilla (Cham.)
26, 50, 66, 171-173, 175-178, 200, 201 ff (C), 256, 298, 665, 1126

Chelidonium majus (Chel.)
807, 844 (C)

Chelone glabra (Chelo.)
933, 963

China boliviana (Chin-b.)
555, 559

China officinalis (Chin.)
555, 564, 565 ff (C), 574 ff (C), 579 ff (C), 582 ff (C),

(C) – verweist auf ein Fallbeispiel

(P) – verweist auf eine Arzneimittelprüfung

Chininum arsenicosum (Chin-a.)
558, 560

Chininum sulphuricum (Chin-s.)
555, 589, 590 ff (C)

Chrysarobinum (Chrysar.)
70, 371, 421, 423

Cicuta virosa (Cic.)
1041, 1079 (C), 1080 ff (C)

Cimicifuga racemosa (Cimic.)
913, 914, 917

Cina (Cina)
50, 67, 80, 171-174, 176, 178, 206 ff (C), 210, 212, 217, 256, 629

Cinnamomum ceylanicum (Cinnam.)
697, 726

Cistus canadensis (Cist.)
1087, 1091, 1119

Clematis erecta (Clem.)
914, 960

Clematis vitalba (Clem-vit.)
913

Codeinum (Cod.)
807-809, 811, 873 ff (C), 882-884 ff (C), 888, 889, 892

Coffea cruda (Coff.)
555, 556, 602 ff (C)

Coffea tosta (Coff-t.)
555, 559

Coffeinum (Coffin.)
555, 562, 618

Colchicum (Colch.)
425, 426, 432, 434, 436, 483, 484 f (C), 485 ff (C), 487 ff (C), 495, 496, 519, 554

Collinsonia canadensis (Coll.)
349

Colocynthis (Coloc.)
1087, 1089, 1090-1094, 1102, 1103 ff (C), 1107, 1122

Comocladia dentata (Com.)
85

Conium maculatum (Con.)
72, 1041, 1068 ff (C), 1071 ff (C)

Convallaria majalis (Conv.)
425

Copaiva (Cop.)
67, 371, 372, 421-423, 543

Coriandrum sativum (Coriand.)
1041
Corydalis cava (Cory-c.)
807
Corydalis formosa (Cory.)
807, 891, 892
Crocus sativus (Croc.)
425, 499 ff (C)
Croton tiglium (Crot-t.)
16, 65, 285, 286, 289-291, 292 ff (C), 297, 315, 344
Cubeba (Cub.)
967
Cucurbita citrullus (Cuc-c.)
1087
Cucurbita pepo (Cuc-p.)
1087
Cupressus australis (Cupre-aust.)
257
Cuprum metallicum (Cupr.)
80
Curare (Cur.)
29, 72, 649, 652, 690, 691, 692 ff (C), 693, 694, 696
Cyclamen europaeum (Cycl.)
893, 896 ff (C), 901 ff (C), 905 ff (C)
Datura arborea (Dat-a.)
993
Datura ferox (Dat-f.)
993
Datura metel (Dat-m.)
993
Dendroaspis polylepsis (—)
82
Desmodium (Desm.)
372, 374
Digitalinum (Digin.)
963, 969, 991
Digitalis purpurea (Dig.)
963
Dolichos pruriens (Dol.)
371
Drosera rotundifolia (Dros.)
82

(C) – verweist auf ein Fallbeispiel
(P) – verweist auf eine Arzneimittelprüfung

Dulcamara (Dulc.)
993, 994, 1003, 1018, 1019, 1039
Echinacea angustifolia (Echi.)
171
Elaterium (Elat.)
1087, 1090, 1096, 1122
Epiphegus virginiana (Epip.)
963
Erigeron (Erig.)
171
Eryngium aquaticum (Ery-a.)
877
Eryngium maritimum (Ery-m.)
1041
Eupatorium perfoliatum (Eup-per.)
50, 171, 212, 239, 256
Eupatorium purpureum (Eup-pur.)
171
Euphorbia amygdaloides (Euph-a.)
285
Euphorbia corollata (Euph-c.)
285
Euphorbia heterodoxa (Euph-he.)
285
Euphorbia hypericifolia (Euph-hy.)
285
Euphorbia ipecacuanha (Euph-ip.)
285
Euphorbia lathyris (Euph-l.)
285
Euphorbia peplus (Euph-pe.)
285
Euphorbia pilulifera (Euph-pi.)
285
Euphorbia prostata (Euph-pr.)
285
Euphorbium (Euph.)
285, 287, 302, 308, 316
Euphrasia (Euphr.)
963, 964, 969 ff (C), 991
Fabiana imbricata (Fab.)
993, 1031
Fagus sylvatica (Fagu.)
317
Franciscea (Franc.)
1037, 1038, 1040
Fumaria officinalis (Fum.)
807, 811, 813, 889 ff (P), 892

Galium aparine (Gali.)
555

Gelsemium (Gels.)
649, 651, 654, 670, 671 ff (C), 676, 677, 680, 682, 687, 696

Gnaphalium (Gnaph.)
171

Gossypium (Goss.)
749, 789, 806

Graphites (Graph.)
924

Gratiola (Grat.)
963, 965, 967, 987 ff (C), 989, 992

Grindelia (Grin.)
172, 174

Gymnocladus (Gymn.)
372, 374

Hamamelis virginiana (Ham.)
317, 319

Hedeoma pulegioides (Hedeom.)
349

Helleborus foetidus (Hell-f.)
913

Helleborus niger (Hell.)
913, 914, 920

Helleborus orientalis (Hell-o.)
913

Helleborus viridis (Hell-v.)
913

Helonias (Helon.)
425, 426, 428, 431, 544, 545, 554

Hepar sulphuris calcareum (Hep.)
73, 591

Hoang-Nan (Ho.)
649, 694-696

Hottonia palustris (Hott.)
893

Hura brasiliensis (Hura)
285, 309 ff (C)

Hydrastis canadensis (Hydr.)
913, 914, 956 ff (C), 962

Hydrocotyle asiatica (Hydrc.)
1041

Hydrogenium (—)
80

Hyoscyamus niger (Hyos.)
42, 993, 1010 ff (C)

Ignatia amara (Ign.)
649, 683 ff (C), 688 ff (C), 696

Illicium anisatum (Ill.)
697

Indigo (Indg.)
371, 372, 374, 388, 390

Inula helenium (Inul.)
172

Ipecacuanha (Ip.)
285, 555, 556, 559, 562-564, 618, 1134

Jatropha curcas (Jatr.)
285

Jatropha urens (Jatr-u.)
285

Joanesia asoca (Joan.)
372

Juglans cinerea (Jug-c.)
317-319, 344, 348

Juglans regia (Jug-r.)
317-319, 346, 348

Juniperus communis (Juni-c.)
257

Juniperus virginiana (Juni-v.)
257

Kakao — siehe Cacao (—)

Kalium bichromicum (Kali-bi.)
146

Kalium bromatum (Kali-br.)
312, 801

Kalium carbonicum (Kali-c.)
119

Kamala (Kam.)
285

Karaka (Kara.)
85

Kola (Kola)
629, 749, 753, 758, 791 f (P), 792 ff (C), 796 f (P), 797-801

Lac caninum (Lac-c.)
709

(C) – verweist auf ein Fallbeispiel
(P) – verweist auf eine Arzneimittelprüfung

Lac defloratum (Lac-d.)
107, 115
Lachesis (Lach.)
28, 73, 135, 416
Lac humanum (Lac-h.)
102
Lactuca virosa (Lact-v.)
172, 256
Lamium album (Lam.)
349, 362, 370
Lappa arctium (Lappa-a.)
172, 174, 177, 252, 253 f (C), 254
Lathyrus sativus (Lath.)
371
Ledum (Led.)
119
Leptandra virginica (Lept.)
963, 992
Lilium tigrinum (Lil-t.)
425, 426, 428, 429, 430, 433, 435, 498, 504, 505 ff (C), 545, 554
Linaria (Lina.)
963
Lithium carbonicum (Lith.)
80
Luffa bindal (Luf-b.)
1087
Luffa operculata (Luf-op.)
1087, 1090, 1119, 1122
Lycopersicum esculentum (Lycpr.)
993
Lycopodium (Lyc.)
768, 925
Lycopus virginicus (Lycps.)
349, 370
Lysimachia nummularia (Lysim.)
893
Macrotinum (Macrin.)
917
Magnesium bromatum (Mag-br.)
312
Magnesium carbonicum (Mag-c.)
755

(C) – verweist auf ein Fallbeispiel
(P) – verweist auf eine Arzneimittelprüfung

Magnesium sulphuricum (Mag-s.)
937
Magnolia glauca (Magn-gl.)
697
Magnolia grandiflora (Magn-gr.)
15, 697
Mancinella (Manc.)
286-290, 298 ff (C), 304 ff (C)
Mandragora (Mand.)
68, 993, 1001, 1031 ff (P), 1032, 1034 ff (C), 1036, 1040
Mangifera indica (Mangi.)
85, 93, 94 ff (C), 97, 98, 99 ff (C), 138
Medorrhinum (Med.)
24, 67, 70, 416, 681, 742, 988
Melilotus (Meli.)
371, 372, 374, 376, 423
Mentha piperita (Menth.)
349, 353, 356
Mentha pulegium (Menth-p.)
349
Mentha viridis (Menth-v.)
349
Mentholum (Methol.)
349, 356, 370
Mercurialis perennis (Merl.)
286
Mercurius cyanatus (Merc-cy.)
1072
Mercurius iodatus flavus (Merc-i-f.)
451, 452, 453
Mercurius solubilis (Merc.)
(identisch mit Mercurius vivus)
68, 1072
Millefolium (Mill.)
172-174
Mimosa pudica (Mim-p.)
372
Mimulus (Mimul.)
963, 966
Mitchella repens (Mit.)
555, 559
Momordica (Mom.)
1087
Morphinum (Morph.)
807-809, 811, 814-816, 817 ff (C), 823-825, 840-842, 865, 887, 892

Morphinum aceticum (Morph-ac.)
807

Morphinum muriaticum (Morph-m.)
807

Morphinum sulphuricum (Morph-s.)
807, 824, 825 ff (C), 842, 892

Myristica sebifera (Myris.)
697, 702, 726

Naja (Naja)
312, 392, 393, 402

Narcotinum (Narcot.)
807, 808

Narcotinum aceticum (Narcot-ac.)
807

Narcotinum muriaticum (Narcot-m.)
807

Natrium carbonicum (Nat-c.)
755, 756

Natrium muriaticum (Nat-m.)
135, 264, 574, 684, 687, 693, 709, 755, 768, 1109

Natrium sulphuricum (Nat-s.)
70, 95

Nitricum acidum (Nit-ac.)
67

Nux moschata (Nux-m.)
5, 15, 66, 697, 698, 701, 706, 707 ff (C), 716, 718 ff (C), 722, 725, 726, 739, 747, 748, 932, 934, 989

Nux vomica (Nux-v.)
19, 27, 66, 458, 649, 650, 651, 652, 653, 654, 657, 658, 659, 660 ff (C), 662, 664, 665, 666, 694, 696

Ocimum canum (Oci.)
349

Ocimum sanctum (Oci-s.)
68, 349, 351, 353, 364, 365, 365 ff (P), 370

Oenanthe crocata (Oena.)
1041, 1042, 1045, 1047 (P), 1086

Oenothera biennis (Oeno.)
893

(C) – verweist auf ein Fallbeispiel
(P) – verweist auf eine Arzneimittelprüfung

Opium (Op.)
740, 742, 807-814, 817, 823, 841, 845-847, 848 ff (C), 849, 850, 851 ff (C), 854, 855, 856 ff (C), 864, 865, 866 ff (C), 869, 870, 883, 887-889, 892, 989, 1074, 1129

Opuntia vulgaris (Opun-v.)
149

Oreodaphne californica (Oreo.)
697

Origanum majorana (Orig.)
349-351

Origanum vulgare (Orig-v.)
350

Ornithogalum umbellatum (Orni.)
425

Palladium (Pall.)
937

Papaverinum (Papin.)
807

Paris quadrifolia (Par.)
66, 451 ff (C), 462 ff (C)

Passiflora incarnata (Pass.)
1087

Pastinaca sativa (Past.)
1041

Petroselinum sativum (Petros.)
1041

Phaseolus nanus (Phase.)
371

Phellandrium aquaticum (Phel.)
629, 1041

Phosphoricum acidum (Ph-ac.)
80, 925, 989

Phosphorus (Phos.)
72, 451, 517, 616, 989

Physostigma venenosum (Phys.)
371

Piper methysticum (Pip-m.)
1128

Pix liquida (Pix-l.)
258, 282-284

Platina/Platinum metallicum (Plat.)
82

Plumbago (Plumbg.)
893

Plumbum (Plb.)
82, 694, 805

Podophyllum peltatum (Podo.)
139

Primula obconica (Prim-o.)
893, 895

Primula veris (Prim-v.)
893

Primula vulgaris (Prim-vul.)
893

Pseudotsuga menziesii (Pseuts-m.)
260, 261 ff (C), 263, 264 ff (C), 271, 272 ff (C), 280, 284

Psorinum (Psor.)
65, 66

Pulsatilla nigricans (Puls.)
82, 581, 913, 914, 989, 1112

Pulsatilla nuttaliana (Puls-n.)
913

Pyrogenium (Pyrog.)
80

Quercus e glandibus (Querc.)
317

Quercus robur (Querc-r.)
317, 321

Ranunculus acris (Ran-a.)
913

Ranunculus bulbosus (Ran-b.)
913, 914, 916, 918-920, 941, 962

Ranunculus ficaria (Ran-f.)
913

Ranunculus glacialis (Ran-g.)
913

Ranunculus repens (Ran-r.)
914

Ranunculus sceleratus (Ran-s.)
914

Rhus aromatica (Rhus-a.)
85

Rhus diversiloba (Rhus-d.)
85

(C) – verweist auf ein Fallbeispiel
(P) – verweist auf eine Arzneimittelprüfung

Rhus glabra (Rhus-g.)
85, 129, 130 ff (P), 132 ff (C), 135, 136, 138

Rhus radicans (Rhus-r.)
85, 90, 93, 138

Rhus toxicodendron (Rhus-t.)
66, 69, 85-92, 95, 135, 138, 146, 688, 690, 805, 989, 1126, 1135

Rhus venenata (Rhus-v.)
85, 90, 93, 138

Ricinus communis (Ric.)
286

Ringwurm/Tinea (—)
76

Robinia pseudacacia (Rob.)
371

Rosmarinus officinalis (Rosm.)
350

Rubia tinctorum (Rub-t.)
555

Sabadilla (Sabad.)
426, 429, 430, 436, 509 ff (C), 521 ff (C), 529 ff (C), 554

Sabina (Sabin.)
257, 258, 260, 266, 282, 284

Salvia officinalis (Salv.)
350

Sanguinaria canadensis (Sang.)
119, 808, 810, 813-815, 845, 892

Sanguinarinum nitricum (Sanguin-n.)
808, 843, 892

Sanguinarinum tartaricum (Sanguin-t.)
808

Sarothamnus scoparius (Saroth.)
371

Sarsaparilla (Sars.)
29, 30, 66, 426, 428, 434, 436, 463, 464 ff (C), 467, 473, 474, 475 ff (C), 478 ff (C), 554

Schinus molle (Schin.)
85

Schokolade (—)
65, 295, 306, 358, 420, 719, 749, 751 ff (P), 752, 753 ff (C), 755-758, 760, 761 ff (C), 765-767, 768 ff (C),771, 773-775, 777, 779 ff (C), 782, 784 ff (C), 787, 788, 797, 806, 817, 985, 1109, 1111, 1130

Scrophularia nodosa (Scroph-n.)
629

Scutellaria laterifolia (Scut.)
350

Secale cornutum (Sec.)
37, 68, 72

Senecio aureus (Senec.)
172, 214 ff (C)

Sepia (Sep.)
361, 768

Sequoia gigantea (Seq-g.)
257, 260, 266

Sequoia sempervirens (Seq-s.)
257-260

Serpentaria aristolochia (Serp.)
697

Silicea (Sil.)
70

Solanum mammosum (Sol-m.)
993, 998

Solanum nigrum (Sol-n.)
993, 994, 1002

Solanum tuberosum (Sol-t.)
993

Spigelia (Spig.)
67, 69, 426, 649, 653, 666 ff (C), 669, 670, 694, 696

Spigelia marilandica (Spig-m.)
649

Squilla (Squil.)
426

Staphysagria (Staph.)
26, 28, 35, 67, 72, 106, 445, 687, 727, 742, 914-918, 922, 931, 942 ff (C), 948-952, 959, 960, 962

Stillingia (Still.)
286, 288, 316

Stramonium (Stram.)
65, 135, 658, 868, 871, 872, 993, 994, 999, 1002, 1004, 1009, 1010, 1017, 1039

Streptococcinum (—)
937

Strontium carbonicum (Stront-c.)
25

Strychninum (Stry.)
649, 655, 656 ff (C), 657-659, 696

Succinum acidum (Succ-ac.)
808, 872, 892

Sulphur (Sulph.)
24, 27, 66, 70, 591, 597, 598, 693, 708, 817, 824, 841

Sulphuricum acidum (Sul-ac.)
27, 451

Sumbulus moschatus (Sumb.)
1041, 1042, 1044, 1045, 1048 ff (C), 1052, 1053, 1055, 1086

Syphilinum (Syph.)
65, 68, 73, 119, 126, 924

Tabacum (Tab.)
993, 994, 1004, 1037, 1040

Tanacetum (Tanac.)
172, 640

Taraxacum (Tarax.)
172, 177, 213, 256

Taxus baccata (Tax.)
257, 258, 266

Taxus brevifolia (Tax-br.)
257

Terebinthina (Ter.)
258, 271, 284

Teucrium marum verum (Teucr.)
350, 351, 354, 357 ff (C), 370, 640

Teucrium scorodonia (Teucr-s.)
350, 364, 370

Thlaspi bursa pastoris (Thlaspi.)
954

Thuja lobbii (Thuj-l.)
258

Thuja occidentalis (Thuj.)
257, 284

Thymolum (Thymol.)
350

Thymus serpyllum (Thymu.)
350, 354

Tilia cordata (Til-c.)
749, 759, 759 (P)

Tilia europaea (Til.)
749, 790, 790 (P), 791

Tinea — siehe unter Ringwurm (—)

Trifolium arvense (Trif-a.)
371

Trifolium pratense (Trif-p.)
371

Trifolium repens (Trif-r.)
371, 372, 373

Trillium pendulum (Tril.)
426, 432

Tuberculinum (Tub.)
119

Ulmus procera (Ulme, in englischsprachiger Literatur als "elm" aufgeführt.) (—)
318, 344, 347

Upas tiente (Upa.)
649, 666, 696

Urtica urens (Urt-u.)
317, 318

Ustilago maydis (Ust.)
768, 772

Veratrum album (Verat.)
65, 426, 431, 437, 438 ff (C), 443 ff (C), 445 ff (C), 450, 554

Veratrum viride (Verat-v.)
426, 432

Verbascum (Verb.)
963, 965, 967, 986, 987, 992

Veronica officinalis (Vero-o.)
963, 965, 966 (P), 967, 972 ff (C), 980, 982, 983, 985, 991

Viola odorata (Viol-o.)
1087-1090, 1094, 1119 ff (C), 1120, 1122

Viola tricolor (Viol-t.)
70, 1087, 1088, 1090, 1093, 1108 ff (C), 1117, 1122

Withania somnifera (With-s.)
993

Yohimbinum (Yohim.)
555, 560, 599 ff (C), 618

Zincum metallicum (Zinc.)
989

Zizia (Ziz.)
1041, 1044